Richard Schöler

DIE EISENKONSTRUKTIONEN

REPRINT – VERLAG
LEIPZIG

Die zum Teil geminderte Druckqualität ist auf den
Erhaltungszustand der Originalvorlage zurückzuführen

Volker Hennig, Goseberg 22–24, 37603 Holzminden
ISBN 3-8262-1903-1

Reprint der Originalausgabe von 1904
nach dem Exemplar des Verlagsarchives

Lektorat: Andreas Bäslack, Leipzig
Einbandgestaltung: Jens Röblitz, Leipzig
Gesamtfertigung: Westermann Druck Zwickau GmbH

DIE

EISENKONSTRUKTIONEN

DES HOCHBAUES

UMFASSEND

DIE BERECHNUNG UND ANORDNUNG DER KONSTRUKTIONSELEMENTE, DER VERBINDUNGEN UND STÖSSE DER WALZEISEN, DER TRÄGER UND DEREN LAGER, DER DECKEN, SÄULEN, WÄNDE, BALKONE UND ERKER, DER TREPPEN, DÄCHER UND OBERLICHTER

FÜR DEN SCHULGEBRAUCH UND DIE BAUPRAXIS

BEARBEITET

VON

R. SCHÖLER

INGENIEUR UND OBERLEHRER AN DER KÖNIGLICHEN BAUGEWERKSCHULE ZU BARMEN

ZWEITE VERBESSERTE AUFLAGE

MIT 833 TEXTABBILDUNGEN, DARUNTER 9 TAFELN UND 18 TABELLEN

LEIPZIG 1904

VERLAG VON BERNH. FRIEDR. VOIGT.

Vorwort

zur ersten Auflage

Die in dem vorliegenden Bande behandelten Eisenkonstruktionen schliessen sich enge den Vorträgen an, die ich als Lehrer für Statik und Eisenkonstruktionen während mehrerer Jahre an der Königlichen Baugewerkschule zu Buxtehude gehalten habe.

Es wird heute, wo Handel, Industrie und Gewerbe so weitgehende Anforderungen hinsichtlich der Herstellung grosser, dauerhafter uud feuersicherer Räume an die Bautechniker stellen, von jedem im Baufache konstruktiv tätigen Techniker verlangt, dass er auch mit den Elementen des Eisenhochbaues vertraut ist.

Bei den Holz- und Steinkonstruktionen stehen dem Bautechniker die Erfahrungen vieler Jahrhunderte zur Seite, die in einer Reihe feststehender Regeln ihren Ausdruck gefunden haben. Anders ist dies bei den Eisenkonstruktionen, die erst in den letzten Dezennien eine so hervorragende Bedeutung in der Baupraxis erlangt haben. Die gesammelten Erfahrungen sind nicht so zahlreich, dass man allgemein zutreffende Bauregeln ableiten könnte. Bei den Eisenkonstruktionen ist stets der Einzelfall entscheidend für die zweckmässige Anordnung der Konstruktionsteile. Dazu kommt, dass das Eisen ein im Vergleich zu Stein und Holz kostspieliges Baumaterial ist, so dass es eine für den Konstrukteur wichtige Aufgabe ist, mit dem geringsten Materialaufwande die grösstmögliche Festigkeit zu erzielen.

Der Eisenkonstrukteur ist daher in erster Linie Statiker, der im engsten Anschluss an seine statischen Untersuchungen seine Konstruktionen entwirft. Aus diesem Grunde habe ich in dem vorliegenden Bande die Eisenkonstruktionen stets vom statischen Gesichtspunkte aus beurteilt, erst dem Statiker das Wort erteilt und daran die Besprechung der Konstruktionen selbst geknüpft, wobei mir die vielseitigen Erfahrungen, die ich während einer langen Reihe von Jahren vor und während meiner Lehrtätigkeit als Ingenieur in der Baupraxis sowohl wie auf den Eisenkonstruktionswerkstätten gesammelt habe, trefflich zu statten gekommen sind.

Ich habe mich bemüht, die notwendigen Ableitungen so elementar wie möglich zu halten, so dass das Buch von dem Schüler der Baugewerkschule mit Erfolg studiert werden dürfte, umsomehr, als die entwickelten Gleichungen stets durch rechnerische Beispiele erläutert sind.

Mit Ausnahme der in den Gleichungen 32, 33 und 86 angegebenen Mafse, die aus einer grossen Anzahl guter Ausführungen abgeleitet sind, habe ich nirgends Erfahrungsregeln angegeben, da diese meines Erachtens stets mehr oder weniger jeder Grundlage entbehren. Dagegen habe ich überall die Abmessungen der Konstruktionsteile aus den an ihnen zur Wirkung gelangenden Kräften entwickelt, oder aber, wo die Entwickelung über den Rahmen des Buches hinausgehen würde, die Resultate derselben mitgeteilt.

Entsprechend den heutigen Leistungen der Walztechnik habe ich als zulässige Beanspruchung des Schmiedeeisens gegen Zug und Druck 1000 kg und gegen Schub $^4/_5$ derselben, also 800 kg für ein Quadratzentimeter in die Rechnungen eingeführt.

Den neuen Deckenkonstruktionen wurde ein ausreichender Platz eingeräumt, wie auch, den Anforderungen der Jetztzeit nachkommend, die modernen Schaufensteranlagen in einem besonderen Kapitel zur Besprechung gelangten.

Ebenso dürften die Treppenanlagen gründlicher als es bisher in den elementaren Lehrbüchern der Fall ist, behandelt worden sein, wobei besonderes Gewicht auf die statischen Ableitungen gelegt wurde, ohne die konstruktive Seite zu vernachlässigen.

Der Besprechung eiserner Dächer und Oberlichter habe ich ein besonderes Kapitel über das Fachwerk voraufgehen lassen, in welchem die allgemeine konstruktive Ausbildung der Knotenpunkte eines Fachwerksystems erläutert wurde.

Zur Unterstützung des Verständnisses dienen eine grosse Anzahl von Abbildungen, die zum Teil in einem gröfseren Mafsstabe gezeichnet sind.

Zum Schlusse habe ich die Bedingungen angefügt, die der Vergebung von Eisenkonstruktionen vielfach zu Grunde gelegt werden und das Muster einer Gewichtsberechnung, wie sie in der Praxis meist angefertigt wird, angeschlossen.

Die Tabellen im Anhang werden zur Vollständigkeit des Buches wesentlich beitragen.

So darf ich hoffen, dass ausser dem Baugewerkschüler sowohl dem in der Praxis stehenden Bautechniker wie auch insbesondere den Herren Fachkollegen das Buch von einigem Nutzen sein wird.

Der Verlagsbuchhandlung, die auf meine Wünsche stets bereitwillig eingegangen ist und durch grosse Opfer eine würdige Ausstattung des Werkchens angestrebt hat und auch wohl erreicht haben dürfte, verfehle ich nicht, an dieser Stelle meinen Dank auszusprechen.

Schliesslich bitte ich die Herren Fachkollegen um eine wohlwollende Prüfung des Buches.

Barmen, im Oktober 1900

R. Schöler

Vorwort
zur zweiten Auflage

Innerhalb dreier Jahre ist die erste starke Auflage dieses Bandes vergriffen. Diese Tatsache in Verbindung mit manchen anerkennenden Zuschriften, die mir von Fachkollegen und von in der Praxis stehenden Technikern zugegangen sind, dürften wohl den Beweis dafür liefern, dass sich das Buch als brauchbar erwiesen hat. Wünsche in bezug auf Umänderungen, Erweiterungen oder Kürzungen sind nur sehr wenige an mich herangetreten, so dass ich auch hinsichtlich des Umfanges der Bearbeitung des für den Bautechniker sich erfahrungsgemäfs als schwierig und spröde erweisenden Stoffes die richtigen Grenzen innegehalten zu haben annehmen darf. Es lag somit keine Veranlassung vor, grössere Umänderungen an dem Inhalte des Buches vorzunehmen.

Die vorliegende zweite Auflage stellt sich daher im wesentlichen als ein Abdruck der ersten dar, wobei ich die mir bekannt gewordenen Wünsche berücksichtigt habe.

Der Bedeutung der massiven Decken entsprechend habe ich dieses Kapitel eingehender behandeln zu müssen geglaubt und durch Hinzufügung der Berechnung der Beton- und der eisenarmierten Betondecken den Nutzen des Buches erhöht. Das Kapitel über Säulen ist durch Mitteilung einiger guter Konstruktionen bereichert worden und ebenso dasjenige über Sheddächer, die nach meinen Erfahrungen in den vergangenen Jahren eine ungewöhnlich grosse Anwendung gefunden haben.

Den zahlreichen Freunden dieses Buches, die mir durch Berichtigung von Druckfehlern oder sonstigen Mitteilungen ihr Wohlwollen bekundet haben, sage ich an dieser Stelle nochmals herzlichen Dank.

Diesen Dank erstrecke ich auf die Verlagsbuchhandlung, die auch bei dieser vorliegenden Auflage mit grosser Gewissenhaftigkeit und rühmlichem Eifer auf meine Wünsche eingegangen ist und dem Buche eine klare und übersichtliche Anordnung hat zu teil werden lassen.

Barmen, im März 1904

R. Schöler

Inhaltsverzeichnis

Erstes Kapitel.

Die Konstruktionselemente.

Zweites Kapitel.

Die Verbindungen und Verlängerungen der Walzeisen.

Drittes Kapitel.

Die Träger.

Viertes Kapitel.

Die Säulen und Stützen.

Fünftes Kapitel.

Frontstützen, Ladeneingänge und Schaufenster . 163

Sechstes Kapitel.

Eiserne Wände.

Siebentes Kapitel.

Balkone und Erker.

Achtes Kapitel.

Eiserne Treppen.

Neuntes Kapitel.

Fachwerk.

Zehntes Kapitel.

Eiserne Dächer.

Elftes Kapitel.

Die Oberlichter.

Zwölftes Kapitel.

Bedingungen über die Lieferung von Eisenkonstruktionen.

Quellen-Verzeichnis.

Breymann, Baukonstruktionslehre III.
Handbuch der Architektur.
Landsberg, Die Glas- und Wellblechdeckung.
Lauenstein, Die Eisenkonstruktionen des einfachen Hochbaues.
Deutsche Bauzeitung.
Zentralblatt der Bauverwaltung.
Hoch, Der Schlosser.

Erstes Kapitel.

Die Konstruktionselemente.

1. Die verschiedenen Walzeisensorten.

Im Eisenhochbau finden Stabeisen wie Eisenbleche ausgedehnte Verwendung.

Stabeisen. Unter Stabeisen versteht man diejenigen durch Walzen hergestellten Eisenerzeugnisse, die namentlich eine Ausdehnung nach der Länge aufweisen und die je nach dem Querschnitt in Flacheisen, Rund-, Sechskant- und Quadrateisen und in Profileisen unterschieden werden. Während in früheren Jahren die Walzwerke die Profileisen nach eigenen Schablonen anfertigten, hat man durch die Bemühungen des Verbandes deutscher Architekten- und Ingenieurvereine seit dem Jahre 1880 einheitliche Profile, die sich den Anforderungen der Festigkeit eng anschmiegen, aufgestellt. Die meisten Walzwerke haben ihre Walzen hiernach eingerichtet, so dass man jetzt von ihnen die sogenannten „deutschen Normalprofile“ beziehen kann.

Fig. 1.

Fig. 2.

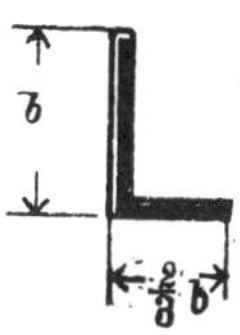

Fig. 3.

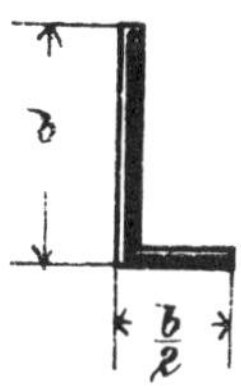

Fig. 4.

Fig. 5.

Fig. 6.

Fig. 7.

Fig. 8.

Fig. 9.

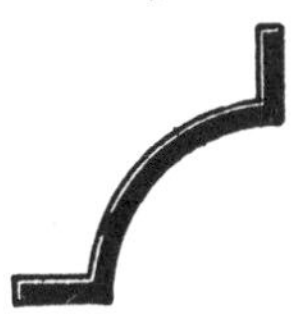

Fig. 10.

Fig. 11.

Normalprofile. In Fig. 1 bis 11 sind die Querschnitte der deutschen Normalprofile mitgeteilt, während die Tabellen über die Abmessungen, Trägheits- und Widerstandsmomente und Gewichte sich im Anhange befinden.

Die von den Walzwerken auf Lager bereit gehaltenen Stabeisen haben in der Regel eine gewisse Länge, welche die Normallänge genannt wird. Diese beträgt bei ⊤-Eisen 10 m, bei ⊏- und allen anderen Profileisen 8 m.

Indessen werden von den Walzwerken auch grössere Längen geliefert. Hiermit ist jedoch immer ein Preiszuschlag (Ueberpreis) verknüpft, der je nach den Umständen ein geringerer oder höherer ist.

Die grössten Längen, bis zu welchen die Stäbe geliefert werden, betragen bei

T-Eisen Normal-Profil 55	14 bis 14½ m,
bei den übrigen T-Eisen	15 bis 18 m
und bei allen anderen Formeisen	12 bis 16 m.

Ausser den deutschen Normalprofilen finden im Eisenhochbau die in Fig. 12 bis 19 dargestellten Stabeisen häufige Anwendung, die in Fig. 12 und 13 angegebenen Profile als Rinneneisen, die anderen als Sprosseneisen.

Fig. 12.

Fig. 13.

Fig. 14.

Fig. 15.

Ausser diesen Profilen werden von den verschiedenen Walzwerken noch eine grosse Anzahl eigener Profile hergestellt, die sich für manche Konstruktionen

Fig. 16.

Fig. 17.

Fig. 18.

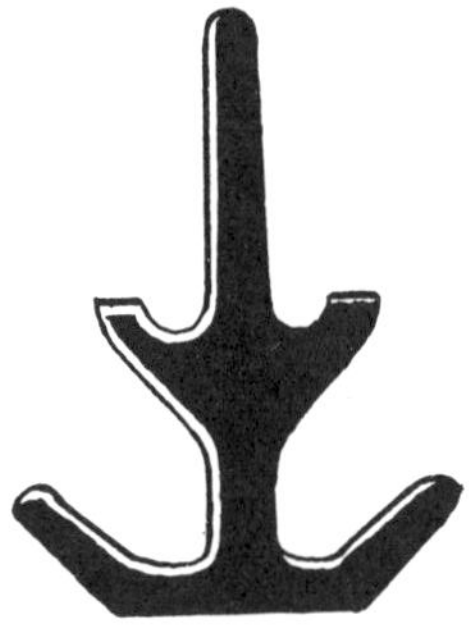

Fig. 19.

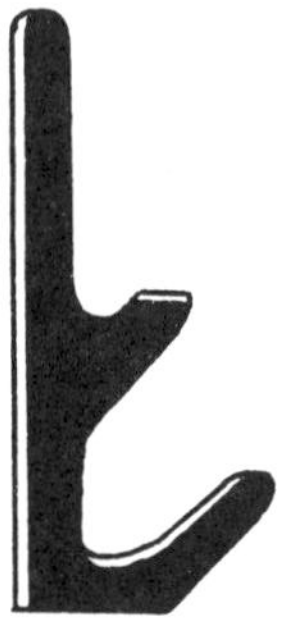

als sehr zweckmässig erweisen. Besonders hervorgehoben zu werden verdienen hier die Fasson- und Ziereisen, welche das Walzwerk Mannstaedt & Komp. seit einer Reihe von Jahren auf den Markt bringt, mit denen man nicht sowohl die mannigfaltigsten Konstruktionen in einfacher Weise ausbilden, sondern auch künstlerische Wirkungen erzielen kann.

Bleche. Hinsichtlich der Bleche unterscheidet man, soweit sie für das Baugewerbe in Betracht kommen: Glatte Bleche, Riffelbleche und die flachen und Trägerwellbleche, wozu in neuerer Zeit noch die gelochten und perforierten Bleche treten.

Die Dicke der glatten Bleche schwankt zwischen 8 und 20 mm; dünnere Bleche als 8 mm starke zu verwenden, verbietet sich aus konstruktiven Gründen.

Ohne Ueberpreis bezahlen zu müssen, erhält man von den Walzwerken Bleche bis 1700 mm Breite bei einer Länge bis etwa 4 m. Das Maximalgewicht darf dabei 700 bis 800 kg nicht überschreiten.

Die Riffelbleche, die in Fig. 20 und 21 veranschaulicht sind, werden von 4 mm Stärke an, ausschliesslich der Riffeln gemessen, in Breiten bis zu 1250 mm bis zu 5 qm gross geliefert. Die Höhe der Riffeln beträgt 1,5 bis 3 mm.

Bei den flachen Wellblechen ist die Wellenhöhe kleiner als die halbe Wellenbreite (Fig. 22). Die Stärke schwankt zwischen 0,5 und 2 mm.

Fig. 20.

Fig. 21.

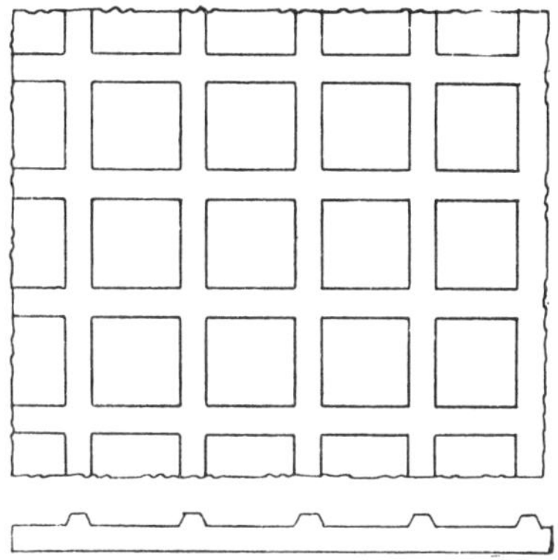

Bei den Trägerwellblechen ist die Wellenhöhe gleich oder grösser als die halbe Wellenbreite (Fig. 23); ihre Stärke beträgt 1 bis 5 mm.

Fig. 22.

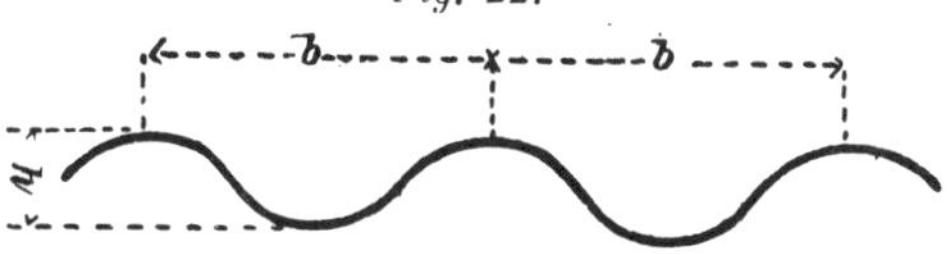

Fig. 23.

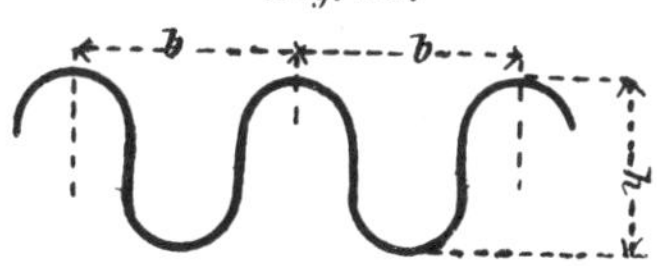

Beide Arten Wellbleche werden sowohl als gerade Bleche, wie auch nach beliebigem Radius gebogen (bombiert) geliefert.

Was die Tragfähigkeit der bombierten Wellbleche anbelangt, so ist dieselbe bei einer Stichhöhe von $^1/_{10}$ bis $^1/_{12}$ der Spannweite bei gleichmässig verteilter Last 8 bis 10mal und bei einseitiger beweglicher Last 4 bis 6mal so gross als die des geraden Bleches.

Die Baubreite der Wellbleche schwankt etwa zwischen 500 und 900 mm.

Da die Berechnung des Ueberpreises hinsichtlich der Lieferung sowohl der Stabeisen als der Bleche zu unangenehmen Erfahrungen führen kann, so wird man gut tun, vor dem Abschluss grösserer Lieferungen sich über die Lieferungs- und Verkaufs-Bedingungen bei den betreffenden Walzwerken genau zu orientieren.

2. Die Verbindungsmittel der Eisenkonstruktionen.

Die verschiedenen Verbindungen. Bei den Eisenkonstruktionen des Hochbaues kommen als Verbindungsmittel nur die Nieten, Schrauben und Bolzen in Betracht. Es muss als Grundsatz aufgestellt werden, dass das Zusammenschweissen von Teilen, die an einer Kraftübertragung teilnehmen sollen, unter allen Umständen verboten ist, wegen der Unzuverlässigkeit, welche die Schweissstelle hinsichtlich ihrer Festigkeit besitzt.

a) Nietverbindungen.

Zweck der Vernietung. Die im Eisenhochbau vorkommenden Vernietungen haben den Zweck, Kräfte von einem Konstruktionsteil auf den anderen zu übertragen. Man nennt daher die Nietungen Kraftnietungen, im Gegensatz zu den Kesselnietungen, wo die Niete nicht nur auf Festigkeit beansprucht werden, sondern auch zugleich einen dichten Schluss der verbundenen Teile bewirken sollen.

Fig. 24.

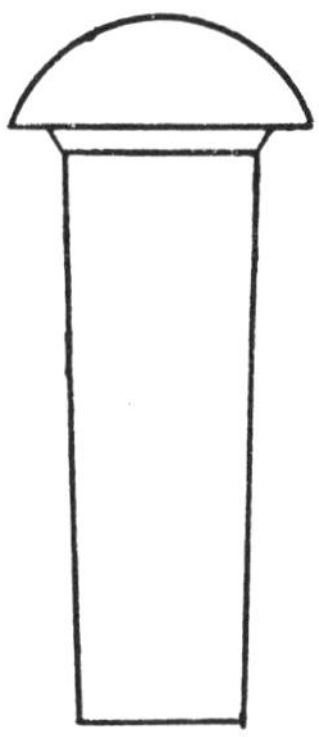

Da die Vernietungen sich nur vermittelst schwerer Hammerschläge herstellen lassen, so können nur Teile aus Schmiedeeisen oder Stahl miteinander vernietet werden, während überall da, wo Gusseisen zu befestigen ist, die Verbindung durch Schrauben bewerkstelligt werden muss.

Form der Niete. Ein Niet besteht aus Schaft und Kopf, dem sogenannten Setzkopf (Fig. 24).

Je nach dem Durchmesser des Nietschaftes, der übrigens, um ihn zwanglos in das betreffende Nietloch bringen zu können, etwa 3 Prozent verjüngt ist, werden die Niete entweder in kaltem oder warmem Zustande eingezogen.

Kalte Nietung. Die kalte Nietung wird nur bei Nieten, deren Durchmesser höchstens 10 mm beträgt, angewandt, da die dünnen Schäfte durch die Weissglühhitze zu stark angegriffen oder oft auch völlig verbrannt werden. Es leuchtet ein, dass die Stauchung des Schaftes wie auch die Bildung des zweiten, sogenannten Schliesskopfes bei dieser Nietung nur mangelhaft ausgeführt werden kann, weshalb die Festigkeit der Verbindung durch das Schlottern der Niete meist sehr beeinträchtigt wird. Die kalte Nietung darf daher auch nur da angeordnet werden, wo es sich weniger um Kraftübertragung als vielmehr lediglich um eine Verbindung mehrerer Eisenteile handelt.

In allen Fällen, wo der erste Umstand mafsgebend ist, wird man zu dickeren Nieten und somit zur Warmnietung übergehen müssen.

Warme Nietung. Bei der warmen Nietung hat man sein Augenmerk vor allem darauf zu richten, dass der ganze Niet — also Setzkopf und Schaft —

Fig. 25.

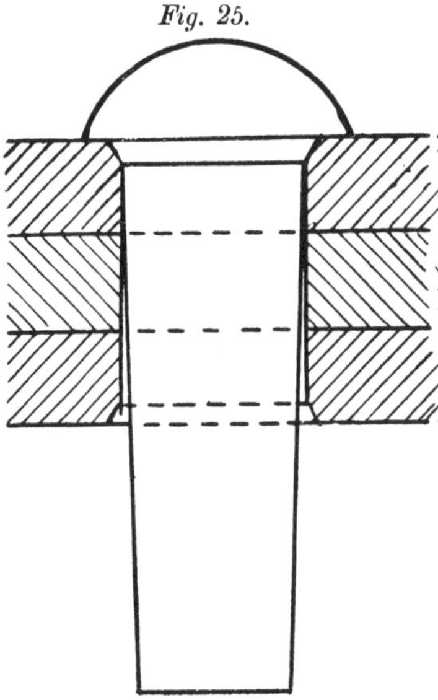

Fig. 26.

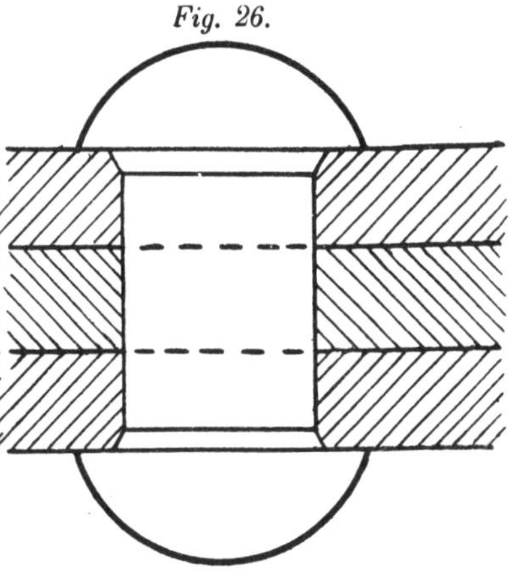

bis zur Hellrot- oder Weissglut erhitzt wird. Dieser so vorbereitete Niet wird dann in die genau entsprechenden, zylindrischen Löcher der zu verbindenden

Teile gesteckt und mittels des Vorhälters oder noch besser einer Nietwinde fest in seiner Lage gehalten. Aus dem hervorragenden Ende des hellrotglühenden Schaftes wird hierauf der zweite Kopf — Schliesskopf — gebildet, indem zuerst mit leichteren Hämmern durch senkrecht zum Schaft niedergeführte Schläge dieser solange gestaucht wird, bis das zylindrische Nietloch völlig ausgefüllt ist. Von dem übrigen Materiale wird sodann mit Hilfe des Schelleisens, welches an seinem einen Ende die Form des Nietkopfes als Vertiefung besitzt, und schwerer Zuschlaghämmer der Schliesskopf geschmiedet (Fig. 25 und 26).

Länge der Niete. Die Länge des Schaftes ist so zu bemessen, dass aus ihm der Niet tadellos geschellt werden kann. Bei zu kurzem Nietschaft wird der Schliesskopf sich nur unvollständig bilden, bei zu langem Schafte wird am Schliesskopf überflüssiges Material, ein sogenannter Bart, stehen bleiben. Beides darf bei guten Vernietungen natürlich nicht vorkommen. Der erste Mangel beeinträchtigt die Tragfähigkeit, der letzte das gute Aussehen der Vernietung.

Infolge der Zusammenziehung des Nietschaftes beim Erkalten werden die vernieteten Teile fest aufeinander gepresst.

Die Länge des Nietes zwischen Setz- und Schliesskopf darf daher ein gewisses Mafs nicht überschreiten, wenn nicht einer der beiden Köpfe durch die Längsspannung im Schafte abgerissen werden soll. Als zulässiges höchstes Mafs darf hierfür angenommen werden:

$$l = 4\,d,$$

wenn d den Nietdurchmesser, l die Gesamtdicke der zu vernietenden Teile bedeutet (Fig. 27). Die Gefahr des Abreissens der beiden Köpfe wird dadurch noch herabgemindert, dass zwischen diesen und dem Schaft je ein kurzer konischer Ansatz angebracht ist, der in entsprechende Versenkungen eingreift, die sich an der Aussenseite der zu verbindenden Teile befinden (Fig. 27).

Fig. 27.

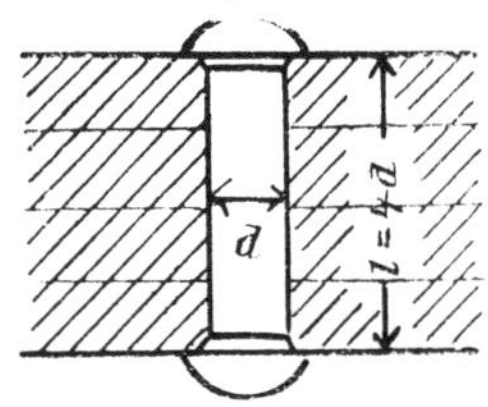

Fig. 28.

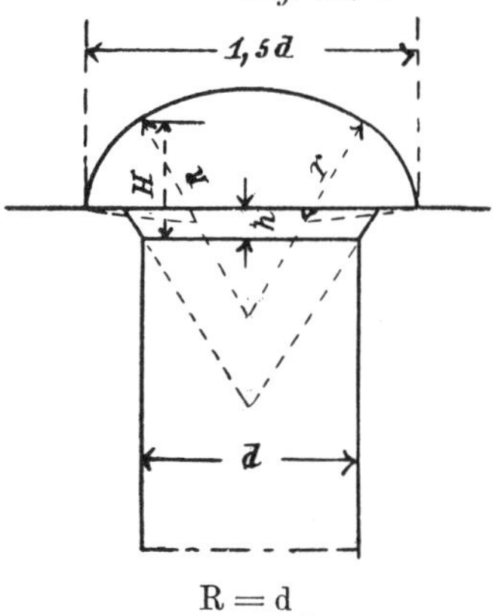

R = d
r = ½ d
h = ⅛ d
H = ½ d

Fig. 29.

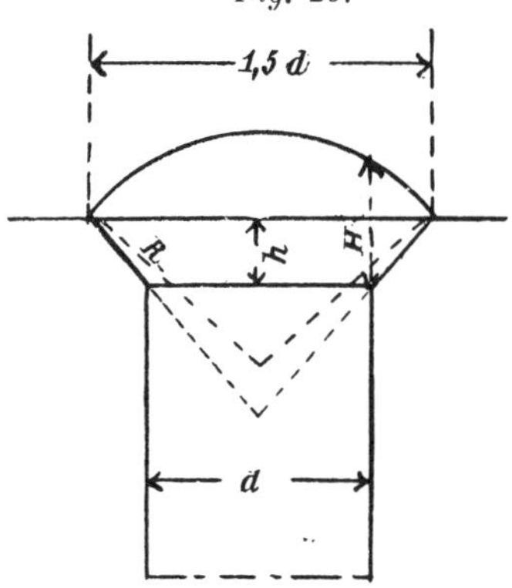

R = d
H = ½ d
h = ⅜ d

Fig. 30.

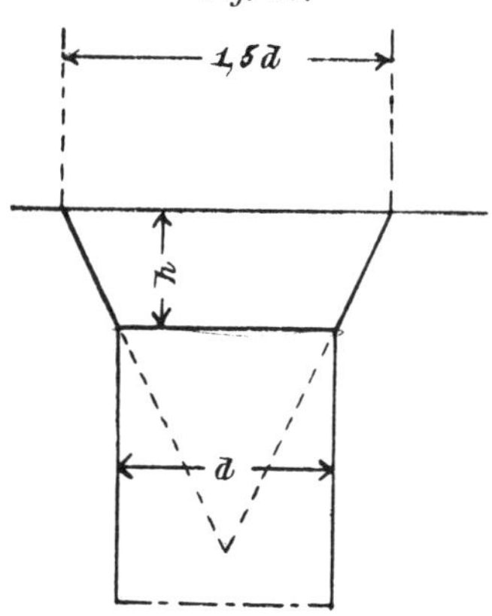

h = d

Form des Nietkopfes. Je nach der Gestalt des Nietkopfes unterscheidet man volle (normale), halbversenkte und versenkte Niete. Die beiden letzten werden dann angeordnet, wenn es an Raum zur Ausbildung des normalen Kopfes gebricht. In den Fig. 28, 29 und 30 sind die gebräuchlichsten Nietkopfformen dargestellt und mit Mafszahlen versehen, die sich auf den Schaftdurchmesser als Einheit beziehen.

Das Zeichnen der Nietköpfe. Der normale Nietkopf stellt sich in der Zeichnung als Korbbogen dar (Fig. 28). Die Eisenkonstruktionszeichnungen werden in der Praxis aber meist im Mafsstabe 1 : 10 und 1 : 5 ausgeführt. Selbstverständlich können in diesen Zeichnungen die normalen Nietköpfe nicht als Korbbogen dargestellt werden, vielmehr werden sie als Kreissegmentbogen gezeichnet. Bei allen Nieten ist der Durchmesser des Kopfes 1,5 Schaftdurchmesser. Um eine annähernd richtige Form des Kopfes zu erhalten, trage man in der Zeichnung 1 : 10 an einer Stelle des Blechrandes z. B. für einen Niet von 20 mm Durchmesser das Mafs 3 mm = b — c ab, setze die Spitze des Nullenzirkels in die Mitte des Bleches bei a ein und schlage mit a—b als Radius den Nietkopf (Fig. 31).

Fig. 31.

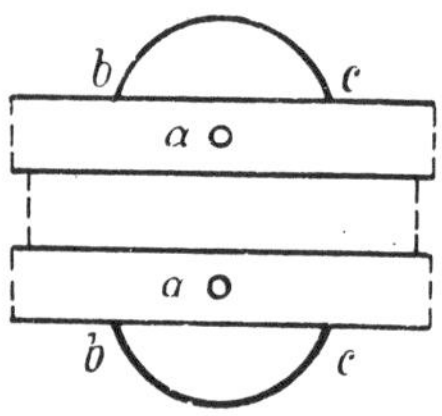

Stärke der Niete. Was die Stärke d des zu wählenden Nietbolzens anbetrifft, so hängt er zunächst von der Dicke der zu vernietenden Bleche ab. Zu dünne Niete pressen die Bleche nicht genügend aufeinander, zu starke üben durch ihre Längsspannung vielleicht zerstörende Drücke auf die Bleche aus.

Fig. 32.

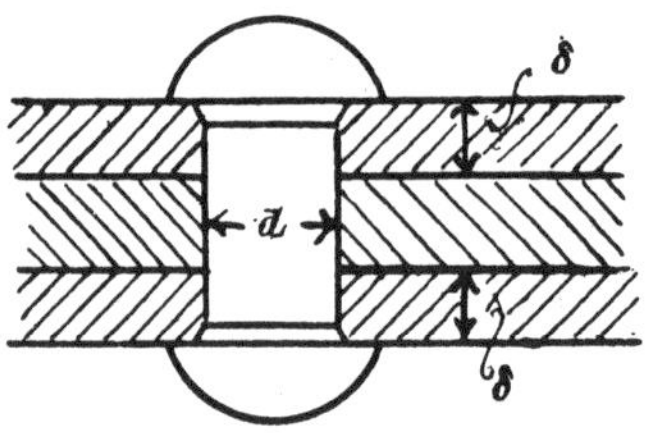

Nach Tetmajr ist zu setzen für Bleche, deren Dicke δ kleiner ist als 1,2 cm:

$$d = \delta + 1{,}0 \text{ cm},$$

und für Bleche, deren Dicke grösser als 1,2 cm ist:

$$d = 0{,}5\,\delta + 1{,}6 \text{ cm (Fig. 32)},$$

wobei δ die Stärke des dünneren Bleches bedeutet.

Die für Baukonstruktionen verwendeten Niete beschränken sich indessen gegenwärtig auf Durchmesser von 16, 20, 23 und 26 mm.

An der Hand der vorstehenden Formeln wird man daher leicht die Wahl des passenden Nietbolzens treffen können.

Besonders sollte darauf geachtet werden, dass bei Kraftnietungen Nietstärken unter 16 mm nicht verwandt werden.

Nietloch. Die Nietlöcher müssen kreisrund und zylindrisch sein und gut aufeinander passen, da sonst das Einziehen der Niete nicht mit der nötigen Genauigkeit und Sauberkeit geschehen kann. Kommen Verschiebungen der Nietlöcher vor, so muss diesem Uebelstande durch Aufreiben mit der Reibahle abgeholfen werden. In derart aufgeriebene Löcher sind entsprechend stärkere Nietbolzen einzuziehen (Fig. 33 und 34).

Fig. 33.

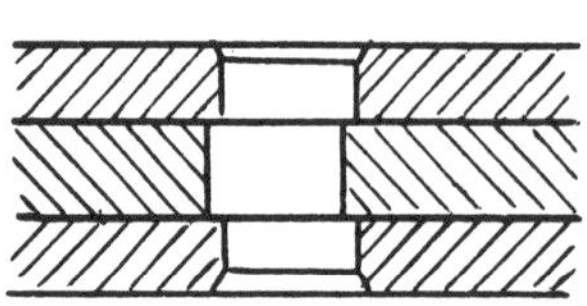

Fig. 34.

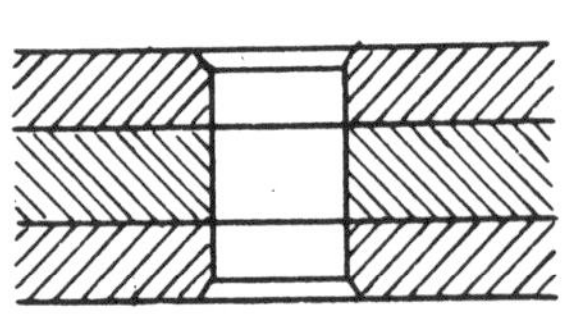

Die meisten Vorschriften über die Anfertigung von Nietverbindungen schreiben übrigens vor, dass derartige Verschiebungen bis höchstens 5 Prozent des Lochdurchmessers zulässig sind.

Herstellung der Nietlöcher. Die Herstellung der Nietlöcher geschieht entweder durch Bohren oder Stanzen. Das Stanzen der Löcher ist indessen mit Vorsicht zu gestatten, da die Ränder der Löcher meistens zerstört werden, wodurch die Tragfähigkeit des fertigen Stückes herabgemindert wird.

Manche Verwaltungen, welche viele Eisenkonstruktionen herstellen lassen, schreiben daher in ihren Bedingungen vor, dass das Lochen nur in untergeordneten Teilen wie Futterstücken und dergl. erlaubt ist, während die Löcher in allen sonstigen Teilen durch Bohren herzustellen sind. Beim Bohren wie beim Stanzen muss vor dem Zusammenlegen der Teile der entstandene Grat sorgfältig entfernt werden. Legt man Gewicht auf besonders exakte Arbeit, so wird man den Eisenkonstruktions-Werkstätten zur Bedingung machen, die Löcher zunächst mit etwas geringerem Durchmesser herzustellen und sie erst nach der Zusammensetzung der Teile durch Aufreiben mit der Reibahle auf den richtigen, der Nietstärke entsprechenden Durchmesser zu bringen. Jedenfalls erhält man hierdurch völlig genau aufeinander passende und glatte metallische Wandungen.

Untersuchung der Vernietung. Bei einer gut ausgeführten Vernietung müssen Setz- und Schliesskopf eine zentrale Lage haben und voll ausgeschlagen sein. Sie müssen ausserdem vollkommen festsitzen. Man überzeugt sich hiervon am besten, indem man mit einem Hämmerchen den einen Kopf leicht anschlägt, während man mit den Fingerspitzen der anderen Hand den zweiten Kopf berührt. Die geringste Beweglichkeit eines Nietes macht sich dem Gefühle sofort bemerkbar. Solche Niete müssen natürlich entfernt und durch vorschriftsmässige ersetzt werden.

Fig. 35.

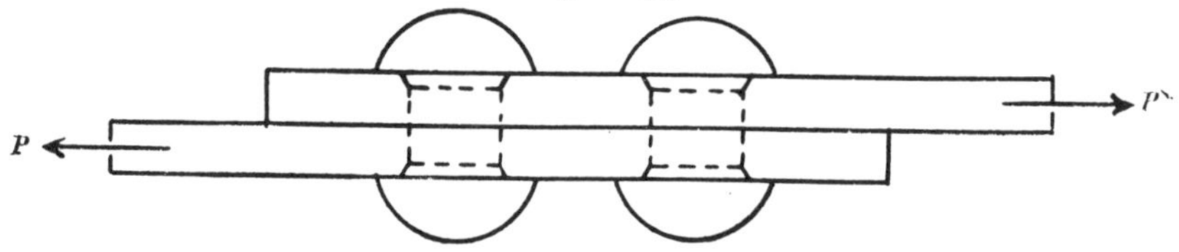

Fig. 35 a.

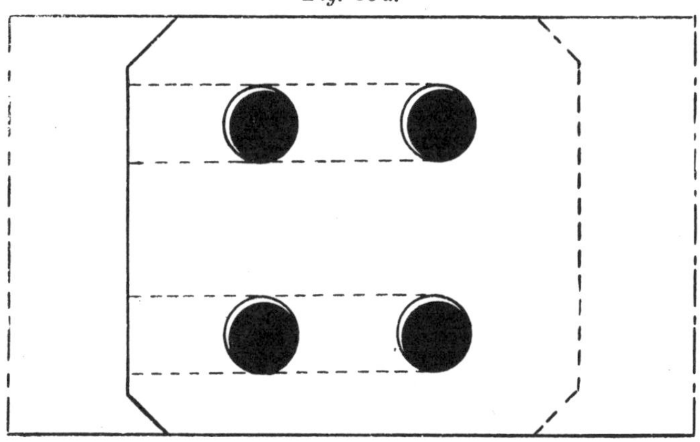

b) Berechnung und Anordnung der Nietverbindungen.

Eine Nietverbindung (Fig. 35 und 35 a) kann dadurch zerstört werden, dass 1. die Niete in den Berührungsflächen der zu vernietenden Bleche abscheren, 2. das Nietloch durch den Druck des Bolzens zertrümmert wird, 3. das Blech zwischen Niet und Blechrand ausschlitzt, 4. das Blech zwischen den einzelnen Nieten ausreisst, 5. die Bleche an der durch Nietlöcher geschwächten Stelle abreissen (Fig. 36).

Bei der Berechnung der Vernietung wird von der Reibung der Bleche aufeinander, welche durch die Längsspannung des erkalteten Nietes hervorgerufen wird, abgesehen. Man sieht die Reibung nur als eine Erhöhung der Sicherheit der Konstruktion an.

Wirkung der ein- und zweischnittigen Verbindungen. Je nach der Zahl der Nietquerschnitte in einem Niet, die bei der Zerstörung der Verbindung abgeschert werden, unterscheidet man ein- und zweischnittige Niete.

Eine einschnittige Nietverbindung liegt demnach vor, wenn zwei Bleche, eine zweischnittige, wenn drei Bleche aufeinander genietet werden (Fig. 37 und 38).

Fig. 36.

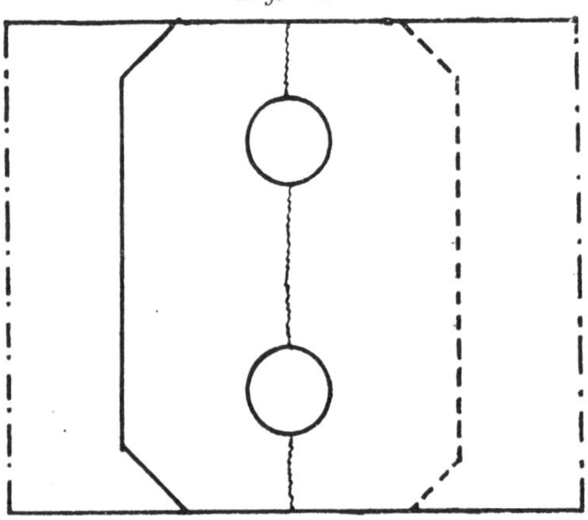

Fig. 37.

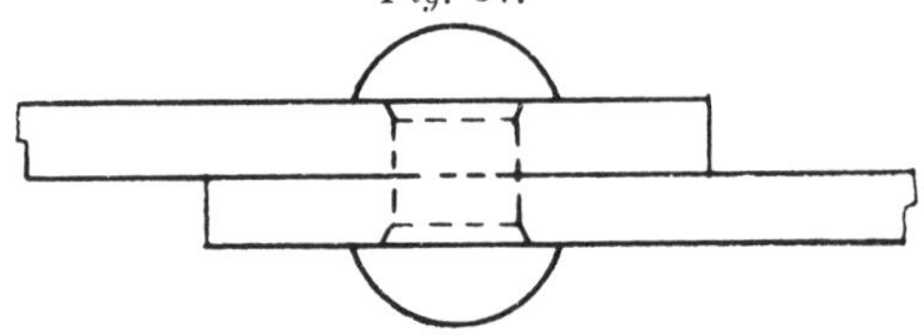

Fig. 38.

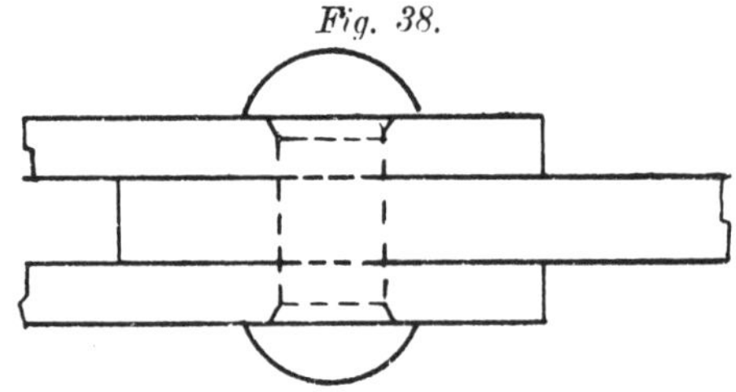

Nach Zerstörung der Nieten würden mit Rücksicht auf die oben angegebene Möglichkeit 1. der Trennung, die Bleche nach Fig. 39 und 40 übereinander weggleiten.

Fig. 39.

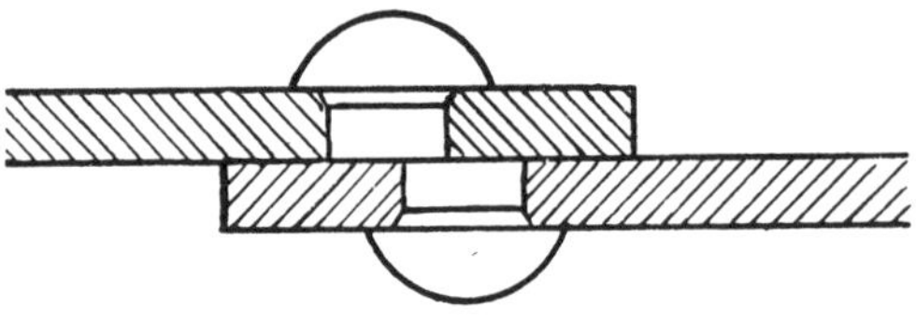

Fig. 40.

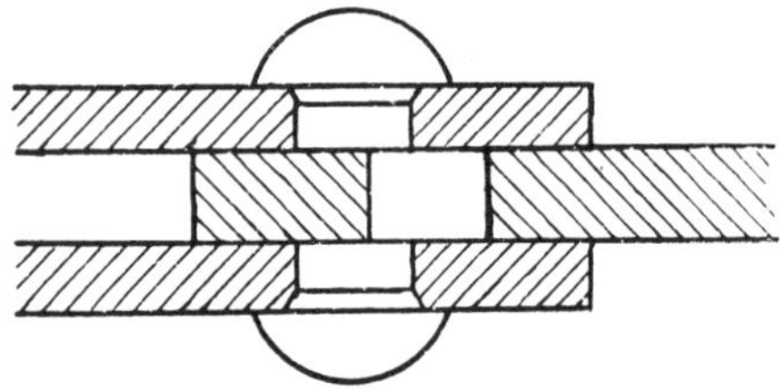

Die Nietquerschnitte sollen nur auf Schubfestigkeit beansprucht werden.

Fig. 41.

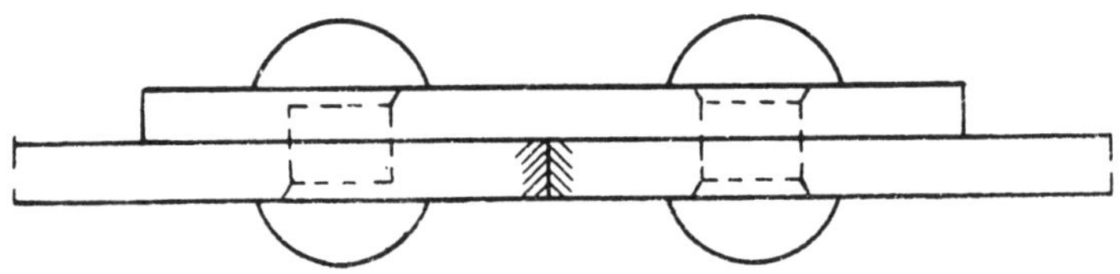

Hält man dieses als Grundsatz fest, so ergibt sich, dass man bei allen Nietverbindungen besonders sein Augenmerk darauf zu richten hat, dass die

Mittelkräfte aus den Spannungen der zu verbindenden Teile in die Mittelachse fallen.

Einschnittige Nietverbindungen. Dies ist aber bei der einseitigen Ueberlappung (Fig. 37) sowohl wie bei der einseitigen Laschung (Fig. 41) nicht möglich.

Mit Beziehung auf Fig. 42 bezeichne P die zu übertragende Kraft, δ die Blechstärke.

Fig. 42.

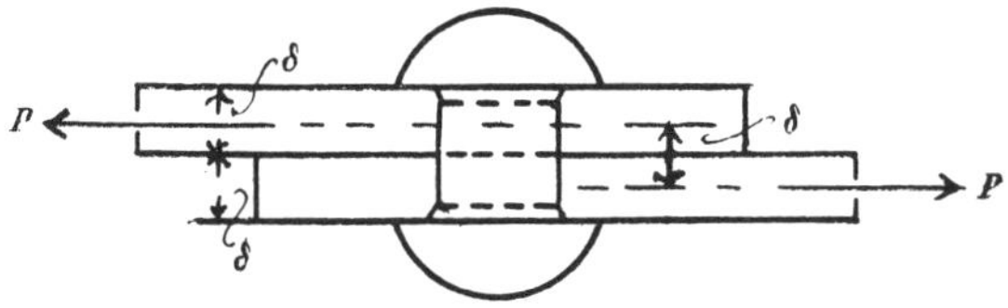

Fig. 43.

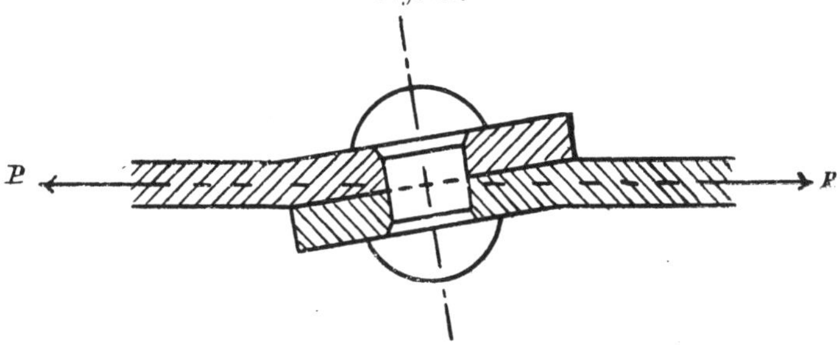

Infolge der Wirkung des auftretenden Kräftepaares, dessen Moment $M = P \cdot \delta$ beträgt, wird jedenfalls eine Verbiegung des Nietes oder der Bleche oder gleichzeitig beider Teile auftreten. Die aus dem Momente herrührenden Biegungs-Spannungen können unter Umständen eine sehr grosse Höhe erreichen.

Das Biegungsbestreben wird erst dann vernichtet sein, wenn die Stabkräfte in eine Linie fallen (Fig. 43).

Man soll aus den angeführten Gründen die einschnittigen Nietverbindungen vermeiden und sie auf die unbedingt notwendigen Fälle beschränken.

Zweischnittige Nietverbindungen. Bei dem zweischnittigen Anschluss wird der Bedingung, dass die Resultierenden aus den Spannungen in die Mittelachse fallen sollen, stets genügt.

Fig. 44.

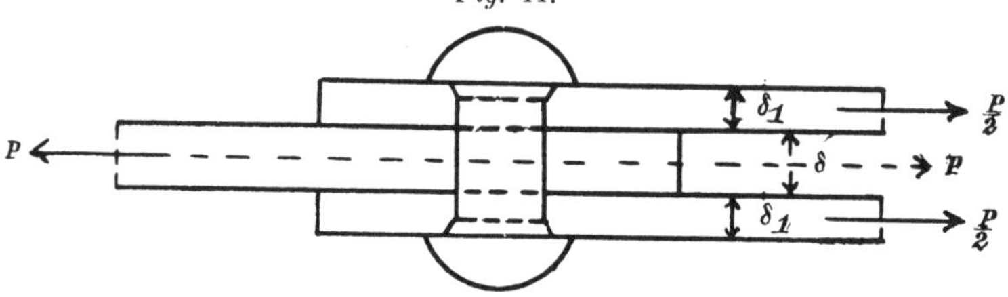

Denn, ist nach Fig. 44 P die im mittleren Blech wirkende Spannung und sind $\frac{P}{2}$ und $\frac{P}{2}$ die in den äusseren Stücken wirkenden Kräfte, so ist die Mittelkraft aus den beiden letzteren gleich und entgegengesetzt P und diese hebt sich in der Mittelachse mit der Spannung P auf. Es tritt somit kein biegendes Moment auf; die Nietquerschnitte werden demnach nur auf Abscheren angestrengt.

Theoretisch müsste der Querschnitt der äusseren Bleche gleich demjenigen des inneren Stückes, bei gleicher Breite der drei Teile also: $2\,\delta_1 = \delta$ sein, wenn δ_1 die Dicke der äusseren Bleche bedeutet. Indessen wird die Gesamtstärke $2\,\delta_1$

der äusseren Bleche immer grösser sein, als die Dicke δ des mittleren Teiles, weil man aus anderen Gründen nicht gern unter ein gewisses Maſs hinsichtlich der Stärke der Konstruktionsglieder heruntergeht. Im nächsten Kapitel wird davon noch die Rede sein.

Berechnung der Nietverbindungen gegen Schub. Zu den Nieten wird nur ausgesucht gutes Material verwandt, so dass man als zulässige Beanspruchung gegen Schub $^4/_5$ der zulässigen Inanspruchnahme gegen Zug der Rechnung zugrunde legen darf. Da nach neuerer ministerieller Verfügung für Schmiedeeisen 1000 kg Zug pro Quadratzentimeter für die Bestimmung der Querschnittsabmessungen eingeführt werden dürfen, so würde sich damit als zulässige Schubanstrengung des Nietquerschnittes der Wert

$$\frac{4}{5} \cdot 1000 = 800 \text{ kg pro qcm}$$

ergeben.

Unter der Tragfähigkeit eines Nietes versteht man die Kraft, welche ein Niet mit Sicherheit zu übertragen vermag.

Einschnittige Niete. Bezeichnet man die Tragfähigkeit eines einschnittigen Nietes mit N, seinen Durchmesser mit d, so erhält man mit Rücksicht auf die zulässige Schubanstrengung von 800 kg pro qcm für N den Wert:

$$N = \frac{d^2 \pi}{4} \cdot 800.$$

Die Zahl n der einschnittigen Niete, welche erforderlich ist, um eine Kraft P auf einen Konstruktionsteil zu übertragen, ergibt sich nun leicht aus der Gleichung:

$$1) \qquad n = \frac{P}{N} = \frac{P}{\frac{d^2 \pi}{4} \cdot 800}$$

Zweischnittige Niete. Bei zweischnittigen Nieten erhält man für die Tragkraft N:

$$N = 2 \frac{d^2 \pi}{4} \cdot 800$$

und für die Zahl n der erforderlichen Anschlussniete zur Uebertragung einer Kraft P:

$$2) \qquad n = \frac{P}{2N} = \frac{P}{2 \frac{d^2 \pi}{4} \cdot 800}.$$

In Gleichung 1) wie in Gleichung 2) wird bei der Rechnung der Ausdruck $\frac{d^2 \pi}{4}$ am einfachsten einer Kreisinhaltstabelle entnommen.

Berechnung gegen Lochwanddruck. Bei jeder Niet- oder Bolzenverbindung werden zwischen dem Umfange des Schaftes und der Lochwandung Pressungen auftreten. Uebersteigen diese eine gewisse Grösse, so wird das Material des Bleches hinter dem Nietschaft zerdrückt und seitlich herausgequetscht werden. Man nennt diese auf die Lochwandung wirkenden Pressungen den Lochwanddruck.

Dieser ist aber nicht gleichmässig über die Zylindermantelfläche verteilt, sondern, wie aus Fig. 45 ersichtlich, ist er am grössten im Scheitel, von wo aus er seitlich bis zu Null abnimmt. Durch viele Versuche hat man festgestellt, dass der mittlere Druck 1200 bis höchstens 1400 kg für jedes Quadratzentimeter des Rechteckes aus Durchmesser d und Blechdicke δ erreichen darf, wenn keine schädlichen Quetschungen eintreten sollen.

Fig. 45.

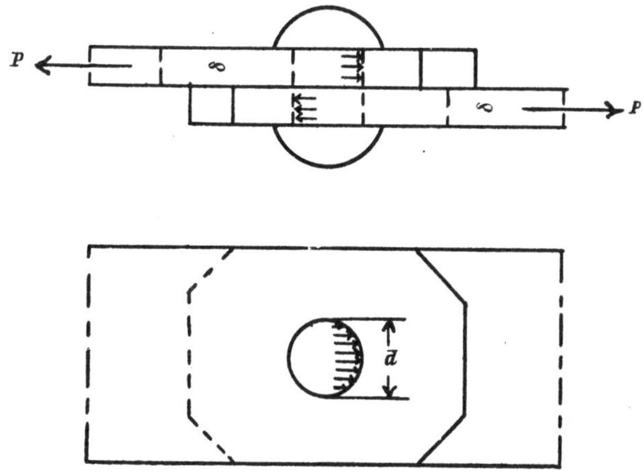

Als mittlerer zulässiger Wert für den Lochwanddruck sollen für unsere Rechnungen stets 1200 kg pro qcm eingeführt werden.

Die Grösse des Rechteckes aus Durchmesser d und Blechdicke δ ist $d \cdot \delta$, mithin ergibt sich für die Tragfähigkeit N_1 eines Nietes gegen Lochwanddruck (Fig. 45):

$$N_1 = d\,\delta \cdot 1200.$$

Die Zahl n_1 der zur Uebertragung einer Kraft P erforderlichen Nieten ist somit zu berechnen aus:

$$N_1 \cdot N_1 = P,$$

woraus sich:

$$3) \qquad n_1 = \frac{P}{N_1} = \frac{P}{1200\,d \cdot \delta}$$

ergibt. Sind die Bleche verschieden stark, so bezeichnet d die Stärke des dünneren Bleches.

Es wurde oben, Seite 10, bereits bemerkt, dass bei zweischnittigen Nietverbindungen die Dicke des mittleren Bleches in der Regel kleiner ist, als die Gesamtstärke der äusseren Bleche. Bei der Bestimmung der Nietzahl gegen Lochwanddruck hat man in diesem Falle als Blechstärke δ stets diejenige des mittleren Bleches einzuführen (Fig. 46). Mit dieser Rücksicht ist Gleichung 3) also auch hier gültig.

Fig. 46.

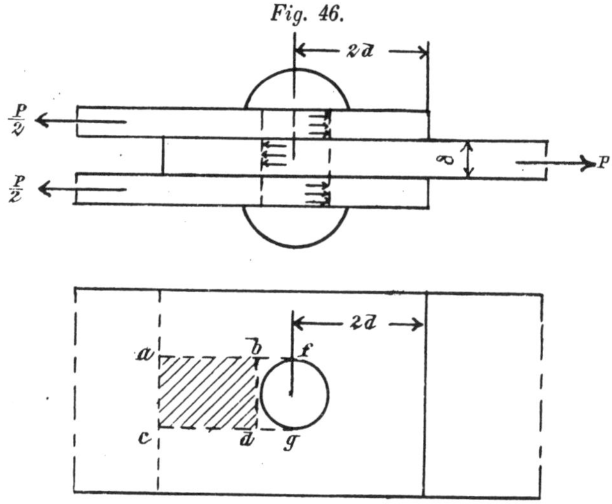

Ergibt die Rechnung einer Nietverbindung gegen Abscheren und Lochwanddruck verschiedene Werte für die Anzahl der erforderlichen Anschlussniete, so ist selbstverständlich die grössere Zahl bei der Konstruktion zu verwenden.

Anordnung der Niete in Blechen. Es handelt sich jetzt noch darum, zu untersuchen, wie die Niete anzuordnen sind, welche Entfernung sie vom Blechrande und untereinander haben müssen, damit weder das Blech zwischen Niet und Blechrand ausreisst, noch das zwischen je zwei Nieten befindliche Blech zerstört wird.

Im Hinblick auf Fig. 46 ergibt sich, dass, wenn der Niet zu nahe an die Blechkante herantritt, das vor demselben liegende in der Figur durch Schraffur hervorgehobene Stück Eisen herausgedrückt werden kann. Lediglich die Schubfestigkeit in den Flächen a—b und c—d wirkt dem Drucke des Bolzens entgegen, wenn man von den kleinen Streifen b f und d g absieht.

Selbstverständlich darf man nun bei der Anstrengung des Eisens nicht bis an die Grenze der Schubfestigkeit gehen, sondern auch hier nur bis zur Höhe der zulässigen Inanspruchnahme. Demnach würde der Widerstand, den die Flächen a b und c d dem Drucke des Nietschaftes entgegensetzen, höchstens

$$2\,x \cdot \delta \cdot 800 \text{ kg}$$

betragen dürfen, wenn man mit x das Maſs a—b bezeichnet.

Nach Gleichung 3) ist aber der Lochwanddruck eines Nietes

$$d\,\delta \cdot 1200 \text{ kg}.$$

Da beide Grössen gleich sein müssen, so würde man zur Bestimmung von x die Bezeichnung erhalten:

$$2\,x\,\delta \cdot 800 = d \cdot \delta \cdot 1200,$$

woraus sich x ermittelt zu

$$x = \frac{3}{4}\,d.$$

Die Lochmitte hätte demnach einen Abstand von der Blechkante von

$$\frac{3}{4}\,d + \frac{1}{2}\,d = \frac{5}{4}\,d.$$

Mit Rücksicht darauf, dass der Niet gut und voll geschlagen werden kann und dass das Material des Bleches durch die Zusammenziehung des Nietes infolge seiner Abkühlung ausserdem schon bedeutende Pressungen erleidet, die sich mit

Fig. 47.

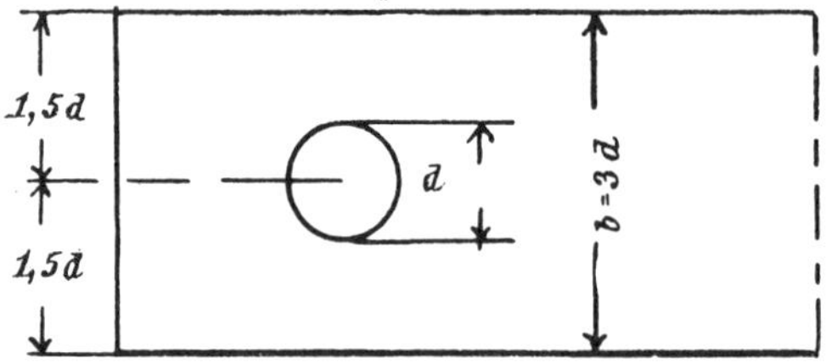

Fig. 48.

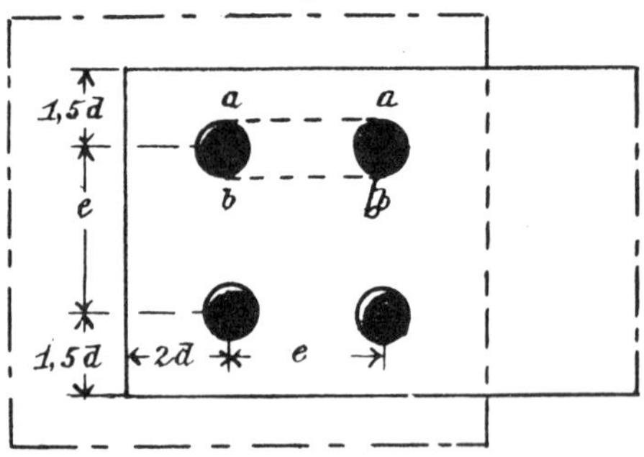

den Schubanstrengungen addieren, ist es **erforderlich**, mit der **Nietmitte in der Richtung der ziehenden Kraft P zwei Durchmesser vom Blechrande zu bleiben.** In ihren technischen Bedingungen schreiben daher viele Behörden vor:

Die Mittelpunkte der Nietlöcher müssen von den Köpfen der Stäbe und den Kanten der Bleche und Platten in der Kraftrichtung mindestens entfernt sein:

bei	16 mm	Lochweite	30 mm
„	20 „	„	40 „
„	23 „	„	45 „
„	26 „	„	50 „

also rund 2 d.

Senkrecht zur Kraftrichtung gemessen, soll der Abstand der Nietmitte vom Blechrande immer 1,5 Nietdurchmesser betragen.

Hieraus ergibt sich dann weiter für die geringste Breite eines Flacheisens

b = 3 d (Fig. 47).

Was die Entfernung der Niete untereinander anbetrifft (Fig. 48), so ist dieselbe ebenfalls abhängig von der zulässigen Schubanstrengung in den Flächen a—a und b—b und der Pressung der Bleche aufeinander infolge der Zusammenziehung der Niete.

Fig. 49.

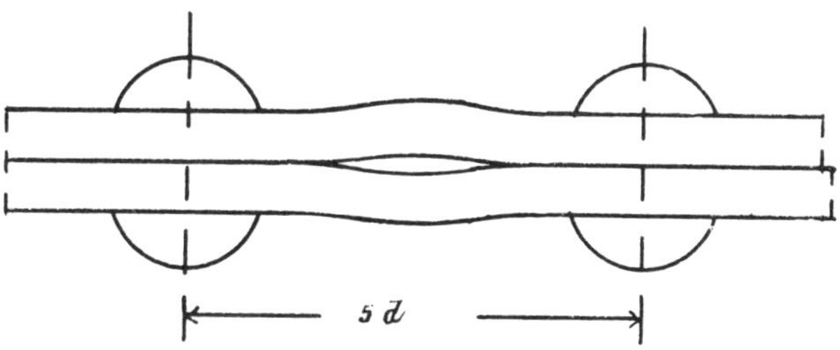

Die Durchführung der Rechnung würde das Resultat ergeben, dass der Abstand e der Nietmitten voneinander nicht kleiner als 2,5 Nietdurchmesser gewählt werden darf. Ein zu grosser Nietabstand würde dagegen namentlich bei dünneren Blechen ein Klaffen der Bleche zwischen den Nieten verursachen. Um dies zu verhüten, darf daher der Nietabstand e nicht grösser als 5 Nietdurchmesser gemacht werden (Fig. 49 und 50).

Fig. 50.

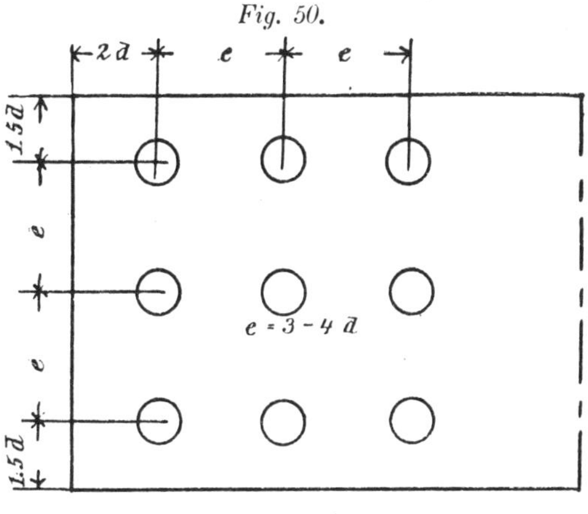

Eine in jeder Hinsicht gute Vernietung wird man daher erzielen, wenn man den Nietabstand etwa 3 bis 4 Nietdurchmesser anordnet.

Erwägt man ferner, dass das Aufzeichnen und Ankörnen der Niete in den Werkstätten von intelligenteren Arbeitern geschieht, so wird man die Nietabstände möglichst durch runde Mafse angeben; denn je einfacher die Mafszahlen sind, um so weniger leicht werden sich Fehler beim Auftragen einschleichen. Als praktische Nietentfernungen für die meist gebräuchlichen Niete sind daher die nachstehenden Mafse zu empfehlen:

Nietdurchmesser d = mm	Nietentfernung e = mm
16	40 od. 50
20	60,70 od. 80
23	70,80 od. 90
26	80,90 od. 100.

Schwächung des Blechquerschnittes durch Nietlöcher. Bei der Bestimmung der Querschnittsabmessungen gezogener Konstruktionsteile hat man auf die Schwächung, welche diese Teile durch die Nietöffnungen erleiden, zu rücksichtigen. Der nach Abzug der Nietlöcher verbleibende, sogenannte nutzbare Querschnitt, muss gleich dem theoretisch ermittelten Querschnitt sein. Die theoretische Breite müsste demnach um so viel Nietlochquerschnitte vergrössert werden, als Niete in einem Stabquerschnitte untergebracht werden sollen. Dies würde aber bei grossen Kräften zu einer grossen Breite der Stäbe und damit zu einer erheblichen Materialverschwendung führen. Deshalb werden in solchen Fällen die Niete in mehreren Nietreihen angeordnet unter Beachtung der nachstehenden Regel:

„Ist zum Anschluss eines Stabes mehr als ein Niet erforderlich, so vergrössere man die theoretische Breite um einen Nietdurchmesser, stelle in die erste Nietreihe nur einen Niet und in jeder folgenden Reihe einen Niet mehr, soweit es die Breite des Bleches gestattet".

In Fig. 51, 52 und 53 ist der zweischnittige Anschluss eines 1,2 cm starken Bleches dargestellt, welches eine Zugspannung von 17280 kg hat. Der Nietdurchmesser beträgt 2 cm. Die Qualität des Eisens lässt gegen Zug eine Inanspruchnahme von 900 kg pro Quadratzentimeter zu.

Unter dieser Voraussetzung muss der nutzbare (theoretische) Querschnitt betragen

$$f = \frac{17280}{900} = 19{,}2 \text{ qcm.}$$

Gegen Abscheren sind erforderlich, da die Verbindung zweischnittig ist. nach Gleichung 2):

$$n = \frac{P}{2 \cdot \frac{d^2 \pi}{4} \cdot 800} = \frac{17280}{2 \cdot \frac{2{,}0^2 \cdot 3{,}14}{4} \cdot 800} = 3{,}4, \text{ also 4 Niete,}$$

und gegen Lochwanddruck nach Gleichung 3):

$$n_1 = \frac{P}{d \cdot \delta \cdot 1200} = \frac{17280}{2{,}0 \cdot 1{,}2 \cdot 1200} = 6 \text{ Niete,}$$

die demnach angeordnet werden müssen.

Fig. 51.

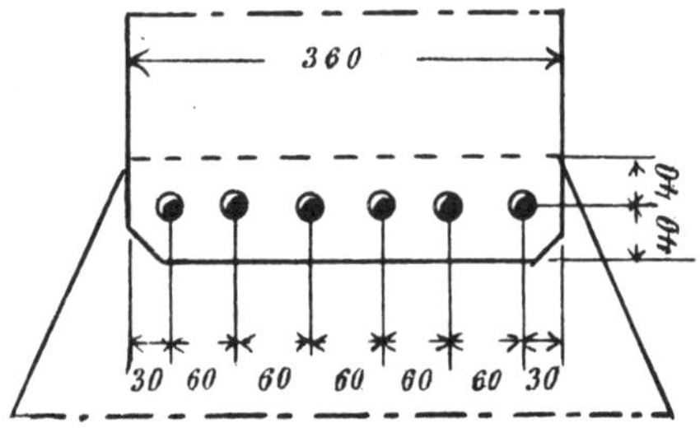

Fig. 52.

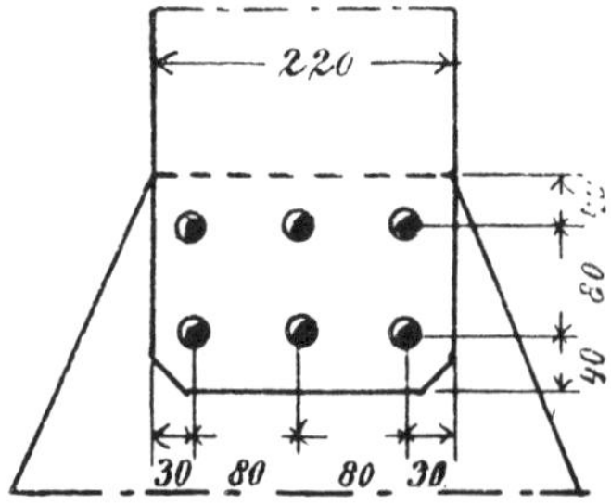

Würde man, wie in Fig. 51, die sechs Niete nebeneinander stellen, so ergäbe sich, bei der Nietentfernung von 6 cm, unter Beachtung, dass die äussersten

Niete 1,5 d vom Blechrande bleiben müssen, eine Gesamtbreite von $5 \cdot 6{,}0 + 2 \cdot 3{,}0 = 36$ cm. Der nutzbare Querschnitt ist dabei $(36 - 5 \cdot 2{,}0) \cdot 1{,}2 = 31{,}2$ qcm, während nur 19,2 qcm erforderlich sind. Das Material ist also bei weitem nicht ausgenutzt und die Verbindung daher aus diesem Grunde allein schon zu verwerfen.

Fig. 53.

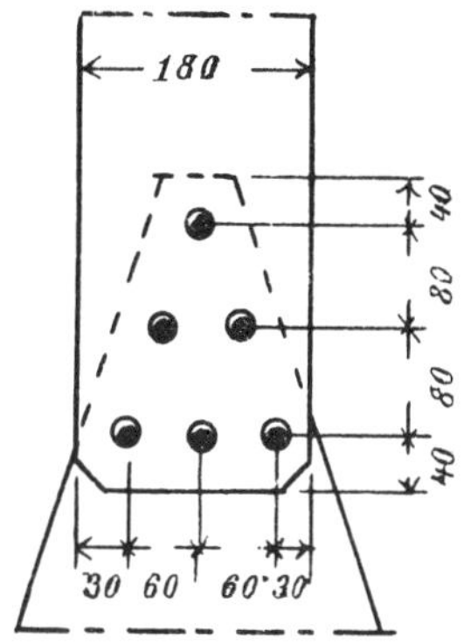

In Fig. 52 sind die Niete in zwei Reihen untergebracht. Da die Blechstärke 1,2 cm, der nutzbare Querschnitt 19,2 qcm beträgt, so muss nach Abzug der drei Nietlöcher die theoretische Breite des Bleches $\frac{19{,}2}{1{,}2} = 16$ cm sein. Die Bruttobreite des Bleches ist daher $16 + 3 \cdot 2{,}0 = 22{,}0$ cm. Die Nietentfernung kann dabei gleich 4 Durchmesser, also, wie in der Figur angegeben, 8 cm gemacht werden.

Der Materialverbrauch ist hier bedeutend geringer als bei der ersten Verbindungsweise, immerhin aber noch bedeutend grösser als bei der Anordnung in Fig. 53, wo die Eisenmenge auf das geringste Mafs beschränkt ist, ohne dass die Festigkeit eingebüsst hätte.

Nach der oben angegebenen Regel ist nämlich zu der schon berechneten theoretischen Breite des Bleches von 16 cm ein Zuschlag eines Nietdurchmessers, also von 2 cm gemacht worden, so dass die Gesamtbreite 18 cm beträgt und nun sind in die erste Nietreihe ein Niet, in die zweite zwei, in die dritte drei Niete gestellt worden.

Jeder Niet überträgt $^1/_6$ der Kraft P, also $\frac{17280}{6} = 2880$ kg. In Nietreihe I ist der nutzbare Querschnitt 19,2 qcm. Hinter dem ersten Niet beträgt die Spannung nur noch $17280 - 1 \cdot 2880 = 14400$ kg.

In der zweiten Nietreihe berechnet sich der nutzbare Querschnitt zu $(18{,}0 - 2 \cdot 2{,}0) \cdot 1{,}2 = 16{,}8$ qcm und dessen Tragfähigkeit $16{,}8 \cdot 900 = 15120$ kg, während nur 14400 kg anzuschliessen sind.

Hinter der Nietreihe II sind jetzt noch anzuheften $17280 - 3 \cdot 2880 = 8640$ kg.

Der nutzbare Querschnitt in Nietreihe III beträgt $(18{,}0 - 3 \cdot 2{,}0) \cdot 1{,}2 = 14{,}4$ qcm und dessen Tragfähigkeit $14{,}4 \cdot 900 = 12960$ kg gegenüber 8640 kg anzuschliessender Spannung.

Hieraus geht mit Sicherheit hervor, dass, ohne der Festigkeit der Verbindung den geringsten Abbruch zu tun, der beste Materialverbrauch dann erzielt wird, wenn bei vielnietigen Anschlüssen nach der oben angegebenen Regel verfahren wird.

Als weitere wichtige Regel ergibt sich noch:

Damit die Fasern des Bleches möglichst alle gleiche Beanspruchung erfahren, sind die Niete symmetrisch zur Stabachse anzuordnen (Fig. 53).

Bei gedrückten Stäben braucht kein Zuschlag für die Schwächung des Querschnittes durch Nietlöcher gemacht zu werden, da durch die Niete ebenso gut Druck übertragen wird, wie durch das Material selbst.

Wie man die Niete auch stellen möge, vor allem ist darauf zu achten, dass sie sich schlagen lassen.

Dies ist namentlich bei Profileisen wichtig, da hier häufig nicht mit der nötigen Vorsicht gehandelt wird.

Stellung der Niete im Winkeleisen. Bei Winkeleisen, deren Schenkel kleiner als 80 mm sind, setzt man die Nietlöcher in die Mitte des freien Schenkels; das Wurzelmafs w, d. h. der Abstand der Lochmitte von der Winkelecke beträgt daher, wenn δ die Schenkeldicke, b die Schenkellänge bedeutet:

$$w = \frac{b + \delta}{2} \text{ (Fig. 54.)}$$

Sind die Winkelschenkel 80 mm und darüber, so wird das

$$w = \frac{b}{2} \text{ (Fig. 55.)}$$

Fig. 54.

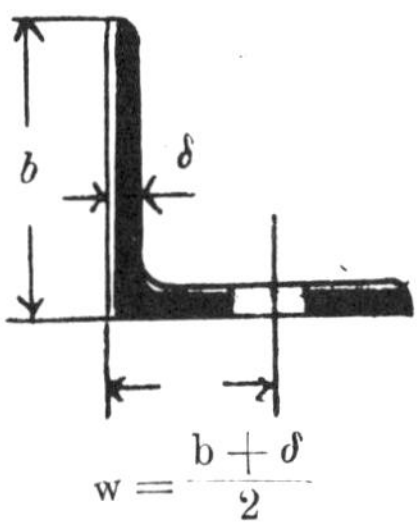

Fig. 55.

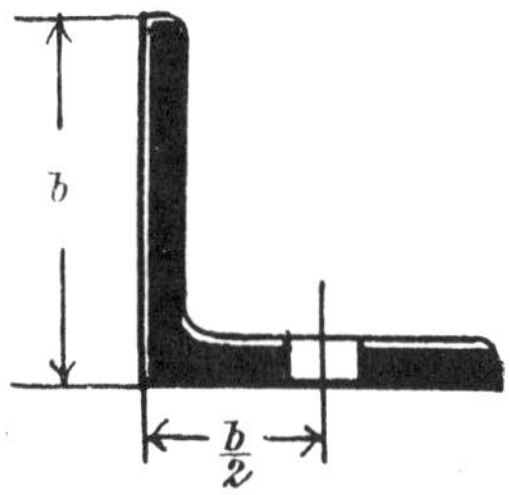

Fig. 56 (1 : 5).

Fig. 57 (1 : 5).

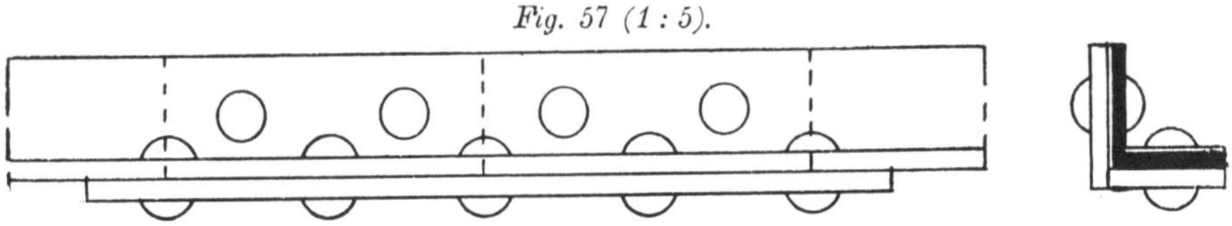

Fig. 58 (1 : 10).

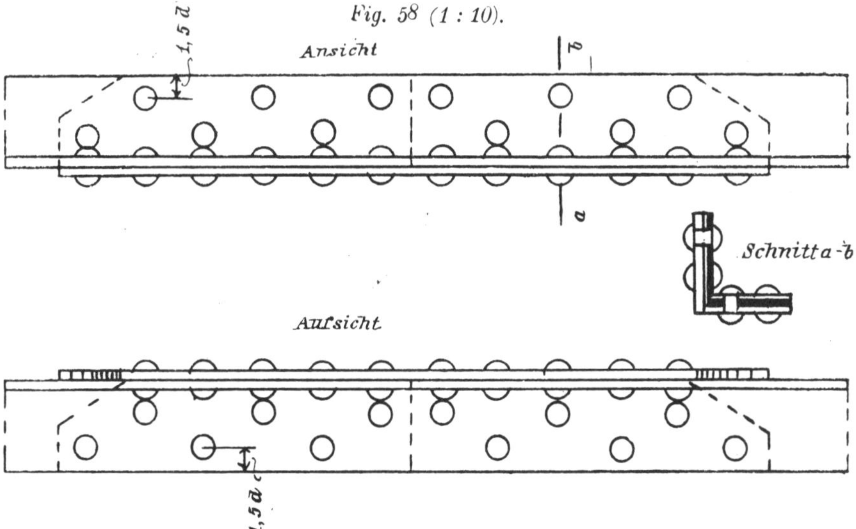

Bei Winkeln unter 80/80/10 soll man ferner in demselben Querschnitt nie zwei Niete anbringen, da sich sonst die Niete wegen mangelnden Platzes nur schlecht schlagen lassen. In diesem Falle wird man die Niete um eine halbe Nietteilung gegeneinander verschieben (Fig. 56 und 57).

Handelt es sich um Winkel, deren Schenkel 100 mm und länger sind, so tritt vielfach die versetzte Nietanordnung auf, wie dies in Fig. 58 veranschaulicht ist. In demselben Querschnitt stehen dann zwei Niete, der eine 1,5 d vom äusseren Rande, der zweite im anderen Schenkel soweit von der

Fig. 60 (1 : 3).

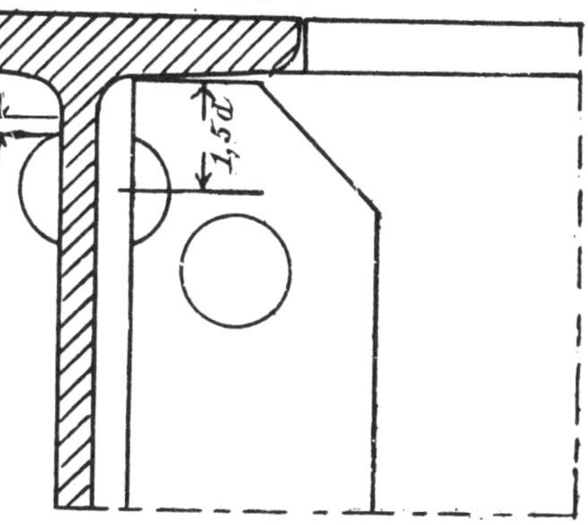

Fig. 61 (1 : 10).

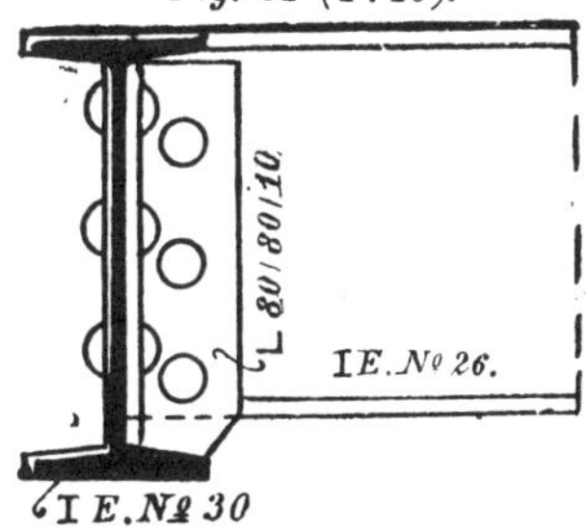

Fig. 59.

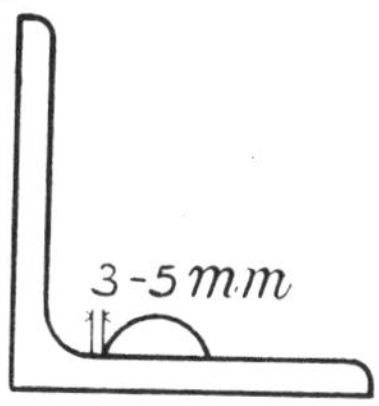

Winkelecke, dass der Nietkopf mit seinem Rande 3 bis 5 mm von der inneren Abrundung des Winkels bleibt (Fig. 59). Die Entfernung der Niete untereinander wird dabei e = 3 — 4 d gemacht.

Stellung der Niete in anderen Profileisen. Die inneren Ecken der gebräuchlichen Profileisen sind in der Regel abgerundet; man hat daher auch hier bei der Stellung der Niete darauf zu achten, dass der Rand des Nietkopfes 3 bis 5 mm vom Beginne der Abrundung entfernt bleibt, weil sonst nur eine unsaubere und

Fig. 62 (1 : 10).

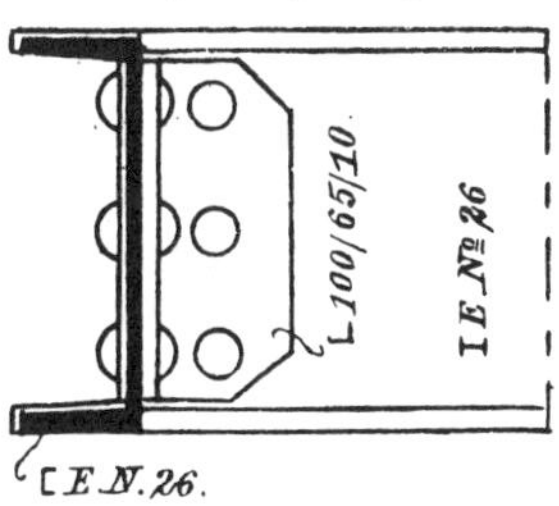

Fig. 63 (1 : 5).

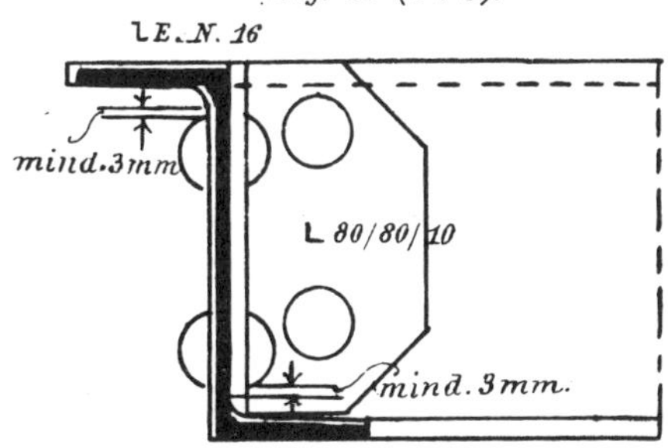

mangelhafte Vernietung zustande kommt. Dies ist namentlich wichtig bei den Trägeranschlüssen, wie dies die Fig. 60 bis 63 zeigen. Weiterhin wird bei den Trägeranschlüssen noch eingehender davon die Rede sein.

c) Schraubenverbindungen.

Teile der Schraube. Im Eisenhochbau finden die eingängig, scharfgängigen Schrauben am meisten Verwendung. Sie kann man sich dadurch entstanden denken, dass um einen Kreiscylinder, welcher der Kern genannt wird, ein biegsames, dreiseitiges Prisma mit geringer Neigung gegen die Cylinderachse gewickelt wurde. Dieser Windungskörper heisst das Gewinde. Das Mafs, um welches sich eine Schraube bei einer Umdrehung in ihrer Längsrichtung fortbewegt, wird die Ganghöhe oder Steigung genannt.

Der Abstand der äussersten Punkte des Gewindes vom Kern heisst die Gangtiefe; der Cylinder, auf welchem die äussersten Punkte des Gewindes liegen, heisst der Schraubenbolzen.

Fig. 64.

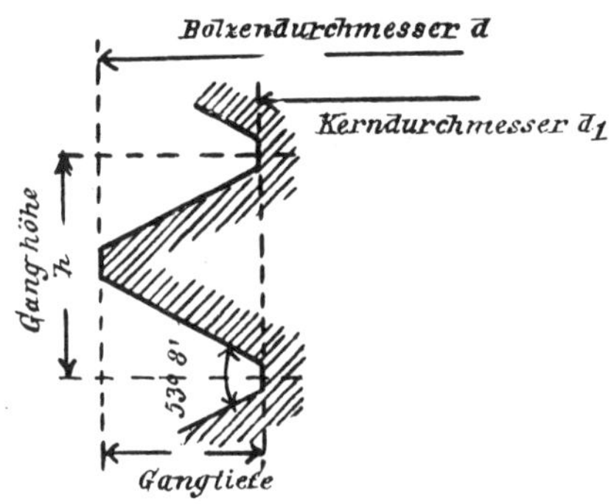

Deutsches Gewinde

Fig. 65.

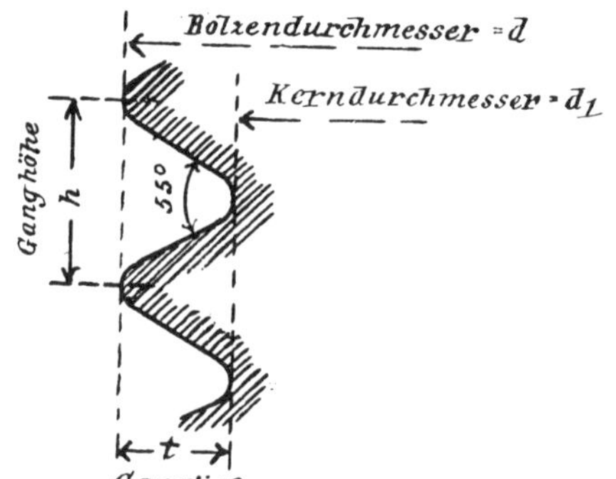

Whitworth'sches Gewinde

Das Gangprofil der scharfgängigen Schraube, wie es vom Verein deutscher Ingenieure angenommen worden ist, zeigt Fig. 64, während Fig. 65 das Gangprofil der noch viel im Gebrauch befindlichen Whitworth'schen Schraube darstellt.

Schraubenmutter. Bei beiden Schraubensystemen bildet die Mutter in der Regel ein sechsseitiges Prisma, das oben und unten begrenzt ist, entweder durch ein Stück einer Kugelfläche, oder aber durch ein Stück eines Kreiskegels, dessen Kanten unter 30° gegen die Horizontale geneigt sind.

Fig. 66 a bis c.

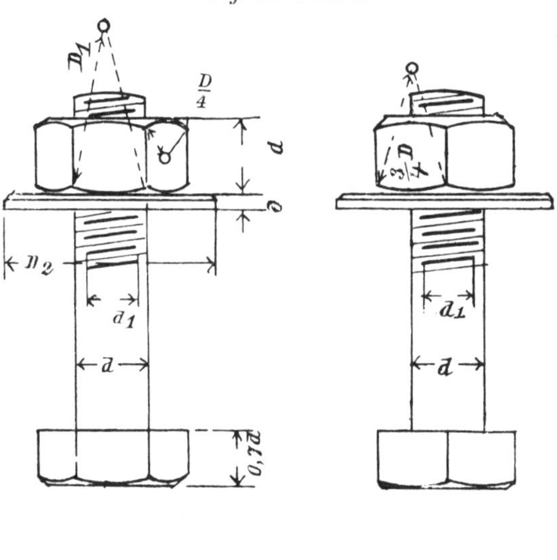

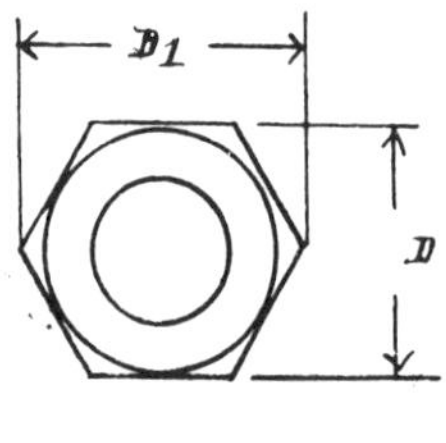

Die Höhe h der Mutter ist gleich dem Durchmesser d des Bolzens; der Durchmesser D des dem Sechseck eingeschriebenen Kreises (die Schlüsselweite)

$$D = 1{,}73\,d,$$

endlich der Durchmesser des dem Sechseck umschriebenen Kreises

$$D_1 = 2\,d.$$

Schraubenkopf. Der Schraubenkopf ist entweder vier- oder sechseckig, seine Höhe $= 0{,}7$ d. Die übrigen Abmessungen des sechseckigen Kopfes sind sonst dieselben wie bei der Mutter.

Unterlagsscheibe. Schrauben, die stark angezogen werden sollen, erhalten zur Schonung der Unterlage eine Unterlagsscheibe, deren Durchmesser $D_2 = \frac{4}{3}D$ und deren Dicke $\delta = \frac{D}{10}$ gewählt wird.

In Fig. 66 ist eine Schraube dargestellt und mit den erforderlichen Bezeichnungen versehen.

Im Anhange sind die Abmessungen der von den Schraubenfabriken hergestellten Schrauben der beiden obengenannten Systeme in Tabelle 1 und 2 mitgeteilt.

d) Berechnung der Schrauben.

Bei der Berechnung der Schrauben hat man zu unterscheiden, ob die Schraubenverbindung auf Zug oder Schub beansprucht wird. Ersteres ist der Fall, z. B. bei Zugstangen in eisernen Dachbindern, bei Verankerungen und dergleichen Konstruktionen, letzteres dann, wenn die Schrauben an die Stelle von Nieten treten.

Berechnung gegen Zug. Da beim Andrehen der Schraubenmutter stets eine mehr oder minder grosse verdrehende Kraft auftritt, so lässt man für Schrauben die zulässige Anstrengung gegen Zug nur mit 600 kg = 0,6 t pro Quadratzentimeter zu.

Ist d_1 der Kerndurchmesser, P die ziehende Kraft in Tonnen, so erhält man zur Berechnung der Schraube die Gleichung:

$$\frac{d_1{}^2 \pi}{4} \cdot 0{,}6 = P$$

und hieraus:

$$d_1 = 1{,}45 \sqrt{P}. \tag{4}$$

In dieser Formel ist P in Tonnen einzusetzen, um d_1 in Zentimeter zu erhalten.

Ist d_1 gefunden, so ergibt sich der äussere Gewindedurchmesser d aus den im Anhang befindlichen Schraubentabellen.

Der äussere Gewindedurchmesser kann aber auch direkt ermittelt werden aus der Gleichung:

$$d = 1{,}77 \sqrt{P}. \tag{5}$$

In beiden Schraubensystemen besitzt nämlich das Verhältnis $\frac{\text{Kerndurchmesser}}{\text{Bolzendurchmesser}}$ den mittleren Wert $\frac{d_1}{d} = 0{,}818$, woraus sich dann leicht die in Gleichung 5) abgeleitete Beziehung ergibt.

Hat man d berechnet, so ist d_1 ebenfalls wieder den Schraubentabellen zu entnehmen.

Beispiel. Eine Schraube habe eine Zugspannung von 9000 kg aufzunehmen, welche Schraube ist zu wählen?

Nach Gleichung 4) ist

$$d_1 = 1{,}45 \sqrt{P} = 1{,}45 \sqrt{9{,}0} = 4{,}35 \text{ cm}.$$

Nach Tabelle 1 würde diesem Werte eine Schraube entsprechen, deren Kerndurchmesser 4,36 cm und deren Bolzendurchmesser 5,08 cm beträgt. Nach Tabelle 2 würde sich ergeben eine Schraube, für welche $d_1 = 4{,}42$ und $d = 5{,}2$ cm ist.

Berechnung gegen Schub. Werden die Schrauben auf Abscheren beansprucht und dies ist immer der Fall, wenn sie an Stelle von Nieten treten, so gelten für die Berechnung der Zahl und Stärke die für die Vernietung abgeleiteten Gleichungen 1 bis 3.

Fig. 67.

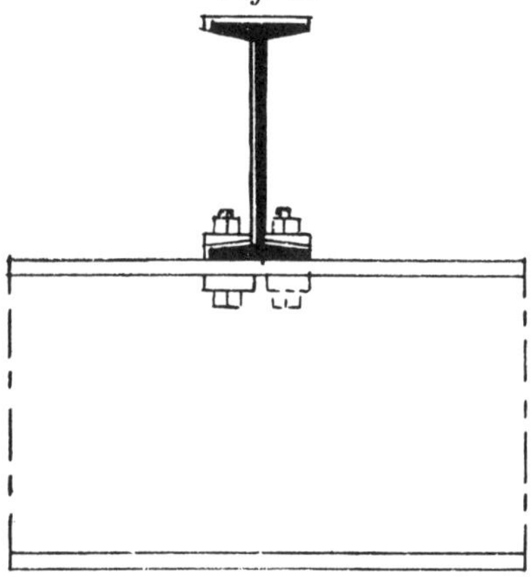

Der geringste Abstand zweier Schrauben ist dabei $3^1/_2$ d zu wählen. Dies Maſs ist notwendig, damit noch genügend Raum für die Drehung des Schraubenschlüssels vorhanden ist.

Beurteilung der Schraubenverbindungen. Bei der Beurteilung der Güte der Schrauben hat man besonders darauf zu achten, dass die Gewinde rein und fehlerlos ausgeschnitten sind, dass die Muttern weder schlottern noch zu festen Gang haben. Die Bolzen müssen in die für sie bestimmten Löcher genau passen und die Köpfe und Muttern mit der ganzen zur Anlage bestimmten Fläche aufliegen. Hieraus ergibt sich die Vorschrift, dass bei schiefen Anlageflächen Kopf und Mutter mit entsprechend schiefen Unterlagsplatten zu versehen sind.

In Fig. 67 bis 67b ist ein solches Beispiel mitgeteilt.

Fig. 67a.

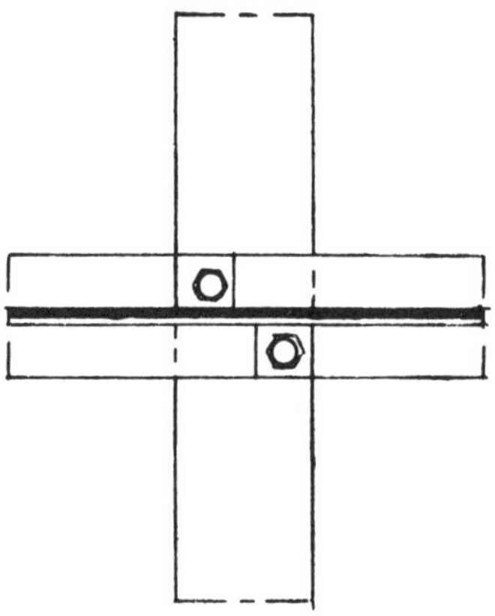

Fig. 67b.

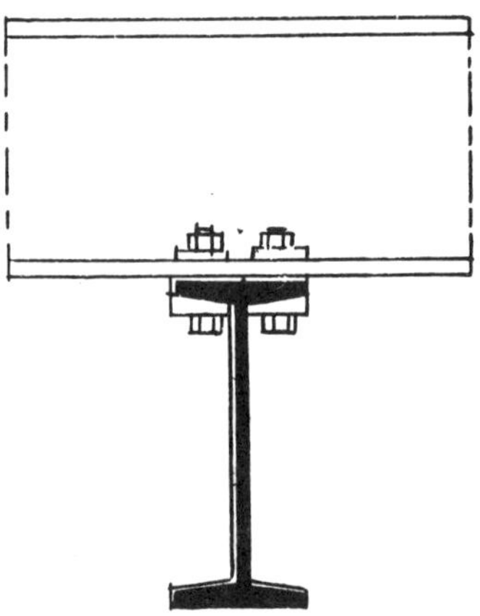

Anwendung der Schrauben. Verschraubungen sind stets anzuordnen an Stelle der Nietverbindungen, 1. wenn die Schaftlänge der Nieten grösser als 4 d wird, 2. wenn Teile miteinander verbunden werden, bei denen schwere Hammerschläge vermieden werden müssen, also wenn es sich darum handelt, gusseiserne Bauteile zu befestigen, 3. wenn eine Zugbeanspruchung des Bolzens stattfindet, wie dies immer bei Zugstangen und Ankern der Fall ist, 4. wenn das Nieten wegen beschränkter Oertlichkeit unmöglich ist, und endlich 5. wenn eine gewisse Nachstellbarkeit und Beweglichkeit der Verbindung gefordert wird.

Besondere Formen der Schrauben. Ausser der bisher besprochenen Mutterschraube finden im Hochbau noch die in den Fig. 68 bis 77 dargestellten Schrauben häufiger Anwendung.

Steinschraube. Fig. 68 zeigt die sogenannte Steinschraube, die dazu dient, eiserne Teile mit Werksteinen fest zu verbinden. Die obere Lochweite in dem

Stein muss so gross sein, dass die Schraube gerade in das sich nach unten konisch erweiternde Loch hineingebracht werden kann. Der sich nach unten

Fig. 68.

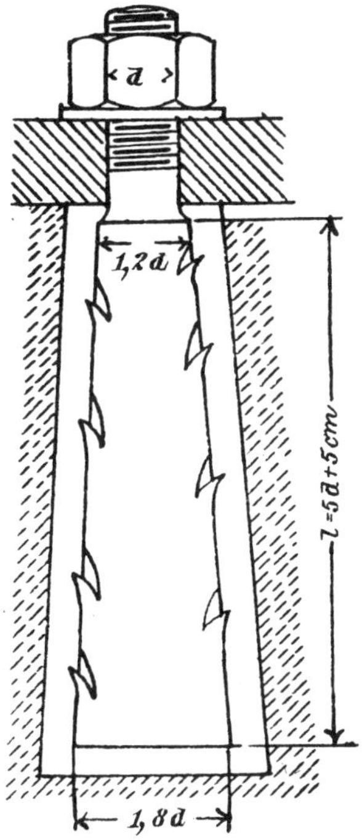

Fig. 69.

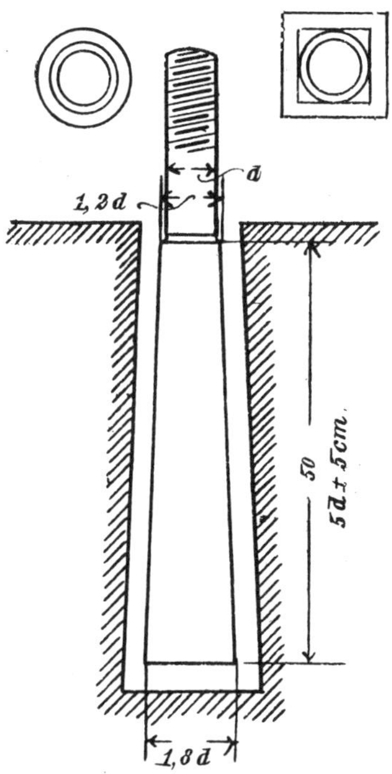

Fig. 70.

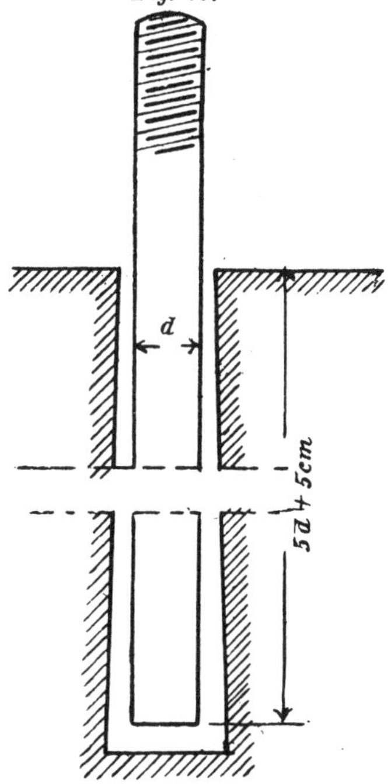

pyramidisch oder kegelförmig verdickende Teil der Schraube wird zweckmässig 5 d + 5 cm lang, die untere Seitenlänge (Durchmesser) = 1,8 d gemacht. Die Befestigung erfolgt am besten durch Ausgiessen mit Zement. Die Widerhaken, welche die Steinschraube vielfach erhält, sind nicht erforderlich, es genügt in vielen Fällen sogar, statt des konischen Teiles den Schaft zylindrisch anzuordnen, denn der Zement haftet so fest am Eisen, dass ein Losreissen nur unter Anwendung grosser Kräfte erfolgen kann. Nach neueren Versuchen beträgt die Adhäsion des Zementes am Eisen etwa 40 bis 45 kg pro Quadratzentimeter. Fig. 69 und 70 zeigen diese Schrauben.

Fig. 71.

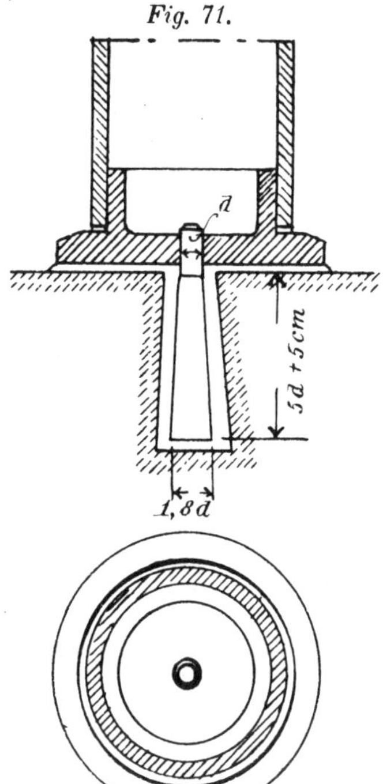

Feststelldorn. Wenn es darauf ankommt, den eisernen Konstruktionsteil nur gegen Verschiebung zu sichern, so ist es völlig ausreichend, die in Fig. 71 und 72 gezeichneten Feststelldorne anzuwenden. Namentlich sind die teueren Steinschrauben entbehrlich bei der Sicherung der Lager eiserner Träger und der Säulenfüsse, wo jene nur den Zweck haben, eine seitliche Verschiebung, nicht aber ein

Abheben der mehr oder weniger schwer belasteten Teile zu verhindern. Bei der Besprechung der Lager und Säulenfüsse wird darauf noch näher eingegangen.

Stiftschraube. In Fig. 73 ist die Stiftschraube dargestellt, deren man sich bedient, um dünne, gusseiserne Verzierungen an eisernen Konstruktionsgliedern zu befestigen.

Fig. 72.

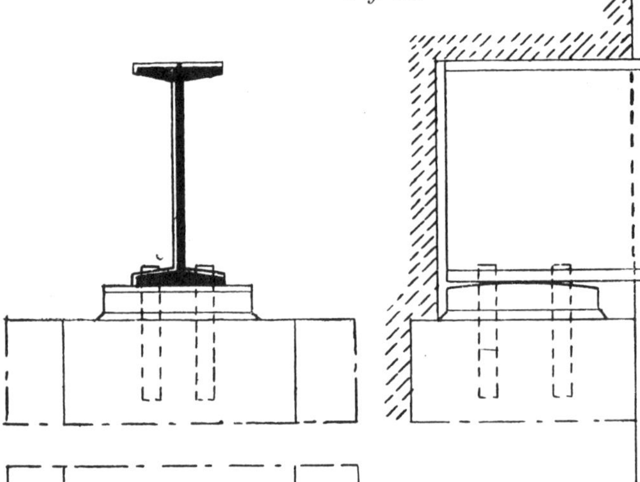

Fig. 73.

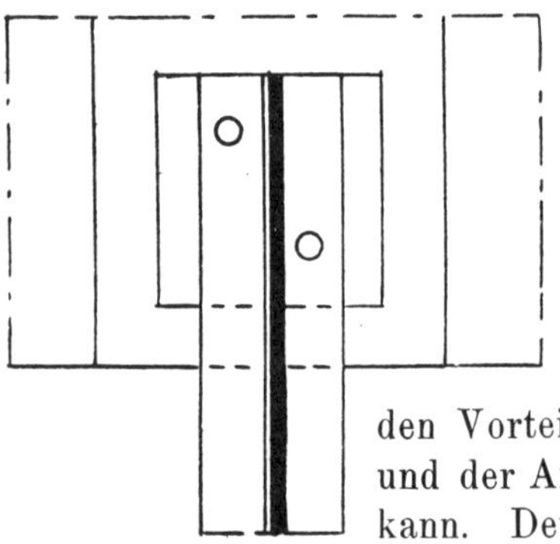

Ankerschrauben. Fig. 74 und 75 zeigen Ankerschrauben, die dann Anwendung finden, wenn die Steinschraube aufhört sicher zu wirken. Sie ermöglichen die Verbindung eines grösseren Mauerkörpers mit dem Eisenteile und sichern wirksam dessen Befestigung. Die Schraube in Fig. 74 hat den Vorteil, dass die Ankerplatte gleich mit eingemauert und der Anker erst später, von oben her, eingesetzt werden kann. Der Anker in Fig. 75 wird in neuerer Zeit meist benutzt zur Verbindung von Maschinen mit ihren Fundamenten und gewährt den Vorteil, jederzeit zugänglich und auswechselbar zu sein.

Berechnung der Anker. Der Kerndurchmesser der Ankerschrauben ist mit Rücksicht darauf, dass diese Schrauben ganz besonders fest angezogen zu werden pflegen, zu bestimmen aus der Gleichung:

$$6)\qquad d_1 = 1{,}7\sqrt{P},$$

worin P die ziehende Kraft in Tonnen bedeutet. Den Bolzendurchmesser kann man ermitteln aus der Gleichung:

$$7)\qquad d = 2{,}1\sqrt{P}.$$

Sind die berechneten Werte nicht in den Tabellen enthalten, so sind die nächst höheren Schrauben zu nehmen.

Die Grösse der Ankerplatte ergibt sich aus dem zulässigen Druck, den das Steinmaterial erhalten darf. Die Ankerplatten erhalten am besten die kreisrunde Form. Der Durchmesser der Platte bei Backsteinunterlage ist zu bemessen auf D = 8 d, bei Werksteinunterlage auf D = 6 d.

Die Dicke der Platte ist 1,2 d in der Mitte und 0,6 d am Rande (Fig. 75).

Spannschloss. Endlich sind noch die Spannschlösser hervorzuheben, die in Fig. 76 und 77 dargestellt sind. Das Ende der einen Zugstange erhält ein Rechtsgewinde, das Ende der anderen Zugstange ein Linksgewinde. Entsprechend erhält die Muffe ein rechtes und linkes Gewinde.

Fig. 74.

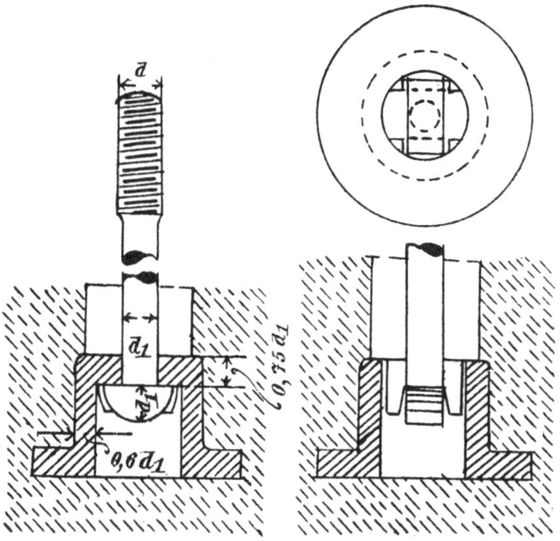

Fig. 75.

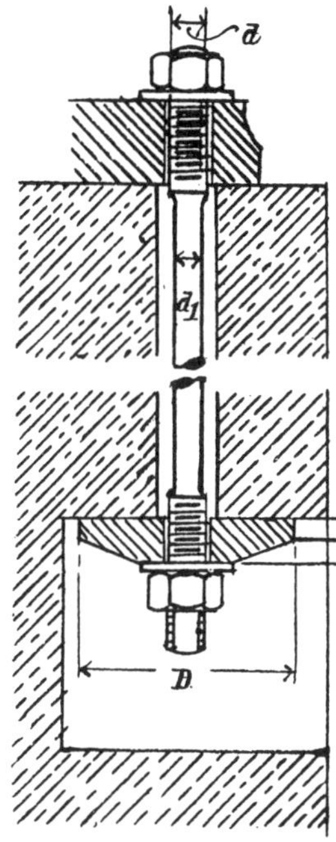

Der Durchmesser d_1 des Kernes ist gleich dem Durchmesser der Zugstange und aus Gleichung 4) zu berechnen. Damit ist dann der Durchmesser d des Bolzens gegeben. Die Muffe ist entweder rund, achteckig oder sechseckig, offen oder geschlossen. Der äussere Durchmesser der runden Muffe bezw. derjenige des dem achteckigen oder sechseckigen Querschnitt umschriebenen Kreises ist 2 d, die Länge des Spannschlosses etwa 7 bis 8 d.

Fig. 76.

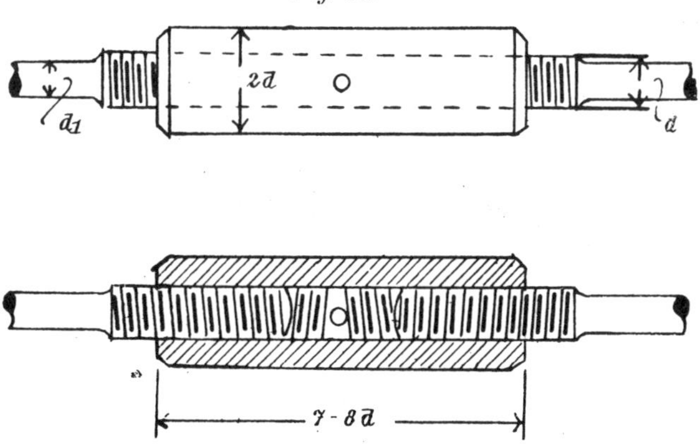

Bei grossen Spannweiten tritt leicht eine Durchbiegung der durch das Schloss verbundenen Stangen ein und es ist daher erforderlich, an dem Spannschloss eine Aufhängevorrichtung anzubringen, wie dies in Fig. 77 angedeutet ist. Ausserdem ist hier zwischen Stange und Schraube ein quadratisches Stück eingefügt, welches beim Anziehen des Schlosses mit einem Schlüssel gehalten werden soll, um die Verdrehung der ganzen Stange zu verhindern.

Fig. 77.

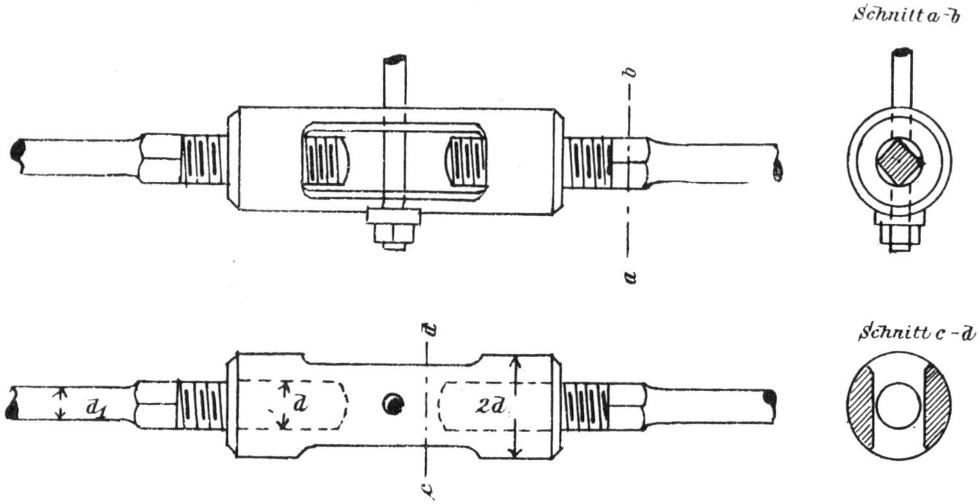

e) Gelenkverbindungen.

Die Gelenkverbindungen spielten in den früheren Jahren bei den Hochbaukonstruktionen eine hervorragende Rolle. Nach der Voraussetzung, wie sie bei der Berechnung von Fachwerkträgern gemacht wird, dass nämlich die Stäbe des Fachwerkes um die Endpunkte in der Kraftebene drehbar sein sollen, ist die Gelenkverbindung auch die theoretisch richtige Form für den Anschluss der Stäbe an die Knotenbleche. Die Schwierigkeit der Herstellung der Gelenke und der damit verbundene teuere Preis dieser Verbindungen bedingten indessen, dass man von dieser Konstruktion abging und sich mehr und mehr den Nietverbindungen zuwandte. Und die Erfahrung spricht dafür, dass die viel leichter und billiger herzustellenden Nietverbindungen nicht allein dieselbe Sicherheit gewähren, sondern in den meisten Fällen eine weit grössere, da sie die Konstruktionsteile befähigen, auch Biegungsspannungen aufzunehmen, die infolge unvorhergesehener Kräfte an denselben einmal unvermutet auftreten können.

In neuerer Zeit werden die Gelenkverbindungen nur selten ausgeführt und meist nur bei den Zugstangen weiter Bögen, wo dann auch die Spannschlösser ihre Anwendung finden.

Die Gelenke bestehen aus dem Drehbolzen und dem Auge; sie sind entweder ein- oder zweischnittig und werden sowohl aus Flacheisen wie Rundeisen hergestellt.

Einschnittige Gelenke. Was die einschnittigen Bolzen anbetrifft, so gilt für sie, was oben gegen die einschnittigen Nieten angeführt wurde, nämlich, dass bei ihnen ausser den Schubspannungen erhebliche Biegungsanstrengungen auftreten. Namentlich werden letztere dann auftreten, wenn der Bolzen das für ihn bestimmte Loch nicht völlig scharf ausfüllt. In Fig. 78 und 79 sind zwei solcher Gelenke dargestellt.

Berechnung derselben. Die Berechnung des Gelenkbolzen hat sowohl gegen Schub und Lochwanddruck wie gegen Biegung zu erfolgen. Ausserdem muss die Zugstange den Anforderungen der Zugfestigkeit genügen. Die ganze Verbindung wird offenbar am festeten, wenn sie in gleichem Maſse fest ist gegen die verschiedenen Anstrengungen.

Fig. 78.

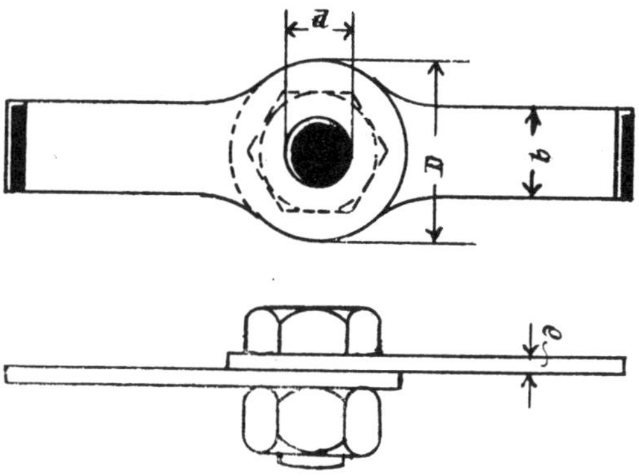

Fig. 79.

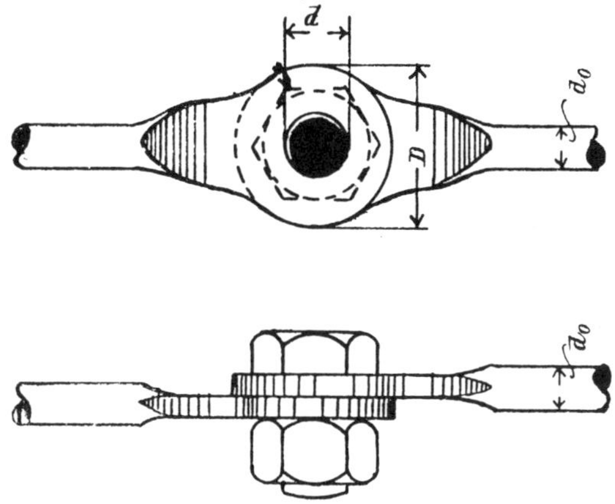

Die günstigsten Verhältnisse, welche diese Forderung erfüllen, erhält man, wenn man die Breite b der Zugstange macht:

8)

$$b = 2{,}22 \sqrt{P},$$

die Dicke derselben

$$\delta = 0{,}45 \sqrt{P},$$

den Durchmesser des Bolzens:

$$d = 1{,}8 \sqrt{P}$$

und den äusseren Durchmesser des Auges:

$$D = 4{,}6 \sqrt{P}.$$

Hierbei ist P in Tonnen einzusetzen.

Beispiel. Eine Zugstange, deren Spannung 4000 kg beträgt, soll durch ein einschnittiges Gelenk angeschlossen werden.

Nach den Gleichungen 8) ist zu machen:

$$b = 2{,}22 \sqrt{4{,}0} = 2{,}22 \cdot 2{,}0 = 4{,}44 \text{ cm, dafür } 4{,}5 \text{ cm},$$
$$\delta = 0{,}45 \cdot 2{,}0 = 0{,}9 \text{ cm},$$
$$d = 1{,}8 \cdot 2{,}0 = 3{,}6 \text{ cm},$$
$$D = 4{,}6 \cdot 2 = 9{,}2 \text{ cm}.$$

Verwendet man zur Zugstange Rundeisen, so ist der Durchmesser d_0 zu berechnen aus:

$$\frac{d_0{}^2 \pi}{4} \cdot 1{,}0 = P,$$

9) woraus sich $d_0 = 1{,}13 \sqrt{P}$ ergibt.

Am festesten wird auch hier die Verbindung, wenn sie gegen die verschiedenen Anstrengungen gleich fest ist. Die Anordnung, die Stärke des Auges gleich derjenigen der Rundstange zu machen, wie dies vielfach geschieht, ist indessen bedenklich, da in diesem Falle die Beanspruchung des Bolzens, sofern er nicht aussergewöhnlich stark gewählt wird, in der Regel weit über das Maſs der zulässigen Grenze hinausgeht. Am besten ist es, das Rundeisen an seinem Ende zu einem Flacheisen auszuschmieden und das Auge nach Maſsgabe der oben angegebenen Werte zu gestalten. Das Gelenk erhält dann die Form, wie sie in Fig. 79 angegeben ist.

Zweischnittige Gelenkverbindungen. Viel günstiger liegen die Verhältnisse bei den zweischnittigen Gelenken, weil hier bei einer nur einigermafsen sauberen Ausführung die Biegungsanstrengung des Bolzens nicht so sehr ins Gewicht fällt.

Die eine Zugstange wird man in der Regel zweiteilig machen, um die Herstellung der sonst gabelförmigen Endigung zu umgehen.

Fig. 80 (1 : 5).

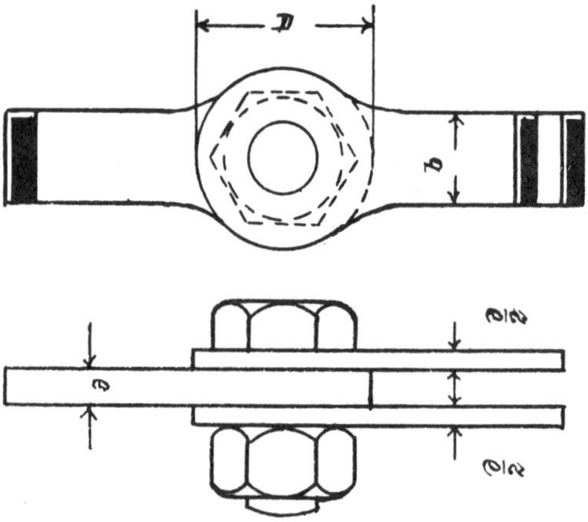

Fig. 81.

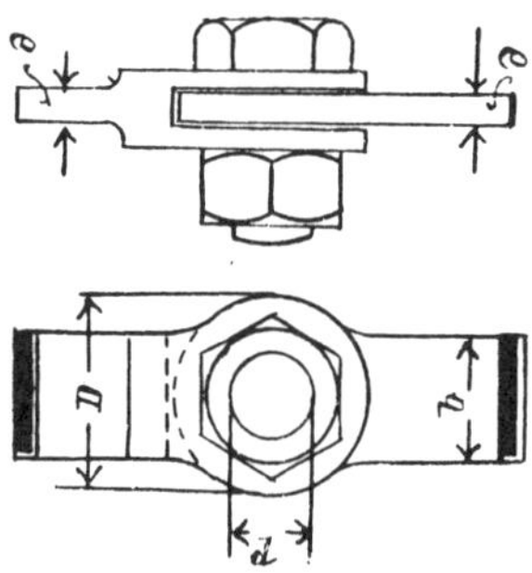

In Fig. 80 bis 83 sind mehrere Gelenke dargestellt; das Gelenk in Fig. 80 ist aus Flacheisen gebildet, wobei die eine Zugstange zweiteilig angeordnet ist. Fig. 81 zeigt das Gelenk mit der gabelförmigen Endigung. Diese ist indessen nur sehr schwer herzustellen und daher teuer, ausserdem bei nicht ganz sorgfältiger Ausführung unzuverlässig.

Fig. 82 (1 : 5).

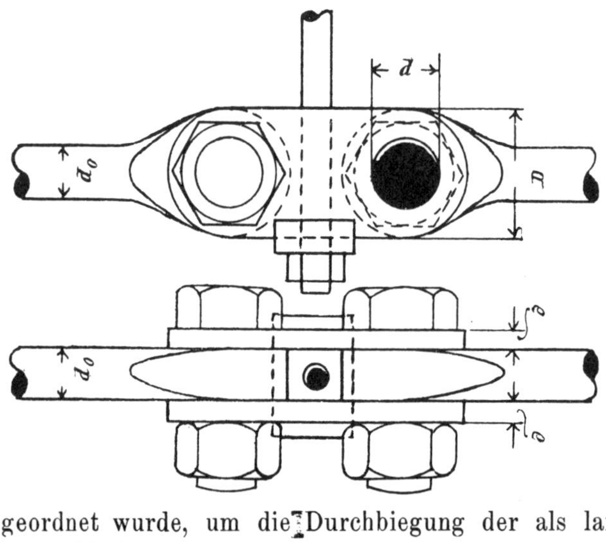

Rundeisen werden fast immer an ihrem Ende zu Flacheisen ausgeschmiedet und durch Anordnung zweier Laschen zu einem zweiteiligen Gelenke verbunden.

Die Herstellung einer Gabel ist auch hier nur dann zu empfehlen, wenn sehr exakte Arbeit vorausgesetzt werden kann.

Fig. 82 zeigt ein aus Rundeisen gebildetes Gelenk wobei noch eine Vorrichtung zum Aufhängen angeordnet wurde, um die Durchbiegung der als lang vorausgesetzten Zugstange zu verhindern.

Ein Gelenk, wie es häufig zur Befestigung von Zugbändern an Knotenblechen ausgebildet wird, ist in Fig. 83 dargestellt.

Fig. 83 (1 : 5).

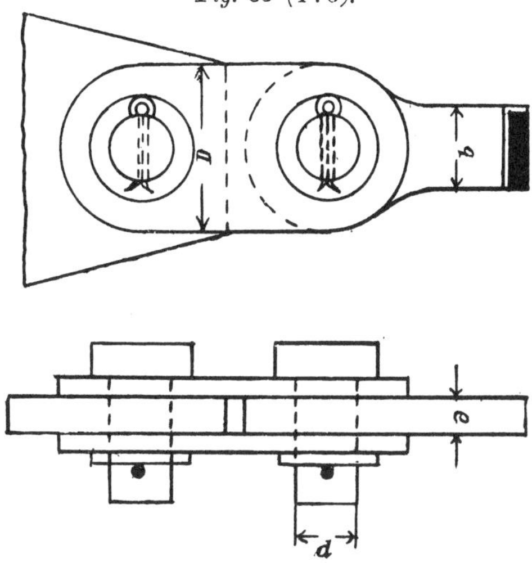

Berechnung des zweischnittigen Gelenkes. Bezeichnet d den Durchmesser des Bolzens, P die ziehende Kraft in t, so wäre gegen Abscheren mit 800 kg = 0,8 t/qcm zulässiger Beanspruchung des Querschnittes:

$$2 \frac{d^2 \pi}{4} \cdot 0{,}8 = P$$

und hieraus:

$$d = 0{,}9 \sqrt{P}.$$

Sobald aber der Bolzen nicht ganz exakt in die für ihn bestimmten Löcher passt, treten in den auf Schub beanspruchten Querschnitten auch Biegungsspannungen auf, deren Grösse mit der Dicke der Flacheisen wächst. Schub- und Biegungsspannung werden sich dann zu einer resultierenden Spannung vereinigen, deren Grösse höchstens gleich der zulässigen Inanspruchnahme werden darf.

Mit Rücksicht hierauf ergibt sich bei Durchführung der Rechnung für d der Wert:

$$10) \qquad d = 1{,}33 \sqrt{P},$$

welcher der Konstruktion stets zugrunde gelegt werden sollte.

Ist ferner δ die Dicke des m i t t l e r e n Bleches, so ist gegen Lochwanddruck die Bedingung zu erfüllen:

$$d \cdot \delta \cdot 1{,}2 = P,$$

worin 1,2 t = 1200 kg der zulässige Druck pro Quadratzentimeter in der Lochwandung ist. Im Hinblick auf Gleichung 10) erhält man aus der letzten Gleichung für δ:

$$11) \qquad \delta = 0{,}63 \sqrt{P}.$$

Damit ist aber auch die Breite b des mittleren Flacheisens gegeben. Mit 1000 kg = 1 t zulässiger Beanspruchung des Flacheisenquerschnittes gegen Zug hat man nämlich:

$$b \cdot \delta \cdot 1{,}0 = P,$$

woraus b sich ergibt zu:

$$12) \qquad b = 1{,}59 \sqrt{P}.$$

Der äussere Durchmesser D des Auges ist zu ermitteln mit Rücksicht darauf, dass das hinter dem Bolzen sitzende Material des Auges nicht herausgeschlitzt werden darf. Die leicht durchzuführende Rechnung ergibt für D den Wert:

$$13) \qquad D = 3{,}33 \sqrt{P}.$$

Die Breite der äusseren Flacheisen ist gleich der des mittleren Flacheisens, die Dicke dagegen nur halb so stark.

Beispiel. In einer Zugstange herrschen 9000 kg Zugspannung, welche Abmessungen erhält das zweischnittige Gelenk?

Es ist:

$$d = 1{,}33\sqrt{P} = 1{,}33\sqrt{9{,}0} = 3{,}99 \text{ cm},$$

wofür d = 4,0 cm gewählt wird;

$$\delta = 0{,}67 \cdot \sqrt{9{,}0} = 1{,}80 \text{ cm, dafür } 2{,}0 \text{ cm},$$

$$b = 1{,}59\sqrt{9{,}0} = 4{,}77 \text{ cm, dafür } 5{,}0 \text{ cm},$$

$$D = 3{,}33\sqrt{9{,}0} = 9{,}99 \text{ cm, dafür } 10{,}0 \text{ cm}.$$

Das hiernach konstruierte Gelenk ist in Fig. 80 im Mafsstabe 1 : 5 dargestellt.

Fig. 84 (1 : 5).

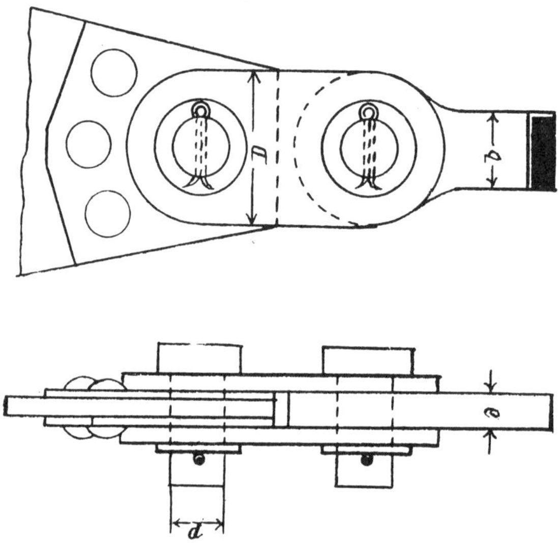

Soll die Zugstange an ein Knotenblech angeschlossen werden, dessen Stärke δ dünner ist als die berechnete Stärke δ des Auges, so sind auf das Knotenblech beiderseitig Futterstücke aufzunieten, so dass die Stärke des Knotenbleches gleich der des Auges wird (Fig. 84).

Wird die Zugstange aus Rundeisen hergestellt, so erhält man den Durchmesser d_0 desselben aus der Gleichung:

$$\frac{d_0{}^2\pi}{4} \cdot 1{,}0 = P, \text{ oder:}$$

14) $\qquad d_0 = 1{,}13\sqrt{P}.$

Macht man die Dicke des Auges gleich der Dicke der Stange, also $= d_0$, so würde gegen Lochwanddruck der Durchmesser d des Bolzens sich ergeben aus $d \cdot d_0 \cdot 1{,}2 = P$, woraus nach Gleichung 14) $d = 0{,}74\sqrt{P}$ folgt. Gegen Abscheren hätte man zu nehmen wie oben $d = 0{,}9\sqrt{P}$. Unter Beachtung indessen, dass die Biegungsspannungen im Bolzen für diesen gefährlich werden, wenn dieser nicht ganz genau das Bolzenloch ausfüllt, ergibt die durchgeführte Rechnung für d den Wert:

15) $\qquad d = 1{,}6\sqrt{P}.$

Der äussere Durchmesser des Auges ist alsdann

16) $\qquad D = 2{,}8\sqrt{P}$

zu setzen.

Die Breite der Decklaschen ist gleich dem Durchmesser D des Auges, deren Dicke $\delta = 0{,}4\, d_0$, also:

17) $\qquad \delta = 0{,}4 \cdot 1{,}13\sqrt{P} = 0{,}45\sqrt{P}.$

Für das obige Beispiel würden sich bei Verwendung von Rundeisen nach den Gleichungen 14 bis 17 folgende Abmessungen ergeben:

$$d_0 = 1{,}13\sqrt{P} = 1{,}13\sqrt{9{,}0} = 1{,}13 \cdot 3{,}0 = 3{,}39, \text{ dafür } 3{,}4 \text{ cm},$$

$$d = 1{,}6 \cdot 3{,}0 = 4{,}8 \text{ cm},$$

$$D = 2{,}8 \cdot 3{,}0 = 8{,}4 \text{ cm},$$

$$\delta = 0{,}45 \cdot 3{,}0 = 1{,}35 \text{ cm, dafür } 1{,}4 \text{ cm}.$$

In Fig. 82 ist dies Gelenk in $^1/_5$ natürlicher Grösse dargestellt.

Beim Anschluss der Zugstange an ein Knotenblech ist dies gegebenenfalls wieder auf die Stärke der Stange zu bringen.

Erhält die Zugstange ein Spannschloss, so sind für dieses die oben angegebenen Abmessungen mafsgebend. Der Kern der Schraube und damit der Durchmesser des Rundeisens ist somit zu nehmen nach Gleichung 4):

$$d_0 = 1{,}45 \sqrt{P}.$$

Hiermit aber ändern sich die Werte für den Drehbolzen d, den Durchmesser D des Auges und die Stärke δ der Decklaschen nach Mafsgabe der Gleichungen 14 bis 17.

Fig. 85.

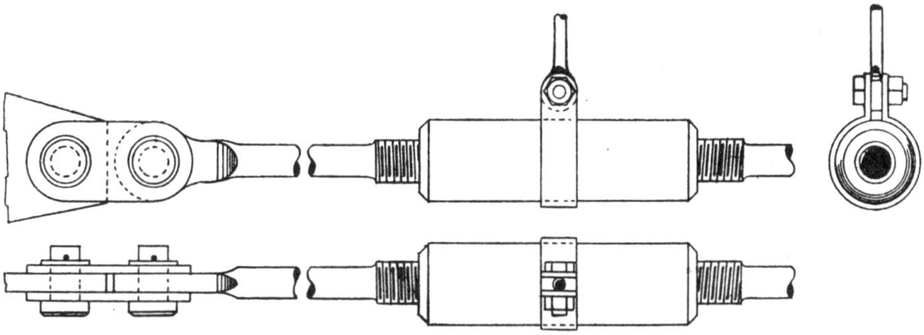

Die Abmessungen, welche das Gelenk erhält, sind dann aber derart, dass man vorzieht, das Rundeisen zu einem Flacheisen auszuschmieden unter Zugrundelegung der Gleichungen 10 bis 13.

In Fig. 85 ist eine solche Verbindung veranschaulicht.

Zweites Kapitel.

Die Verbindungen und Verlängerungen der Walzeisen.

1. Verlängerungen (Stösse).

Bei den grossen Längen, bis zu denen man heutzutage die verschiedenen Stabeisensorten erhalten kann, kommen Verlängerungen meist nur bei grösseren Eisenkonstruktionen vor. Indessen ist es immerhin möglich, dass Verlängerungen nicht zu umgehen sind.

Bei der Berechnung und Konstruktion der Verlängerungen (Stösse) hat man zu unterscheiden, ob die zu stossenden Teile auf Normalfestigkeit (Zug oder Druck) oder auf Biegung beansprucht werden.

a) Verlängerung auf Zug beanspruchter einfacher Stäbe.

Die Verlängerung ist nach folgenden Regeln durchzuführen:

1. der nutzbare Querschnitt des zu verlängernden Stabes, d. h. der durch Nietlöcher am meisten geschwächte Querschnitt muss gleich dem nutzbaren Querschnitt des verbindenden Teiles sein;
2. die Schwerpunktsachse des Stabes darf keinerlei Verschiebung erfahren;
3. der gesamte Nietquerschnitt auf jeder Seite des Stosses multipliziert mit der zulässigen Beanspruchung gegen Abscheren, muss mindestens gleich sein dem nutzbaren Querschnitt multipliziert mit der zulässigen Inanspruchnahme gegen Zug oder Druck. Der Lochwanddruck darf dabei die Höhe von 1200 kg/qcm nicht überschreiten.

Fig. 86.

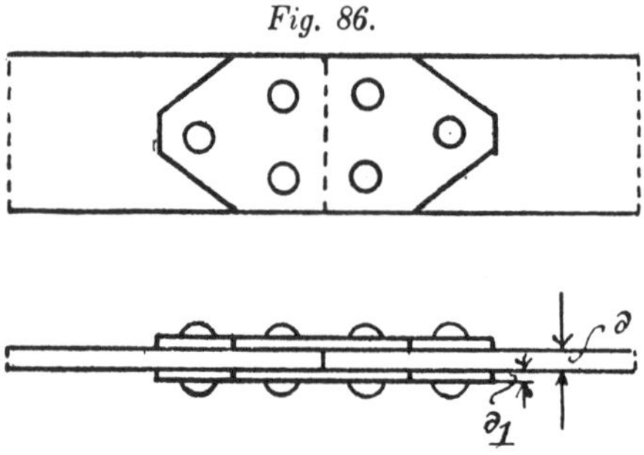

Stoss der Flacheisen. Nach diesen Gesichtspunkten ist der Stoss eines Flacheisens durch doppelte Verlaschung zu bewirken. Bezeichnet δ die Dicke des Flacheisens, so würde für die Stärke jeder Lasche die Stärke $\delta_1 = \frac{\delta}{2}$ genügen (Figur 86).

Stärke der Laschen. Im allgemeinen gilt aber für den Konstrukteur die Regel, dass Bleche — abgesehen von Wellblechen — unter 8 mm Stärke und Flacheisen unter 7 mm keine Verwendung finden sollen.

Mit Rücksicht darauf nämlich, dass der gefürchtete Feind des Eisens, der Rost, den Querschnitt dünner Bleche und Flacheisen erheblich verringert, ist es ratsam, hinsichtlich der Abmessungen schwächerer Konstruktionsteile nicht zu geringe Stärken zu wählen. Das Gewicht der Konstruktion wird allerdings dadurch etwas grösser, aber die nur unbedeutende Gewichtserhöhung kann gegenüber der grösseren Sicherheit nicht in Frage kommen.

Hiernach dürfen Laschen unter 7 mm Stärke zur Stossdeckung nicht benutzt werden.

Zahl der Niete. Es sei n die zur Stossdeckung gegen Abscheren, n_1 die gegen Lochwanddruck erforderliche Anzahl Nieten, d der Nietdurchmesser, δ die Dicke, f der Nutzquerschnitt des Flacheisens, so ist gegen Abscheren, da zweischnittige Niete verwandt werden, die Bedingung zu erfüllen:

$$n \cdot 2 \frac{d^2 \pi}{4} \cdot 800 = f \cdot 1000,$$

woraus:

18) $$n = \frac{5}{8} \cdot \frac{f}{\frac{d^2 \pi}{4}} \quad \text{folgt.}$$

Gegen Lochwanddruck müsste sein:

$$n_1 \, d \, \delta \cdot 1200 = f \cdot 1000$$

und hieraus ergibt sich:

19) $$n_1 = \frac{5}{6} \cdot \frac{f}{d \cdot \delta}.$$

Die grössere, der aus den Gleichungen 18 und 19 sich ergebende, Zahl der Niete ist natürlich im Stosse unterzubringen.

Die Anordnung der Niete hat nach den im ersten Kapitel angegebenen Regeln zu geschehen.

Beispiel. Ein Flacheisen 140/12 soll gestossen werden. Der Nietdurchmesser d beträgt 20 mm. Die Breite der Laschen wird man gleich der Breite des Flacheisens wählen, die Stärke derselben wäre dann mit 6 mm ausreichend, wofür indessen im Hinblick auf obige Regel 7 mm gesetzt wird.

Fig. 87.

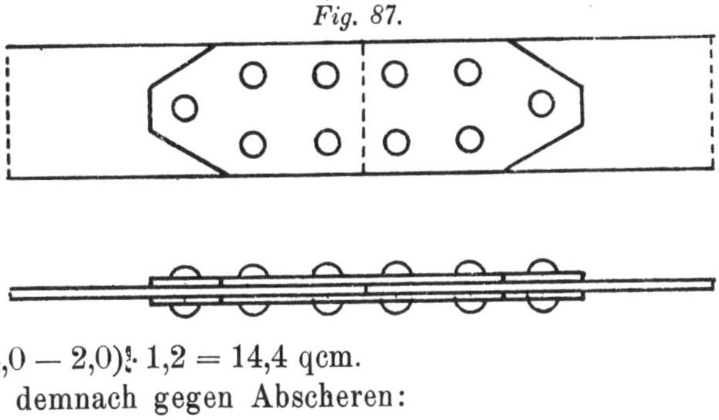

Der nutzbare Querschnitt ergibt sich (Fig. 87) nach Abzug eines Nietloches (vergl. Kapitel I, Seite 14).

$$f = (14{,}0 - 2{,}0) \cdot 1{,}2 = 14{,}4 \text{ qcm}.$$

Nach Gleichung 18) sind demnach gegen Abscheren:

$$n = \frac{5}{8} \cdot \frac{14{,}4}{\frac{2{,}0^2 \cdot 3{,}14}{4}} = 3 \text{ Niete}$$

und nach Gleichung 19) gegen Lochwanddruck:

$$n_1 = \frac{5}{6} \cdot \frac{14{,}4}{2{,}0 \cdot 1{,}2} = 5 \text{ Niete}$$

erforderlich. In Fig. 87 ist dieser Stoss dargestellt.

Stoss der Rundeisen. Der Stoss der Rundeisen wird entweder mit Hilfe des Spannschlosses oder mit Hilfe der zweischnittigen Gelenkverbindungen ausgeführt. Da diese Verbindungen auf Seite 23 bis 29 schon eingehend besprochen worden sind, so genügt es, auf die dortigen Ausführungen hinzuweisen.

Stoss der Winkeleisen. Der Stoss von Winkeleisen wird entweder durch Winkel desselben Profiles oder durch Flacheisenlaschen, die entweder innen oder aussen aufgelegt werden, gedeckt (siehe Fig. 57, 58, 88, 89, 90).

Fig. 88.

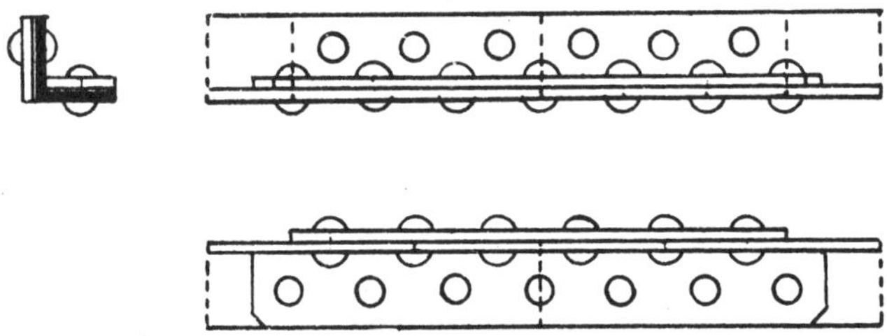

Da der Stoss in der Regel einschnittig gedeckt wird, so ist gegen Abscheren die Zahl der Niete zu ermitteln aus:

$$20)\qquad n = \frac{5}{4} \cdot \frac{f}{\frac{d^2 \pi}{4}}.$$

Fig. 89.

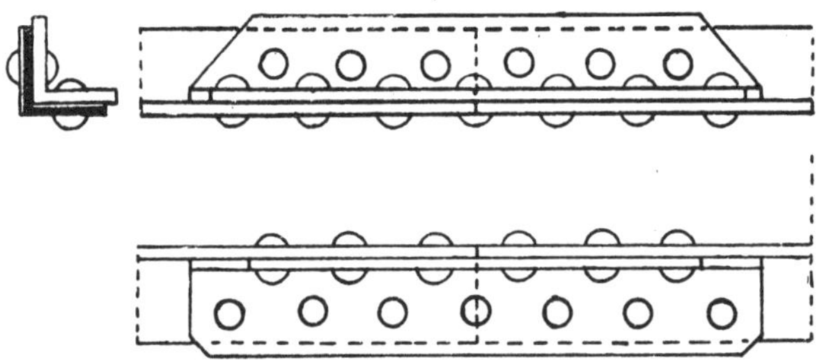

Gegen Lochwanddruck bleibt Gleichung 19) bestehen. Die Dicke der Laschen ist gleich der Stärke des Winkels.

Beispiel. Ein Winkel 80/80/10 ist zu stossen. Nietdurchmesser 20 mm.

Nach Gleichung 20) hat man, da der Nutzquerschnitt

$$f = (8{,}0 + 7{,}0 - 2{,}0) \cdot 1{,}0 = 13{,}0 \text{ qcm ist:}$$

$$n = \frac{5}{4} \cdot \frac{13{,}0}{\frac{2{,}0^2 \cdot 3{,}14}{4}} = 5{,}18,$$

nach Gleichung 19)

$$n_1 = \frac{5}{6} \cdot \frac{13{,}0}{2{,}0 \cdot 1{,}0} = 5{,}4,$$

dafür 6 Niete zu nehmen, also in jedem Winkelflansch 3 (Fig. 88).

Fig. 90.

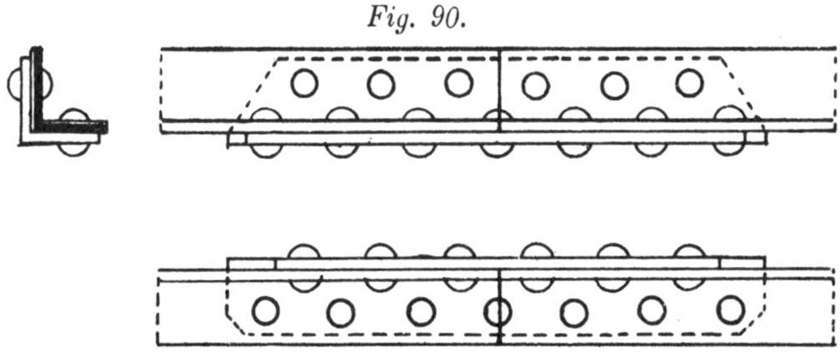

Profileisen. Der Stoss der ⊤-, ⊏- und ⌐L-Eisen wird zweckmässig durch doppelte Verlaschung des Steges gedeckt (Fig. 91, 92 und 93). Die Dicke δ der Laschen, deren Breite b sein möge, ergibt sich aus der Bedingung, dass der Nutzquerschnitt des Profileisens gleich demjenigen der Laschen sein muss.

Die Zahl der Niete, die sich in einem Querschnitt unterbringen lassen, sei n, f der nutzbare Querschnitt des Profileisens, so hat man demnach, wenn d der Nietdurchmesser ist:

$$2\,(b - n\,d) \cdot \delta = f$$

oder

$$21)\quad \delta = \frac{f}{2\,(b - n\,d)}.$$

Fig. 91.

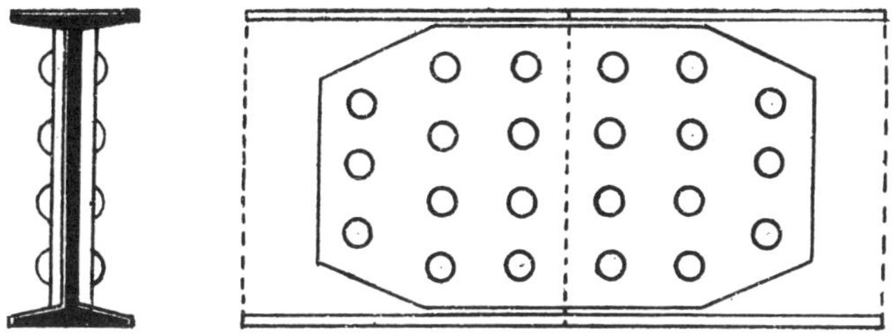

Die Zahl der Niete ergibt sich aus den Gleichungen 18 und 19.

Um die Zahl der Niete nicht zu gross zu erhalten, muss der Nietdurchmesser ziemlich stark angenommen werden.

b) Verlängerung auf Druck beanspruchter Stäbe.

Bei allen Stössen soll man darauf besonders achten, dass die Stossfuge dicht ist. Dies ist vor allem dann unbedingt erforderlich, wenn die Teile auf Druck beansprucht werden. Denn eine gleichmässige Druckübertragung findet nur statt, wenn die aufeinander stossenden Querschnitte sich in allen Punkten gleichmässig berühren. Man könnte sich daher bei Stossdeckungen gedrückter Stäbe

Fig. 92.

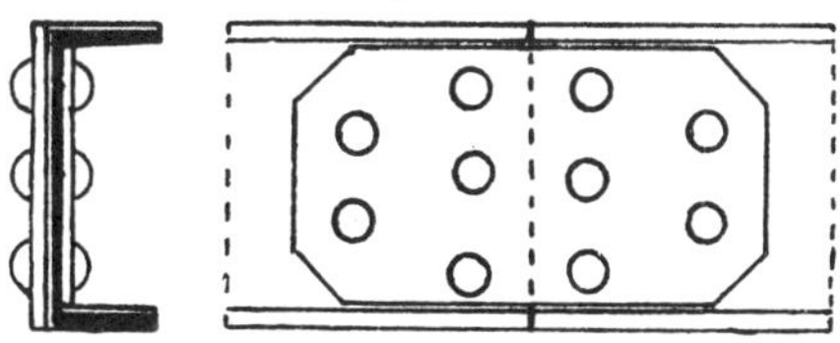

damit begnügen, die beiden Teile des zu stossenden Gliedes stumpf gegeneinander stossen zu lassen, oder höchstens durch Anbringung einer mit wenigen Nieten anzuschliessenden Lasche die seitliche Verschiebung der Teile zu verhindern.

Fig. 93.

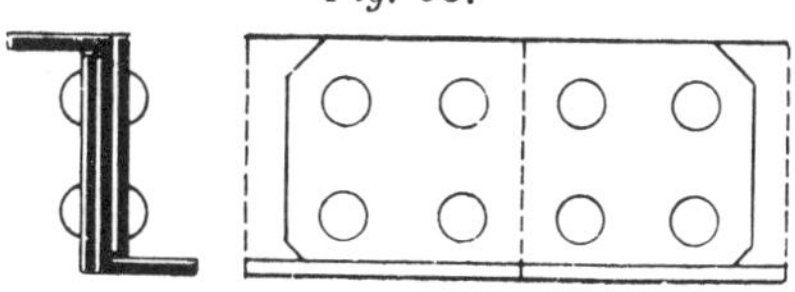

Fig. 94.

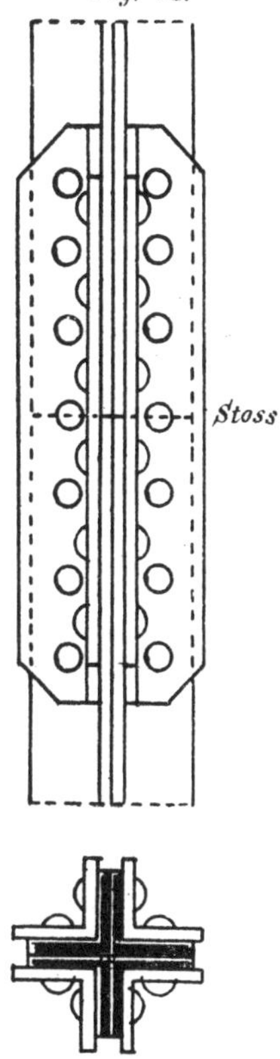

Indessen werden auch die Stösse gedrückter Stäbe so hergestellt, dass man mindestens $\frac{1}{2}$ bis $\frac{2}{3}$ der durch die Gleichungen 18 bis 20 berechneten Nietzahl anordnet, wobei dann satte und gleichmässige Berührung der Stossflächen Voraussetzung ist.

Sicherer geht man zweifellos, wenn man den Stoss gedrückter Stäbe mit der aus jenen Gleichungen sich ergebenden Nietzahl ausbildet, weil wohl selten eine so sorgfältige Bearbeitung der

Stossflächen stattfindet, dass eine gleichmässige Berührung derselben angenommen werden könnte.

c) Verlängerung von Stäben, deren Querschnitt mehrteilig ist.

Bei den zusammengesetzten Querschnitten, d. h. Querschnitte, die aus mehreren Walzprofilen zusammengesetzt sind, kann man den Stoss sämtlicher Teile in ein und derselben Ebene vornehmen oder aber die einzelnen Teile in verschiedenen Ebenen stossen. Im ersten Falle hat man den sogen. Universalstoss, im zweiten den versetzten Stoss. Da im Rahmen dieses Buches nur die in der

Fig. 95.

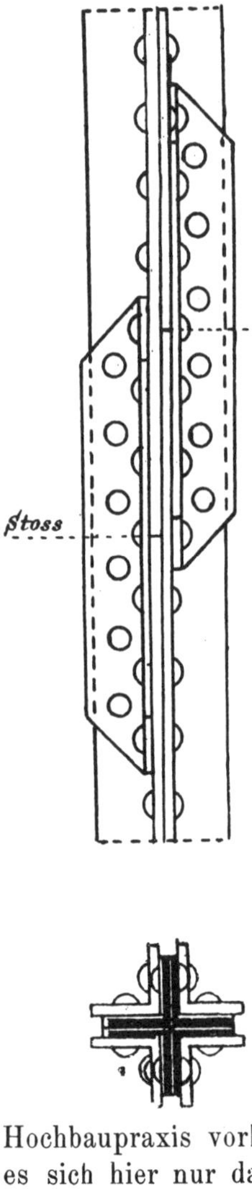

Fig. 96.

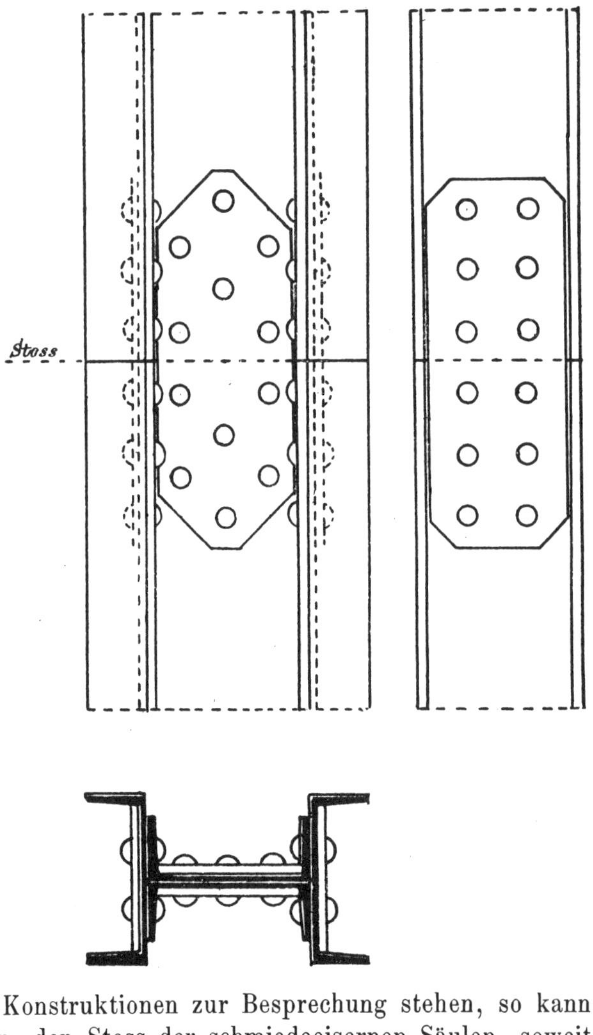

Hochbaupraxis vorkommenden Konstruktionen zur Besprechung stehen, so kann es sich hier nur darum handeln, den Stoss der schmiedeeisernen Säulen, soweit ihr Querschnitt mehrteilig ist, näher zu untersuchen.

Das Durchschneiden sämtlicher Teile an ein und derselben Stelle ist für die gleichmässige Uebertragung des Druckes und somit für die Widerstandsfähigkeit des Druckstabes nicht von Vorteil. Dagegen stellt sich der Universalstoss hinsichtlich des Arbeitspreises billiger; denn der zwischen zwei Stössen liegende Teil eines Druckstabes kann in der Fabrik völlig fertig gestellt werden, so dass auf der Baustelle nur die Stossteile eingefügt zu werden brauchen.

Bei dem versetzten Stoss können die überstehenden Enden der aneinanderzufügenden Druckstäbe erst nach der Aufstellung verbunden werden, so dass hier viel Arbeit auf der Baustelle zu tun übrig bleibt. Die Widerstandsfähigkeit ist indessen grösser, da die Schwächung der einzelnen Querschnittsteile an verschiedene Stellen verlegt ist.

Fig. 97.

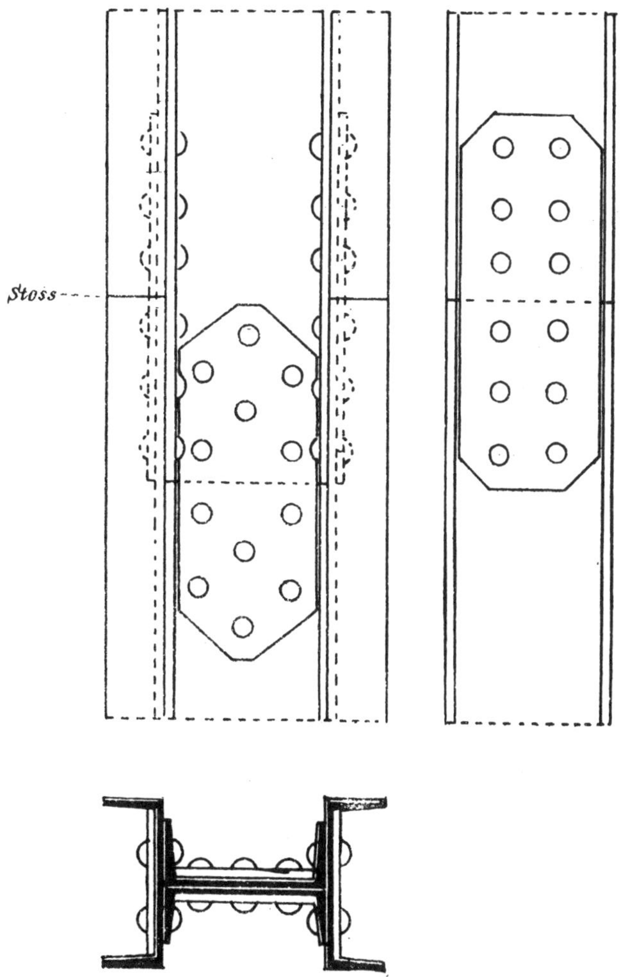

In den Fig. 94 bis 97 sind mehrere Beispiele von Stössen zusammengesetzter Querschnitte sowohl nach dem Universalstosse, als auch nach dem versetzten Stosse angeführt.

Bei dem Kreuzquerschnitt in Fig. 94 ist der Stoss aller Winkel durch Winkel von demselben Querschnitt an derselben Stelle gedeckt worden, in Fig. 95 sind die Winkelstösse von je zwei Winkeln verschoben. Auch hier fand die Stossdeckung durch Winkellaschen statt.

In den Fig. 96 und 97 ist ein aus vier [-Eisen gebildeter Querschnitt nach beiden Methoden gestossen. Die Deckung wurde durch Flacheisenlaschen bewirkt.

Hinsichtlich der Berechnung der Stösse zusammengesetzter Querschnitte gelten die oben ausgeführten Regeln. Man hat diese auf den Stoss der Einzelquerschnitte anzuwenden.

d) Stossdeckung von Stäben, die auf Biegung beansprucht sind.

Diese Stossdeckungen kommen meist nur bei den Stehblechen genieteter Träger vor. Auch hier ist besonderes Augenmerk darauf zu richten, dass die Stossflächen sich völlig berühren, so dass eine dichte Fuge entsteht. Die Deckung erfolgt durch Decklaschen und zwar immer zweischnittig. Für die Querschnittsbestimmung der Decklaschen ist der Umstand mafsgebend, dass das Trägheitsmoment des Stehbleches gleich dem Trägheitsmoment der beiden Decklaschen sein muss.

Berechnung des Stosses. Ist nach Fig. 98 h die Höhe des Steinbleches, h_1 diejenige der Laschen, δ die Stärke des Stehbleches und δ_1 diejenige der Laschen, so ist demnach:

$$\frac{1}{12} \cdot \delta h^3 = 2 \cdot \frac{1}{12} \delta_1 h_1{}^3$$

und hieraus:

22) $$\delta_1 = \frac{\delta h^3}{2 \cdot h_1{}^3}.$$

Stärke der Laschen. Ergibt sich δ_1 geringer als 0,8 cm, so ist $\delta_1 = 0{,}8$ cm zu setzen.

Die Zahl der zur Stossdeckung erforderlichen Nieten erhält man auf folgende Weise.

Bei jedem Träger nehmen die Gurtungen hauptsächlich die durch das Biegungsmoment hervorgerufenen Spannungen auf, während das Stehblech die von den Querkräften herrührenden Schubspannungen vornehmlich aufzunehmen hat.

Zahl der Niete. Es sei nun n die gegen Abscheren, n_1 die gegen Lochwanddruck erforderliche Anzahl von Nieten, dann übertragen diese Niete gegen Abscheren:

$$n \cdot 2 \frac{d^2 \pi}{4} \cdot 800 \text{ kg}$$

und gegen Lochwanddruck:

$$n_1 \cdot d \, \delta \cdot 1200 \text{ kg}.$$

In der Regel werden die Niete in zwei Nietreihen untergebracht, so dass in jeder Reihe $\frac{n}{2}$ bezw. $\frac{n_1}{2}$ Niete stehen (Fig. 98).

Fig. 98.

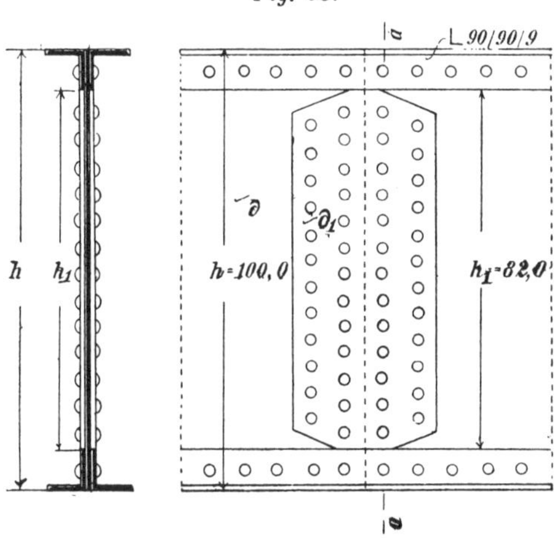

Das Stehblech wird am ehesten in der Fuge a—a reissen. Der Querschnitt des Stehbleches in dieser Fuge ist aber im ersten Fall $h\,\delta - \frac{n}{2} d \cdot \delta$ und im zweiten Fall $h\,\delta - \frac{n_1}{2} d \cdot \delta$. Die gesamte Schubspannung, welche das Stehblech aufnehmen kann, ist daher

$$\left(h\,\delta - \frac{n}{2} d\,\delta\right) \cdot 800 \text{ bezw.}$$

$$\left(h\,\delta - \frac{n_1}{2} d\,\delta\right) \cdot 800 \text{ kg.}$$

Gegen Abscheren folgt deshalb:

$$n \cdot \frac{2 d^2 \pi}{4} \cdot 800 = \left(h\,\delta - \frac{n}{2} d\,\delta\right) \cdot 800, \text{ woraus:}$$

23) $$n = \frac{2 h \delta}{d^2 \pi + d \delta}.$$

Gegen Lochwanddruck folgt:

$$n_1\, d\, \delta \cdot 1200 = \left(h\, \delta - \frac{n_1}{2} d\, \delta\right) \cdot 800$$

und hieraus:

$$24) \qquad n_1 = \frac{h}{2\,d}.$$

Die grössere Zahl von Nieten ist natürlich beim Stosse anzuordnen.

Beispiel. Das Stehblech des in Fig. 98 gezeichneten Trägers soll gestossen werden. Es ist $h = 100$ cm, $h_1 = 100 - 2 \cdot 9{,}0 = 82$ cm, $\delta = 1{,}1$ cm, $d = 2{,}0$ cm. Die Stärke δ_1 der Laschen ist alsdann nach Gleichung 22:

$$\delta_1 = \frac{\delta\, h^3}{2\, h_1{}^3} = \frac{1{,}1 \cdot 100^3}{2 \cdot 82^3} = 0{,}99 \text{ cm},$$

dafür wird gewählt $\delta_1 = 1{,}0$ cm.

Die Zahl der Niete ist nach Gleichung 23) gegen Abscheren:

$$n = \frac{2\, h\, \delta}{d^2 \pi + d\, \delta} = \frac{2 \cdot 100 \cdot 1{,}1}{2{,}0^2 \cdot 3{,}14 + 2{,}0 \cdot 1{,}1} = 15 \text{ Niete};$$

gegen Lochwanddruck hat man aus Gleichung 24):

$$n_1 = \frac{h}{2\, d} = \frac{100}{2 \cdot 2{,}0} = 25 \text{ Niete},$$

welche untergebracht werden müssen. Hiervon sind 13 in die innere, 12 in die äussere Nietreihe gestellt worden. Der Nietabstand beträgt dabei rund 3 d.

3. Anschlussverbindungen.

Anschlussverbindungen sind Anordnungen, mittels der ein Eisenstab mit anderen Konstruktionsteilen verbunden wird. Bilden die zu verbindenden Stäbe einen rechten oder spitzen Winkel miteinander, so nennt man die Verbindung beider einen Trägeranschluss, fallen dagegen die Stäbe in eine Ebene, so nennt man den Anschluss eine Knotenpunktsverbindung.

a) Die Knotenpunkte.

Unter Knotenpunkt versteht man den Schnittpunkt der Stabachsen eines Eisenfachwerkes. Bei der Konstruktion der Knotenpunkte hat man als erste Regel festzuhalten, dass sich die *Schwerpunktsachsen der Stäbe in einem Punkte schneiden.* Die anzuschliessenden Stäbe werden entweder durch Niete oder durch Gelenke an ein gemeinschaftliches Blech, das Knotenblech, angeschlossen. Als zweite Regel ist zu beherzigen, dass *der Anschluss der Stäbe immer zweischnittig* zu bewirken ist, aus Gründen, die oben schon näher erörtert sind.

Gelenke. Die Gelenkverbindungen werden heute kaum noch bei Fachwerken ausgeführt, an ihre Stelle sind die billigeren Nietverbindungen getreten. Der Anschluss eines Stabes vermittelst eines zweischnittigen Gelenkes ist bereits in den Figuren 80 bis 85 zur Anschauung gebracht und die Berechnung der Verbindung daselbst angegeben.

Nietverbindungen. Hinsichtlich der Anordnung der Anschlussniete ist zu bemerken, dass dieselben möglichst in den Schwerlinien oder symmetrisch dazu zu stellen sind. Bei den Winkeleisen lässt sich dies nicht durchführen, vielmehr ist bei diesen die Stellung der Niete durch das Wurzelmafs bedingt. Die Figuren 99 und 100 zeigen zwei Knotenpunkte, welche unter Beachtung der auf Seite 12 bis 16 angegebenen Regeln gebildet sind. Was die Berechnung und Einzelausbildung anlangt, so wird bei der Besprechung der Fachwerkkonstruktionen näher darauf eingegangen werden.

Fig. 99.

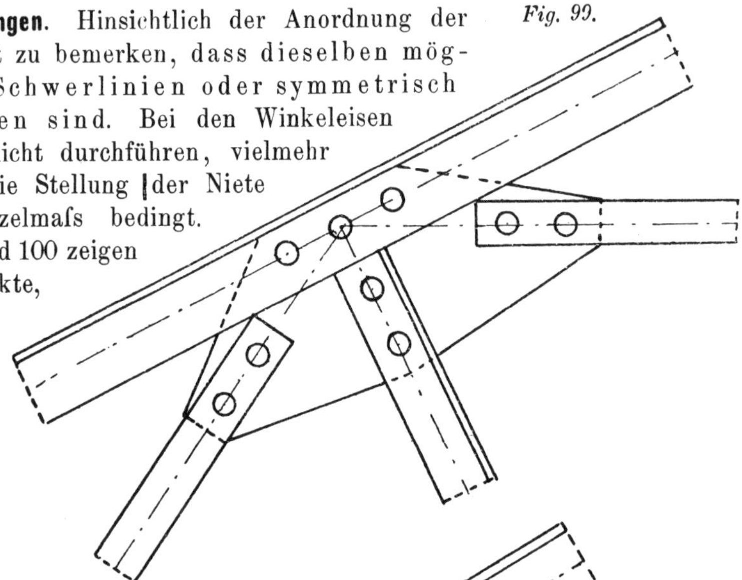

Fig. 100.

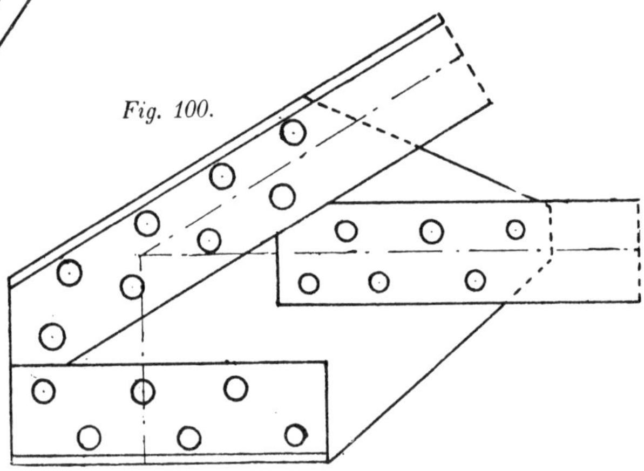

b) Trägeranschlüsse.

Je nach dem Zusammenstoss zweier Stabeisen kann man die Anschlüsse in mehrere Gruppen ordnen und zwar in

α) Eck⌊-Verbindungen,

β) End⊥-Verbindungen,

γ) Kreuz+-Verbindungen.

Zur Bildung aller dieser Verbindungen werden meist Winkeleisen benutzt, zu denen in einigen Fällen entsprechend geformte Knotenbleche treten. Nur ausnahmsweise wird man zu anderen Hilfsmitteln, wie Schweissen, Verdrehungen, Biegungen in kaltem und warmem Zustande seine Zuflucht nehmen; die in dieser Weise hergestellten Anschlüsse können auf Festigkeit nur geringen Anspruch erheben.

α) Eckverbindungen.

Flacheisen. Eckbildungen bei Flacheisen können nach Fig. 101 bis 106 hergestellt werden. Bei hochkantigen Flacheisen erfolgt die Bildung der Ecke am einfachsten durch Umbiegungen (Fig. 101). Sind zwei hochkantige Flacheisen an einer Ecke zu verbinden, so kann das eine im Winkel umgebogen und mit dem anderen vernietet werden (Fig. 102), oder

Fig. 101.

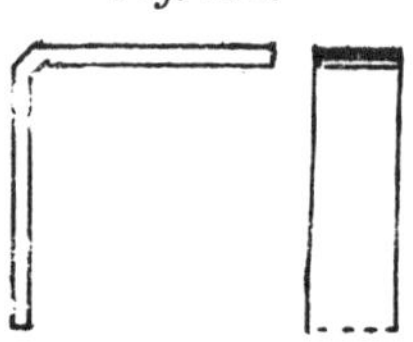

Fig. 102.

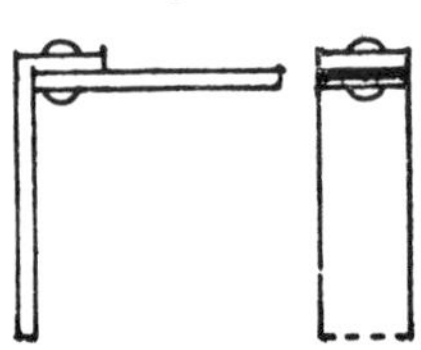

aber beide Flacheisen werden durch ein Winkeleisen miteinander verbunden (Fig. 103 und 104).

Liegen die Flacheisen in einer Ebene, so geschieht die Eckbildung am besten dadurch, dass die Flacheisen auf Gehrung geschnitten und durch ein

Fig. 103.

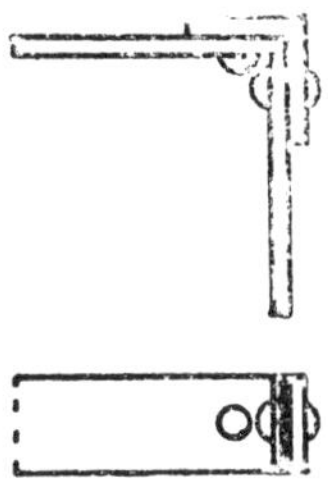

Fig. 104.

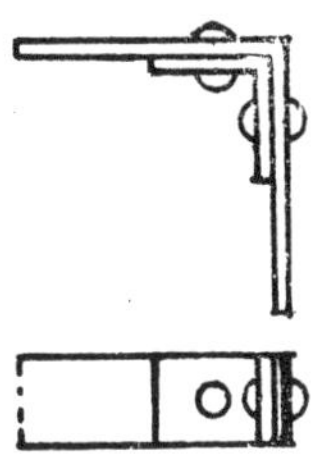

Fig. 105.

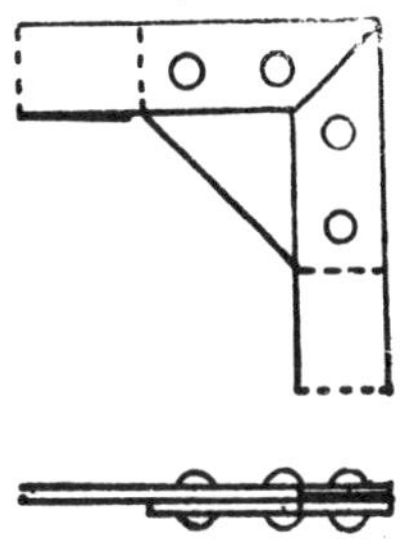

Fig. 106.

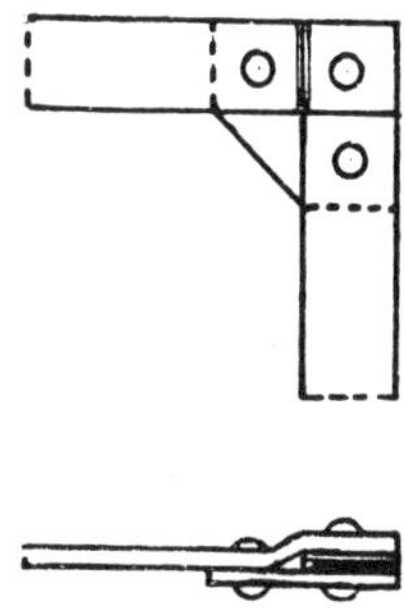

Knotenblech verbunden werden (Fig. 105). Eine ähnliche Verbindung zeigt Fig. 106, wo das eine Flacheisen über das andere gekröpft ist. Im allgemeinen

Fig. 107.

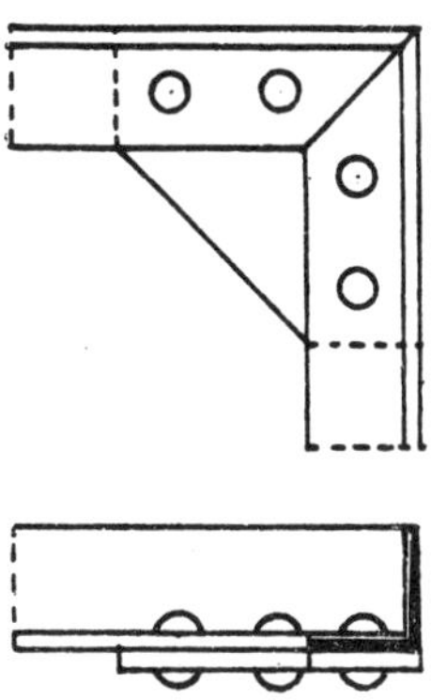

Fig. 108.

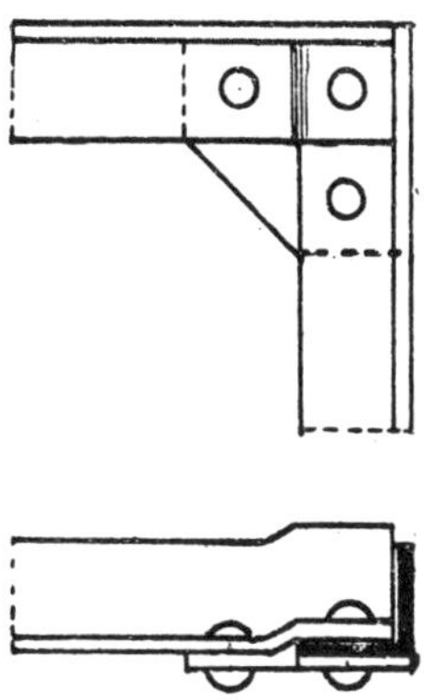

Fig. 109.

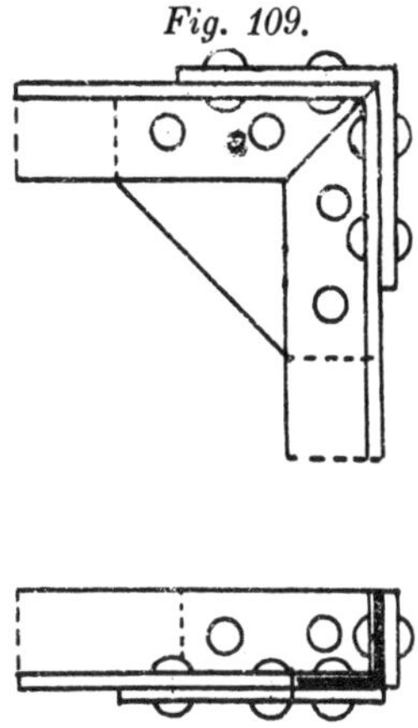

Fig. 110.

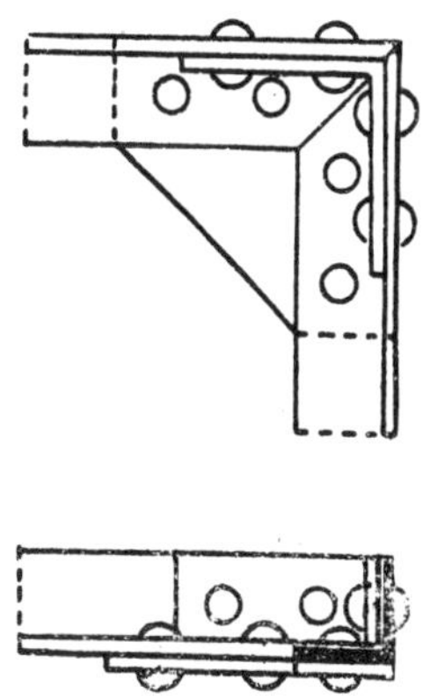

ist jedoch zu bemerken, dass das Kröpfen nicht günstig auf die Festigkeit des Materials wirkt und daher nur ausnahmsweise gestattet werden sollte.

Winkeleisen. Die Eckbildung bei Winkeleisen geschieht am zweckmässigsten mit Hilfe von Knotenblechen, indem man die Winkel auf Gehrung schneidet (Fig. 107) oder den einen Winkel, was indessen nicht

Fig. 111.

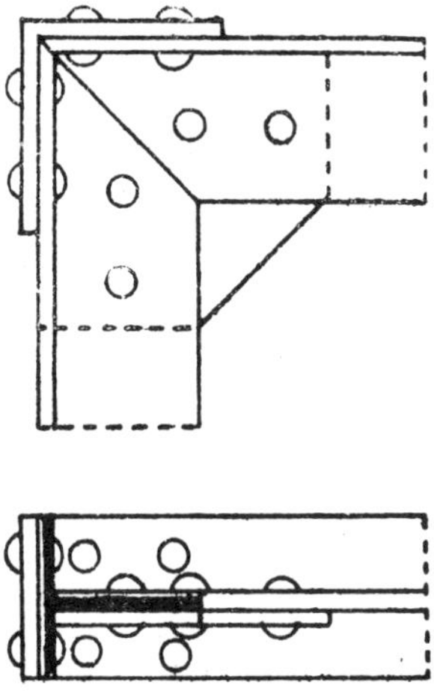

Fig. 112.

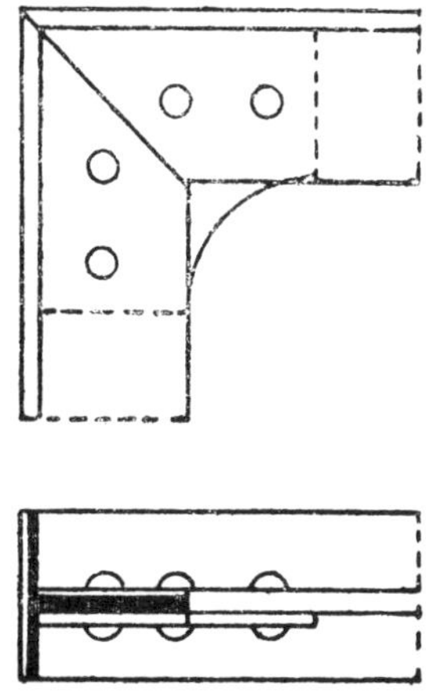

zu empfehlen ist, über den anderen kröpft (Fig. 108). Zur Erhöhung der Festigkeit tritt häufig noch eine winkelig gebogene Flacheisenlasche dazu (Fig. 109 und 110).

⊥-Eisen. Eckbildungen bei ⊥-Eisen finden sich meist bei Fensterecken und werden in ähnlicher Weise wie die Winkelecken ausgebildet. Man hat jedoch darauf zu achten, dass die Auflagerfläche für das Glas nicht uneben wird. Die Nietköpfe müssen demnach versenkt werden. In Fig. 111 und 112 sind mehrere Ecken dargestellt. Die Bildung geschah unter Zuhilfenahme von Knotenblechen und Winkellasche.

T- und ⊏-Eisen. Die T- und ⊏-Eisen werden bei der Verbindung zu einer Ecke am besten auf Gehrung geschnitten und durch ein oder zwei Winkel im Stege miteinander verbunden. Bei ⊏-Eisen werden die Flansche ausserdem dabei oft durch Knotenbleche miteinander vernietet. Dies ist bei T-Eisen selten der Fall, weil die schmalen Flansche keine gute Vernietung gestatten. Die in Fig. 113 bis 115 dargestellten Ecken sind ohne weiteres verständlich.

Fig. 113.

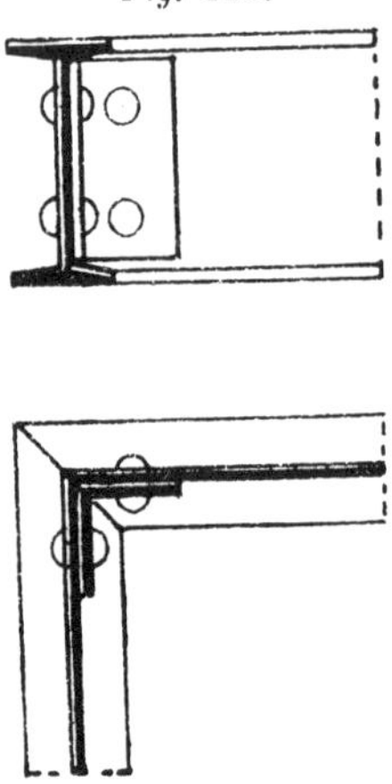

Fig. 114.

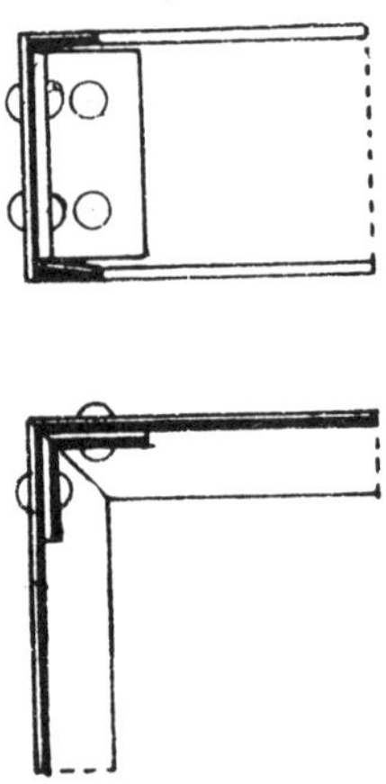

Fig. 115.

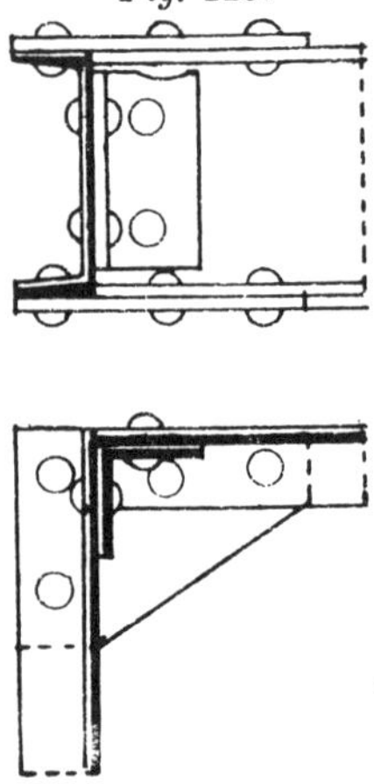

Bei flachliegenden ⊏-Eisen geschieht die Eckbildung durch Anwendung eines Bleches, welches aussen oder innen angeordnet werden kann (Fig. 116 und 117). Auch findet hier oft ein stumpfer Stoss der ⊏-Eisen statt (Fig. 118).

Fig. 116.

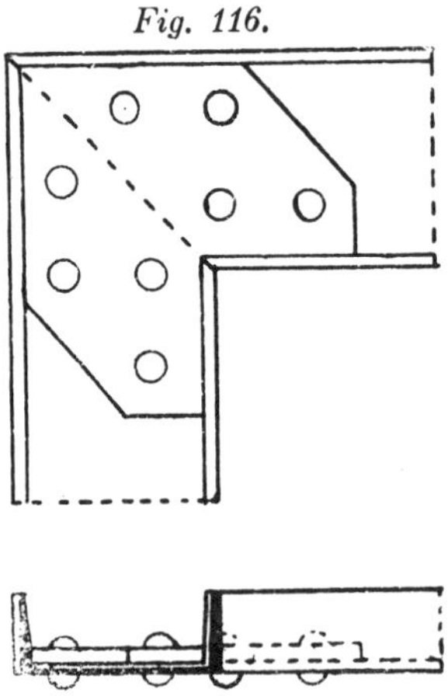

Fig. 117.

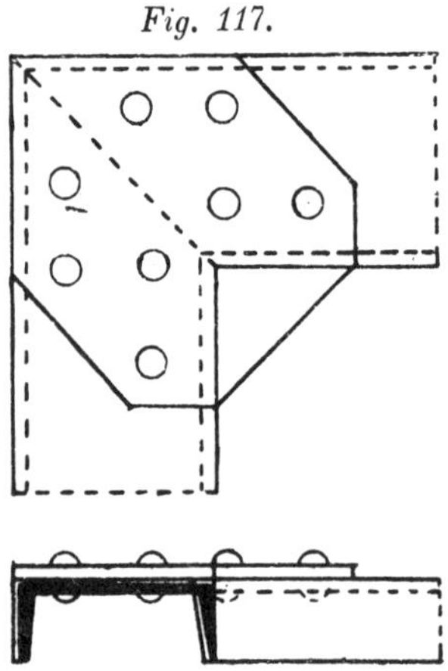

Fig. 118.

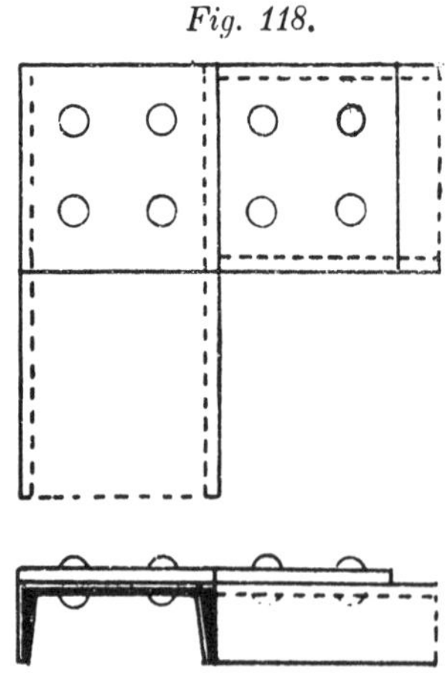

β. Endverbindungen ⊥

Flacheisen. Der Anschluss eines hochkantigen Flacheisens an ein anderes geschieht am einfachsten durch einen oder zwei Winkel (Fig. 119 und 120).

Wenn keine besondere Festigkeit verlangt wird, kann der Anschluss dadurch bewirkt werden, dass das anzuschliessende Flacheisen rechtwinkelig gebogen und sodann mit dem durchlaufenden vernietet wird.

Bei flachliegenden Flacheisen wird das eine über das andere gekröpft oder wenn dieselben nicht in einer Ebene zu liegen brauchen, das eine auf das andere genietet (Fig. 121 und 122).

Fig. 119.

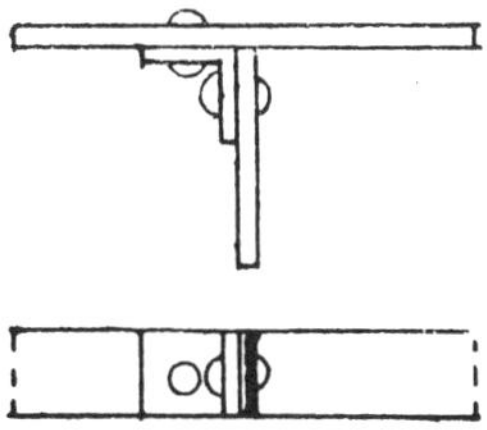

Fig. 120.

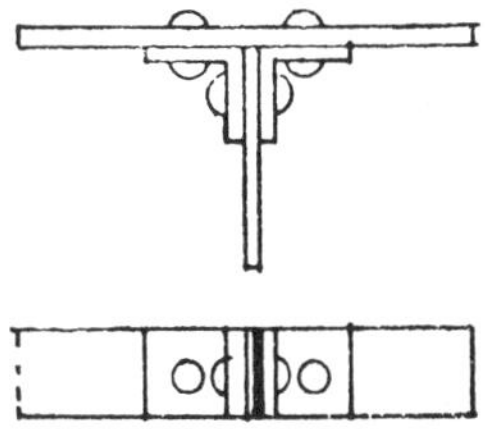

Fig. 121.

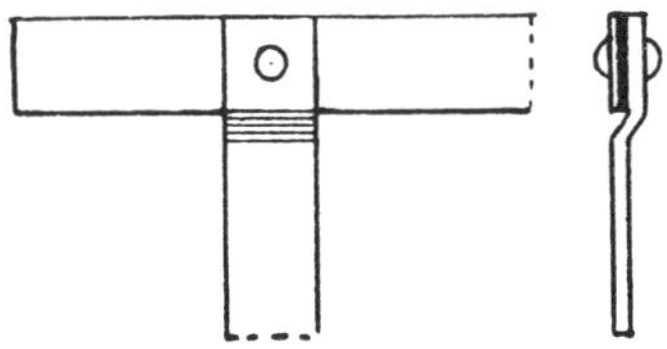

Fig. 122.

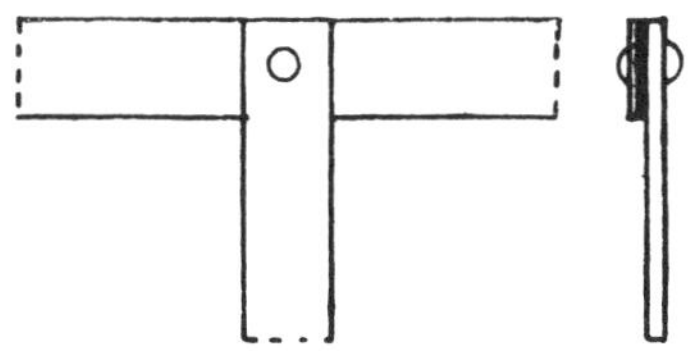

Winkeleisen. Der Anschluss eines Winkeleisens an ein anderes wird mit Hilfe von Winkellaschen, Knotenblechen oder unter gleichzeitiger Verwendung beider bewirkt (Fig. 123 bis 127).

Fig. 123.

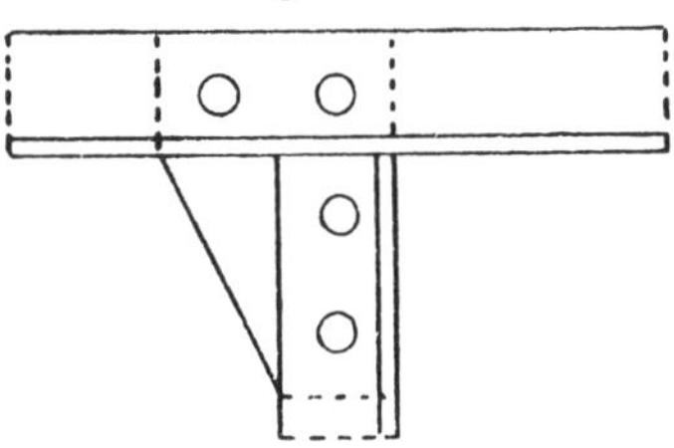

Fig. 124.

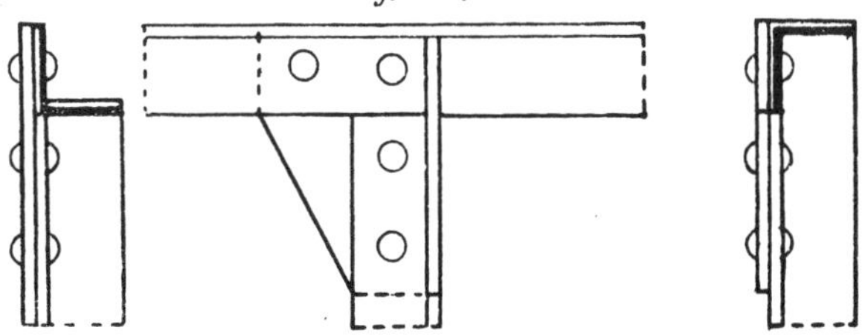

Fig. 125.

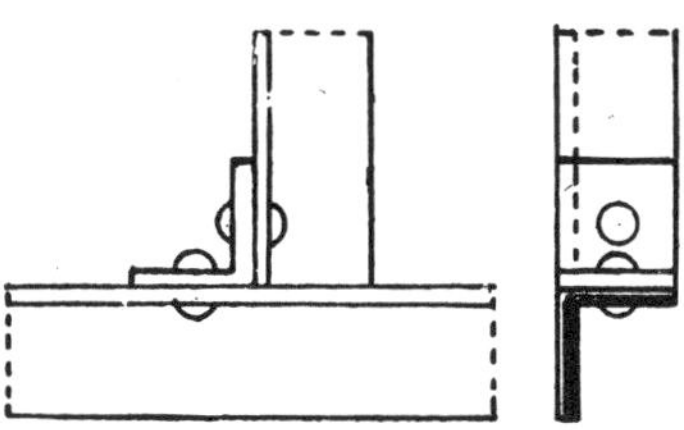

Fig. 126.

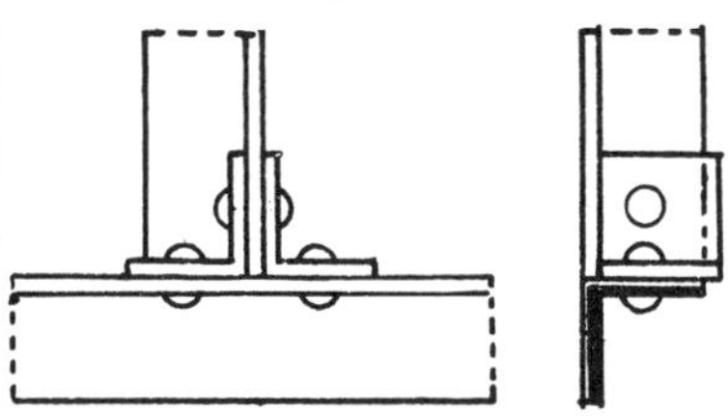

Fig. 127.

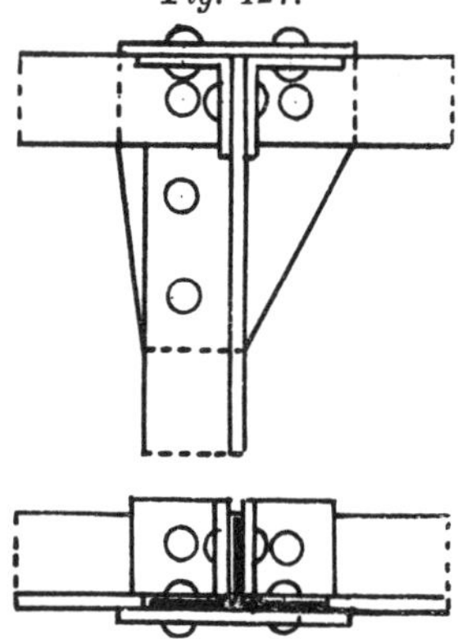

⊥-Eisen. Die Verbindung von ⊥-Eisen kommt in den meisten Fällen bei der Konstruktion von Fenstern und Oberlichtern vor, wo sie als Sprossen benutzt werden. Der Anschluss wird dann am besten in der Weise hergestellt, dass die Flansche des einen ⊥-Eisens so weit beseitigt werden, dass die beiden Eisen ineinander geschoben werden können. Mit Hilfe eines Knotenbleches findet sodann die Befestigung beider statt. Bei grösseren ⊥-Eisen werden ausserdem auch Winkellaschen benutzt (Fig. 128 und 129). An der Glasseite müssen die Nietköpfe versenkt werden, damit das Glas eine ebene Auflagerfläche findet.

Fig. 128.

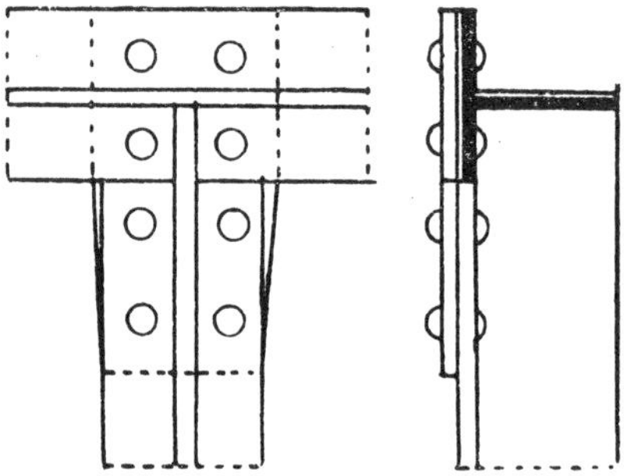

Fig. 129.

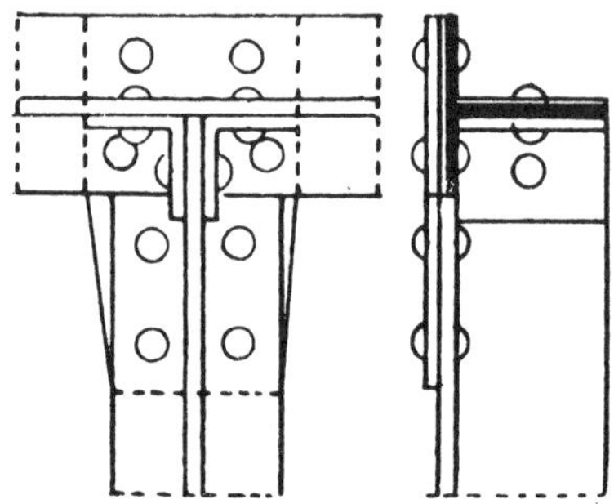

Kleinere ⊥-Eisen wie auch die Sprosseneisen werden auf Gehrung zusammengearbeitet. Am Stege des anzuschliessenden Eisens werden kleine Stifte angefeilt, die in entsprechende Löcher des anderen Eisens greifen. Die Länge der Stifte ist so bemessen, dass sie kalt vernietet werden können (Fig. 130 und 131).

Fig. 130.

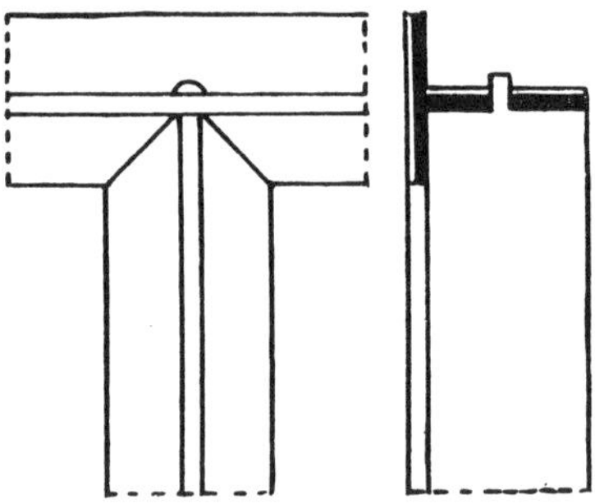

Fig. 131.

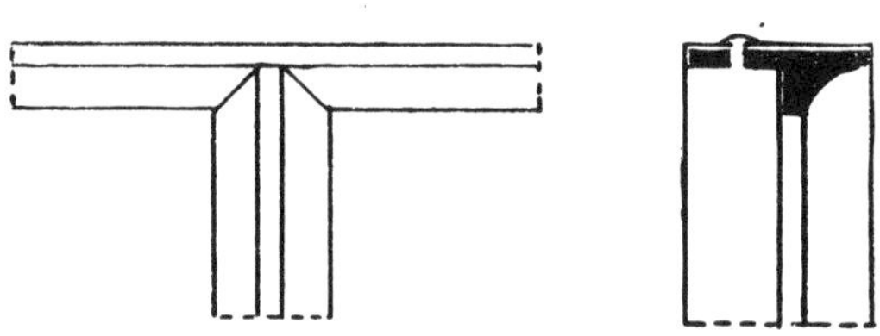

Die Verbindung von ⊥-Eisen mit Winkeleisen, wie sie ebenfalls vielfach bei eisernen Fenstern vorkommt, ist in Fig. 132 dargestellt.

Fig. 132.

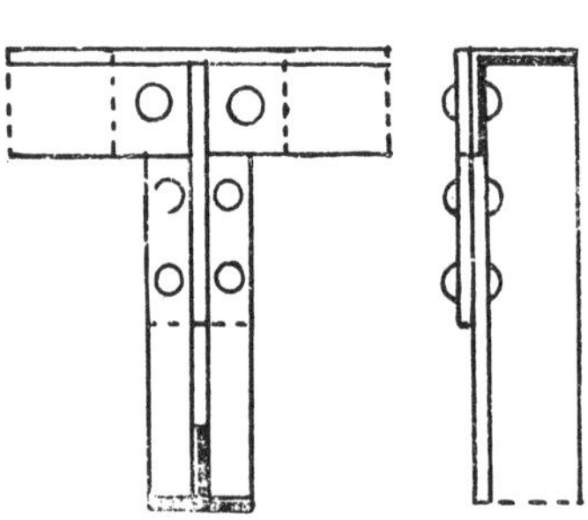

Fig. 133.

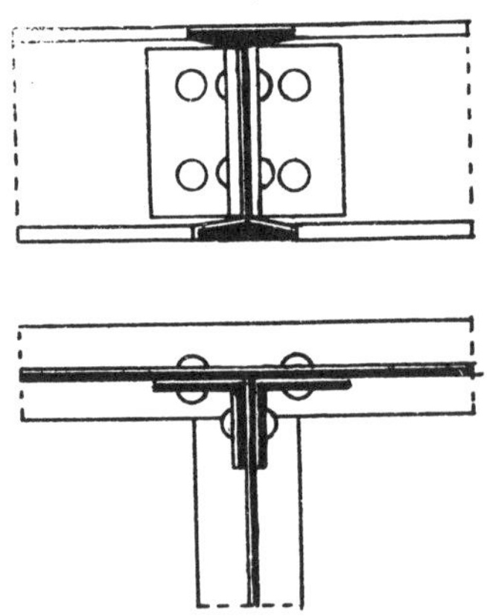

I-Eisen, ⊏-Eisen. Der Anschluss eines I-Eisens an ein anderes von gleicher Höhe geschieht immer durch zwei Winkellaschen, wobei die Flanschen des endigenden I-Eisens so weit abgeschrotet werden, dass der Steg desselben bis an den Steg des durchlaufenden geht (Fig. 133.) Sind die ⌶-Eisen verschieden hoch, so ist die Beseitigung der Flanschen nicht erforderlich (Fig. 134.) Sollen die Auschlusswinkel gleichzeitig zur Aussteifung des Steges des durchlaufenden ⌶-Eisens dienen, so werden die Flanschen des anzuschliessenden ⌶-Eisens so weit abgearbeitet, dass die Winkel durchgeführt werden können (Fig. 135). In Fig. 136 ist der Anschluss eines ⌶-Eisens mit einem ⊏-Eisen dargestellt, der keiner weiteren Erklärung bedarf, ebenso wie die Endverbindungen zweier ⊏-Eisen in Fig. 137.

Fig. 134.

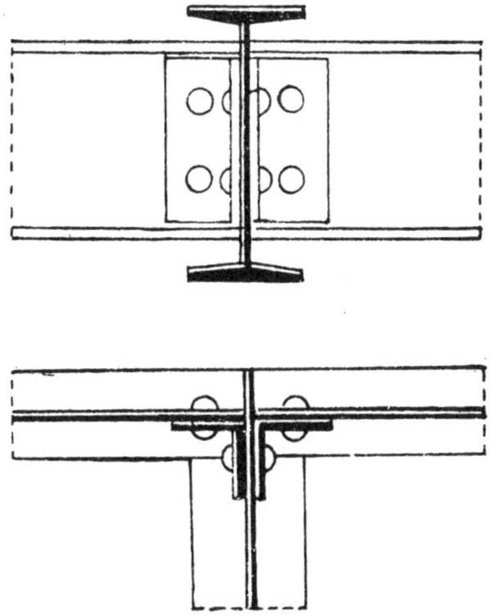

Fig. 135.

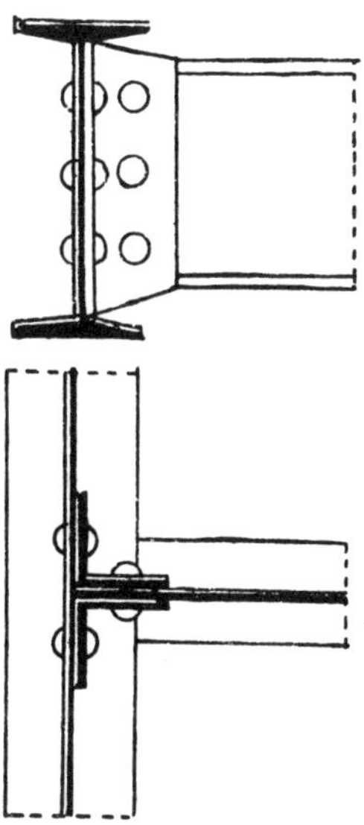

Fig. 136.

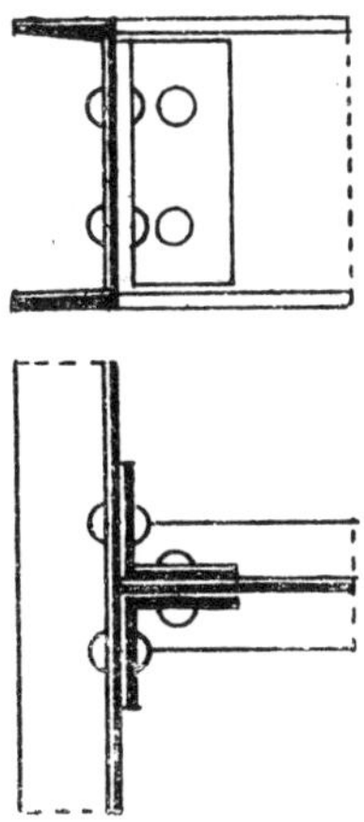

Fig. 137.

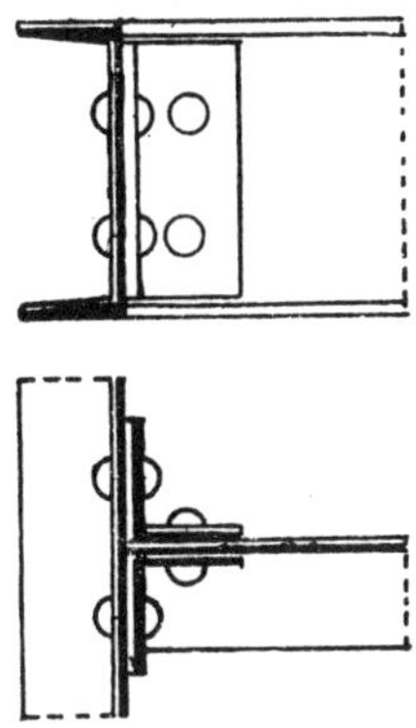

γ. Kreuzverbindungen +.

Flacheisen. In den Fig. 138 bis 141 sind Kreuzverbindungen hoch- und flachkantiger Flacheisen dargestellt, die sich durch Verdoppelung der oben besprochenen Endanschlüsse ergeben. Die Kreuzung der Flacheisen in Fig. 142 ist durch Anwendung zweier Flacheisenlaschen erfolgt. Die in Fig. 143 gezeichnete Kreuzung zweier Doppel-Flacheisen ist durch ein zwischen denselben liegendes Knotenblech bewirkt worden.

Winkeleisen. Kreuzungen von Winkeleisen kommen selten vor; dagegen kreuzen sich Winkeleisen mit Flacheisen häufiger bei Fachwerken (Fig. 144). Durch den der Dicke des Knotenbleches entsprechenden Schlitz geht dann das Flacheisen, welches durch einen Niet mit den Winkeln verbunden wird. Winkeleisen wie Flacheisen erhalten aber meist längliche Löcher, um die Ausdehnung der Stäbe ungehindert zu gestatten.

Fig. 138.

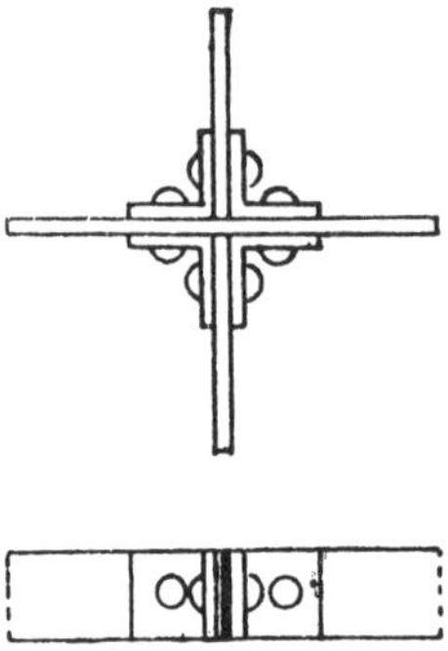

Fig. 139.

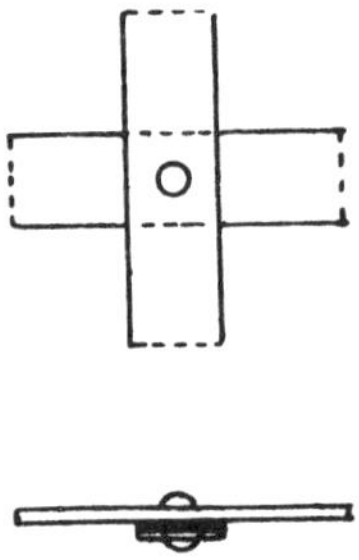

Fig. 140.

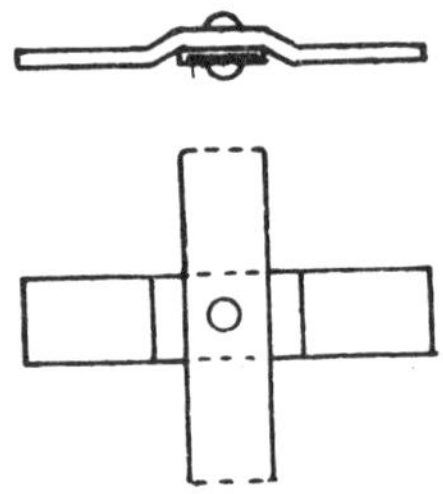

Fig. 141.

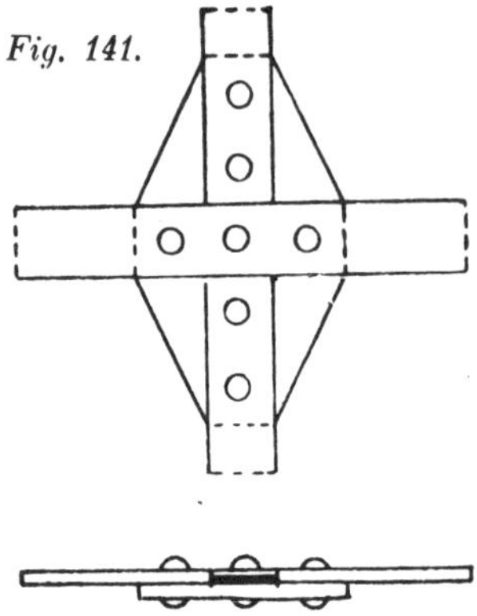

Fig. 142.

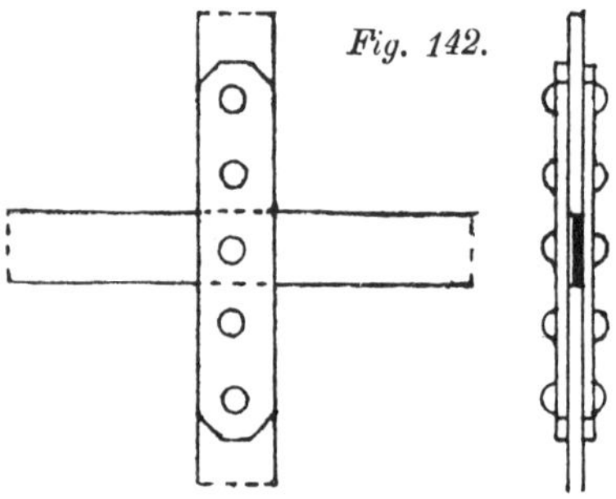

Fig. 143.

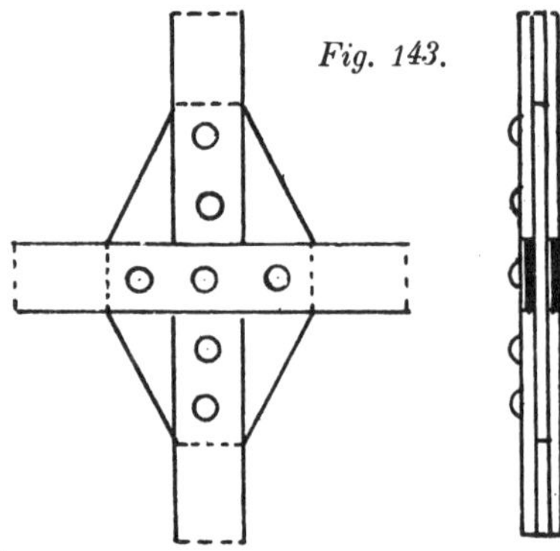

Fig. 144.

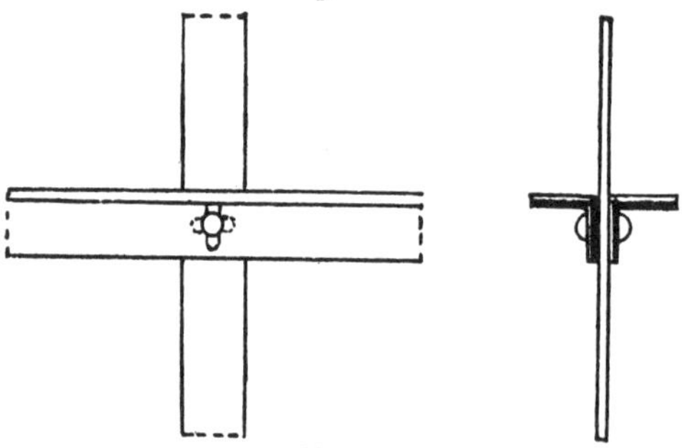

Fig. 145.

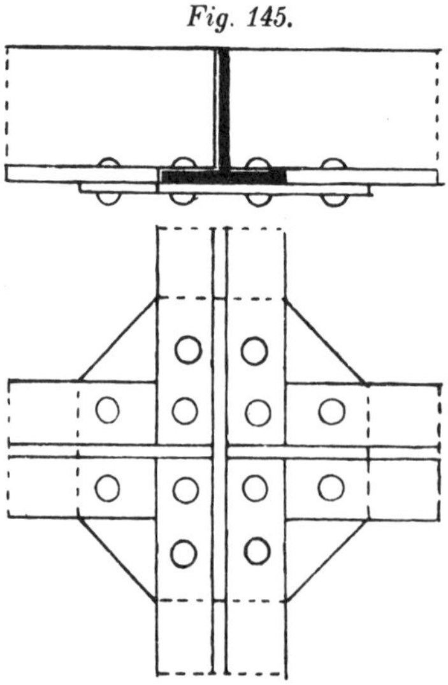

Fig. 146.

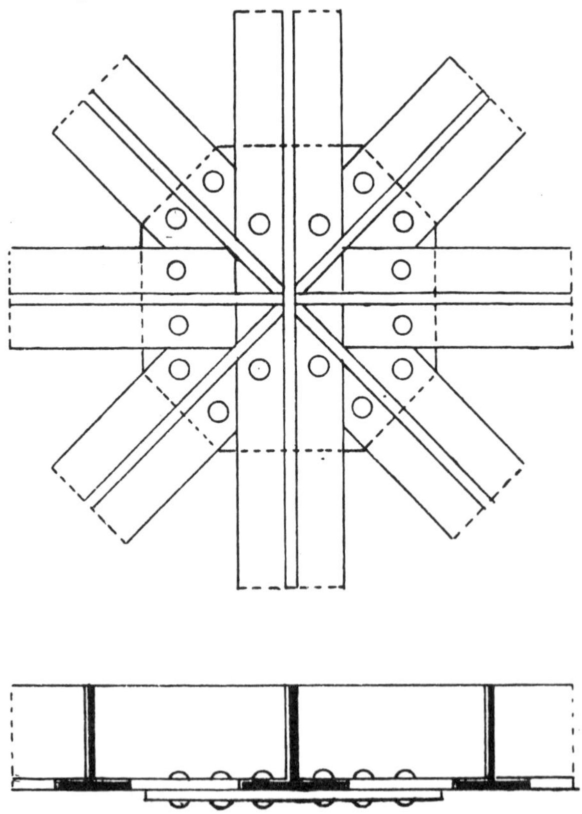

⊥-Eisen. Wie bei den Flacheisen werden die Kreuzungen bei ⊥-Eisen am einfachsten durch Verdoppelung der Endanschlüsse hergestellt. Man lässt dabei das eine ⊥-Eisen durchlaufen, die anderen ⊥-Eisen dagegen stossen, indem man

Fig. 147.

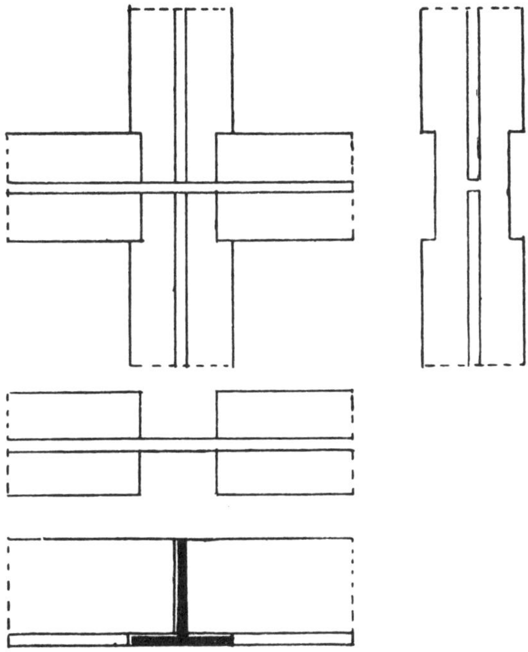

Fig. 148.

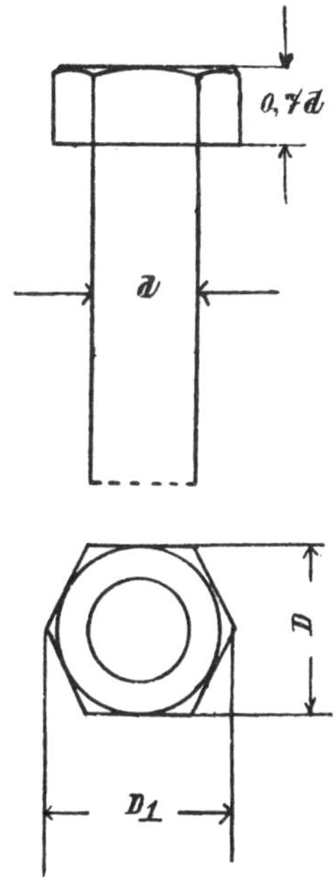

Fig. 149.

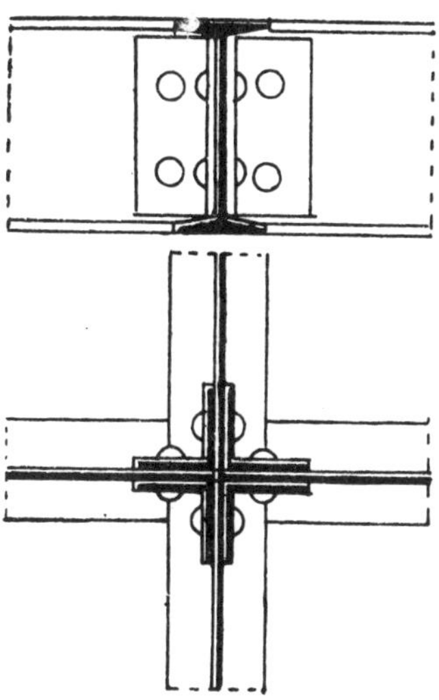

Fig. 150.

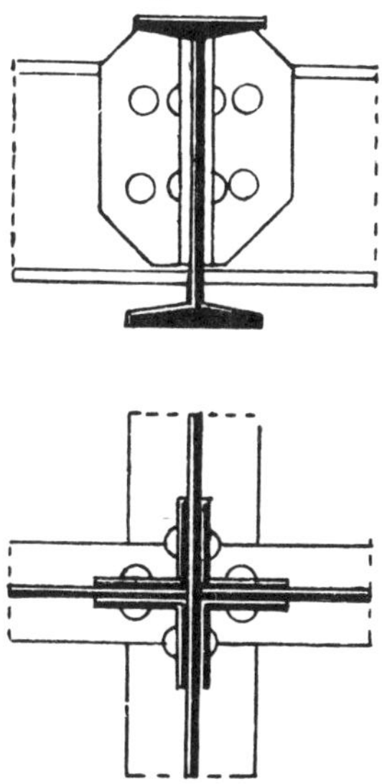

Fig. 151.

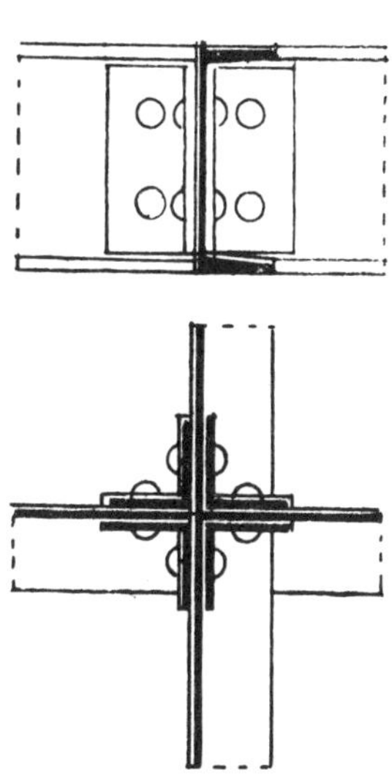

deren Flansche so weit fortnimmt, dass die Stege sich berühren. Durch Vernietung mit einem entsprechend geformten Knotenblech wird eine sichere Verbindung erzielt (Fig. 145 und 146).

Laufen beide ⊥-Eisen durch, wie dies vielfach bei Sprossen geschieht, so erreicht man eine zweckmässige Verbindung dadurch, dass man bei dem einen Eisen die Flansche, bei dem anderen den Steg ausklinkt und nun die Eisen ineinander schiebt (Fig. 147).

T-Eisen, ⊏-Eisen. Eine einfache Kreuzung zweier T-Profile ist schon in Fig. 67 dargestellt worden. Es ist aber nicht erforderlich, die Verbindung durch Schrauben zu sichern, es genügt vielmehr schon, wenn durch die Flansche zwei Feststelldorne nach Fig. 148 gesteckt werden.

Liegen die T-Eisen in einer Ebene, so wird die Kreuzung durch Verdoppelung der oben angeführten Endverbindung bewerkstelligt. Fig. 149 und 150 zeigen derartige Verbindungen.

⊏-Eisen werden in derselben Weise gekreuzt wie aus Fig. 151 hervorgeht. Die Anschlüsse von T-Eisen an genietete Träger und die Verbindungen genieteter Träger untereinander gehören schon zu sehr zu den Eigenheiten besonderer Konstruktionen und werden daher an den betreffenden Stellen eingehend erörtert werden.

Drittes Kapitel.

Die Träger.

Einteilung. Mit dem Namen Träger bezeichnet man alle Baukonstruktionen, deren Belastung senkrecht oder doch vorwiegend senkrecht zur Verbindungslinie ihrer Stützpunkte wirkt. Dabei kann die Achse des Trägers gerade oder gekrümmt, der Steg des Trägers eine volle Blechwand oder eine durchbrochene Wand sein. Demnach unterscheidet man einerseits *gerade Träger* und *Bogenträger* und andererseits *Balken-* und *Fachwerkträger*. Die Balkenträger sind entweder aus einem Stücke gewalzt — *Walzträger* — oder aber sie sind zusammengenietet aus einem Stehblech und zwei oder vier Winkeleisen, wozu öfter noch Gurtplatten treten. — *Blechträger*. —

Von den Normalprofilen eignen sich zu den Walzträgern am besten die I-Eisen und ⊏-Eisen; als Pfetten bei den eisernen Dächern sind die Z-Eisen oft mit Vorteil zu verwenden.

Nach der Zahl der Auflager unterscheidet man *Freiträger* (Konsol- oder Kragträger), *Träger auf zwei, drei* und *mehr Stützen*.

1. Berechnung der Träger.

Bei der Berechnung der Träger handelt es sich darum, die Querschnitte so zu bestimmen, dass bei der ungünstigsten Belastung die zulässige Beanspruchung des Trägermaterials an keiner Stelle des Trägerquerschnittes überschritten wird.

Die in einem beliebigen Stabquerschnitte auftretenden Spannungen sind aber, wie die Festigkeitslehre nachweist, abhängig von zwei durch die äusseren Kräfte des Trägers bedingten Grössen: Nämlich von der Mittelkraft der auf der einen Seite des betrachteten Querschnittes wirkenden äusseren Kräfte und deren statischen Moment (Biegungs- oder Angriffsmoment) in Bezug auf jenen:

Bedeutet:

M das Biegungsmoment,
W das Widerstandsmoment eines Trägerquerschnittes,
k die zulässige Beanspruchung der äussersten Faser,

so besteht nach den Gesetzen der Festigkeitslehre zwischen diesen Grössen die Beziehung:

$$25)\qquad k \gtreqless \frac{M}{W}.$$

Hierin ist k = 1000 kg pro Quadratzentimeter zu setzen.

Das Biegungsmoment M hat aber für verschiedene Querschnitte verschiedene Werte. Derjenige Querschnitt, für den dasselbe seinen grössten Wert erreicht, heisst der gefährliche Querschnitt, weil hier die Gefahr des Bruches am grössten ist. Bezeichnet man das grösste Moment mit M_{max}, so geht Gleichung 25) über in:

$$26)\qquad k \gtreqless \frac{M_{max}}{W}.$$

Das Widerstandsmoment W ist eine lediglich vom Trägerquerschnitt abhängige Rechnungsgrösse, die man erhält, wenn man das Trägheitsmoment des Querschnittes dividiert durch den Abstand der äussersten Faser von der neutralen Achse.

Ist J das Trägheitsmoment des Querschnittes in Bezug auf die neutrale Achse, a der Abstand der äussersten Faser von derselben, so besteht demnach die Gleichung:

$$27)\qquad W = \frac{J}{a}.$$

Für die im Hochbau gebräuchlichen Trägerquerschnitte liegt die neutrale Achse in der halben Trägerhöhe, es ist somit $a = \frac{h}{2}$, wenn h die Trägerhöhe bezeichnet. Hiermit erhält man aus Gleichung 27) für die Grösse des Widerstandsmomentes:

$$28)\qquad W = \frac{J}{\frac{h}{2}} = \frac{2\,J}{h}.$$

Die Trägheits- und Widerstandsmomente in Bezug auf die Schwerachse der Normalprofile, wie auch der meisten sonstigen Profile, die im Hochbau vornehmlich Verwendung finden, sind nun ein für allemal berechnet worden und können den Tabellen im Anhang entnommen werden.

Am häufigsten werden die Trägheits- und Widerstandsmomente für den rechteckigen und kreisförmigen Querschnitt gebraucht. Sind b und h die Seiten des rechteckigen Querschnittes, so ist für eine zur Seite b parallele Schwerachse:

$$J = \frac{1}{12}\,b\,h^3 \text{ und}$$

$$W = \frac{2\,J}{h} = \frac{1}{6}\,b\,h^2.$$

Für den Kreis mit dem Durchmesser d (Radius r) findet man:

$$J = \frac{\pi}{64}\,d^4 = \frac{\pi}{4}\,r^4$$

$$W = \frac{\pi}{32}\,d^3 = \frac{\pi}{4}\,r^3.$$

Mit Hilfe dieser Formeln ist es leicht, die entsprechenden Momente zusammengesetzter Querschnitte zu berechnen.

In nachstehender Tabelle sind die allgemeinen Formeln zur Berechnung der genannten Momente für die einfachsten Querschnitte zusammengestellt.

Nr.	Form des Querschnittes	Trägheitsmoment J	Widerstandsmoment W
1	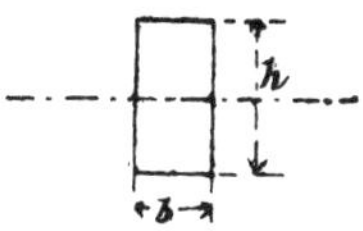	$\frac{b\,h^3}{12}$	$\frac{b\,h^2}{6}$
2	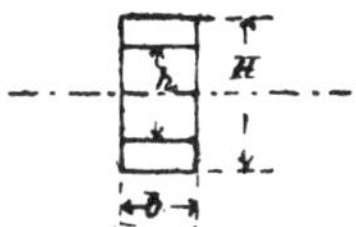	$\frac{b}{12}(H^3 - h^3)$	$\frac{b}{6H}(H^3 - h^3)$
3	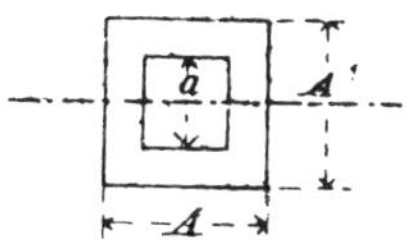	$\frac{A^4 - a^4}{12}$	$\frac{1}{6}\,\frac{A^4 - a^4}{A}$
4	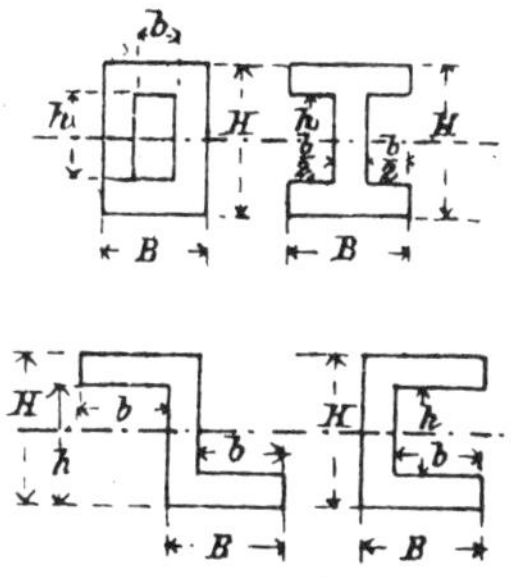	$\frac{B\,H^3 - b\,h^3}{12}$	$\frac{B\,H^3 - b\,h^3}{6\,H}$
5	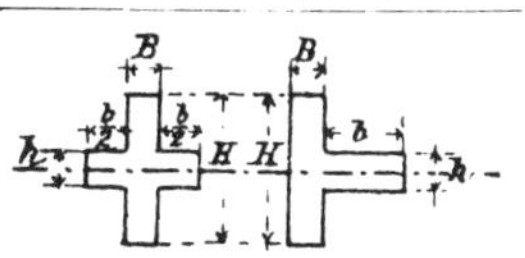	$\frac{B\,H^3 + b\,h^3}{12}$	$\frac{B\,H^3 + b\,h^3}{6\,H}$
6	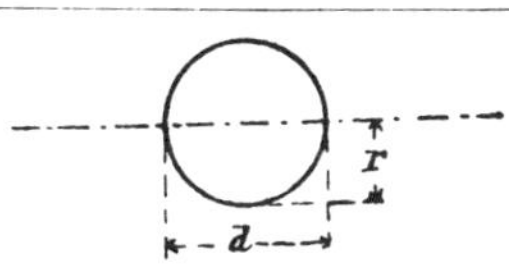	$\frac{\pi\,d^4}{64} = \frac{\pi\,r^4}{4}$ $= 0{,}0491\,d^4$ $= 0{,}7854\,r^4$	$\frac{\pi\,d^3}{32} = 0{,}0982\,d^3$ $= \frac{\pi\,r^3}{4}$
7	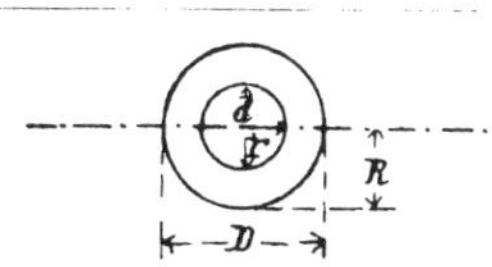	$\frac{\pi}{64}(D^4 - d^4)$ $= \frac{\pi}{4}(R^4 - r^4)$	$\frac{\pi}{32}\,\frac{D^4 - d^4}{D}$ $= \frac{\pi}{4}\,\frac{R^4 - r^4}{R}$

In der Praxis liegt meist der Fall vor, dass die Belastung des Trägers gegeben ist und die Abmessungen des Querschnittes gesucht werden.

Gang der Berechnung. Der Gang der Berechnung eines Trägers wird daher in den weitaus meisten Fällen der sein, dass man aus der Belastung zuerst die Auflagerdrucke ermittelt, sodann die Lage des gefährlichen Querschnittes bestimmt, hierauf das grösste Biegungsmoment berechnet und endlich aus diesem das erforderliche Widerstandsmoment des Trägerquerschnittes ableitet.

Hierzu hat man aus Gleichung 26):

29) $$W = \frac{M_{max}}{k}.$$

a) Die Freiträger.

Hierunter versteht man Träger, die an einem Ende eingespannt, am anderen Ende frei schweben.

Sie dienen zur Unterstützung weit vorspringender Bauteile, also namentlich zur Unterstützung von Erkern, Balkonen, Giebeln und dergl.

Einspannung der Träger. Nach den Ergebnissen der Festigkeitslehre liegt der gefährliche Querschnitt an der Einspannstelle, weil hier das Biegungsmoment seinen Grösstwert erlangt.

Die Einspannstelle fällt aber nicht mit der Vorderkante des aufgehenden Mauerwerks zusammen, sondern sie liegt nach Fig. 152 etwas hinter derselben.

Fig. 152.

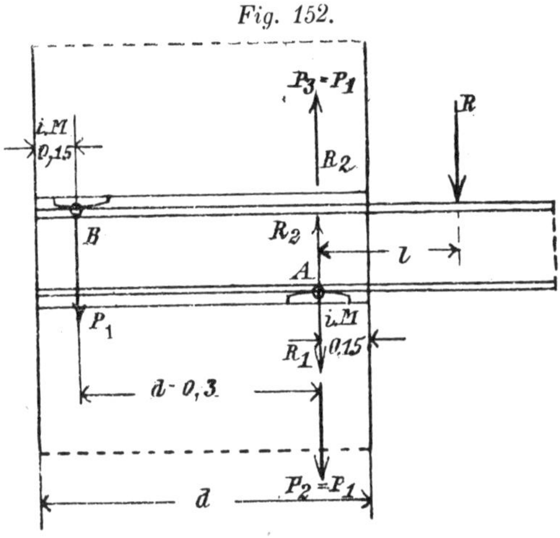

Ordnet man, wie es stets geschehen sollte, die Einspannung in der Weise an, wie es diese Figur zeigt, indem man dicht an der Vorderkante unter den Träger und an der Hinterkante über den Träger eine schwach gewölbte Auflagerplatte legt, so kann man annehmen, dass die an der Einspannstelle wirkenden Auflagerdrucke in den Punkten A und B angreifen.

Der Abstand der Punkte A und B von den nächsten Mauerkannten kann zu etwa 10 bis 20, im Mittel 15 cm angenommen werden.

Als Einspannstelle ist der Punkt A anzusehen.

Der Freiträger sei nun beliebig belastet und R die Mittelkraft aus den Belastungen. Sie liege l m von A entfernt. Bringt man im Punkte A eine senkrecht abwärts gerichtete Kraft R_1 und eine senkrecht aufwärts gerichtete Kraft R_2 an, die beide $= R$ sind, so wird am Gleichgewichtszustande nichts geändert. Die Kraft R_1 wird direkt vom Lager A aufgenommen. Die Kräfte R und R_2 bilden ein rechtsdrehendes Kräftepaar, dessen Moment $M_{max} = R \cdot l$ ist.

Zum Gleichgewicht ist aber unbedingt erforderlich, dass das Moment an der Einspannstelle $= 0$ ist. Die Wirkung des Paares muss daher durch ein entgegengesetzt drehendes Paar von gleichem Moment aufgehoben werden.

Der im Punkte B wirkende Lagerdruck sei P_1. Denkt man nun im Punkte A wieder zwei senkrecht gerichtete, gleich grosse, aber entgegengesetzt wirkende Kräfte P_2 und $P_3 = P_1$ angebracht, so wird P_2 wieder vom Lager A aufgenommen, während die Kräfte P_1 und P_3 ein linksdrehendes Kräftepaar bilden, dessen Moment sich zu $M_1 = P_1\,(d - 0{,}3)$ ergibt, wenn d die Dicke der Mauer bedeutet.

Da $M_1 = M$, so folgt:

30) $$P_1\,(d - 0{,}3) = R \cdot l = M_{max}$$

und hieraus der in B wirkende unbekannte Lagerdruck $\mathfrak{B} = P_1$:

31 a) $$\mathfrak{B} = P_1 = \frac{R \cdot l}{d - 0{,}3} = \frac{M_{max}}{d - 0{,}3}.$$

Der gesamte in A wirkende Auflagerdruck $\mathfrak{A}$ ergibt sich nun zu:

$$\mathfrak{A} = R + P_1$$

$$= R + \frac{R\,l}{d - 0{,}3} \text{ oder}$$

31 b) $$\mathfrak{A} = R + \frac{M_{max}}{d - 0{,}3} = R + \mathfrak{B}.$$

Aus der Grösse der stets senkrecht gerichteten Auflagerdrücke $\mathfrak{A}$ und $\mathfrak{B}$ sind dann die Abmessungen der Lagerplatten zu bestimmen. Aus praktischen Gründen wird man dieselben jedoch stets gleich machen.

Das Gewicht des über dem Auflager $\mathfrak{B}$ liegenden Mauerwerks muss mindestens gleich dem Lagerdruck $\mathfrak{B}$ sein; in diesem Falle würde bei der angenommenen grössten Belastung des Trägers gerade Gleichgewicht herrschen. Es ist indes dringend geboten, aus statischen Gründen das zur Wirkung gelangende Gewicht des Mauerwerks mindestens zwei- bis dreimal so gross als den Auflagerdruck $\mathfrak{B}$ zu machen.

Fig. 153.

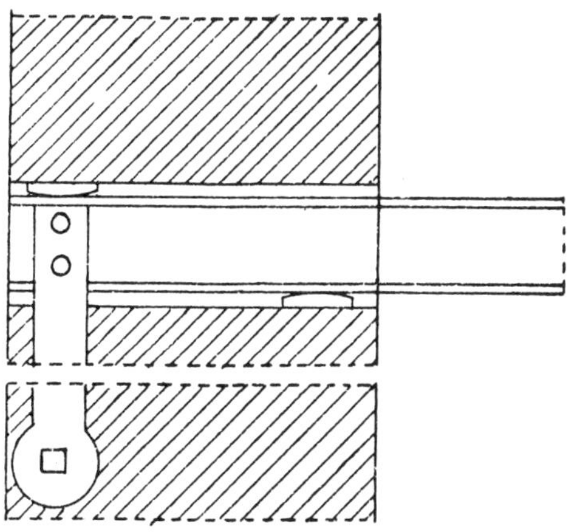

Reicht der über dem Lager liegende Mauerkörper dazu nicht aus, so muss zu einer Verankerung des unteren Mauerwerks geschritten werden, wie dies in Fig. 153 angedeutet ist. Die Länge des Ankers ist dabei so zu bemessen, dass das Gewicht des angehängten Mauerwerks den fehlenden Beitrag an dem Gesamtgewicht liefert.

Es erübrigt noch, für die meist vorkommenden Belastungsfälle die Maximalmomente anzugeben.

Die Belastung kann bestehen:

1. aus Einzellasten,
2. aus einer über die freie Trägerlänge gleichmässig verteilten Last,
3. gleichzeitig aus den vorstehend unter 1. und 2. angegebenen Belastungen,
4. aus einer vom freien Ende bis zur Einspannstelle stetig zunehmenden Last.

Durch Vereinigung dieser Belastungsfälle können noch andere abgeleitet werden. Doch bilden die unter 1. bis 4. angegebenen Belastungsarten die am häufigsten vorkommenden Fälle.

Da die Momente aus den verschiedenen Lasten sich addieren, so bietet auch die Behandlung anderer als der aufgeführten Belastungsfälle keine Schwierigkeiten.

In der nachstehenden Tabelle sind dieselben nebst den Auflagerdrücken $\mathfrak{A}$ und $\mathfrak{B}$ angegeben.

Nr.	Belastung	Grösstes Moment	Auflagerdruck 𝔄	𝔅
1	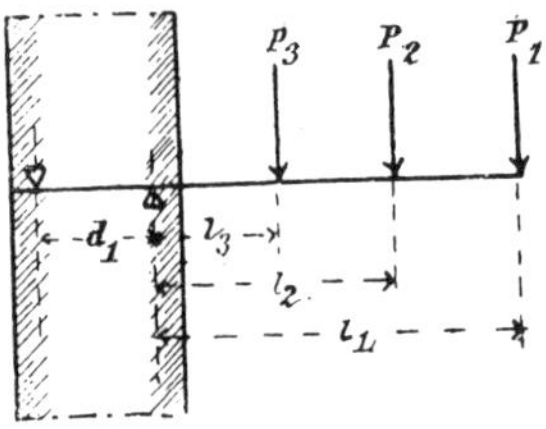	$P_1 l_1 + P_2 \cdot l_2 + P_3 l_3 + \cdot\cdot = \Sigma(P \cdot l)$	$\Sigma P + \frac{\Sigma(P \cdot l)}{d_1}$	$\frac{\Sigma(P \cdot l)}{d_1}$
2	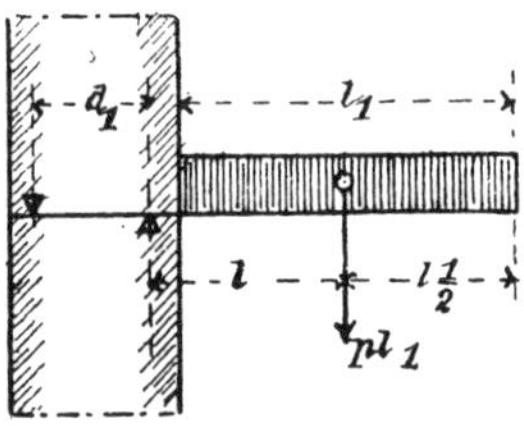	$p l_1 \cdot l$	$p l_1 + \frac{p l_1 \cdot l}{d_1}$	$\frac{p l_1 \, l}{d_1}$
3	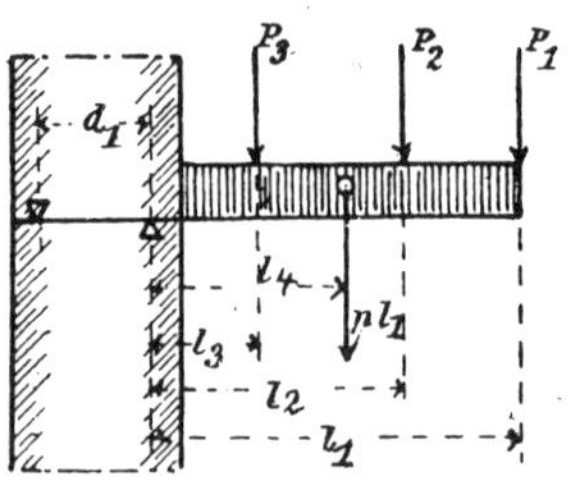	$\Sigma(P \cdot l) + p l_1 \cdot l_4$	$\Sigma P + p l_1 + \frac{\Sigma P \cdot l + p l_1 l_4}{d_1}$	$\frac{\Sigma P l + p l_1 l_4}{d_1}$
4	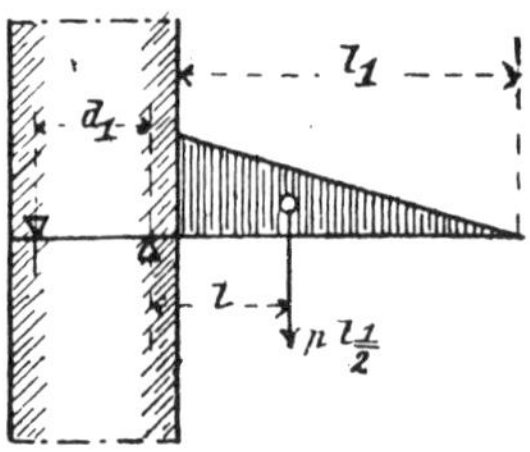	$\frac{p l_1}{2} \cdot l$	$p l_1 + \frac{p l_1 \cdot l}{2 d_1}$	$\frac{p l_1 \cdot l}{2 d_1}$

Beispiele. Beispiel 1. Die Unterstützung eines Balkons soll nach der in Fig. 154 angegebenen Weise ausgeführt werden.

Eigengewicht der Decke 340 kg pro qm, Nutzlast 400 kg pro qm. Gewicht des Mauerwerkes 1600 kg pro cbm. Die Belastung des Freiträgers besteht aus

1. der von der Mauerbrüstung herrührenden gleichmässigen Last:

$$1{,}4 \cdot 0{,}25 \cdot 0{,}8 \cdot 1600 = \text{rd. } 450 \text{ kg},$$

2. einer am vorderen Ende wirkenden Einzellast, die sich zusammensetzt aus:

a) dem Gewicht der vorderen halben Brüstungsmauer

$$\frac{1}{2} \cdot 1{,}8 \cdot 0{,}25 \cdot 0{,}8 \cdot 1600 = \quad 288 \text{ kg},$$

b) dem Anteil am Gewicht der Decke

$$\frac{1}{4} \cdot 1{,}4 \cdot 1{,}8 \cdot (340 + 400) = \quad 465 \text{ kg}$$

zusammen 753 kg.

Legt man die Angriffspunkte der Auflagerdrücke 0,15 m von den Mauerkanten entfernt, so ist das grösste Moment nach Fall 3 und Fig. 155:

$$M_{max} = 753 \cdot 1,55 + 450 \cdot 0,85$$
$$= 1549,65 \text{ kgm} = 154965 \text{ kgcm},$$

mithin nach Gleichung 29) das erforderliche Widerstandsmoment:

$$W = \frac{154965}{1000} = 155 \text{ cm}^3.$$

Hierfür genügt ein ⊥-Eisen N. P. Nr. 18 mit $W = 161$ cm³.

Der in B zur Wirkung gelangende Auflagerdruck ist nach Gleichung 31 a) im ungünstigsten Falle:

$$\mathfrak{B} = \frac{M_{max}}{d - 0,3}$$
$$= \frac{154965}{78 - 30} = 3229 \text{ kg}$$

und der Auflagerdruck im Punkte A nach Gleichung 31 b):

$$\mathfrak{A} = R + \frac{M_{max}}{d - 0,3}$$
$$= 450 + 753 + \frac{154965}{78 - 30} = 4432 \text{ kg}.$$

Fig. 154.

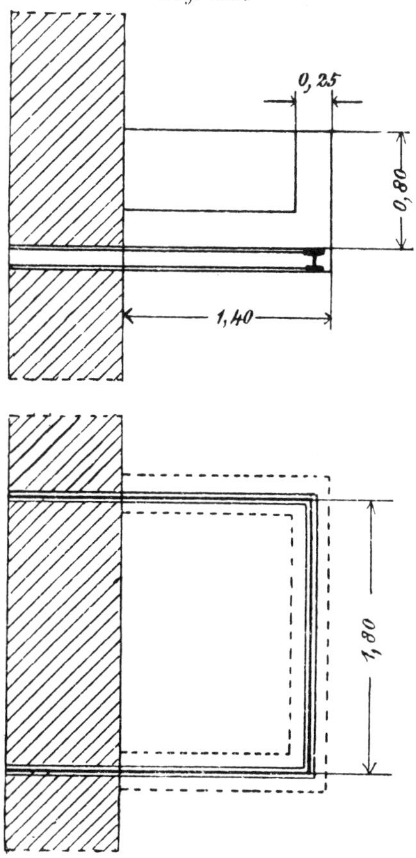

Fig. 155.

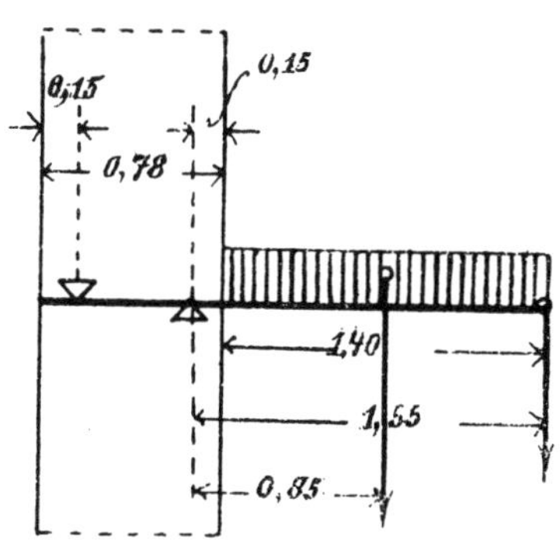

Die am Lager B zur Wirkung gelangende Mauermasse muss demnach ein Mindestgewicht von $2 \cdot 3229 = 6458$ kg besitzen.

Beispiel 2. Am vorderen Ende eines 1,3 m ausladenden Freiträgers befindet sich ein Differential-Flaschenzug, mit dem Lasten bis zu 1200 kg gehoben werden. Die Mauerdicke ist 64 cm.

Es ist, wenn man Angriffspunkt der Auflagerdrucke wieder 15 cm von der Mauerkante entfernt legt:

$$M_{max} = 1200 \cdot 1,45 = 1740 \text{ kgm}$$
$$= 174000 \text{ kgcm};$$

mithin:

$$W = \frac{174000}{1000} = 174 \text{ cm}^3,$$

dafür genügen 2 ⌶-Eisen N. P. Nr. 15 mit W = 2 · 98 = 196 cm³.

Ferner ist:

$$\mathfrak{B} = \frac{M_{max}}{d_1} = \frac{174000}{64 - 30} = 5118 \text{ kg}$$

und

$$\mathfrak{A} = R + \mathfrak{B} = 1200 + 5118 = 6318 \text{ kg}.$$

b) Träger auf zwei Stützen.

Stützweite. Bei der Berechnung der Träger auf zwei Stützen geht man von dem Gesichtspunkte aus, dass die Auflagerdrücke in zwei fest bestimmten Angriffspunkten lotrecht angreifen (Fig. 156).

Vielfach wird in der Praxis bei der Berechnung eines Trägers die freie Länge als Stützweite eingeführt. Die ist indessen bedenklich und unzulässig, weil alsdann die Faserspannungen 12 bis 20 % die zulässige Höhe überschreiten.

Fig. 156.

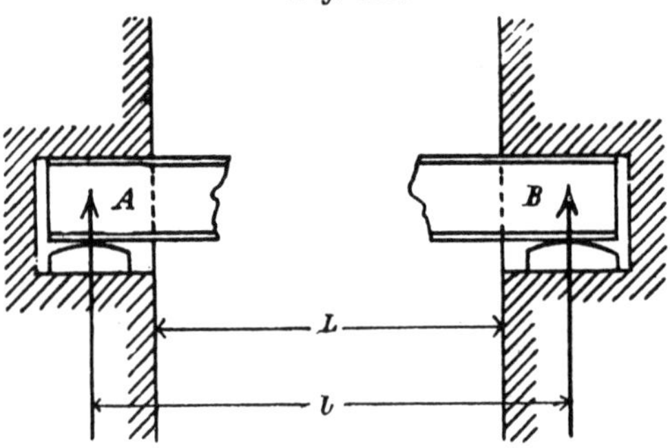

Wie sich leicht nachweisen lässt, ist der Fehler hinsichtlich der Momente $\gtrsim$ A c, wenn A der Auflagerdruck, c das Mafs ist, um welches die Angriffsstelle desselben von der Mauerkante entfernt ist.

Bei den Eisenkonstruktionen ist man stets bestrebt, die Ausführung in Uebereinstimmung mit der statischen Untersuchung und deren Voraussetzungen zu bringen. Da es völlig ausgeschlossen ist, dass die Angriffspunkte der Auflagerdrücke mit den Vorderkanten des stützenden Mauerwerks zusammenfallen, so muss man dafür Sorge tragen, dass den Trägern fest bestimmte Punkte als Angriffsstellen für die Stützendrücke angewiesen werden. Die Entfernung dieser Punkte heisst die theoretische Stützweite. Sie ist abhängig von der Grösse der Belastung und dem Mauerwerk, auf welchem der Träger ruht.

Fig. 157.

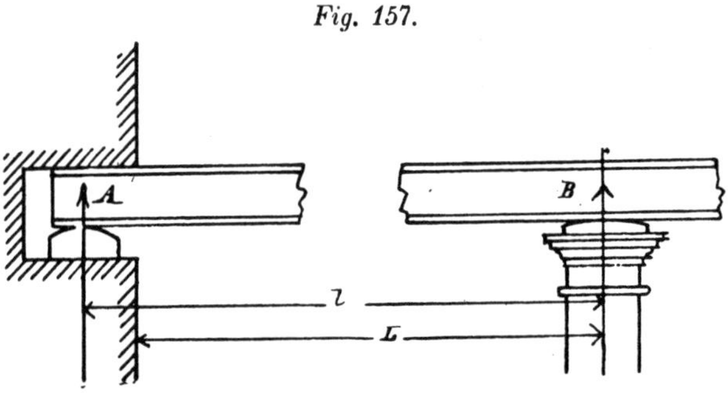

Sie ist der Trägerberechnung stets zu Grunde zu legen. Bezeichnet man nach Fig. 156 die lichte Länge des Trägers mit L, die theoretische Stützweite mit l, so erhält man für l sehr brauchbare Ergebnisse aus der Gleichung:

32) $$l = 1{,}04\,L + 0{,}1 \text{ m}.$$

Liegt der Träger nur an einem Ende in der Mauer, mit dem anderen Ende auf einer Säule, wie in Fig. 157, so setze man für l:

33) $$\mathbf{l = 1{,}02\,L + 0{,}05 \text{ m}.}$$

Gefährlicher Querschnitt. Zur Bestimmung der Lage des gefährlichen Querschnittes dienen folgende Gesetze der Festigkeitslehre:

Ist ein Träger mit Einzellasten belastet, so liegt der gefährliche Querschnitt unter derjenigen Last, an welcher die Transversalkraft das Vorzeichen ändert. Ist die auf dem Träger ruhende Last gleichmässig verteilt oder wirken Einzellasten und gleichmässig verteilte Lasten gleichzeitig am Träger, so liegt der gefährliche Querschnitt an der Stelle, wo die Transversalkraft gleich Null wird oder ihr Vorzeichen ändert.

Erster Belastungsfall. Ein Träger sei nach Fig. 158 mit beliebigen Einzellasten belastet.

α) Auflagerdrücke.

Für die Berechnungen hat man die Gleichungen:

34) $$A = \frac{\Sigma(P \cdot b)}{l}$$

35) $$B = \frac{\Sigma(P \cdot a)}{l}$$

Hat man den Stützendruck A nach Gleichung 34) ermittelt, so findet man B einfacher aus:

36) $$B = \Sigma P - A.$$

Fig. 158.

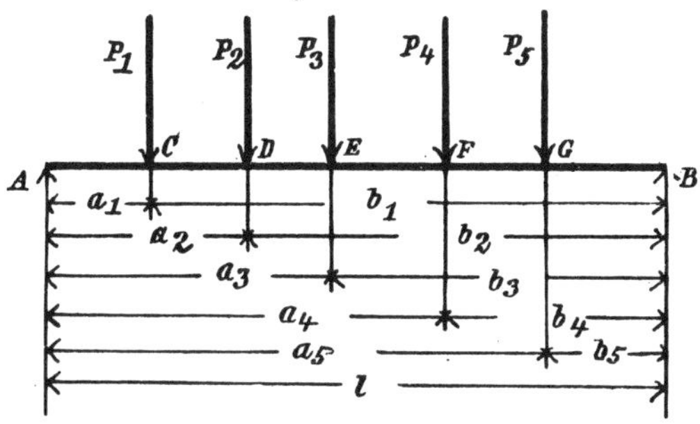

β) Transversalkräfte.

Im ersten Trägerfache A C ist die Transversalkraft $V_1 = A$
„ zweiten „ C D „ „ „ $V_2 = A - P_1$
„ dritten „ D E „ „ „ $V_3 = A - P_1 - P_2$ usw.

Nach der oben mitgeteilten Regel liegt der gefährliche Querschnitt nun unter derjenigen Last, wo die Vertikalkraft das Vorzeichen ändert. Ist z. B.

$$V_2 = A - P_1 - P_2 > 0, \text{ also noch positiv,}$$
$$V_3 = A - P_1 - P_2 - P_3 < 0, \text{ also negativ,}$$

so tritt der Wechsel des Vorzeichens unter der Last P_3 ein; hier wird also das grösste Moment wirken.

Fig. 159.

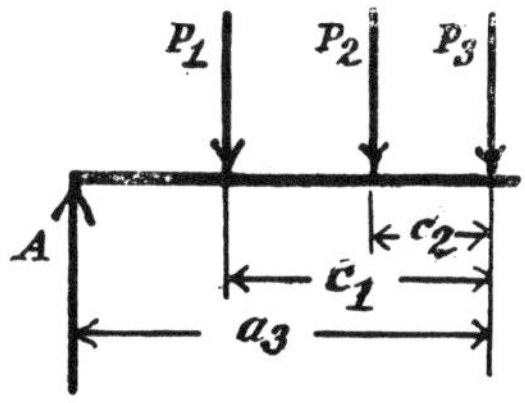

γ) Momente.

Nach den Bezeichnungen in Fig. 159 berechnet sich das grösste Widerstandsmoment zu

$$M_{max} = A \cdot a_3 - P_1 c_1 - P_2 c_2.$$

Zweiter Belastungsfall. Der Träger ist belastet mit einer Einzellast P im Abstande a und b von den Stützen (Fig. 160).

Fig. 160.

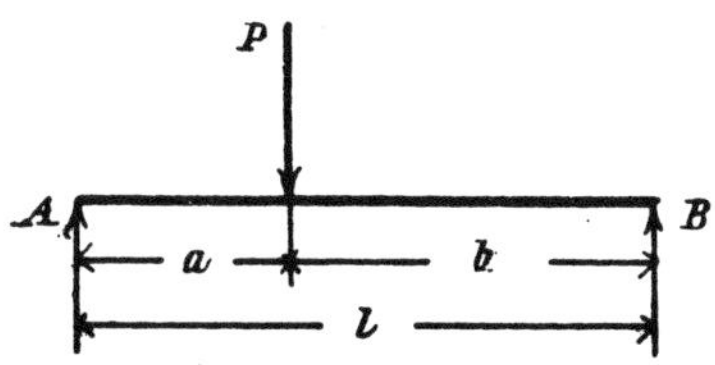

α) Auflagerdrücke.

Es ist

37) $$A = \frac{P \cdot b}{l}$$

$$38)\qquad B = \frac{P \cdot a}{l}.$$

Der gefährliche Querschnitt liegt unter der Einzellast P.

β) Momente.

Für das grösste Moment folgt:

$$39)\qquad M_{max} = A \cdot a = \frac{P \cdot a \cdot b}{l}.$$

Liegt die Einzellast in der Mitte, so wird:

$$40)\qquad A = B = \frac{P}{2}$$

$$41)\qquad M_{max} = \frac{P \cdot l}{4}.$$

Dritter Belastungsfall. Ein Träger ist über einen Teil seiner Länge gleichmässig mit p kg pro laufende m belastet (Fig. 161). Die Last erstrecke sich über die Länge d des Trägers.

α) Stützendrücke.

Die auf dem Träger ruhende Gesamtlast ist:

Fig. 161.

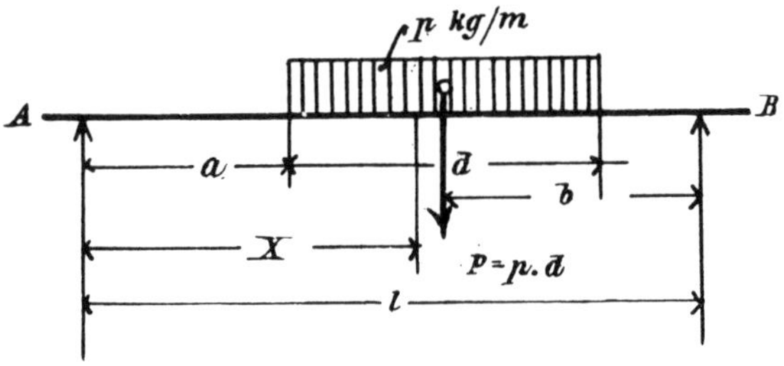

$$P = p \cdot d \text{ kg}.$$

Denkt man dieselbe im Schwerpunkte der Belastungsfläche vereinigt, so ist nach Fig. 161:

$$42)\qquad A = \frac{P \cdot b}{l}.$$

$$43)\qquad B = \frac{P \cdot (l - b)}{l}.$$

β) Vertikalkräfte.

Der gefährliche Querschnitt liegt an der Stelle, wo die Vertikalkraft Null ist. Der Querschnitt, für den dies der Fall ist, habe von der Stütze A den Abstand x, dann ist nach Fig. 162:

Fig. 162.

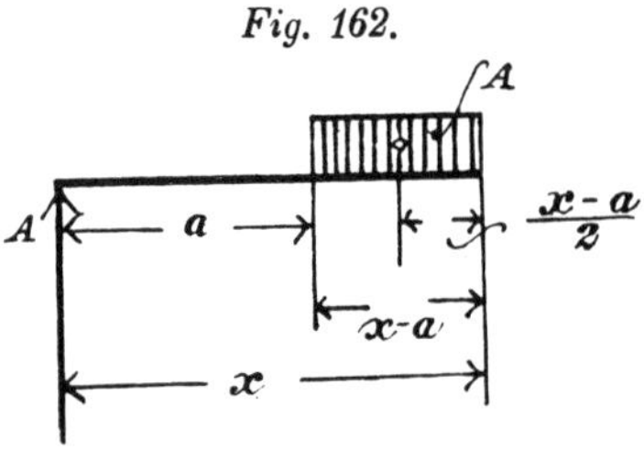

$$A - p\,(x - a) = 0$$

Hieraus folgt:

$$44)\qquad x = a + \frac{A}{p}.$$

Da für den linken Trägerteil der Stützendruck A die einzige nach oben gerichtete Kraft ist, so folgt, dass die Belastung links vom gefährlichen Querschnitt gerade gleich dem Stützendruck A sein muss, da sonst die Resultierende aus beiden Kräften nicht gleich Null sein kann.

Bei gleichmässig verteilter Belastung des Trägers teilt daher der gefährliche Querschnitt den letzteren so, dass die Last links gleich dem Stützendruck A, die Last rechts gleich dem Stützendruck B ist.

γ) Momente.

Für das im gefährlichen Querschnitte auftretende grösste Moment erhält man aus Fig. 162:

$$M_{max} = A\,x - A\,\frac{x - a}{2}$$

oder

45) $$M_{max} = A \cdot \frac{a + x}{2}.$$

Setzt man den obigen Wert von x ein, so wird

45a) $$M_{max} = A\left(a + \frac{A}{2\,p}\right).$$

Vierter Belastungsfall. Ein Träger ist vom Auflager A an über a Meter gleichmässig mit p kg pro laufende m belastet (Fig. 163).

α) Stützendrücke.

Nach den Bezeichnungen der Fig. 163 erhält man für die Stützendrücke:

Fig. 163.

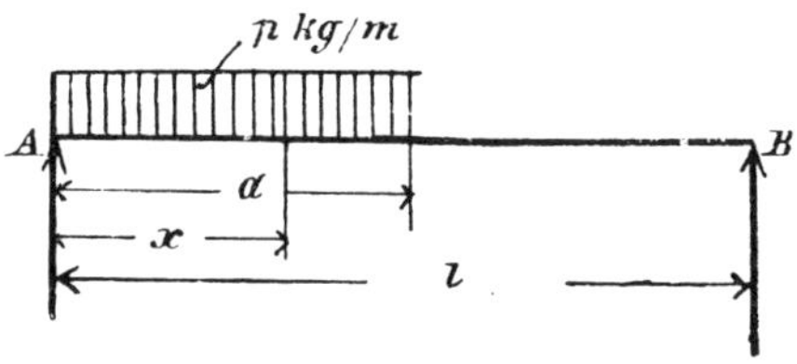

46) $$A = \frac{p\,a \cdot \left(l - \frac{a}{2}\right)}{l}$$

47) $$B = \frac{p\,a^2}{2\,l}.$$

β) Vertikalkräfte.

Im gefährlichen Querschnitt ist die Vertikalkraft gleich Null. Angenommen, dies sei im Abstande x von der Stütze A entfernt der Fall, so folgt:

$$A - p \cdot x = 0$$

und hieraus:

48) $$x = \frac{A}{p}.$$

Fig. 163 a.

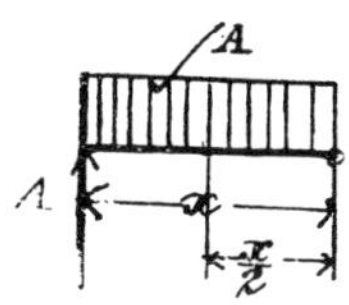

γ) Momente.

Da die Last links vom gefährlichen Querschnitt gleich dem Stützendruck A ist, so ergibt sich sofort:

$$M_{max} = A\,x - \frac{A\,x}{2} \quad \text{oder} \quad \text{(Fig. 163a)}$$

49) $$M_{max} = A \cdot \frac{x}{2}.$$

Setzt man den Wert von x aus Gleichung 48) ein, so wird:

49a) $$M_{max} = \frac{A^2}{2\,p}.$$

Fünfter Belastungsfall. Die gleichmässige Belastung erstreckt sich über die ganze Trägerlänge mit p kg pro laufende m (Fig. 164).

α) Stützendrücke.

Die Gesamtlast ist:

$$P = p\,l$$

und verteilt sich gleichmässig auf beide Stützen; demnach

50) $$A = B = \frac{p\,l}{2} = \frac{P}{2}.$$

β) Vertikalkräfte.

Die Vertikalkraft wird zu Null für die Trägermitte, denn die Belastung links vom mittleren Querschnitt ist gleich dem Stützendrucke A. Der Abstand des gefährlichen Querschnittes von der Stütze A ist somit

$$x = \frac{l}{2}.$$

Fig. 164.

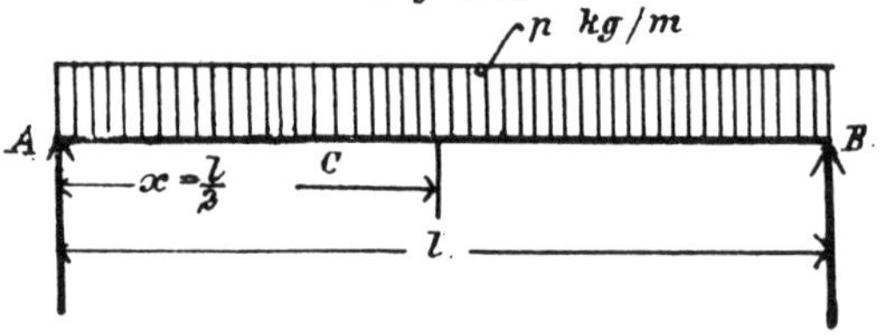

γ) Momente.

Nach Gleichung 49) ist

$$M_{max} = A \cdot \frac{x}{2}.$$

Setzt man für A und x ihre Werte ein, so folgt:

$$M_{max} = \frac{p\,l}{2} \cdot \frac{l}{4}$$

oder

51) $$M_{max} = \frac{1}{8}\,p\,l^2 = \frac{1}{8}\,P\,l.$$

Sechster Belastungsfall. Ein Träger ist von der Stütze A über a Meter gleichmässig belastet mit p kg pro laufende m, von der Stütze B über a_1 Meter mit p_1 kg pro laufende m (Fig. 165).

α) Stützendrücke.

Fig. 165.

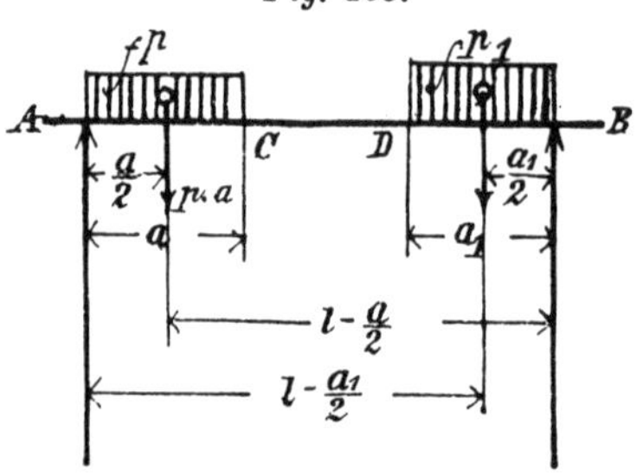

Mit den Bezeichnungen in Fig. 165 erhält man für die Stützendrücke:

52) $$A = \frac{p \cdot a\left(l - \frac{a}{2}\right) + p_1 \frac{a_1{}^2}{2}}{l}$$

53) $$B = p\,a + p_1\,a_1 - A$$

oder auch:

54) $$B = \frac{p_1\,a_1\left(l - \frac{a_1}{2}\right) + p\,\frac{a^2}{2}}{l}.$$

β) Transversalkräfte und Momente.

Der gefährliche Querschnitt teilt, wie oben schon bemerkt wurde, den Träger so in zwei Teile, dass die Belastung des linken Teiles gleich dem Auflagerdruck A, die Belastung des rechten Trägerteiles gleich dem Stützendruck B ist.

Ist daher die Last $p \cdot a$ grösser als A, so liegt der gefährliche Querschnitt innerhalb der Strecke A C. Ist dagegen die Last $p \cdot a$ kleiner als A, so muss der gefährliche Querschnitt im Trägerteil D B liegen.

Es sei nun $p\,a > A$.

Nach Gleichung 48) hat dann der gefährliche Querschnitt von der Stütze A den Abstand:

$$x = \frac{A}{p}$$

und das Maximalmoment ist alsdann nach Gleichung 49):

55) $$M_{max} = A \cdot \frac{x}{2}$$

oder auch nach Gleichung 49a)

$$M_{max} = \frac{A^2}{2p}. \quad 56)$$

Es sei p a < A. (Fig. 166.)

Betrachtet man den rechten Trägerteil und nennt y den Abstand des gefährlichen Querschnittes von der Stütze B, so muss die auf der Strecke liegende Last

$$p_1 \cdot y = B$$

sein. Hieraus folgt aber

$$y = \frac{B}{p_1}. \quad 57)$$

Fig. 166.

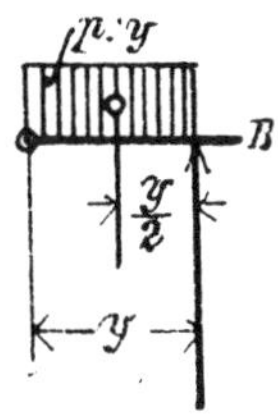

Demnach wird das grösste Moment:

$$M_{max} = B \cdot y - B \cdot \frac{y}{2} = \frac{B \cdot y}{2}. \quad 58)$$

Setzt man y in diese Gleichung ein, so erhält man

$$M_{max} = \frac{B^2}{2 p_1}. \quad 58a)$$

Siebenter Belastungsfall. Der Träger ist durch Einzellasten und durch eine gleichmässig verteilte Belastung beansprucht (Fig. 167).

α) Stützendrücke.

Dieselben werden:

$$A = \frac{\Sigma(P \cdot b)}{l} + \frac{p\,l}{2} \quad 59)$$

$$B = p\,l + \Sigma P - A. \quad 60)$$

Fig. 167.

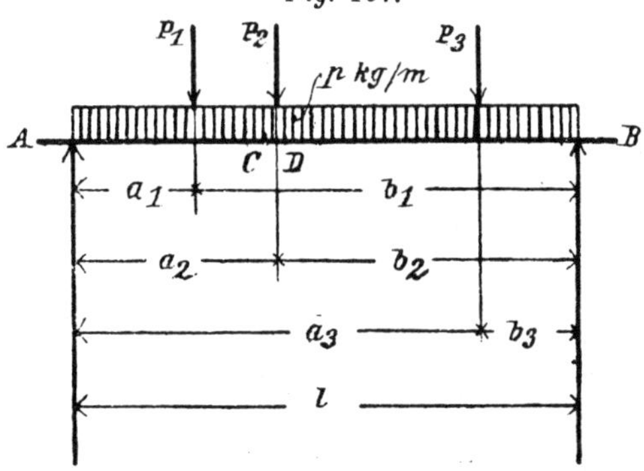

β) Vertikalkräfte und Momente.

Der gefährliche Querschnitt kann den oben angegebenen Gesetzen zufolge entweder unter einer Einzellast oder zwischen zwei Einzellasten liegen, je nachdem die Vertikalkraft an einer Last ihr Vorzeichen ändert oder aber an einer Stelle den Wert Null erreicht.

Ist z. B. für den Querschnitt C unmittelbar vor der Last P_2 die Vertikalkraft noch positiv, für den Querschnitt D direkt hinter P_2 negativ, dann würde der Zeichenwechsel unter der Last P_2 stattfinden und folglich hier der gefährliche Querschnitt liegen. Ist also

$$V_2 = A - p\,a_2 - P_1 > 0$$
$$V_3 = A - p\,a_2 - P_1 - P_2 < 0,$$

so tritt das grösste Moment unter P_2 auf und berechnet sich nach den Bezeichnungen in Fig. 168 zu:

$$M_{max} = A \cdot a_2 - \frac{p\,a_2^{\,2}}{2} - P_1 (a_2 - a_1). \quad 61)$$

In dem Falle, wo die Vertikalkraft hinter P_2 noch positiv, vor P_3 aber negativ ist, muss die Vertikalkraft zwischen P_2 und P_3 an einer Stelle Null werden. Der Querschnitt, für den dies eintritt, habe von der Stütze A den Abstand x, dann wäre:

$$A - P_1 - P_2 - p\,x = 0,$$

woraus:

$$x = \frac{A - P_1 - P_2}{p}$$

folgt.

Fig. 168.

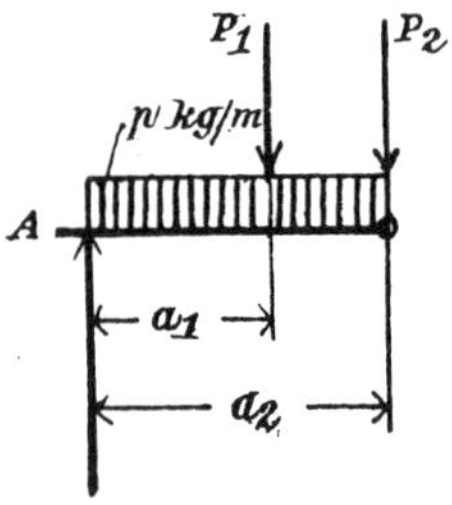

Fig. 169.

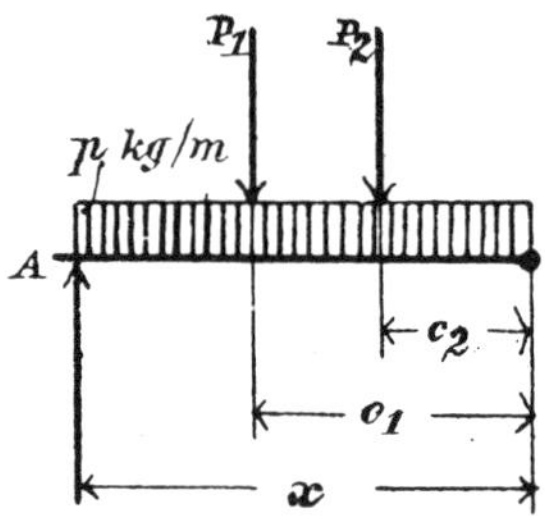

Das grösste Moment wird hierbei nach Fig. 169:

62) $$M_{max} = A \cdot x - \frac{p\,x^2}{2} - P_1\,c_1 - P_2\,c_2.$$

Achter Belastungsfall. Ein Träger ist über seine freie Länge mit p kg/m beansprucht (Fig. 170).

Fig. 170.

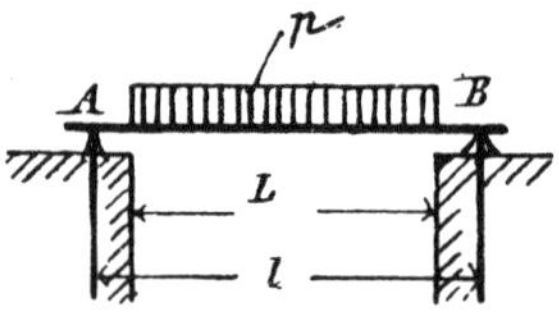

Die Stützweite sei $l = 1{,}04\,L + 0{,}1$ m.

α) Stützendrücke.

Es ist $A = B = \frac{p\,L}{2}$.

Der gefährliche Querschnitt liegt in der Mitte.

β) Momente.

Das grösste Biegungsmoment wird:

63) $$M_{max} = A\left(\frac{l}{2} - \frac{L}{4}\right).$$

Neunter Belastungsfall. Der Träger ist belastet mit p kg/m über seine freie Länge und mit q kg/m über einen Teil seiner Länge (Fig. 171).

Fig. 171.

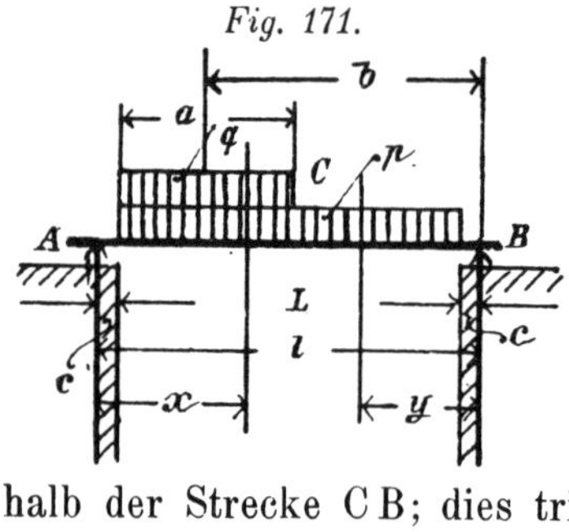

Die theoretische Stützweite ist $l = 1{,}04\,L + 0{,}1$ m.

α) Stützendrücke.

Nach den Bezeichnungen in Fig. 171 wird:

$$A = \frac{p\,L}{2} + \frac{q\,a\,b}{l};\quad B = p\,L + q\,a - A.$$

β) Vertikalkräfte.

Die Vertikalkraft kann zu Null werden entweder innerhalb der Strecke A C oder innerhalb der Strecke C B; dies tritt ein, je nachdem $a\,r >$ oder $<$ als A ist, wenn $r = p + q$ gesetzt wird.

Im ersten Falle sei x der Abstand des gefährlichen Querschnittes von A, dann folgt, wenn man $p + q = r$ setzt:

$$x = \frac{A + r\,c}{r} = c + \frac{A}{r}.$$

Für den anderen Fall sei y der Abstand des gefährlichen Querschnittes von B, dann ist:

$$y = \frac{B + p\,c}{p} = c + \frac{B}{p}.$$

γ) Momente.

Liegt der gefährliche Querschnitt innerhalb der Strecke A C, so folgt:

64) $$M_{max} = A \cdot \frac{c + x}{2};$$

liegt er dagegen innerhalb der Strecke C B, so ergibt sich:

65) $$M_{max} = B \cdot \frac{c + y}{2}.$$

Die nachstehende Tabelle enthält die verschiedenen Belastungsweisen übersichtlich geordnet.

Nr.	Belastungsweise	Auflagerdrücke	Lage des gefährlichen Querschnitts	Grösstes Moment
1	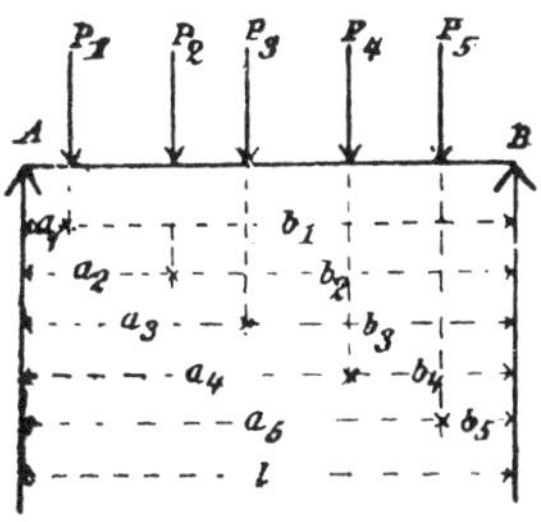	$A = \frac{\Sigma (P \cdot b)}{l}$ $B = \frac{\Sigma (P \cdot a)}{l}$	Unter derjenigen Last, wo die Vertikalkraft das Vorzeichen ändert	$M_{max} = A \cdot x - \Sigma (P \cdot c)$ 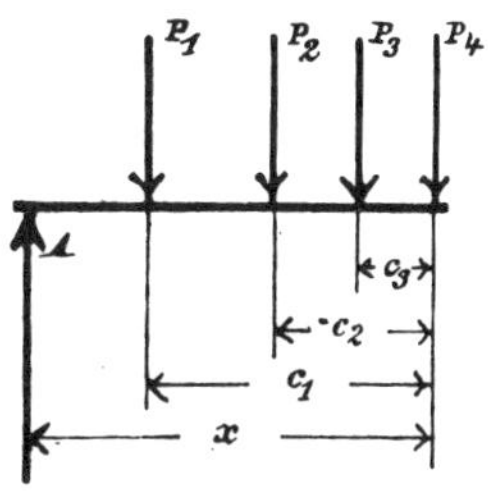
2	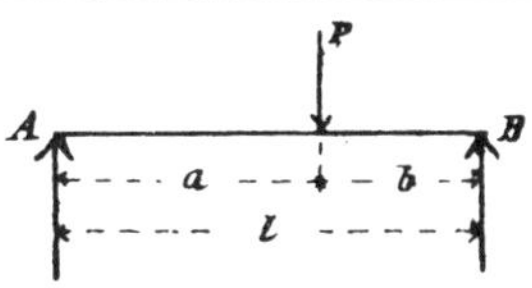	$A = P \cdot \frac{b}{l}$ $B = P \cdot \frac{a}{l}$	Unter P	$M_{max} = A \cdot a$ $= B \cdot b$
2 a	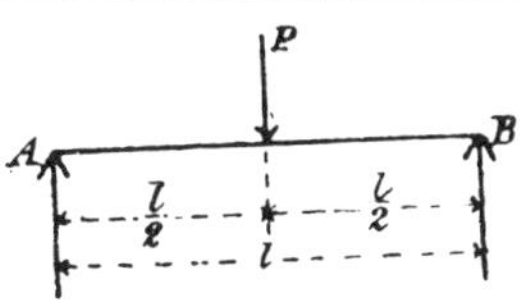	$A = B = \frac{P}{2}$	Unter P	$M_{max} = \frac{P l}{4}$
3	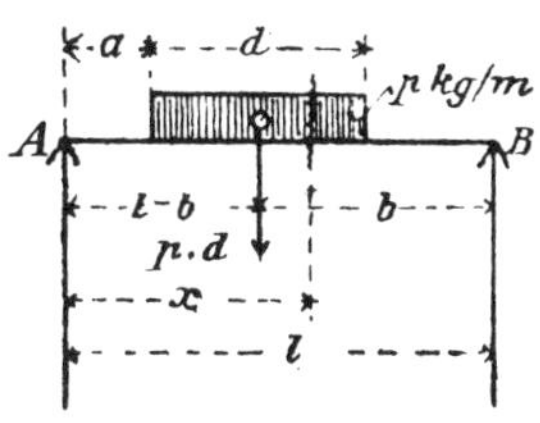	$A = P \cdot \frac{b}{l}$ $B = \frac{P (l - b)}{l}$	$x = a + \frac{A}{p}$	$M_{max} = \frac{A (a + x)}{2}$ $= A \left(a + \frac{A}{2 p}\right)$
4	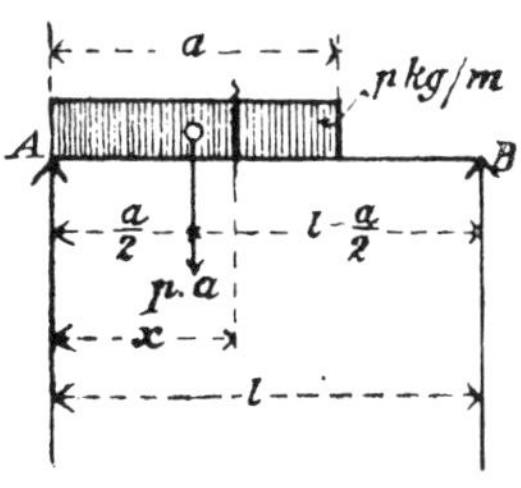	$A = \frac{p a \left(l - \frac{a}{2}\right)}{l}$ $B = \frac{p a^2}{2 l}$	$x = \frac{A}{p}$	$M_{max} = \frac{A x}{2}$ $= \frac{A^2}{2 p}$

Nr.	Belastungsweise	Auflagerdrücke	Lage des gefährlichen Querschnitts	Grösstes Moment
5	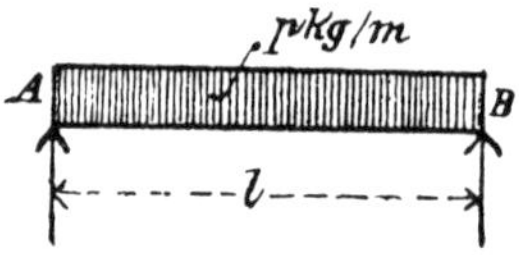	$A = B = \frac{p\,l}{2}$	in der Mitte	$M_{max} = \frac{1}{8}\,p\,l^2$
6	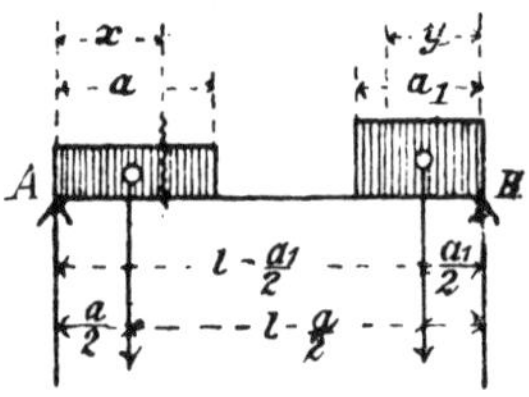	$A = \frac{pa\left(l - \frac{a}{2}\right) + p_1 \frac{a_1^2}{2}}{l}$	Für $p\,a > A$ ist $x = \frac{A}{p}$	$M_{max} = \frac{A\,x}{2} = \frac{A^2}{2\,p}$
		$B = \frac{p_1 a_1\left(l - \frac{a_1}{2}\right) + p\frac{a^2}{2}}{l}$	Für $p\,a < A$ ist $y = \frac{B}{p_1}$	$M_{max} = \frac{B \cdot y_1}{2} = \frac{B^2}{2\,p_1}$
7	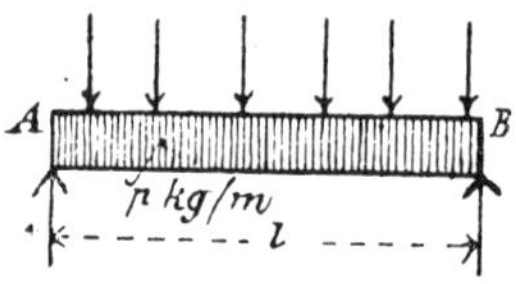	$A = \frac{\Sigma P \cdot b}{l} + \frac{p\,l}{2}$ $B = \frac{\Sigma P \cdot a}{l} + \frac{p\,l}{2}$	Entweder unter der Einzellast, wo V das Vorzeichen ändert; oder zwischen zwei Einzellasten, wenn $V = 0$ wird	$M_{max} = A\,a_2 - \frac{p\,a_2^2}{2} - P_1(a_2 - a_1)$ $M_{max} = A\,x - \frac{p\,x^2}{2} - P_1\,c_1 - P_2\,c_2$
8	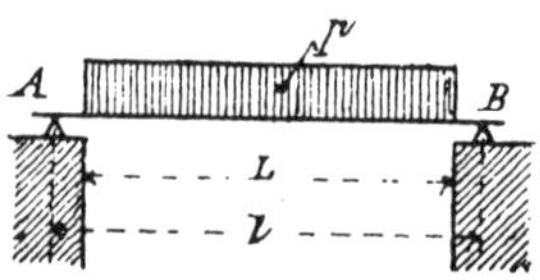	$A = B = \frac{p\,L}{2}$	in der Mitte	$M_{max} = A\left(\frac{l}{2} - \frac{L}{4}\right)$
9	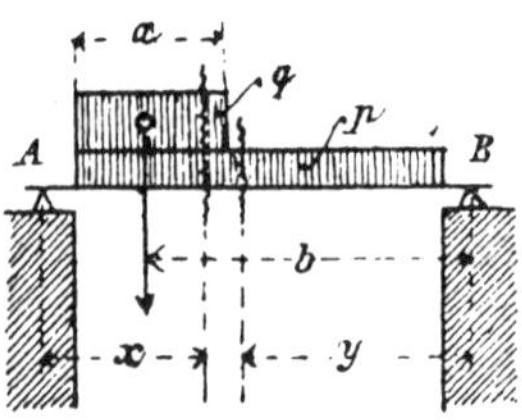	$A = \frac{q\,a\,b}{l} + \frac{p\,L}{2}$ $B = q\,a + p\,L - A$	Ist $p + q = r$, so ist für $r \cdot a > A$ $x = c + \frac{A}{r}$	$M_{max} = A\,\frac{c + x}{2}$
			Ist $r\,a < A$, so ist $y = c + \frac{B}{p}$	$M_{max} = B\,\frac{c + y}{2}$

Sind die grössten Momente festgestellt, so bleibt nur noch die Berechnung der erforderlichen Widerstandsmomente übrig aus der Gleichung 29):

$$W = \frac{M_{max}}{k} = \frac{M_{max}}{1000}.$$

Beispiele. Aufgabe 1. Ein Deckenträger von 3,6 m freier Länge ist gleichmässig mit 700 kg/m belastet.

Die Stützweite ist:

$$l = 1{,}04 \cdot 3{,}6 + 0{,}1 = 3{,}84 \text{ m}.$$

Ferner:

$$A = B = \frac{3{,}6 \cdot 700}{2} = 1260 \text{ kg},$$

somit nach Fall 8:

$$M_{max} = A\left(\frac{l}{2} - \frac{L}{4}\right) = 1260 \cdot \left(\frac{3,84}{2} - \frac{3,6}{4}\right) = 1285,2 \text{ kgm}$$

$$\doteq 128520 \text{ kgcm}.$$

Hiernach wird:

$$W = \frac{128520}{1000} = 128,52 \text{ cm}^3.$$

Diesem Widerstandsmoment entspricht ein ⌶-Eisen N. P. Nr. 17 mit W = 137 cm³.

Aufgabe 2. Ein Unterzug von 3,2 m freier Länge ist nach Fig. 172 belastet mit p = 800 kg über seine lichte Länge und mit q = 2800 kg/m über einen Teil seiner Länge.

$$\text{Stützweite } l = 1,04 \cdot 3,2 + 0,1 = 3,43 \text{ m}.$$

Die Stützendrücke werden nach Fall 9:

$$A = \frac{3,2 \cdot 800}{2} + \frac{2800 \cdot 2,7 \cdot 2,13}{3,43} = 5400 \text{ kg}.$$

$$B = 3,2 \cdot 800 + 2800 \cdot 2,7 - 5400 = 3796 \text{ kg}.$$

Fig. 172.

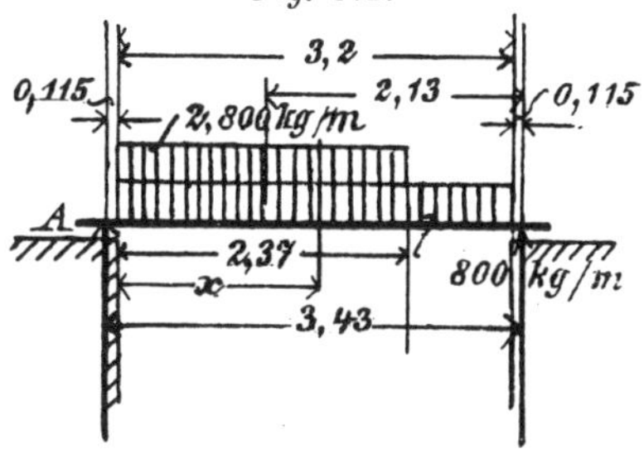

Setzt man $p + q = r$, also $800 + 2800 = 3600$ kg/m, so folgt, da $2,37 \cdot 3600 > 5400$, dass der gefährliche Querschnitt innerhalb der teilweise belasteten Strecke liegt. Seine Lage ergibt sich aus:

$$x = c + \frac{A}{r}$$

$$c = \frac{3,43 - 3,2}{2} = 0,115 \text{ m}, \text{ demnach:}$$

$$x = 0,115 + \frac{5400}{3600} = 1,615 \text{ m}.$$

Hiernach wird das grösste Moment:

$$M_{max} = A\left(\frac{a + x}{2}\right) = 5400 \cdot \frac{0,115 + 1,615}{2}$$

$$= 9342 \text{ kgm} = 934200 \text{ kgcm},$$

folglich das erforderliche Widerstandsmoment:

$$W = \frac{934200}{1000} = 934,2 \text{ cm}^3.$$

Um der auf dem Unterzug liegenden Mauer die nötige Auflagerbreite zu geben, werden 2 ⌶-Eisen angeordnet, deren jedes demnach ein Widerstandsmoment besitzen muss von $\frac{934,2}{2} = 467,1$ cm³. Dem entsprechen aber 2 ⌶-Eisen N. P. Nr. 26 mit je W = 441 cm³.

Aufgabe 3. Ein 4,0 m frei liegender Träger dient zur Unterstützung einer Wand, die ihn auf seine freie Länge mit 2000 kg/m belastet. Ausserdem nimmt er im Abstande 1,5 m von der Vorderkante des stützenden Mauerwerks eine Einzellast von 6000 kg auf (Fig. 173).

$$\text{Stützweite } l = 1,04 \cdot 4,0 + 0,1 = 4,26 \text{ m}.$$

Demnach:

$$A = \frac{4,0 \cdot 2000}{2} + \frac{6000 \cdot 2,63}{4,26} = 7704 \text{ kg}$$

$$B = 4 \cdot 2000 + 6000 - 7704 = 6296 \text{ kg}.$$

Fig. 173.

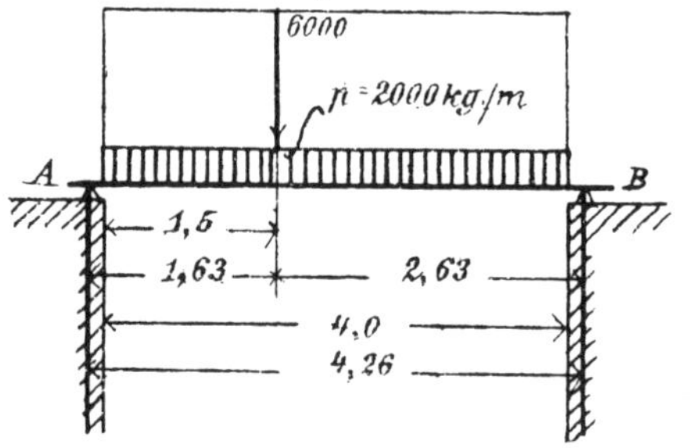

Der gefährliche Querschnitt liegt unter der Einzellast, denn

$$7704 - 2000 \cdot 1,5 > 0 \text{ und}$$

$$7704 - 2000 \cdot 1,5 - 6000 < 0.$$

Folglich ist das grösste Moment:

$$M = 7704 \cdot 1,63 - 2000 \cdot 1,5 \cdot \frac{1,5}{2}$$

$$= 10307,52 \text{ kgm} = 1030752 \text{ kgcm};$$

somit das erforderliche Widerstandsmoment:

$$W = \frac{1030752}{1000} = 1030 \text{ cm}^3.$$

Diesem würden entsprechen 2 ⌶-Eisen N. P. Nr. 28 mit $W = 2 \cdot 541 = 1082 \text{ cm}^3$.

Aufgabe 4. Ein auf zwei Säulen ruhender Träger ist belastet, wie es Fig. 174 zeigt.

Hier wird:

$$A = \frac{1700 \cdot 2,4 \cdot 3,8 + 3300 \cdot 1,6 \cdot 0,8}{5,0} = 3946 \text{ kg}$$

$$B = 1700 \cdot 2,4 + 3300 \cdot 1,6 - 3946 = 5414 \text{ kg}.$$

Fig. 174.

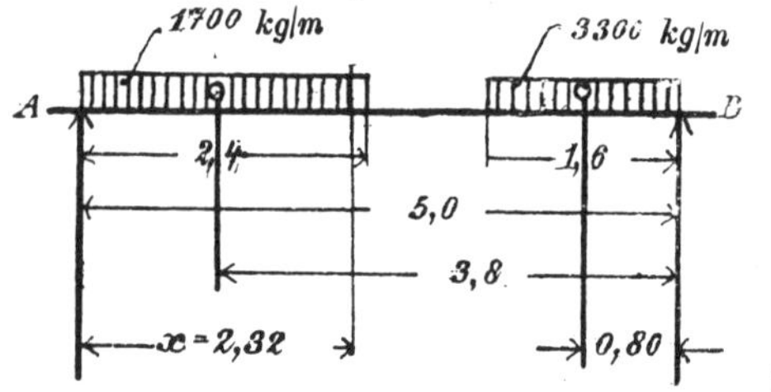

Da $A < p \cdot a$, also $3946 < 1700 \cdot 2,4$, so liegt der gefährliche Querschnitt von der Stütze A entfernt um:

$$x = \frac{3946}{1700} = 2,32 \text{ m}.$$

Hiernach berechnet sich M_{max} zu:

$$M_{max} = 3946 \cdot \frac{2,32}{2} = 4577,36 \text{ kgm},$$

folglich:

$$W = \frac{457736}{1000} = 458 \text{ cm}^3.$$

Dem entspricht ein ⌶-Eisen N. P. Nr. 26 mit $W = 441 \text{ cm}^3$.

c) Träger auf mehreren Stützen.

Träger auf mehr als zwei Stützen sind statisch unbestimmt und lassen sich daher nur mit Hilfe der Elastizitätstheorie berechnen.

An dieser Stelle sollen nur die Resultate für die einfacheren Belastungsfälle mitgeteilt werden. Vorausgesetzt wird, dass die Stützen auf gleicher Höhe liegen.

Träger auf drei Stützen. Die Feldweiten seien l_1 und l_2; die Belastungen p_1 und p_2 kg qro laufende m; die Stützendrucke D_0, D_1 und D_2; die Momente über den Stützen M_0, M_1 und M_2 (Fig. 175.)

Es ist:

$$66)\qquad M_0 = M_2 = 0;\; M_1 = -\frac{p_1 l_1{}^3 + p_2 l_2{}^3}{8(l_1 + l_2)};$$

ferner:

Fig. 175.

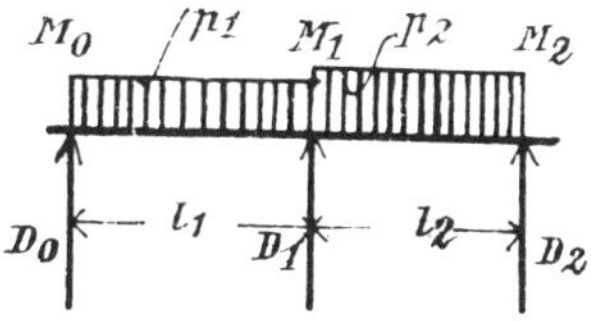

$$67)\quad \begin{cases} D_0 = \frac{p_1 l_1}{2} + \frac{M_1}{l_1} \\ D_2 = \frac{p_2 l_2}{2} + \frac{M_1}{l_2} \\ D_1 = \frac{p_1 l_1}{2} + \frac{p_2 l_2}{2} - \frac{M_1}{l_1} - \frac{M_1}{l_2} \end{cases}$$

Das Moment über der Mittelstütze ist stets negativ, hierauf ist besonders zu achten, wenn man den Wert von M_1 in die Gleichungen 67) einsetzt. $\frac{M_1}{l_1}$ und $\frac{M_2}{l_2}$ sind daher auch negativ und D_0 und D_2 daher stets kleiner als $\frac{p_1 l_1}{2}$ bezw. $\frac{p_2 l_2}{2}$

Die in den Trägerfeldern zwischen den Stützen auftretenden Momente sind teils positiv, teils negativ. Ihrem absoluten Werte nach sind diese Momente indessen stets kleiner als M_1, so dass dieses für die Bestimmung des Trägerquerschnittes mafsgebend ist.

Beispiel. Die Balken eines Speichers werden durch einen Unterzug unterstützt. Die Feldweiten betragen 5,7 und 3,9 m. Die auf einen Träger entfallende Last sei 960 kg pro laufender m.

Nach Gleichung 66) wird, da $p_1 = p_2 = 960$ kg/m

$$M_1 = -\frac{p\, l_1{}^3 + p\, l_2{}^3}{8(l_1 + l_2)} = -\frac{960\,(5{,}7^3 + 3{,}8^3)}{8(5{,}7 + 3{,}8)} = -3056{,}4 \text{ kgm};$$

Demnach werden die Stützendrucke nach Gleichung 67);

$$D_0 = \frac{960 \cdot 5{,}7}{2} - \frac{3056{,}4}{5{,}7} = 2200 \text{ kg}$$

$$D_2 = \frac{960 \cdot 3{,}9}{2} - \frac{3056{,}4}{3{,}9} = 1088 \text{ kg}$$

$$D_1 = \frac{960 \cdot 5{,}7}{2} + \frac{960 \cdot 3{,}8}{2} + \frac{3056{,}4}{5{,}7} + \frac{3056{,}4}{3{,}9} = 5928 \text{ kg}.$$

Das erforderliche Widerstandsmoment ist

$$W = \frac{305640}{1000} = 306 \text{ cm}^3.$$

Dem genügt ⊥-Eisen N. P. Nr. 23 mit $W = 314$ cm³.

Setzt man in Gleichung 66) und 67) $l_1 = l_2 = l$; $p_1 = p_2 = p$, so folgt sofort:

$$68)\qquad M_0 = M_2 = 0;\; M_1 = -\frac{1}{8} p\, l_2.$$

$$69)\quad \begin{cases} D_0 = D_2 = \frac{3}{8} p\, l \\ D_1 = \frac{5}{4} p\, l. \end{cases}$$

Diesen Belastungsfall zeigt Fig. 176.

Träger auf vier Stützen. Die Belastung des Trägers auf vier Stützen sei durch Fig. 177 veranschaulicht; die Länge der äusseren Felder sei l_1, diejenige des mittleren Feldes sei l_2.

Fig. 176.

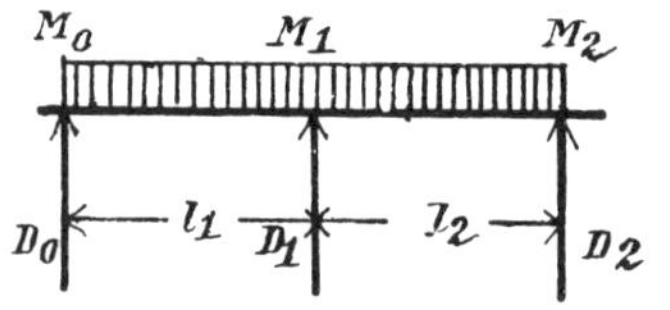

Fig. 177.

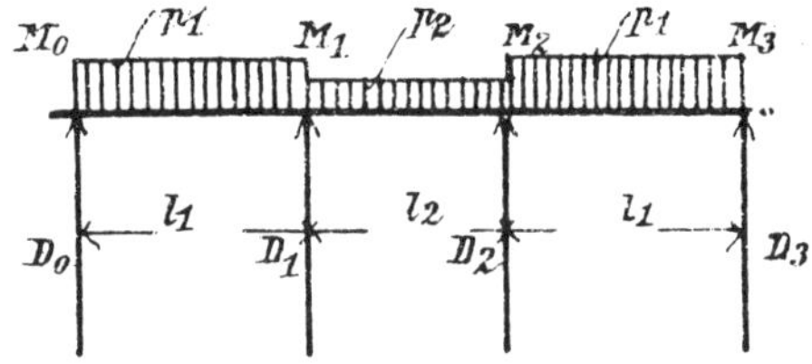

Die Momente M_0 und M_3 über den Endstützen sind gleich 0; die Grösse der über den Mittelstützen auftretenden negativen Momente M_1 und M_2 sind zu bestimmen aus der Gleichung:

$$70)\qquad M_1 = M_2 = -\frac{p_1 l_1^3 + p_2 l_2^3}{4(2l_1 + 3l_2)}.$$

Die Stützendrucke werden:

$$71)\qquad \begin{cases} D_0 = D_3 = \dfrac{p_1 l_1}{2} + \dfrac{M_1}{l_1} \\ D_1 = D_2 = \dfrac{p_1 l_1}{2} + \dfrac{p_2 l_2}{2} - \dfrac{M_1}{l_1}. \end{cases}$$

Bei der Berechnung der Stützendrucke ist darauf zu achten, dass M_1 negativ ist, so dass $D_0 = D_3$ kleiner als $\frac{p_1 l_1}{2}$, $D_1 = D_2$ grösser als $\frac{p_1 l_1}{2} + \frac{p_2 l_2}{2}$ wird.

Sind die Felder gleich lang und ist der Träger gleichmässig über seine Länge mit p kg/m belastet, so ergibt sich mit $l_1 = l_2 = l$ (Fig. 178):

$$72)\qquad M_1 = M_2 = -\frac{1}{10} p l^2$$

und

$$73)\qquad \begin{cases} D_0 = D_3 = \dfrac{2}{5} p l \\ D_1 = D_2 = \dfrac{11}{10} p l. \end{cases}$$

Das grösste positive Moment in den Endfeldern (Fig. 177) tritt auf in einem Querschnitt, der von den Endstützen den Abstand hat:

Fig. 178.

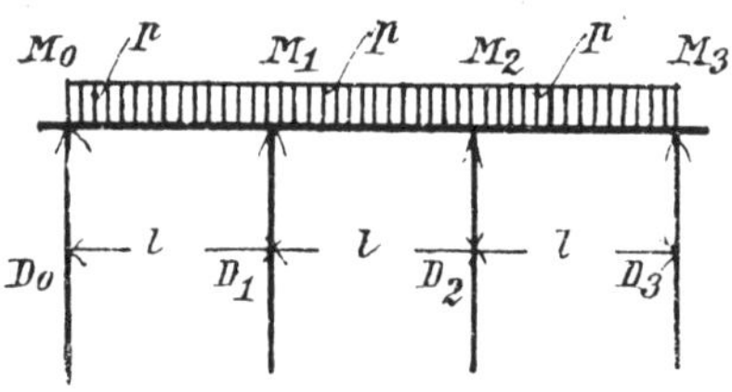

$$74)\qquad x = \frac{D_0}{p_1}$$

und besitzt den Wert:

$$75)\qquad \mathfrak{M}_1 = D_0 \cdot \frac{x}{2} = \frac{D_0^2}{2 p_1}.$$

Im Mittelfelde tritt dss grösste positive Moment im mittleren Querschnitt auf und ist:

$$76)\qquad \mathfrak{M}_2 = \frac{1}{8} p_2 l_2^2 + M_1.$$

Bei gleichen Feldweiten und gleicher Belastung (Fig. 178) sind diese Momente stets kleiner als M_1, so dass dies letztere für die Querschnittsbestimmung mafsgebend ist.

Beispiel. Ein Träger mit den Feldweiten 3,0, 4,0 und 3,0 m ist belastet in den äusseren Feldern mit 1200 kg/m und im Mittelfeld mit 800 kg/m.

Nach Gleichung 70 findet man:

$$M_2 = M_1 = -\frac{1200 \cdot 3{,}0^3 + 800 \cdot 4{,}0^3}{4\,(2 \cdot 3{,}0 + 3 \cdot 4{,}0)} = -1161{,}11 \text{ kgm}$$

und aus Gleichung 71:

$$D_0 = D_3 = \frac{1200 \cdot 3{,}0}{2} - \frac{1161{,}11}{3} = 1413 \text{ kg}$$

$$D_1 = D_2 = \frac{1200 \cdot 3{,}0}{2} + \frac{800 \cdot 4{,}0}{2} + \frac{1161{,}11}{3} = 3787 \text{ kg.}$$

Die grössten positiven Momente in den Endfeldern werden nach Gleichung 75):

$$\mathfrak{M}_1 = \frac{1413^2}{2 \cdot 1200} = +832 \text{ kgm,}$$

während im Mittelfeld das grösste Moment aus Gleichung 76 sich berechnet zu

$$\mathfrak{M}_2 = \frac{1}{8} \cdot 800 \cdot 4{,}0^2 - 1161{,}11 = +438{,}89 \text{ kgm.}$$

Dem absoluten Werte nach ist M_1 das grösste Moment, daher das erforderliche Widerstandsmoment:

$$W = \frac{M_1}{k} = \frac{116111}{1000} = 116 \text{ cm}^3,$$

wofür I-Eisen Nr. 16 mit $W = 117 \text{ cm}^3$ ausreicht.

Bei ungleichen Feldweiten ist die Berechnung eines Trägers auf vier Stützen sehr umständlich. In diesem Falle tut man besser, den Träger auf den Mittelstützen gestossen zu denken und nun die einzelnen Träger zu berechnen. Den ermittelten höchsten Träger lässt man dann durchgehen.

d) Vernietete Träger.

Die Anwendung vernieteter Träger kommt im Hochbau selten vor. Man wird, so lange man mit einfachen I-Eisen auskommt, wohl nie zu vernieteten Trägern seine Zuflucht nehmen. Denn diese stellen sich im Preise wesentlich teurer und erfordern grosse Aufmerksamkeit hinsichtlich ihrer Vernietung. Ihre Anwendung beschränkt sich darum auf jene Fälle, wo bei grösserer Länge bedeutende Lasten zu übertragen sind.

Fig. 179.

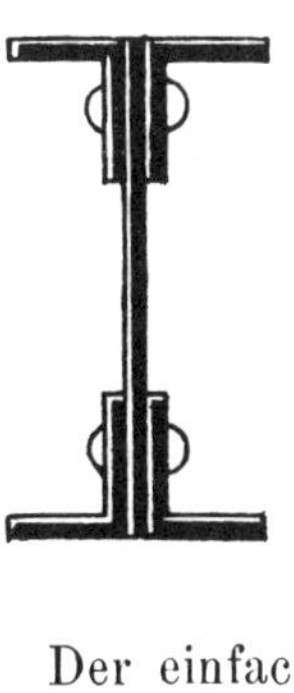

Fig. 180.

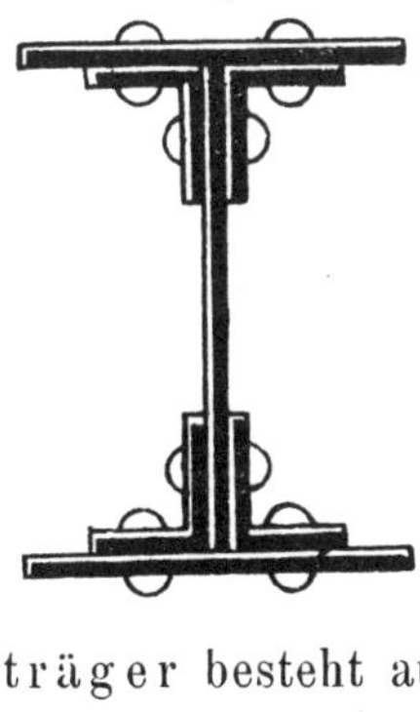

Fig. 181.

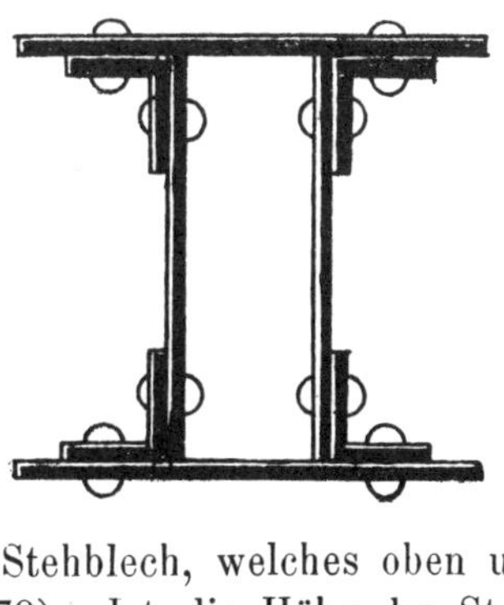

Der einfache Blechträger besteht aus dem Stehblech, welches oben und unten mit je zwei Winkeleisen gesäumt ist (Fig. 179). Ist die Höhe des Stehbleches durch örtliche Verhältnisse beschränkt, so dass das Widerstandsmoment des Querschnittes nicht ausreicht, so sind Gurtplatten anzuordnen, deren Breite mindestens gleich der Breite der beiden Winkel + der Stärke des Stehbleches ist (Fig. 180).

Reicht auch ein solcher Träger noch nicht aus, so hat man zuweilen auch wohl Kastenträger ausgeführt (Fig. 181). Sie besitzen zwei Stehbleche. Die Anwendung dieser Träger ist aber nicht zu empfehlen. Sie erfordern viel Material ohne entsprechend grosse Widerstandsmomente zu besitzen. Man kommt daher besser weg, wenn man statt des Kastenträgers mehrere I-Eisen oder aber mehrere einfache Blechträger nebeneinander verlegt.

Fig. 182.

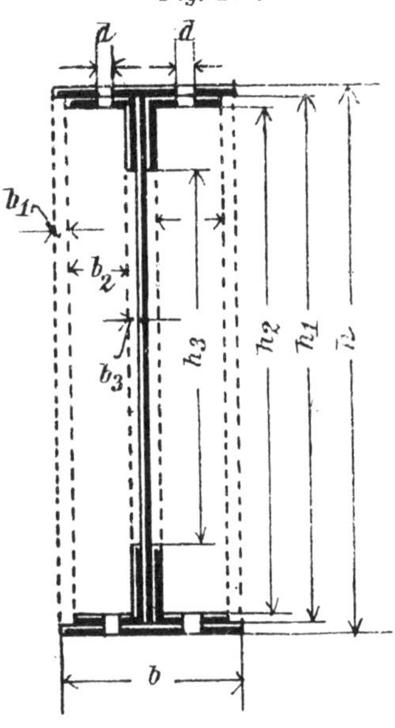

Ist das grösste Biegungsmoment und das erforderliche Widerstandsmoment nach den oben angegebenen Regeln ermittelt, so ist der Querschnitt des Blechträgers unter Berücksichtigung durch die Nietschwächung zu bestimmen. Besitzt der Querschnitt Gurtplatten, so sind die vertikalen Niete in Abzug zu bringen, für den Querschnitt ohne Gurtplatten die horizontalen Niete.

Die Ermittelung des passenden Querschnittes ist stets mit vielen umständlichen Rechnungen verknüpft. Diese sind indessen entbehrlich gemacht durch die vorzüglichen Tabellen von Dr. H. Zimmermann: „Genietete Träger, Tabellen der Trägheitsmomente, Widerstandsmomente und Gewichte" und derjenigen von Scharowsky: „Widerstandsmomente und Gewichte genieteter Träger". Liegt keine Tabelle vor, so bleibt nichts anderes übrig, als das Widerstandsmoment eines schätzungsweise angenommenen Querschnittes zu berechnen, wobei man die Dimensionen solange ändern muss, bis das gesuchte Widerstandsmoment gefunden ist.

Das Trägheitsmoment des in Fig. 182 gezeichneten Querschnittes ist mit Rücksicht auf die Nietlöcher:

$$77) \qquad J = \frac{1}{12}\left[(b - 2\,d)\,h^3 - 2 \cdot b_1 \cdot h_1{}^3 - 2\,(b_2 - d)\,h_2{}^3 - 2 \cdot b_3 \cdot h_3{}^3\right]$$

und

$$W = \frac{J}{\frac{h}{2}}.$$

Hiernach wäre z. B. das Trägheitsmoment des in Fig. 183 dargestellten Querschnittes:

$$J = \frac{1}{12}\left[(20{,}0 - 2 \cdot 2{,}0) \cdot 58{,}0^3 - 2 \cdot 1{,}5 \cdot 56^3 - 2 \cdot (7{,}0 - 2{,}0) \cdot 54{,}0^3 - 2 \cdot 1{,}0 \cdot 40^3\right]$$

$$= 74359 \text{ cm}^4 \quad \text{und}$$

$$W = \frac{74359}{{}^{58}/_{2}} = 2564 \text{ cm}^3.$$

In der Regel ist die Höhe des Trägers durch örtliche Verhältnisse bestimmt. Die Stärke des Stehbleches wird meist 1 cm stark angenommen, als Gurtwinkel wählt man Winkeleisen, deren Breite zwischen 6,0 bis 12,0 cm liegt.

Fig. 183.

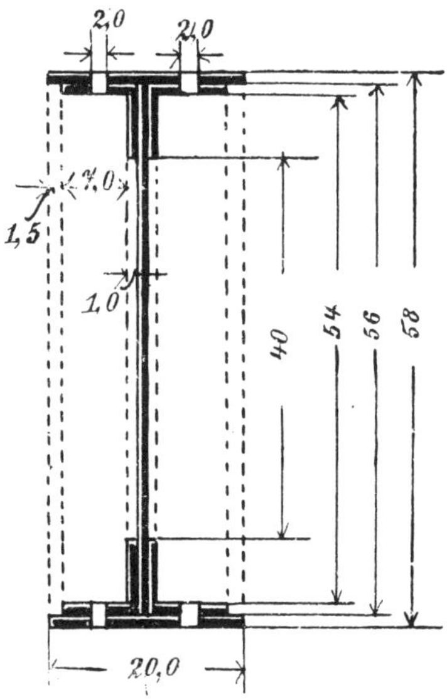

Ist der passende Querschnitt gefunden, so ist die Entfernung der Niete in den Gurtwinkeln zu berechnen.

Würden die wagerechten Niete in den Winkeln fehlen, so würden sich die Winkel und die Blechwand jede für sich durchbiegen, also nicht wie ein Träger wirken. Die Winkel würden, wie nicht anders möglich, über dem Stehblech hinweggleiten. Dieses Gleiten der Winkel zu verhindern ist daher die Aufgabe der horizontalen Niete. Diese haben also die Schubspannung der Trägergurtung an das Stehblech zu übertragen.

Nach den Resultaten der Festigkeitslehre ist die Schubspannung am grössten über dem theoretischen Auflager. Da die Nietentfernung abhängig ist von der Grösse der Schubspannung, so wird jene am Auflager am kleinsten werden.

Bezeichnet man mit A den Auflagerdruck, die Tragfähigkeit eines Nietes gegen Lochwanddruck mit N — es kommt hier nur der Lochwanddruck des Nietes in Betracht, da die beiden Gurtwinkel zusammen stets dicker sind, als das Stehblech — das Trägheitsmoment des vollen Trägerquerschnittes mit J_0, mit S das statische Moment des Gurtungsquerschnittes für die neutrale Achse, so wird die Entfernung e der Niete:

$$78) \qquad e = \frac{J_0 N}{A \cdot S}.$$

Ergibt sich e grösser als 5 Nietdurchmesser, so setze man e = 5 d. Obwohl nach der Trägermitte zu die Nietteilung grösser werden dürfte, behält man jedoch in der Regel den berechneten Nietabstand, sofern er nicht grösser als 5 d ist, bei.

Beispiel. Ein Träger, dessen theoretische Stützweite 7,48 m beträgt, ist über seine ganze Länge mit 8720 kg/m, herrührend von Mauerwerk, belastet. Für die Trägerhöhe sind höchstens 66 cm vorhanden. Die Stärke des auf dem Träger liegenden Mauerwerkes sei 0,66 m, das durch zwei Blechträger unterstützt werden soll.

Das grösste Moment ist nach Gleichung 51):

$$M_{max} = \frac{1}{8} p l^2 = \frac{1}{8} 8720 \cdot 7{,}48^2 = 60985{,}50 \text{ kgm},$$

daher

$$W = \frac{6098550}{1000} = 6098 \text{ cm}^3.$$

Da zwei Blechträger angeordnet werden sollen, muss jeder ein Widerstandsmoment von $\frac{6098}{2} = 3049$ cm³ besitzen. Wählt man den in Fig. 184 dargestellten Querschnitt, so ergibt sich für das Trägheitsmoment desselben unter Berücksichtigung der Schwächung durch Nietlöcher:

Fig. 184.

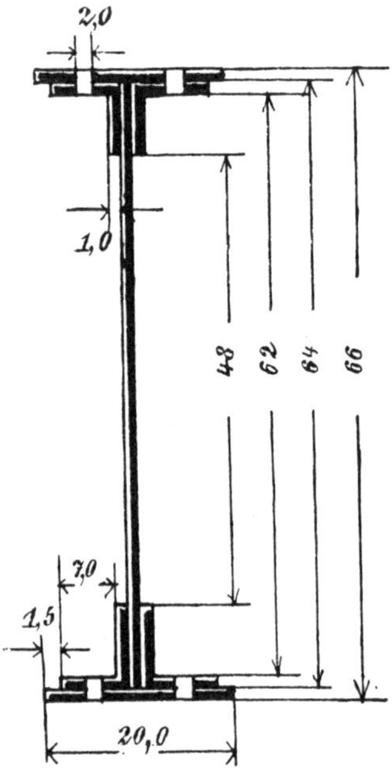

$$J = \frac{1}{12}\Big[(20{,}0 - 2 \cdot 2{,}0) \cdot 66^3 - 2 \cdot 1{,}5 \cdot 64^3 - 2 \cdot (7{,}0 - 2{,}0)\, 62^3 - 2 \cdot 1{,}0 \cdot 48{,}0^3\Big] = 100754 \text{ cm}^4,$$

folglich:

$$W = \frac{100754}{33} = 3053 \text{ cm}^3.$$

Die Nietentfernung am Auflager berechnet sich aus Gleichung 77):

$$e = \frac{J_0 \cdot N}{A \cdot S}.$$

Nun ist J_0 das Trägheitsmoment des vollen Trägerquerschnittes.

$$J_0 = \frac{1}{12}\Big[20 \cdot 66^3 - 2 \cdot 1{,}5 \cdot 64^3 - 2 \cdot 7{,}0 \cdot 62^3 - 2 \cdot 1{,}0 \cdot 48^3\Big] = 117143 \text{ cm}^4.$$

Die Tragfähigkeit N eines zweischnittigen Nietes gegen Lochwanddruck ist, da die Stärke des Stehbleches 1,0 cm und d = 20 cm beträgt:

$$N = 2 \cdot d\, \delta \cdot 1200 = 2400 \text{ kg}.$$

Der Auflagerdruck A berechnet sich zu:

$$A = \frac{8720 \cdot 7{,}48}{2 \cdot 2} = \text{rund } 16300 \text{ kg}.$$

Das statische Moment des an das Stehblech anzuschliessenden Teiles, also der Gurtung, in Bezug auf die neutrale Achse ist nach Fig. 185:

Fig. 185.

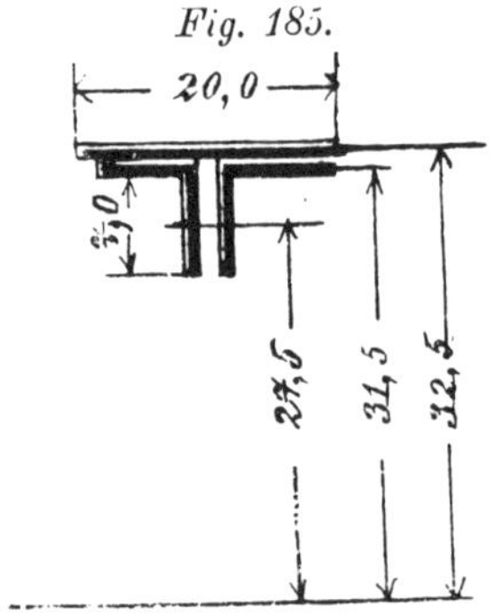

$$S = 20{,}0 \cdot 1{,}0 \cdot 32{,}5 + 16{,}0 \cdot 1{,}0 \cdot 31{,}5 + 2 \cdot 7{,}0 \cdot 27{,}5$$
$$= 1539 \text{ Einheiten bezogen auf cm.}$$

Demnach:

$$e = \frac{J_0\, N}{A \cdot S} = \frac{117143 \cdot 2400}{16300 \cdot 1539} = 11{,}2 \text{ cm}.$$

Da $e > 5\,d$, so wird die Nietentfernung $e = 5\,d$, also $5 \cdot 2{,}0 = 10$ cm gewählt.

Die Berechnung von J_0 kann einfacher auf folgende Weise vorgenommen werden.

Da J bereits bekannt, so hat man nur nötig, das Trägheitsmoment des den Nietlöchern entsprechenden Querschnittes zu J zu addieren. Es wäre demnach:

$$J_0 = J + 2 \cdot 2{,}0 \cdot \frac{1}{12}\left(66{,}0^3 - 62{,}0^3\right) = 100754 + 16398 = 117143 \text{ cm}^4,$$

wie oben gefunden.

Höhe der Träger. Die Höhe genieteter Träger richtet sich, wie schon bemerkt, nach den lokalen Verhältnissen. Die geringste Höhe (des Stehbleches) ist etwa $^1/_{15} \cdot l$, wenn l die theoretische Stützweite bedeutet. Unter dieses Mafs wird man kaum heruntergehen. Dieses Verhältnis ist schon sehr klein, wenn man die Durchbiegung ins Auge fasst. Denn diese ist stets vom Trägheitsmoment des Querschnittes abhängig und zwar ist die Durchbiegung diesem umgekehrt proportional. Je höher aber der Träger ist, um so grösser ist das Trägheitsmoment seines Querschnittes, um so geringer also die Durchbiegung. Wenn die Umstände es eben gestatten, soll man daher mit der Trägerhöhe nicht unter $^1/_{12}$ der Spannweite gehen.

Länge der Gurtplatten. Obwohl es nicht erforderlich ist, die Gurtplatte über den ganzen Träger durchgehen zu lassen, wird man aus praktischen Rücksichten wenigstens die auf dem Obergurt befindliche Platte durchschiessen lassen, allein schon deswegen, um dem Mauerwerk eine glatte Auflagerfläche zu bieten. Aus dem letzten Grunde sind auch die Nietköpfe auf der Gurtplatte ganz zu versenken.

Ebenso empfiehlt es sich, die Gurtplatte des Untergurtes von Ende zu Ende durchzuführen, weil sonst die Schwerachse des Trägers eine Aenderung ihrer Lage erfährt. Der Querschnitt des Trägers würde unsymmetrisch und die statische Untersuchung müsste unter Annahme des unsymmetrischen Querschnittes erneuert werden.

e) Die Lager der Träger.

Allgemeines. Bei der Berechnung der Träger wurde vorausgesetzt, dass die Auflagerdrücke an bestimmten Punkten lotrecht angreifen. Dies wird man nie erreichen, wenn man den Träger direkt auf Mauerwerk legt. Vom statischen Gesichtspunkte aus ist dies auch aus dem Grunde unstatthaft, als jeder Träger sich durchbiegt. Damit würde er aber ziemlich scharf an der Vorderkante des Mauerwerks aufliegen und hier seinen Druck abgeben, der nur über eine kleine Fläche sich verteilen könnte. Die Folge davon wären schädliche Pressungen im Mauerwerk, die unter allen Umständen vermieden werden müssen.

Bedingungen.

Zwischen Träger und Mauerwerk ist daher eine Zwischenkonstruktion notwendig, welche folgenden Bedingungen zu genügen hat. Sie muss:

1. dem Auflagerdruck einen bestimmten Angriffspunkt anweisen;
2. den von der Eisenkonstruktion herrührenden Druck auf eine grössere Fläche gleichmässig verteilen;
3. einen guten Anschluss der Eisenkonstruktion an das Mauerwerk ermöglichen;
4. der Eisenkonstruktion bei Temperaturänderungen eine möglichst ungehinderte Längenänderung gestatten;
5. die Durchbiegung des Trägers zulassen, ohne die theoretische Stützweite wesentlich zu verändern.

Diese Zwischenkonstruktion nennt man das Lager.

An dem einen Ende wird der Träger mit dem Lager und dem Mauerwerk unwandelbar befestigt, so dass jede Verschiebung des Trägers völlig ausgeschlossen ist. Dann muss aber, um der Bedingung 4 zu genügen, dem Träger am anderen Ende eine ungehinderte Längsverschiebung möglich sein.

Einteilung. Demnach unterscheidet man feste und bewegliche Lager. Je nach der Art und Weise, wie die Beweglichkeit der Lager erreicht wird, kann man die beweglichen Lager einteilen in Gleitlager, Rollenlager und Pendellager.

Während die Gleitlager hauptsächlich für kürzere (etwa bis 7 m lange) und leicht belastete Träger angeordnet werden, finden die Rollen- und Pendellager bei langen und schwer belasteten Trägern Anwendung, namentlich auch bei den eisernen Dachbindern.

α) Die festen Lager.

Bei dem festen Lager muss der Träger mit dem Auflager und dieses mit dem Mauerwerk fest verbunden sein.

Fig. 186.

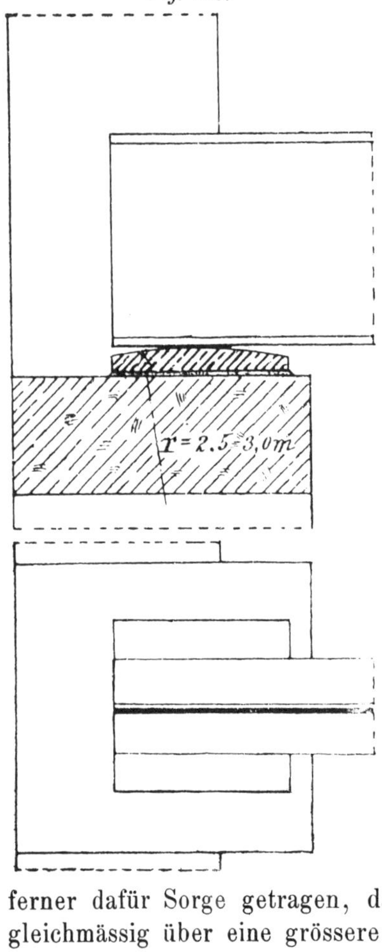

Lagerplatten aus Schmiedeeisen. Die Lagerplatte ist entweder aus Schmiedeeisen oder Gusseisen gefertigt.

In den Fig. 186 bis 189 sind eine Reihe einfacher Lagerplatten dargestellt. Hierher gehört auch das in Fig. 72 veranschaulichte Lager. Für die kleineren Träger, wie sie gewöhnlich zur Ueberdeckung von Maueröffnungen, zur Bildung leichterer Decken usw. verlegt werden, genügt es, unter den Träger eine einfache schmiedeeiserne Platte anzuordnen, welche oben schwach gewölbt ist nach einem Radius, dessen Grösse mit 2,5 bis 3,0 m bemessen ist und nun den Träger mit der Platte fest in Zementmörtel einzumauern (Fig. 186).

Dadurch, dass die Platte schwach gewölbt ist, liegt der Träger nur an der höchsten Stelle der Platte, also längs einer Linie, auf. Der Auflagerdruck kann demnach nur an dieser Stelle angreifen, womit die oben aufgestellte Bedingung 1 erfüllt ist. Auch den Bedingungen 3 und 5 ist vollauf Genüge geschehen; biegt der Träger durch, so erfährt die theoretische Stützweite kaum eine Aenderung ihrer Länge und der Anschluss an das Mauerwerk lässt sich leicht und sachgemäss bewirken. Durch die Wölbung der Platte ist ferner dafür Sorge getragen, dass der vom Träger ausgeübte Druck sich stets gleichmässig über eine grössere Fläche verteilt. Würde die Platte eben sein, so läge der Träger nach erfolgter Durchbiegung nur an der Vorderkante der Platte auf, wodurch ungleichmässige Pressungen im Mauerwerk entstehen würden.

Lagerplatten aus Gusseisen. Für schwerer belastete Träger werden meist gusseiserne Platten verwandt, die wie die schmiedeeisernen Platten oben nach einem Radius von 2,50 bis 3,0 m abgerundet sind. Bei dem Lager in Fig. 72 ist der Träger mit der Lagerplatte und dem Mauerwerk durch die dort besprochenen Feststelldorne verbunden. Um die Unebenheiten des Mauerwerks bezw. Auflagersteine auszugleichen, ist unter den Lagerplatten eine Zementfuge von 8 bis 10 mm Stärke bezw. eine Hartbleiplatte von 3 bis 5 mm Stärke anzuordnen.

Fig. 187 (1 : 10).

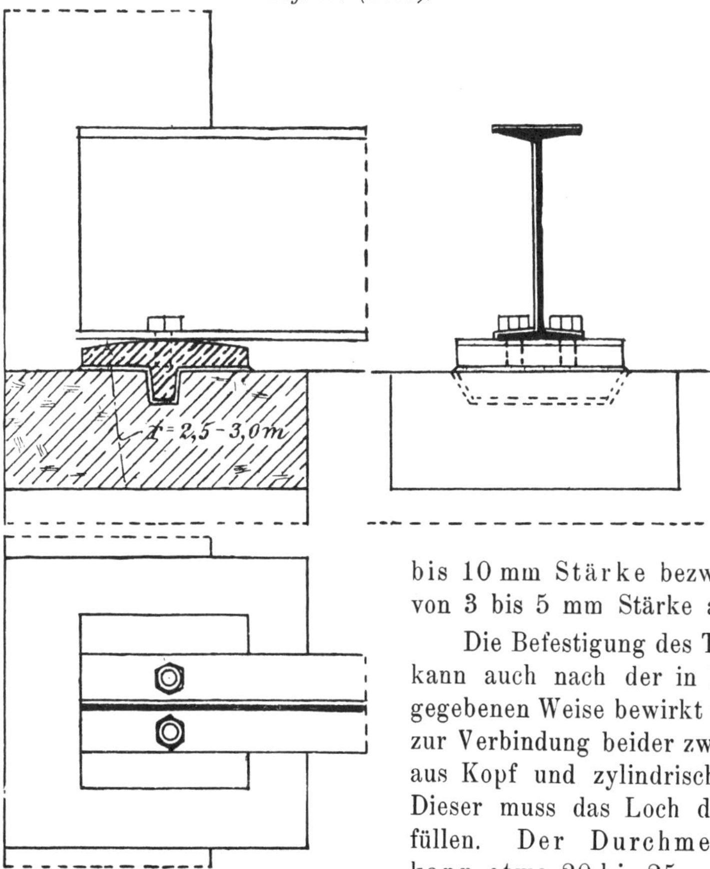

Die Befestigung des Trägers mit der Platte kann auch nach der in Fig. 187 bis 189 angegebenen Weise bewirkt werden. Hier dienen zur Verbindung beider zwei Feststelldorne, die aus Kopf und zylindrischem Schaft bestehen. Dieser muss das Loch der Platte scharf ausfüllen. Der Durchmesser des Dornes kann etwa 20 bis 25 mm gemacht werden (Fig. 190). Die Länge des Dornes muss so bemessen sein, dass er etwa 20 bis 30 mm in die Platte eingreift. Die in Fig. 189 gezeichneten Randleisten, wie sie oft ausgeführt werden und welche eine seitliche Verschiebung des Trägers verhindern sollen, sind bei der Anordnung der Feststelldorne unnötig, da diese die seitliche Verschiebung schon völlig ausschliessen.

Berechnung. Für die Abmessungen der Lagerplatte werden oft empirische Formeln angegeben, die von der Höhe des Trägers abhängen. Diese Formeln entbehren indessen jeder Begründung. Denn die Dimensionen der Unterlagsplatte sind abhängig:

1. von dem Auflagerdruck und
2. von der zulässigen Beanspruchung des Mauerwerks.

Der zulässige grösste Druck beträgt für:

Bruchsteinmauerwerk	5 kg pro qcm,
Ziegelmauerwerk in Kalkmörtel	7 „ „ „
Gutes Ziegelmauerwerk in Zementmörtel	10 „ „ „
Bestes Ziegelmauerwerk in Zementmörtel	14 „ „ „

Mittelharter Sandstein . . . . 20 kg pro qcm
Hartgestein (Granit, Basaltlava) . . . . 40 „ „ „

Bei geringer Belastung legt man die Lagerplatte meist direkt auf das Mauerwerk, bei höherem Drucke wird jedoch ein Auflagerstein aus mehr oder minder hartem Material zwischen Platte und Mauerwerk verlegt werden müssen.

Bezeichnet man den Auflagerdruck mit P, die zulässige Beanspruchung des Mauerwerks mit p, die Grösse der Lagerplatte mit f, so folgt:

$$f = \frac{P}{p}. \tag{79}$$

Fig. 188 (1:10).

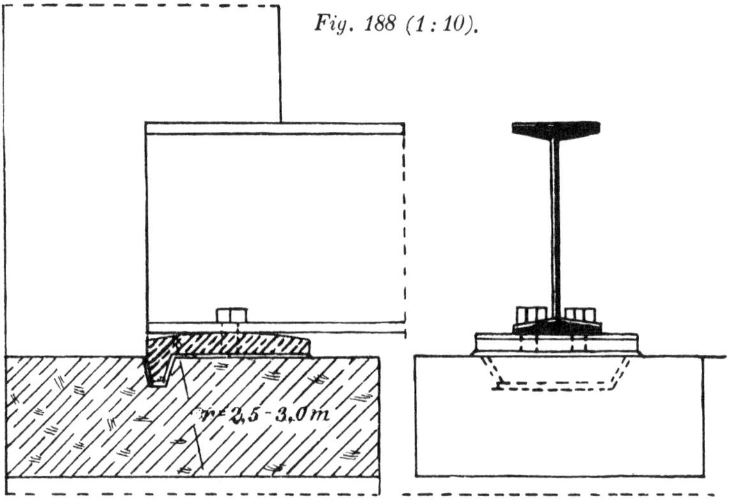

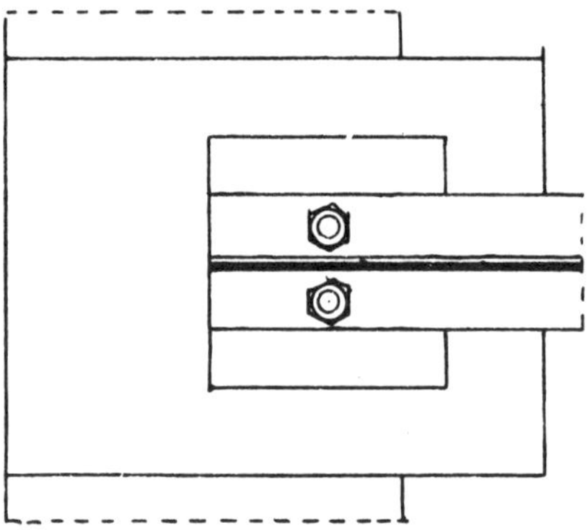

Die Breite der Platte richtet sich nach der Breite des Trägerflansches; hat man dieselbe angenommen, so ist damit die Länge der Platte gegeben. Zweckmässig macht man die Breite der Platte gleich der Flanschbreite des Trägers + 5 bis 10 cm.

Um die Dicke δ der Platte zu erhalten, betrachte man dieselbe als einen längs der Linie m — m eingespannten Träger, dann ist nach den Bezeichnungen der Fig. 191 das auftretende grösste Moment:

$$M = \frac{P}{2}\left(\frac{B}{4} - \frac{b}{4}\right) = \frac{P}{8}(B - b).$$

Ist k die zulässige Beanspruchung des Materials der Platte gegen Zug, δ ihre Dicke, l ihre Länge, so muss nach Gleichung 29) sein:

$$\frac{P}{8}(B - b) = \frac{1}{6}\delta^2 \cdot l \cdot k, \text{ woraus:}$$

$$\delta = \sqrt{\frac{3\,P\,(B - b)}{4 \cdot l \cdot k}}. \tag{80}$$

Für Gusseisen ist k = 250 kg/qcm. Setzt man diesen Wert ein, so erhält man, wenn man P in Tonnen einführt:

$$\delta = \sqrt{\frac{3 \cdot P \cdot 1000\,(B - b)}{4 \cdot l \cdot 250}}$$

81) $$\delta = \sqrt{\frac{3\,P\,(B - b)}{l}}$$

Für Schmiedeeisen ist k = 1000 kg/qcm. Demnach wird hier δ:

82) $$\delta = \sqrt{\frac{3\,P\,(B - b)}{4\,l}}.$$

Fig. 189 (1 : 10).

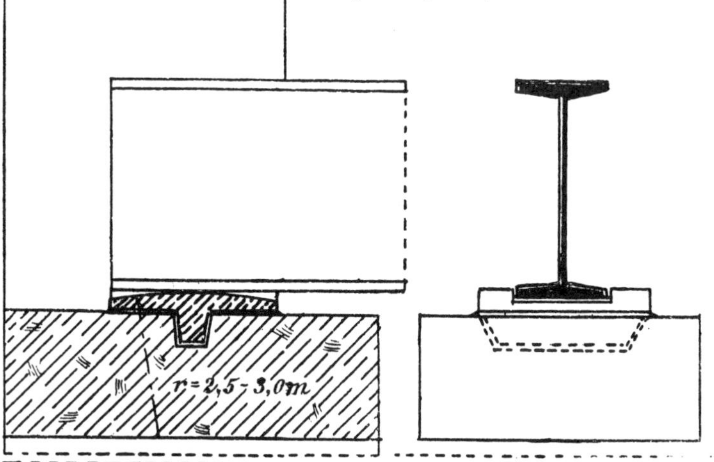

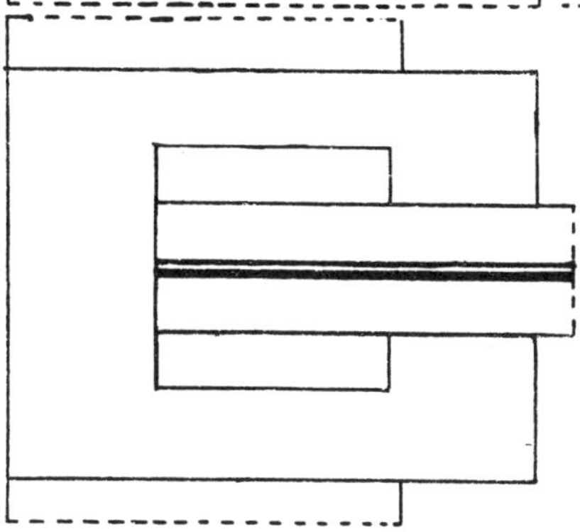

Wenn mehrere Träger auf einer gemeinschaftlichen Platte liegen, lässt sich die Berechnung in derselben Weise durchführen. Dient z. B. die Platte zur Aufnahme zweier Träger (Fig. 192), so ist nach den dortigen Bezeichnungen:

$$M = \frac{P}{2}\left(\frac{B}{4} - e\right) = \frac{P}{8}(B - 4\,e),$$

demnach:

$$\frac{P}{8}(B - 4\,e) = \frac{1}{6}\,\delta^2 \cdot l \cdot k,$$

woraus folgt:

83) $$\delta = \sqrt{\frac{3\,P\,(B - 4\,e)}{4 \cdot l \cdot k}}.$$

Wird in dieser Gleichung $4\,e > B$, so folgt δ aus:

83a) $$\delta = \sqrt{\frac{3\,P\,(4\,e - B)}{4 \cdot l \cdot k}}.$$

Für Gusseisen wird daher, wenn man P in Tonnen einführt:

84) $$\delta = \sqrt{\frac{3\,P\,(B - 4\,e)}{l}} \text{ bezw. } = \sqrt{\frac{3\,P\,(4\,e - B)}{l}},$$

und für Schmiedeeisen:

85) $$\delta = \sqrt{\frac{3\,P\,(B - 4\,e)}{4\,l}} \text{ bezw. } = \sqrt{\frac{3\,P\,(4\,e - B)}{l}}.$$

Bei der Verlegung der Platten hat man sein Augenmerk darauf zu richten, dass die theoretische Stützweite der der Trägerberechnuug zugrunde gelegten entspricht.

Fig. 190.

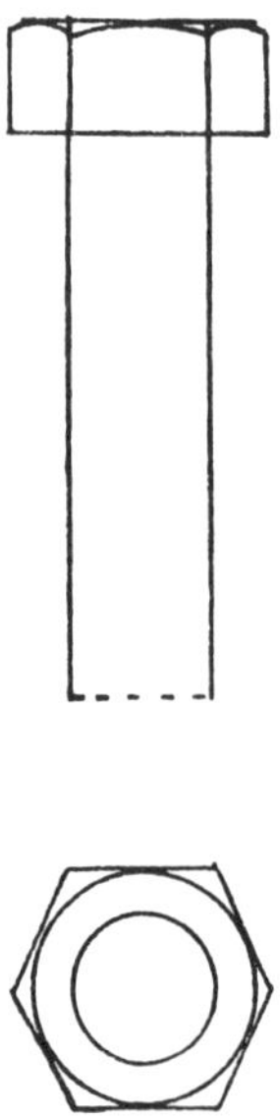

Fig. 191.

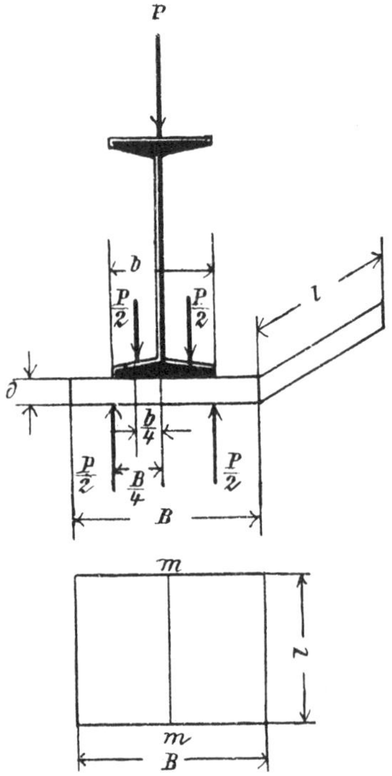

Beispiele. Aufgabe 1. Ein Träger N. P. Nr. 30 gibt an sein eines Auflager einen Druck von 4900 kg ab, wie gross sind die Abmessungen der schmiedeeisernen Lagerplatte, wenn das Mauerwerk mit 10 kg/qcm gedrückt werden darf?

Es ist:

$$f = \frac{4900}{10} = 490 \text{ qcm.}$$

Die Flanschbreite des I-Eisens N. P. Nr. 30 beträgt 12,5 cm. Macht man die Platte 22 cm breit, so wäre ihre Länge

$$l = \frac{490}{22} = \text{rund } 22 \text{ cm.}$$

Hiernach ermittelt sich die Stärke der Platte nach Gleichung 82) aus:

$$\delta = \sqrt{\frac{3 \cdot 4{,}9\,(22 - 12{,}5)}{4 \cdot 22}} = 1{,}3 \text{ cm.}$$

Aufgabe 2. Der auf Seite 65 in Aufgabe 3 berechnete Unterzug soll mit Hilfe einer gusseisernen Lagerplatte auf einen Sandsteinquader verlegt werden, der mit 20 kg/qcm beansprucht werden darf.

Fig. 192.

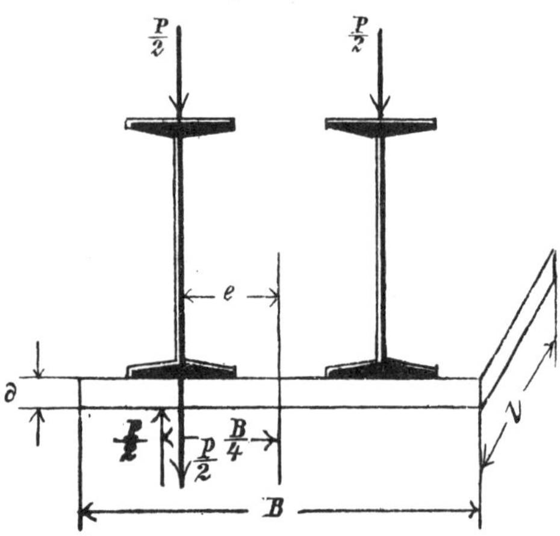

Fig. 193.

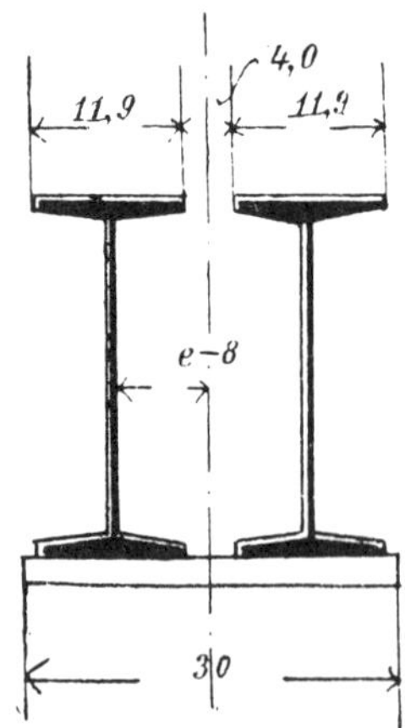

Die Grösse der Platte wird:

$$f = \frac{7700}{20} = 385 \text{ qcm.}$$

Werden die Träger nach Fig. 193 verlegt, so folgt, da B = 30 cm:

$$l = \frac{385}{30} = \text{rund } 11 \text{ cm, dafür } 15 \text{ cm.}$$

Mit e = 8 cm wird daher nach Gleichung 83):

$$\delta = \sqrt{\frac{3\,P\,(4\,e - B)}{l}} = \sqrt{\frac{3 \cdot 7{,}7\,(4 \cdot 8{,}0 - 30)}{15{,}9}}$$

oder:

$$\delta = \text{rund } 2{,}0 \text{ cm.}$$

Kipplager. Für grössere Träger und höhere Drucke, namentlich auch bei den Trägern der Dachkonstruktionen werden vielfach sogenannte Kipplager konstruiert. Sie sind in den Fig. 194 bis 196 dargestellt.

Mit dem Träger durch Feststelldorne verbunden ist das obere Sattelstück. Die Verbindung beider durch Schrauben, wie sie öfter ausgeführt wird, ist nicht gerechtfertigt, da ein Abheben des mehr oder weniger schwer belasteten Trägers nicht eintreten kann.

Fig. 194.

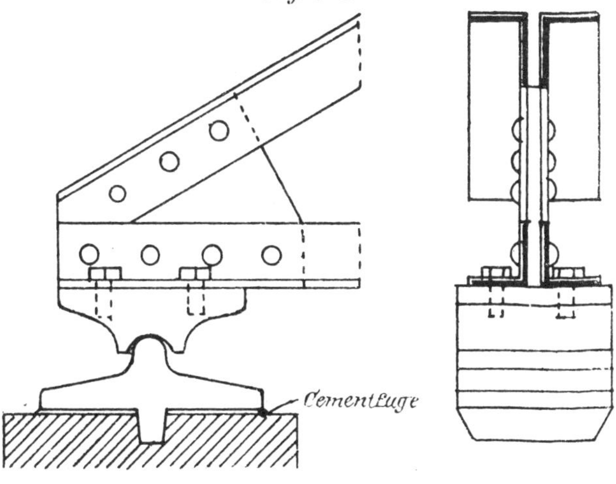

Das Sattelstück ruht auf dem Lagerbock, der oben entweder einen halbcylindrischen Zapfen besitzt oder eine halbcylindrische Vertiefung aufweist. Im ersten Falle ist in dem Sattel eine entsprechende halbcylindrische Höhlung ausgearbeitet (Fig. 194), im letzten Falle ist der Sattel mit dem Zapfen versehen (Fig. 195). Die Radien des Zapfens und der Aushöhlung müssen verschieden gross sein, damit bei der Durchbiegung eine Drehung des Sattels stattfinden kann. Der Unterschied beider Radien braucht jedoch nur 5 bis 10 mm zu betragen. Die nähere Konstruktion ist aus den Fig. 194 und 195 zu ersehen.

Fig. 195.

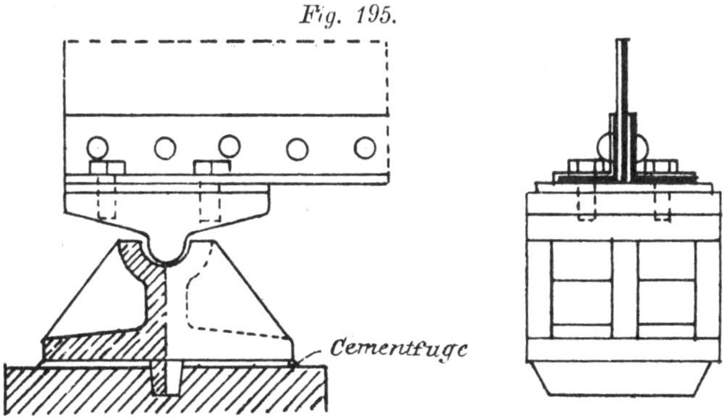

Den Durchmesser d_0 des Drehzapfens wählt man zweckmässig aus der Gleichung:

86) $\mathbf{d_0 = 0{,}1\,L + 4\,cm,}$

worin L die Spannweite in Meter bedeutet.

Die Höhe des Bockes richtet sich nach den örtlichen Verhältnissen. Wird der Steg des Bockes über 100 mm hoch, so sind, wie in Fig. 195 gezeichnet, Verstärkungsrippen anzuordnen. Die Verbindung der

Lagerplatten bezw. des Lagerbockes mit dem Auflagerstein oder dem Mauerwerk wird meist durch eine quer unter dem Lagerstücke herlaufende Rippe von 30 bis 40 mm Dicke bewerkstelligt.

Eine Verankerung der Platte bezw. des Bockes mit dem Mauerwerk ist weiter nicht erforderlich. Kann ein Abheben der Eisenkonstruktion stattfinden, wie dies bei offenen Hallen zu befürchten ist bei starkem Winde, so muss eine Verankerung des Trägers mit dem Mauerwerk vorgesehen werden.

Bei dem in Fig. 196 veranschaulichten Lager ist der Drehzapfen für sich angeordnet. Er wird entweder aus Schmiedeeisen, Gusseisen oder Stahl angefertigt. Im übrigen gilt für dieses Lager alles das, was von den anderen Lagern gesagt ist.

Fig. 196.

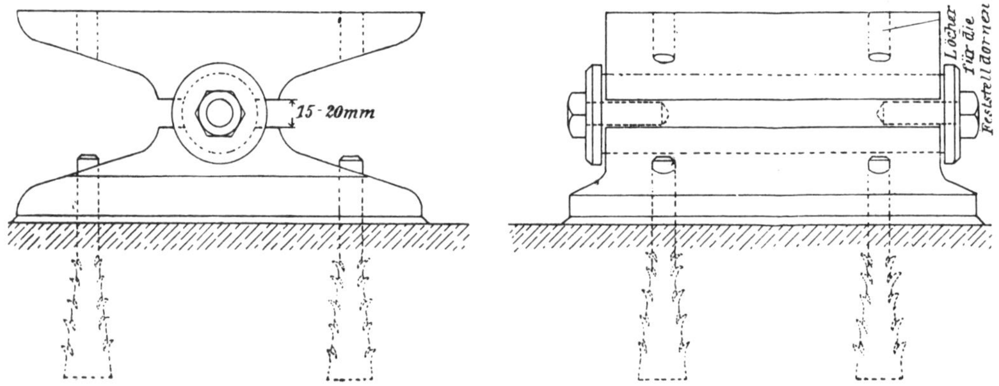

Prüft man diese Lager auf die oben aufgestellten Bedingungen hin, so ist ohne weiteres ersichtlich, dass sie denselben in vollkommener Weise Genüge leisten.

Der Angriffspunkt des Auflagerdruckes ist durch den Mittelpunkt des Drehzapfens bestimmt; bei der Durchbiegung des Trägers erleidet die Stützweite keine Aenderung; der Druck der Eisenkonstruktion verteilt sich gleichmässig über eine angemessene Fläche und der Anschluss der Eisenkonstruktion an das Mauerwerk geschieht zwanglos.

Für diese Lager werden in dem Mauerwerk Kammern ausgespart, die die Möglichkeit gewähren, jederzeit an die Lager gelangen zu können.

β) Die beweglichen Lager.

Allgemeines. Die beweglichen Lager haben den Zweck, dem Träger bei Temperaturschwankungen eine möglichst ungehinderte Längenänderung zu gewährleisten. Die Längenänderung des Trägers ist abhängig von seiner Gesamtlänge und den höchsten Temperaturunterschieden, denen er ausgesetzt ist. Bei völlig ummantelten Trägern werden sich diese wenig oder gar nicht bemerkbar machen und wenn die Umkleidung durch Mauerwerk hinreichend stark ist, wird selbst bei Schadenfeuer eine wesentliche Erhöhung der Temperatur des Trägers kaum eintreten.

Anders ist es jedoch, wenn die Träger frei liegen, so dass sie bei einem ausbrechenden Schadenfeuer direkt dem Angriffe der Flammen ausgesetzt sind.

Wird die Tragfähigkeit eines Trägers durch die Höhe des Hitzegrades schon wesentlich beeinträchtigt — bei 800° C. ist dieselbe etwa nur $^1/_5$ der ursprünglichen — so wird, wenn keine Vorkehrungen für die ungehinderte Längenausdehnung getroffen sind, die Tragfähigkeit geradezu in Frage gestellt, da zu den Biegungsanstrengungen die Druckspannungen kommen, welche infolge der gehinderten Ausdehnung eintreten müssen.

Ausdehnung der Träger. Ist l die Länge des Trägers in m, α der Ausdehnungskoeffizient des Eisens für 1° C., so wäre die Längenänderung λ für einen Temperaturunterschied von 100°:

$$\lambda = 800 \cdot l \cdot \alpha.$$

Nun ist α rund $\frac{1}{80000}$, mithin würde λ werden:

$$\lambda = \frac{800 \cdot l}{80000} = 0{,}01\,l,$$

d. h. die Ausdehnung würde $^1/_{100}$ der Trägerlänge betragen.

Es ist daher notwendig, am beweglichen Lager vor den Köpfen der Träger Kammern auszusparen, von soviel Zentimeter Tiefe, als der Träger Meter lang ist.

Fig. 197.

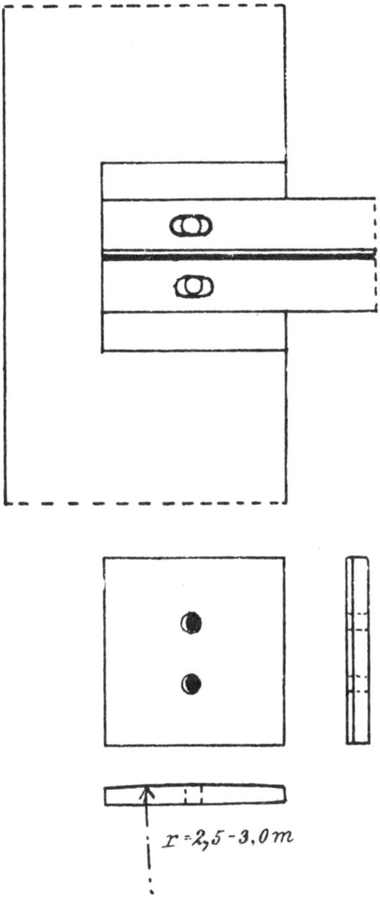

Der Längenausdehnung entgegen wirkt die Reibung, welche zwischen Träger und Lager auftritt. Auch diese muss möglichst zu verringern angestrebt werden, damit einesteils die Druckspannungen im Träger nicht zu gross werden, andererseits die Stabilität der tragenden Mauern nicht in Frage gestellt wird. In mehr oder minder vollkommener Weise wird dies durch die angegebenen beweglichen Lager erreicht.

Gleitlager. Die Gleitlager unterscheiden sich von den in Fig. 187 bis 189 dargestellten Lagern nur dadurch, dass der Feststelldorn, der Träger und Lagerplatte verbindet, fortfällt. Da meist eine seitliche Einmauerung stattfindet, so sind auch die in Fig. 189 gezeichneten Randleisten entbehrlich. Sie sind jedoch stets anzuordnen, wenn der Träger seitlich nicht vom Mauerwerk gefasst wird. Statt dieser können auch längliche Löcher in dem unteren Trägerflansch vorgesehen werden. Die seitliche Verschiebung wird dann durch eingesteckte Dorne von 20 bis 25 mm Durchmesser verhindert. Das für diese Dorne in der Lagerplatte hergestellte Loch muss aber von jenen schliessend ausgefüllt werden (Fig. 197).

Wegen der mehr oder weniger grossen gleitenden Reibung, welche bei der Längenänderung des Trägers zwischen diesem und dem Lager auftritt, können diese Lager nur für kürzere Träger verwandt werden. Für längere Träger und auch für schwer belastete Träger, namentlich auch für Dachbinder sind die Rollen lager vorzuziehen. Die Grenze für die Anwendung der Gleitlager dürfte etwa bei 10 m Trägerlänge liegen.

Rollenlager. Wie aus Fig. 198 hervorgeht, besteht das Rollenlager aus dem oberen Sattelstück, dem Drehzapfen, dem unteren Sattelstück, den Rollen und

Fig. 198.

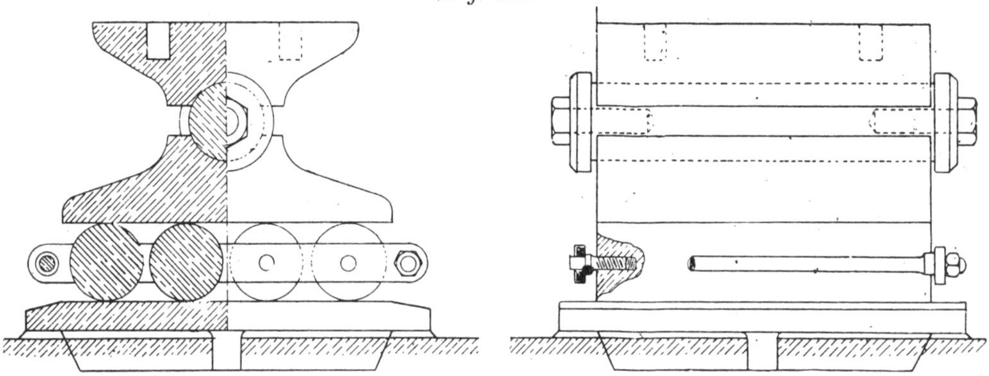

der Lagerplatte. Der obere Teil entspricht also völlig dem in den Figuren 194, 195 und 196 gezeichneten Kipplager. Das untere Sattelstück muss natürlich so lang sein, dass es bei der grössten Längsverschiebung des Trägers auf allen Rollen aufliegt.

Der Abstand der Rollen voneinander beträgt etwa 5 bis 10 mm. Um die parallele Lage der Rollen zu sichern, wird ein aus Flacheisen oder aus Flach- und Rundeisen hergestellter Führungsrahmen hergestellt, dessen Konstruktion aus den Fig. 199 und 200 ersichtlich ist. Die Rollen greifen vermittelst sauber

Fig. 199.

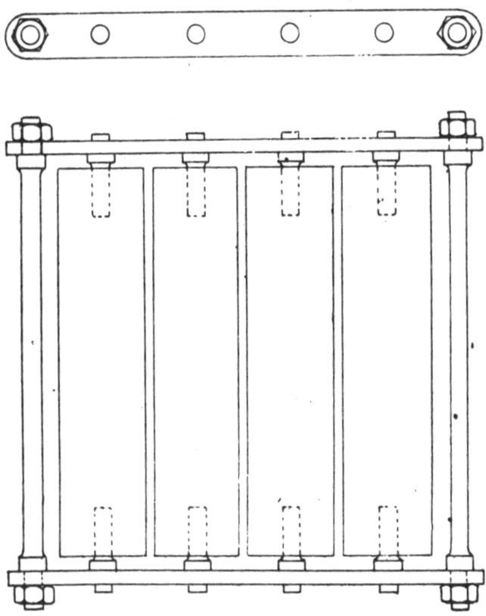

Fig. 200.

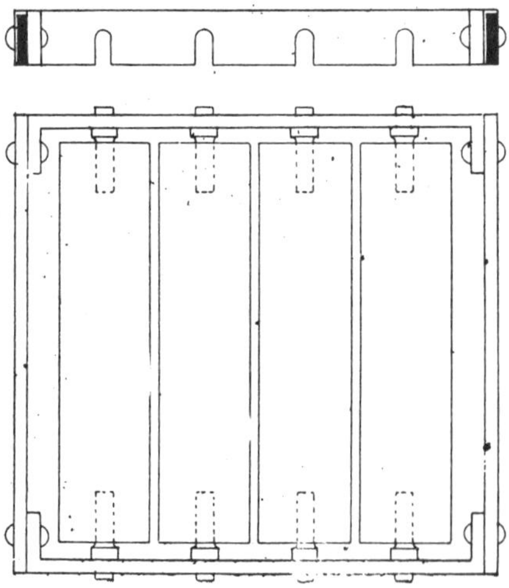

abgedrehter Dollen in die entsprechenden, genau gearbeiteten Löcher des Rahmens ein. Die Dollen werden, der einfacheren Bearbeitung der Rollen wegen, vielfach in entsprechende Löcher derselben eingeschraubt, wie dies Fig. 198 zeigt. Das Abgleiten des Rahmens von den Dollen wird durch deren Anlauf verhindert.

An die Unterlagsplatte werden oft Randleisten angegossen, diese sind indessen entbehrlich.

Durchmesser und Anzahl der Rollen. Die Länge l der Walzen ist abhängig von der Breite des Unterflansches des Trägers. Der Durchmesser d_0 derselben, wie auch derjenige des Drehzapfens wird für die Konstruktionen des Hochbaues zwischen 50 und 100 mm gewählt. Zu seiner Bestimmung kann man sich vorteilhaft der Gleichung 86) bedienen.

Die Anzahl der Rollen ist verschieden, je nach dem Material, aus welchem sie hergestellt werden. Für grosse Drucke wird man, um nicht zu viele Rollen zu erhalten, diese aus Stahl anfertigen lassen, für mittlere und kleine Drücke genügen schmiedeeiserne oder gusseiserne Rollen.

Ist P die zu übertragende Last in Tonnen, so ergibt sich die Anzahl n der Rollen aus:

$$87)\quad \begin{cases} n = \dfrac{16\,P}{d_0\,l} \text{ für Stahl,} \\ n = \dfrac{25\,P}{d_0\,l} \text{ für Schmiedeeisen,} \\ n = \dfrac{33\,P}{d_0\,l} \text{ für Gusseisen.} \end{cases}$$

Mit der Anzahl geht man nicht gern über 5 hinaus. Wird n grösser als 5, so nehme man d_0 grösser an oder man wähle besseres Material.

Dicke der Sattelstücke. Die Dicke der Sattelstücke richtet sich selbstverständlich ebenfalls nach dem Material, aus welchem dieselben angefertigt werden. Betrachtet man das Sattelstück als einen längs des Zapfens eingespannten Träger, so wird die Dicke des Sattels über dem Zapfen (siehe Fig. 201) δ_1 zweckmässig bestimmt aus der Gleichung:

$$\delta_1 = \sqrt{\frac{3\,P \cdot l_1}{4\,l \cdot k}}.$$

Hierin ist P die zu übertragende Last; l bedeutet die Länge der Walzen, l_1 die Länge des Sattels in cm in der Richtung des Trägers, k die zulässige Beanspruchung des Materials gegen Zug. Setzt man P in Tonnen ein, so erhält man für Gusseisen ($k = 250$ kg/qcm) und Stahl ($k = 1500$ kg/qcm) die nachstehenden Werte:

Fig. 201.

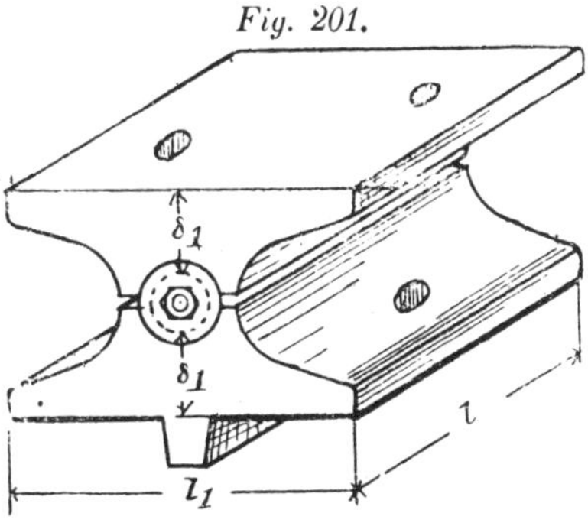

$$88)\quad \begin{cases} \delta_1 = \sqrt{\dfrac{3\,P \cdot l_1}{l}} \text{ (Gusseisen)} \\ \delta_1 = \sqrt{\dfrac{P\,l_1}{2\,l}} \text{ (Stahl)} \end{cases}$$

Die Dicke δ_2 am Ende des Sattels setze man

$$\delta_2 = \text{rund } \frac{\delta_1}{2}.$$

Die Verbindung der Lagerplatte mit dem Mauerkörper geschieht wieder durch eine Rippe von 30 bis 40 mm Dicke. Die Stärke der Platte ist mit 30 bis 50 mm hinreichend bemessen. Die Breite der Platte ist 5 bis 10 cm grösser als die Rollenlänge. Die Länge ergibt sich aus der Bedingung, dass bei der grössten Ausdehnung des Trägers die letzte Rolle nicht ablaufen darf. Dabei muss Gleichung 79) stets erfüllt sein.

Pendellager. Das Pendellager bietet dieselben Vorteile wie das Rollenlager. es begünstigt die Längenänderung der Träger und gestattet ihm eine freie Durchbiegung. Es besteht aus 1. dem Sattelstück, welches die schon bekannte Ausbildung erhält, 2. dem Pendel und 3. der Lagerplatte. Der Zapfendurchmesser ist aus Gleichung 86) zu bestimmen. Der Radius des Pendels wird zu 250 bis 300 mm angenommen. In Fig. 202 und 203 sind zwei solcher Pendellager dargestellt, aus welchen die nötigen Abmessungen zu ersehen sind. Die Stärke des Steges wähle man zwischen 30 und 50 mm, ebenso diejenige des cylindrischen Pendelstückes, welches bei der Längenänderung des Trägers auf der Lagerplatte rollt. Versteifungsrippen sind nur bei Stegen, die über 100 mm hoch sind, erforderlich; ihre Dicke liegt zwischen 20 und 40 mm.

Fig. 202 (1 : 10).

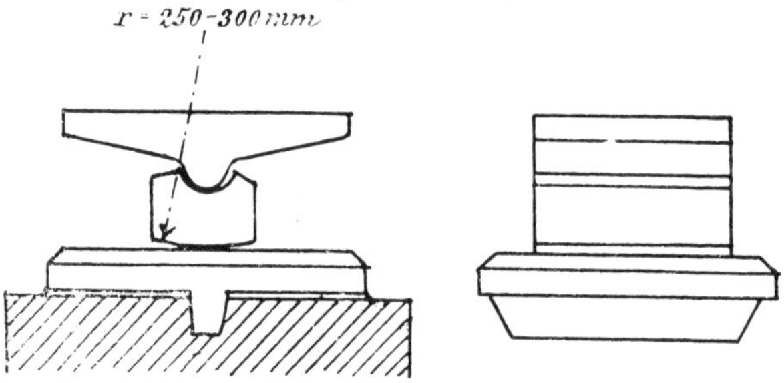

Fig. 203 (1 : 10).

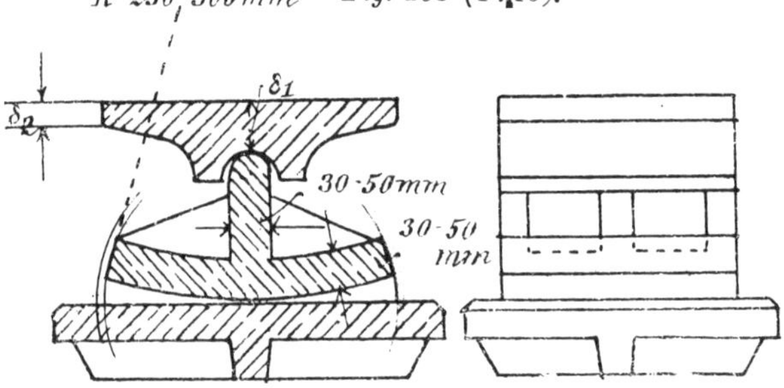

Die Lagerplatte ist 5 bis 10 cm breiter als das Pendel, ihre Stärke genügt mit 30 bis 50 mm. Um ihren Bruch zu verhindern, werden dieser Platte kreuzförmige Rippen von 30 bis 40 mm Stärke angegossen, die gleichzeitig die Verbindung mit dem Auflagerstein herstellen.

2. Die Verwendung der Träger.

Die Verwendung der Träger im Hochbau ist in erster Linie dem Umstande zu verdanken, dass das Eisen als feuersicheres Material dem Bedürfnisse der Gegenwart, grosse Maueröffnungen, wie auch äusserst tragfähige Decken herzustellen, geradezu Vorschub leistet. Hinsichtlich der Decken kommt noch dazu, dass das Eisen wegen seiner Unempfindlichkeit gegen Fäulnis und Schwamm grosse Vorzüge den Holzdecken gegenüber aufweist.

a) Die Unterzüge.

Dient der Träger zur Unterstützung einer Wand, so ist darauf zu achten, dass der obere Flansch des Trägers dem Mauerwerk genügende Auflagerfläche bietet. Auf dem oberen Flansch ist eine Mörtelschicht erforderlich, damit ein Zerdrücken der untersten Steinschicht infolge ihrer Unebenheiten vermieden wird. Es mag hier besonders betont werden, dass überall da, wo Eisen mit Mauerwerk in Berührung kommt, nur Zementmörtel ohne jeden Kalkzusatz verwandt werden darf; denn die Gegenwart des Kalkes fördert die Rostbildung des Eisens.

$1^1/_2$ Stein starke und dickere Mauern sind, da ein einzelner Träger keine hinreichende Flanschbreite besitzt, durch zwei oder mehr Träger zu unterfangen.

Fig. 204.

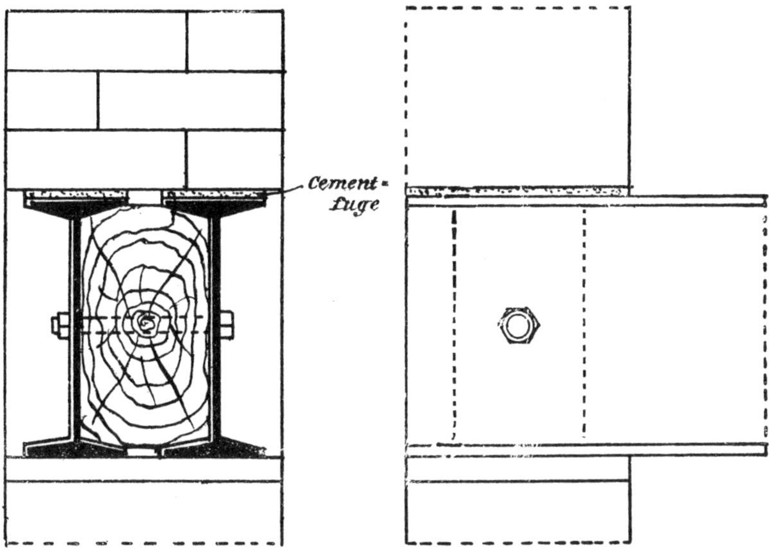

Teils um ein Schiefstellen der Träger zu verhüten, teils um die seitliche Steifigkeit zu erhöhen, namentlich aber auch um dafür zu sorgen, dass jeder Träger gleichmässigen Anteil an der Lastübertragung nimmt, müssen dann aber zwischen den Trägern alle 1,5 bis 2 m Querverbindungen angeordnet werden. Unbedingt erforderlich sind sie über oder dicht neben den Auflagern der Träger, ferner in unmittelbarer Nähe der Stellen, wo Einzellasten übertragen werden. Dies ist z. B. da der Fall, wo ein Unterzug an einen anderen angeschlossen werden soll.

Die primitivste Queraussteifung besteht darin, dass man zwischen die Träger einen Eichenklotz bringt und beide Träger hierauf durch einen Schraubenbolzen verbindet (Fig. 204).

Bei kleineren Trägern besteht die Querverbindung häufig aus einem Schraubenbolzen mit zwischen den Trägerstegen angeordnetem Gasrohr (Fig. 205). Da die Querverbindungen indessen gleichzeitig als Aussteifung für die Stege der Träger dienen sollen, so genügt eine derartige Kuppelung für Profile über 20 cm Höhe nicht mehr.

Hier wendet man besser gusseiserne Querstücke an, welche exakt zwischen den Trägern eingepasst werden müssen (Fig. 206). Die Abmessungen können der nachstehenden Tabelle entnommen werden.

Träger N. Pr. Nr.	Querstück		Verbindungsbolzen	
	Breite	Dicke	Anzahl	Durchmesser
20—38	8	1,3	2	20
40—50	10	1,5	3	25

Wie oben schon bemerkt wurde, ist die Anwendung von Kastenträgern nicht zu empfehlen. Sie sind teurer als mehrere gekuppelte Walzträger. Reichen letztere nicht aus, so sind mehrere genietete Träger vorteilhafter als Kastenträger zu verwenden. Die Querverbindung geschieht in diesem Falle durch Bleche, welche mittels Winkeleisen an die Träger genietet werden (Fig. 207).

Der Anschluss von ⫫-Eisen an genietete Träger ist aus den Fig. 208 und 209 zu ersehen. In beiden

Fig. 205.

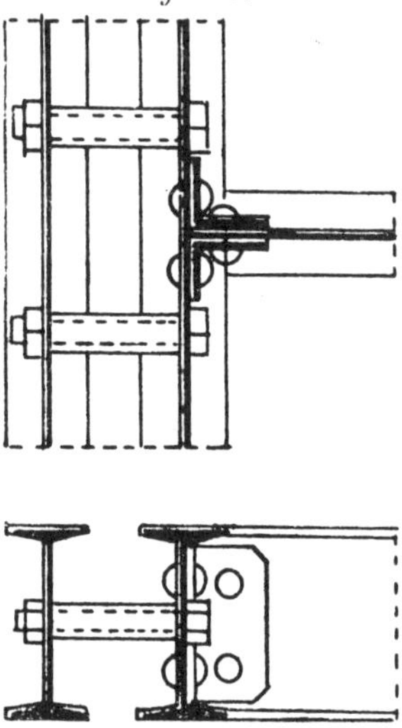

Fig. 206.

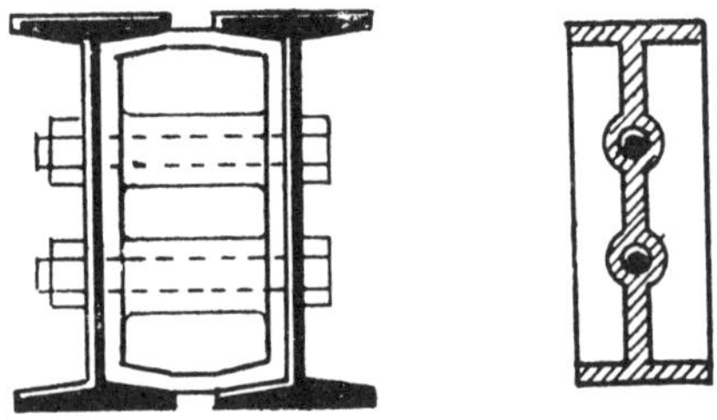

Fällen wurde vorausgesetzt, dass die Obergurte bündig liegen sollten. Der Anschluss geschieht mit Hilfe von gleichschenkeligen Winkeln 80/80.10, die bis zu

Fig. 207.

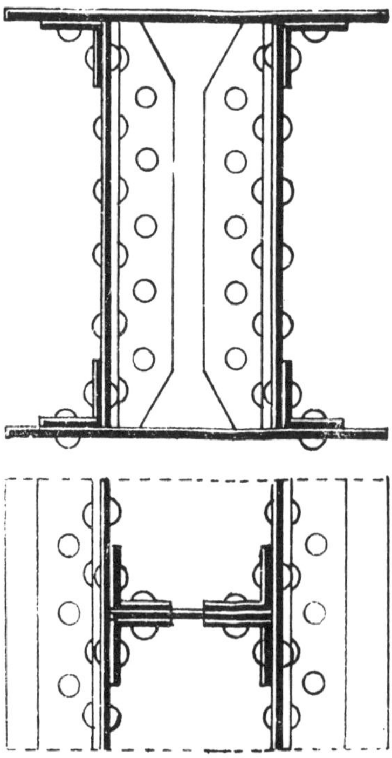

Fig. 208.

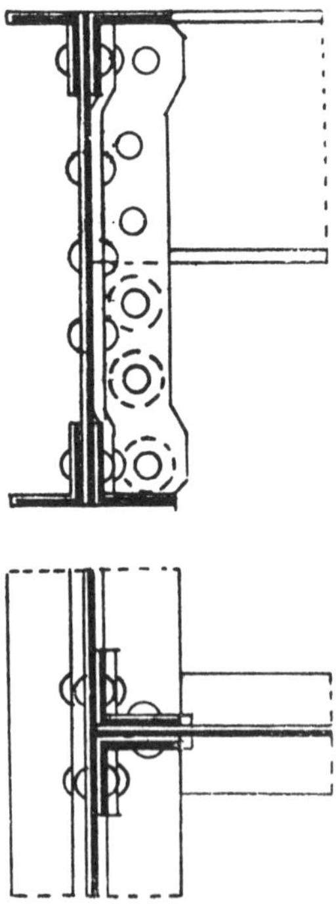

Fig. 209.

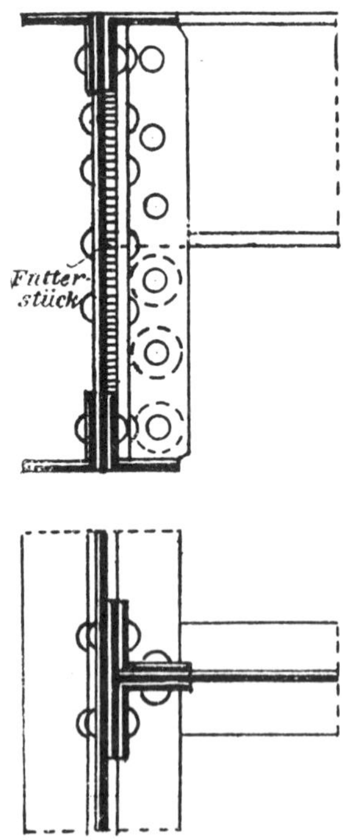

den horizontalen Flanschen der Gurtwinkel reichen müssen, damit sie gleichzeitig zur Aussteifung der Blechwand dienen. Ein Verkröpfen der Anschlusswinkel, wie in Fig. 208, ist nicht zu empfehlen, besser werden zwischen die Gurtwinkel Futterstücke eingeschoben (Fig. 209). Die Niete in den Winkelflanschen sind zu versetzen, teils um den Winkelquerschnitt nicht zu sehr zu schwächen, teils um eine gute Vernietung zu erzielen. Die Flansche der ⊥-Eisen sind soweit zu beseitigen, dass ihre Stege bis zur Blechwand des genieteten Trägers geführt werden können.

Fig. 210.

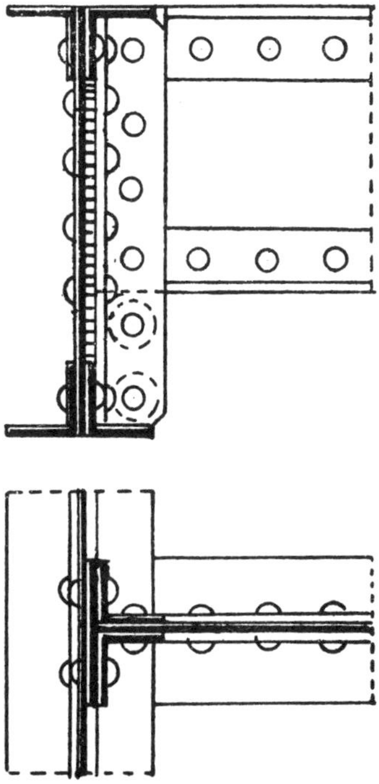

Die Verbindung zweier genieteter Träger geschieht in derselben Weise. Die in Fig. 210 dargestellte Endverbindung ist daher ohne weitere Beschreibung verständlich.

Bei schiefen Anschlüssen von Trägern werden häufig gebogene Bleche verwandt (Fig. 211). Diese Verbindung ist indessen nicht ratsam, weil die

Fig. 211.

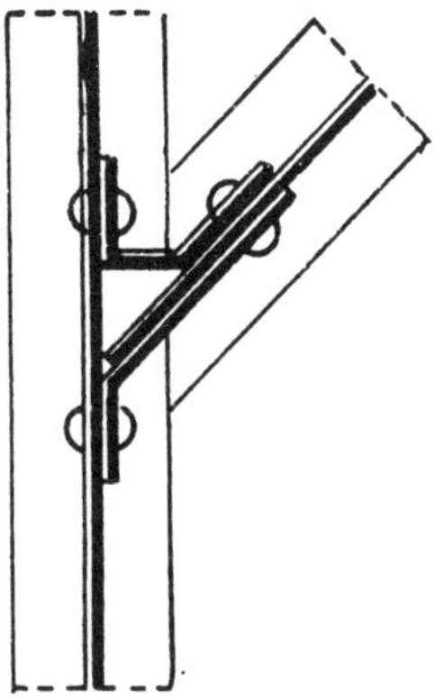

Fig. 212.

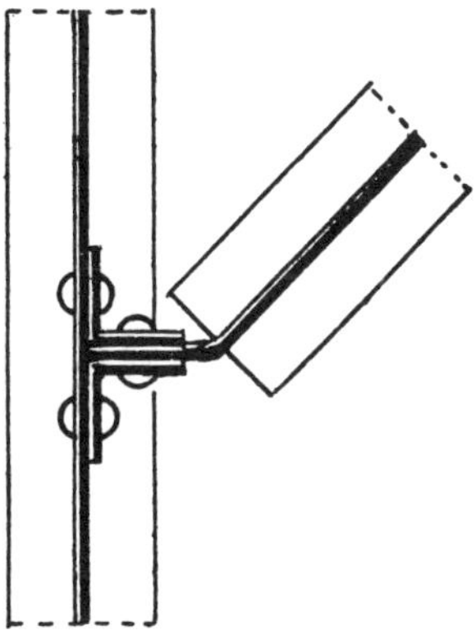

Vernietung nur schwierig zu bewirken ist. Besser ist der Anschluss Fig. 212. Die Flansche des anzuschliessenden Trägers sind so weit beseitigt, dass der Steg

Fig 213.

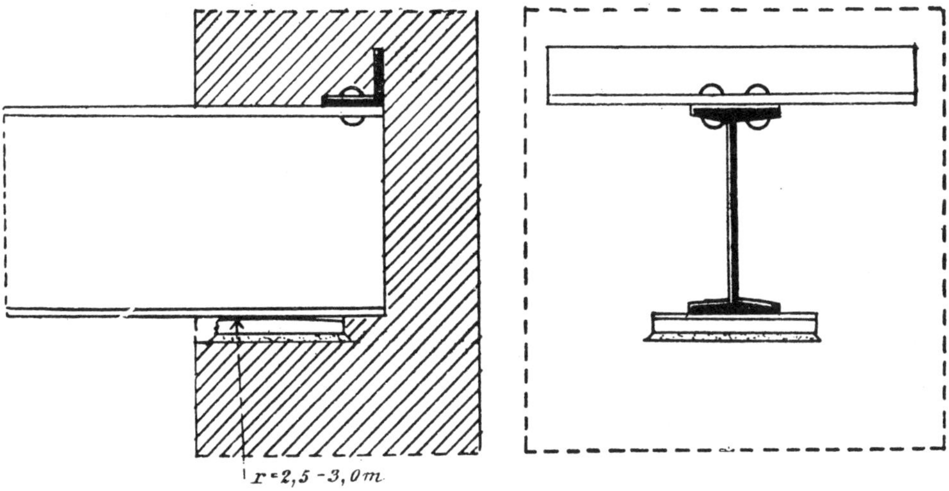

desselben ohne Mühe rechtwinkelig zum Stege des anderen Trägers gebogen werden kann, worauf die Verbindung durch Winkel hergestellt wird.

Verankerung. Eine Verankerung der Träger mit den Aussenmauern hat meist den Zweck, letztere zusammenzuhalten, so dass der ganze Träger gewissermafsen als Zuganker auftritt. Bei Fabrikbauten werden solche Anker zuweilen notwendig, wo sie dann aber ausserdem oft dazu dienen, das Kanten der Träger zu verhindern. Im allgemeinen genügt indessen die Verbindung, wie sie bei den Lagern erörtert wurde. Die Anordnung der Zuganker geschieht in derselben Weise wie bei den Holzbalken. Am besten verwendet man dazu Flacheisen 60 · 10, welches mit zwei Nieten am Steg des Trägers befestigt und am freien Ende mit einem Loche versehen wird, durch welches man Splint hindurchsteckt.

Fig. 214.

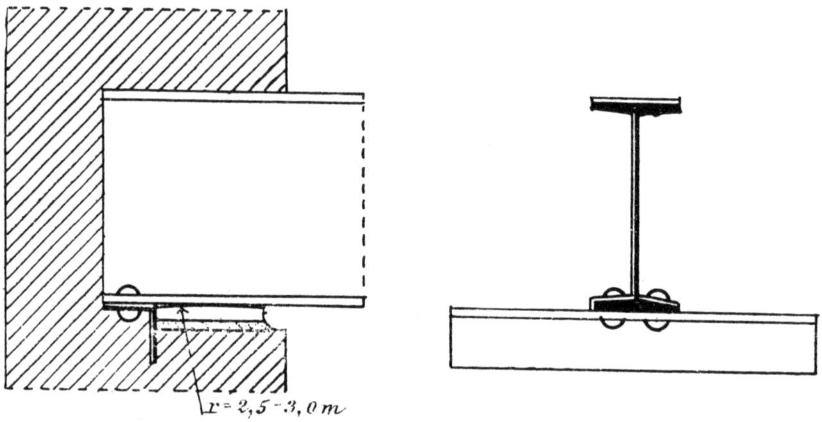

Anker, die dazu dienen sollen, das Umkanten des Trägers zu verhindern, müssen horizontal innerhalb der Mauer angeordnet werden.

Ein auf den oberen oder unter den unteren Flansch des Trägers genietetes Winkeleisen von 50 cm Länge und darüber, wird hier gute Dienste leisten (Fig. 213 und 214).

b) Die Decken.

Allgemeines. Das Bestreben der Techniker, die Mängel der Holzbalken-Decken zu beseitigen, hat in den letzten Jahren eine Reihe Deckenkonstruktionen gezeitigt, die den beabsichtigten Zweck mehr oder minder erreichen. Auch hier hat das Eisen in Verbindung mit Stein oder anderen unverbrennlichen Baumaterialien hervorragende Dienste geleistet.

Bei diesen massiven Decken sind die Bildung von Schwamm, die Ansammlung von Krankheitsstoffen, Schmutz und Ungeziefer in den Hohlräumen der Decke vermieden und ausserdem die Feuersicherheit und die Tragfähigkeit bedeutend erhöht worden. Absolut feuersicher sind die Decken aber nur dann, wenn sämtliche Eisenteile durch Ummantelung mit schlechten Wärmeleitern dem direkten Angriffe der Flammen entzogen sind, so dass selbst bei den höchsten Temperaturen ein Erglühen des Eisens völlig ausgeschlossen ist. Im anderen Falle dagegen, wo die eisernen Trageteile der Decke sichtbar bleiben und der Wirkung des Feuers ausgesetzt sind, kann die Decke dadurch, dass das Eisen in der Glut seine Tragfähigkeit verliert, einstürzen. Solche Decken können daher nur als bedingt feuersicher angesehen werden. Bei jeder Decke unterscheidet man zwei Hauptkonstruktionsteile:

1. die tragenden Teile, Träger und Unterzüge,
2. die Ausfüllung und Abdeckung der Gefache, von der die Wärmeleitung, die Schallsicherheit und die Hellhörigkeit abhängt.

Berechnung. Was die Berechnung der Träger anbetrifft, so ist dieselbe durchzuführen unter Berücksichtigung des Eigengewichtes und der grössten Nutzlast, welche die Decke zu tragen bestimmt ist.

Durchbiegung. Man darf ferner nicht ausser acht lassen, dass die Durchbiegung der Träger ein gewisses Mafs nicht überschreiten darf. Als Grenze hierfür wird gewöhnlich $^1/_{600}$ der Stützweite angenommen. Unter Zugrundelegung eines gleichmässig belasteten Trägers bei 1000 kg Faserspannung lässt sich dann aber nachweisen, dass die Trägerhöhe nicht kleiner werden darf als $^1/_{25}$ der Spannweite. Es mag indessen an dieser Stelle darauf hingewiesen werden, dass Decken, deren Träger eine solche geringe Höhe haben, sehr stark federn. Abgesehen von dem unangenehmen Gefühl, was man infolge des Zitterns beim Begehen derartiger Decken empfindet, werden die Unterflächen derselben stets Risse aufweisen im Putze. Die Trägerhöhe sei daher nie kleiner als $^1/_{20}$ der Stützweite. (Vergl. auch die Ausführung über die Durchbiegung auf Seite 71 unter dem Abschnitte: Höhe der Träger.)

Das Eigengewicht der Decke ist abhängig:

1. von der Spannweite,
2. von der Trägerentfernung,
3. von der Art und Stärke der Füllung und
4. von der Nutzlast.

Von dieser insofern, als von der Grösse derselben die Wahl der Füllung abhängt.

Gewichtstabellen. Die nachstehenden Tabellen enthalten die Gewichte der gebräuchlichsten Materialien, die bei Deckenkonstruktionen verwandt werden.

Tabelle der Eigengewichte.

1 cbm	Gewicht in kg
Ziegelsteinmauerwerk	1600
Ziegelsteinmauerwerk aus Hohlziegeln	1300
Ziegelsteinmauerwerk aus porösen Steinen	1100
Mauerwerk aus Schwemmsteinen oder porösen Lochsteinen	900
Korksteine	300
Beton aus Kies oder Kleinschlag	2000—2400
Schlackenbeton	1000
Backsteinbeton	1700
Füllsand	1400—1900
Schlackenfüllung	850
Koksasche gesiebt	700—900
Eiche (trocken)	800
Fichte	700
Kiefer	700
Tanne	700

1 qm	Gewicht in kg
glattes Blech, 1 cm stark	78
Riffelblech, 5 mm stark, ohne Riffeln	50
Tonfliesen, 4 cm dick	100
Mettlacher Platten, 2 cm dick	80
Asphaltestrich, 1 cm stark	16
Zementestrich, 1 cm stark	20

Tabelle der Nutzlasten.

1 cbm	Gewicht in kg
Weizen und Roggen	800
Gerste	700
Hafer	500
Hülsenfrüchte	800
Heu und Stroh	120
Gras und Klee	360
Kartoffel	800
Mehl	750
Gries	680
Torf je nach der Zusammenpressung	120—600
Holzkohle	180—250
Braunkohle	400—800
Steinkohle	800—1000
Koks	350—550
Salz	750—850
Zement	1200
In Säcken geschichtet, beträgt das Gewicht etwa 4/5 des angegebenen Gewichtes.	
Verkehrslast für 1 qm in	
gewöhnlichen Wohnräumen	250
Schulräumen	300
Tanzsälen	400
Versammlungsräumen (Menschengedränge)	400
Werkstätten mit leichten Maschinen	500—600
„ „ schweren „	800—1500
Einfahrten und unterkellerten Höfen	800

Zu diesen Gewichten kommt noch das Trägereigengewicht, welches mit 20 bis 50 kg pro qm angesetzt werden kann. Muss eine genaue Berechnung der Decke durchgeführt werden, so ermittele man zunächst, mit Hilfe der Tabellen, das Gewicht des Bodenbelags, der Füllung und des Deckenputzes, schlage etwa 30 kg für Trägereigengewicht pro Quadratmeter zu und berechne darauf das Tragewerk. Mit Hilfe der gewonnenen Resultate ist sodann die Rechnung zu wiederholen, sofern das Gewicht des Tragwerkes zu gering angesetzt wurde.

α) Decken in Holz und Eisen.

Eiserne Unterzüge, hölzerne Balken. Am häufigsten kommt diejenige Anordnung vor, bei welcher die hölzernen Balken wegen ihrer zu geringen Querschnittsabmessungen durch eiserne Unterzüge gestützt werden. Die Anordnung der Balkenlage, wie die Ausbildung der gesamten Decke werden als bekannt vorausgesetzt, es kommt hier nur in Betracht, wie die Balken mit dem Unterzug verbunden werden.

Fig. 215.

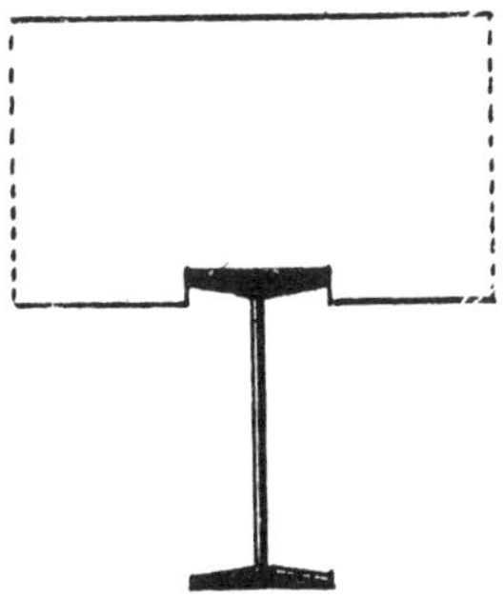

Fig. 216.

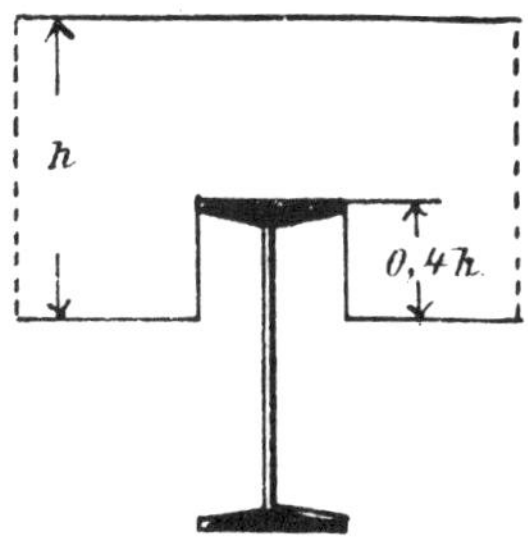

Die einfachste Anordnung ist die, dass die Balken auf den Unterzug gelagert werden. Dies geschieht vielfach mittels einer Verkämmung von 1 bis 2 cm. Bei geringer Konstruktionshöhe kann die Verkämmung bis $^2/_5$ der Balkenhöhe vertieft werden (Fig. 215 u. 216).

Soll die Decke von unten geschalt und geputzt werden, so lege man auf den oberen Flansch des Trägers, sofern letzterer sichtbar bleiben soll, ein Brettstück von solcher Stärke, dass die Unterkante Deckenputz mit Oberkante Träger bündig wird; denn es sieht unkonstruktiv und daher unschön aus, wenn der obere Flansch völlig im Deckenputz verschwindet. Eine Befestigung der Bohle mit dem Träger ist nicht erforderlich, da die Lage derselben durch die Verkämmung der Balken genügend versichert ist (Fig. 217). Wird eine solche indessen durch Schrauben, deren Abstand vielleicht 1,5 m beträgt, bewirkt, so fällt der Kostenpunkt nicht ins Gewicht.

Fig. 217 (1 : 10).

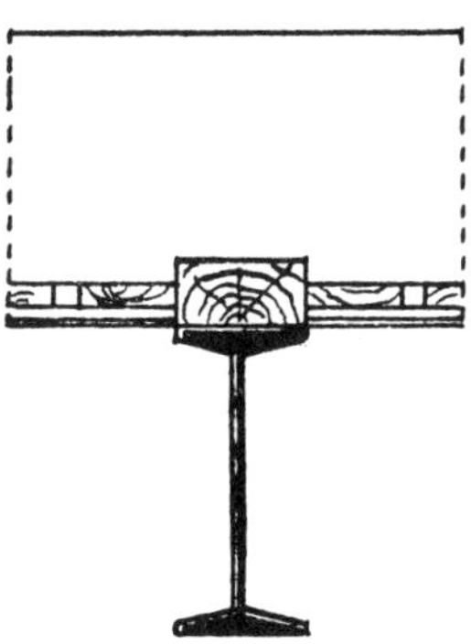

Fig. 218 (1 : 10).

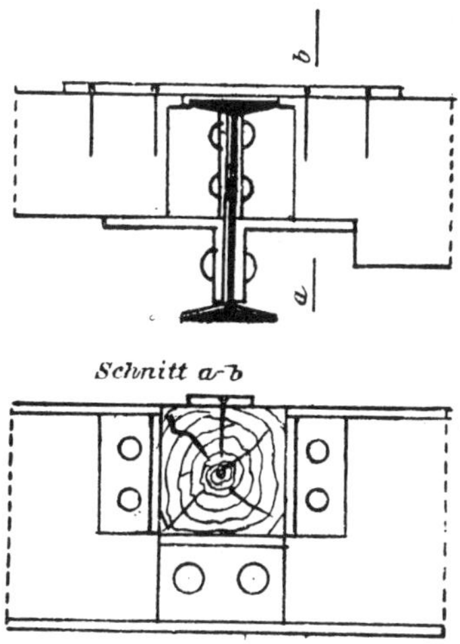

Fig. 219 (1 : 10).

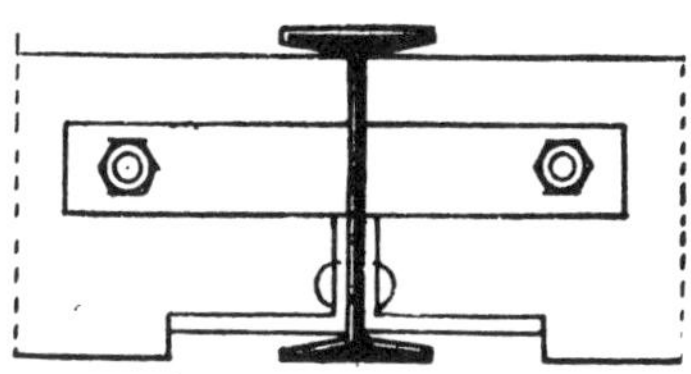

In Fig. 218 und 219 sind die Balken seitlich an den Unterzug angeschlossen, so dass die Decke wenig Höhe wegnimmt. Die Balken sind auf starke ungleichschenkelige Winkel gelagert, die mit ihrem kürzeren Schenkel an das ⊥-Eisen genietet sind. Am besten eignen sich hierzu Winkel 80/120/10 oder 80/160/10. Das seitliche Abrutschen wird durch kleinere an den Unterzug genietete Winkel 60/60/8 verhindert. In Fig. 218 sind die Balkenenden ausserdem durch ein aufgelegtes Flacheisen miteinander verankert; während in Fig. 219 die Verbindung der Balkenenden durch zwei seitliche Flacheisen mit Hilfe zweier Schraubenbolzen geschah. Der Steg der I-Eisen erhält zum Durchstecken der Flacheisen entsprechende Schlitze.

Eiserne Ueberzüge, hölzerne Balken. Der Fall, dass die Balken an einen eisernen Ueberzug gehängt werden, kommt seltener und wohl nur in Dachböden

Fig. 220 (1 : 10).

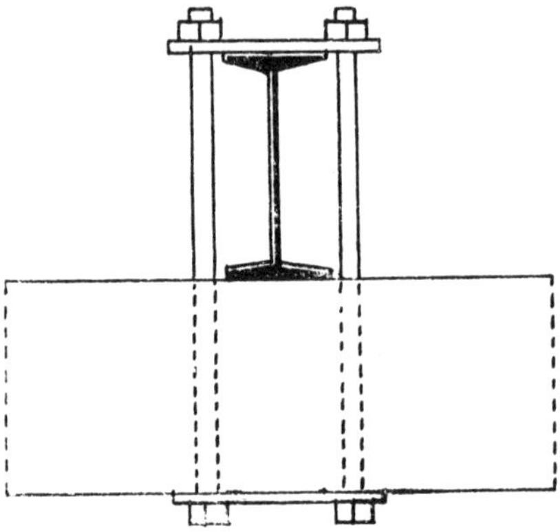

Fig. 221 (1 : 10).

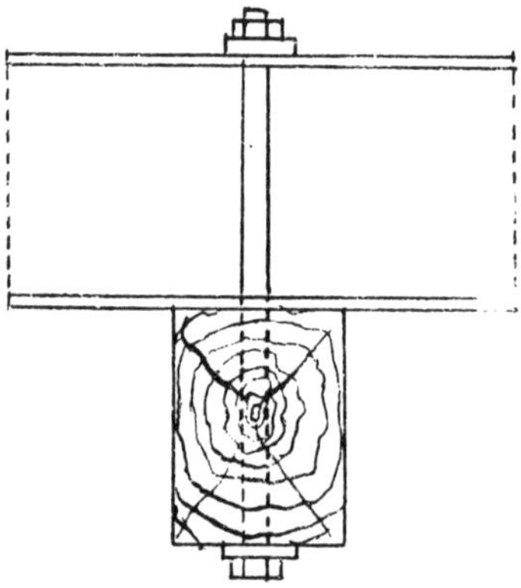

vor, wo das Hervorragen des Ueberzuges aus der Bodenfläche weiter nicht stört. Fig. 220 und 221 zeigt die Art der Aufhängung, die durch ein über den Obergurt gelegtes Flacheisen und zwei Schraubenbolzen bewirkt wurde. Die Köpfe der Schrauben können nach Erfordernis in die Unterseite der Balken eingelassen werden. Zweckmässig wird hier ebenfalls ein Flacheisen eingelassen, welches den Schraubenköpfen zur Unterlage dient.

Eiserne Balken, Füllung aus Holz. Bei Fabrik- und Speichergebäuden werden öfter Decken gebildet, deren Balken aus I-Eisen bestehen, auf denen der Holzfussboden befestigt wird.

Die Befestigung des Fussbodens mit den I-Eisen kann nach Fig. 222 bis 225 bewirkt werden.

In Fig. 222 und 223 sind auf den oberen Flansch des Trägers Bohlenstücke verlegt. Die Verbindung beider geschieht entweder durch Holzschrauben, die

Fig. 222.

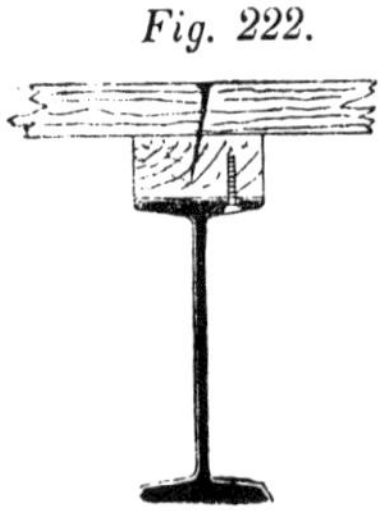

Fig. 223.

Fig. 224.

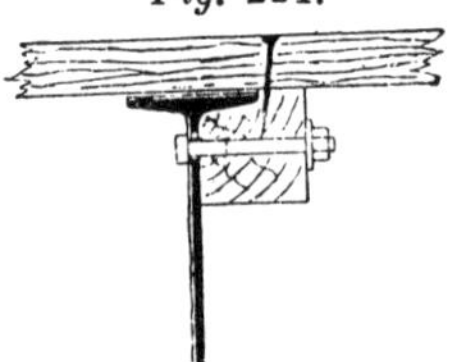

Fig. 225.

abwechselnd auf der einen und der anderen Seite des Steges in Abständen von etwa 1000 bis 1200 mm stehen oder aber durch die Sinzigklammern von Röttgen & Komp. in Gladbach. Will man die Konstruktionshöhe niedriger halten, so kann man bündig mit der Flanschoberkante der Träger Lagerhölzer an den Steg desselben schrauben, wie in Fig. 221, oder auch die Befestigung des Fussbodens mit dem Flansch direkt durch Haltfasten bewerkstelligen (Fig. 222). Bei der Verwendung von Lagerhölzern wird der Fussboden in der gewöhnlichen Weise durch Nagelung mit jenen verbunden.

β) Decken in Eisen und Stein bezw. Mörtel.

Bei diesen Decken wird die Fussbodenlast von der Füllung der Gefache aufgenommen und von dieser auf die T-Eisen übertragen. Die Füllung besteht entweder aus gewöhnlichen Backsteinen, Hohlsteinen, Schwemmsteinen oder irgend welchen Mörtelkörpern.

Kappen. Die einfachste Art der Ausführung in Stein ist die, dass zwischen den T-Eisen gewölbte Kappen eingezogen werden (Fig. 226). Der Anschluss an die Träger geschieht durch zugehauene Steine, oder aber, wenn unbedingte Feuersicherheit verlangt wird, durch besondere Formsteine, die den unteren Trägerflansch umhüllen (Fig. 227). Das Gewicht der Decke wird bedeutend herab-

Fig. 226.

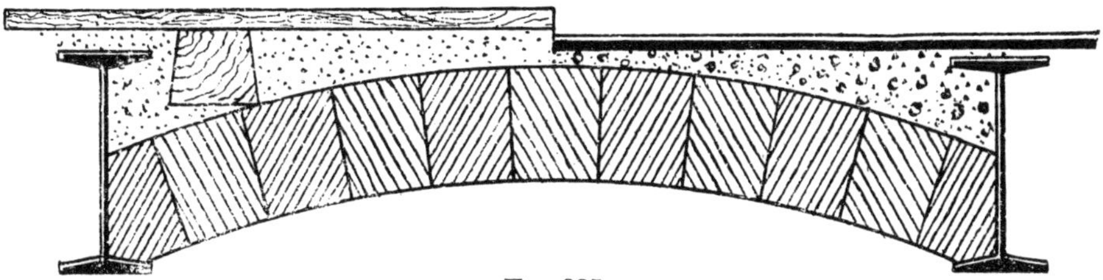

Fig. 227.

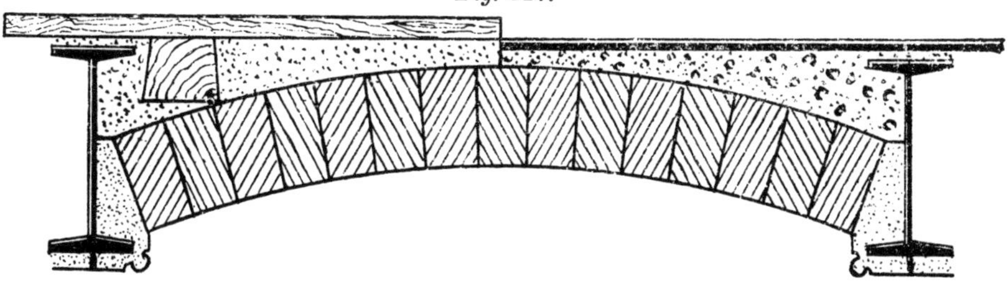

Fig. 228.

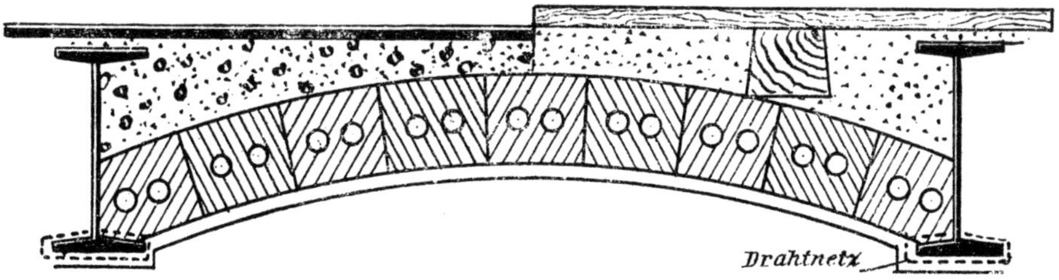

gemindert, wenn man die Kappen aus porösen Steinen, Loch- oder Schwemmsteinen herstellt (Fig. 228). Zur Ausfüllung des Raumes über dem Gewölbe dienen trockener Sand, Schlacken oder ein magerer Beton aus Schlacken oder dergl. In diese Füllung werden dann, sofern Holzfussboden verlegt werden soll, die

Lagerhölzer für diesen gebettet. Sonst aber kann auf diese Füllung direkt ein Estrich aus Gips, Asphalt, Zement aufgebracht oder auch ein Belag aus Fliesen angeordnet werden.

Die Kappen können auch scheitrecht eingewölbt werden (Fig. 229).

Fig. 229.

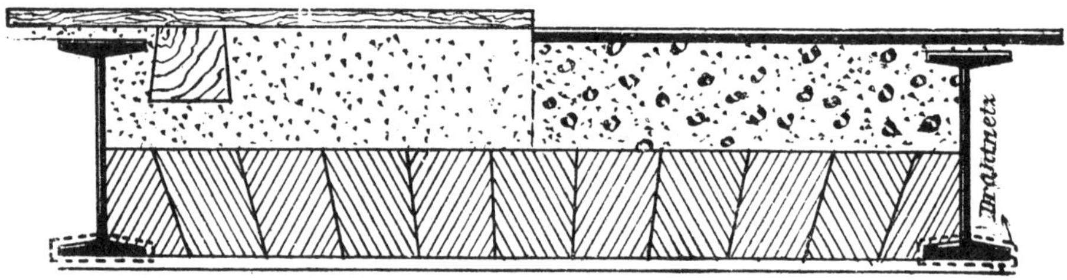

Förster'sche Decke. Eine bemerkenswerte Decke dieser Art ist die Förstersche Decke (Fig. 230 bis 232). Sie besteht aus besonders geformten Steinen, welche in der oberen und unteren Hälfte entgegengesetzte Widerlager aufweisen. Durch die Anordnung dieser Widerlager wird beabsichtigt, den Druck, den ein Stein von oben erhält, auf eine grössere Zahl von Steinen zu übertragen. Und dieser Zweck wird hierdurch in der Tat erreicht.

Fig. 230.

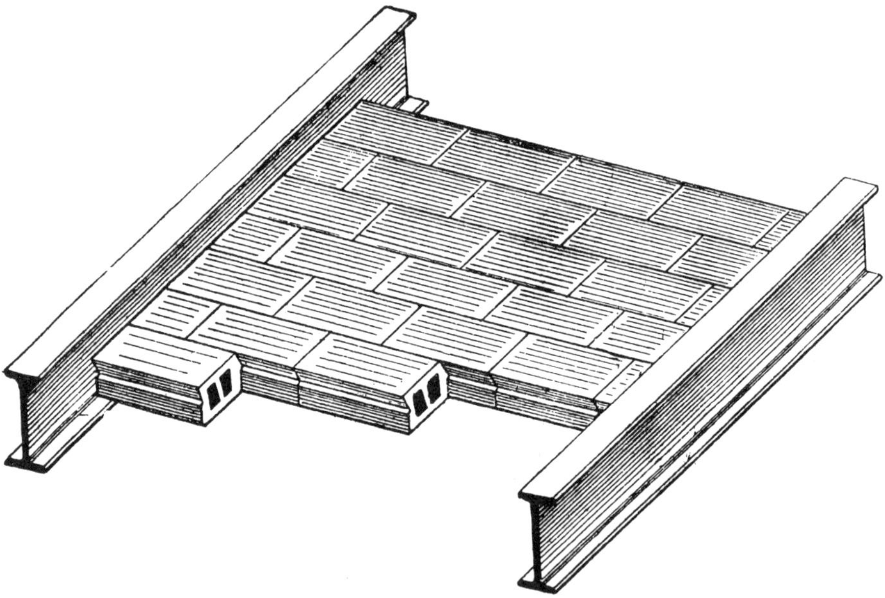

Die Steine werden als poröse gebrannte Lochsteine hergestellt und haben eine Länge von 25 cm, eine Breite von 13 cm und eine Stärke von 10 bis 13 cm. Die 10 cm starken Steine werden angewandt bei Spannweiten bis zu 1,70 m und 13 cm starke Steine bis zu 3 m.

Die Unterflansche der Träger werden bei völlig feuersicheren Decken mit Zementmörtel umkleidet. Wie aus den Fig. 231 und 232 ersichtlich, läuft der

Formsteinverband in der Längsrichtung des Deckenfeldes, während die glatten Kopfflächen der Steine gegen die Träger stossen bezw. in die Mauer einbinden.

Das Eigengewicht der Decke beträgt auf 1 qm je nach der Höhe der Auffüllung 200 bis 250 kg.

Fig. 231.

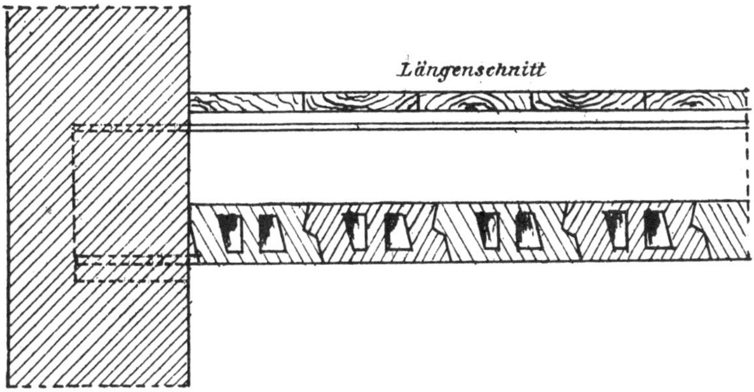

Fig. 232.

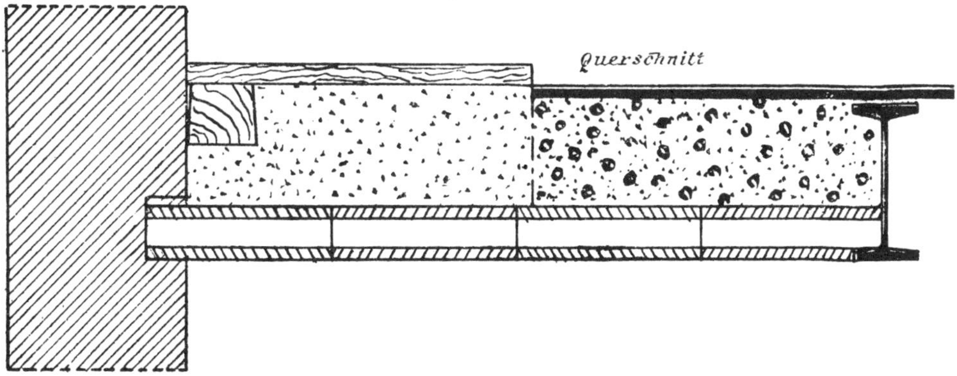

Die Belastung soll bei 3000 kg pro Quadratmeter noch keine bleibenden wahrnehmbaren Veränderungen an der Decke hervorrufen, so dass für normale Belastungen die 10 cm starke Decke vollkommen genügt.

Ein weiterer Vorzug dieser Decke ist der, dass sie keinen Seitenschub ausübt, wie dies bei den gewölbten Decken stets der Fall ist.

In den letzten Jahren sind eine ganze Anzahl Decken bekannt geworden, die sich von der Förster'schen Decke nur durch eine Abänderung der Widerlager der Formsteine unterscheiden. Die porösen, gebrannten Lochsteine werden bei allen Decken im Läuferverband verlegt.

Albrechts-Decke. Die bei dieser Decke benutzten Steine besitzen in den Lagerflächen mehrere parallel laufende Nuten. Sie ist unter Nr. 111555 gesetzlich geschützt. Die Grösse des Steines ist 25 · 12 · 8 bezw. 25 · 12 · 10 cm. Sie kann bis zu 3,0 m gespannt werden (Fig. 233).

Die „Herkules-Steine“ der **Körting'schen Decke** besitzen ein S-förmiges Widerlager (Fig. 234). Sie sind gesetzlich geschützt unter Nr. 113531. Die Steine sind 25 cm lang, 15 cm breit und 7, 10 oder 12 cm dick. Die Spannweite reicht bis 2,0 m.

Fig. 235 zeigt die **Ricbartz'sche Decke**. Bei dieser werden Hohlsteine von sechseckigen Querschnitten verwandt.

Fig. 233.

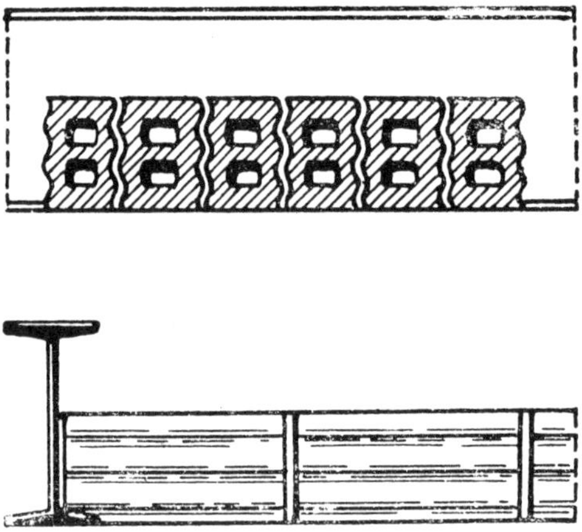

Fig. 234.

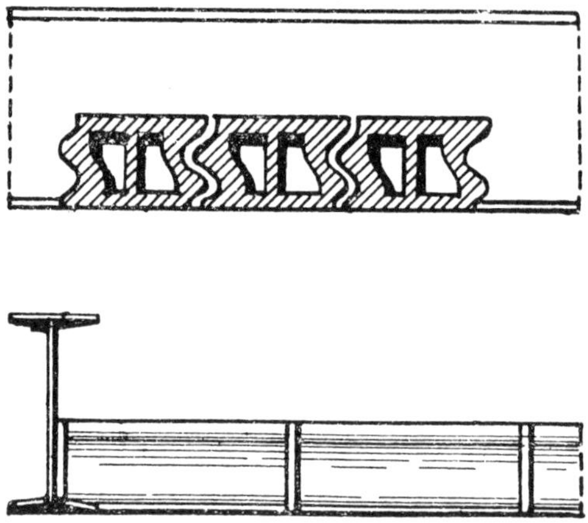

Fig. 235.

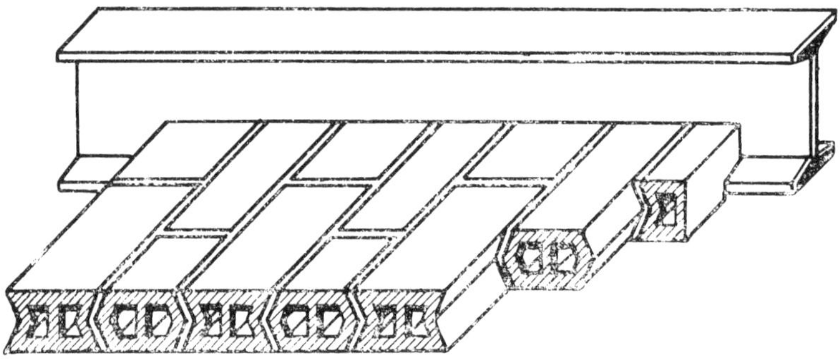

Fig. 236.

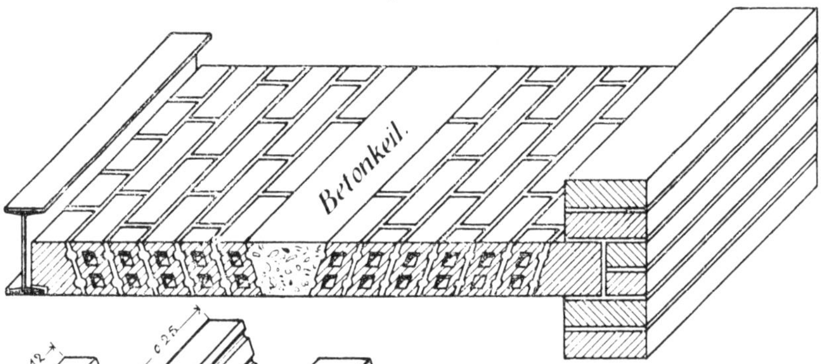

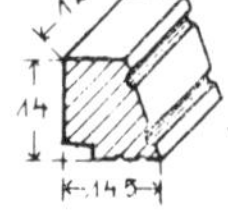

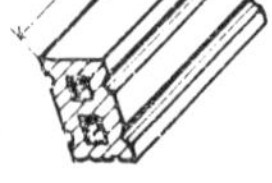

Fig. 236 a. Fig. 236 b. Fig. 236 c.

Die **Pulda'sche Triumph-Decke** ist ein scheitrechtes Gewölbe, welches durch einen Betonkeil geschlossen wird (Fig. 236). Dies hat den Vorteil, dass die

Decke bei jeder beliebigen Spannweite geschlossen werden kann. Die Spannweite kann bis zu 2,0 m betragen. Fig. 236a zeigt den Maueranfangsstein, Fig. 236b den Trägeranfangsstein, Fig. 236c den Mittelstein.

Ausser diesen bekanntesten Decken gibt es noch eine grosse Zahl ähnlicher Decken, deren Besprechung indessen über den Rahmen dieses Buches hinausgehen würde.

Seitenschub, Verankerung. Der von den Kappen herrührende Horizontalschub muss entweder von Trägern oder von dem Endwiderlager aufgenommen werden. Bei starken Aussenwänden des überdeckten Raumes können diese als Widerlager benutzt werden. In seltenen Fällen sind jedoch die Aussenwände zur Aufnahme des Kappenschubes befähigt, so dass man besser einen Wandträger anordnet, der dann der Wirkung des Schubes für sich widerstehen muss und daher der Verankerung bedarf.

Fig. 237.

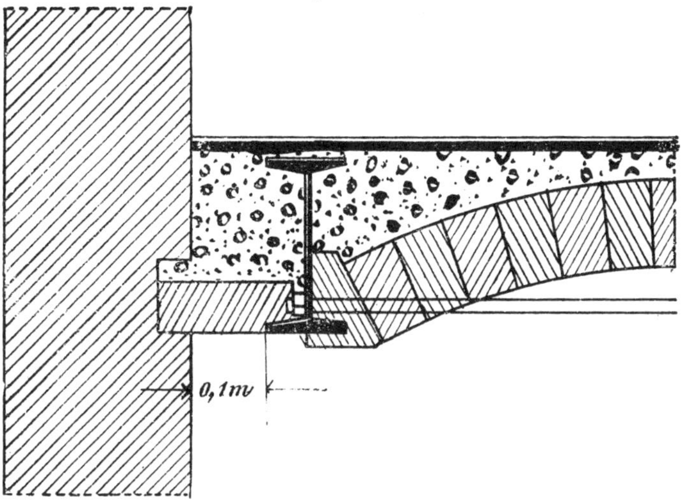

Fig. 237a.

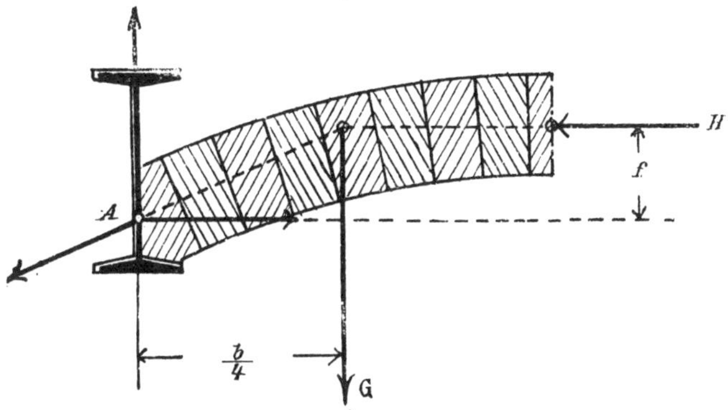

Zu diesem Zwecke verbindet man die beiden letzten Träger alle 1,5 bis 2 m durch Zuganker miteinander (Fig. 237). Hierdurch wird das letzte Deckenfeld gewissermafsen zu einem horizontal liegenden Träger, dessen äussere Gurtung der Wandträger und dessen innere Gurtung der innere Träger bildet. Dieser besitzt genügende Seitensteifigkeit, um den ganzen Gewölbeschub auf diejenigen Mauern zu übertragen, in welche die Träger gelagert sind.

Um den Querschnitt der Anker zu bestimmen, sei

e die Entfernung der Anker voneinander in Meter,

b die Trägerentfernung in Meter und

p die Gesamtlast der Decke pro Quadratmeter in Kilogramm,

dann ist das zwischen zwei Ankern liegende Gesamtgewicht G der halben Decke

$$G = \frac{p\,e\,b}{2},$$

welches nach Fig. 237a mit hinreichender Genauigkeit im Abstande $\frac{b}{4}$ vom Träger entfernt angreifend gedacht werden kann. Die Grösse des Horizontalschubes H ergibt sich nun aus der Momentengleichung für den Punkt A als Drehpunkt, wenn f der Hebelarm von H ist, zu:

$$H = \frac{G \cdot b}{4f} = \frac{p e b^2}{8f}.$$

Für den Anker wählt man meist Rundeisen. Mit 1000 kg erlaubter Beanspruchung desselben findet man d alsdann aus der Beziehung:

$$\frac{p e b^2}{8f} = \frac{d^2 \pi}{4} \cdot 1000, \text{ woraus}$$

89) $$d = \frac{b}{79} \sqrt{\frac{p e}{f}} \text{ folgt.}$$

Der Stich der Kappe beträgt in der Regel $^1/_{10}$ der Spannweite. Mit $f = \frac{1}{10} b$ geht Gleichung 79) über in:

90) $$d = \frac{1}{25} \sqrt{p e b.}$$

Setzt man p in Tonnen ein, so wird:

90a) $$d = 1{,}26 \sqrt{p e b.}$$

Dieser Wert muss für den Kern des Schraubengewindes beibehalten werden.

Beispiel. Die in Kappenform zwischen eisernen Trägern ausgeführte Decke eines Speichers wiegt einschliesslich der Nutzlast 800 kg pro Quadratmeter. Die Trägerentfernung beträgt 1,2 m, die Ankerentfernung 1,8 m.

Nach Gleichung 90) wird:

$$d = \frac{1}{25} \sqrt{800 \cdot 1{,}8 \cdot 1{,}2} = 1{,}7 \text{ cm.}$$

Ist der Stich der Kappe $^1/_{12}$ der Spannweite, so folgt aus Gleichung 89):

90b) $$d = \frac{1}{23} \sqrt{p e b,}$$

und für $f = \frac{1}{8} b$ wird:

90c) $$d = \frac{1}{27} \sqrt{p e b.}$$

Der Wandträger wird zweckmässig etwa 10 cm von der Wand entfernt gelegt und der Zwischenraum am besten mit Beton ausgefüllt. Es geschieht dies mit Rücksicht auf die Schallsicherheit. Denn wenn der Träger dicht an der Wand liegt, so bleibt zwischen Träger und Wand eine Fuge, die äusserst schalldurchlässig ist. Diese Fuge lässt sich aber auch dadurch vermeiden, dass man den letzten Träger in die Wand legt und das Gewölbe nach Fig. 238 anordnet. Dasselbe gilt für die unten zu besprechenden Betonkappen.

Betondecken. Die Betondecken zwischen eisernen Trägern haben in den letzten Jahren immer mehr an Bedeutung gewonnen. Sie gelangen sowohl als gerade wie auch als gewölbte Decken zur Ausführung.

Gerade Betondecken. Die geraden Betondecken üben keinen Seitenschub auf die Träger aus; sie bilden einen plattenförmigen Träger, der sein Widerlager auf den Unterflanschen der ⊥-Eisen findet. Die Ausführung geschieht in der Weise, dass man zunächst auf der Schalung die eigentliche tragende Betonmasse (Kies oder Kleinschlagbeton) feststampft und hierauf als Auffüllung einen leichteren Beton (Schlackenbeton) oder andere geeignete Materialien aufbringt; in den letzteren liegen die durch Keile genau ausgerichteten Lagerhölzer für den Holzfussboden (Fig. 239). Die Trägerentfernung wird selten über 1,8 m angeordnet.

Fig. 238.

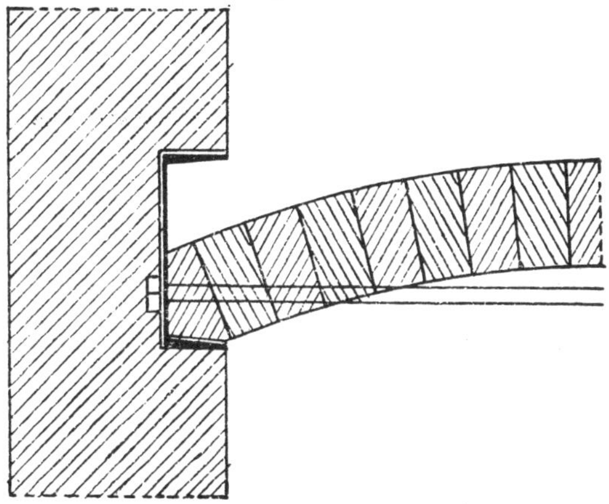

Berechnung der Betondecken. Die hochentwickelte Betontechnik ist Veranlassung gewesen, das elastische Verhalten des Betons gründlich zu erforschen. Es hat sich dabei ergeben, dass auf Biegung beanspruchte Betonkörper nicht dem Hook'schen Gesetze folgen, sondern dass die Dehnungen mit der m^{ten} Potenz wachsen, wobei m eine Zahl ist, die zwischen 1,1 und 1,2 liegt und im Mittel gleich 1,5 gesetzt werden kann. Auf Grund der Ergebnisse lassen sich die Stärken einfacher Betondecken aus den Werten der nachstehenden Tabelle berechnen. Dabei ist vorausgesetzt, dass der Beton eine Mischung von 1 : 3 : 6

Fig. 239.

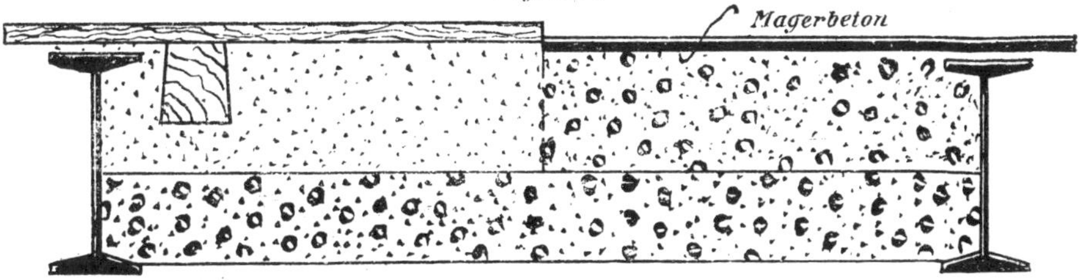

bis 1 : 4 : 8 besitzt und in sorgfältigster Weise eingebaut wird. Es sei p das Gesamtgewicht der Decke in kg pro qm, k die zulässige Druckbeanspruchung des Betons, l die Spannweite der Decke in Meter, d die Stärke der Betonplatte in cm, dann ist

für k =	20 kg/qcm	25 kg/qcm	30 kg/qcm
die Deckenstärke d =	$0{,}335\,l\sqrt{p}$	$0{,}31\,l\sqrt{p}$	$0{,}274\,l\sqrt{p}$

Beispiel. Die Decke sei 1,8 m weit gespannt, die zulässige Druckbeanspruchung des Betons sei 25 kg pro qcm, die Gesamtlast der Decke pro qm sei 800 kg, wie stark muss die Decke werden? Es ist:

$$d = 0{,}31\,l\sqrt{p} = 0{,}3 \cdot 1{,}8\sqrt{800} = \text{rd. } 15{,}3 \text{ cm.}$$

Durch Ausfüllung der Gefache in der vollen Trägerhöhe werden die Decken sehr schwer. Eine leichtere Decke zeigt Fig. 240. Durch Umhüllung der Trägerflansche mit Beton oder Zementmörtel werden diese Decken absolut feuersicher.

Durch Anordnung geeigneter Profile unter den Flanschen erhalten die Decken ein kassettenförmiges Aussehen (Fig. 241).

Bei Trägerentfernungen über 1 m wurden früher die Betondecken vielfach in Kappenform hergestellt, wobei der Bogenscheitel in gleicher Höhe mit der Trägeroberkante lag (Fig. 242).

Fig. 240.

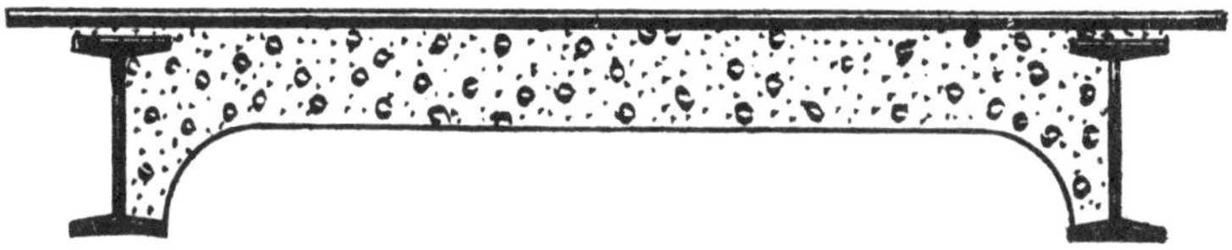

Fig. 241.

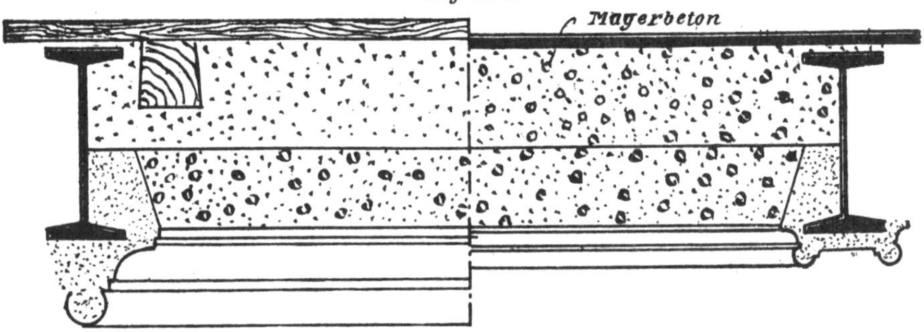

Bei Anwendung dieser Kappen, die indessen nicht empfohlen werden kann, ist darauf zu achten, dass der letzte Träger bezw. das Widerlager aus Mauerwerk, wenn kein Wandträger angeordnet wird, den Gewölbeschub aufzunehmen hat.

Fig. 242.

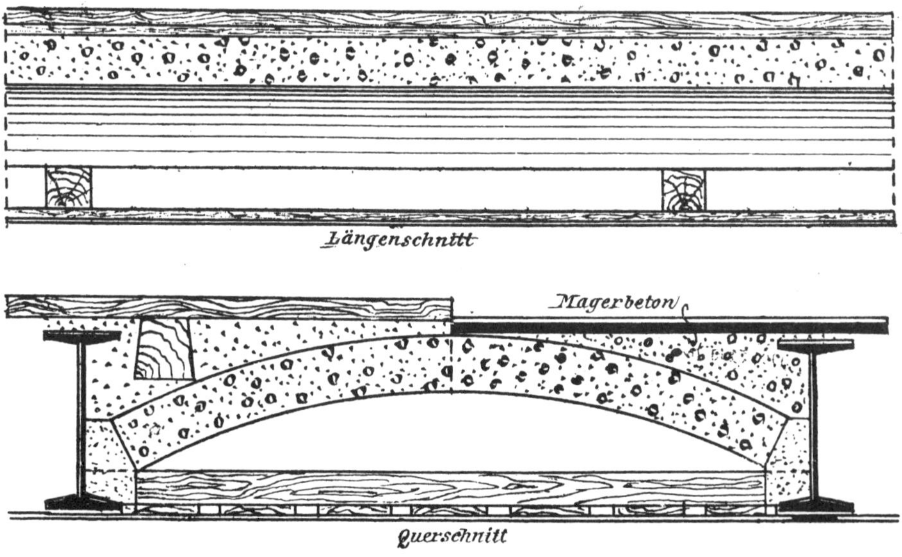

Unter Umständen ist daher eine Verankerung erforderlich, die nach Gleichung 90) zu berechnen ist.

Eine gerade Unterfläche erhält man dadurch, dass man in geeigneter Entfernung Lagerhölzer von quadratischem oder rechteckigem Querschnitt auf die Unterflansche der Träger verlegt, welche die Schalung und den Deckenputz zu tragen haben.

γ) Decken mit eisenarmierter Füllung.

Allgemeines. Bei den bisher besprochenen Decken wird die Festigkeit des Füllmaterials keineswegs rationell ausgenutzt. Bei der Bestimmung der Stärke der auf Biegung beanspruchten ebenen Deckenplatten ist nämlich stets die Zugfestigkeit derselben ausschlaggebend. Letztere ist aber bei allen Mauerwerkskörpern sehr gering, während diese eine verhältnismässig hohe Druckfestigkeit besitzen. Die Folge davon ist, dass bei den in Frage stehenden Deckenplatten das Material, welches der Zugzone des Querschnittes angehört, schon bis zur zulässigen Inanspruchnahme angestrengt ist, wenn die Spannung des Materials der Druckzone noch weit unterhalb dieser Grenze liegt.

Fig. 243.

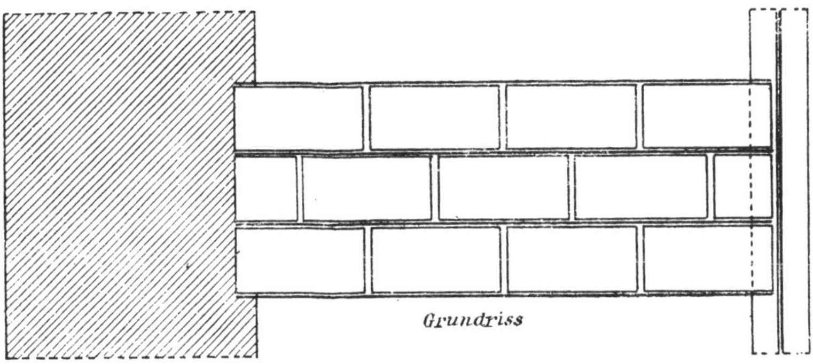

Der Gedanke die Zugspannungen der Platte durch in die Zugzone des Querschnittes einzulegende Band- oder Rundeisenstäbe aufzunehmen, so dass das Stein- bezw. Mörtelmaterial nur auf Druck beansprucht wird, war daher äusserst glücklich und hat eine Reihe neuer Deckenkonstruktionen gezeitigt, die sich bei geringem Eigengewicht durch grosse Tragfähigkeit und Feuersicherheit und je nach der sonstigen Auffüllung durch Schallsicherheit und Wärmehaltung auszeichnen.

Fig. 244.

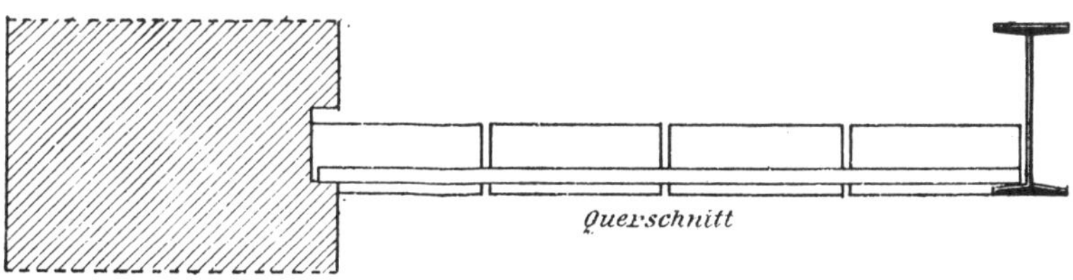

Ermöglicht wurde die Ausführung dieser Idee dadurch, dass die in Betracht kommenden Materialien, Eisen- und Zementmörtel, einen nahezu gleichen Ausdehnungskoeffizienten haben und dass Eisen und Zement eine äusserst feste Verbindung eingehen, die, wie auf Seite 21 bereits angeführt, pro qcm 40 bis 45 kg beträgt und die ausserdem das Eisen gegen Rost völlig schützt.

Hauptbedingung für die Tragfähigkeit dieser Decken ist daher, dass die rostfreien Eisenstäbe von dem Zementmörtel vollständig umhüllt werden. Die Herstellung derselben kann darum nur durch geschulte Arbeiter geschehen.

Je nach der Art der Ausführung kann man unterscheiden:

1. Decken mit Steinfüllung und Eiseneinlagen,
2. Decken mit Betonfüllung und Eiseneinlagen.

Die wichtigsten dieser Decken mögen nachstehend besprochen werden.

Steindecken mit Eiseneinlagen. Kleine'sche Deche. Die in den Figuren 243 bis 247 dargestellte Kleinesche Decke (Patent Nr. 71102) ist im wesentlichen

Fig. 245.

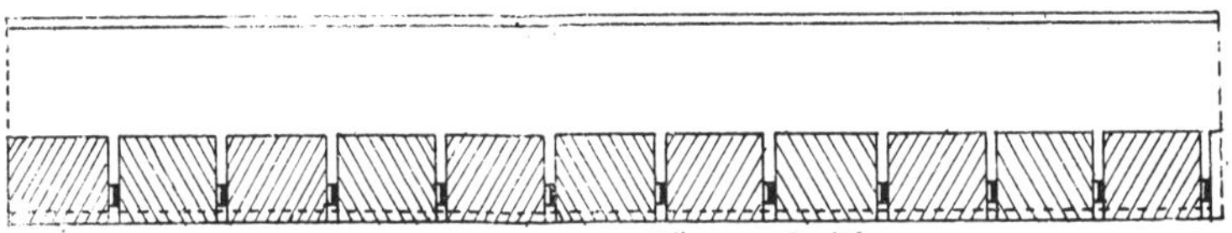

eine aus Schwemmsteinen oder porösen Lochsteinen hergestellte ebene Steinplatte, deren Biegungsfestigkeit durch das Einlegen hochkantig gestellter Bandeisen von 1 bis 2 mm Dicke und 25 bis 35 mm Breite erzielt wird. Bei den geringen

Fig. 246.

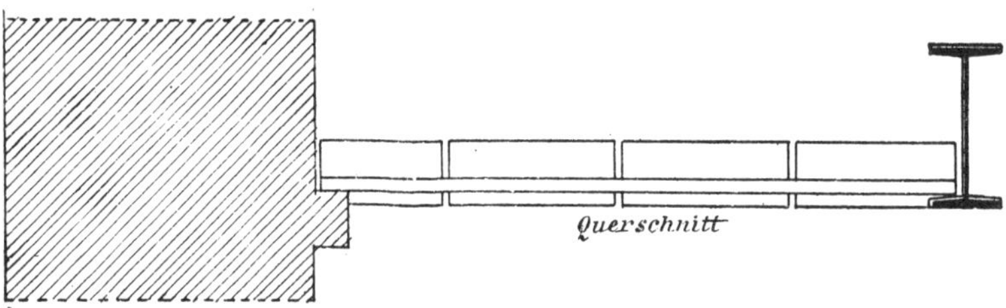

Belastungen und Trägerabständen, wie sie bei Wohngebäuden vorkommen, werden die Steine flachkantig, bei grösseren Belastungen und Spannweiten hochkantig verlegt. Die Höhenlage der Steinschicht zwischen den Trägern ist beliebig. Wird

Fig. 247.

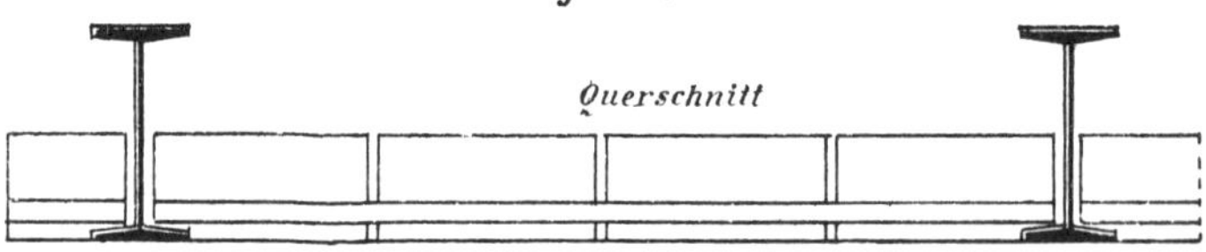

eine glatte Unteransicht gewünscht, so lässt man die Steinplatte etwa 1 cm unter den Trägern hervorragen und schliesst die unter dem Trägerflansch gebildete Nut durch einen Zementanwurf. Der Anschluss der Decke an das Mauerwerk kann nach Fig. 244 und 246 erfolgen. Die Abmessungen der Platte und der Bandeisen können aus nachstehender Tabelle entnommen werden.

Trägerabstand oder Länge der Bandeisen	Stärke der Deckenplatte und der Bandeisen (in mm) bei einer Gesamtdeckenlast von kg/qm: 470		540		720		800		1000
	Plattenstärke		Plattenstärke		Plattenstärke		Plattenstärke		Plattenstärke
	10 cm	12 cm	10 cm	12 cm	10 cm	12 cm	10 cm	12 cm	12 cm
0,8	1/25	—	1/25	—	1,5/25	1/25	1,5/25	1/25	1,5/25
0,9	1/25	—	1/25	—	1,5/25	1/25	1,5/25	1/25	1,5/25
1,0	1/25	—	1/25	—	1,5/25	1/25	—	1,5/25	1,5/25
1,1	1/25	—	1/25	—	1,5/25	1/25	—	1,5/25	2/25
1,2	1/25	—	1,5/25	—	—	1,5/25	—	2/25	2/25
1,3	1,5/25	1/25	—	1,5/25	—	1,5/25	—	2/25	2/30
1,4	—	1,5/25	—	2/25	—	2/25	—	2/30	—
1,5	—	1,5/25	—	2/25	—	2/30	—	—	—
1,6	—	2/25	—	2/25	—	—	—	—	—
1,7	—	2/25	—	2/30	—	—	—	—	—
1,8	—	2/30	—	—	—	—	—	—	—
1,9	—	2/30	—	—	—	—	—	—	—
2,0	—	2/35	—	—	—	—	—	—	—

Die Tragfähigkeit dieser Decke ist aussergewöhnlich gross, da bei einer gleichmässig verteilten Last von 3000 kg pro Quadratmeter und einer Stützweite von rund 1,50 m weder bleibende Durchbiegungen noch sonstige Aenderungen eintreten.

Schürmann'sche Decke. Das Wesen dieser Decke (D. R.-P. 80653) besteht darin, dass zwischen gebuckelten Flacheisen von 5/4 bis 6/4 mm Dicke und 60 mm Höhe, die in Abständen von etwa 33 cm auf den Unterflansch der Deckenträger verlegt werden, schwach gekrümmte Kappen aus Schwemmsteinen oder porösen Lochsteinen hergestellt werden (Fig. 248 bis 250). Bei gering belasteten Decken genügt es, die Steine flachkantig einzuwölben, so dass die Flacheisen (Wellblechschienen) etwa 38 bis 40 cm voneinander abstehen.

Fig. 248.

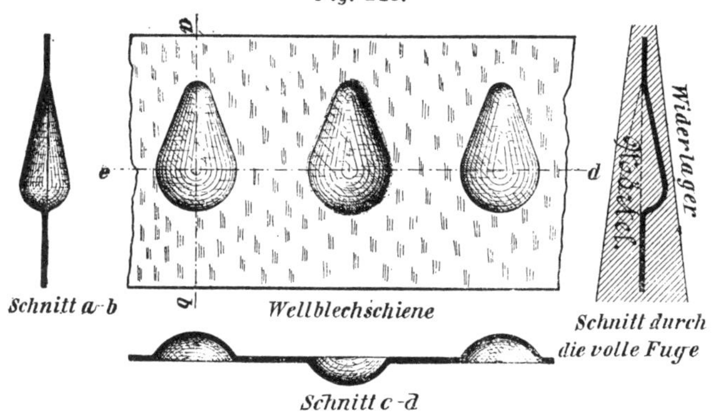

Die zweckmässigste Trägerentfernung ist 1,3 bis 1,55 m. Der Anschluss der Decke an die Mauer ist aus den Fig. 249 und 250 zu ersehen Gleichmässig verteilte Lasten von 4500 kg pro Quadratmeter lassen keine wahrnehmbaren, bleibenden Ausweichungen erkennen.

Für die Ausführung empfiehlt der Erfinder nachstehende Mörtelmischungen:

Abstand der Hauptträger in Meter	Teile		
	Kalk	Zement	Sand
bis 1,00	1	—	3
1,00 „ 1,40	1/2	1	6
1,40 „ 1,60	1/2	1	5
1,60 „ 2,00 usw.	—	1	4 bis 3

Fig. 249.

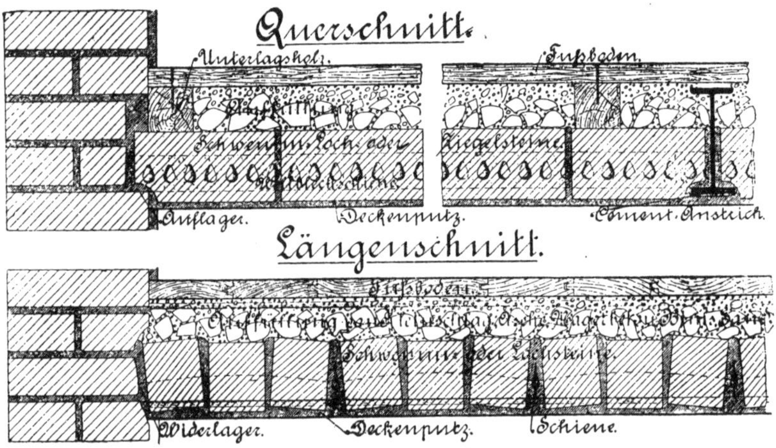

Fig. 250.

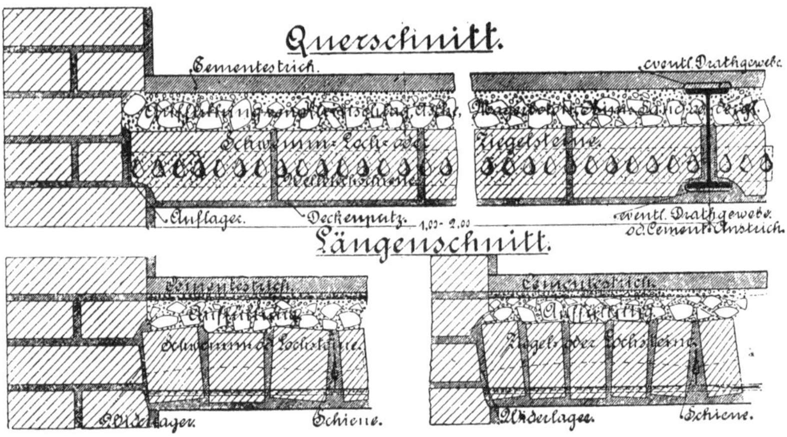

Viktoria-Decke. Die durch das D. R.-P. Nr. 82941 und Nr. 81135 geschützte Decke wird gekennzeichnet durch Verwendung nach oben gebogener Rundstäbe (Spanneisen) von 6 mm Durchmesser, die wie bei der Kleine'schen Decke in jeder Fuge in Mörtel eingebettet werden (Fig. 251). Auch bei dieser Decke können die Steine sowohl hoch- wie flachliegend vermauert werden. Durch die Anordnung der Spanneisen findet ein Aufhängen der Platte an den Eisenbogen statt. In den Endfeldern hat man daher für die Aufhebung des von den Eisenbögen ausgeübten Seitenschubes zu sorgen. Soll die Decke absolut feuersicher hergestellt werden, so werden statt der Spanneisen nach unten gebogene Rund-

Fig. 251.

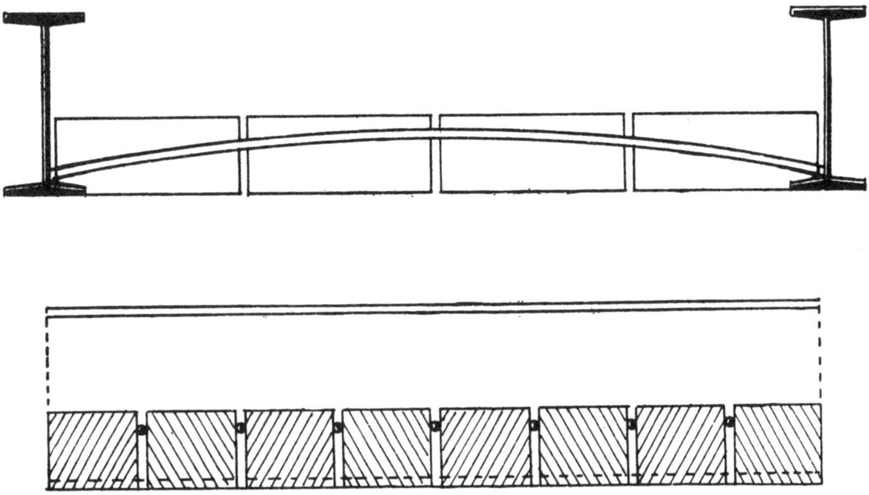

eisen (Hangeisen) eingelegt (Fig. 252) und die Unterkante der Decke tiefer als die Trägerunterkante angeordnet.

Für grössere Spannweiten und Belastungen empfiehlt es sich, die Spann- und Hangeisen abwechselnd in die Fugen einzubetten (Fig. 252).

Fig. 252.

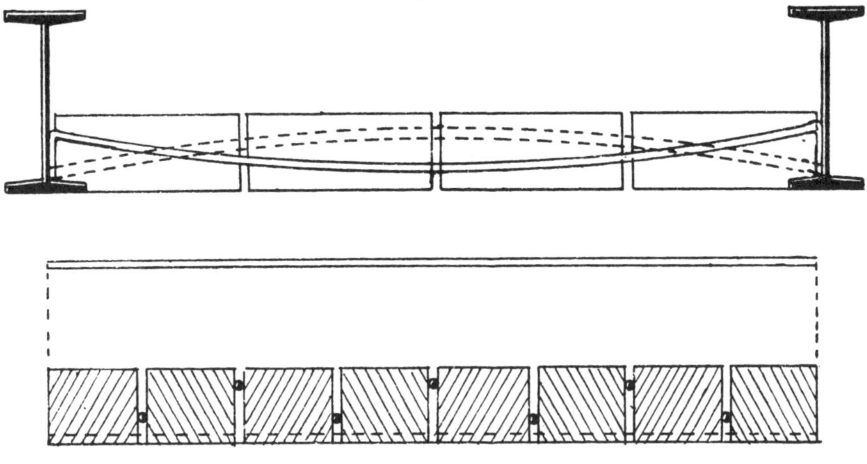

Hinsichtlich der Tragfähigkeit steht diese Decke den vorerwähnten Decken nicht nach.

Verwendet man bei der Ausführung einen Mörtel aus 1 Teil Portlandzement, 1 Teil Kalk und 5 bis 6 Teile Sand, so kann man für verschiedene Belastungen die Spannweite folgender Tabelle entnehmen.

Stärke d. Platte ohne Putz	Entfernung der Rundeisen	Spannweite in Meter bei einer gleichmässig verteilt wirkenden Belastung pro qm von kg						
		400	480	550	630	750	820	1000
10 cm	13 cm (Stärke 6 mm)	2,00	1,80	1,70	1,50	—	—	—
12 cm	11 cm bei derselben Rundeisenstärke	2,40	2,20	2,10	1,85	1,75	1,65	1,20

Es mag hier bemerkt werden, dass die oben besprochenen Decken ebenfalls wesentlich verstärkt werden können durch Eiseneinlagen, wies dies bei der **Körting'schen Decke** aus Zickzacksteinen z. B. der Fall ist (Fig. 253).

Fig. 253.

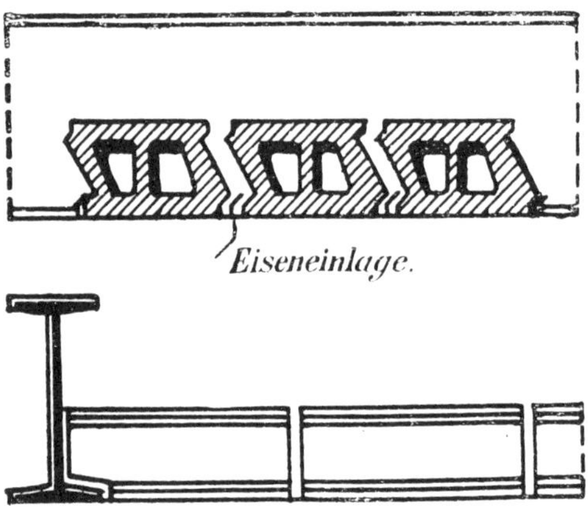

Auch die **Anker-Dübel-Decke** (Fig. 254) soll hier wegen der eigenartigen Anordnung von Eisen und Stein erwähnt sein.

Zwischen den Trägern werden in geringen Abständen steinere Balken angeordnet, die aus zwei Widerlagssteinen mit zwischengelegten Rundeisen bestehen. Die hierdurch gebildeten Zwischenfelder werden durch keilförmige Zwischenplatten geschlossen.

Fig. 254.

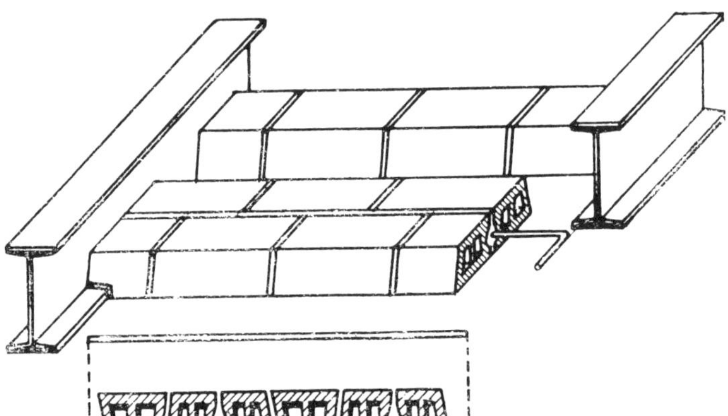

Stolte'sche Decke. Die Stolte'sche Decke besteht aus einzelnen Platten, von denen jede ein Stück fertiger Decke vorstellt (Fig. 255, 256). Sie werden zwischen die Träger gelegt und in Zementfuge zusammengeschoben. Diese, dem Verfasser unter der Bezeichnung „Stegzementdielen" patentierten Platten

(D. R.-P. Nr. 71351) sind aus Zement und Quarzsand oder Bimsstein hergestellte Dielen, die der Länge nach von 4 bis 6 Luftkanälen durchzogen sind und im unteren Teile drei hochgestellte Bandeiseneinlagen enthalten. Sie werden, um ein Einschwenken zwischen den Trägern zu ermöglichen, rhomboidisch gefertigt und sind an den Enden ausgeklinkt, so dass sie unter den unteren Trägerflansch hinausreichen, wodurch die Ummantelung desselben durch eine Zementleiste ermöglicht wird. Anfang und Ende eines Deckenfeldes werden durch Keilstücke geschlossen (Fig. 255c). Die Breite der Dielen ist 25 cm, die Dicke 7 cm, bei einer Spannweite bis zu 2 m. Bei diesen Dielen ist eine weitere Auffüllung erforderlich. Sie werden aber bis zu 40 cm Dicke geliefert, so dass sie zugleich Unter- und Oberfläche der Decke bilden (Fig. 256a und b). Letztere können bis zu 4 m Spannweite verlegt werden.

Ein grosser Vorteil dieser Decke ist der, dass sie bei ihrer Herstellung keine Schalung erfordert, sehr leicht und sofort trocken ist. Eine gewöhnliche Decke aus 7 cm starken Dielen und rund 1 m Trägerentfernung zeigt bei einer Belastung von 3750 kg keine wahrnehmbaren bleibenden Durchbiegungen.

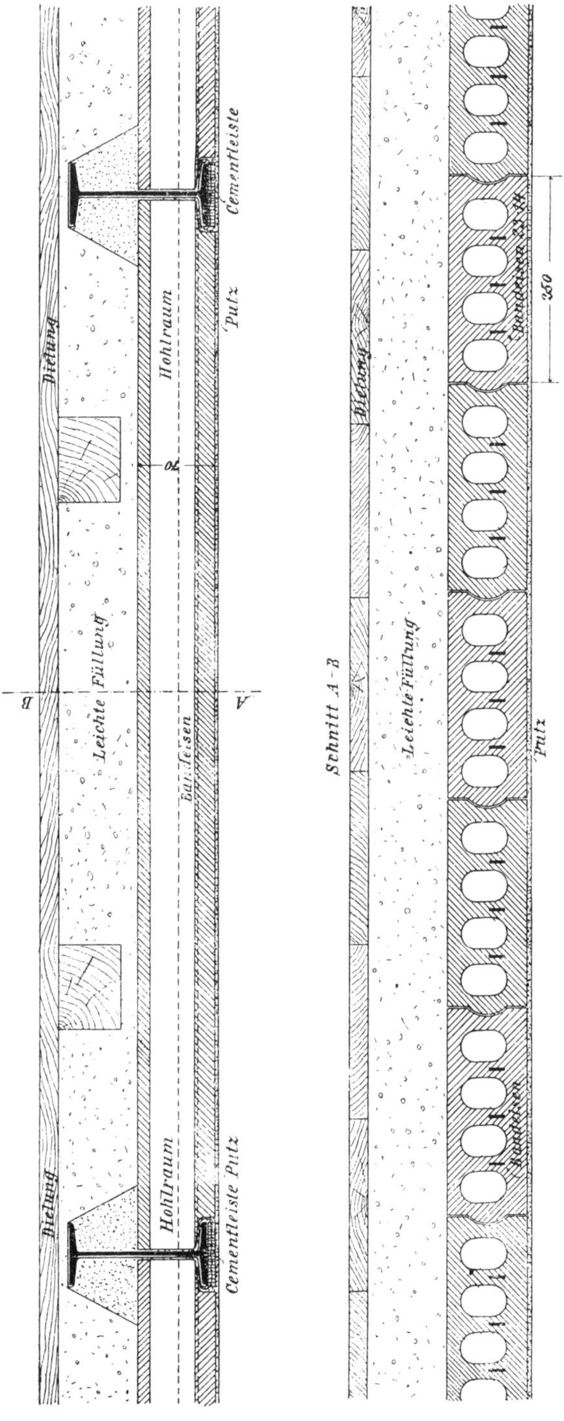

Fig. 255 a und b.

Die Gewichte der Dielen sind in nachstehender Tabelle enthalten:

Quarzsand-Zementdielen	Gewicht pro qm kg	Bimsstein-Zementdielen	Gewicht pro qm kg
7 cm starke Dielen	115	7 cm starke Dielen	75
8 " " "	125	8 " " "	80
10 " " "	155	10 " " "	90
12 " " "	185	12 " " "	110
15 " " "	200	15 " " "	125

Fig. 255c.

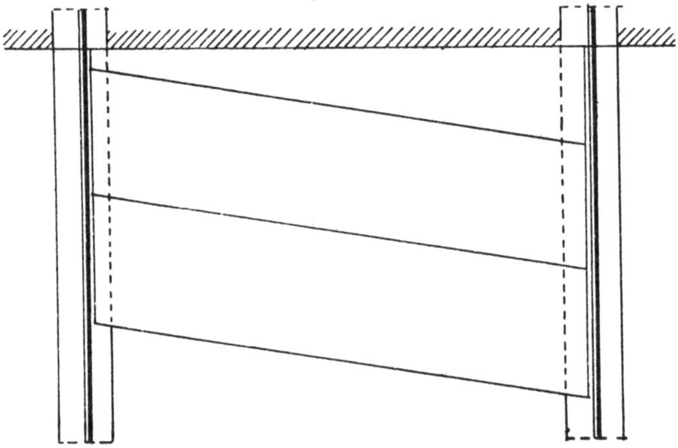

Fig. 256.

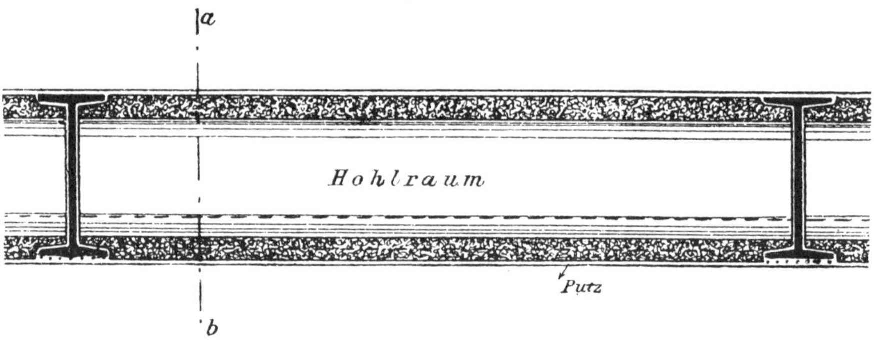

Schnitt a-b

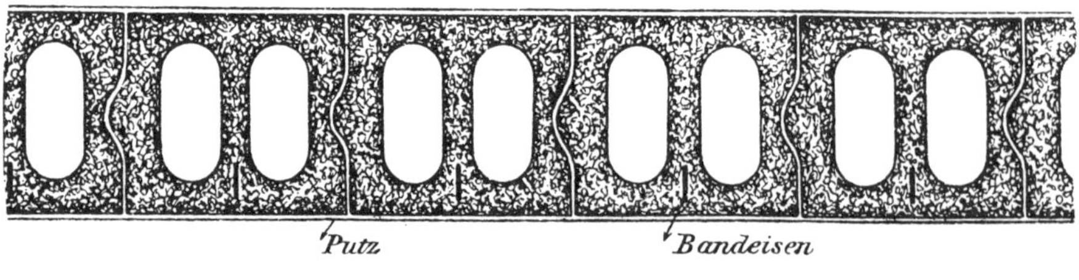

Betondecken mit Eiseneinlagen. Müller'sche Decke. Eine sehr beachtenswerte Decke dieser Art ist die, dem Erfinder Müller (Firma Müller, Marx & Komp., Berlin) patentierte Eisenfeder-Decke mit Betonumhüllung [D. R.-P. Nr. 47230] (Fig. 257). Das Tragewerk dieser Decke besteht aus einer Anzahl hochkantig

Fig. 257.

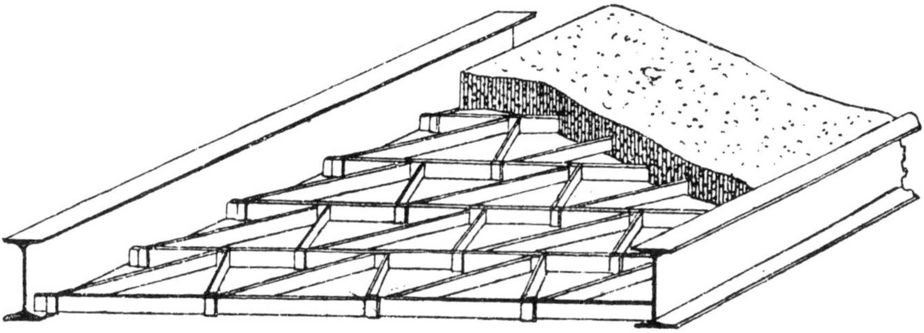

gestellter Flacheisenstäbe $^{26}/_{3}$, Tragstäbe genannt, die durch aus Bandeisen $^{26}/_{1/2}$ gebildete Zickzackfedern, mit Hilfe von eisernen Klammern, miteinander verbunden sind. Die Entfernung der Tragstäbe beträgt etwa 15 cm. In dieses Eisengerippe wird nach Unterbringung einer dichten, um 2 cm abstehenden Schalung die 8 cm starke Betonmischung eingestampft. Die Trägerentfernung richtet sich nach der Belastung und kann nachstehender Tabelle entnommen werden.

Gesamtlast pro qm in kg	Trägerabstand in m
500	2,10
750	1,70
1000	1,50
1250	1,30

Belastungen von 3900 kg pro Quadratmeter verursachen noch keine bleibenden Durchbiegungen.

Koenen'sche Voutenplatte. Die Koenen'sche Decke wird als ein biegungsfestes Spiegelgewölbe mit Kämpfereinspannung bezeichnet. Sie ist der Aktiengesellschaft für Beton- und Monierbau unter Nr. 68190 patentiert. Die Fig. 258 bis 260 zeigen verschiedene Anordnungen der Decke. Die Eisenstäbe, Rund-

Fig. 258.

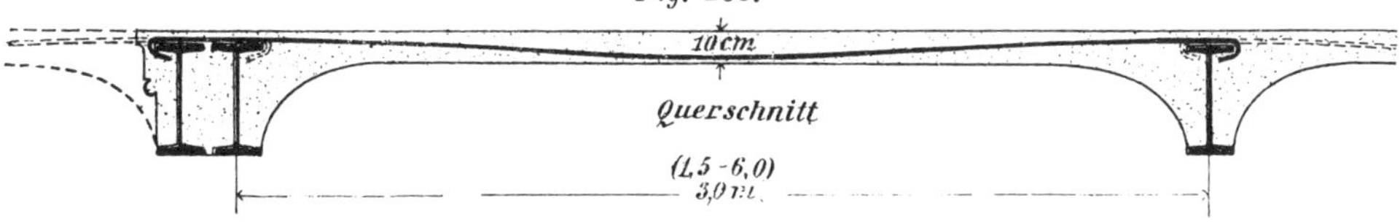

eisen von 5 bis 13 mm Stärke werden in Abständen von 6 bis 10 cm verlegt und um den oberen Trägerflansch umgebogen. Sie sind nach der Form der elastischen Linie eines an beiden Enden eingespannten Trägers gebogen. Die Stärke der Betonplatte beträgt 6 bis 10 cm, die Trägerentfernung 1,5 bis 6,0 m. Das Eigengewicht der Decke stellt sich auf rund 250 kg/qm. Auch diese Decke ist äusserst tragfähig, da Lasten von 4 bis 6000 kg keine bleibenden Durchbiegungen verursachen.

Fig. 259.

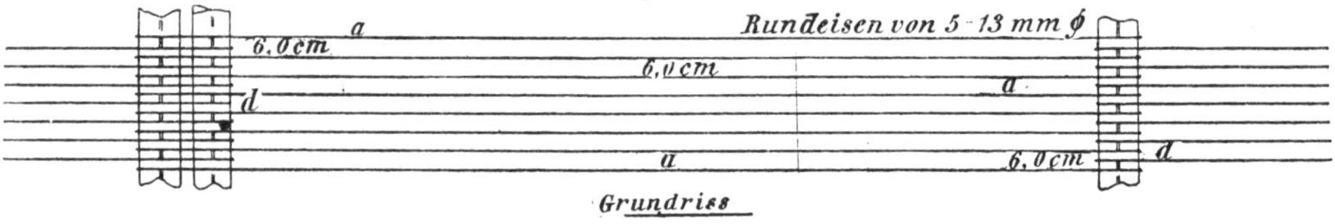

Fig. 260.

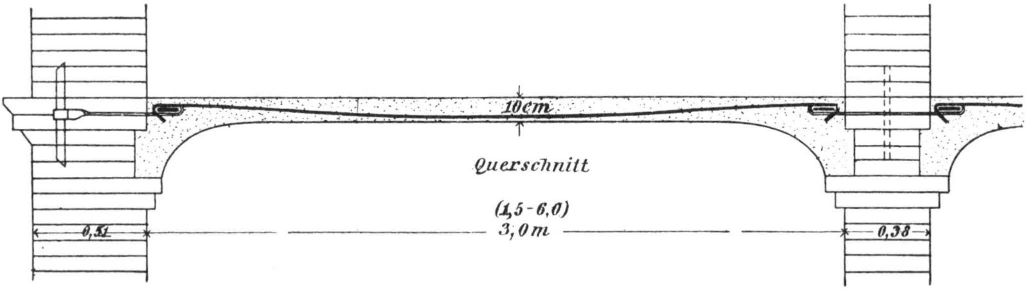

Berechnung. Mit Beziehung darauf, was oben Seite 97 bei der Berechnung der Betondecken ausgeführt wurde, ergeben sich aus dem elastischen Verhalten der beiden vereinigten Baustoffe für die Deckenstärken d und den Querschnitt fe der Eiseneinlagen für 1 m Deckenlänge die nachstehenden Werte. Diese sind ermittelt unter der Voraussetzung, dass der Elastizitätsmodul des Betons zu rund 200000 kg, der des Eisens zu 2000000, der Wert für m = 1,15 angenommen werden kann. Bezeichnet man das Biegungsmoment mit M in Kilogrammcentimeter, die zulässige Druckbeanspruchung des Betons mit k, so wird

für k =	20 kg/qcm	25 kg/qcm	30 kg/qcm
die Deckenstärke d =	$0{,}06\sqrt{M}$	$0{,}05\sqrt{M}$	$0{,}043\sqrt{M}$
und der Eisenquerschnitt fe =	0,42 d	0,62 d	0,86 d

Fig. 261.

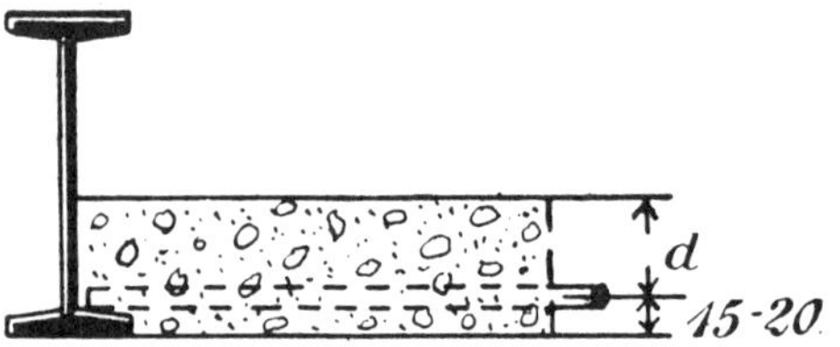

Zu dem berechneten Werte von d sind nach Fig. 261 noch 15 bis 20 mm für die Ausführung zu addieren, damit eine völlige Einfüllung des Eisens im Beton stattfindet.

Beispiel 1. Die Spannweite einer eisenarmierten Betondecke sei 1,92 m, die Gesamtlast sei 750 kg/qm, die zulässige Druckbeanspruchung des Betons 30 kg/qcm. Welche Stärke erhält die Platte und wieviel Rundeisen sind auf 1 m anzuordnen?

Für eine gerade Betondecke nach Fig. 261 berechnet sich das Moment zu

$$M = \frac{1}{8} \cdot 1{,}92^2 \cdot 750 = 345{,}6 \text{ kgm}$$

$$= 34560 \text{ kg/cm},$$

mithin die Deckenstärke

$$d = 0{,}043 \sqrt{34560} = 8 \text{ cm}.$$

Zur Ausführung würden 8,0 + 2,0 = 10 cm gelangen.

Der Eisenquerschnitt auf 1 m Decke ergibt sich zu:

$$fe = 0{,}86\, d = 0{,}86 \cdot 8{,}0 = 6{,}9 \text{ qcm}.$$

Wählt man Rundeisen von 0,8 cm Durchmesser, dessen Querschnitt $\frac{0{,}8^2 \cdot \pi}{4}$ = 0,5 qcm ist, so würden auf 1 m

$$\frac{6{,}9}{0{,}5} = 14 \text{ Rundeisen}$$

verlegt werden müssen.

Beispiel 2. Welche Abmessungen würde dieselbe Decke erhalten müssen, wenn sie als Koenen'sche Voutenplatte zur Ausführung gelangen sollte?

Für den eingespannten Träger ist das grösste Moment

$$M = \frac{1}{12} p\, l^2 = \frac{1}{12} \cdot 1{,}92^2 \cdot 750 = 230{,}4 \text{ kgm}$$

$$= 23040 \text{ kg/cm},$$

mithin die Deckenstärke

$$d = 0{,}043 \sqrt{23040} = 6{,}5 \text{ cm}.$$

Dazu 2 cm für die Ausführung würde für die Deckenstärke 8,5 cm ergeben.

Der Eisenquerschnitt fe wird auf 1 m Decke

$$fe = 0{,}86 \cdot 6{,}5 = 5{,}6 \text{ qcm},$$

entsprechend 11 Rundeisen von 8 mm Durchmesser.

δ) Eiserne Decken.

Riffelblechdecken. Im gewöhnlichen Hochbau kommen völlig eiserne Decken nur sehr selten vor. Hin und wieder werden sie in Fabrikgebäuden angeordnet, wo sie zur Konstruktion leichter Galerien benutzt werden. Der Belag ist dann in der Regel Riffelblech, welches auf dem oberen Flansch der ⊤-Eisen ruht und mit diesem durch versenkte Niete verbunden wird (Fig. 262). Ist p die Belastung in Kilogramm pro Quadratmeter, e die Trägerentfernung, so lässt sich die Dicke δ des Riffelbleches, ausschliesslich der Riffeln, bestimmen aus:

Fig. 262.

92) $$\delta = \frac{e}{36} \sqrt{p}.$$

Wellblechdecken. Infolge der hochentwickelten Beton-Eisentechnik dürften diese jetzt kaum noch zur Anwendung gelangen. Denn sie sind teurer als Beton-Eisendecken und ausserdem nicht so feuersicher. Ihre Besprechung kann daher füglich unterbleiben.

Viertes Kapitel.

Die Säulen und Stützen.

Allgemeines. Säulen und Stützen sind solche Baukonstruktionen, bei denen die Richtung der Lasten mit der Längsrichtung (Stabachse) zusammenfällt und diese zu verkürzen strebt. Da die Lasten meist lotrecht wirken, so folgt, dass auch die Säulen und Stützen meist lotrechte Achsen besitzen. Der Unterschied zwischen beiden Konstruktionsteilen liegt lediglich in der Form des Querschnittes. Säulen nennt man gedrückte Stäbe mit kreisförmigem, Stützen dagegen Druckstäbe mit irgend welchem anderen Querschnitt. Beide Konstruktionsteile bezeichnet man auch wohl mit dem Namen Freistützen.

Sie dienen zur Unterstützung der Unterzüge und werden sowohl aus Gusseisen wie Schmiedeeisen hergestellt.

Querschnittsformen. Die gebräuchlichsten Querschnittsformen für die gegossenen Freistützen sind in den Fig. 263 bis 269 veranschaulicht, während die in den Skizzen 270 bis 283 dargestellten Querschnitte für schmiedeeiserne Freistützen in der Praxis vielfach zur Verwendung gelangen.

Fig. 263.

Fig. 264.

Fig. 265.

Fig. 266.

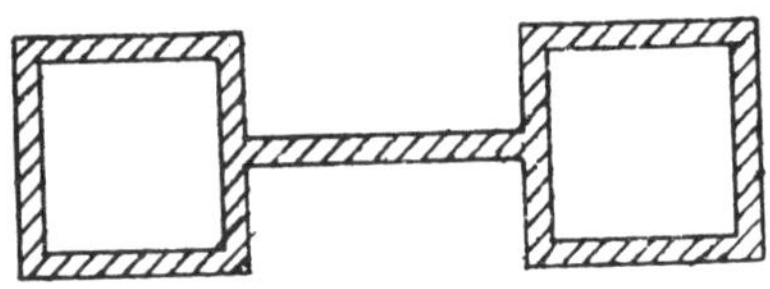

Fig. 267.

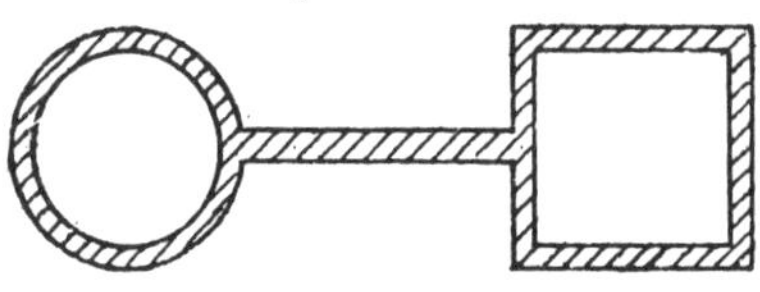

Fig. 268.

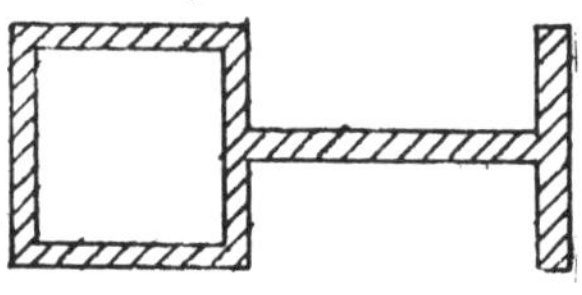

Fig. 269.

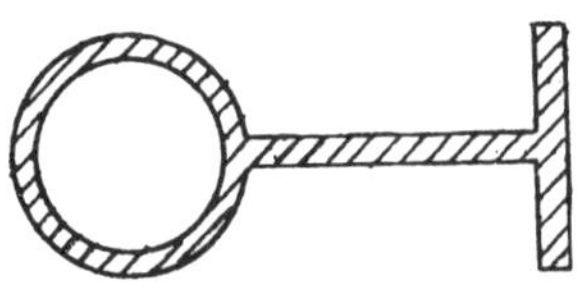

Hinsichtlich der Wahl zwischen gusseisernen und schmiedeeisernen Stützen ist zu bemerken, dass letztere sich nicht unerheblich billiger stellen als erstere, selbst wenn diese ganz schlicht gegossen werden.

Nach eingehenden Versuchen ist festgestellt, dass beide Stützen gegen Feuer gleiche Widerstandsfähigkeit besitzen, dass aber das Gusseisen gegen Anspritzen mit kaltem Wasser weit empfindlicher ist als Schmiedeeisen.

Ein weiterer Vorzug der schmiedeeisernen Stützen ist der, dass der Anschluss der Träger und Unterzüge sich einfacher und naturgemässer bewirken lässt als dies bei gusseisernen Säulen der Fall ist.

Fig. 270.

Fig. 271.

Fig. 272.

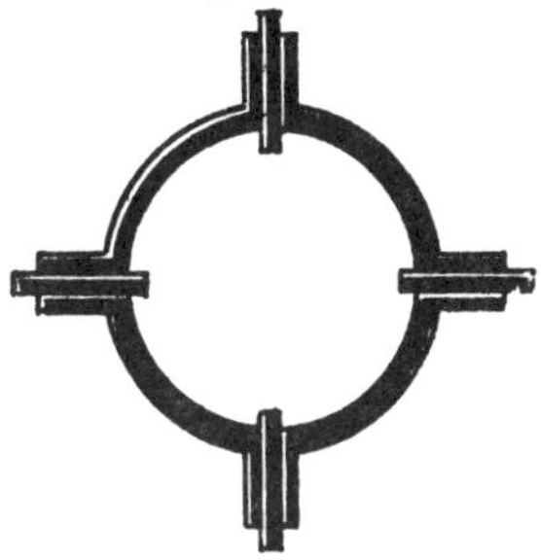

Fig. 273.

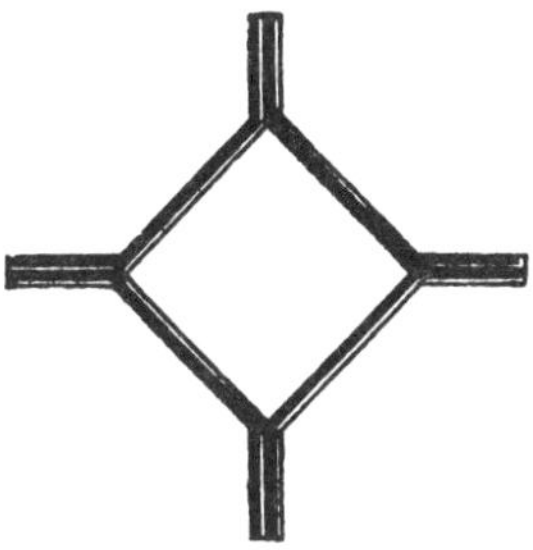

Fig. 274.

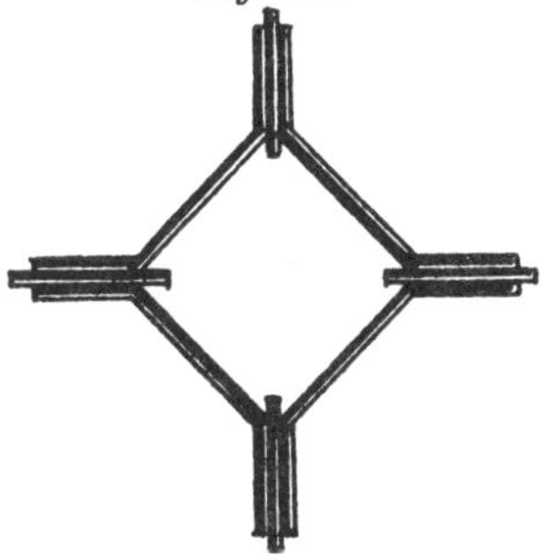

Die Uebelstände ferner, wie sie gusseisernen Säulen vielfach anhaften, nämlich fehlerhafte Stellen, Blasen und Risse, ungleichmässige Wandstärken innerhalb desselben Querschnittes, schädliche Gussspannungen usw. fallen bei den schmiedeeisernen Säulen vollständig fort.

Fig. 275.

Fig. 276.

Fig. 277.

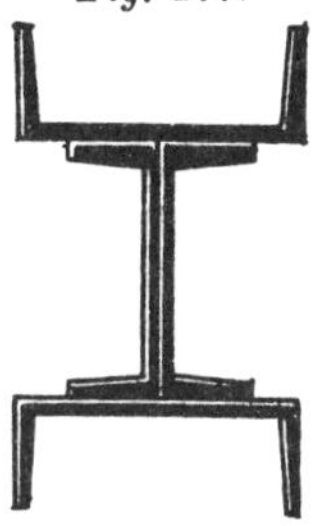

Fig. 278.

Fig. 279.

Fig. 280.

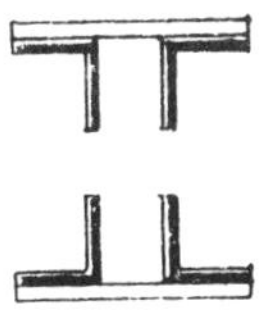

Fig. 281.

Fig 282.

Die Anwendung gusseiserner Säulen ist daher heutzutage nur dann gerechtfertigt, wenn es sich darum handelt, durch dekorativen Schmuck eine besonders künstlerische Wirkung zu erzielen. Denn dies ist als ein erheblicher Vorzug des Gusseisens zu bezeichnen, dass man demselben ohne jede Schwierigkeit jede beliebige Kunstform zu geben vermag. Es mag indessen bemerkt werden, dass durch die von der Firma Mannstädt & Komp. in Kalk gelieferten Ziereisen reiche architektonische Wirkungen auch für schmiedeeiserne Stützen sich mühelos erreichen lassen.

Fig. 283.

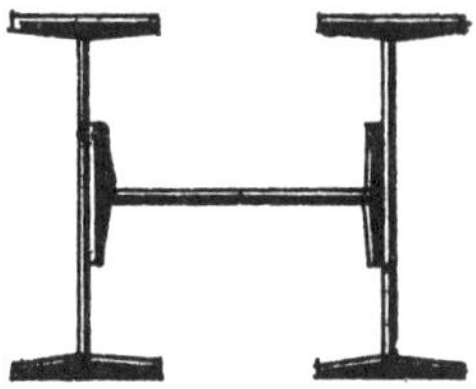

Man wird daher nur in den Fällen, wo durch reiche Ornamentik Formen zur Anwendung gelangen sollen, die sich in Schmiedeeisen nicht herstellen lassen, zu gusseisernen Säulen seine Zuflucht nehmen, sonst aber stets dem Schmiedeeisen den Vorzug geben.

Die meisten Baupolizeibehörden schreiben der Feuersicherheit wegen jetzt vor, dass eine Ummantelung der Säulen, seien sie aus Schmiedeeisen oder Gusseisen konstruiert, stattzufinden hat. Diese Vorschrift geschieht immer, wenn sich die Stützen in Räumen befinden, in denen viele Menschen zu verkehren pflegen, oder wo viele brennbaren Stoffe lagern.

a) Berechnung der Stützen.

Bekanntlich muss jeder gedrückte Stab sowohl auf Druckfestigkeit wie auf Knickfestigkeit berechnet werden. Man setzt dabei voraus, dass die Last im Schwerpunkt des Stabquerschnittes angreift und in der Richtung der Achse wirkt.

Ist unter dieser Annahme P die Last in Kilogramm, f der Querschnitt des Stabes in Quadratzentimeter, k die zulässige Beanspruchung des Materials gegen Druck, so ist gegen Druckfestigkeit die Bedingung zu erfüllen:

$$92) \qquad f = \frac{P}{k}.$$

Für Gusseisen ist k = 500 kg/qcm und für Schmiedeeisen ist k = 1000 kg/qcm.

Damit der Stab nicht knickt, muss der Querschnitt des Stabes der Gleichung genügen:

$$P = \frac{E\,J\,\pi^2 \cdot n}{l^2\,s}.$$

In dieser Gleichung bedeutet:

E den Elastizitätsmodul des Materials,

J das kleinste Trägheitsmoment des Querschnittes bezogen auf die Hauptachsen,

l die Länge des Stabes in Zentimeter,

s einen Sicherheitskoeffizienten, der für Gusseisen = 8, für Schmiedeeisen = 5 zu setzen ist,

n einen Koeffizienten, der von der Art der Befestigung der Stabenden abhängt.

Bei den Hochbaukonstruktionen kommen nur die in Fig. 284 und 285 angedeuteten Einspannungsfälle vor. In Fig. 284 sind beide Enden des Stabes frei beweglich, aber in der Stabachse geführt; in Fig. 285 ist das untere Ende fest eingespannt, das obere dagegen frei beweglich, aber in der Stabachse geführt. Für den ersten Fall ist n = 1, für Fall zwei n = 2. Die Fälle, in denen das eine Ende als fest eingespannt betrachtet werden kann, wie z. B. bei Säulen mit angegossenem grossen und durch Rippen verstärktem Fuss, der ausserdem noch mit dem Fundament verankert wird, sind indessen äusserst selten; dazu kommt, dass eine vollkommene Einspannung nur sehr schwer herzustellen ist.

Es ist daher nur zu empfehlen, bei der Berechnung von Säulen stets freie Beweglichkeit beider Stabenden vorauszusetzen. Mit $n = 1$ wird dann

$$P = \frac{E J \cdot \pi^2}{s l^2} = \text{rd} \frac{E \cdot J \cdot 10}{s l^2}.$$

Fig. 284.

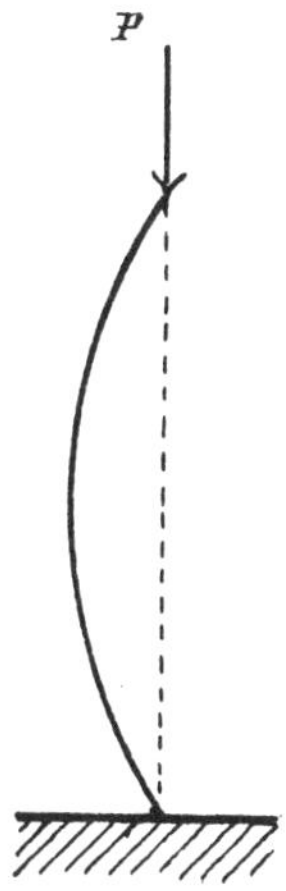

Fig. 285.

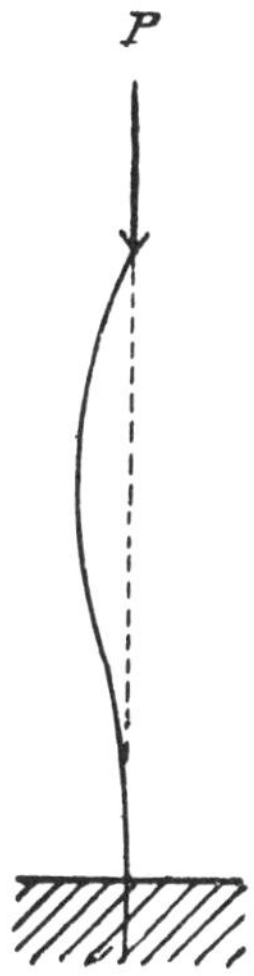

In der Praxis ist die Belastung meist gegeben und man sucht den Querschnitt der Stütze, also das Trägheitsmoment. Aus der vorstehenden Gleichung folgt aber:

$$J = \frac{P \cdot l^2 \cdot s}{10 \cdot E}.$$

Setzt man hierin P in Tonnen und l in Meter ein, so wird für Gusseisen mit $s = 8$ und $E = 1000000$:

93) $$J = 8 P \cdot l^2,$$

und für Schmiedeeisen mit $s = 5$ und $E = 2000000$:

94) $$J = 2{,}5 P l^2.$$

Ausser diesen Gleichungen muss der Querschnitt noch der in Gleichung 92) gestellten Bedingung Genüge leisten.

Im Anhange sind für kreisförmige und quadratische Hohlsäulen die Flächeninhalte und Trägheitsmomente einer grossen Zahl von Querschnitten tabellarisch aufgeführt.

Beispiel. Eine gusseiserne Säule erhält einen centrischen Druck von 27000 kg. Ihre Länge ist 4,8 m.

Nach Gleichung 92) muss der Querschnitt mindestens

$$f = \frac{27000}{500} = 54 \text{ qcm}$$

erhalten und das Trägheitsmoment nach Gleichung 93) mindestens

$$J = 8 \cdot 27{,}0 \cdot 4{,}8^2 = 4977 \text{ cm}^4 \text{ sein.}$$

Diesen Bedingungen entspricht nach den Tabellen 13 und 14 im Anhang entweder eine runde Hohlsäule von 20 cm äusserem Durchmesser und 2,5 cm Wandstärke mit $f = 137$ qcm und $J = 5369$ cm^4, oder eine quadratische Hohlsäule von 18 cm Seitenlänge und 2 cm Wandstärke mit $f = 128$ qcm und $J = 5547$ cm^4.

Zur Aufnahme derselben Last soll eine schmiedeeiserne Stütze aus Quadranteisen (Fig. 271) verwandt werden, es soll untersucht werden, welches Normalprofil hierzu ausreicht.

In diesem Falle wird:

$$f = \frac{27000}{1000} = 27 \text{ qcm}$$

und nach Gleichung 94):

$$J = 2{,}5 \cdot 27{,}0 \cdot 4{,}8^2 = 1554 \text{ cm}^4.$$

Nach der Tabelle im Anhang genügt hierfür eine Säule aus Quadranteisen N. P. Nr. $7\frac{1}{2}/_8$ mit $f = 54{,}9$ qcm und $J = 2046$ cm⁴.

Fig. 286.

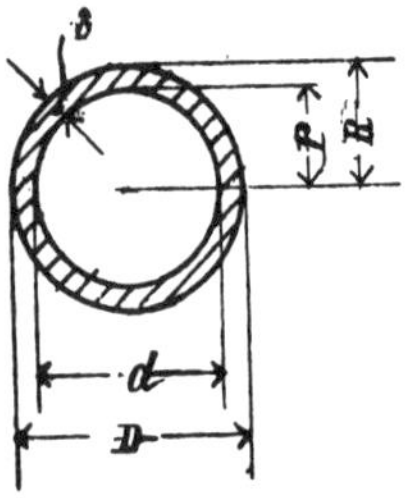

Hat man derartige Tabellen über Trägheitsmomente nicht zur Hand, so ist man gezwungen, die letzteren zu berechnen.

Für den kreisringförmigen Querschnitt geht man dabei aus von der Formel:

$$J = \frac{\pi}{64}(D^4 - d^4) = \frac{\pi}{4}(R^4 - r^4) \text{ (Fig. 286).}$$

Hat man D oder R angenommen, so folgt leicht:

$$95) \quad d = \sqrt[4]{D^4 - \frac{64\,J}{3{,}14}} \text{ oder auch: } r = \sqrt[4]{R^4 - \frac{4\,J}{\pi}}.$$

Für die oben berechnete gusseiserne Säule sei beispielsweise der äussere Durchmesser = 22 cm vorgeschrieben, so erhielte man für den inneren Durchmesser den Wert am einfachsten aus der zweiten der Gleichungen 95). Da $R = 11{,}0$ cm und $J = 4977$ ist, so folgt:

$$r = \sqrt[4]{11{,}0^4 - \frac{4 \cdot 4977}{\pi}}$$

$$= \sqrt[4]{8301} = 9{,}5 \text{ cm},$$

also $$d = 2 \cdot 9{,}5 = 19 \text{ cm}.$$

Die Wandstärke wäre somit $\delta = 11{,}0 - 9{,}5 = 1{,}5$ cm.

Fig. 287.

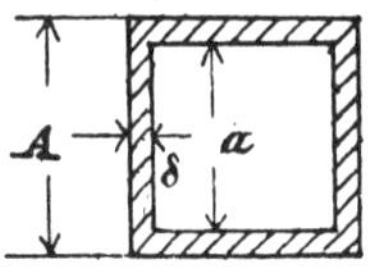

Das Trägheitsmoment für quadratische Hohlquerschnitte ergibt sich aus:

$$J = \frac{1}{12}(A^4 - a^4) \text{ (Fig. 287).}$$

Die äussere Seitenlänge wird in der Regel angenommen und es bleibt a zu berechnen. Aus der letzten Gleichung folgt:

$$96) \quad a = \sqrt[4]{A^4 - 12\,J.}$$

Mit $A = 17$ cm und $J = 4977$ cm⁴ würde

$$a = \sqrt[4]{17^4 - 12 \cdot 4977}$$

$$= \sqrt[4]{23797} = 12{,}4 \text{ cm},$$

die Wandstärke der Säule also

$$d = \frac{17 - 12{,}4}{2} = 2{,}3 \text{ cm werden.}$$

Das Trägheitsmoment eines profilierten Querschnittes (Fig. 288 und 288a) ist mit hinreichender Annäherung gleich demjenigen eines glatten Querschnittes, dessen Umfangslinie den profilierten Teil in zwei Hälften teilt.

Bei den zusammengesetzten Querschnitten in Fig. 266 bis 269 bestimmt man den auf jede Säule enthaltenden Teil der Belastung und berechnet dann das Trägheitsmoment für jeden Teil des Querschnittes besonders, ohne auf den Steg Rücksicht zu nehmen.

Bei der Bestimmung der Trägheitsmomente der zusammengesetzten schmiedeeisernen Querschnitte in den Fig. 275 bis 282 macht man mit Vorteil von folgendem Satze der Festigkeitslehre Gebrauch.

Fig 288.

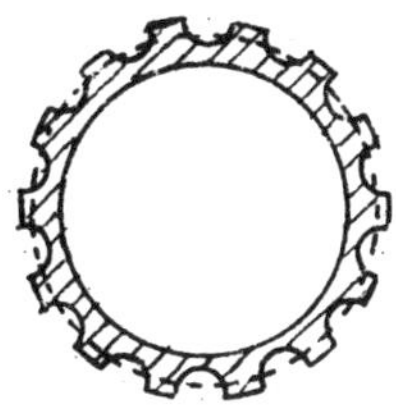

Fig. 288a.

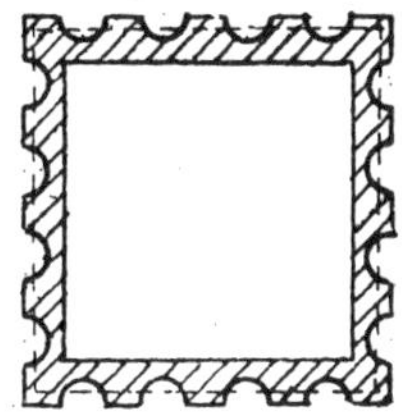

Es sei F der Flächeninhalt eines beliebigen Querschnittes, dessen Schwerpunkt S; x — x sei eine beliebige Schwerpunktsachse und J das als bekannt vorausgesetzte Trägheitsmoment des Querschnittes für diese Achse; ferner sei die Achse z — z parallel zu x — x und der Abstand beider Achsen e (Fig. 289). Dann ist das Trägheitsmoment J_z des Querschnittes in Bezug auf die Achse z — z:

97) $$J_z = J + e^2 F.$$

Beispiel 1. Nach der Tabelle im Anhang besitzt das I-Eisen N. P. Nr. 20 in Bezug auf die Achse y — y ein Trägheitsmoment $J_y = 117$ cm⁴ (Fig. 290) und einen Querschnitt von F = 33,4 qcm. Für die im Abstande e = 8 cm gelegte parallele Achse z — z ist dann das Trägheitsmoment J_z:

$$J_z = 117 + 8{,}0^2 \cdot 33{,}4 = 2255 \text{ cm}^4.$$

Fig. 289.

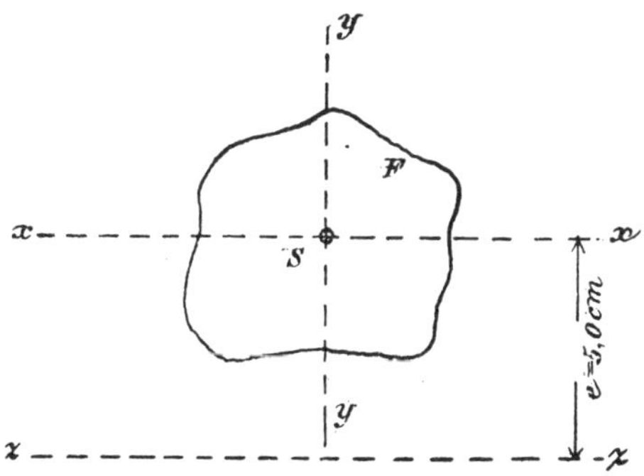

Beispiel 2. Für ⊏-Eisen N. P. Nr. 18 ist F = 28 qcm, $J_y = 114$ cm⁴ (Fig. 291), dann ist J_z für e = 6,0 cm:

$$J_z = 114 + 6{,}0^2 \cdot 28 = 1122 \text{ cm}^4.$$

Beispiel 3. In Bezug auf die Achse x — x (siehe die Tabelle im Anhang) ist für zwei Winkeleisen N. P. Nr. 100/100/10 F = 38,4 qcm, $J_x = 354$ cm⁴. Für die im Abstande e = 5,0 cm gelegte parallele Achse z — z ist dann (Fig. 292a und b):

$$J_z = 354 + 5{,}0^2 \cdot 38{,}4 = 1314 \text{ cm}^4.$$

Fig. 290.

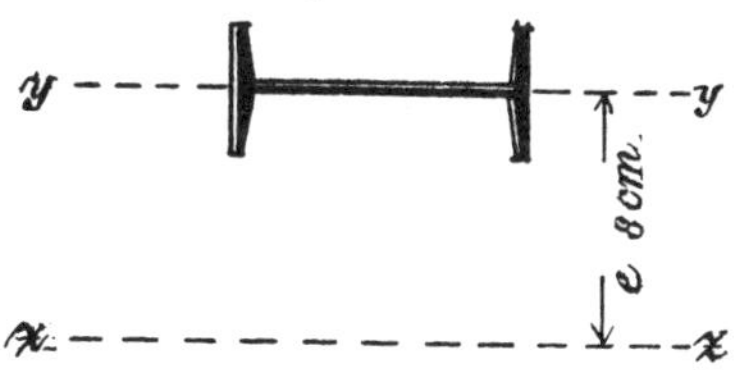

Fig. 291.

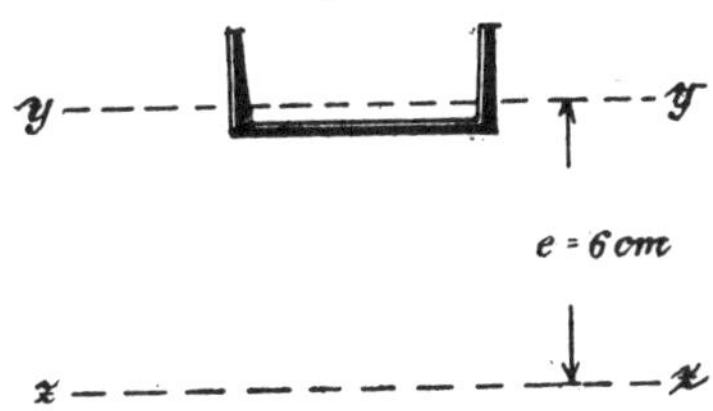

Fig. 292a.

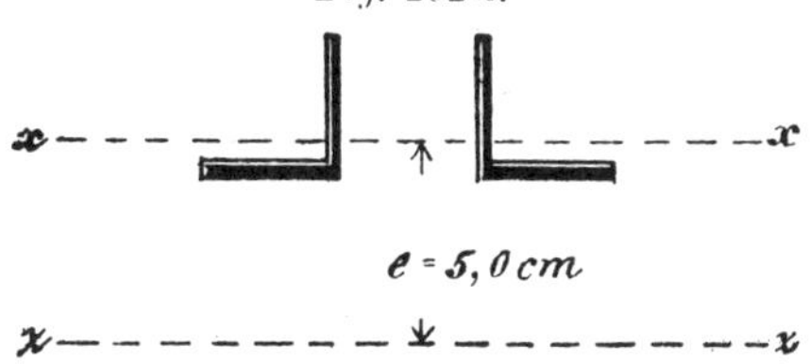

Fig. 292b.

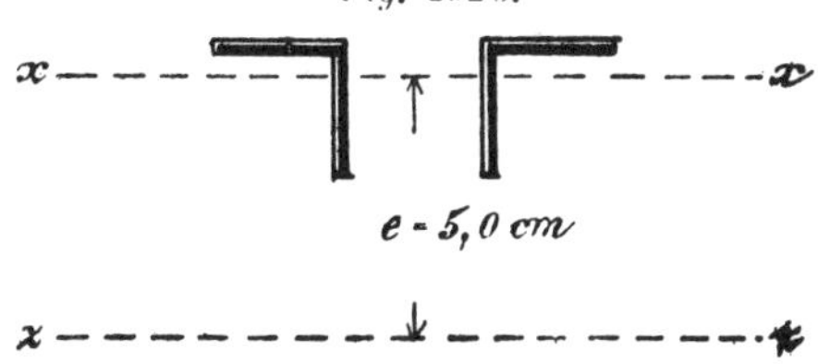

An der Hand dieser Betrachtung ist es nun leicht, die Trägheitsmomente der zusammengesetzten Säulenquerschnitte zu ermitteln.

Säulenquerschnitte aus I- und [-Eisen. Es sei P die zu übertragende Last, l die Länge der Säule, J_{erf} das aus Gleichung 94) berechnete erforderliche kleinste Trägheitsmoment des Säulenquerschnittes, dann muss im Hinblick auf die Fig. 293 und 294 das Trägheitsmoment des gewählten Querschnittes sowohl für die x — x wie auch für die z — z Achse gleich J_{erf} sein.

Fig. 293.

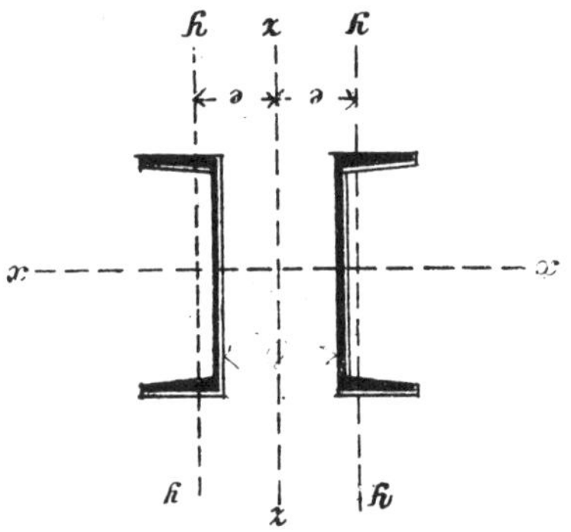

Fig. 294.

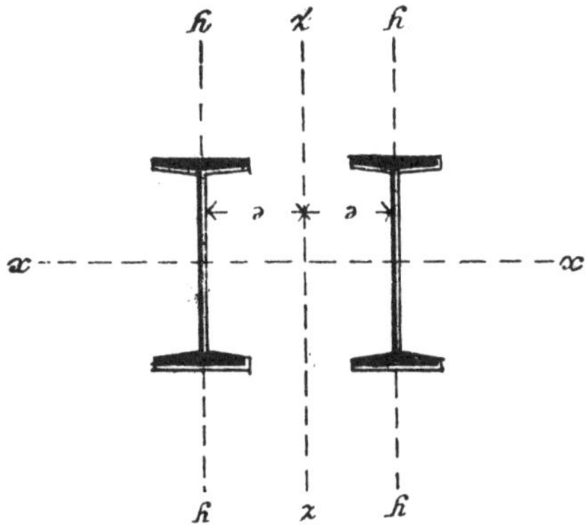

Aus den Normalprofiltabellen sind die auf die Schwerachsen x — x und y — y bezogenen Trägheitsmomente J_x und J_y bekannt.

Zur Erfüllung der gestellten Bedingung hat man daher in Bezug auf die Achse x — x zu setzen:

$$2\,J_x = J_{erf}, \text{ woraus:}$$

98) $$J_x = \frac{J_{erf}}{2}.$$

Für die z — z Achse ist die Bedingung:

$$J_z = J_{erf}$$

ebenfalls zu erfüllen. Ist der Schwerpunktsabstand der beiden Eisen $= 2\,e$, so ist aber nach Gleichung 97), wenn der Querschnitt eines I- bezw. [-Eisens F genannt wird:

$$J_z = (J_y + e^2\,F) \cdot 2,$$

folglich mit Rücksicht auf die vorige Gleichung:

$$J_{erf} = 2\,(J_y + e^2\,F).$$

Hieraus erhält man für e den Wert:

99) $$e = \sqrt{\frac{J_{erf} - 2\,J_y}{2\,F}}.$$

Macht man daher die Entfernung der Schwerpunkte der Teilquerschnitte $= 2\,e$, so ist damit die Knicksicherheit der Säule gewährleistet.

Die vorstehende Betrachtung gilt indessen nur unter der Voraussetzung, dass die Teilquerschnitte wie ein einheitlicher Querschnitt zu Wirkung gelangen. Würden daher die I- bezw. [-Eisen nicht miteinander verbunden sein (Fig. 295), so würden die Stäbe in der Richtung der x — x Achse einknicken. Es entsteht daher noch die Frage, wie oft müssen die Stäbe miteinander gekuppelt werden?

Jeder derselben nimmt die Last $\frac{P}{2}$ auf. Nach Gleichung 94) hat man:

$$J = 2{,}5\,P\,l^2.$$

Im vorliegenden Falle ist das kleinste Trägheitsmoment gegeben durch J_y, ebenso ist die Belastung $\frac{P}{2}$ eines Stabes bekannt. Nennt man den Abstand der Verbindungslaschen λ, so ist folglich:

Fig. 295.

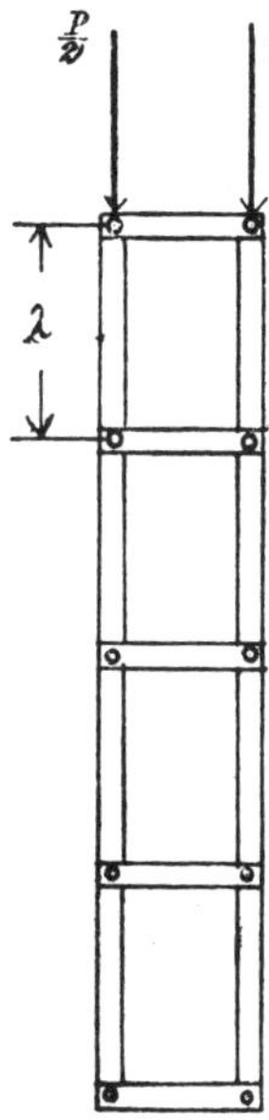

$$J_y = 2{,}5 \cdot \frac{P}{2} \cdot \lambda^2, \text{ woraus}$$

100) $$\lambda = \sqrt{\frac{2\,J_y}{2{,}5\,P}}.$$

Der Gang der Rechnung möge an nachstehendem Beispiel gezeigt werden.

Beispiel 4. Eine 5,0 m lange Säule ist mit 46000 kg belastet. Der Querschnitt soll aus 2 ⊥- oder 2 ⊏-Eisen gebildet werden.

Nach Gleichung 94) ist:

$$J_{erf} = 2{,}5 \cdot 46{,}0 \cdot 5{,}0^2 = 2875 \text{ cm}^4.$$

Wählt man zuerst 2 ⊥-Eisen, so muss nach Gleichung 98) jedes ⊥-Eisen ein Trägheitsmoment von

$$J_x = \frac{J_{erf}}{2} = \frac{2875}{2} = 1438 \text{ cm}^4$$

besitzen. Dafür genügt ⊥-Eisen N. P. Nr. 18 mit $J_x = 1444 \text{ cm}^3$.

Der halbe Abstand der beiden ⊥-Eisen wird nach Gleichung 99):

$$e = \sqrt{\frac{J_{erf} - 2\,J_y}{2\,F}}.$$

Für ⊥-Eisen Nr. 18 ist $F = 27{,}9$ qcm, $J_y = 81{,}3 \text{ cm}^4$, somit

$$e = \sqrt{\frac{2875 - 2 \cdot 81{,}3}{2 \cdot 27{,}9}} = \text{rund } 7 \text{ cm}.$$

Der Abstand der beiden ⊥-Eisen müsste demnach $2 \cdot 7{,}0 = 14{,}0$ cm betragen. Die Entfernung der Verbindungslaschen dürfte nach Gleichung 100) höchstens gemacht werden

$$\lambda = \sqrt{\frac{2\,J_y}{2{,}5\,P}} = \sqrt{\frac{2 \cdot 81{,}3}{2{,}5 \cdot 46{,}0}} = \text{rund } 1{,}3 \text{ m}.$$

Demnach wären die beiden ⊥-Eisen zwischen den Endpunkten mindestens dreimal zu kuppeln, wie dies Fig. 295 zeigt.

Der Druck, den ein Quadratzentimeter des Querschnittes aufnimmt, ist nach Gleichung 92):

$$k = \frac{46000}{2 \cdot 28{,}0} = 820 \text{ kg},$$

also zulässig.

Bildet man den Säulenquerschnitt aus 2 [-Eisen, so würden 2 [-Eisen N. P. Nr. 20 zu benutzen sein; denn jedes besitzt ein J_x von 1911 cm^4, während nur 1438 cm^4 erforderlich sind.

Da $J_y = 148$ cm^4 und $F = 32{,}2$, so wird

$$e = \sqrt{\frac{2875 - 2 \cdot 148}{2 \cdot 32{,}2}} = 6{,}3 \text{ cm},$$

also der Abstand von Schwerpunkt zu Schwerpunkt $2e = 12{,}6$ cm.

Für λ erhält man:

$$\lambda = \sqrt{\frac{2 \cdot 148}{2{,}5 \cdot 46{,}0}} = 1{,}73 \text{ m},$$

so dass eine zweimalige Kuppelung notwendig wird.

Die Beanspruchung des Querschnittes auf Druck wird:

$$k = \frac{46000}{2 \cdot 32{,}2} = \text{rund } 723 \text{ kg/qcm}.$$

Es sei jedoch darauf besonders aufmerksam gemacht, dass T-Eisen wegen ihrer geringen Flanschbreite und der dadurch nur unsauber herzustellenden Vernietung nicht zur Ausbildung von Säulenquerschnitten empfohlen werden können.

Säulenquerschnitte aus vier Winkeleisen. Bei der Berechnung der aus vier Winkeln gebildeten Säulenquerschnitte geht man am besten von dem erforderlichen Druckquerschnitte aus unter Beachtung der Schwächung durch Nietlöcher. Derselbe ist nach Gleichung 92):

$$f = \frac{P}{k} = \frac{P}{1000}.$$

Hat man hiernach die Winkel bestimmt, so gestaltet sich die übrige Rechnung in einer der obigen Rechnung ganz analogen Weise. Die Trägheitsmomente zweier gekuppelter Winkeleisenquerschnitte für die Schwerachse x — x sind aus den Normalprofiltabellen bekannt und hier mit J_2 bezeichnet (Fig. 296 und 297).

Bezeichnet F den nutzbaren Querschnitt eines Winkels, so wird aus Gleichung 99):

102) $$e = \sqrt{\frac{J_{erf} - 2\,J_2}{4\,F}}.$$

Bei der Bestimmung der Entfernung λ der Verbindungslaschen kommt das kleinste Trägheitsmoment eines Winkels in Betracht. In den Tabellen ist dies mit J_y bezeichnet. Da jeder Winkel $^1/_4$ der Last P aufnimmt, so erhält man aus Gleichung 100):

103) $$\lambda = \sqrt{\frac{4 \cdot J_y}{2{,}5\,P}}.$$

Hiernach würde sich die Berechnung der obigen Säule wie folgt gestalten. Der Druckquerschnitt f ist:

$$f = \frac{P}{1000} = \frac{46000}{1000} = 46 \text{ qcm}.$$

Wählt man ⌊ 80/80/10, so ist der nutzbare Querschnitt, wenn man ein Nietloch von 20 mm Durchmesser in Abzug bringt:

$$F = 15{,}1 - 2{,}0 = 13{,}1 \text{ qcm},$$

der gesamte Querschnitt somit $4F = 4 \cdot 13{,}1 = 52{,}4$ qcm, also hinreichend.

Fig. 296.

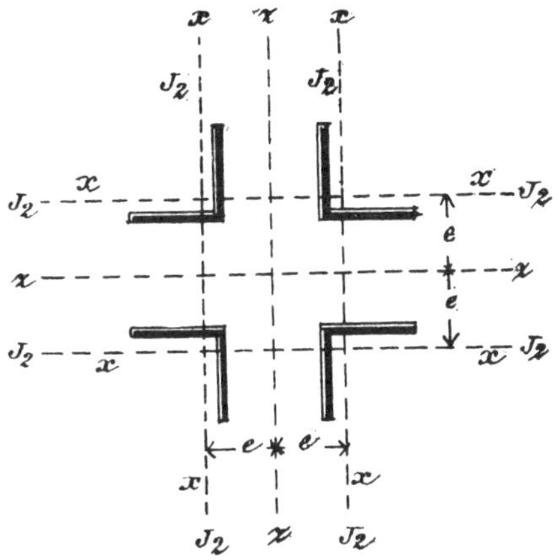

Fig. 297.

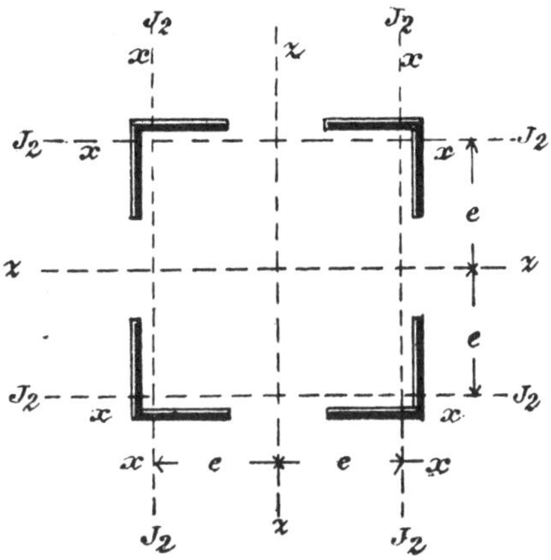

Für die gewählten Winkel ist nun laut Tabelle $J_y = 35{,}9$, $J_2 = 178$ cm^4, folglich wird e nach Gleichung 102):

$$e = \sqrt{\frac{2875 - 2 \cdot 178}{4 \cdot 13{,}4}} = 7 \text{ cm},$$

demnach der Winkelabstand von Schwerpunkt zu Schwerpunkt $2e = 14$ cm.

Die Verbindungslaschen erhalten dabei einen Abstand, der nach Gleichung 103) höchstens

$$\lambda = \sqrt{\frac{4 \cdot 35{,}9}{2{,}5 \cdot 46}} = \text{rund } 1{,}2 \text{ m}$$

betragen darf.

Alle Säulen, ob aus Gusseisen oder Schmiedeeisen hergestellt, erhalten zur Aufnahme und Uebertragung der Last einen entsprechend geformten Kopf und Fuss.

Die Berechnung der Frontstützen folgt im fünften Kapitel.

Säulenkopf. Der Kopf muss so ausgebildet sein, dass die Resultierende der auf ihn ruhenden Lasten der Berechnung entsprechend mit der Säulenachse zusammenfällt. Ferner ist als Regel stets zu beachten, dass die Druckübertragung durch das Säulenmaterial direkt und nicht erst durch Verbindungs- oder Aussteifungsteile erfolgen soll.

Es muss daher als ein sehr bedenklicher Konstruktionsfehler bezeichnet werden, wenn, wie es leider sehr häufig geschieht, die Säulenköpfe als weit ausladende Konsolen ausgebildet werden, auf denen die Träger ruhen.

Bei der geringsten Durchbiegung der Träger — und eine solche findet immer statt — wird die Last dann auf die vordere Konsolkante in mehr oder minder grosser Entfernung von der Säulenachse übertragen und dadurch die Berechnung der Säule völlig illusorisch gemacht. Denn infolge der exzentrischen

Auflagerung der Träger treten in der Säule selbst erhebliche Biegungsspannungen auf, die bei der Berechnung der Säule nicht berücksichtigt wurden (Fig. 298 und 299). Ist daher mit Rücksicht auf die Architektur die konsolartige Ausbildung des Kopfes nicht zu umgehen, so dürfen die Konsolen keinen Anteil an der Lastübertragung nehmen. Um dies zu erreichen, muss zwischen Konsole und Trägerunterkante stets ein kleiner Zwischenraum von etwa 3 bis 5 mm bleiben.

Fig. 298.

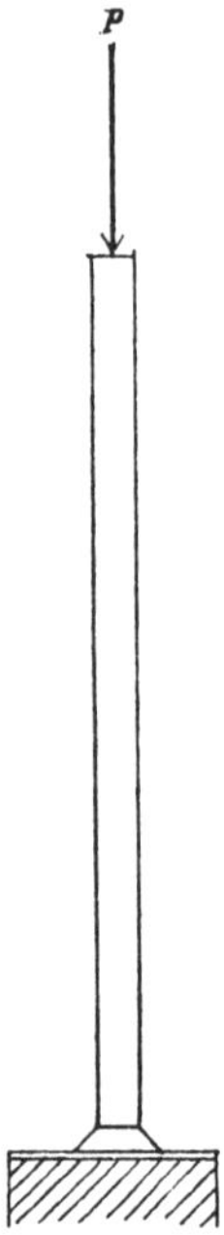

Fig. 299.

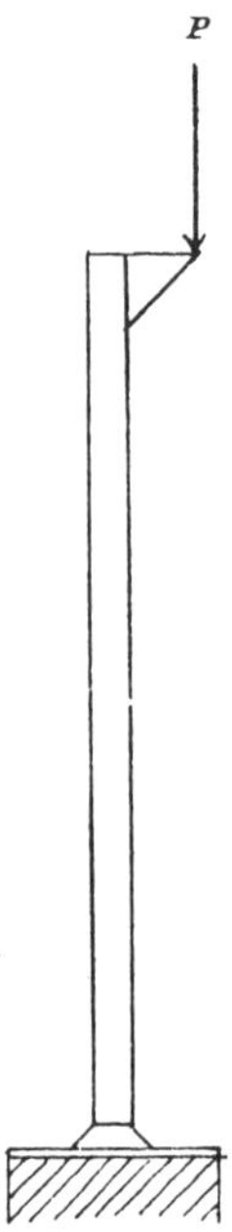

Nach diesem ist die in Fig. 300 dargestellte Lastübertragung richtig. Die hier angeordneten Winkel dienen zur Aussteifung des oberen Säulenendes und zur Befestigung der darüberliegenden Konstruktionsteile, nicht aber zur Lastübertragung. Die in Fig. 301 angegebene Verbindung ist dagegen durchaus verwerflich, weil hier die Last erst durch die Winkel auf den unteren Säulenschaft übertragen wird. Ebenso würde die in Fig. 302 dargestellte Konstruktion direkt als falsch bezeichnet werden müssen, wenn nicht dafür gesorgt wäre, dass die Konsole unbelastet bliebe.

Säulenfuss. Der Säulenfuss hat den Zweck, die Last der Säule auf das Fundament zu übertragen. Er besteht daher im wesentlichen aus einer Platte von solchen Abmessungen, dass die Druckverteilung in einer der Tragfähigkeit des Fundamentes entsprechenden Weise erfolgt. Für die Berechnung des Säulenfusses ist demnach die für die Unterkonstruktion zulässige Beanspruchung gegen Druck mafsgebend.

Fig. 300.

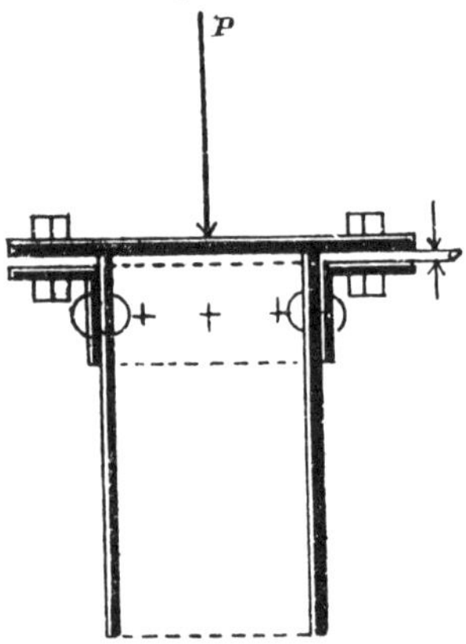

Fig. 301.

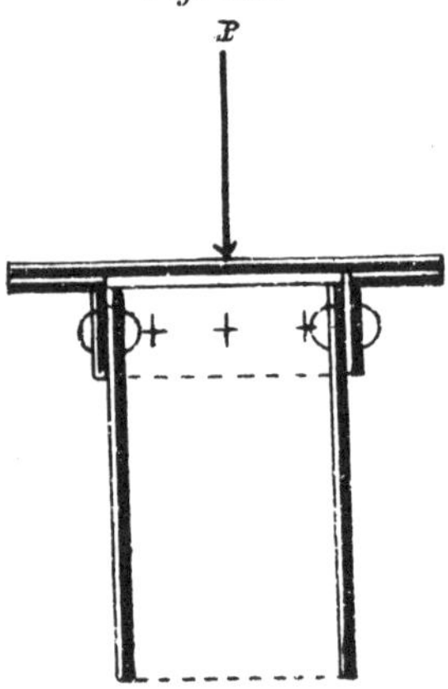

Um den Säulenfuss möglichst klein zu erhalten, wird zwischen Fundamentmauerwerk und dem Säulenfuss ein Auflagerstein eingeschaltet. Zwischen der Fussplatte und dem Fundament ist stets eine Zement- oder Bleifuge anzuordnen, damit die Unebenheiten der Steinoberfläche ausgeglichen werden und dadurch eine gleichmässige Druckverteilung erreicht wird.

Die Fussplatte besteht entweder mit der Säule aus einem Stück oder aber, was bei weitem vorzuziehen ist, sie wird für sich hergestellt. Das letztere sollte schon aus dem Grunde immer geschehen, weil die Aufstellung der Säulen hierdurch wesentlich erleichtert wird. Bei gusseisernen Säulen, die grosse Drücke aufzunehmen haben, ist es übrigens aus anderen konstruktiven Gründen, die weiter unten erörtert werden sollen, notwendig, den Säulenfuss gesondert giessen zu lassen.

Was die Form der Säulenfüsse betrifft, so ist die kreisrunde Gestalt derselben die theoretisch allein richtige. Wenn trotzdem die quadratische oder polygone Form vielfach Verwendung findet in der Praxis, so ist das meist leider nur der Bequemlichkeit des Technikers zuzuschreiben, der den von den Giessereien

Fig. 302.

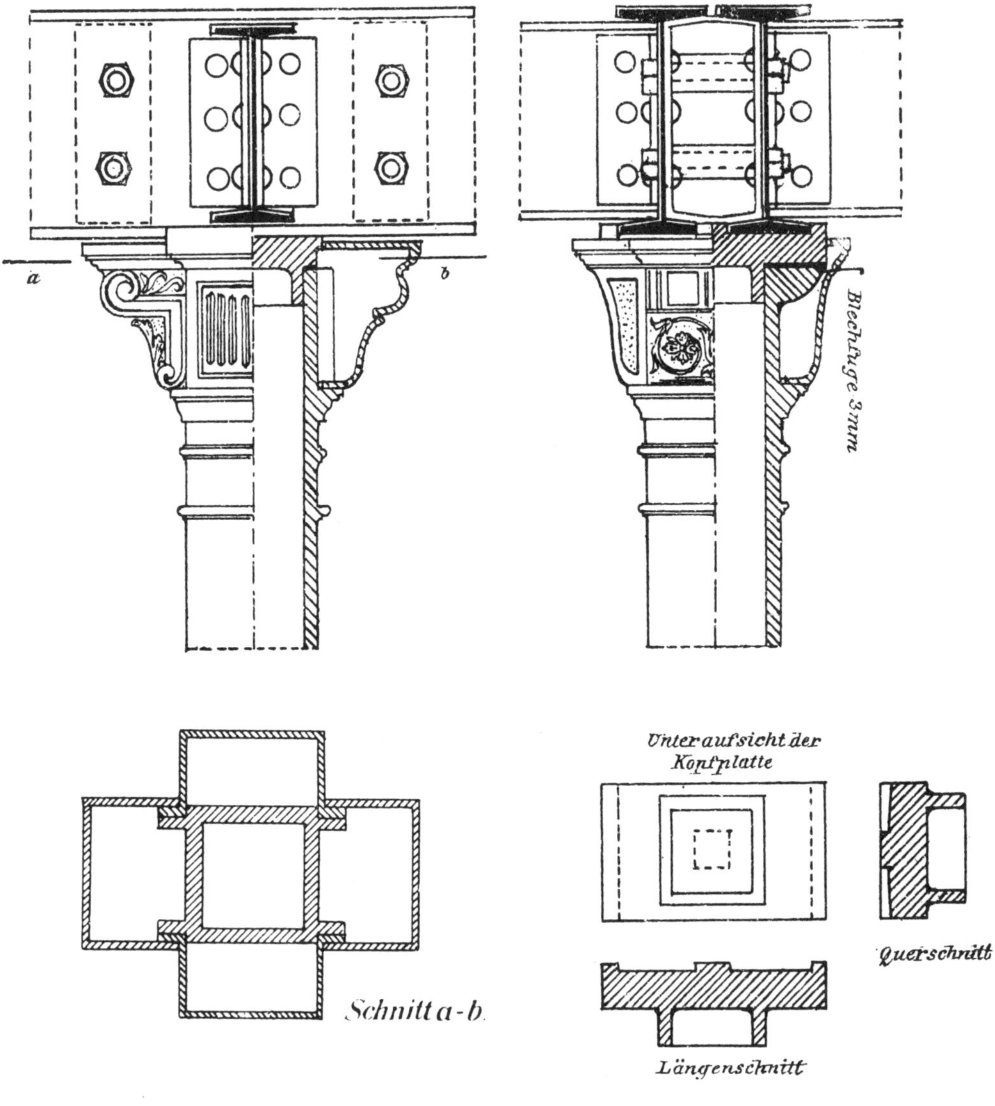

herausgegebenen Musterbüchern die ihm passend erscheinende Säule einfach entnimmt, wenn sie nur die verlangte Tragfähigkeit besitzt, gleichgültig, ob Kopf und Fuss den statischen Voraussetzungen entsprechen oder nicht.

Der Fuss der schmiedeeisernen Säulen, sofern er nicht aus Gusseisen hergestellt wird, richtet sich stets nach der Form des Säulenquerschnittes. Die Kreisform könnte zweckmässig hier nur für die Querschnitte in Fig. 270 bis 274 in Frage kommen. Indessen ist die Herstellung schmiedeeiserner runder Platten teuer, so dass man für diese Säulenquerschnitte in der Regel sechs- oder achteckige Fussplatten wählt. Für die übrigen Querschnitte sind die Fussplatten meist rechteckig oder quadratisch gestaltet.

b) Berechnung der Säulenfüsse.

Säulenfüsse aus Gusseisen. Die Grösse der Fussplatte ist durch die Bedingung bestimmt, dass der Druck pro Quadratzentimeter auf die Unterlage innerhalb der zulässigen Grenze bleibt. Ist daher P die zu übertragende Last, k die

Fig. 303.

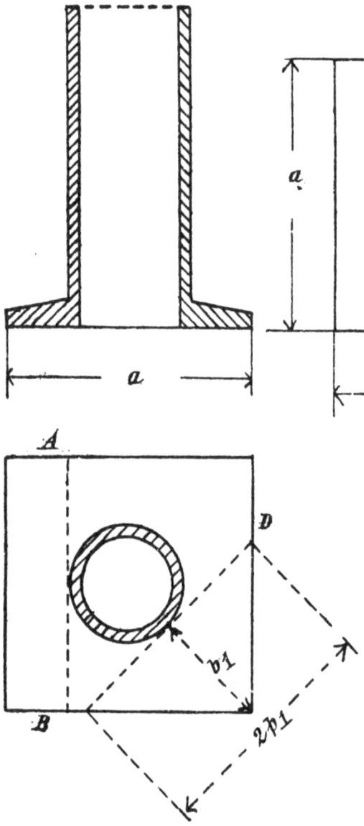

Fig. 304.

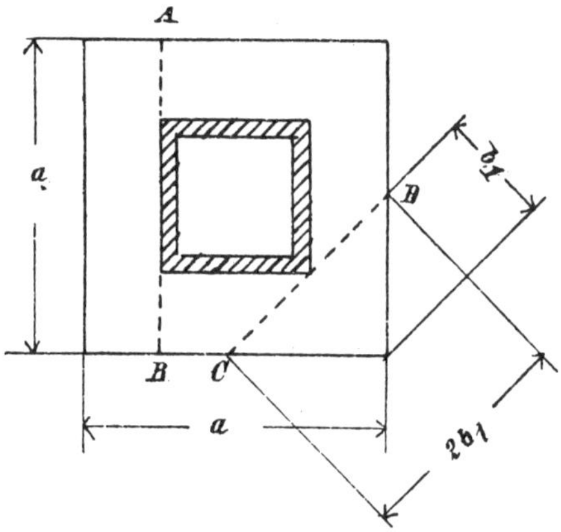

Fig. 305.

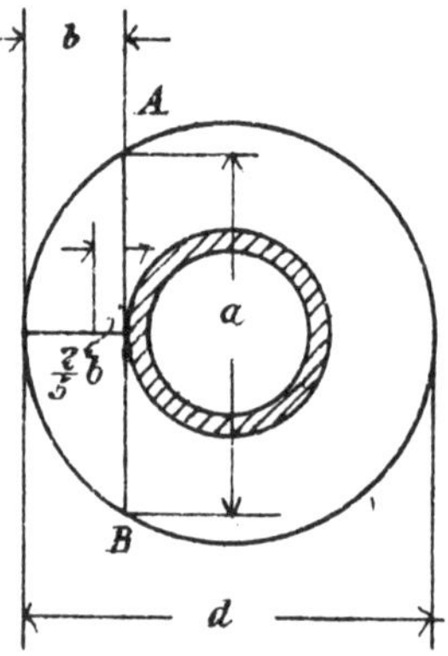

zulässige Druckbeanspruchung der Unterlage (Auflagerstein oder Mauerwerk), so folgt für die Grösse F der Platte

$$F = \frac{P}{k}.$$

Die Seite a der quadratischen, bezw. der Durchmesser d der kreisförmigen Fussplatte in Fig. 303, 304 und 305 ist damit bekannt.

Wird die Fussplatte für sich hergestellt, so wird a bezw. d kleiner, weil in diesem Falle kein Abzug für die innere Oeffnung gemacht zu werden braucht (Fig. 306 und 307).

Um einen Ausdruck für die Dicke δ der Fussplatte am Säulenschaft zu erhalten, betrachte man in den Figuren 303 bis 305 sowohl die durch die Linien AB wie CD abgetrennten Teile der Fussplatte als längs dieser Linien eingespannte und von unten mit k kg/qcm gleichmässig belastete Träger. Alsdann folgt aus der Biegungsgleichung mit Beziehung auf die dort gewählte Bezeichnung für den rechteckigen Streifen, mit Rücksicht auf die für Gusseisen zulässige Biegungsanstrengung

$$a \cdot b \cdot k \cdot \frac{b}{2} = \frac{1}{6} a \, \delta^2 \cdot 250,$$

woraus:

104) $$\delta = b \sqrt{\frac{3\,k}{250}} = \frac{b}{9} \sqrt{k}.$$

Für den dreieckigen Teil erhält man auf dieselbe Weise

104a) $$\delta_1 = b_1 \sqrt{\frac{k}{250}} = \frac{b_1}{16}\sqrt{k}.$$

Der grössere dieser beiden Werte ist für die Ausführung mafsgebend. Für den in Fig. 304 dargestellten Fall ist δ stets grösser als δ_1. Besteht die Unterlage aus einem mittelharten Auflagerstein, für den k etwa gleich 20 bis 25 kg pro Quadratzentimeter gesetzt werden darf, so folgt aus den Gleichungen für δ und δ_1

105) $$\delta = \text{rund}\ \frac{b}{2};\ \delta_1 = 0{,}3\, b_1.$$

Fig. 306.

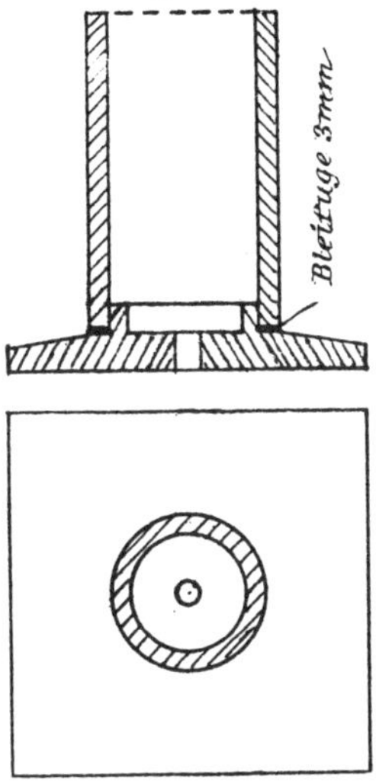

Fig. 307.

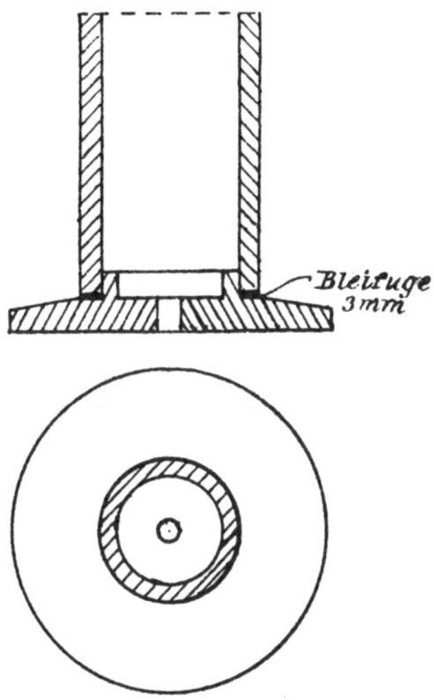

Zur Berechnung von δ für die runde Platte fasse man den durch die Linie A B abgetrennten Teil der Platte (Fig. 305) als Parabelfläche auf, deren Inhalt alsdann $\frac{2}{3}$ a b ist und deren Schwerpunkt $^2/_5$ b von A B entfernt liegt. Als Biegungsgleichung erhält man somit

$$\frac{2}{3}\, a \cdot b \cdot \frac{2}{5}\, b \cdot k = \frac{1}{6}\, a\, \delta^2\, 250$$

Fig. 308.

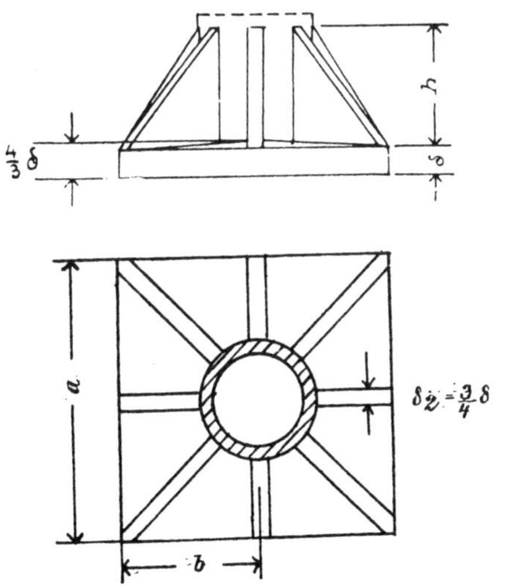

Fig. 309.

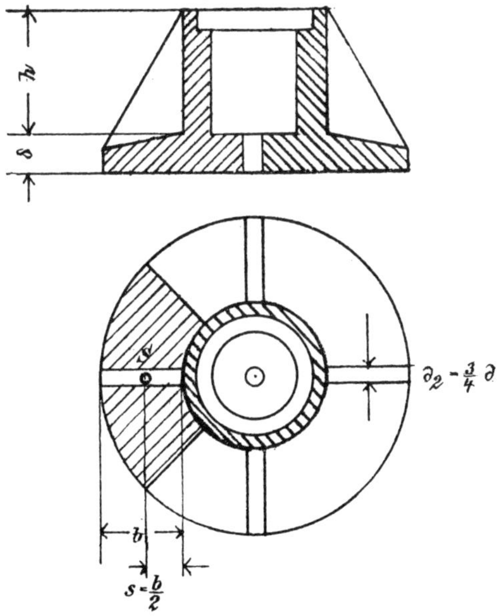

oder

106) $$\delta = b \sqrt{\frac{8\, k}{5 \cdot 250}} = \text{rund}\ \frac{b}{12}\sqrt{k}.$$

Mit k = 20 – 25 kg/qcm wird:

$$107)\qquad \delta = \frac{2}{5}\,b.$$

Nach dem Rande zu dürfen die Platten schwächer werden, so dass die Randstärke etwa $^1/_2\,\delta$ ist.

Gusseiserne Fussplatten mache man nicht unter 2 cm stark. Ergeben sich aus den vorstehenden Gleichungen für δ Werte über 5 bis 8 cm, so ordnet man vielfach Rippen an. Die Zahl der Rippen ist entweder vier oder acht (Fig. 308 und 309). Ist b der grösste Abstand zweier Rippen, so erhält man die Randstärke der Platte, wenn man den zwischen zwei Rippen liegenden Teil der Platte als einen längs der Rippen eingespannten Träger betrachtet, aus der Gleichung:

$$108)\qquad \delta = \frac{b}{22}\sqrt{k}.$$

Nach dem Schafte zu lässt man oft die Platte etwas stärker werden, so dass ihre Dicke an dieser Stelle etwa $\frac{4}{3}\,\delta$ wird.

Fig. 310.

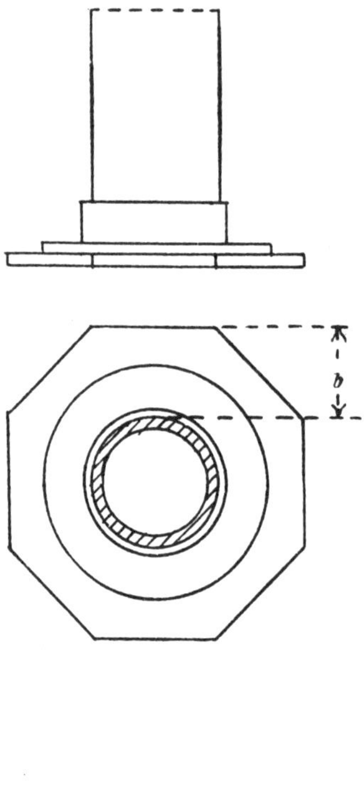

Fig. 311.

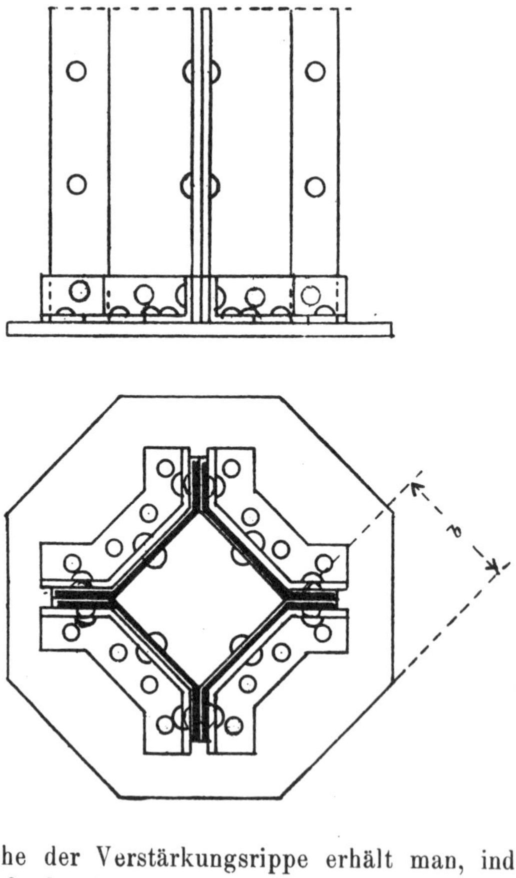

Einen Ausdruck für die Höhe der Verstärkungsrippe erhält man, indem man die Rippe als einen längs der Säule eingespannten Träger ansieht (Fig. 309). Der auf die schraffierte Fläche f kommende Druck ist f · k. Bezeichnet s den

Schwerpunktsabstand, der mit genügender Genauigkeit gleich $\frac{b}{2}$ gesetzt werden kann, so lautet die Biegungsgleichung:

$$f \cdot k \cdot \frac{b}{2} = \frac{1}{6} \delta_2 \cdot h^2 \cdot 250$$

woraus:

$$h = \frac{1}{9} \sqrt{\frac{f \cdot k \cdot b}{\delta_2}}. \tag{109}$$

δ_2 bedeutet hierbei die Stärke der Rippen, die man etwa $\frac{3}{4} \delta$ machen kann.

Die Stärke schmiedeeiserner Fussplatten mache man nicht unter 1 cm und nicht über 2,5 cm.

Säulenfüsse aus Schmiedeeisen. Die Bildung des Säulenfusses aus Schmiedeeisen geschieht in der Weise, dass man den Säulenschaft stumpf auf die Fussplatte stossen lässt und beide Teile durch Winkeleisen miteinander verbindet. Die Fussplatte erfährt hierdurch gleichzeitig eine wesentliche Aussteifung.

Fig. 312.

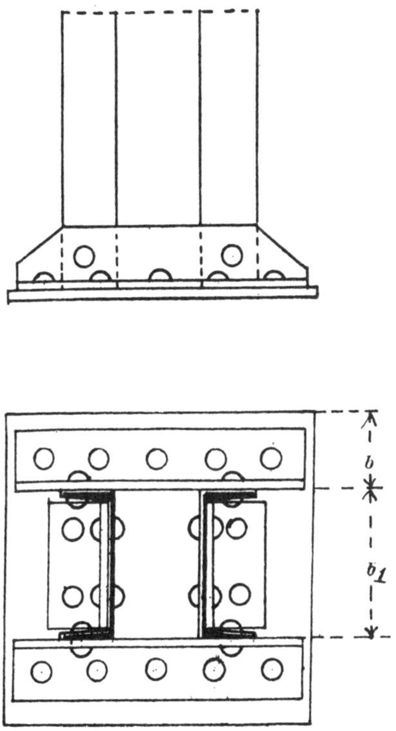

Fig. 313.

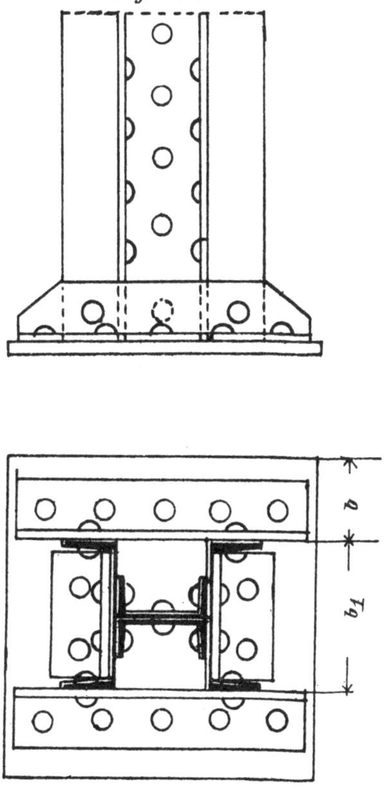

Die Stärke δ der Fussplatte erhält man mit Rücksicht darauf, dass die zulässige Biegungsanstrengung des Schmiedeeisens 1000 kg/qcm beträgt, gleich der Hälfte der vorstehend angegebenen Werte für gusseiserne Platten. Sofern die Fussplatte nicht wesentlich über die Vorderkante der Anschlusswinkel hervorragt, kann man die Dicke der letzteren für δ in Anrechnung bringen.

Demnach wäre für die in Fig. 310 und 311 angegebenen Säulenfüsse:

110) $$\delta = \frac{b}{24}\sqrt{k};$$

dagegen würden für die in Fig. 312 und 313 dargestellten Säulenfüsse die Gleichungen:

111) $$\delta = \frac{b}{18}\sqrt{k} \text{ oder } \delta = \frac{b_1}{44}\sqrt{k}$$

mafsgebend sein.

Beispiel 1. Es sollen die Abmessungen des Säulenfusses für die oben auf Seite 113 berechnete gusseiserne Säule bestimmt werden, unter der Annahme, dass ein Auflagerstein vorhanden ist, der mit 25 kg/qcm gedrückt werden darf.

Es ist:

$$F = \frac{27000}{25} = 1080 \text{ qcm.}$$

Fig. 314.

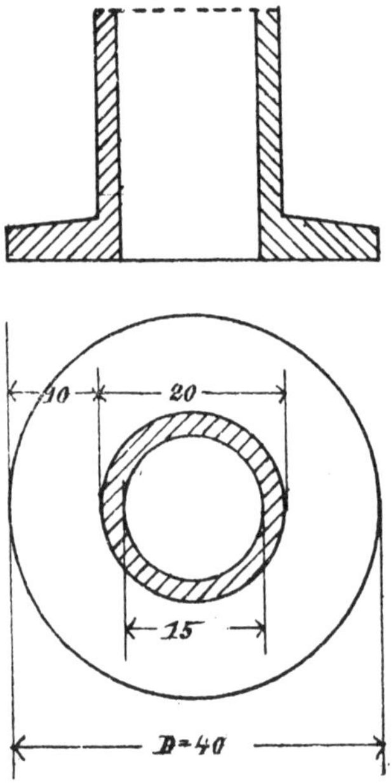

Fig. 315.

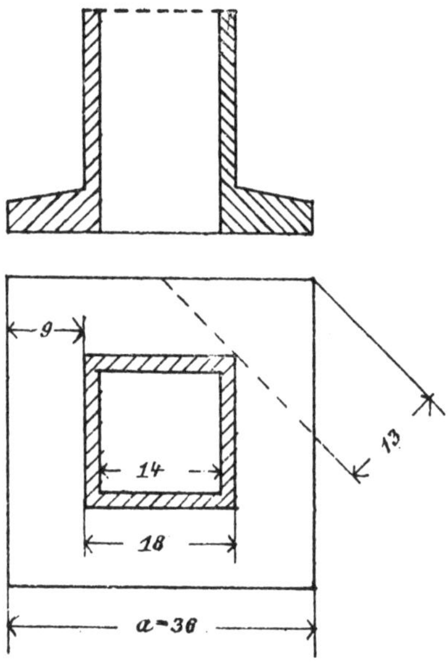

Ist D der Durchmesser des Fusses, so ist nach Fig. 314:

$$D^2\frac{\pi}{4} - \frac{15^2\pi}{4} = 1080,$$

woraus sich ergibt:

$$D = \sqrt{\frac{1080 + \frac{15^2\pi}{4}}{\frac{\pi}{4}}} = 40 \text{ cm.}$$

Die Dicke der Platte beläuft sich nach Gleichung 106) auf:

$$\delta = \frac{b}{12}\sqrt{k} = \frac{10,0}{12}\sqrt{25} = 4,1 \text{ cm,}$$

wofür 4,5 cm angenommen werden.

Für den oben berechneten quadratischen Querschnitt würde die Länge der quadratischen Fussplatte (Fig. 315) sich ermitteln aus:

$$a^2 - 14{,}0^2 = 1080$$

$$a = \sqrt{1080 + 14{,}0^2} = \text{rd } 36 \text{ cm.}$$

Da $b = 9$, $b_1 = 13$ cm wird, so folgt für die Dicke dieser Platte aus Gleichung 104):

$$\delta = \frac{b}{9}\sqrt{k} = \frac{9}{9}\sqrt{25} = 5 \text{ cm}$$

oder aus Gleichung 104a):

$$\delta_1 = \frac{b_1}{16}\sqrt{k} = \frac{13}{16} \cdot 5{,}0 = 4 \text{ cm.}$$

Die Platte müsste demnach 5,0 cm stark werden.

Beispiel 2. Die auf Seite 117 berechnete schmiedeeiserne Säule soll einen schmiedeeisernen Fuss erhalten. Welche Abmessungen erhält derselbe, wenn als Querschnitt des Schaftes die beiden [-Eisen Nr. 20 gewählt werden und der Auflagerstein einen Druck von 20 kg/qcm erhalten darf?

Fig. 316.

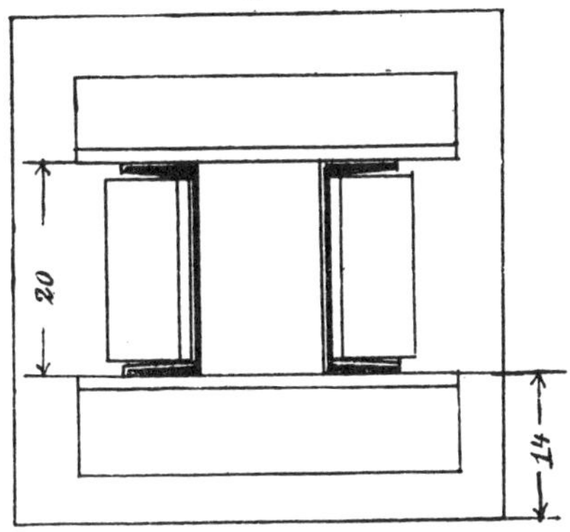

Es wird:

$$f = \frac{46000}{20} = 2300 \text{ qcm} = 48 \cdot 48 \text{ qcm.}$$

Nach Fig. 316 ist $b = 14$, $b_1 = 20$ cm, demnach wird nach Gleichung 111):

$$\delta = \frac{b}{18}\sqrt{k} = \frac{14}{18}\sqrt{20} = \text{rd } 3{,}5 \text{ cm}$$

oder

$$\delta_1 = \frac{b_1}{44}\sqrt{k} = \frac{20}{44}\sqrt{20} = \text{rd } 2 \text{ cm.}$$

Die Stärke der Platte müsste demnach 3,5 cm werden. Da der Anschluss durch Winkel 80/80/10 erfolgt ist, so wäre somit die Dicke der Platte 2,5 cm zu machen.

c) Ausführung der gusseisernen Säulen.

Als erste Regel beim Entwerfen gusseiserner Säulen ist zu beachten, dass der Querschnitt des Säulenschaftes an allen Stellen möglichst erhalten bleibt. In den wenigsten Fällen wird jedoch hierauf Rücksicht genommen, insofern sowohl am Kopfe wie am Fusse, infolge der architektonischen Ausschmückung, beträchtliche Aenderungen des Querschnittes vorkommen. Auch am Schafte selbst wird durch Anbringung von Ziergliedern der Querschnitt häufig wesentlich geändert. In Anbetracht der ungleichmässigen Abkühlung zwischen den ungleich dicken Wandungen, werden hierdurch schädliche Spannungen im Gusse hervorgerufen, deren Grösse sich der Beurteilung völlig entzieht. Es ist deshalb stets vorzuziehen, den Säulenschaft von oben bis unten glatt durchzuführen und etwaige architektonisch notwendige Verzierungen als Kunstguss oder aus Zink oder Bronze für sich herzustellen und nachträglich, vermittelst Stiftschrauben an der Säule zu befestigen. Bei grösseren und schwer belasteten Säulen wird daher fast stets Kopf und Fuss für sich hergestellt, um das Auftreten der schädlichen Spannungen zu umgehen.

Die Säulen werden entweder liegend oder stehend gegossen. Wenn nichts besonderes vorgeschrieben ist, pflegen die Giessereien die erstere Art des Giessens anzuwenden. Dies ist indessen bedenklich, insofern, als namentlich bei langen dünnen Säulen der Kern selten so steif ist, dass beim Gusse keine Formänderungen eintreten könnten. Infolge des Auftriebes des flüssigen Eisens biegt der Kern leicht durch, so dass ungleiche Wandstärken entstehen. Dies ist um so gefährlicher, als die Ungleichheit am grössten in der Säulenmitte ist, also da, wo die Einhaltung des berechneten Querschnittes am allernotwendigsten wird. Bei allen liegend gegossenen Säulen soll man daher die Wandstärke durch Anbohren mit dünnen Bohrern an mehreren Stellen desselben Querschnittes untersuchen und bei zu grosser Abweichung von der vorgeschriebenen Dicke die Abnahme verweigern.

Es empfiehlt sich also, den stehenden Guss für die Herstellung der Säulen vorzuschreiben, bei welchem jener Uebelstand nicht eintreten kann. Allerdings sind für den stehenden Guss entsprechende Dammgruben erforderlich, die bei vielen kleinen Giessereien nicht vorhanden sind. Indessen sind eine grosse Zahl von Giessereien, die sich mit der Herstellung von Bauguss beschäftigen, mit solchen Dammgruben ausgerüstet, so dass Säulen bis zu 8 oder 9 m Länge stehend gegossen werden können.

Fig. 317.

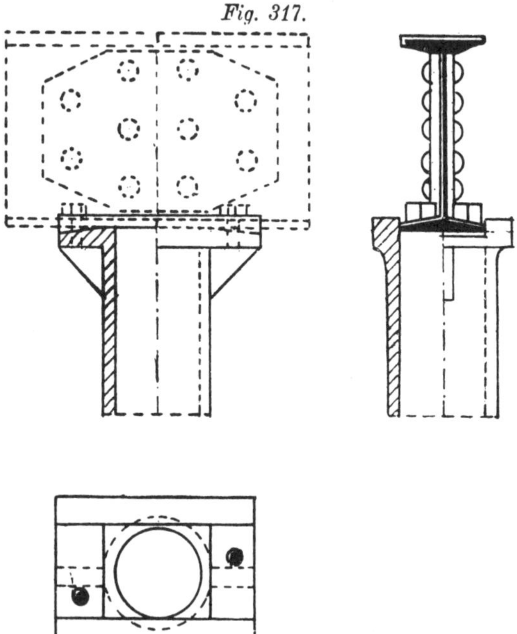

Ausbildung des Kopfes. Der Säulenkopf hat den Zweck, die Lasten aufzunehmen und sie auf den Säulenschaft zu übertragen. Die auf der Säule ruhenden Träger, Unterzüge, Mauerbögen usw. müssen ein solches Auflager finden, dass die Belastung gleichmässig über den Säulenquerschnitt verteilt wird.

Die Grösse der Kopfplatte richtet sich nach der Grösse und Form der belastenden Konstruktionsteile. Am häufigsten liegt der Fall vor, dass über der Säule ein Träger bezw. Unterzug durchgeführt wird; oft auch treffen über der Säule recht- oder schiefwinkelig sich kreuzende Träger. Die Kopfplatte soll so klein wie möglich gehalten werden und stets so konstruiert sein, dass sie den Druck zentrisch überträgt. In Fig. 317 ist der einfache Fall dargestellt, dass ein I-Eisen über der Säule gestossen wird. Wie aus derselben ersichtlich, ist die Kopfplatte nach der Längsrichtung schwach gewölbt, so dass der Träger genau über der Säulenachse sein Auflager findet. Es reicht völlig aus, wenn der Radius der Abrundung mit 2,50 bis 3,0 m bemessen wird.

Geht ein Träger über einer Säule fort, so muss er auf derselben stets sein festes und in den Seitenwänden seine beweglichen Auflager finden (Fig. 318).

Fig. 318.

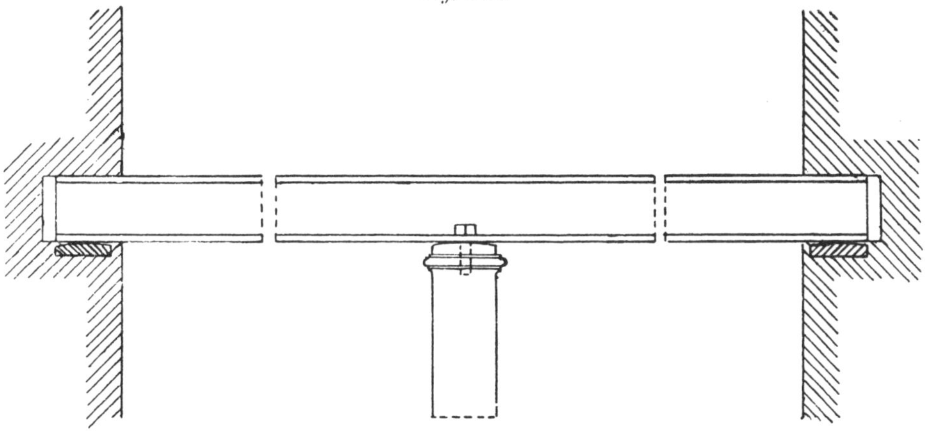

Es ist dies aus dem Grunde erforderlich, damit die Säule infolge der durch die Temperaturschwankungen hervorgerufenen Längenänderungen des Trägers nicht den Wirkungen horizontal gerichteter Kräfte ausgesetzt wird. Würde der Träger nämlich an einem Ende festgelagert sein, so würde durch die Längenänderung des Trägers die Säule aus ihrer lotrechten Stellung weichen müssen, wodurch im Säulenschaft schädliche Biegungsspannungen hervorgerufen würden.

Fig. 319.

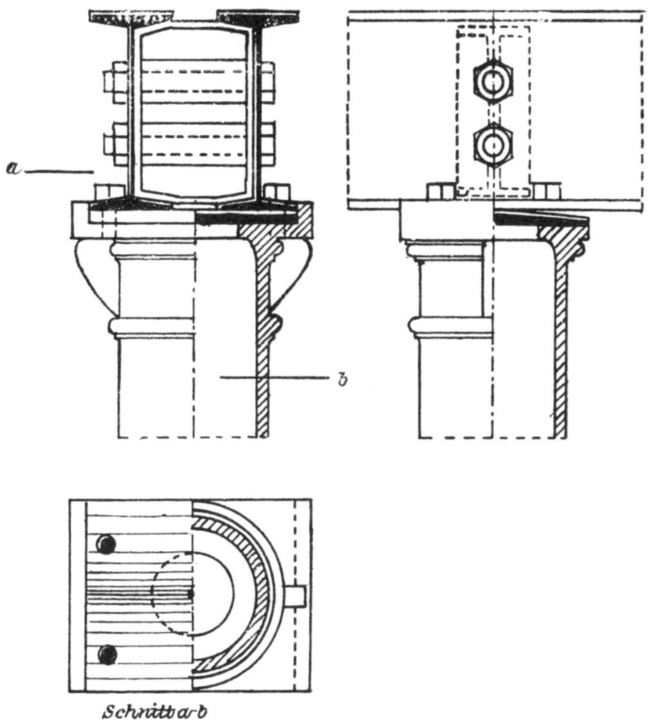

In der Regel werden die Träger mit der Kopfplatte verschraubt. Dies ist jedoch keineswegs notwendig, es genügen auch hier wie bei den festen Lagern einfache Feststelldorne, die sowohl die seitliche wie auch die Längsverschiebung des Trägers unmöglich machen. In Fig. 317 ist die Lage des Trägers in dieser Weise auf der Säule gesichert. Die seitlichen Leisten der Kopfplatte haben hier daher keinen konstruktiven Zweck, sie befriedigen mehr das Gefühl des Beschauers, dass der Träger keine Seitenverschiebung erfahren kann.

Liegen mehrere Träger nebeneinander, so ist über der Säule eine Querverbindung, oder falls dies aus irgend einem Grunde nicht angeht, zu beiden

Fig. 320.

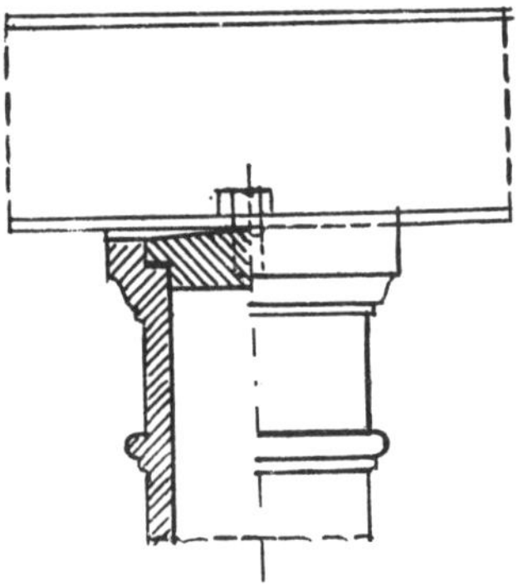

Fig. 321.

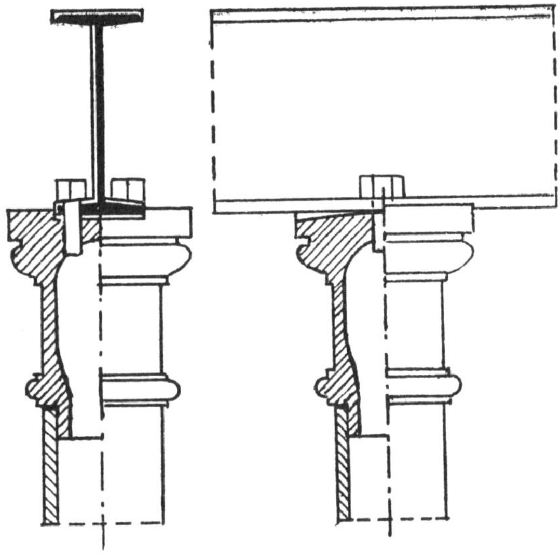

Seiten der Säule je eine solche anzuordnen. Die Ausladung der Platte ist möglichst gering zu halten und durch konsolartige Rippen zu unterstützen (Fig. 319). Infolge der kreisförmigen Oeffnung in der Platte kann in diesem Falle die Kopfplatte

Fig. 322.

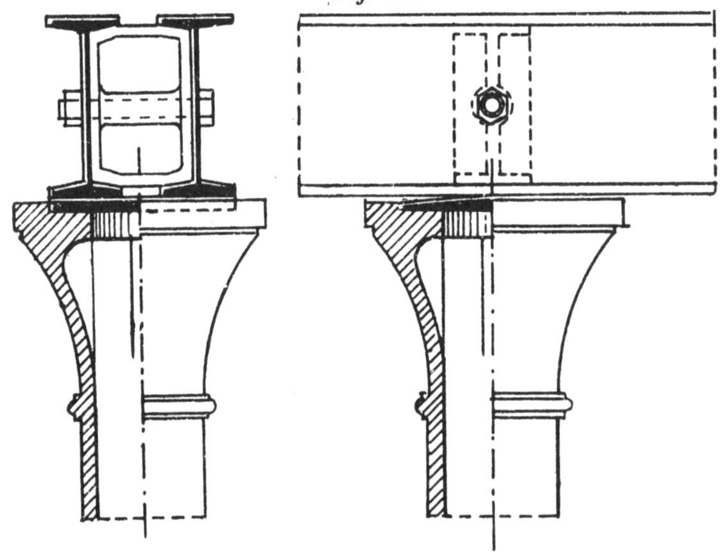

nicht gewölbt werden, da sonst die Träger nicht mit ihrer ganzen Flanschbreite aufliegen würden. Um eine zentrische Uebertragung des Druckes zu erreichen, ist daher hier eine etwas gewölbte schmiedeeiserne Platte auf die Kopfplatte gelegt worden.

Eine andere, sehr bemerkenswerte Lösung, die Druckübertragung in der Säulenachse zu bewirken, zeigt Fig. 320. In den Säulenkopf ist eine für sich gegossene, gewölbte Platte gelegt.

In Fig. 321 ist der Säulenkopf für sich gegossen. Die Oberfläche ist wieder konvex gestaltet. Bei dieser empfehlenswerten Anordnung ist aber zu beobachten, dass die sich berührenden Flächen von Schaft und Kopf sauber abgedreht werden,

Fig. 323.

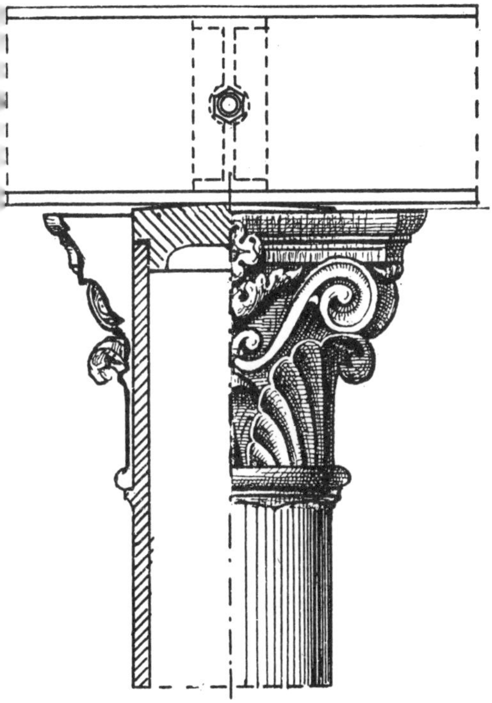

Fig. 324.

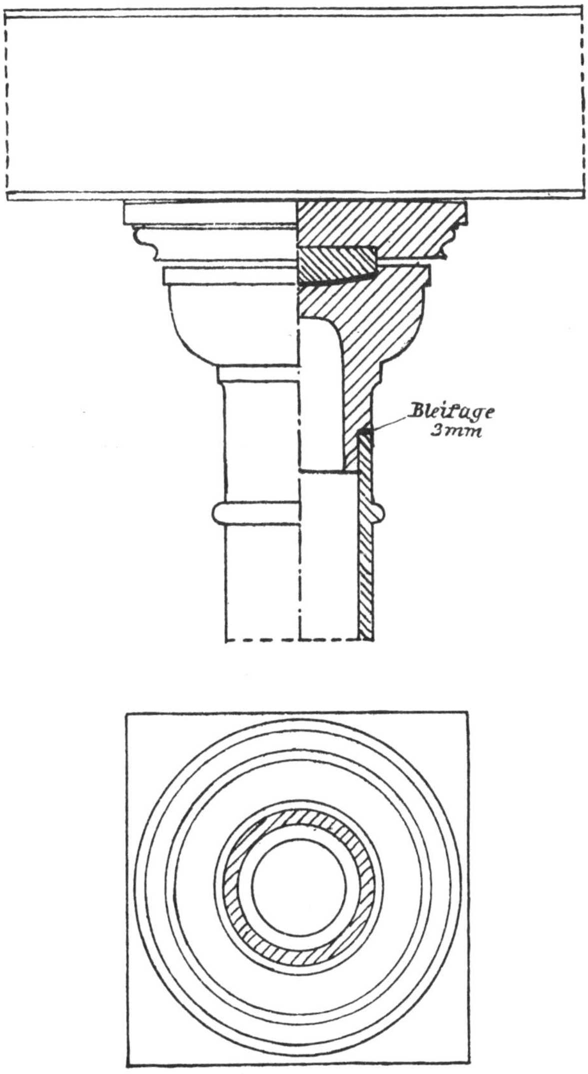

damit eine gleichmässige Berührung beider stattfindet. Häufig wird an dieser Stelle, und das kann zur Nachahmung nur empfohlen werden, ein 3 bis 5 mm starker Blei- oder Kupferring eingeschaltet. Die Länge der in den Säulenschaft eingreifenden Muffe des Kopfes genügt mit 50 bis 100 mm. Die Uebergangskurve soll, wie es an der linken Seite der Schnittfigur angedeutet ist, möglichst schlank sein.

Der Kopf der Säule in Fig. 322 muss wegen seiner Ausbauchung durch innere Rippen abgesteift werden, welche den Druck auf den Schaft übertragen sollen. Da die Trägerflansche hier nicht in ihrer ganzen Breite aufliegen, so wird besser eine schmiedeeiserne konvex gestaltete Zwischenplatte von 15 mm Stärke eingeschoben, wie dies in Fig. 322 angedeutet ist.

Fig. 325.

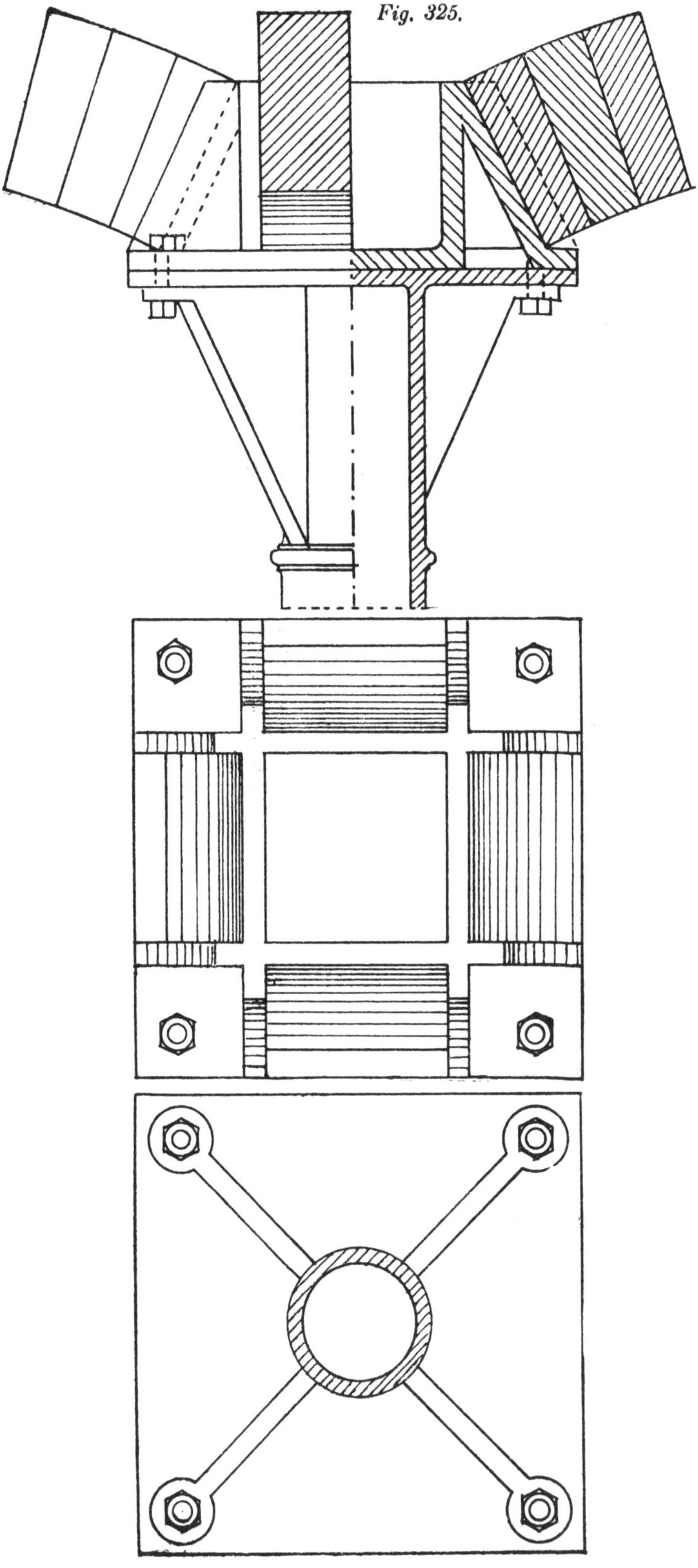

Reich ornamentierte Säulenköpfe werden, wie bereits oben erwähnt, besser für sich hergestellt, sei es als Kunstguss oder in Zink oder Bronze und durch Stiftschrauben mit dem Schaft verbunden. Beispiele hierfür zeigen Fig. 302 und 323. Zur Auflagerung wurde hier wieder eine Platte auf den glatt durchgeführten Schaft gelegt unter Zuhilfenahme eines Bleiringes. Ein ausgezeichnetes Mittel, die Last achsial zu übertragen, bietet das bewegliche Kugellager, wovon Fig. 324 ein Beispiel liefert. Bei derartigen Säulen ist der Fuss entsprechend ausgebildet. Leider haben derartige Säulen im Hochbau noch wenig Eingang gefunden.

In Fig. 325 und 326 sind zwei Beispiele dargestellt, bei welchen die Säule zur Unterstützung von Mauerbögen dient. In beiden Figuren setzen sich die Bögen gegen besonders gegossene zellenförmig geteilte Gussstücke. In Fig. 325 ist letzteres mit der Kopfplatte der Säule verschraubt, in Fig. 326 dagegen wurde angenommen, dass die Säule höher geführt werden soll. Das entsprechend ausgebildete Zwischenstück ist an der Stelle, an welcher die Drucklinie des Bogens den Schaft treffen würde, durch einen Verstärkungsring ausgesteift. Das Kapitäl ist völlig unbelastet geblieben.

Wie aus Fig. 302 hervorgeht, ist es auch für den Fall, dass die architektonische Ausbildung des Kopfes die Anordnung weit ausladender Konsolen erheischt, immer möglich, das Kapitäl als besonderen Bestandteil am Säulenschaft anzubringen. Zu diesem Zwecke ist hier der Schaft mit schmalen angegossenen Leisten versehen worden, welche den Konsolen zur sicheren Befestigung dienen.

Säulenfuss. Bei kleineren Säulen wird der Säulenfuss direkt angegossen und in solcher Stärke ausgeführt, dass die Druckübertragung ohne Zuhilfenahme von Rippen stattfindet.

Fig. 326.

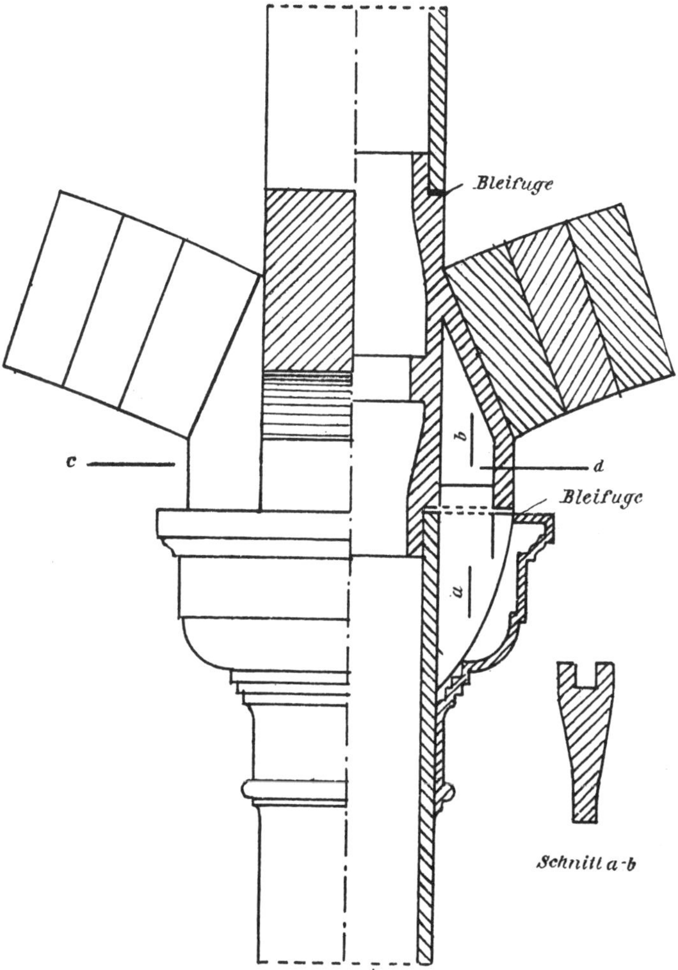

Schnitt c-d

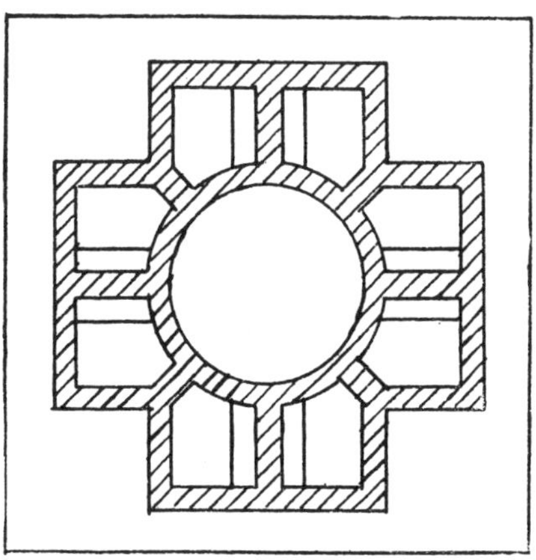

Bei den meisten im Hochbau vorkommenden Säulen ist es nicht erforderlich, den Säulenfuss mit dem Fundament durch Steinschrauben zu verbinden, es genügt vielmehr, den Säulenfuss lose auf die Unterlage zu stellen. Um die Säule gegen seitliche Verschiebung zu sichern, lässt man die Fussplatte in den Auflagerstein ein (Fig. 327) oder aber man ordnet einen Feststelldorn an, wie dies aus den Fig. 330 bis 334 ersichtlich ist. In Gebäuden dagegen, wo heftige Erschütterungen durch Maschinen, Transmissionen und dergl. oder bei offenen Hallen, wo

Fig. 327.

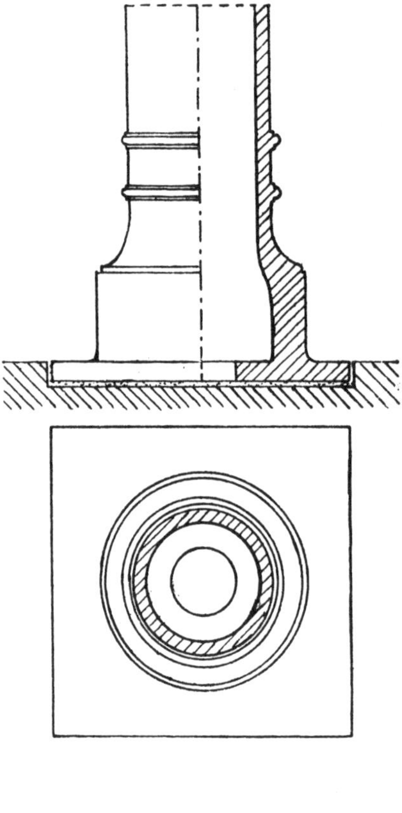

Fig. 328.

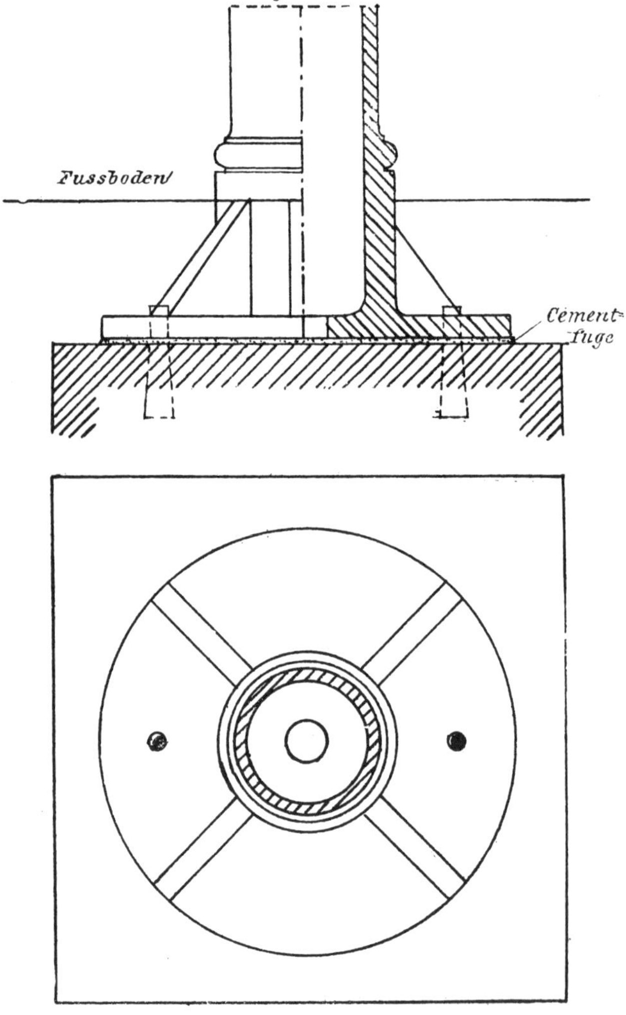

infolge des Winddruckes ein seitliches Ausweichen oder gar ein Abheben des Säulenfusses von seiner Unterlage zu befürchten ist, muss auf eine kräftige Verbindung von Fuss und Fundament Bedacht genommen werden. Dann genügen aber auch keine Steinschrauben mehr, sondern solchen Wirkungen kann nur durch eine starke Verankerung wirksam entgegengetreten werden. Die Berechnung der Säulen, wie sie oben durchgeführt wurde, ist in diesem Falle nicht mehr massgebend, sie ist von anderen Grundlagen aus durchzuführen, wie dies

Fig. 329.

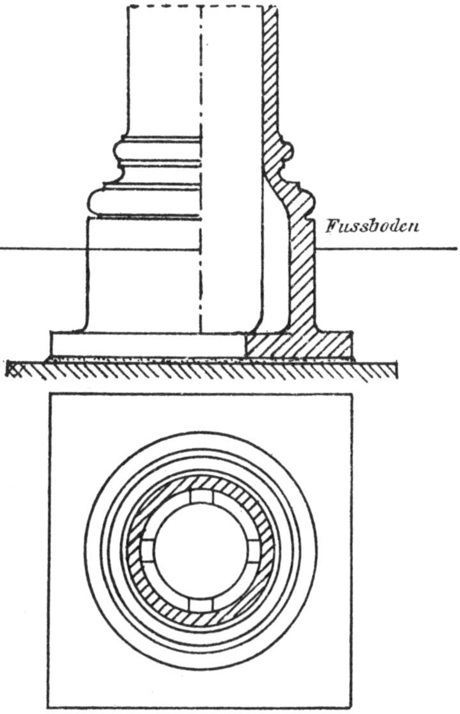

Fig. 330.

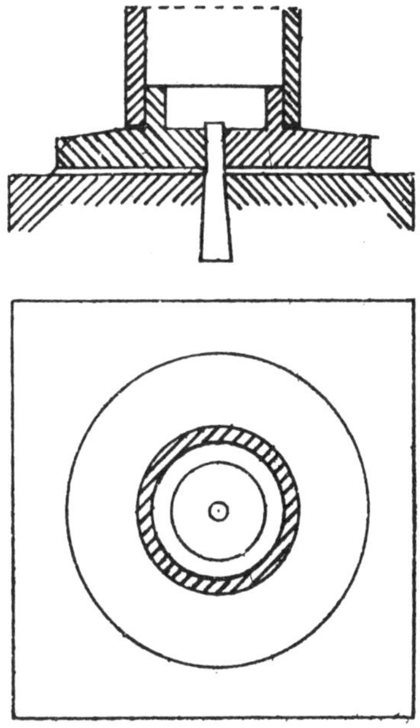

Fig. 331.

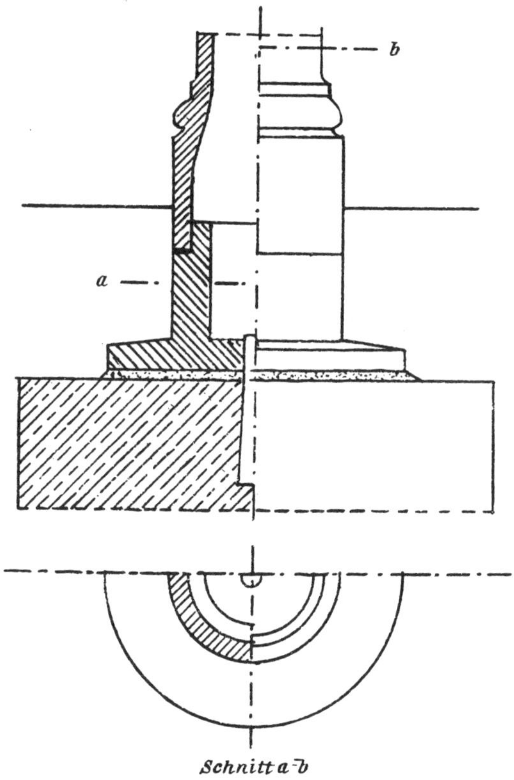

Fig. 332.

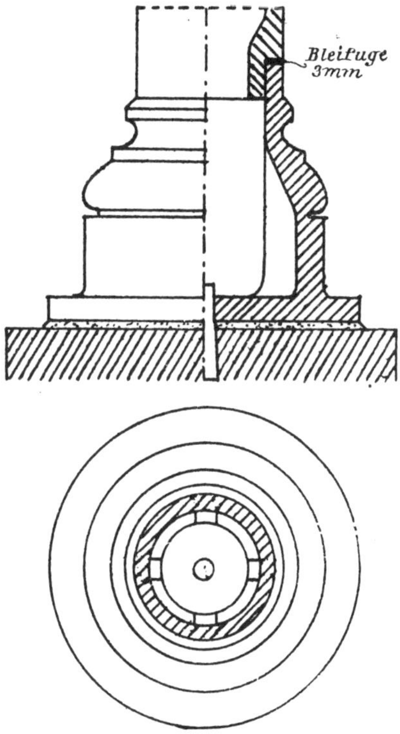

Fig. 333.

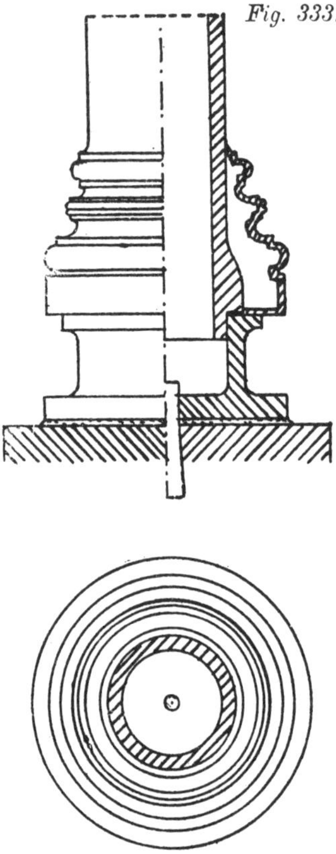

Fig. 334.

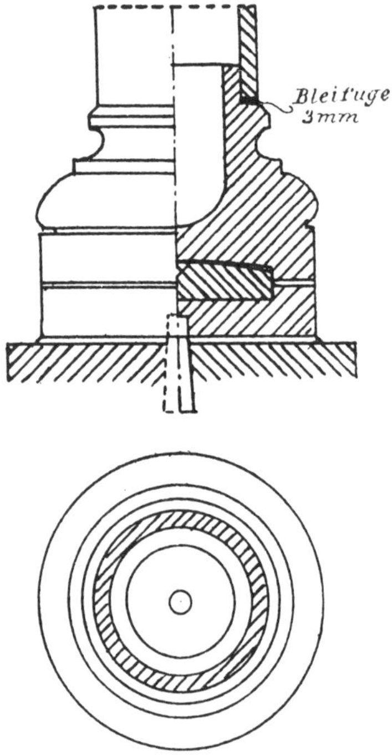

Fig. 335.

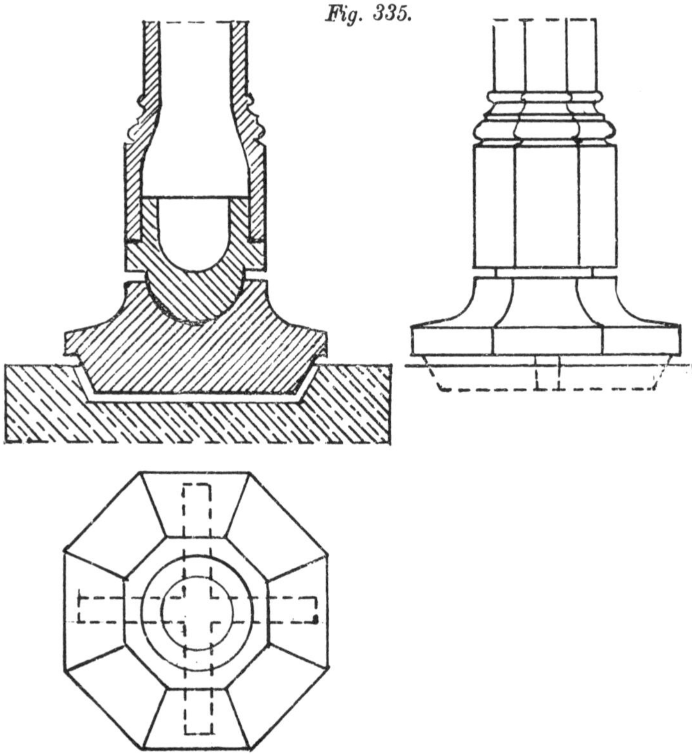

Fig. 336.

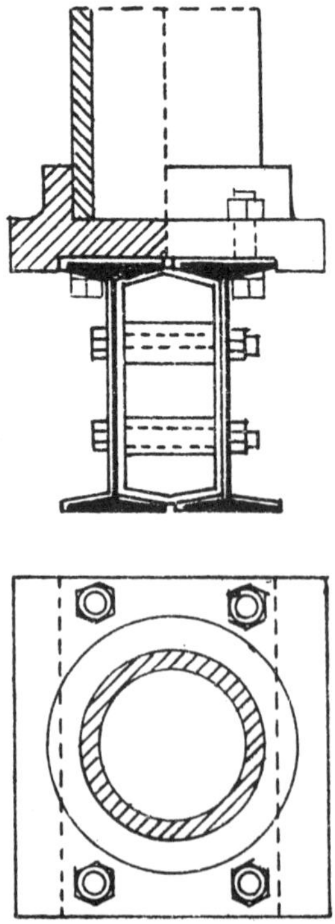

weiter unten gezeigt wird. Bei grösserer Ausladung der Fussplatte werden vier oder acht Versteifungsrippen zwischen Platte und Säulenschaft angeordnet (Fig. 328). Auch im Innern des Säulenfusses sind zuweilen derartige Rippen erforderlich (Fig. 329).

Aus Gründen, die bereits oben bei der Besprechung des Säulenfusses auf Seite 120, sowie der des Kopfes näher erörtert wurden, wird man auch hier dazu gelangen, Fuss und Schaft zu trennen. In den Beispielen 330 bis 333 sind eine Reihe derartiger Konstruktionen mitgeteilt, die zur Ausführung sehr geeignet sind. In allen Fällen wird der Säulenschaft stumpf auf den Säulenfuss aufgesetzt.

Fig. 337.

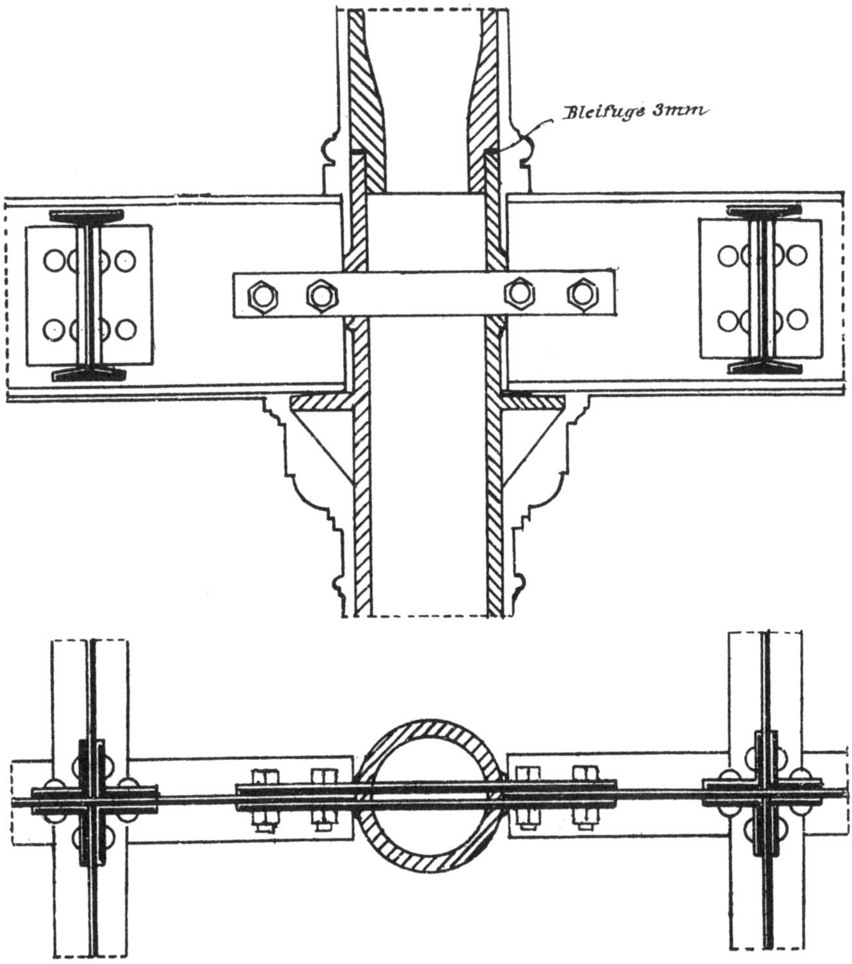

Die Berührungsflächen beider sind alsdann sauber zu bearbeiten oder aber es ist auch hier wieder eine 3 bis 5 mm starke Zwischenlage aus Blei oder Kupfer vorzusehen. Die seitliche Verschiebung wird durch eine 5 bis 10 cm lange Muffe, die entweder einen Teil des Schaftes oder des Fusses bildet, verhindert.

Auch bei dem Säulenfusse lassen sich die architektonischen Verzierungen in Kunstguss herstellen und durch Stiftschrauben mit dem Schafte befestigen.

Fig. 333 gibt ein Beispiel hierfür. Allerdings dürfen derartige Säulen nur an Orten stehen, wo sie gegen empfindliche Stösse gesichert sind.

Zur zentrischen Druckübertragung vorzüglich geeignet sind die mit Kugelgelenk ausgestatteten Säulenfüsse (Fig. 334 und 335). Die Fussplatte wurde hier mit Kreuzrippen versehen, welche in entsprechende Vertiefungen des Auflagersteines eingreifen und dadurch die seitliche Verschiebung unmöglich machen.

Die Lagerung der Säule auf einen Unterzug ist in Fig. 336 dargestellt. Es mag besonders erwähnt werden, dass unter der Säule die beiden Träger durch eine kräftige Querverbindung auszusteifen sind.

Säulenstösse. Gusseiserne Säulen werden nicht gern über 5 m lang gemacht. Müssen sie durch mehrere Etagen durchgeführt werden, wie dies bei den modernen Kaufhäusern, Warenlagern, Speichern usw. der Fall ist, so werden Säulenstösse erforderlich. Der Stoss wird stets an einer Stelle angeordnet, wo die Säule durch anschliessende Träger oder andere Konstruktionsteile gegen seitliches Ausbiegen gehindert ist.

Fig. 338.

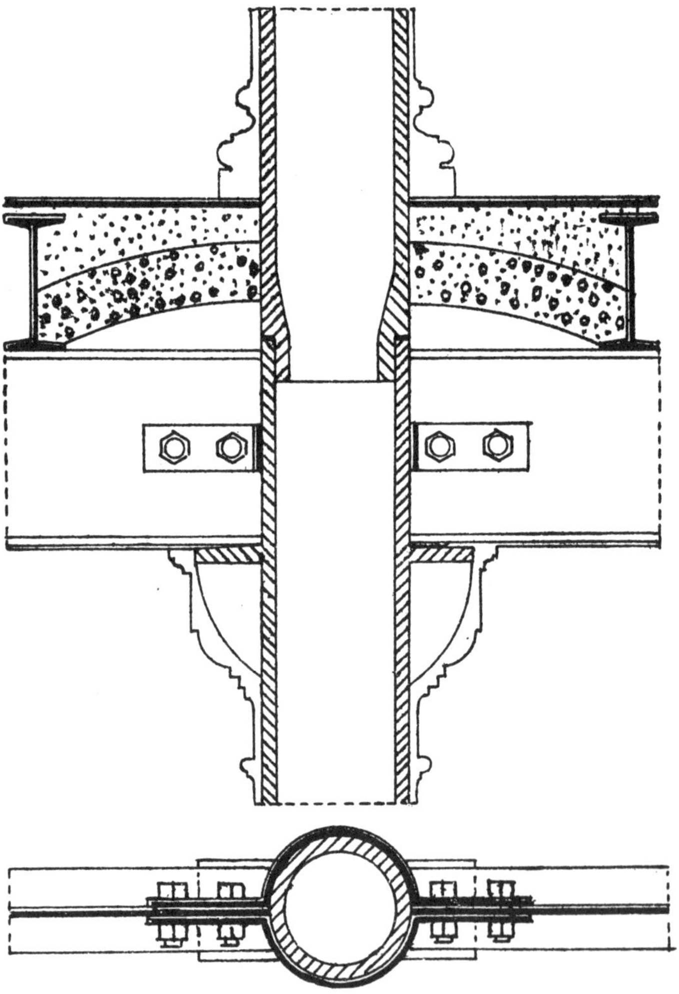

Als erste Regel beim Säulenstosse ist zu beachten, dass die Achsen der Säulen in eine Lotrechte fallen und als zweite Regel gilt, dass die obere Säule direkt auf die untere gesetzt wird.

Der Stoss wird meist als stumpfer Stoss ausgeführt, wobei die Seitenverschiebung durch muffenartiges Ineinandergreifen der Säulen verhindert wird. Der gleichmässigen Druckübertragung wegen sind die Stossflächen entweder wieder sauber zu bearbeiten oder aber es ist wieder eine Zwischenlage aus Blei oder Kupfer anzuordnen.

Die spezielle Konstruktion des Stosses richtet sich im wesentlichen nach der Zahl und Anordnung der an die Säule anzuschliessenden Träger.

Besteht der Unterzug aus einem Träger, so wird derselbe auf an die Säulen gegossene Konsolen gelagert (Fig. 337). Die Vorderkante der Konsolen sollen möglichst unbelastet bleiben, daher sind dieselben wieder schwach zu wölben oder es ist, was auch häufig geschieht, zwischen Träger und Konsole unmittelbar am Schaft ein etwa 4 bis 5 cm breites Flacheisen von 3 bis 5 mm Stärke einzuschieben. In Fig. 337 und 338 sind beide Arten der Anordnung angegeben. Das Abrutschen der Träger wird verhindert durch zwei Flacheisen, für die der Schaft zwei entsprechende Schlitze besitzt und die mit den Stegen der ⊤-Eisen verschraubt sind. Die Flacheisen werden auch wohl halsbandartig um den Säulenschaft gezogen, wie dies Fig. 338 zeigt. Häufig werden am Schaft auch ein oder zwei Laschen angegossen, mit welcher der Trägersteg verschraubt wird.

Fig. 339.

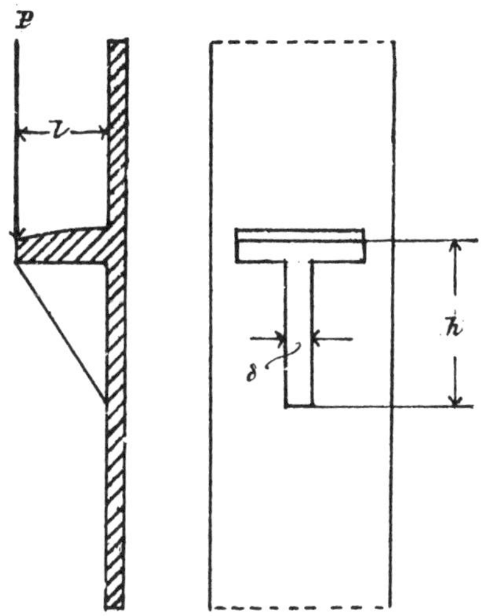

Fig. 342.

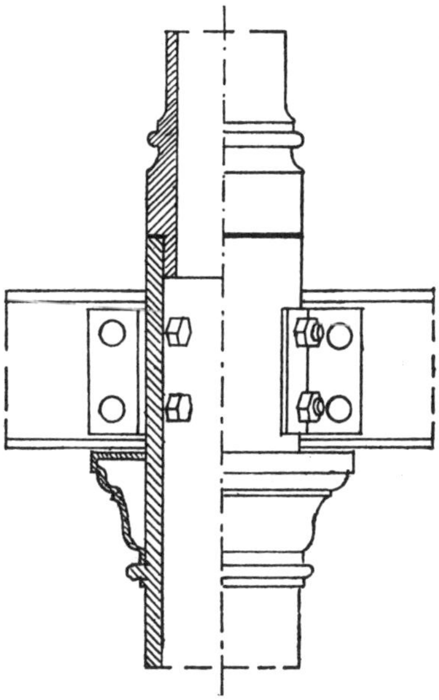

Fig. 340.

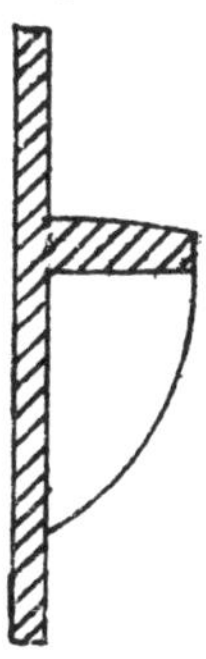

Fig. 341.

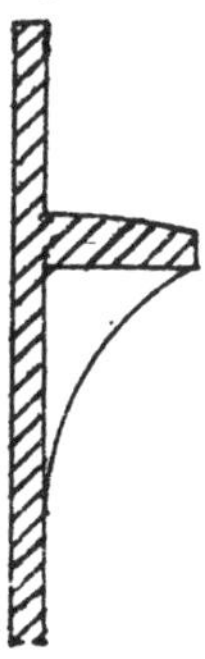

Fig. 342 a.

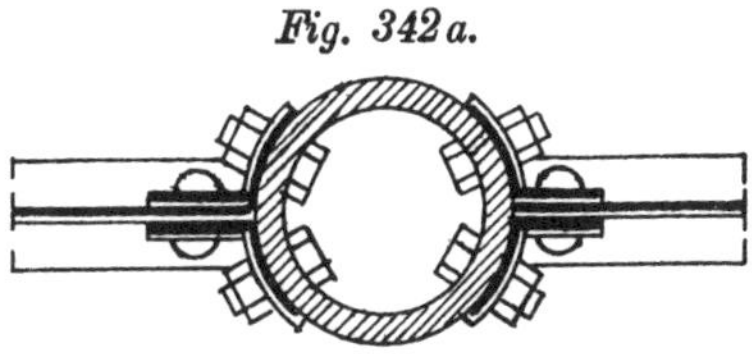

Was die Abmessungen der Konsole anbetrifft, so wird deren Dicke von vornherein angenommen und zwar zwischen 2 und 5 cm. Um die Höhe h der Konsole zu erhalten, fasse man den Steg als einen längs der Säule eingespannten

Träger auf. Ist nach Fig. 339 P die Last, l der Abstand des Angriffspunkts vom Säulenschaft, δ die Dicke des Steges, so wird nach der Biegungsgleichung:

$$\frac{1}{6} h\,\delta^2 \cdot 250 = P \cdot l$$

und hieraus:

$$112) \qquad h = rd\,\frac{1}{6}\sqrt{\frac{P \cdot l}{\delta}}.$$

Aus dieser Gleichung geht unzweifelhaft hervor, dass es nur von Vorteil ist, den Hebel l möglichst gering zu halten, was durch die oben angegebenen Anordnungen immer erreicht werden kann.

Sofern der Steg der Konsolen nicht geradlinig gemacht wird, soll er stets nach aussen gekrümmt, wie in Fig. 340, nie aber nach innen gebogen sein, wie in Fig. 341.

Fig. 343.

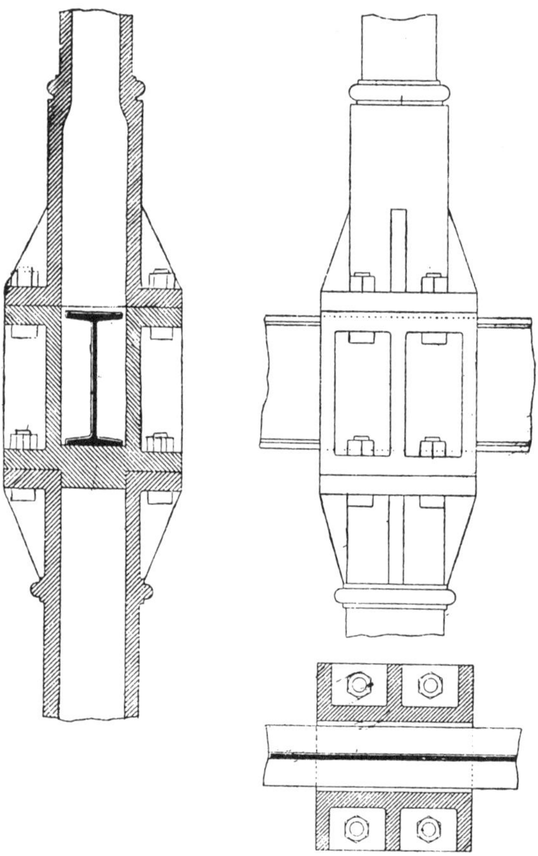

In Fig. 342 ist der Anschluss der Träger vermittelst Winkellaschen vollzogen, deren einer Schenkel der Rundung des Schaftes entsprechend gebogen sein muss.

Zur rationellen Durchbildung des Säulenstosses werden oft Zwischenstücke eingeschaltet. Schon in Fig. 326 wurde ein Beispiel dieser Art dargestellt, in dem die Mauerbögen sich gegen ein Zwischenstück stützten, das gleichzeitig zur Aufnahme der oberen Säule diente.

In dem Beispiele Fig. 343 ist der als Unterzug dienende ⌶-Träger durch ein Zwischenstück gesteckt, so dass er ohne Stoss über der unteren Säule hinweggeht. Die obere Säule ist am unteren Ende mit einem Flansch versehen, welcher sich auf dem entsprechend angeordneten Flansch des Zwischenstückes auflegt und mit diesem durch vier Schrauben verbunden ist. Ebenso gut hätte sich hier die Muffenverbindung anordnen lassen. Indessen ist zu bemerken, dass das Durchstecken der Träger oft Schwierigkeiten macht wegen der Länge des Unterzuges.

Besteht der Unterzug aus mehreren ⌶-Eisen, so kann man denselben über die untere Säule ohne Stoss hinwegführen und die obere Säule nach Art der

Fig. 336 aufsetzen. Diese Anordnung ist jedoch nicht zu empfehlen, da eine gleichmässige Druckübertragung schwer zu erreichen ist.

Es ist in diesem Falle besser, die Träger auf Konsolen zu lagern. Dabei können die Träger entweder an der Säule gestossen oder aber an derselben vorbeigeführt werden. Fig. 344 gibt ein Beispiel der ersteren Art. Das Abgleiten der Träger wie die Seitenverschiebung wird durch an den Schaft gegossene Laschen verhindert, mit denen jene unter Einschaltung eines Gasrohres verschraubt sind. Ausserdem haben die Konsolplatten einen erhöhten Rand erhalten.

Fig. 344.

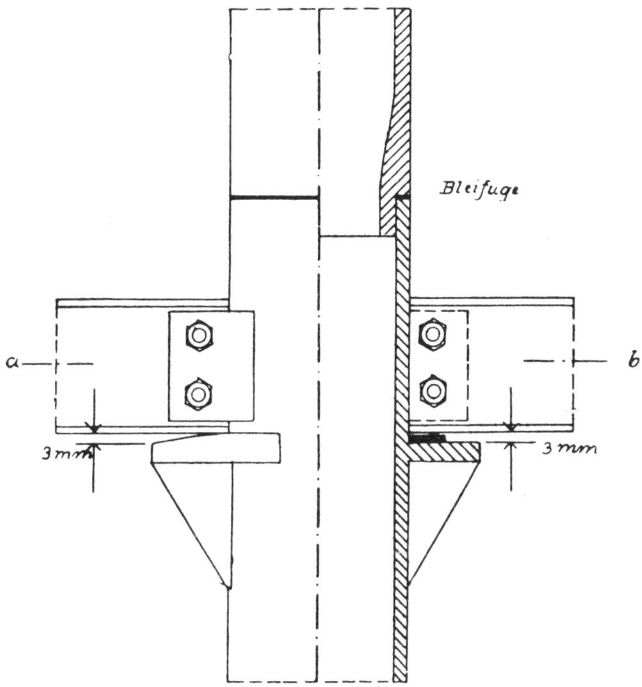

Schnitt a—b.

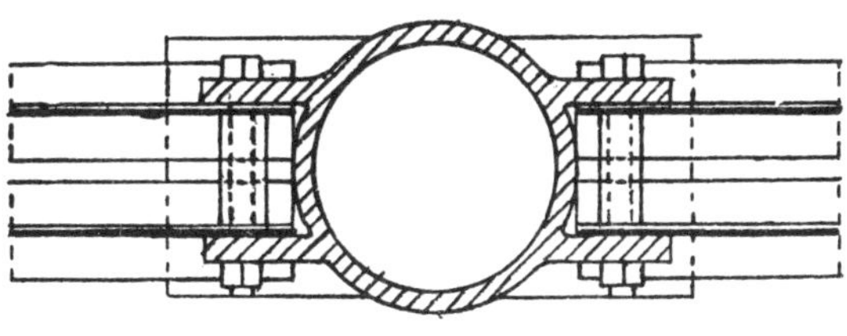

In Fig. 345 ist der Anschluss des mehrteiligen Unterzuges mit Hilfe eines besonderen Zwischenstückes bewirkt worden, welches zugleich als Säulenkopf ausgebildet ist.

Ein Beispiel derart, wie die ⊥-Eisen an der Säule vorbeigeführt werden können, zeigt Fig. 347. In der Richtung der Träger sind die Konsolen wieder etwas zu wölben, damit bei der Durchbiegung der Träger die Konsolkanten unbelastet bleiben und exzentrische Druckübertragung auf den Schaft vermieden wird. Zu beiden Seiten der Säule müssen aber wieder Querverbindungen zwischen den Trägern vorhanden sein. Die in Fig. 346 gezeichnete Säulenverbindung ist eine der München-Gladbacher Eisengiesserei von E. Essers unter Musterschutz gestellte Anordnung. Vor der Aufstellung der oberen Säule legt man in die zweiseitig geschlossene Ringnute zwei Bleistückchen von etwa 15 mm Dicke und giesst alsdann, nachdem man die obere Säule genau achsial aufgebracht hat, den Zwischenraum mit heissem flüssigen Blei aus. Die geschlossene Nut soll verhindern, dass bei grosser Belastung der oberen Säule die Bleizwischenlage an der Stossstelle herausgequetscht wird.

Um die Ausladung der Konsolen gering zu erhalten, werden zuweilen die inneren Flanschen der ⊥-Eisen, soweit die Säulendicke es erfordert, abgeschrotet

Fig. 345.

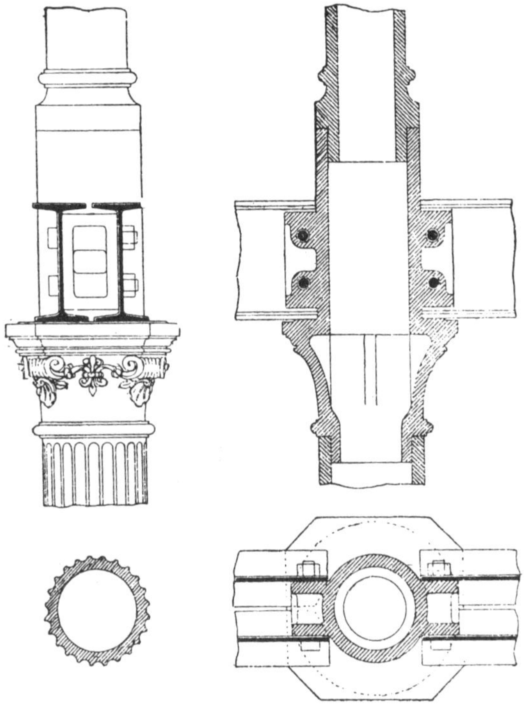

Fig. 346.

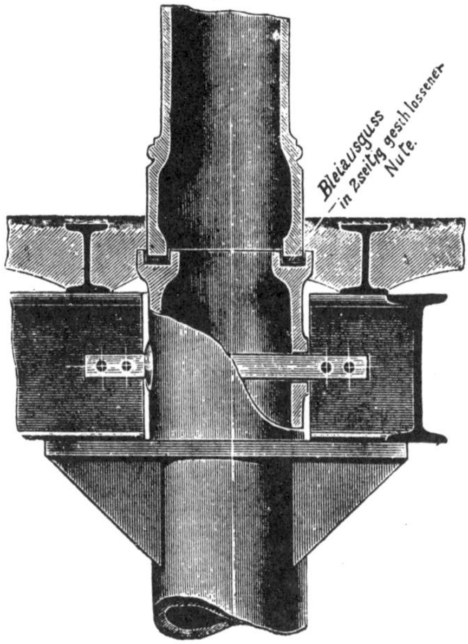

Fig. 347.

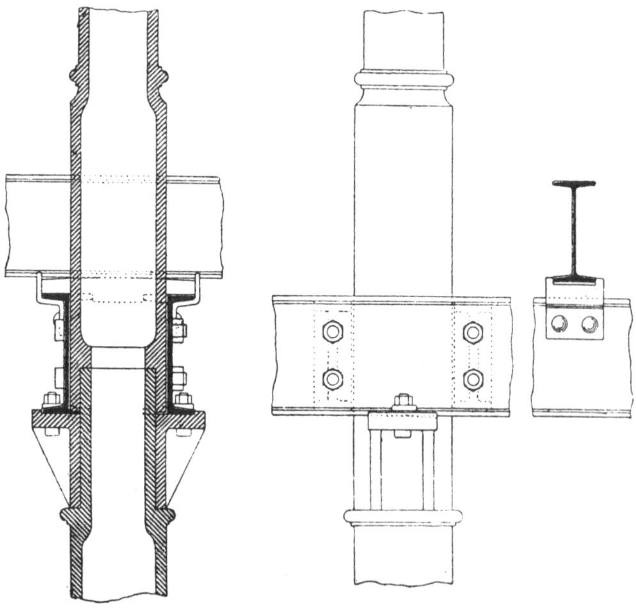

und die Stege direkt an der Säule vorbeigeführt. Fig. 347 zeigt diese Konstruktion unter Verwendung eines passenden Zwischenstückes. Dieselbe ist jedoch bedenklich, da bei Trägern auf drei Stützen über der Mittelstütze stets das grösste Biegungsmoment auftritt. Die bedeutende Schwächung des Trägerquerschnittes kann aber leicht zur Ueberanstrengung der äussersten Fasern führen.

Aber auch der Unterzug selbst ist so zu konstruieren, dass jeder Träger den gleichen Lastanteil erhält. Dient daher der Unterzug zur Unterstützung von Deckenbalken, so sollen diese nur vermittelst einer schwach gewölbten schmiede- oder gusseisernen Lagerplatte auf dem Unterzug ruhen, damit selbst bei einseitiger Deckenlast jeder Träger des Unterzuges die Hälfte der Belastung erhält (Fig. 348). Die Befestigung von Deckenträger und Platte ist durch Anwendung der schon öfter erwähnten Feststelldorne völlig gewährleistet. Ausserdem wird bei der Uebertragung grösserer Lasten eine Verkuppelung durch die in Fig. 206 angegebenen Querverbindungen ratsam sein.

d) Ausführung der schmiedeeisernen Säulen.

Ueberall da, wo konstruktive Rücksichten allein mafsgebend sind, werden in neuerer Zeit statt der gusseisernen Säulen schmiedeeiserne Säulen verwandt. Namentlich in Fabrikgebäuden, in Speichern und Warenhäusern, wo durch einseitige Belastung oder durch horizontale Kräfte, wie z. B. die Riemenspannung bei Transmissionen, die Säulen sowohl auf Druck wie auf Biegung beansprucht werden, sind die schmiedeeisernen Säulen allein am Platze.

In Fig. 270 bis 283 sind bereits die gebräuchlichsten Querschnitte mitgeteilt worden, wie auch die Berechnung der Säuleu aus mehrteiligen Querschnitten, soweit nur Druckbelastung in Frage kam, oben angegeben wurde.

Da die zu diesen Säulen verwandten Profile alle bis zu 12 m Länge zu erhalten sind, so lassen sich diese Säulen ohne Stoss durch mehrere Etagen hindurchführen, wie dies jetzt auch vielfach geschieht.

Der Anschluss der Unterzüge, Deckenträger usw. ist hierbei leicht und zwanglos zu bewirken. Dabei gestatten die Säulen, mit Ausnahme der Querschnitte 270 bis 274, dass nachträglich die Anbringung von Maschinenteilen, Lagern für Transmissionen usw. auf einfache Art bewerkstelligt werden kann.

Fig. 348.

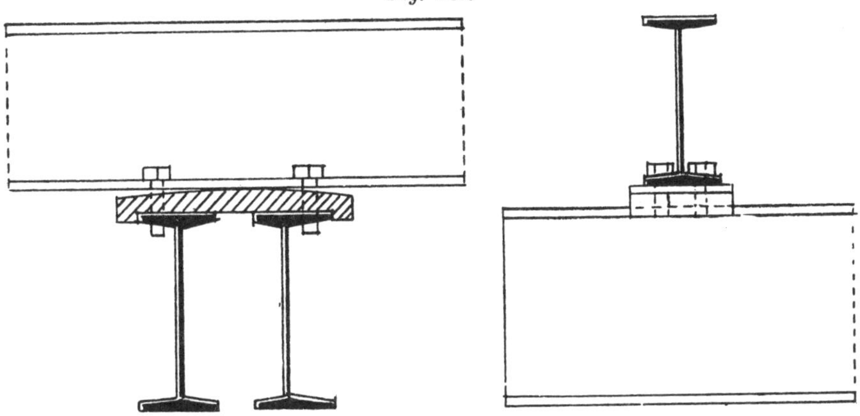

Die Ausbildung des Kopfes und des Fusses gestaltet sich am günstigsten, wenn man Gusseisen zu Hilfe nimmt. In den Fig. 349 bis 351 sind einige Beispiele hierfür mitgeteilt.

Der Säulenschaft (Fig. 349), aus einem geschweiften Rohr bestehend, dessen Durchmesser bis zu 40 cm geliefert wird, ist oben mit einer gusseisernen Kopfplatte versehen, auf welche sich der Träger in der bekannten Weise auflegt.

Der Säulenfuss wird dadurch gebildet, dass sich der Schaft stumpf auf eine gusseiserne Platte setzt. Ausserdem ist in der Figur angedeutet, dass die

Fig. 349.

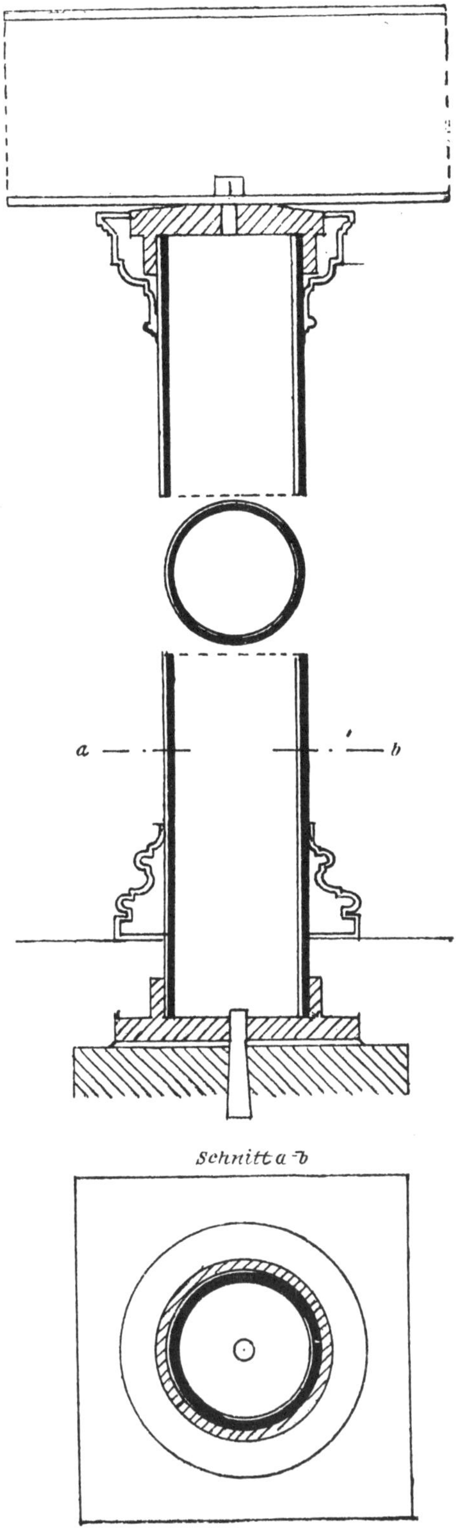

Anordnung von Zierteilen unschwer zu erreichen ist, indem diese aus Kunstguss oder Zink bestehend, mit kleinen Stiftschräubchen am Schaft befestigt werden.

In Fig. 350 ist die Bildung der Kopf- und Fussplatte der aus Quadranteisen zusammengesetzten Säule in gleicher Weise geschehen.

Kopf- und Fussplatte der in Fig. 351 gezeichneten Säule aus Quadranteisen besitzen dagegen dem Säulenquerschnitt entsprechende Vertiefungen.

Eine Bearbeitung der Stossfläche ist nur bei dem Schafte möglich, dagegen bei der Fuss- und Kopfplatte nicht. Notwendigerweise ist daher in der Nut dieser Platten ein Bleistreifen einzulegen. Zu diesem Zwecke wird die Nut der vorher erwärmten und horizontal gelegten Platte einige Millimeter hoch mit flüssigem Blei angefüllt. Nach dem Erkalten haftet der Bleistreifen so fest, dass bei der Kopfplatte ein Herausfallen desselben bei der Montage nicht zu befürchten ist.

In gleicher Weise wird man für die übrigen Säulen den Kopf und Fuss herstellen können. Bei den meisten Querschnitten ist aber die Ausführung des Kopfes und des Fusses in Schmiedeeisen ebenso einfach wie die aus Gusseisen.

Fig. 352, Tafel 1, zeigt wieder eine geschweisste Röhre, die am Kopfe durch einen Winkel armiert ist. Doch darf dieser Winkel nicht an der Lastübertragung teilnehmen, vielmehr muss die Kopfplatte lediglich vom Säulenschaft getragen werden.

Der Säulenfuss ist dadurch gebildet, dass um den Schaft ein Winkel und im Innern des Schaftes zur Aussteifung ein Flacheisen genietet ist. Winkel- und Fussplatte sind durch unten versenkte Niete miteinander verbunden.

Der Anschluss der Deckenträger geschah mit Hilfe von Winkeln, deren einer Schenkel der Rundung des Schaftes entsprechend gebogen ist.

Fig. 351. Fig. 350.

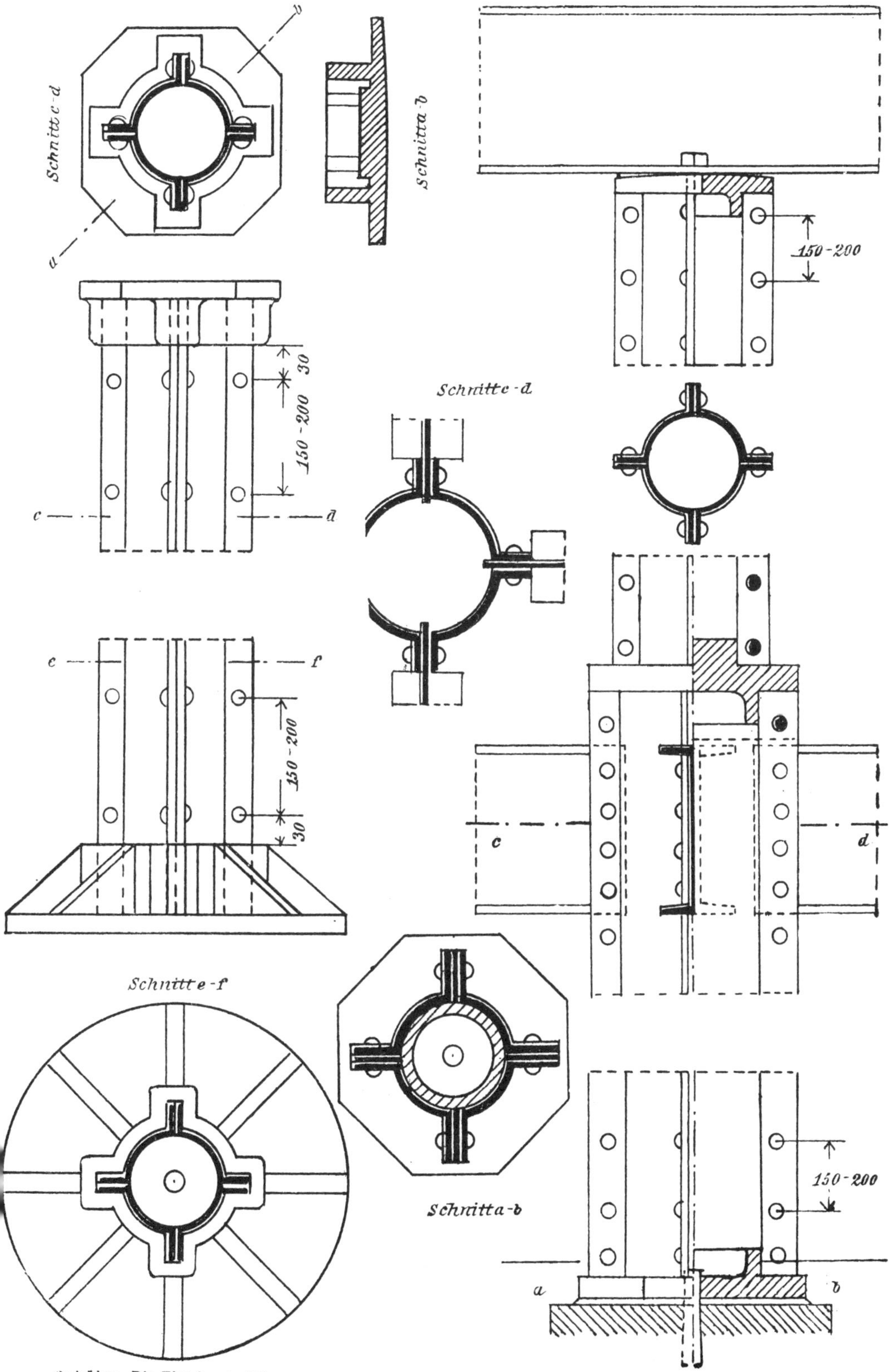

Der Säulenstoss wurde mittels Flanschverschraubung bewirkt.

Bei der in Fig. 353, Tafel 1, skizzierten Säule aus Quadranteisen wurde der Kopf zur Aufnahme eines doppelten Unterzuges konsolartig ausgebildet. Die Befestigung des Unterzuges mit der schwach gewölbten Kopfplatte geschah durch Feststelldorne.

Fig. 358.

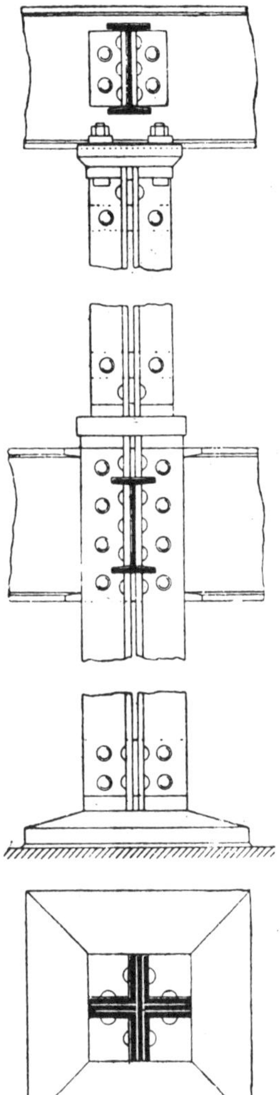

Fig. 359.

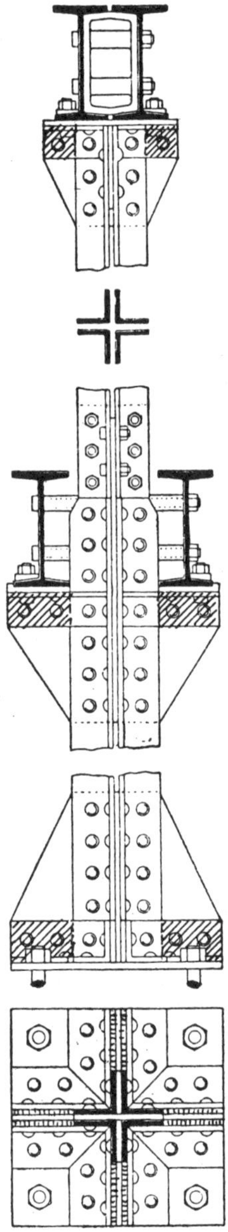

Der Stoss der oberen und unteren Säule wurde ausgeführt mittels einer gusseisernen Platte, die mit dem Saumwinkel der unteren Säule durch Schrauben verbunden ist. Um einer Drehung entgegenzuwirken, wurde quer durch den oberen Säulenschaft ein Flacheisen gesteckt, welches sich in eine entsprechende Nut des Gussstückes legt. Flacheisen und Schaft sind ausserdem miteinander vernietet.

Der untere Unterzug, aus einem ⊥-Eisen bestehend, wurde in der Weise angeschlossen, dass der Steg zwischen die Flansche der Quadrantsäule geführt wurde. Die Flansche der ⊥-Eisen sind dabei so weit als erforderlich abgeschrotet worden. Voraussetzung hierbei ist jedoch, dass die Zahl der Niete, die sich in der Trägerhöhe überhaupt unterbringen lassen, sowohl gegen Abscheren wie Lochwanddruck genügt.

Die Konstruktion des Säulenfusses geschah in der Weise, dass zwischen die Flansche der Säule konsolartige Bleche genietet wurden; die dem Säulenquerschnitte entsprechend gebogenen Saumwinkel, deren Schenkellänge kaum über 60 mm betragen darf, wenn einigermaſsen exakte Arbeit geliefert werden soll, sind mit diesen Blechen und der Fussplatte vernietet. Zwischen Saumwinkel und Konsolbleche müssen Futterstücke eingeschoben werden, die in der Figur durch Schraffur angedeutet sind. An der Unterseite der Fussplatte sind die Niete zu versenken. Der Abstand der Niete in den Flanschen des Säulenschaftes beträgt 150 bis 200 mm.

Fig. 354 auf Tafel 2 zeigt eine Säule, deren Querschnitt im oberen Teile aus zwei ⊏-Eisen, im unteren Teile kastenförmig nach Fig. 276 gebildet ist. Die

[-Eisen gehen ohne Stoss durch die Zwischendecke. Der obere Unterzug ruht auf der schwach gewölbten Kopfplatte, die durch Saumwinkel und Knotenbleche mit dem Schafte wirksam verbunden ist. Die T-Eisen des Unterzuges der Zwischendecke sind nach teilweiser Beseitigung des Flansches direkt mit dem Säulenschafte vernietet. Die Fussplatte ist mittels Saumwinkel und Knotenblechen angeschlossen. Die [-Eisen der oberen Säule sind in geeigneten Abständen, deren Grösse den aus Gleichung 100) sich ermittelnden Wert nicht überschreiten darf, zu verbinden, wie dies die Seitenansicht zeigt. Vielfach werden die [-Eisen auch durch ein einfaches Gitterwerk aus Flacheisen miteinander vereinigt, wie dies ebenfalls in einer Ansicht dargestellt ist. Die Nietentfernung im Schafte der unteren Säule liegt zwischen 150 und 200 mm.

In Fig. 355 besteht der Säulenquerschnitt aus vier [-Eisen. Der Stoss der beiden Säulen wurde vermittelst einer starken Kopfplatte und entsprechenden Saumwinkeln bewerkstelligt. Die Nietentfernung im Schafte der Säulen wird zweckmässig nicht über 500 mm genommen.

Die Fig. 356 und 357 auf Tafel 4 und 5 und ferner die Fig. 358 und 359 geben mehrere Beispiele von Säulen, deren Querschnitte aus Winkeleisen gebildet sind. Die Verbindung der Winkel miteinander geschieht entweder durch Flacheisen, deren Entfernung aus Gleichung 100) zu bestimmen ist, oder es tritt auch hier die Anordnung eines leichten Gitterwerks ein. In den Fig. 356 und 357 sind beide Fälle zur Anschauung gebracht.

Bei der in Fig. 358 skizzierten Säule wurden der Kopf, der Stoss und die Fussplatte aus Gusseisen hergestellt, während die in Fig. 359 dargestellte Säule mit kreuzförmigem Winkelquerschnitt wieder ganz aus Schmiedeeisen hergestellt wurde.

Im allgemeinen ist noch zu bemerken, dass schmiedeeiserne Säulen, bei denen der Kopf, Stoss und Fuss aus Gusseisen besteht, nur zur Aufnahme zentrischer Druckbelastungen geeignet sind. Tritt zu der einfachen Vertikalbelastung ein biegendes Moment, so ist die Ausführung der genannten Teile in Schmiedeeisen und deren feste Verbindung mit dem Schafte durchaus notwendig.

Es lässt sich indessen nicht leugnen, dass bei allen bisherigen Anschlüssen von Unterzügen und Trägern die schmiedeeisernen Säulen infolge der festen Einspannung unter Umständen grosse Momente aufzunehmen haben. Denn alle Träger biegen durch. An dieser Durchbiegung sind sie verhindert durch die Annietung an die Säulen. Diese haben daher das Einspannmoment aufzunehmen.

Wo es eben angeht, muss man die Verbindung von Träger und Säule so gestalten, dass durch den Anschluss keine Momente hervorgerufen werden. Bei mehreren grossen Geschäftshäusern und Fabrikgebäuden sind vom Verfasser deshalb die in Fig. 360 und 361 dargestellten Anschlüsse konstruiert worden. In Fig. 361 handelt es sich um den Anschluss eines Trägers an eine aus zwei [-Eisen gebildete Säule. Die Trägerflansche wurden, soweit erforderlich, abgeschrotet. Das Auflager besteht hier in einem im Innern der Säule befindlichen horizontal liegenden [-Eisen, welches mit seinen Flanschen an die Stege der Säulen-[-Eisen genietet wurde. Auf dem horizontal liegenden [-Eisen wurde noch eine oben gewölbte schmiedeeiserne Lagerplatte gelegt und durch einige versenkte Niete mit jenem verbunden (Fig. 360 und 360a).

In Fig. 361 mussten schwere Doppelunterzüge an den [-Eisen-Säulen befestigt werden. Auch hier wurden die Flansche der I-Eisen beseitigt und die Verbindung durch Gelenkbolzen bewirkt. Da der Steg der [-Eisen sehr dünn ist, muss zunächst zur Verstärkung ein Blech auf jenen genietet werden, damit

Fig. 360.

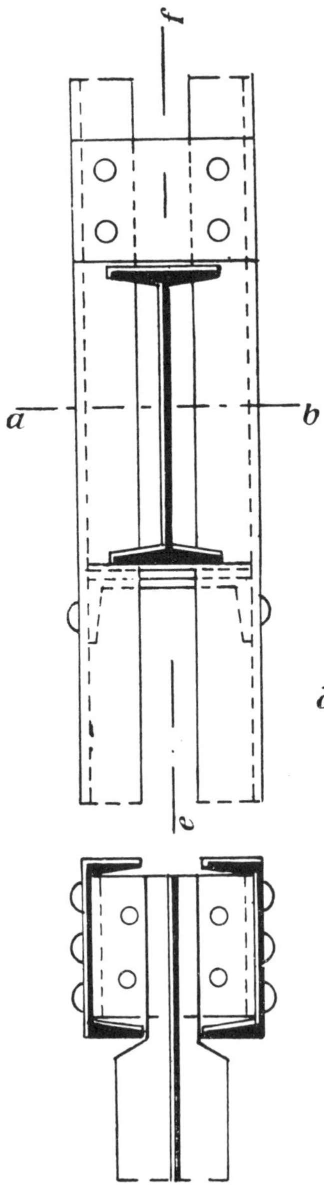

Schnitt a-b.

Fig. 360a.

Schnitt e-f.

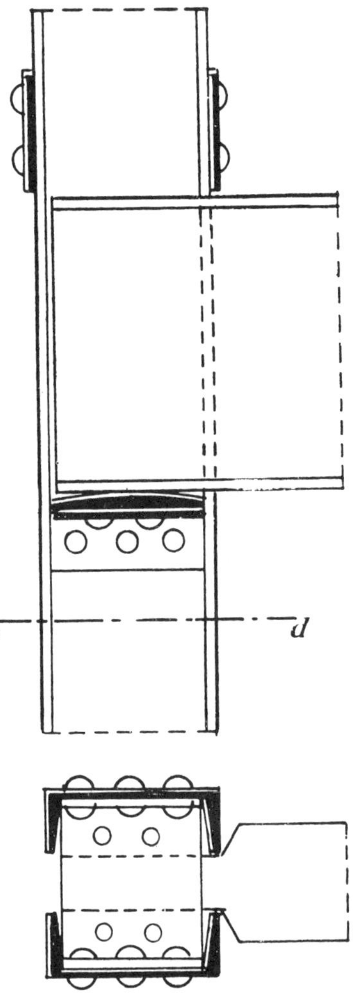

Schnitt c-d. nach oben gesehen.

der Lochwanddruck im Stege der [-Eisen die zulässige Grösse nicht überschreitet (Fig. 361). Die Stärke des Bolzens ist natürlich unter Beobachtung der bei der Vernietung und Verschraubung gegebenen Regeln hinsichtlich des Abscherens und des Lochlaibungsdruckes zu bestimmen. In den beiden Schnitten ist das Verstärkungsblech ersichtlich. Der Sicherheit wegen wurde ausserdem unter den Trägern noch ein abgerundetes Auflager angeordnet.

Fig. 361.

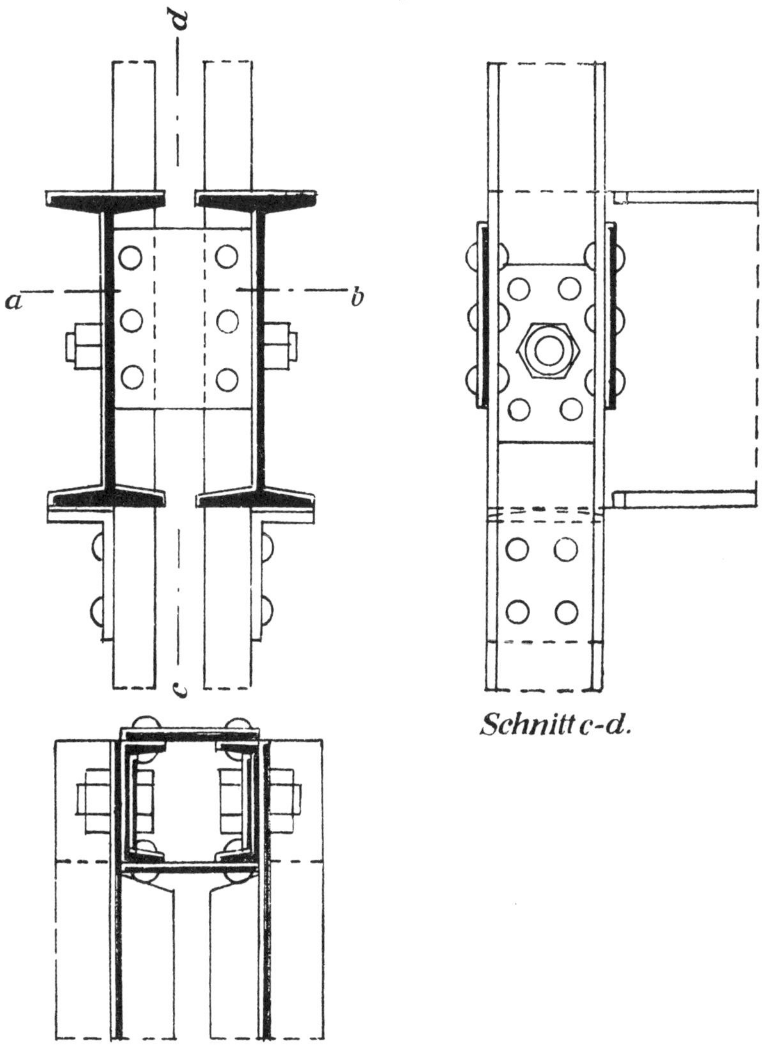

Schnitt a-b.

e) Berechnung auf Druck und Biegung beanspruchter Säulen.

Eine Säule wird auf Druck und Biegung beansprucht, wenn entweder die Vertikalbelastung nicht durch den Schwerpunkt des Säulenquerschnittes geht, oder wenn ausser derselben auch horizontale Kräfte auf die Säule wirken (Fig. 362 und 363).

Der erste Fall tritt stets ein, wenn die an die Säule angeschlossenen Unterzüge wechselnde Belastung übertragen, wie dies in Speichern usw. häufiger vorkommt. Der letzte Umstand ist stets vorhanden, wenn z. B. an die Säule die

Lager einer Transmission befestigt sind oder wenn die Säule den Winddruck auf die Dachfläche einer offenen Halle oder die Wandfläche eines Fachwerkbaues aufzunehmen hat.

Exzentrische Druckbelastung. Am ungünstigsten wird die Säule beansprucht, wenn der eine Träger vollbelastet, der andere unbelastet ist (Fig. 364). Ist P_1 die vom ersteren, P_2 die vom letzteren übertragene Last, so geht die Resultierende $R = P_1 + P_2$ aus beiden nicht mehr durch die Säulenachse, sondern entfernt sich von dieser um das Mafs e, welches sich aus der Gleichung:

Fig. 362.

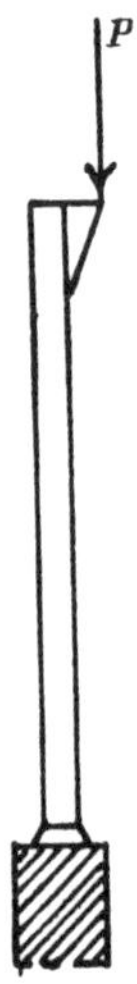

Fig. 363.

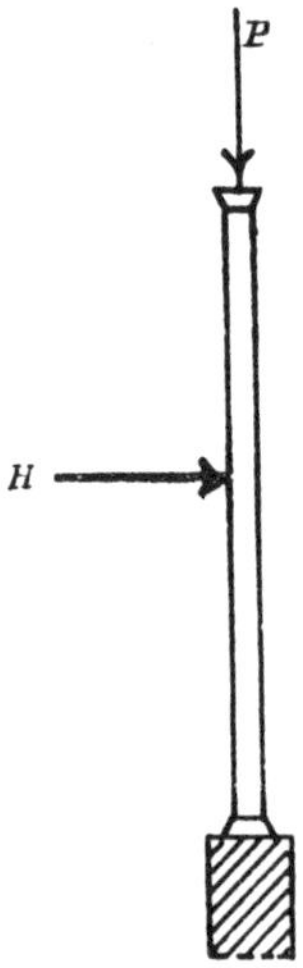

Fig. 364.

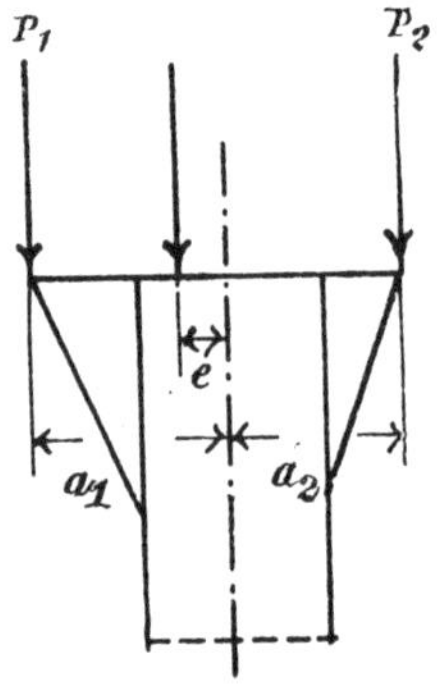

$$R\,e = P_1\,a_1 - P_2\,a_2$$

berechnen lässt. In der Regel sind die Abstände a_1 und a_2 der Angriffspunkte von P_1 und P_2 von der Säulenachse einander gleich, so dass man mit $a_1 = a_2 = a$ erhält:

$$113)\quad R\,e = a\,(P_1 - P_2).$$

Hieraus folgt:

$$114)\quad e = \frac{a\,(P_1 - P_2)}{R}.$$

Denkt man nun im Schwerpunkte des oberen Säulenquerschnittes zwei gleiche aber entgegengesetzt gerichtete Kräfte R angebracht (Fig. 365), so ist am Gleichgewichtszustande nichts geändert worden. Es ergibt sich aber sofort, dass die Säule von der im Schwerpunkte des Querschnittes nach unten gerichteten Kraft R auf Druck beansprucht wird. Die beiden anderen Kräfte dagegen bilden ein Kräftepaar, dessen Moment $M = R \cdot e$ im Säulenquerschnitte Biegungsspannungen hervorruft.

Fig. 365.

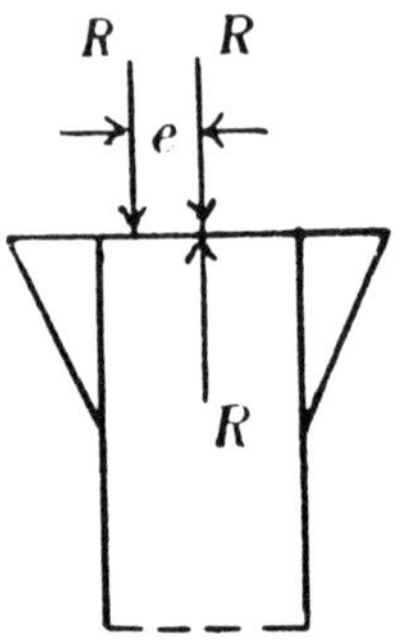

Infolge der zentrisch wirkenden Einzelkraft werden in jedem Säulenquerschnitte Druckspannungen verursacht, deren Grösse $k_1 = \frac{R}{F}$ ist, wenn F den Inhalt des Säulenquerschnittes bedeutet.

Die Grösse k_2 der Biegungsspannung der äussersten Fasern ist gegeben durch die Gleichung:

$$k_2 = \pm \frac{M}{W} = \pm \frac{R\,e}{W},$$

worin W das Widerstandsmoment des Querschnittes, M das Biegungsmoment der Kraft R in Bezug auf den Mittelpunkt des Säulenquerschnittes bezeichnet.

Die grösste Druckspannung k_d tritt auf der Seite des vollbelasteten Trägers im Säulenquerschnitt ein und beträgt:

$$115)\quad k_d = \frac{R}{F} + \frac{R\,e}{W} = \frac{R}{F} + \frac{M}{W}.$$

Auf der gegenüberliegenden Seite ist die Druckbeanspruchung am kleinsten und zwar gleich:

$$116)\qquad k_z = \frac{R}{F} - \frac{R\,e}{W} = \frac{R}{F} - \frac{M}{W}.$$

Wird $\frac{R\,e}{W} > \frac{R}{F}$, so wird k_z negativ, d. h. im Querschnitte werden alsdann Zugspannungen auftreten.

Es braucht wohl nicht besonders hervorgehoben zu werden, dass der Säulenquerschnitt auch gegen Knicken sicher sein muss.

Die Berechnung einer solchen Säule wird man daher in folgender Weise vornehmen. Zuerst berechne man die Stütze für Vollbelastung beider Träger und achsialer Wirkung der Lasten nach den oben angegebenen Regeln. Hierauf nehme man den einen Träger vollbelastet, den anderen unbelastet an und untersuche, ob die Kantenpressungen k_z und k_d innerhalb der zulässigen Grenzen bleiben. Findet eine Ueberschreitung statt, so muss der Querschnitt vergrössert werden.

Fig. 366.

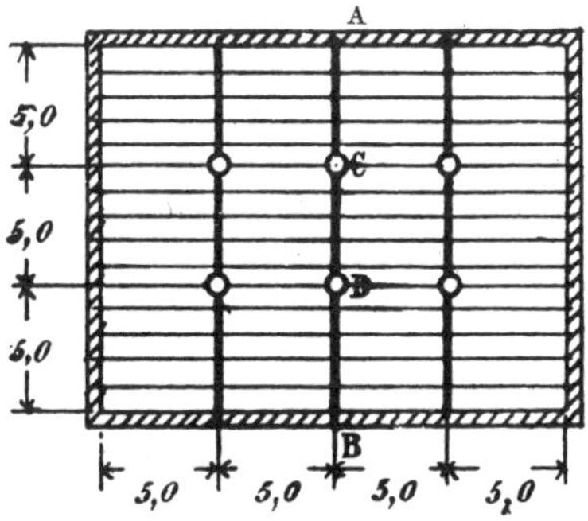

Beispiel. Eine gusseiserne Säule dient einem Unterzuge in einem Magazin zur Unterstützung. Das Gewicht der unbelasteten Decke sei 300 kg, der belasteten Decke 1000 kg/qm. Die Länge der Säule sei 3,5 m. Das Obergeschoss dient zu Wohnzwecken. Die dasselbe tragenden Säulen übertragen auf die unteren Säulen eine achsiale Last von 18000 kg (Fig. 366).

Nimmt man den Unterzug zuerst vollbelastet an, so überträgt er auf die Säule eine achsiale Last von

$$5{,}0 \cdot 5{,}0 \cdot 1000 = 25000 \text{ kg}.$$

Die Gesamtlast der Säule ist alsdann:

$$P = 25000 + 18000 = 43000 \text{ kg},$$

folglich gegen Knicken nach Gleichung 93):

$$J = 8\,P\,l^2 = 8 \cdot 43{,}0 \cdot 3{,}5^2 = 4214 \text{ cm}^4.$$

Hierfür genügt ein Säulenquerschnitt von 20 cm Durchmesser und 1,8 cm Wandstärke mit $J = 4303$ cm^4 und $F = 103$ qcm. (Siehe Tabelle 12 im Anhang.) (Fig. 367.)

Fig. 367.

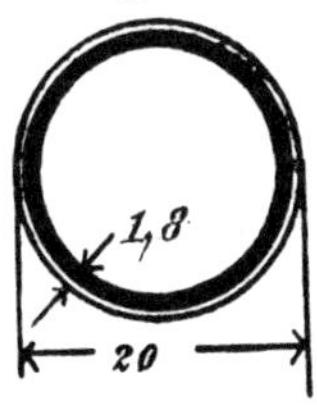

Ist der Unterzug C D unbelastet, A C belastet, so überträgt C D auf die Säule eine Last von

$$2{,}5 \cdot 5{,}0 \cdot 300 = 3750 \text{ kg}$$

und A C eine solche von

$$2{,}5 \cdot 5{,}0 \cdot 1000 = 12500 \text{ kg}.$$

Der Angriffspunkt habe von der Säulenachse den Abstand 14 cm. Die Resultierende aus den auf der Säule wirkenden Lasten ist in diesem Falle:

$$R = 18000 + 12500 + 3750 = 34250 \text{ kg}$$

und nach Gleichung 114) ihr Abstand von der Säulenachse:

$$e = \frac{14{,}0\,(12500 - 3750)}{34250} = \text{rd } 3{,}6 \text{ cm}.$$

Das Widerstandsmoment des gewählten Querschnittes ist nach Gleichung 27):

$$W = \frac{4303}{10} = \text{rd}\,430\ \text{cm}^3,$$

mithin die grösste Druckspannung nach Gleichung 115):

$$k_d = \frac{34250}{103} + \frac{34250 \cdot 3{,}6}{430} = \text{rd}\,620\ \text{kg/qcm}.$$

Fig. 368.

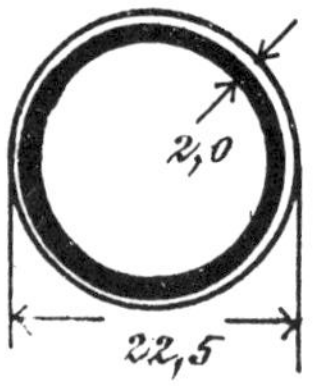

Da für Gusseisen k_d höchstens 500 kg/qcm betragen darf, so ist demnach ein grösserer Querschnitt zu wählen.

Nach der Tabelle 13 im Anhang besitzt ein Querschnitt von 22,5 cm Durchmesser und 2 cm Wandstärke ein Trägheitsmoment von 6831 cm^4 und einen Inhalt von 129 qcm (Fig. 368). Mit dem grösseren Durchmesser nimmt aber gleichzeitig der Abstand der Angriffspunkte der Lasten von der Säulenachse zu. Er sei jetzt 15 cm von der Achse entfernt.

Dann wird

$$e = \frac{15{,}0\,(12500 - 3750)}{34250} = 3{,}9\ \text{cm}.$$

Ferner ist:

$$W = \frac{6831}{22{,}5/2} = \text{rd}\,607\ \text{cm}^3,$$

folglich die grösste Druckspannung im Säulenquerschnitt auf der Seite des belasteten Trägers:

$$k_d = \frac{34250}{129} + \frac{34250 \cdot 3{,}9}{607} = \text{rd}\,485\ \text{kg/qcm}$$

und die kleinste Druckspannung:

$$k_z = \frac{34250}{129} - \frac{34250 \cdot 3{,}9}{607} = \text{rd}\,45\ \text{kg/qcm}.$$

Hiernach herrscht in jedem Säulenquerschnitt zwischen Kopf und Fuss nur Druckspannung, die mit 45 kg/qcm auf der Seite des unbelasteten Trägers beginnend bis auf 485 kg/qcm nach der Seite des vollbelasteten Trägers anwächst.

Bei Vollbelastung der Säule würde die gleichmässig verteilte Pressung im Säulenquerschnitt nur:

$$k = \frac{43000}{129} = 333\ \text{kg/qcm sein.}$$

Man erkennt an dem Beispiel, wie wichtig es ist, sich über die Beanspruchung der Säulen, sobald die Träger seitlich angeschlossen werden, zu unterrichten und zwar sowohl bei achsialer Vollbelastung wie bei einseitiger Ueberlast; man erkennt ferner, wie notwendig es ist, der Forderung nach zentrischer Lastübertragung Genüge zu leisten, da schon bei geringer exzentrischer Wirkung der Lasten bedeutende Unterschiede in der Beanspruchung des Säulenmaterials auftreten.

So lange k_z positiv bleibt, d. h. so lange für k_z sich noch Druckspannung ergibt, ist ein Abheben des Säulenfusses von seiner Unterlage nicht zu befürchten. Sobald aber für k_z Zugspannungen sich ergeben, wird dies eintreten, wenn nicht durch geeignete Verankerung der Säule mit dem Fundament gesorgt wird.

Ueber die Berechnung der Fussplatte und deren Verankerung mit dem Fundament wird weiter unten die Rede sein.

Horizontale Belastung der Säule. Die auf die Säule wirkende achsiale Belastung sei P kg, die sie in horizontaler Richtung angreifenden Kräfte lassen sich zu einer Resultierenden zusammenfassen, deren Grösse H und deren Lage sich leicht ermitteln lassen.

Fig. 369.

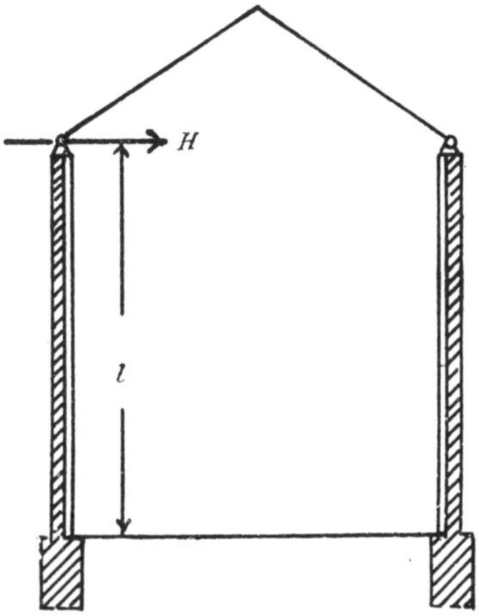

Fig. 370.

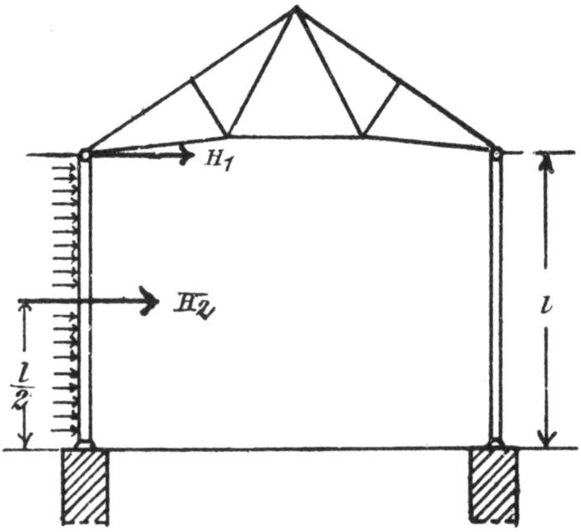

Bei freistehenden Hallendächern genügt es, den auf eine Dachfläche wirkenden Winddruck am oberen Ende der Säule angreifend zu denken (Fig. 369). Die Annahme, dass die Hälfte dieser Kraft durch den Dachbinder auf die Stütze der gegenüberliegenden Wand übertragen werde, ist im allgemeinen nicht zutreffend.

Bei einem Fachwerkgebäude hat der Ständer ausserdem den Winddruck auf die senkrechte Wandfläche aufzunehmen. Wenn der Winddruck durch die Riegel und Rahmstücke auch auf einzelne Punkte der Stütze übertragen wird, so genügt es doch, die Stütze über ihre ganze Länge gleichmässig belastet anzunehmen (Fig. 370). Am oberen Ende greift alsdann der auf die Dachfläche wirkende Winddruck H_1 an, während die auf die Wandfläche wirkenden Windkräfte H_2 in der halben Stützenhöhe angreifend gedacht werden können.

Fig. 371.

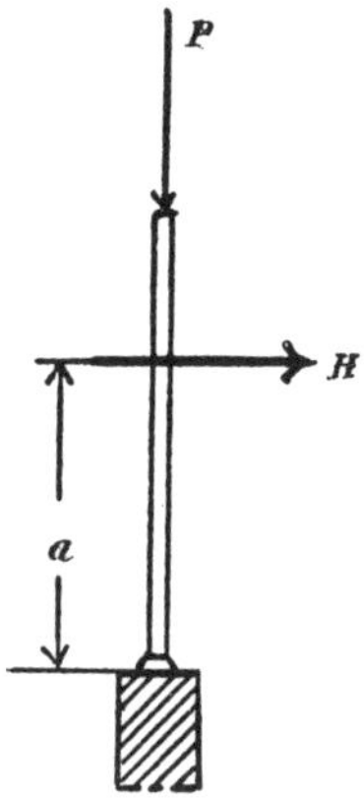

Die Beanspruchung, welche der Säulenquerschnitt durch die Vertikallast P erfährt, ist, wenn F den Inhalt des Querschnittes bedeutet, wieder:

$$k_1 = \frac{P}{F}.$$

Betrachtet man die Säule (Fig. 371) als einen am Fusse eingespannten Träger, so ergibt sich der Einfluss der horizontalen Kraft H aus der Gleichung:

$$117) \qquad k_2 = \pm \frac{M}{W}, \quad = \pm \frac{H \cdot a}{W},$$

wenn $M = H a$ das Biegungsmoment für die Einspannstelle und W das Widerstandsmoment des Querschnittes bedeutet. Und zwar gilt das positive Vorzeichen für die in der Richtung von H liegende Seite des Säulenquerschnittes, das negative für die entgegengesetzte.

Die grösste am Säulenfusse auftretende Druckspannung ist daher wie oben:

$$118)\qquad k_d = \frac{P}{F} + \frac{M}{W},$$

die kleinste:

$$119)\qquad k_z = \frac{P}{F} - \frac{M}{W}.$$

Fig. 372.

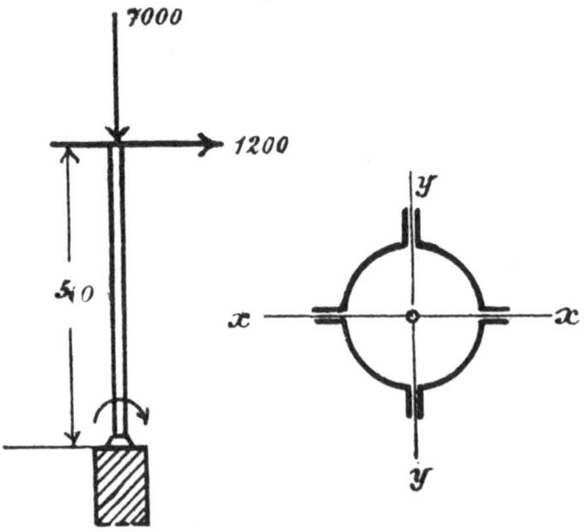

Eine Verankerung des Säulenfusses muss daher stattfinden, sobald k_z negativ wird, da in diesem Falle im Querschnitte Zugspannungen auftreten. Diese Gleichungen stimmen mit denen unter 115 und 116 völlig überein.

Beispiel. Die 5,0 m lange schmiedeeiserne Säule eines offenen Hallendaches erhält eine achsiale Belastung von 7000 kg. Der am oberen Ende wirkende Winddruck ist im ungünstigsten Fall 1200 kg (Fig. 372). Der Säulenquerschnitt soll aus Quadranteisen gebildet werden. Welches Profil ist zu wählen?

Das vom Winddruck herrührende grösste Moment ist

$$M = 1200 \cdot 500 = 600000 \text{ kgcm}.$$

Dies würde, wenn man für Schmiedeeisen 1000 kg/qcm Beanspruchung zulässt, ein Widerstandsmoment des Querschnittes von

$$W = \frac{600000}{1000} = 600 \text{ cm}^3$$

erheischen. Wählt man vorläufig Quadranteisen Nr. 125/10 (siehe Tabelle 11 im Anhang), welches bei voller Röhre ein kleinstes Widerstandsmoment von 676 cm^3 und einen Querschnitt von 129 qcm besitzt, so erhält man nach Gleichung 118) als grösste Druckspannung

$$k_d = \frac{P}{F} + \frac{M}{W} = \frac{7000}{129} + \frac{600000}{676} = \text{rd } 942 \text{ kg/qcm}$$

und als kleinste Spannung:

$$k_z = \frac{P}{F} - \frac{M}{W} = \frac{7000}{129} - \frac{600000}{676} = -834 \text{ kg/qcm},$$

d. h. an der der Windrichtung entgegengesetzten Seite würde am Säulenfusse eine Zugspannung von 834 kg/qcm auftreten. Die Beanspruchungen des untersten Säulenquerschnittes bleiben innerhalb der zulässigen Grenze, weshalb der Querschnitt beibehalten werden kann. Damit aber ein Abheben des Säulenfusses vom Auflagerstein nicht eintreten kann, müsste eine kräftige Verankerung des Säulenfusses mit dem Fundamente stattfinden.

Wenn aus künstlerischen Rücksichten für die berechnete Säule Gusseisen vorgeschrieben ist, so würde die Berechnung in folgender Weise durchzuführen sein.

Da Gusseisen gegen Biegung (Zug) nur mit 250 kg/qcm beansprucht werden darf, so müsste das Widerstandsmoment des Querschnittes mindestens

$$W = \frac{600000}{250} = 2400 \text{ cm}^3 \text{ sein.}$$

Nach der Tabelle 13 im Anhang besitzt ein Querschnitt von 37,5 cm Durchmesser und 2,8 cm Wandstärke einen Inhalt von 305 qcm und ein Trägheitsmoment von 46240 cm^4. Demnach ist das Widerstandsmoment des Querschnittes:

$$W = \frac{46240}{{}^{37,5}/_2} = 2466 \text{ cm}^3.$$

Demnach wäre die grösste Druckspannung am Fusse der Säule:

$$k_d = \frac{7000}{305} + \frac{600000}{2466} = 266 \text{ kg/qcm}$$

und die grösste Zuganstrengung daselbst:

$$k_z = \frac{7000}{305} - \frac{600000}{2466} = -220 \text{ kg/qcm}.$$

Der Säulenquerschnitt würde also den Anforderungen genügen.

Es erhellt aus diesem Beispiel mit grosser Deutlichkeit, dass bei allen Säulen, welche ausser der Druckbelastung Biegungsmomente aufzunehmen haben, das Schmiedeeisen bei weitem den Vorzug verdient.

Hat eine im Innern eines Gebäudes stehende Säule horizontale Kräfte zu übertragen, wie dies z. B. in Fabriklokalen häufig der Fall ist, wo durch Anbringung der Transmission die Säulen durch die Riemenspannung beansprucht werden, so bleiben die Gleichungen 118) und 119) für die Berechnung mafsgebend. Ausserdem muss natürlich die eine der Gleichungen 93) oder 94) erfüllt sein, je nachdem es sich um guss- oder schmiedeeiserne Säulen handelt.

Da durch den Anschluss der Unterzüge am oberen Ende der Säule diese mehr oder weniger an einer seitlichen Ausweichung verhindert ist, so liegt für die Berechnung der in Fig. 373 skizzierte Belastungsfall vor.

Fig. 373.

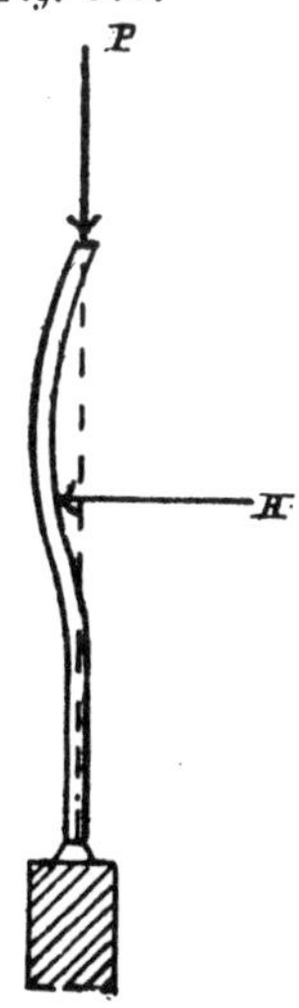

Fig. 374.

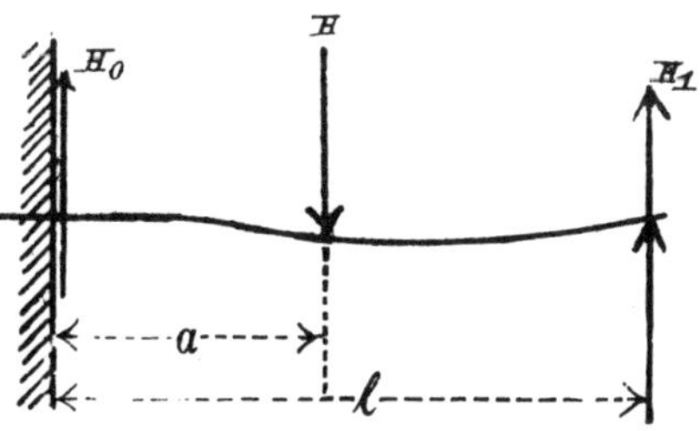

Um den Einfluss der Kraft H kennen zu lernen, betrachte man die Säule als einen Träger, der an einem Ende fest eingespannt ist und am anderen Ende frei aufliegt (Fig. 374).

Das an der Einspannstelle wirkende Biegungsmoment ist, wenn man $\frac{a}{l} = n$ setzt:

$$120) \qquad M_0 = \frac{H\,l}{2}(2\,n - 3\,n^2 + n^3).$$

Am Angriffspunkt der Last H dagegen ist das Moment:

$$121) \qquad M_1 = \frac{H\,l}{2}(3\,n - 4\,n^2 + n^3).$$

Der grössere dieser beiden Werte ist in die Gleichungen 118) und 119) einzusetzen.

Der am Säulenfuss wirkende Auflagerdruck beträgt:

122) $$H_0 = \frac{H \cdot n^2}{2} (3 - n)$$

und muss vom Fundament aufgenommen werden.

Am Säulenkopf wirkt der Auflagerdruck:

123) $$H_1 = H - H_0.$$

Diese muss vom Gebälk aufgenommen und auf die Gebäudemauern übertragen werden.

In der Regel sind nur die der Kraft H_1 parallelen Mauern geeignet, den Schub aufzunehmen. Die massiven Decken sind besonders dazu geeignet, den Schub H_1 auf die Umfassungsmauern zu übertragen. Sind derartige Decken nicht vorhanden, so sind die Unterzüge so anzuordnen, dass die Lagerkonsolen parallel zu den Frontwänden laufen.

Fig. 375.

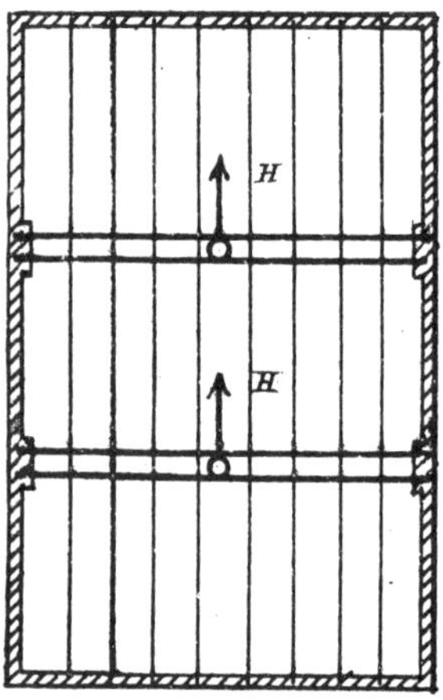

Fig. 376.

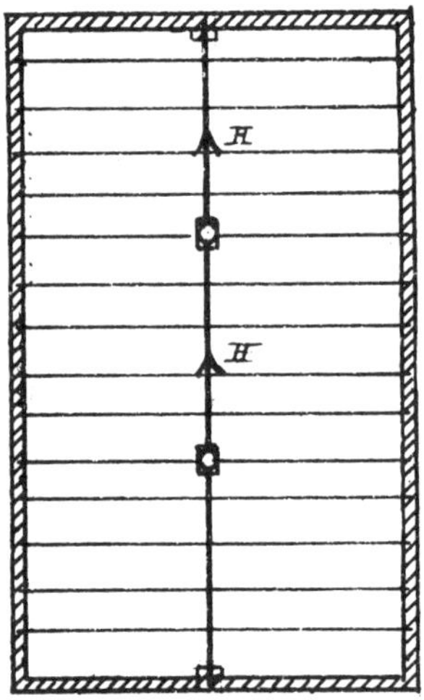

Fig. 375 zeigt diese Anordnung für doppelte, Fig. 376 für einfache Unterzüge.

Der Gebrauch der vorstehenden Gleichungen möge an nachstehendem Beispiele erläutert werden.

Beispiel. Die 6,4 m lange Säule in einem Fabriksaale erhält eine Vertikalbelastung von 26600 kg und wird ausserdem 4,8 m über dem Säulenfuss von einer horizontal wirkenden Last von 550 kg beansprucht. Welche Abmessungen muss der aus 2 ⊏-Eisen gebildete Querschnitt erhalten.

Gegen Knicken muss der Säulenquerschnitt nach Gleichung 94) ein Trägheitsmoment von

$$J = 2{,}5 \cdot 26{,}6 \cdot 6{,}4^2 = 2714 \text{ cm}^4$$

besitzen. Hinsichtlich der x—x Achse muss demnach jedes ⊏-Eisen (Fig. 377) mindestens ein solches von $\frac{2714}{2} = 1354$ cm⁴ aufweisen. Nach der Tabelle im Anhang würde ⊏-Eisen N. P. Nr. 18 diese Bedingung mit $J_x = 1564$ cm^4 erfüllen. Ferner ist für dieses Profil $J_y = 114$ cm^4 und $F = 28{,}0$ qcm. Der Abstand e der Schwerpunktsachse y—y von der Achse z—z ist nach Gleichung 99):

$$e = \sqrt{\frac{J_{erf} - 2\,J_y}{2\,F}} = \sqrt{\frac{2714 - 2 \cdot 114}{2 \cdot 28{,}0}} = 6{,}6 \text{ cm},$$

demnach der Abstand der beiden ⊏-Eisen von Schwerpunktsachse zu Schwerpunktsachse 2 l = 13,2 cm. Da das Mafs w (Fig. 374) nach der Tabelle = 7,0

— 4,9 = 2,1 ist, so ergibt sich für die Entfernung der [-Eisen von Aussenkante zu Aussenkante Steg das Mafs 13,2 + 2 · 2,1 = 17,4 cm. Das Widerstandsmoment dieses Querschnittes für die Achse x—x ist alsdann nach Gleichung 27):

$$W_x = \frac{2 \cdot 1364}{18{,}0/2} = 303 \text{ cm}^3$$

und für die Achse z—z

$$W_z = \frac{2714}{17{,}4/2} = 312 \text{ cm}^3.$$

Fig. 377.

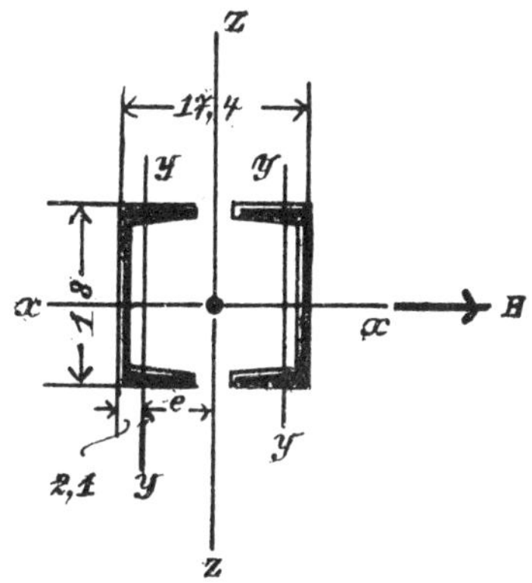

Nach Gleichung 120) ist nun das Moment am Säulenfusse:

$$M_0 = \frac{H \cdot l}{2}\left(2\,n - 3\,n^2 + n^3\right);$$

setzt man H = 550, l = 6,4, $n = \frac{4{,}8}{6{,}4} = 0{,}75$ ein, so folgt:

$$M_0 = \frac{550 \cdot 6{,}4}{2}\left(2 \cdot 0{,}75 - 3 \cdot 0{,}75^2 + 0{,}75^3\right)$$
$$= 422{,}4 \text{ kgm} = 42240 \text{ kgcm}.$$

Am Angriffspunkt der Kraft H dagegen wird nach Gleichung 121):

$$M_1 = \frac{550 \cdot 6{,}4}{2}\left(3 \cdot 0{,}75 - 4 \cdot 0{,}75^2 + 0{,}75^3\right)$$
$$= 739{,}2 \text{ kgm} = 73920 \text{ kgcm}.$$

Da $M_1 > M_0$, so ist das Moment M_1 für die weitere Rechnung ausschlaggebend.

Wirkt die Horizontalkraft H senkrecht zur Achse z—z, so wird nach den Gleichungen 118) und 119) die grösste Druckspannung:

$$k_x = \frac{P}{F} + \frac{M}{W} = \frac{26600}{2 \cdot 28{,}0} + \frac{73920}{312} = 713 \text{ kg/qcm}$$

und die kleinste Spannung:

$$k_z = \frac{P}{F} - \frac{M}{W} = \frac{26600}{2 \cdot 28{,}0} - \frac{73920}{312} = 237 \text{ kg/qcm}.$$

Im Säulenquerschnitte treten also nur Druckspannungen auf. Bei der praktischen Ausführung der Säule wird man die [-Eisen von Aussenkante zu Aussenkante 18,0 cm auseinanderstellen. Hierdurch werden die Spannungen auch noch etwas geringer.

Endlich bleibt noch zu untersuchen, wie oft die [-Eisen mindestens miteinander zu verbinden sind.

Hierzu dient Gleichung 100), aus welcher sich der grösste Abstand λ der Querverbindungen ergibt zu:

$$\lambda = \sqrt{\frac{2\,J_y}{2{,}5\,P}} = \sqrt{\frac{2 \cdot 114{,}0}{2{,}5 \cdot 26{,}6}} = 1{,}98 \text{ m},$$

so dass drei Verbindungen mindestens anzuordnen wären. Jedenfalls muss an der Angriffsstelle der Kraft H für eine gute Verbindung Sorge getragen werden.

Säulenfuss. Bei allen Säulen, die ausser der zentrischen Vertikalbelastung noch ein Biegungsmoment aufzunehmen haben, wird die Fussplatte am besten rechteckig so angeordnet, dass die längere Rechtecksseite parallel der Ebene des Biegungsmomentes ist.

Die Breite der Platte ist nach Fig. 378 mindestens

$$a = b_1 + 2\,b.$$

Das Blech der Fussplatte darf dabei die Saumwinkel bis etwa 5 cm überragen, so dass die grösste Breite der Platte etwa

$$a = b_1 + 2\,b + 10 \text{ cm wäre.}$$

Fig. 378.

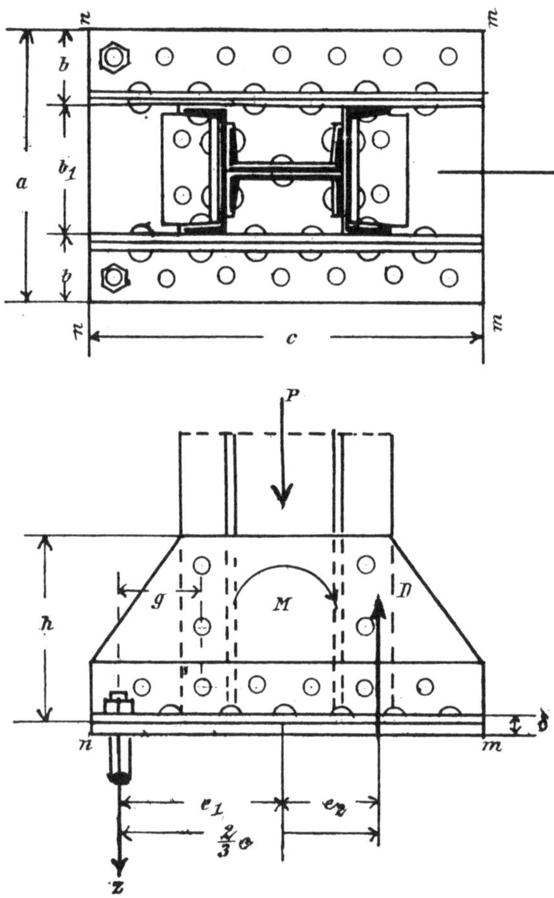

Was die Länge der Platte anbetrifft, so ist dieselbe jetzt bestimmt durch die Bedingung, dass der Druck der Platte auf die Unterlage die zulässige Höhe nicht überschreitet. Ist k wieder die erlaubte grösste Beanspruchung der Unterkonstruktion, F der erforderliche Inhalt der Platte, P die zentrische Belastung, M das Biegungsmoment, so folgt F aus der Gleichung:

$$124)\qquad k = \frac{P}{F} \pm \frac{M}{W},$$

wenn man das + Zeichen berücksichtigt.

Nun ist:

$$F = a \cdot c \text{ und } W = \frac{1}{6}\,a\,c^2,$$

folglich:

$$k = \frac{P}{a\,c} + \frac{6\,M}{a\,c^2},$$

woraus für die Länge c der Platte sich ergibt:

$$125)\qquad c = \frac{P}{2\,a\,k} + \sqrt{\left(\frac{P}{2\,a\,k}\right)^2 + \frac{6\,M}{a\,k}}.$$

In dieser Gleichung gelten für k die auf Seite 73 angegebenen Werte.

Setzt man den Wert von c aus Gleichung 125) in Gleichung 124) ein, so ergibt sich die grösste Pressung k_d zwischen Platte und Stein an der Kante m—m; die kleinste k_z an der Kante n—n (Fig. 378) und zwar wird:

$$126)\qquad k_d = \frac{P}{a\,c} + \frac{6\,M}{a\,c^2} \text{ und}$$

$$127)\qquad k_z = \frac{P}{a\,c} - \frac{6\,M}{a\,c^2}.$$

Der Wert von k_z wird negativ, wenn $\frac{6\,M}{a\,c^2} > \frac{P}{a\,c}$, so dass k_z Zugspannung wäre. Da die zwischen Platte und Stein sich befindliche Fuge keine Zugspannung aufnehmen kann, so würde an der Kante n—n ein Abheben der Platte vom Steine eintreten. Da dies nicht stattfinden darf, so muss die Zugspannung k_z von einem Anker aufgenommen werden.

Fig. 379 veranschaulicht die Verteilung der Spannungen über die Fläche m n. Die aus dem Gliede $\frac{P}{F}$ herrührende Pressung ist durch Fig. 379a, die vom Gliede $\pm \frac{M}{W}$ entspringende Pressung in Fig. 379b versinnlicht, während 379c die aus der gleichzeitigen Wirkung von P und M sich ergebenden Pressungen darstellt. Der gesamte Druck D auf den Auflagerstein wird repräsentiert durch das Dreieck m q s, die vom Anker aufzunehmende Zugspannung Z durch das Dreieck n o s. Z und D können in den Schwerpunkten der genannten Dreiecke angreifend gedacht werden. Aus der Aehnlichkeit dieser Dreiecke ergibt sich der Abstand e_1 des Ankerzuges von der Plattenmitte leicht zu:

128) $$e_1 = \frac{3\,c\,k_d + c\,k_z}{6\,(k_z + k_d)}.$$

Hiermit ergibt sich für den Abstand e_2 des Druckmittelpunktes von der Plattenmitte:

129) $$e_2 = \frac{2}{3}\,c - e_1.$$

Die Grösse des Ankerzuges ist aber, wie sich leicht dartun lässt

130) $$Z = \frac{M - P \cdot e_2}{\frac{2}{3}\,c}.$$

Fig. 679a.

Fig. 679b.

Fig. 679c.

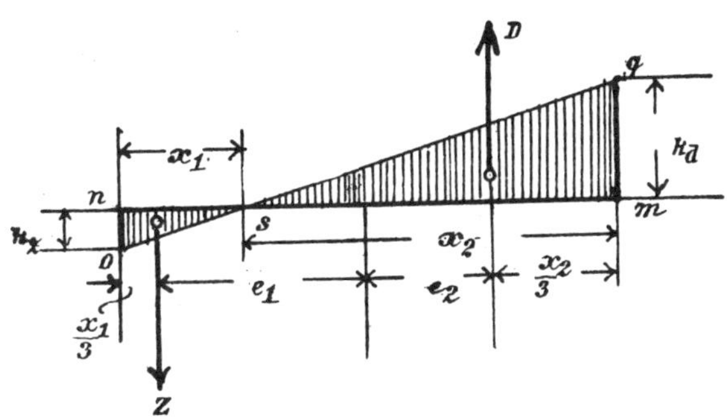

M bedeutet hierbei das am Säulenfusse auftretende Biegungsmoment, welches demnach zu setzen ist bei exzentrischer Vertikalbelastung nach Gleichung 113):

$$M = R \cdot e;$$

bei horizontaler Last aber nach Gleichung 117):

$$M = H\,a$$

oder gleich dem Werte von M aus Gleichung 120). Die Dicke der Fussplatte ist durch Gleichung 111) gegeben.

Bezeichnet g den Abstand des Ankers vom Säulenschaft, so ist die Höhe h der Rippe zu bestimmen aus der Gleichung:

131) $$h = \frac{1}{13}\sqrt{\frac{Z \cdot g}{n \cdot \delta}}.$$

Hierin bezeichnet noch n die Anzahl der auf einer Seite der Säule befindlichen Anker, δ die Dicke der Rippe. Die Durchmesser der Anker sowie der Ankerschrauben sind aus Gleichung 6) und 7) zu ermitteln.

Beispiel. Die Abmessungen des Säulenfusses der auf Seite 154 berechneten Säule sind zu ermitteln unter der Bedingung, dass das Mauerwerk mit 14 kg/qcm gedrückt werden darf.

Nach Fig. 380 ist die Breite der Fussplatte auf 35 cm festgesetzt bei Anordnung von 4 Rippen.

Fig. 380.

Maasse in mm

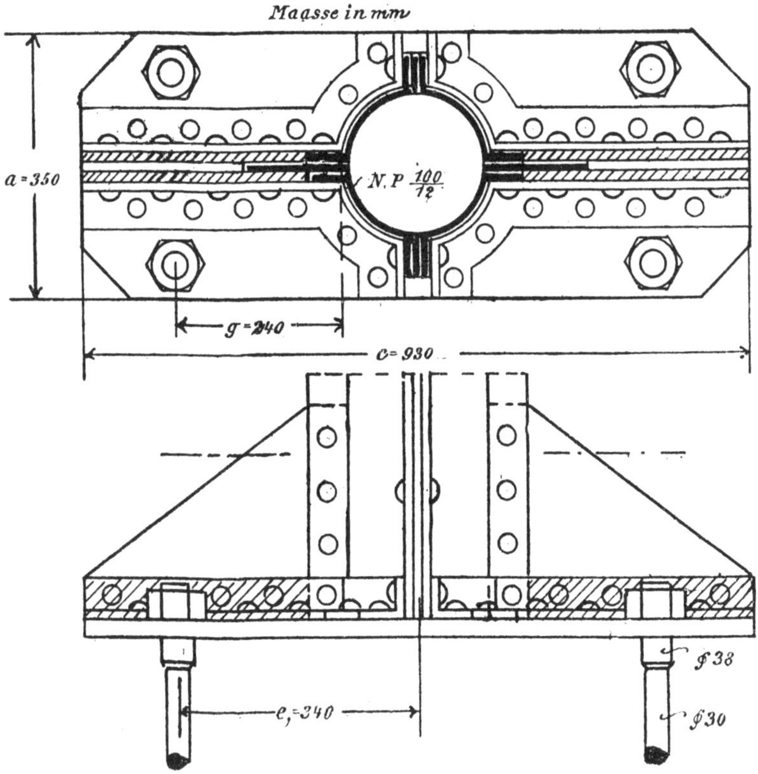

Die Dicke der Platte ist nach Gleichung 111):

entweder: $$\delta = \frac{b}{18}\sqrt{k} = \frac{7,0}{18}\sqrt{14} = 1,5 \text{ cm}$$

oder: $$\delta = \frac{b_1}{44}\sqrt{k} = \frac{25,0}{44}\sqrt{14} = 2,1 \text{ cm}.$$

Mit Rücksicht auf die grosse Länge der Platte ist diese ohne Winkel 2,5 cm stark zu machen.

Die Länge der Platte ergibt sich nach Gleichung 125) zu:

$$c = \frac{P}{2\,a\,k} + \sqrt{\left(\frac{P}{2\,a\,k}\right)^2 + \frac{6\,M}{a\,k}}$$

$$= \frac{7000}{2 \cdot 35 \cdot 14} + \sqrt{\left(\frac{7000}{2 \cdot 35 \cdot 14}\right)^2 + \frac{6 \cdot 600000}{35 \cdot 14}}$$

$c = \text{rd}\,93$ cm.

Mit Hilfe von Gleichung 126) und 127) wird jetzt:

$$k_d = \underbrace{\frac{7000}{34 \cdot 93}}_{2,1} + \underbrace{\frac{6 \cdot 600000}{35 \cdot 93^2}}_{11,9}$$

$= 14,0$ kg, wie oben vorausgesetzt

und $k_z = 2,1 - 11,9 = -9,8$ kg/qcm Zug.

Der Angriffspunkt des Ankerzuges liegt von der Plattenmitte nach Gleichung 128):

$$e_1 = \frac{3 \cdot 93 \cdot 14,0 + 93 \cdot 9,8}{6\,(14,0 + 9,8)} = \text{rd}\,34 \text{ cm}$$

und der Druckmittelpunkt (Gleichung 129):

$$e_2 = \frac{2}{3} \cdot 93 - 34 = 28 \text{ cm entfernt.}$$

Die Grösse des Ankerzuges erhält man jetzt aus Gleichung 130) zu:

$$Z = \frac{600000 - 7000 \cdot 28}{\frac{2}{3} \cdot 93} = \text{rd}\,6500 \text{ kg.}$$

Auf jeder Seite der Säule werden zwei Anker angeordnet, jeder erhält demnach bei der ungünstigsten Belastungsweise der Säule eine Spannung von $\frac{6500}{2} = 3250$ kg. Mit Rücksicht auf Gleichung 6) wird der Ankerdurchmesser

$$d = 1,7\,\sqrt{P} = 1,7\,\sqrt{3,25} = 3,0 \text{ cm}$$

und der Durchmesser des Schraubenbolzens

$$d = 2,1\,\sqrt{P} = 2,1\,\sqrt{3,25} = 3,8 \text{ cm.}$$

Die Höhe der Rippen folgt aus Gleichung 131) mit $n = 2$, $\delta = 1,0$ cm und $g = 24,0$.

$$h = \frac{1}{13}\sqrt{\frac{6250}{2} \cdot \frac{24,0}{1,0}} = 22 \text{ cm,}$$

wofür in Anbetracht der Schwächung durch Nietlöcher 30 cm gewählt wurden.

Bei der Berechnung des Säulenfundamentes ist ebenfalls auf die exzentrische Belastung Rücksicht zu nehmen. Die Grösse der Basis muss so gewählt werden, dass der Druck auf den Baugrund nicht grösser wird, als es die zulässige Beanspruchung erlaubt. Die Baupolizeivorschriften setzen diese bei gutem Baugrunde auf 2,5 kg/qcm fest. Vor allen Dingen darf an der Basis an der der Resultierenden aus den äusseren Kräften abgewandten Kante des Fundamentmauerwerks keine Zuganstrengung auftreten. Dies wird aber nur dann erreicht, wenn die Resultierende aus sämtlichen Kräften im Kern der Basisfläche bleibt. Der Kern der meist rechteckigen Fundamentbasis ist ein Rechteck a b c d, dessen Ecken auf den Mittellinien der Basis liegen und dessen Diagonalen $^1/_3$ der Basiskanten betragen. Ist R die Resultierende aus allen senkrechten Kräften, K der Angriffspunkt (Fig. 380a), so ist nach den Bezeichnungen in Fig. 380a die im Punkte N auftretende grösste Kantenpressung

Fig. 380a.

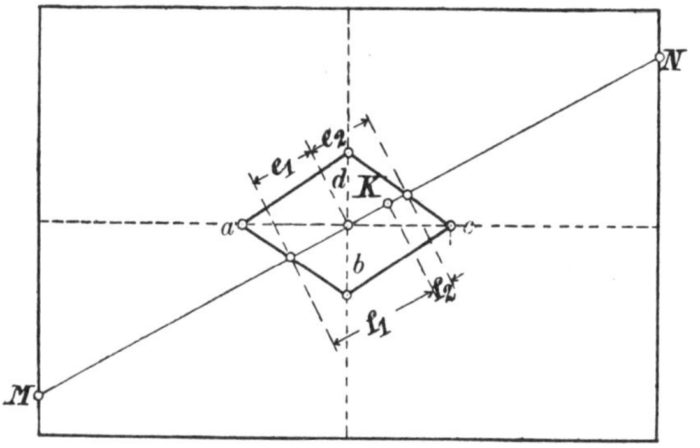

$$132) \quad k_n = \frac{R \cdot f_1}{F \cdot e_1}$$

und die im Punkte M auftretende kleinste Pressung

$$133) \quad k_m = \frac{R \cdot f_2}{F \cdot e_2},$$

wenn F noch den Inhalt der Grundfläche in qcm bedeutet.

Fünftes Kapitel.

Frontstützen, Ladeneingänge und Schaufenster.

Zu den vorzüglichsten Bedürfnissen der Gewerbetreibenden gehören in neuerer Zeit vor allem elegante Ladeneinrichtungen. Das Bestreben der kaufmännischen Welt, dem kaufenden Publikum die Waren in geschmackvoller Mannigfaltigkeit vor Augen zu führen, hat daher die Anlage von grossen Schaufenstern zur Notwendigkeit gemacht. Die Entwickelung der Eisenkonstruktionen sowie die Fortschritte in der Herstellung grosser Spiegelscheiben sind diesem Bedürfnisse in weitgehendster Weise entgegengekommen.

Die breiten Mauerpfeiler der Frontwände werden durch schmale guss- oder schmiedeeiserne Stützen ersetzt, so dass ein ungleich breiterer Raum für die Anlage der Schaufenster gewonnen wird, die nicht allein eine reichhaltige und dabei oft künstlerische Ausstellung der verkäuflichen Waren zulassen, sondern auch dem Tageslicht einen ausgiebigen Eintritt in den Laden ermöglichen. Geht man doch in neuester Zeit in der Erreichung der Absicht, möglichst die ganze Breite der Front zu Schaufensteranlagen zu gewinnen, soweit, dass man die mittleren Frontstützen ebenfalls weglässt, indem man das Mauerwerk der oberen Etagen durch starke Träger unterfängt.

Gusseiserne Frontstützen. Die gebräuchlichsten Querschnitte der gusseisernen Frontstützen (Ladenständer) sind bereits in den Fig. 265 bis 269 angegeben. In der Richtung der Frontwand wird die Abmessung aus den oben angeführten Gründen meist gering gehalten, während die grössere Ausdehnung in der Regel mit der Mauerdicke übereinstimmt. Jedoch ist von vornherein darauf Bedacht zu nehmen, dass bei der Anordnung von Rollläden zwischen der vorderen und hinteren Vertikalrippe des Ladenständers genügender Raum für den aufgewickelten Rollladenballen bleibt. Der Durchmesser der wohl meist aus Stahl-Wellblech hergestellten, aufgewickelten Rolllade kann nachstehender Tabelle entnommen werden, die dem Kataloge der Wellblech-Fabrik von W. Tillmanns in Remscheid entliehen ist.

Höhe des Fensters	2	2,5	3	3,5	4	4,5	5	5,5	6 m
Durchmesser des Ballens	0,25	0,27	0,30	0,32	0,34	0,36	0,37	0,40	0,40 m

In den Fig. 381a bis 387 sind die gebräuchlichsten Formen der gusseisernen Ladenständer dargestellt. Am einfachsten gestaltet sich die Anordnung der Säulen, wenn die zur Ueberdeckung erforderlichen ⊤-Eisen gleich hoch liegen (Fig. 381).

Fig. 381a bis d.

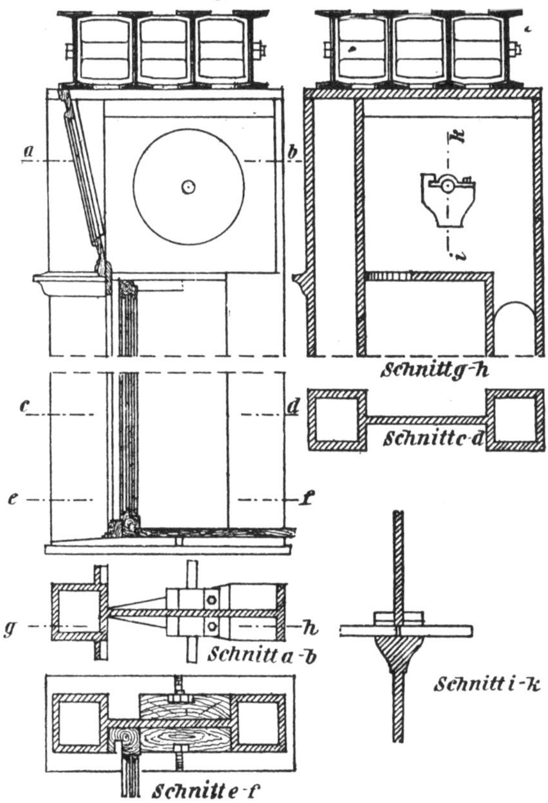

Fig. 382a und b.

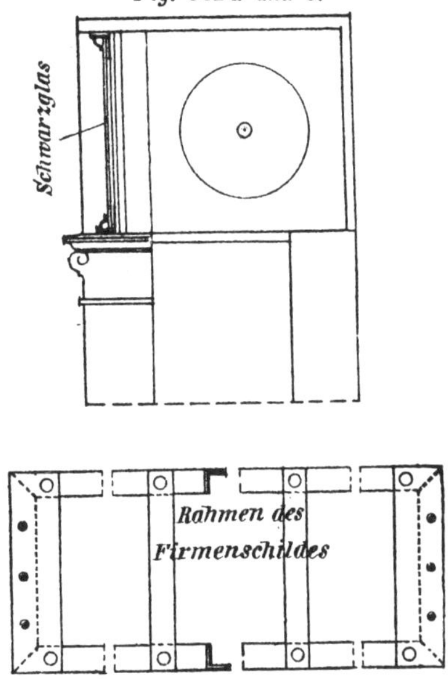

Fig. 383.

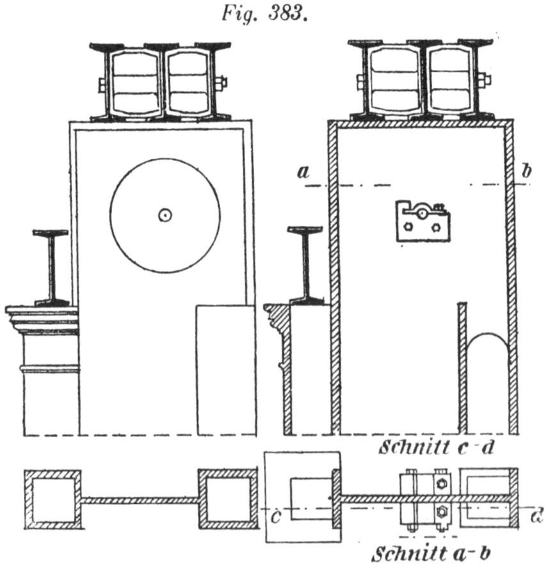

Fig. 384.

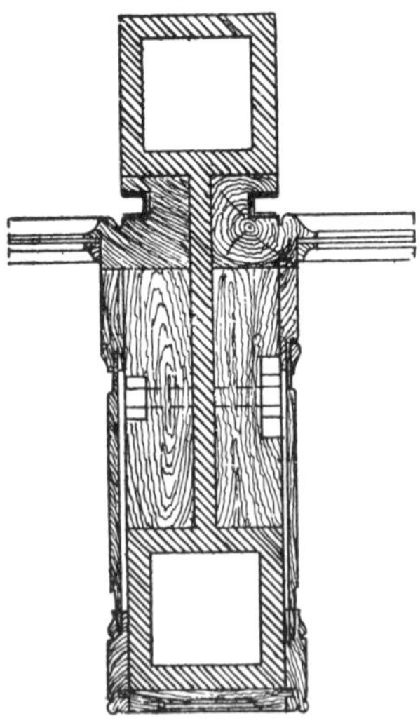

Der Raum zur Unterbringung der Rolllade wurde in Fig. 381 dadurch geschaffen, dass die hintere Säule oberhalb des Fensterrahmens ihren Querschnitt änderte, indem der quadratische Hohlquerschnitt in einen ⊣ übergeführt wurde. Aus den beigefügten

Schnitten in den Fig. 381b bis d ist die Konstruktion ersichtlich. Die Absteifung der Kopf- und Fussplatte durch angegossene Rippen ist zu empfehlen, wie auch wieder darauf aufmerksam zu machen ist, die Kopfplatte oben schwach zu wölben, um zentrische Druckübertragung zu erreichen. Die Lager für die Welle der Rolllade sind zuweilen an der Mittelwand der Säule gleich angegossen, oft aber werden sie für sich besonders hergestellt und mit Schrauben am Ladenständer befestigt.

Der Kasten für den Ladenballen ist unter den ⊤-Eisen anzubringen und dieser hinter einer architektonisch auszubildenden, aus Holz oder Gusseisen bestehenden Verkleidung zu verstecken. Auch kann als Verkleidung das aus Schwarzglas bestehende Firmenschild mit Vorteil verwandt werden, das sich mit Hilfe Mannstädt'scher Ziereisen in geeigneter Weise anbringen lässt. Die Fig. 382a und b zeigen diese Anordnung.

Fig. 386.

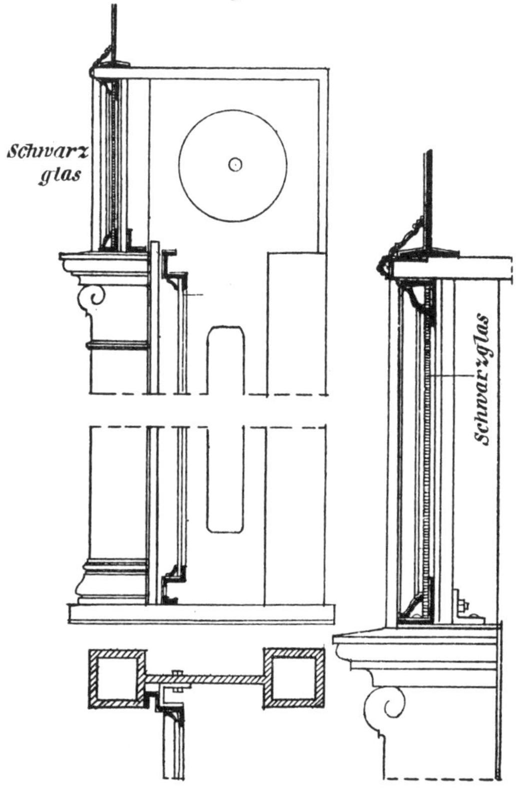

Fig. 385.

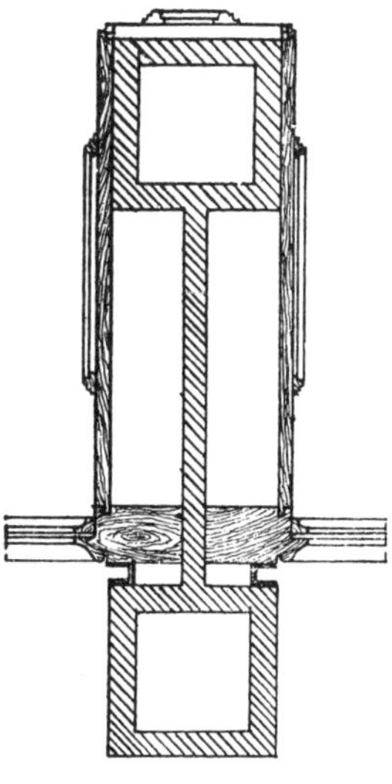

Wenn der Rollladenkasten hinter einem Sturz angeordnet werden soll, so müssen die Träger in verschiedener Höhe liegen (Fig. 383). Die vordere Säule ist dann um das Maſs, welches für die Höhe des Rollkastens erforderlich ist, niedriger zu halten. Die gusseiserne Säule wird in der Regel nur an der Aussenseite sichtbar gelassen, die Laibungen und die Innenseiten werden meist mit Holz verkleidet. Die Befestigung der Bekleidung geschieht teils an dem hölzernen Rahmen des Schaufensters, teils an mehreren Holzstücken, die mit der Mittelwand der Säule verbolzt werden (Fig. 384 und 385).

Statt der hölzernen Fensterrahmen werden neuerdings sehr oft eiserne Rahmen angewandt, wozu sich in erster Linie die von der Firma Mannstädt & Komp. zu Kalk bei Köln hergestellten Walzprofile eignen. Ein Beispiel dieser Art ist in Fig. 386 dargestellt. Die Befestigung der Führungsschiene mit der

Säule geschieht unter Zuhilfenahme von Laschen aus ⊔förmig gebogenen Flacheisen, die einerseits mit der Schiene vernietet, andererseits mit der Mittelwand der Säule verschraubt werden.

Fig. 387.

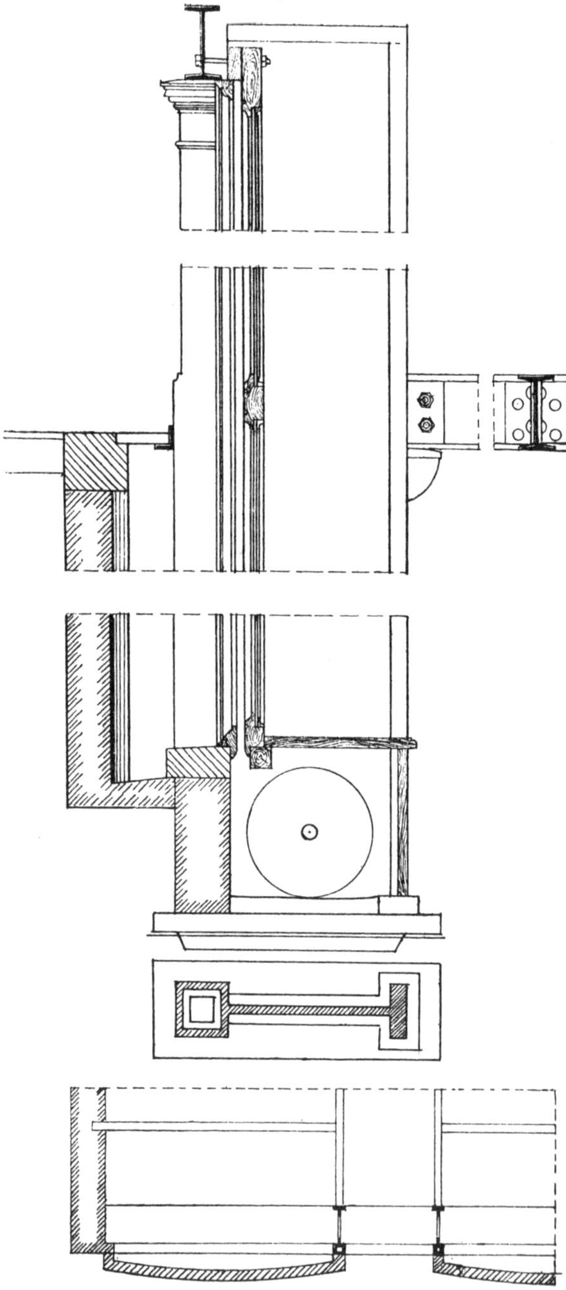

Indessen ist darauf zu achten, dass zwischen Leitschiene und Mittelwand genügend Raum für das Lager der Rolllade bleibt. Hierzu ist, wenn das Getriebe für die Rolllade an der Säule untergebracht werden muss, ein Mindestmafs von 12 cm erforderlich. Um die Breite der Säule in der Frontwand möglichst gering zu halten, wird das Getriebe daher zweckmäfsig an der massiven Wand hinter einem Anschlage von einem halben Stein anzuordnen sein. Fehlt es an Raum für den Rollkasten unter der Decke des Ladenraumes, so steht der Anordnung der Rolllade unterhalb des Fensterbrettes nichts im Wege. In Fig. 387 ist diese Lösung für eine Säule gewählt, die vom Keller bis zur ersten Etage durchreicht, wobei auch die heutzutage vielfach übliche Anlage des ganzen Schaufensters dargestellt ist.

In verkehrsreichen Strassen der Grossstädte verzichtet man neuerdings vielfach auf diese Art von Schutzvorrichtungen. Man geht dabei von der Ansicht aus, dass während der Nacht die Beleuchtung des Ladens eine grössere Sicherheit gegen Einbruch gewährt, als der dichte Verschluss der Schaufenster, erstens, weil das schleichende Gesindel stets befürchten muss, Wache im Ladenraum zu treffen und zweitens, weil jeder Vorübergehende unwillkürlich einen Blick in die erleuchtete Verkaufsstube wirft.

Befinden sich in der oberen Etage Verkaufsräume, so lässt man die Ladenständer durch verschiedene Geschosse hindurchgehen. Dabei wird in der Regel unterhalb des Fussbodens ein stumpfer Stoss der Säulen ausgeführt und die Unverschieblichkeit beider durch Flanschenverschraubung gesichert. Die ⌶-Träger ruhen dann entweder auf Konsolen, oder aber jene werden mit Hilfe von angegossenen Laschen mit der Säule verschraubt. Fig. 388 zeigt ein derartiges Beispiel.

Fig. 388.

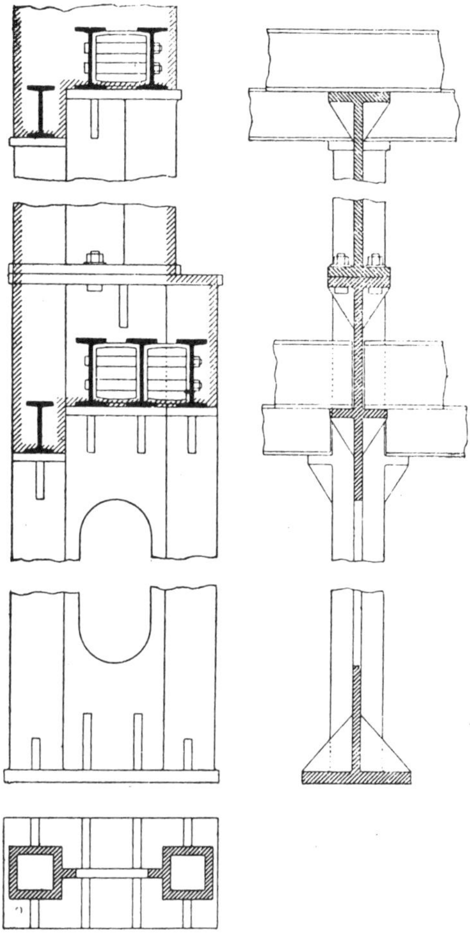

Fig. 389.

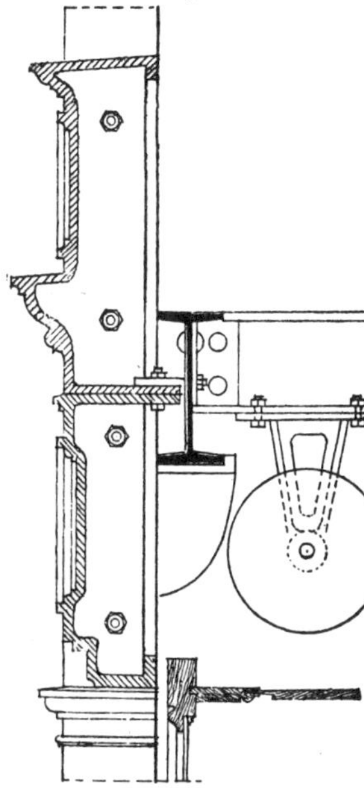

Nicht selten werden aber jetzt auch Säulen bis zu 10 m Länge aufgestellt, so dass der Stoss in Fussbodenhöhe der ersten Etage wegfällt. Wie in diesem Falle die Verbindung der Decke mit der Ueberdeckung des Schaufensters angeordnet werden kann, darüber geben die Fig. 389 und 390 Aufschluss. In Fig. 389 ist der Abschluss nach der Front durch gusseiserne Gesimse, in Fig. 390 durch das Firmenschild in schmiedeeisernem Rahmen aus Mannstädt'schen Ziereisen bewirkt worden.

Bei der Berechnung der Frontsäulen hat man sorgfältig die auf den vorderen und hinteren Säulenquerschnitt entfallenden Lasten festzustellen und hiernach die erforderlichen Trägheitsmomente zu ermitteln.

Nach dem in Fig. 391 abgebildeten Querschnitt durch die Frontwand eines Gebäudes würden die das Schaufenster überdeckenden ⌶-Eisen 1 und 2 den Teil a b c d der Mauer, sowie den entsprechenden Anteil an dem Gewicht des Daches und der obersten Balkenlage aufnehmen. Der Träger 3 würde aber mit dem Teil der Mauer d e f g sowie mit dem auf ihn entfallenden Anteil aus den drei unteren Decken belastet sein. Der Träger 1 belastet die vordere, der Träger 3 die hintere Säule, Träger 2 dagegen die Mittelwand der Säulen. Diese Last wird sich daher nach Mafsgabe der Hebelarme x und y auf die beiden Säulen verteilen.

Fig. 390.

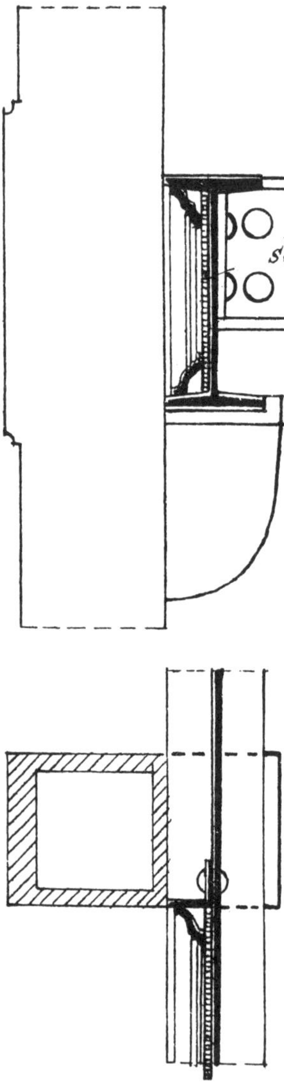

Fig. 391.

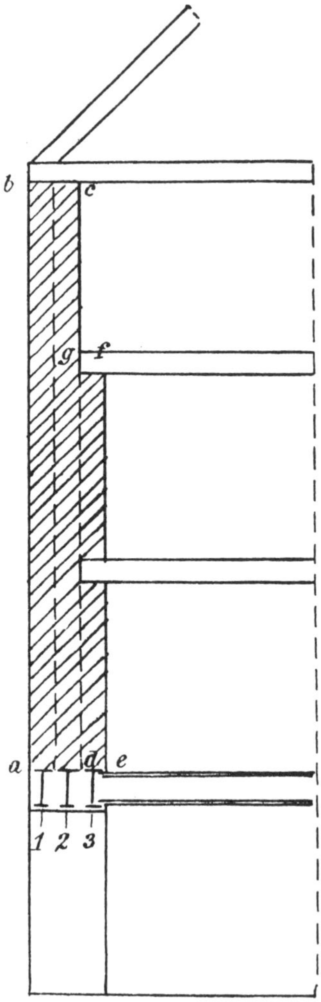

Fig. 391 a.

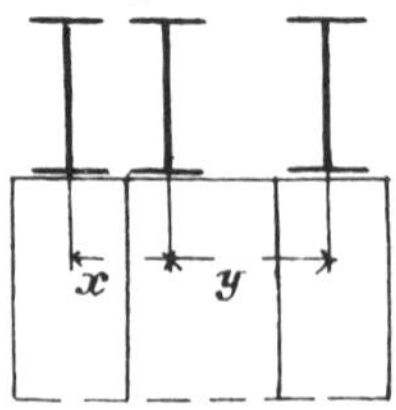

Beispiel. Ein Ladenständer von 3,8 m Knicklänge ist insgesamt mit 39500 kg belastet. Hiervon nimmt die vordere Säule 24200, die hintere 15300 kg auf. Beide Säulen sollen einen quadratischen Hohlquerschnitt erhalten.

Für die vordere Säule berechnet sich das erforderliche Trägheitsmoment nach Gleichung 93) zu:

$$J_1 = 8{,}0 \cdot 24{,}2 \cdot 3{,}8^2 = 2796 \text{ cm}^4$$

und für die hintere Säule zu:

$$J_2 = 8{,}0 \cdot 15{,}3 \cdot 3{,}8^2 = 1767 \text{ cm}^4.$$

Nach der Tabelle 14 im Anhang würde für die vordere Säule ein Querschnitt von 15,0 cm Kantenlänge und 1,8 cm Wandstärke genügen, für die hintere Säule ein Querschnitt von 13,0 cm Kantenlänge und 1,8 cm Wandstärke hinreichend sein.

Fig. 392.

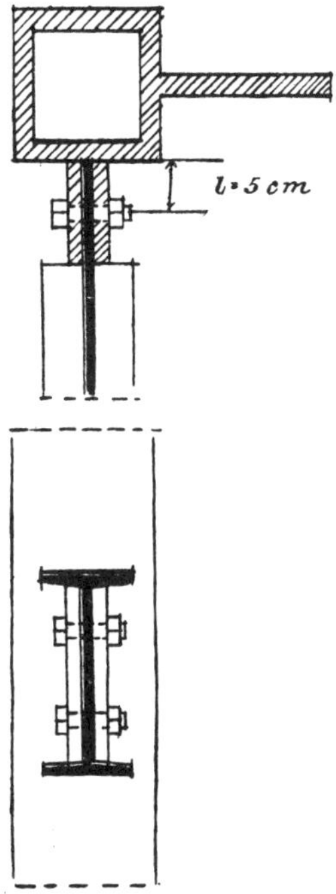

Was die Berechnung der Konsolen anbetrifft, so gibt die oben abgeleitete Gleichung 112):

$$h = \frac{1}{6}\sqrt{\frac{P\,l}{\delta}}$$

über die Höhe der Konsole bei der angenommenen Dicke δ derselben Aufschluss.

Werden die Träger an Rippen geschraubt, die an die Säule angegossen sind, wie dies in Fig. 392 dargestellt ist, so ist die Rippenhöhe durch die Trägerhöhe bedingt und es wäre die Dicke δ der Rippen zu bestimmen. Diese ergibt sich aus der vorigen Gleichung zu:

$$134) \qquad \delta = \frac{P\,l}{42\,h^2},$$

worin l den Abstand der Anschlussschrauben von der Säule bedeutet. Mit $l = 5{,}0$ cm geht diese Gleichung über in:

$$135) \qquad \delta = \frac{P}{8\,h^2}.$$

Die Anzahl der Schrauben ist zu ermitteln aus der Bedingung, dass der Lochwanddruck in der gusseisernen Rippe nicht grösser als 500 kg pro Qudratzentimeter, im Stege des Trägers nicht grösser als 1200 kg pro Quadratzentimeter werden darf und dass ausserdem die Schraubenverbindung gegen Abscheren die erforderliche Festigkeit besitzt.

Beispiel. Ein Träger, I-Eisen N. P. Nr. 28, soll an eine Säule vermittelst angegossener Rippen befestigt werden. Die zu übertragende Last ist 6350 kg, der Schraubendurchmesser 2,0 cm.

Die Trägerhöhe zwischen den Flanschen bei I-Eisen Nr. 28 ist rund 23,0 cm. Damit wird nach Gleichung 135):

$$\delta = \frac{6350}{8 \cdot 23{,}0^2} = 1{,}5 \text{ cm.}$$

Wählt man doppeltschnittigen Anschluss, so müsste jede Rippe mindestens 0,75 cm stark sein. Indessen wird man dieselben nicht unter 1,5 cm bemessen, so dass die Gesamtstärke der Rippen 3,0 cm wird.

Gegen Lochwanddruck in der gusseisernen Rippe ergibt sich jetzt für die Anzahl n der Bolzen:

$$n = \frac{6350}{2{,}0 \cdot 3{,}0 \cdot 500} = 3 \text{ Stück;}$$

da der Steg des I-Eisens Nr. 28 rund 1 cm ist, so wäre gegen Lochwanddruck im Steg des Trägers die Anzahl der Bolzen:

$$n_1 = \frac{6350}{2{,}0 \cdot 1{,}0 \cdot 1200} = 3 \text{ Stück.}$$

Gegen Abscheren endlich würde sein:

$$n = \frac{9350}{\frac{2 \cdot 2{,}0^2 \cdot 3{,}14 \cdot 600}{4}} = 2 \text{ Schrauben.}$$

Somit sind drei Schrauben unterzubringen, wie dies in Fig. 393 geschehen ist.

Wie bei den Vernietungen wird man auch bei diesen Verbindungen stets doppeltschnittigen Anschluss anzuordnen sich angelegen sein lassen und dabei die Rippenstärke möglichst gleich der Wandstärke der Säule annehmen, jedenfalls aber nicht unter 1,5 cm heruntergehen.

Fig. 393.

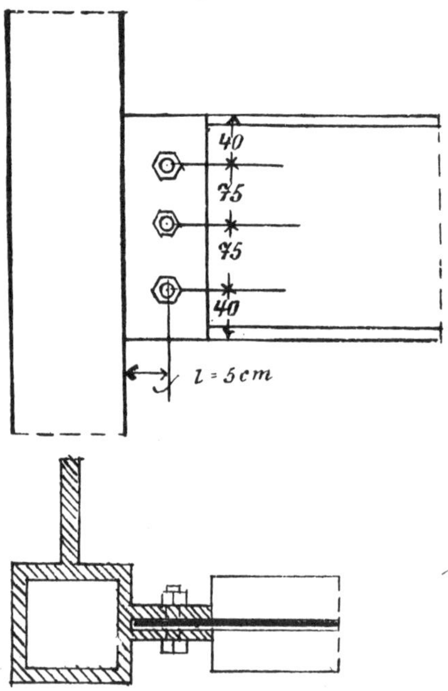

Schmiedeeiserne Frontstützen. Die gebräuchlichsten Querschnitte für schmiedeeiserne Frontstützen sind entweder aus ⊏- und T-Eisen (Fig. 394) oder aus ⊏-Eisen gebildet (Fig. 395). Hierzu treten neuerdings die viel benutzten Querschnitte in Fig. 396 bis 398, die aus ⊏-Eisen und Flacheisen zusammengesetzt werden.

Fig. 394.

Fig. 395.

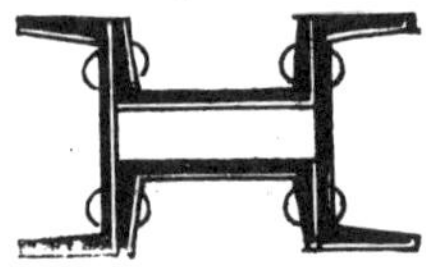

Fig. 396.

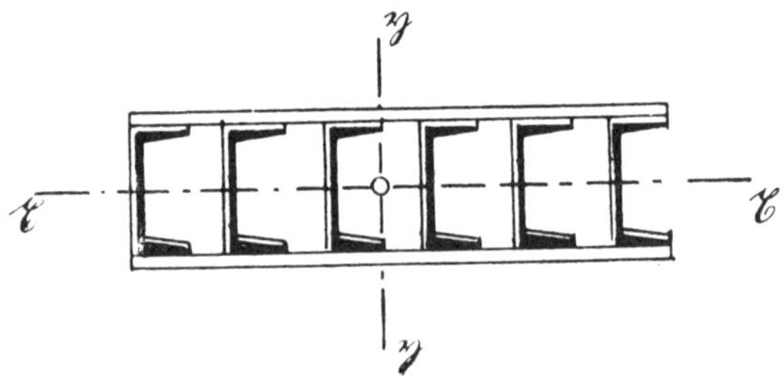

Der Querschnitt in Fig. 395 verdient vor dem in Fig. 394 den Vorzug, weil die Nietverbindungen sich entschieden besser herstellen lassen. Die Querschnitte in Fig. 396 bis 398 sind hervorgegangen aus dem Bestreben, die Abmessungen der Stütze in der Richtung der Frontwand so gering wie möglich zu gestalten. Zu diesem Zwecke werden 5 bis 8 ⊏-Eisen hintereinander gestellt und durch Flacheisen, wie in Fig. 396 und 397, oder vermittelst durchlaufender Bleche, wie in Fig. 398, miteinander verbunden.

Berechnung der Frontstützen. Die Anzahl der ⊏-Eisen richtet sich nach der Mauerstärke und ist entweder gerade oder ungerade (Fig. 396, 397). Ist P die Last in Tonnen, $\mathfrak{l}$ die Länge, so ist wie früher:

$$J_{erf} = 2{,}5\, P\, \mathfrak{l}^2$$

und

$$F = \frac{P}{k}.$$

Das J_{erf} muss sowohl für die Achse x—x als auch für die Achse y—y vorhanden sein. Man überzeugt sich aber leicht, dass für die Letzte das vorhandene Trägheitsmoment stets bedeutend grösser ist als das erforderliche. Man hat daher nur nötig, die Knicksicherheit für die Achse x—x nachzuweisen.

Fig. 397.

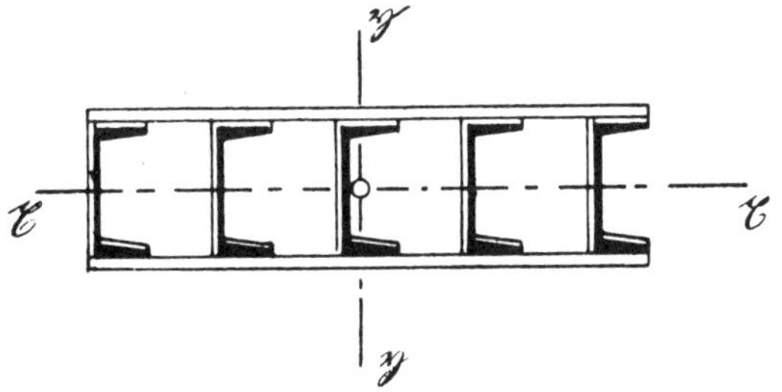

Ist n die Anzahl der ⊏-Eisen, so muss jedes derselben mindestens ein Trägheitsmoment

136) $$J_x = \frac{J_{erf}}{n}$$

und einen Querschnitt

137) $$f = \frac{F}{n}$$

besitzen.

Fig. 398.

Um die Anzahl der Querverbindungen zu erhalten, sei λ die grösste erlaubte Entfernung derselben (Fig. 399). Jedes ⊏-Eisen nimmt die Last $\frac{P}{n}$ auf. Das in der Tabelle enthaltene kleinste Trägheitsmoment sei J_y, dann muss sein:

Fig. 399.

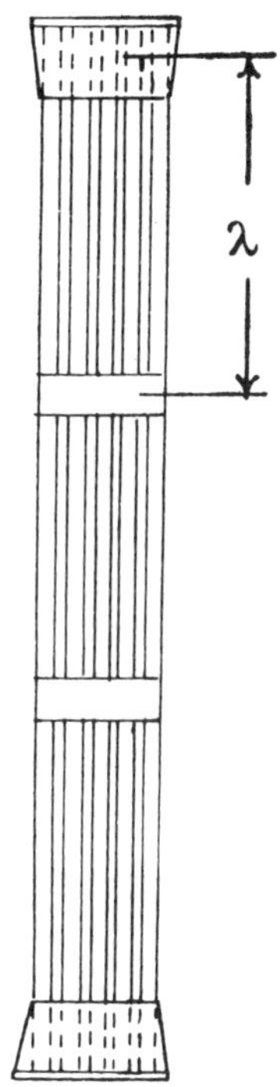

$$J_y = 2{,}5 \frac{P}{n} \cdot \lambda^2, \text{ woraus:}$$

138) $$\lambda = \sqrt{\frac{n \cdot J_y}{2{,}5\,P}}.$$

Beispiel. Eine in einer 2 Stein starken Wand stehende schmiedeeiserne Stütze erhält einen Druck von 49000 kg. Wie ist die Stütze anzuordnen, wenn sie möglichst schmal sein soll? Es ist:

$$J_{erf} = 2{,}5 \cdot 49{,}0 \cdot 3{,}8^2 = 1770 \text{ cm}^4$$

und $$F = \frac{49000}{1000} = 49 \text{ qcm}.$$

Diesen Bedingungen würden 5 ⊏-Eisen N. P. Nr. 12 entsprechen (Fig. 396) mit

$$J_x = 5 \cdot 364 = 1820 \text{ cm}^4$$

und $$F = 5 \cdot 17 = 85 \text{ qcm}.$$

Das Trägheitsmoment J_y des ⊏-Eisens Nr. 12 ist 43,2 cm^4, mithin wird nach Gleichung 138) die Entfernung λ der Querverbindungen:

$$\lambda = \sqrt{\frac{5 \cdot 43{,}2}{2{,}5 \cdot 49{,}0}} = 1{,}32 \text{ m},$$

so dass mindestens 2 Querverbindungen anzuordnen wären (Fig. 399).

Bei der Ausbildung dieser schmiedeeisernen Stützen finden die Ziereisen von Mannstädt & Komp. eine ausgedehnte Verwendung. Die Schaufensteranlage erhält in der Regel hierbei ebenfalls einen schmiedeeisernen Rahmen, wobei die Anordnung eines Rollladenverschlusses keine Schwierigkeiten bereiten kann. In Fig. 400 bis 403 sind einige Beispiele dieser Art mitgeteilt; die beigedruckten Zahlen beziehen sich auf die Nummern der Profile. Die Anschlüsse der Decken an die Schaufensterüberdeckungen gehen aus den

Fig. 400.

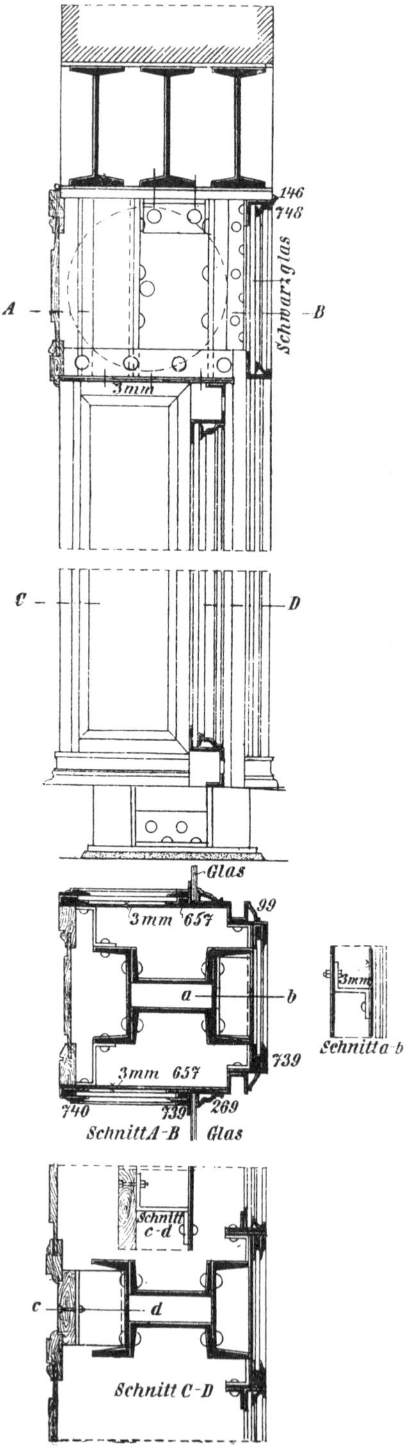

Fig. 401.

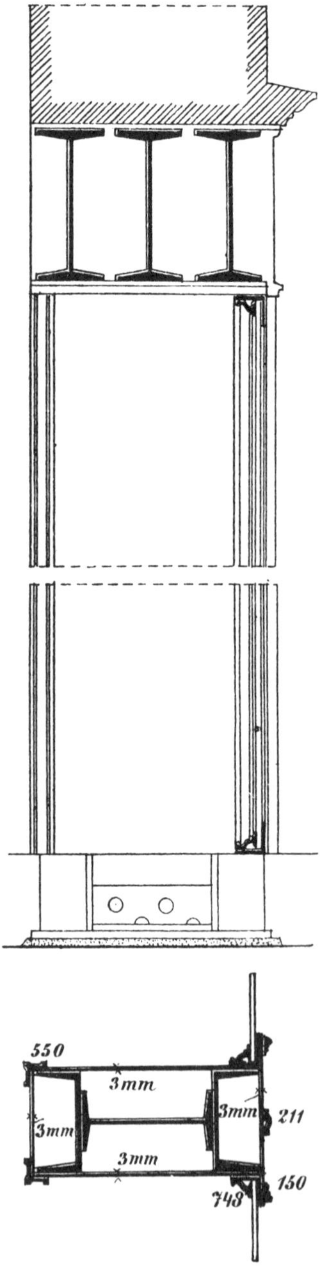

Fig. 402.

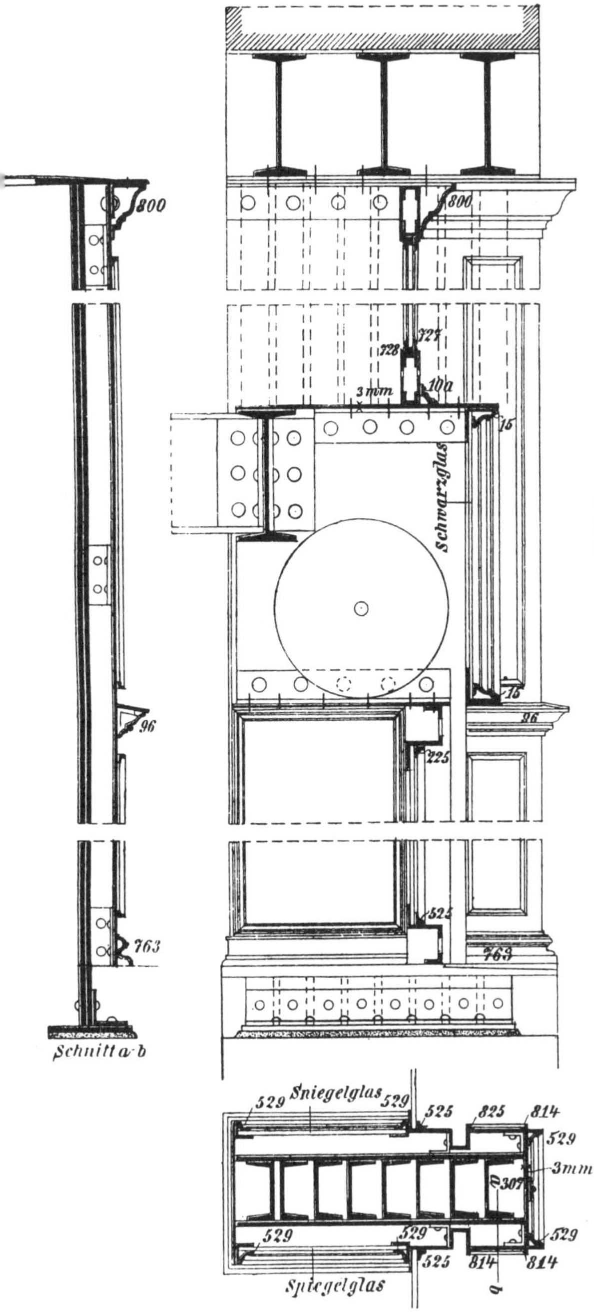

Fig. 403.

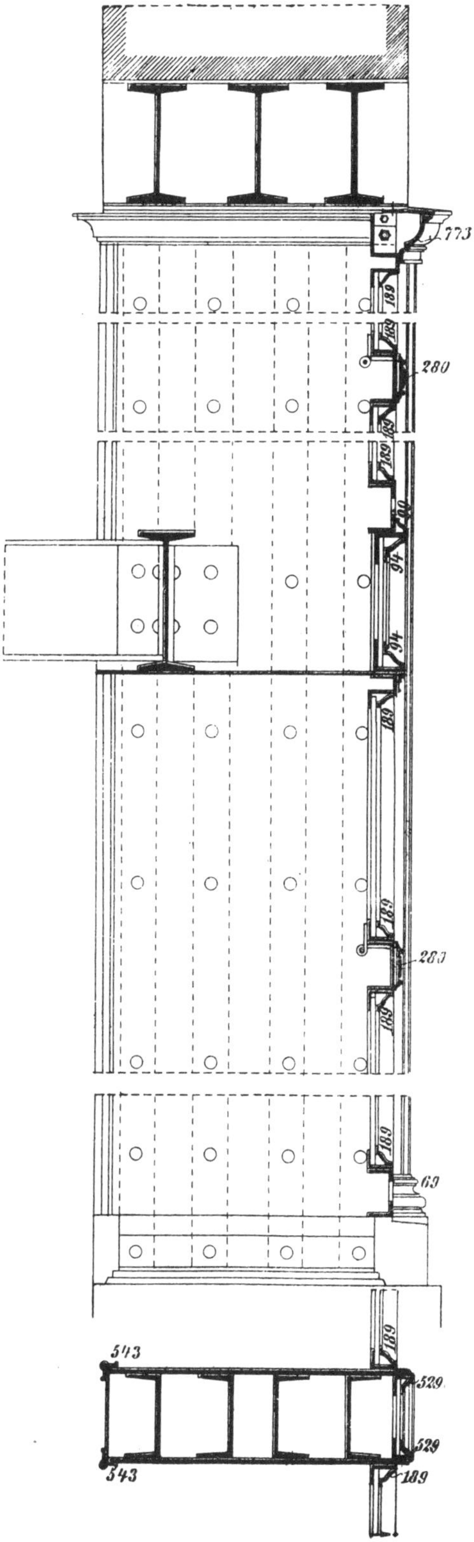

Schnitten hervor. Ebenso sind die Verbindungen der Träger mit den durchgehenden Säulen leicht ersichtlich. Die Anbringung des Rollkastens, sowie die Ausbildung der Verkleidung an der Frontseite geschieht in derselben Weise wie bei den gusseisernen Säulen.

Schaufensteranlagen. Die Konstruktion der Frontstützen hängt so innig zusammen mit der Anordnung der Schaufensteranlagen, dass es gerechtfertigt erscheint, über die letzteren noch einiges anzufügen.

In dem Bestreben, möglichst viel Raum für die Schaufensteranlage zu gewinnen, hat man neuerdings die Mittelstützen oft ganz fortfallen lassen und statt derselben

Fig. 404.

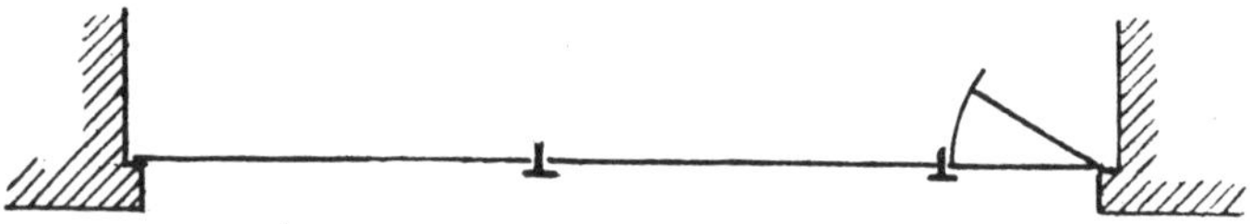

Fig. 405.

Fig. 406.

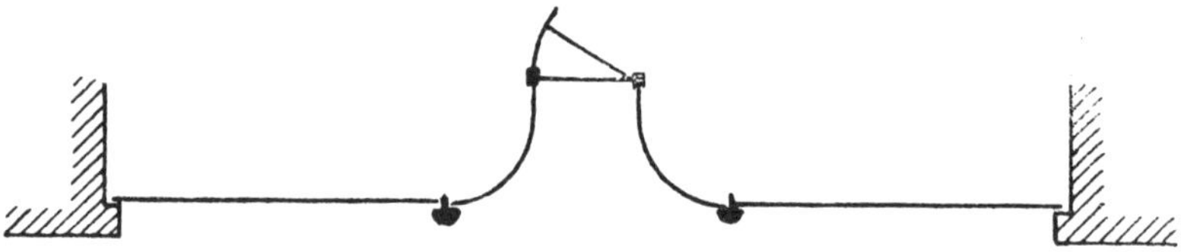

Fig. 407.

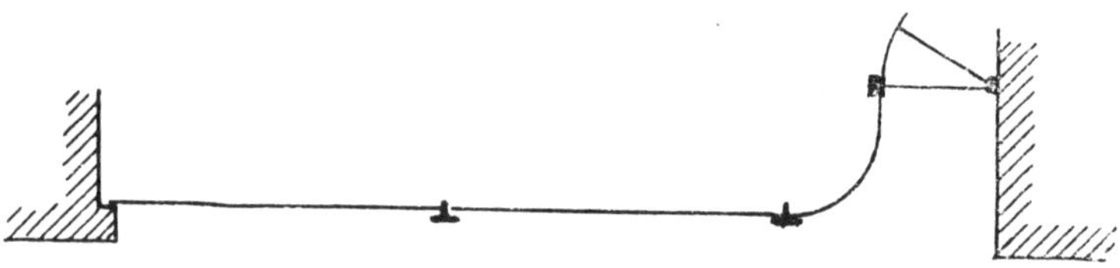

Fig. 408.

Fig. 409.

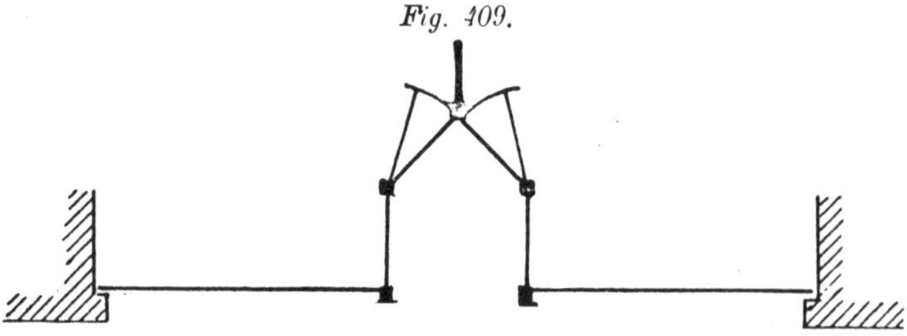

möglichst schmale senkrechte Sprossen angeordnet. Diese dürfen daher keinen Druck aufnehmen und haben sich lediglich darauf zu beschränken, eine Unterteilung in der grossen Glasfläche zu bilden. Tür und Fenster werden dabei häufig zu einem Ganzen verbunden, in der Weise, dass der Türpfosten gleichzeitig der Glasscheibe des Schaufensters als Lager dient. Vielfach wird die Eingangstür zurückgelegt, so dass nicht allein ein kleiner freier Platz zum Untertreten, sondern auch noch eine grössere Fläche für die Schaufensteranlage gewonnen wird. Die am häufigsten vorkommenden Anordnungen der Anlagen, wie sie die Verkehrsverhältnisse in den Kaufläden in den letzten Jahren ausgebildet haben, sind in den Fig. 404 bis 409 dargestellt.

Fig. 410.

Fig. 411.

Fig. 412.

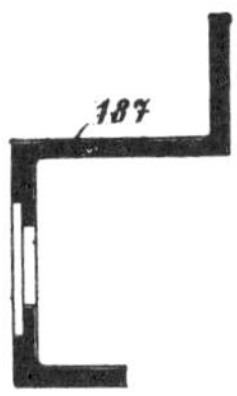

Fig. 413.

Fig. 414.

Zur Konstruktion der Schaufensteranlagen werden fast ausschliesslich die vom Walzwerk Mannstädt & Komp. hergestellten Profile benutzt.

Die einfachsten, zur Herstellung einer einfachen Schaufensteranlage erforderlichen 4 Profile sind in Fig. 410 bis 413 in 1/3 natürlicher Grösse abgebildet, wozu eventuell noch das in Fig. 414 mitgeteilte Profil tritt, wenn eine tiefere Laibung gewünscht wird. Die Kehlleiste in Fig. 413 dient zur Befestigung der Scheibe.

Fig. 415.

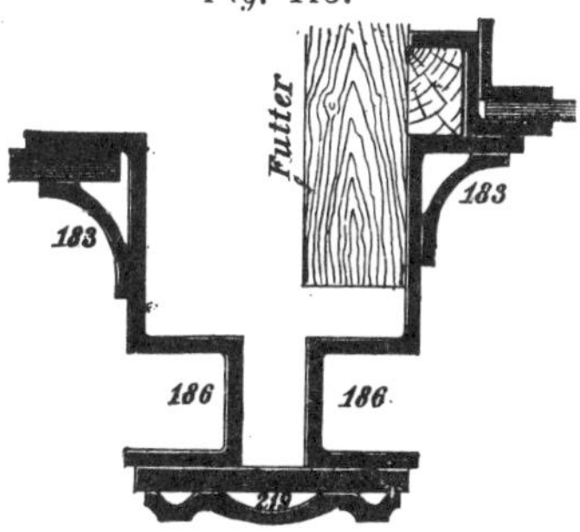

Fig. 416.

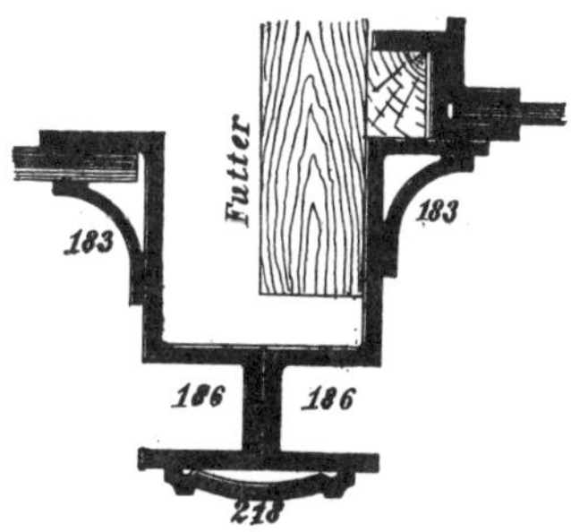

Die Pfosten des Schaufensters können entweder für geteilten

Fig. 417.

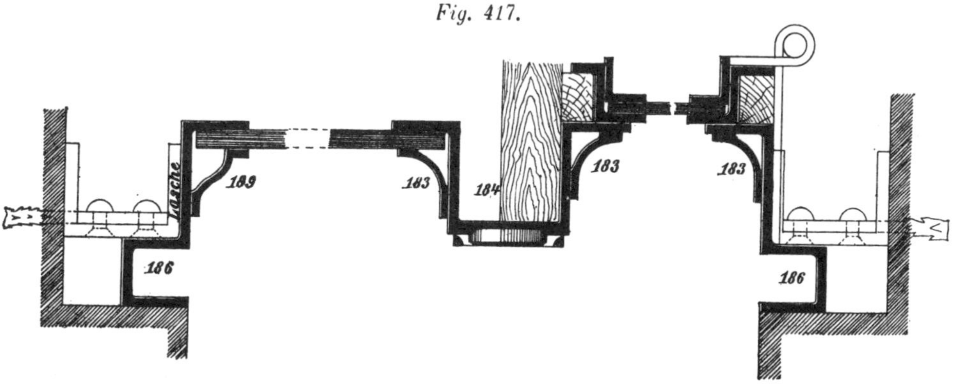

(Fig. 415, 416) oder für durchgehende Rollladen (Fig. 417) eingerichtet sein. Bei der ersten Anordnung werden sich zur dekorativen Ausbildung eine ganze Reihe Zierbänder gebrauchen lassen, von denen hier die Profile Nr. 218 und 219 des Musterbuches Verwendung gefunden haben. Bei der letzten können als

Fig 417 a.

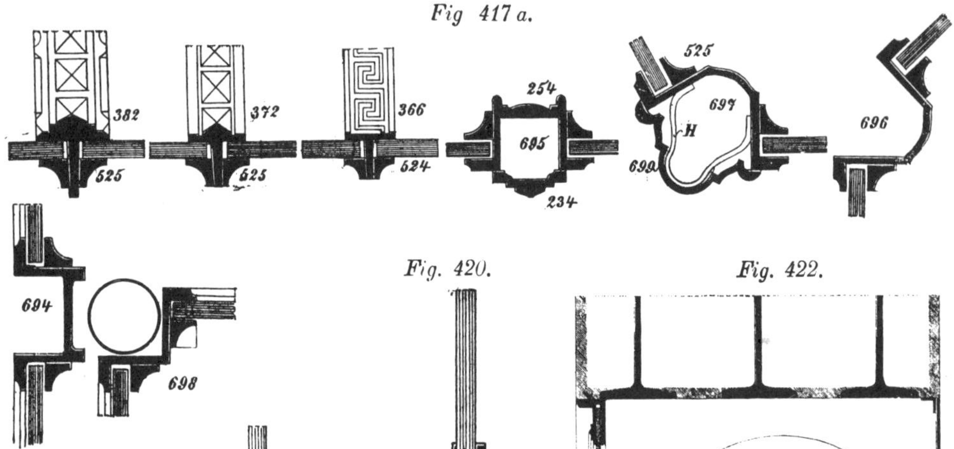

Fig. 418.

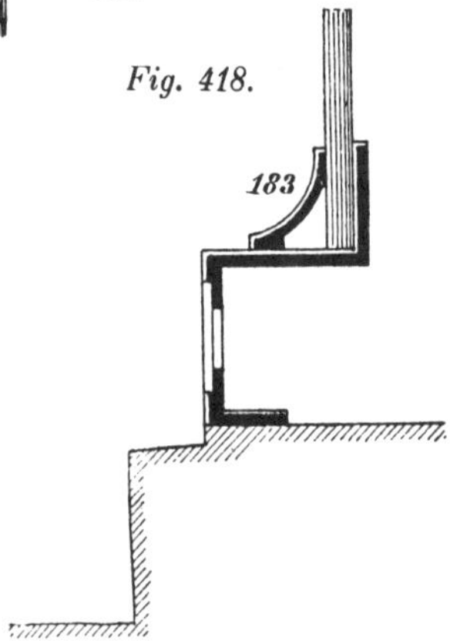

Fig. 420.

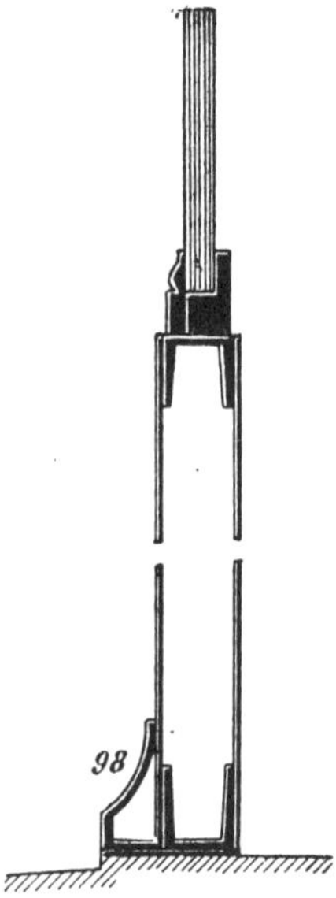

Fig. 422.

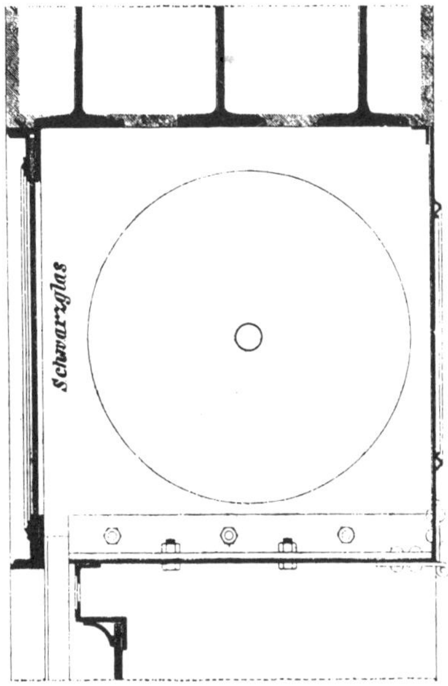

Fig. 419.

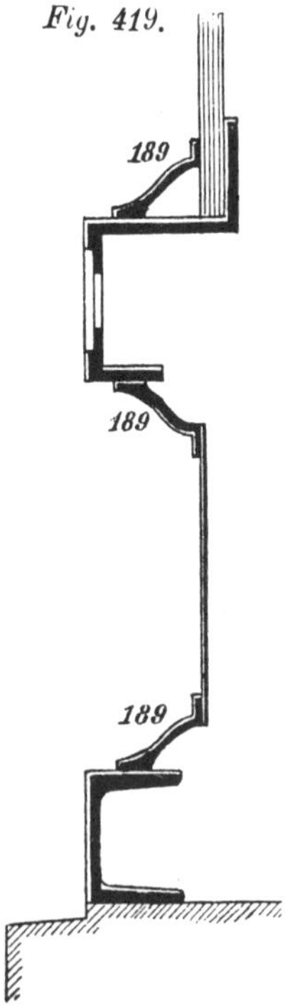

Fig. 421.

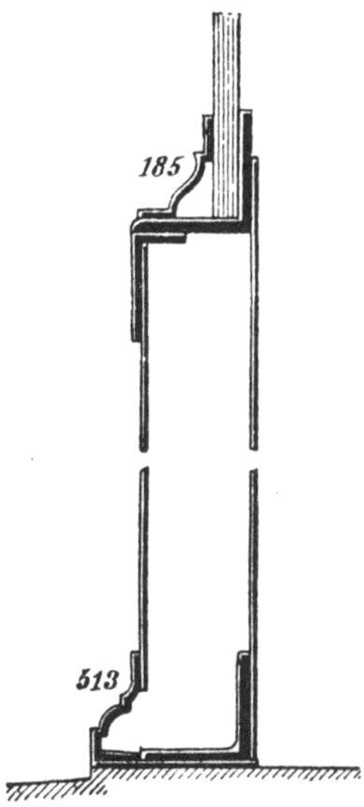

Fig. 423.

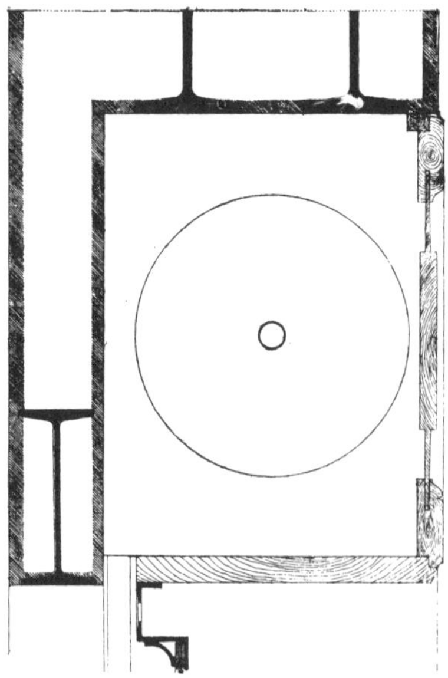

Pfosten, ausser glatten und verzierten ⊥-Eisen, die in Fig 417a dargestellten Querschnitte benutzt werden. Die Verbindung der Ziereisen untereinander und mit den glatten Profileisen geschieht durch die in Fig. 73 dargestellte Kopfschraube. Diese Schrauben erhalten eine Entfernung von 300 bis 500 mm, werden völlig versenkt und durch den Anstrich späterhin verdeckt.

Bei den einfachen Anlagen in Fig. 404 und 405 wird das Fussprofil direkt auf der Steinschwelle befestigt (Fig. 418); bei den übrigen Anlagen ist es jedoch zweckmässig, um die Glasscheiben gegen Zertrümmerung zu schützen, einen mehr oder minder hohen Sockel vorzusehen. In Fig. 419, 420 und 421 sind mehrere derartige Zusammenstellungen angegeben.

Das in den Konstruktionen 418 und 419 benutzte Fussprofil (Fig. 412) besitzt kreisrunde Oeffnungen, deren Abstand rund 50 mm und deren Durchmesser rund 20 mm beträgt, damit der kalten Luft von aussen der Zutritt zur inneren Seite des Fensters ermöglicht wird. Hierdurch wird der Bildung des Schwitzwassers an den Scheiben vorteilhaft entgegengewirkt.

Bei dem oberen Abschluss des Schaufensters kommt es darauf an, ob hierselbst ein Firmenschild angebracht werden soll oder nicht. Fig. 422 zeigt eine Lösung mit Firmenschild, Fig. 423 eine solche ohne dieses.

Fig. 424.

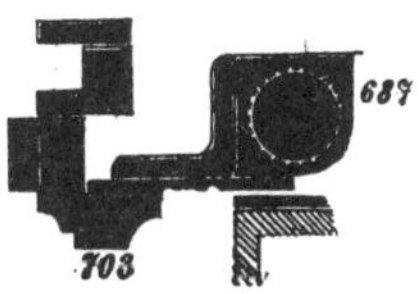

Fig. 425.

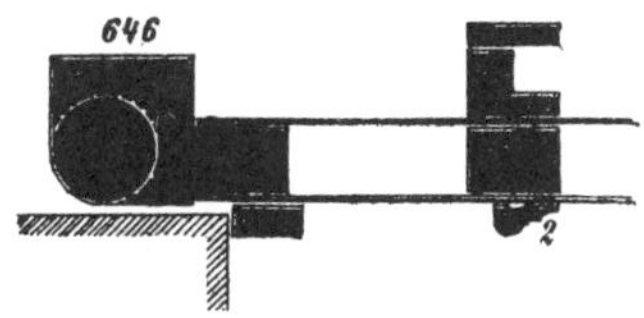

Fig. 426.

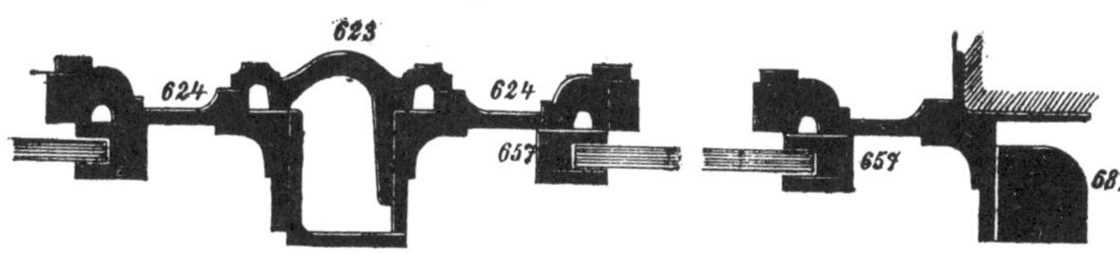

Mit den besprochenen Schaufensteranlagen werden in der Regel verglaste Türen verbunden, deren Rahmen aus ⊔-, ⊥-, Z- oder ⊏-Eisen hergestellt wird. In ihrem unteren Teile erhalten die Türen meist eine Blechfüllung bis etwa zu 900 mm Höhe und von hier ab beginnt dann erst die Verglasung. Für die Drehvorrichtung hat das Walzeisenwerk von Mannstädt & Komp. die in Fig. 424 und 425 gezeichneten Torsäuleneisen in den Handel gebracht, von denen das erstere in drei verschiedenen Stärken (33, 35 und 40 mm) geliefert wird. Die Torsäule endigt unten in einem Zapfen, der in einer Pfanne läuft, während die Säule oben durch ein oder zwei Halsbänder geführt wird. In den beiden Figuren ist die Verbindung der Torsäule mit dem Türrahmen ebenfalls dargestellt. Bei der ersten Konstruktion geschieht die Verbindung von Säule und Rahmen durch ein Winkel- und ein Flacheisen, während bei der zweiten Anordnung die den Rahmen bildenden Flacheisen direkt mit der Drehsäule verbunden sind.

Ausser den oben genannten Normal-Profileisen für den Rahmen sind von der Firma Mannstädt mehrere Rahmeneisen hergestellt worden, die in Fig. 426 und 427 zur Verwendung gelangt sind. In diesen Figuren ist auch der Gebrauch zweier von dem Werke fabrizierten Schlageisenleisten gezeigt.

Der Sockel der Türen wird am besten als Kasten konstruiert, wobei die verschiedensten Façoneisen hinsichtlich der dekorativen Ausbildung gute Dienste leisten. Damit die leichte Beweglichkeit der Türen nicht gehindert wird durch Steine oder andere Fremdkörper, muss der Kasten unten vollständig abgeschlossen sein. In Fig. 428 bis 430 sind verschiedene derartige Konstruktionen angegeben.

Fig. 427.

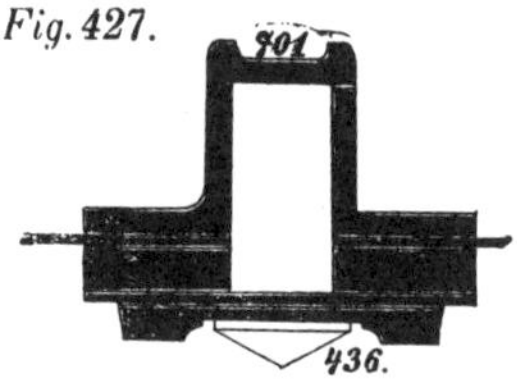

Fig. 428.

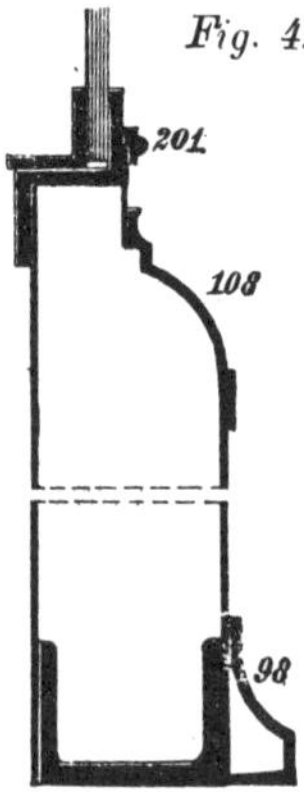

Fig. 429.

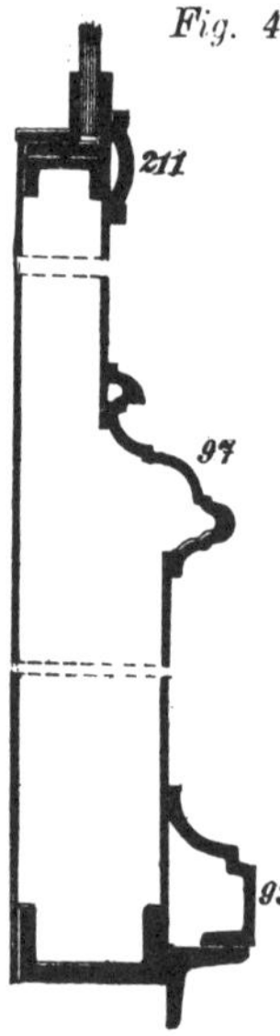

Fig. 430.

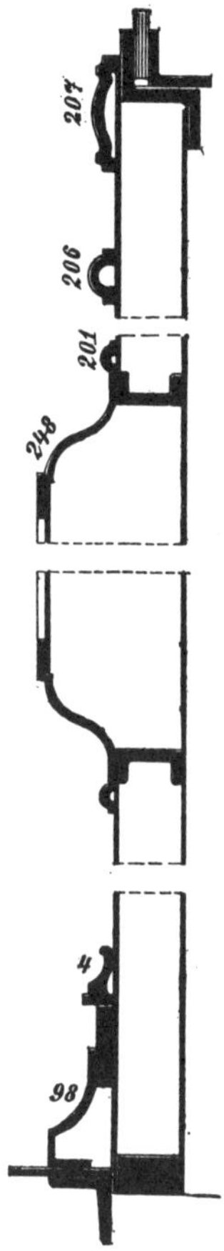

Fig. 431.

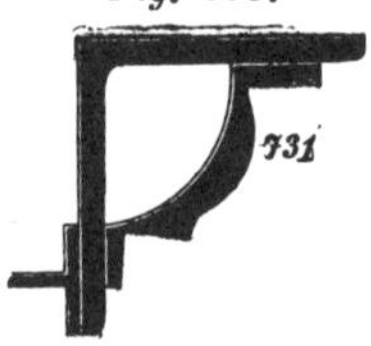

Fig. 432.

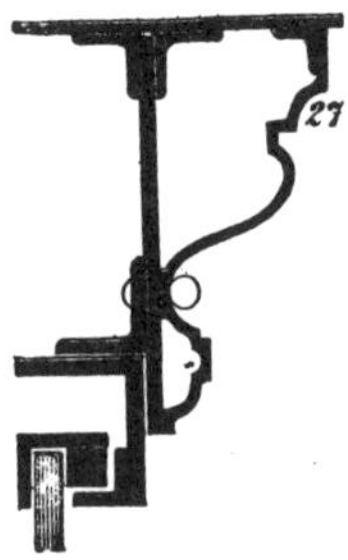

Fig. 433.

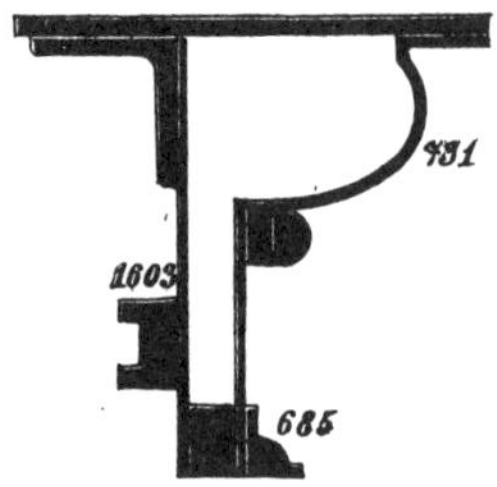

Fig. 434.

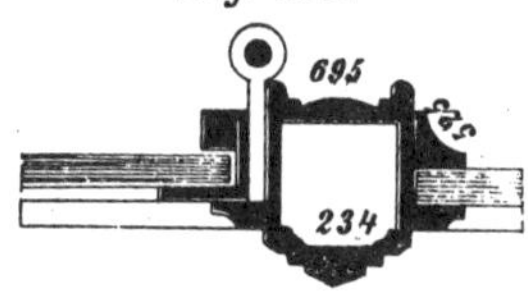

Fig. 435.

Fig. 436.

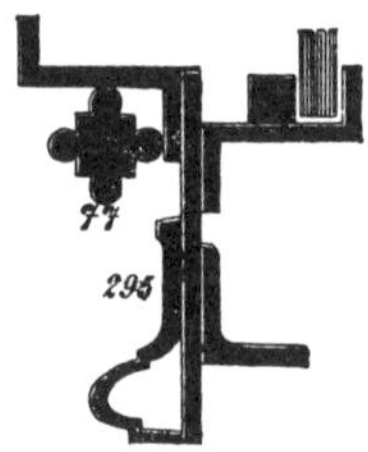

Fig. 437.

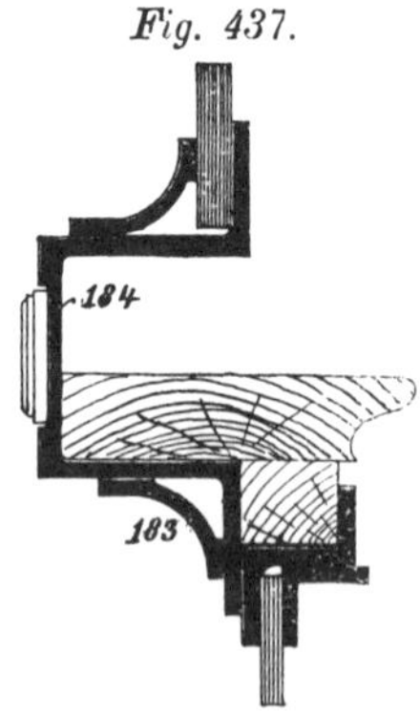

Der Kämpfer der kleineren verglasten Türen wird in der Regel aus Z-, ⊏-, T-Eisen oder aus L- und Flacheisen gebildet, die mit Ziereisen belegt werden, doch kann auch eine Anzahl der in Fig. 417a gezeichneten Profile direkt verwandt werden. In dem Musterbuche der Firma Mannstädt sind eine ganze Reihe Kämpferkonstruktionen angegeben, wovon die in Fig. 431 bis 437 hier mitgeteilt sein mögen. Die Kämpfer in Fig. 431 bis 433 bilden den oberen Abschluss von Türen, über welchen sich kein Oberlicht befindet. Die Anordnung

Fig. 438.

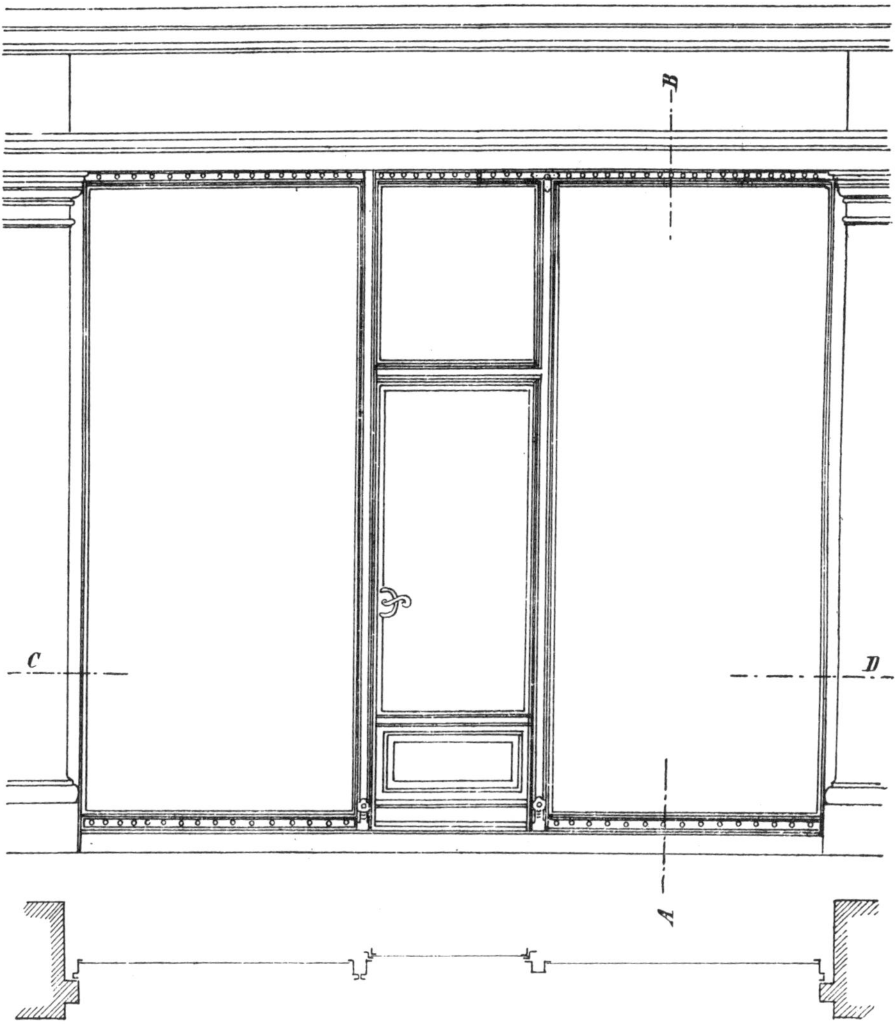

Fig. 438a.

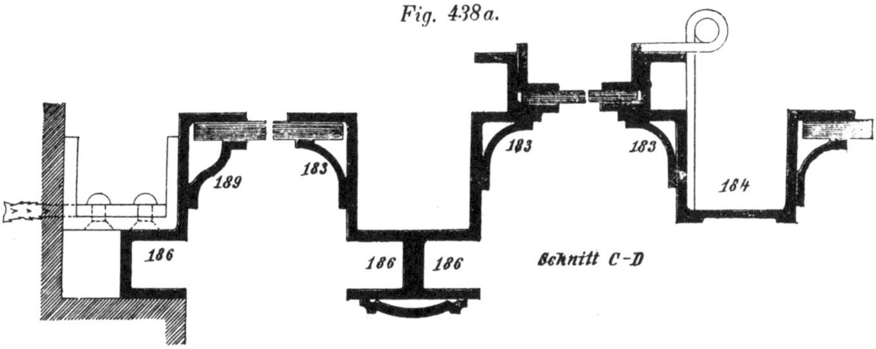

der Kämpfer in Fig. 434 bis 437 zeigt verschiedene Lösungen für solche Fälle, wo der Kämpfer zugleich Stützpunkt für das Oberlicht ist.

Fig. 438b.

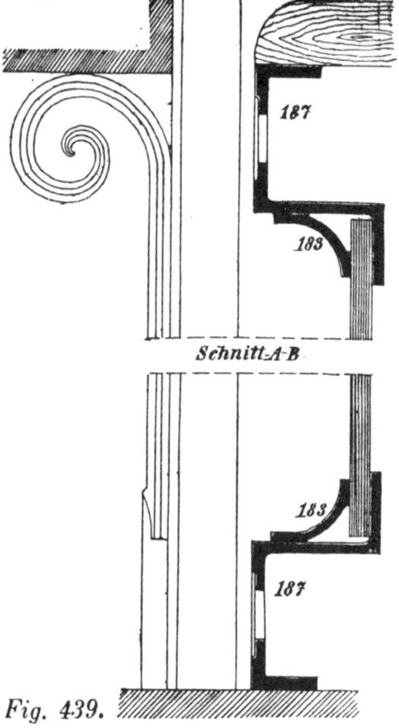

Fig. 439.

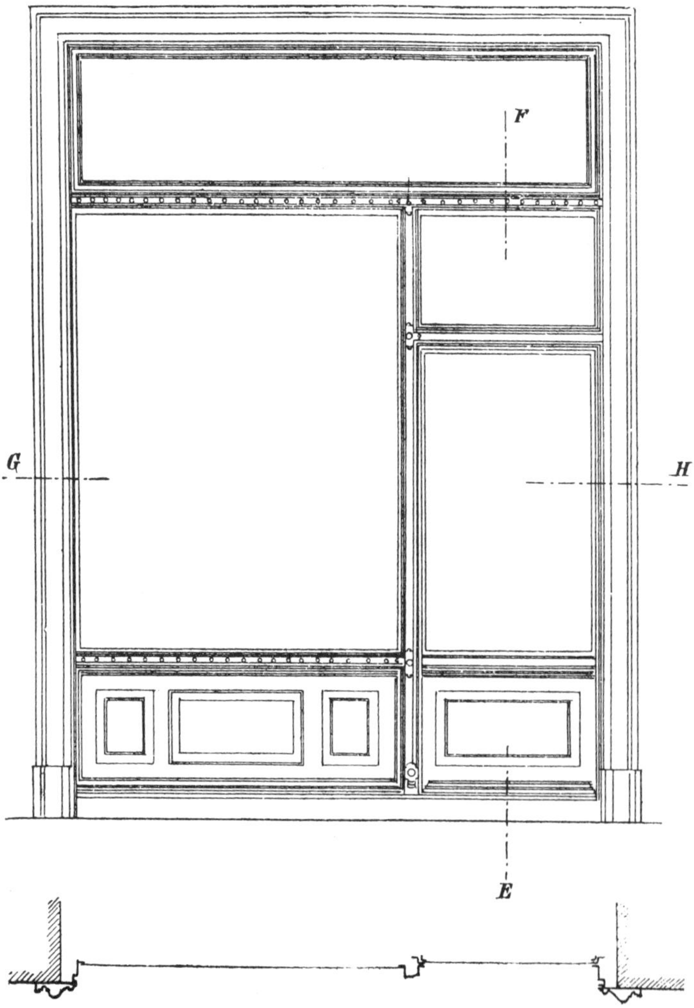

Fig 439a.

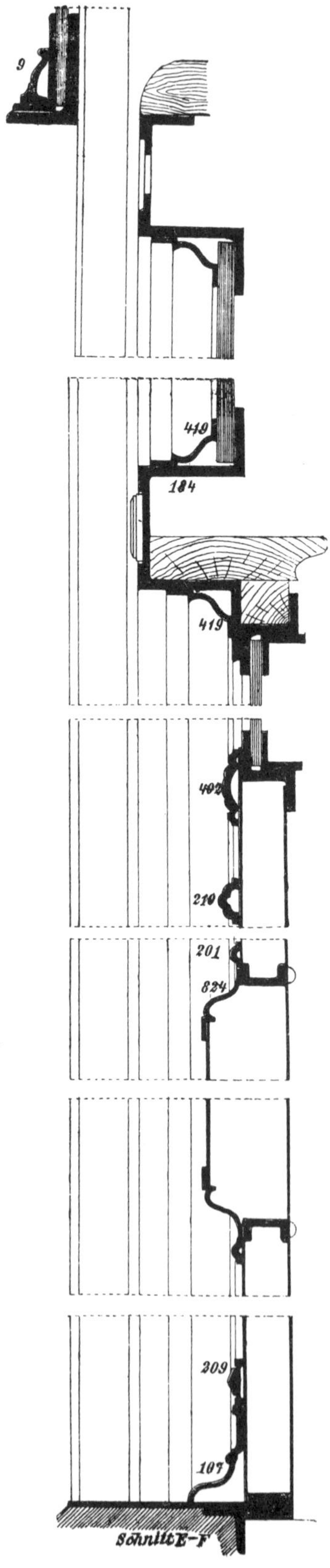

Um die Anwendung der vorstehenden Konstruktionen im Zusammenhang zu zeigen, mögen die in den Fig. 438 u. 439 dargestellten Schaufensteranlagen dienen, von denen die erste ohne Firmenschild, die letztere mit solchem versehen ist.

Das linke Schaufenster in Fig. 438 und ebenso das rechte Schaufenster mit der Türe werden durch eine Rolllade geschlossen.

Das Getriebe der Rolllade befindet sich hinter dem Anschlag des Mauerwerks, wo genügend Platz für die Unterbringung des Lagers sowie der Gurtscheibe derselben vorhanden ist.

Fig. 439 b.

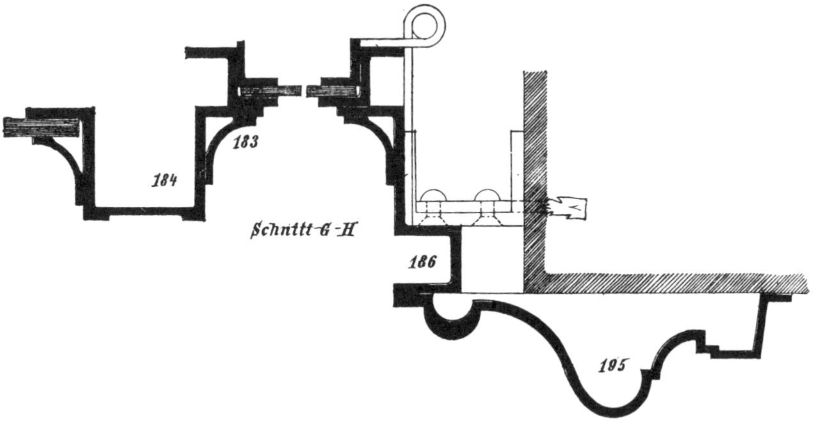

Die Befestigung des Rahmens mit der Mauer geschieht mit Hilfe ⊏-eisenförmig gebogener Flacheisen. Mit diesen sind schmale Flacheisen vernietet, die mit ihrer steinschraubenförmigen Endigung in das Mauerwerk eingreifen (Fig. 438a).

Drei bis vier derartiger Verbindungen in der Höhe des Fensters angebracht, genügen für eine solide Befestigung. Die Bildung der Ecken des Rahmens sowie der Anschluss der Türständer mit den Rahmeneisen geschieht vermittelst kleiner Knotenbleche und versenkten Nieten von 6 bis 8 mm Durchmesser.

Die Ziereisen, sowie die zur Befestigung des Glases dienenden Profile werden durch Stiftschrauben mit den anderen Eisenstäben verbunden.

Bei der in Fig. 439 dargestellten Anlage werden Schaufenster und Türe durch ein und dieselbe Rolllade geschlossen.

Die Verbindung des Rahmens mit dem Mauerwerk geschieht in derselben Weise wie bei der vorigen Anordnung. Da hier kein Anschlag gemauert, für die Unterbringung des Rollladengurtes indessen der nötige Raum zu schaffen ist, wurde die zwischen Rahmen und Mauerwerk befindliche Fuge durch ein grösseres Ziereisen geschlossen, welches einerseits mit dem Rahmen durch Stiftschrauben mit der Mauer mehrfach durch Bankeisen verbunden ist (Fig. 439b).

Aus dem Höhenschnitt in Fig. 439a, der durch die Türe gelegt ist, ersieht man, dass mit geringen Abänderungen der bereits aus Fig. 430 bekannte Sockel benutzt wurde. Der obere Teil des Rahmens der Türe wurde aus ⅂-Eisen gebildet. Als Kämpfer dient das in Fig. 417 und 439 als Ständer benutzte Profil Nr. 184, während das untere und obere Rahmenstück des Schaufensters aus dem Profil Nr. 187 (Fig. 412) hergestellt wurde.

Sechstes Kapitel.

Eiserne Wände.

a) Allgemeines.

Je nach der Ausbildung der eisernen Wände unterscheidet man Eisenfachwerkwände und eiserne Wände. Bei den ersteren bildet das Eisen ein in sich geschlossenes Gerippe, welches mit Mauerwerk oder einem anderen Material ausgefüllt wird. Die speziell eisernen Wände erhalten ebenfalls ein Gerippe aus Eisen, das aber entweder einseitig oder zweiseitig mit Eisenblech verkleidet wird.

Die Eisenfachwerkwände werden nach den Grundsätzen des Holzfachwerks gebaut. Das Gerippe muss daher für sich den angreifenden Kräften genügenden Widerstand leisten und nicht auf die Wirkung der Ausfüllung angewiesen sein. Die beim Holzfachwerk üblichen Konstruktionsteile findet man bei den eisernen Fachwerkwänden wieder, nämlich: Schwelle, Rahmen, Pfosten, Streben und Riegel. Statt der Streben werden zuweilen gekreuzte Diagonalen aus Flacheisen angeordnet.

Die Streben oder Zugbänder haben den Zweck, Formänderungen der Gefache in der Längsrichtung der Wand zu verhindern. Freistehende Gebäude, die dem Winddrucke besonders ausgesetzt sind, erfordern daher zur Aufnahme desselben besonders kräftige Streben oder Zugbänder.

Da die Streben für die Ausmauerung unbequem sind und, sofern die Eisenkonstruktion sichtbar bleibt, die architektonische Ausbildung der Wände erschweren, so werden die Streben zuweilen weggelassen, indem man auf die Steifigkeit der Knotenpunktsverbindungen wie auf die Mitwirkung der Ausfüllung vertraut. Man kann daher unterscheiden zwischen vollständigem und unvollständigem Fachwerk.

b) Eisenfachwerkwände.

Vollständiges Fachwerk. Da der Unterschied zwischen Holz- und Eisenfachwerk nur im Material seinen Ausdruck findet, so ist die Anordnung der Konstruktionsteile bei beiden völlig gleich. Die in den Figuren 440 und 441 dargestellten Wände sind daher die gewöhnlichen Formen der vollständigen Fachwerkwände. Die Streben sollen den von rechts oder links wirkenden Winddruck aufnehmen. Der von rechts kommende Winddruck (Fig. 440) muss daher erst sämtliche Stäbe in Mitleidenschaft ziehen, ehe er von der Strebe a aufgenommen und nach dem Punkte A übertragen wird. Ebenso zieht der von der linken Seite wirkende Winddruck alle Stäbe in Mitleidenschaft, um endlich von der Strebe b nach dem Punkte B überführt zu werden. Haben dagegen die Streben die in Fig. 435 angegebene Neigung, so wird der Wind von links sofort von a aufgenommen und nach C, der von rechts direkt von der Strebe b nach D übermittelt.

Fig. 440.

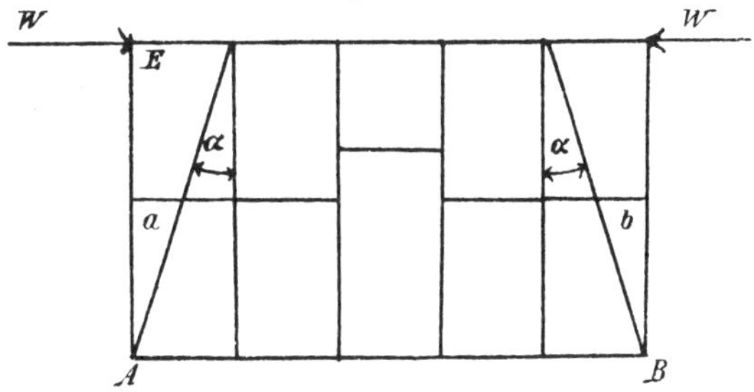

Fig. 441.

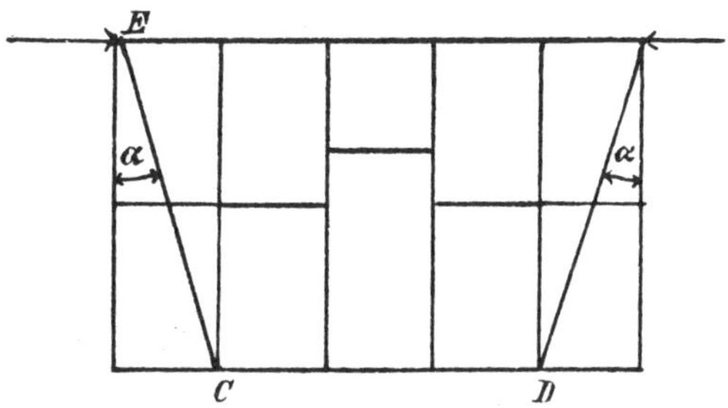

Aus diesem Grunde ist die Anordnung in Fig. 441 derjenigen in Fig. 440 vorzuziehen, weil die äussere Kraft auf dem kürzesten Wege unschädlich gemacht wird. Ueberdies werden die Gebäudeecken entlastet.

Ist $\mathfrak{W}$ der gesamte Winddruck auf eine Giebelseite des Gebäudes, W der auf den Punkt E entfallende Anteil, so ergibt sich für die in der Strebe auftretende Druckspannung D:

$$139)\qquad D = \frac{W}{\sin\alpha},$$

wenn α der Winkel der Strebe mit der Vertikalen bedeutet. Die Strebe ist somit auf Druck und Knicken nach den Gleichungen 92) und 94) zu berechnen. Für die Knickebene senkrecht zur Wand ist die ganze Länge einzuführen, dagegen für die Knickebene in der Richtung der Längswand nur die halbe Länge der Strebe, wenn diese durch einen Riegel und $^1/_3$ der Strebenlänge, wenn diese durch zwei Riegel gestützt wird.

Statt der Streben werden häufig gekreuzte Diagonalen aus Flacheisen angeordnet und vor die Wand gelegt. Dies geschieht entweder nur von einer Seite oder aber auch beiderseitig. Die Flacheisen werden vielfach auch durch Rundeisen mit Spannschloss ersetzt (Fig. 442).

Fig. 442.

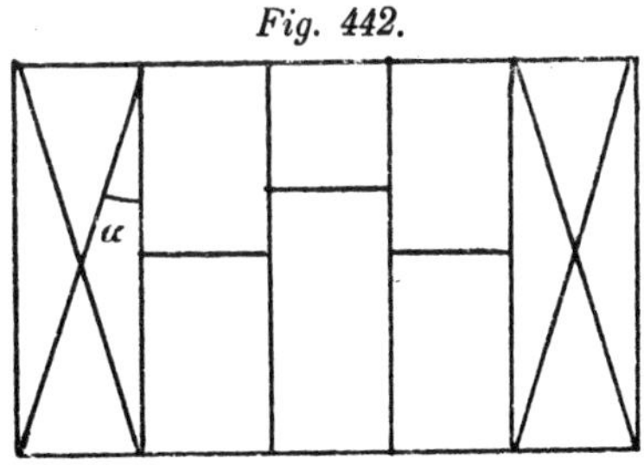

Die Spannung S der in Wirksamkeit tretenden Diagonale ist gleich der durch Gleichung 139) bestimmten Druckspannung, also:

$$140)\qquad S = \frac{W}{\sin\alpha}.$$

Unvollständiges Fachwerk. Bei diesem fallen die Streben oder Bänder fort, so dass das Fachwerk keinen Dreiecksverband aufweist. Es ist daher als ungenügend zu bezeichnen, wo seitliche Kräfte auf die Fachwerkwand einwirken. Wo es sich dagegen nur um Uebertragung senkrechter Lasten handelt, wie bei Innenwänden von Gebäuden, können diese Wände ohne Schaden ausgeführt werden; auch bei Umfassungswänden innerer Höhe, die ihrer Lage nach gegen die Wirkungen des Windes geschützt sind.

c) Konstruktion der Wände.

Wie beim Holzfachwerk werden bei den eisernen Fachwerkwänden die Schwellen und Rahmen möglichst aus einem Stücke hergestellt. Die geringsten Abmessungen der zu verwendenden Walzeisen sind abhängig von der Art der Ausfüllung. Da diese in den meisten Fällen in einer $^1/_2$ Stein starken Aus-

Fig. 443.

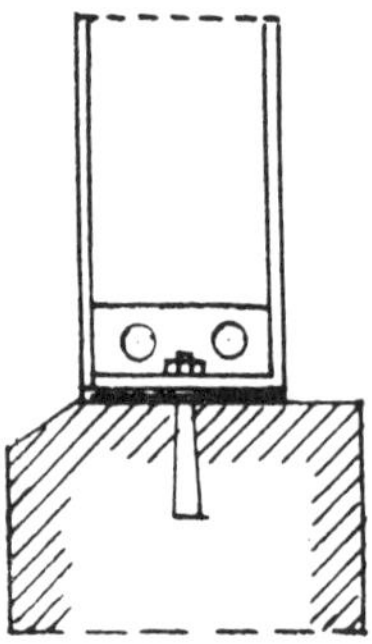

Fig. 444.

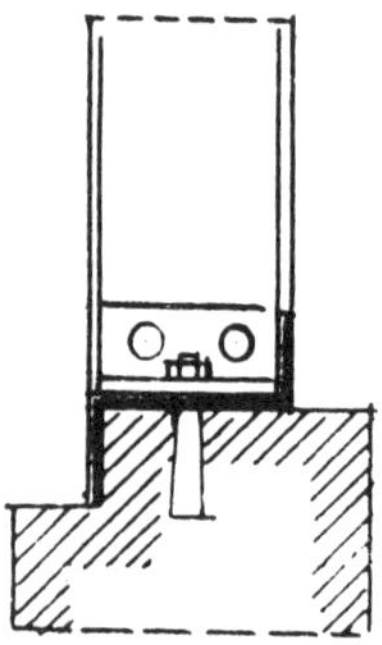

Fig. 445.

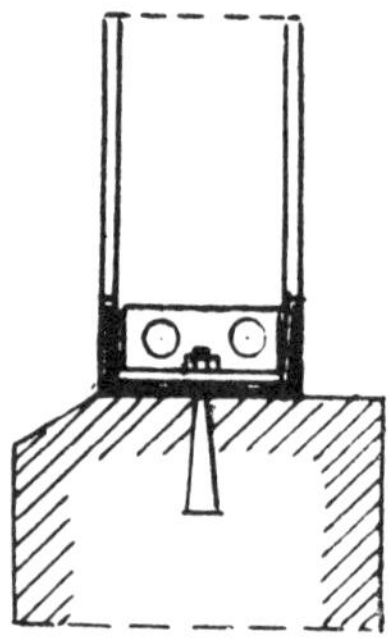

Fig. 446.

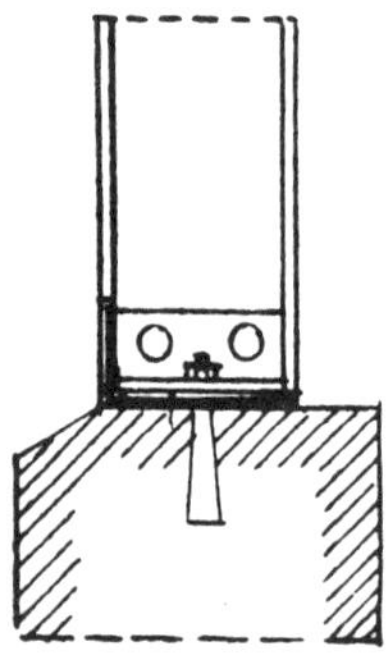

mauerung besteht, so ergibt sich für die Höhe der Profile das Mafs von 140 mm so dass die Flansche der ⊏- und ⊤-Eisen die Ausmauerung umfassen.

Fig. 447.

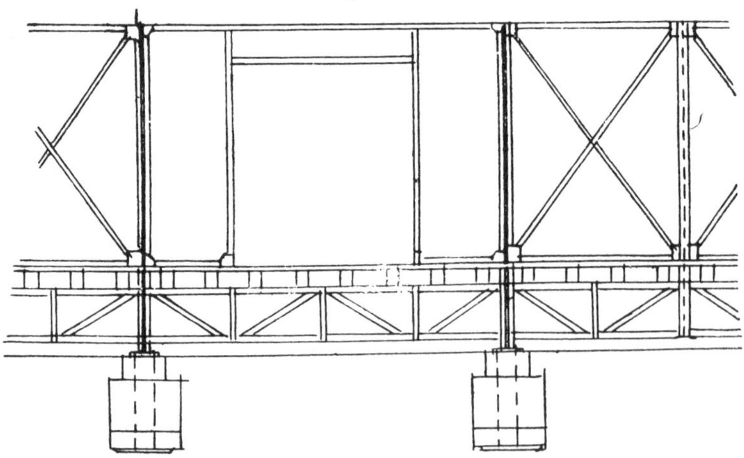

Schwellen. Zu den Schwellen werden in der Regel flach gelegte ⊏-Eisen benutzt, die ihrer ganzen Länge nach auf dem Fundamentmauerwerk ruhen und ihre Flansche nach oben kehren. Auch kommen Z- und L-Eisen häufig zur

Anwendung und da, wo keine Senkungen des Fundamentes zu befürchten sind, hat man die Schwelle wohl auch aus Flacheisen hergestellt.

Eine Verankerung der Schwelle mit dem Fundament ist zweckmässig, kann jedoch oft entbehrt werden (Fig. 443 bis 446).

Fig. 448.

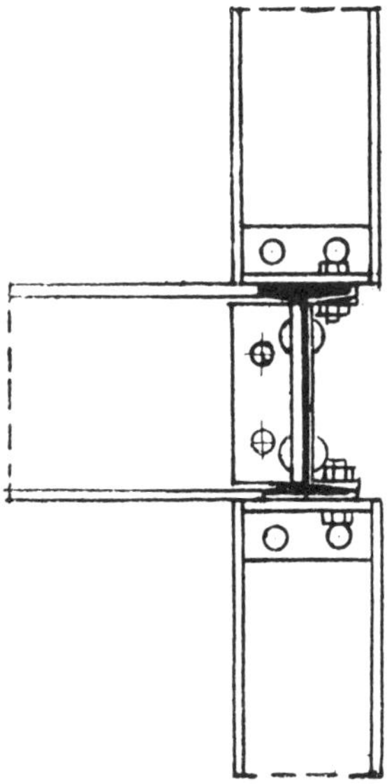

Fig. 449.

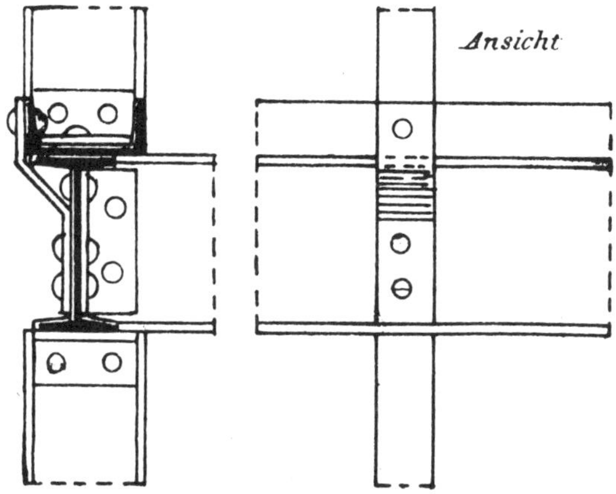

Bei der Steuerrevisionshalle in Duisburg besteht die Schwelle aus einem Gitterträger, der nur an einzelnen Punkten durch Pfeiler unterstützt ist (Fig. 447).

In den oberen Stockwerken werden die Schwellen entbehrlich und werden durch die Wandrahmen ersetzt.

Fig. 450.

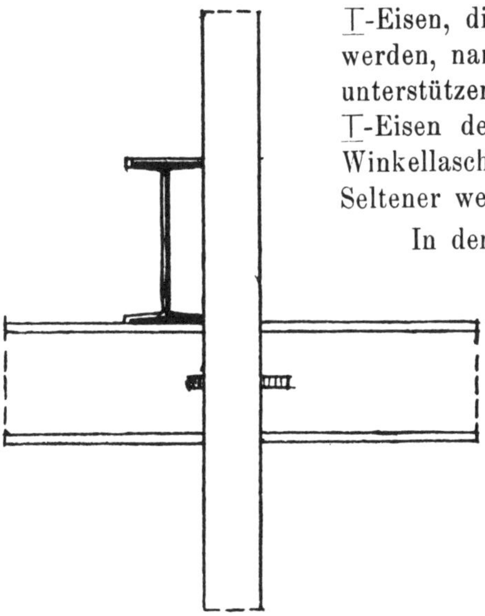

Rahmen. Für die Rahmen nimmt man meist I-Eisen, die entweder einzeln oder doppelt angeordnet werden, namentlich dann, wenn sie die Deckenbalken unterstützen. Letztere liegen entweder bündig mit den I-Eisen des Rahmens und werden mit diesen durch Winkellaschen verbunden oder sie gehen darüber fort. Seltener werden ⊏- oder ⅂-Eisen angewandt.

In den Figuren 448 bis 457 sind eine Reihe Verbindungen der Rahmen mit den Ständern gezeichnet. Die Verbindung beider geschieht in der Regel durch Winkellaschen. Am schwierigsten gestaltet sich dieselbe, wenn, wie in Fig. 448, der Rahmen aus einem I-Eisen besteht, da die schmalen Flansche des I-Eisenrahmens keine gute Vernietung oder Verschraubung gestatten. Auch wird in diesem Falle, da die Ständer seitlich überstehen, oft noch eine besondere Schwelle angeordnet (Fig. 449).

In Fig. 450 durchdringt der Rahmen den durch mehrere Etagen reichenden Ständer. Die Befestigung geschieht hierbei durch Keile.

Besteht der Rahmen aus zwei ⊥-Eisen, so erreicht man eine gute Verbindung nach Fig. 451. Eine Kuppelung der Träger des Rahmens in geeigneten Ent-

Fig. 451.

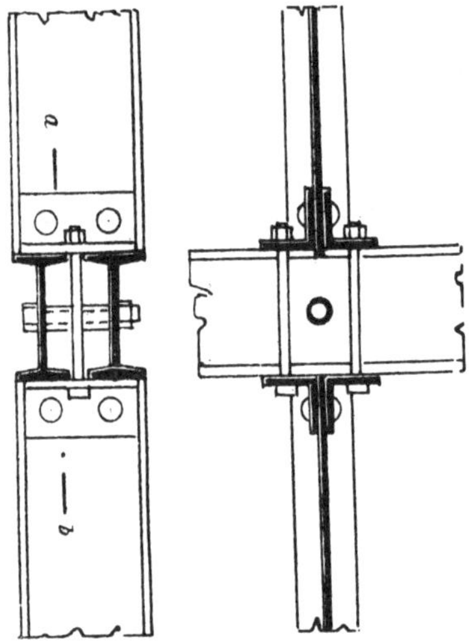

Schnitt a–b

Fig. 452.

Fig. 453.

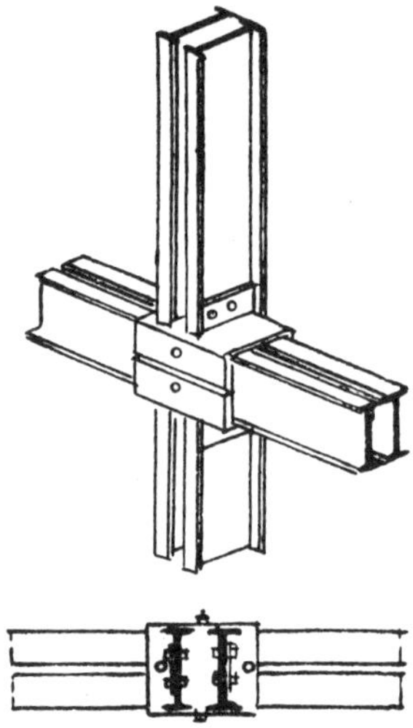

Fig. 454.

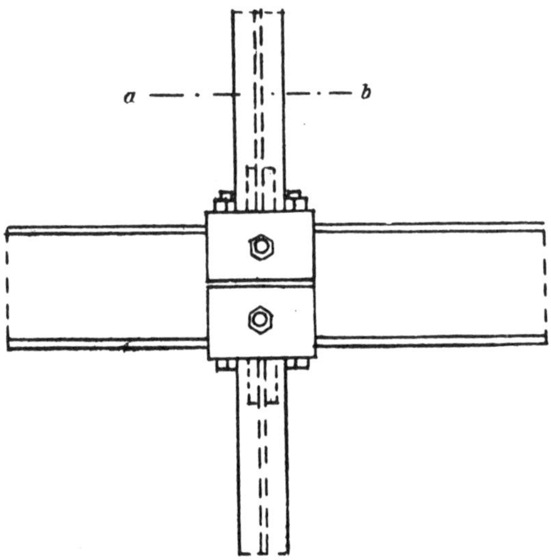

Schnitt a–b

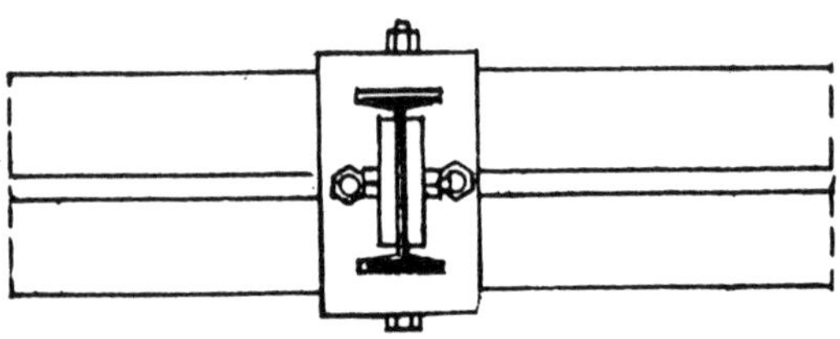

Fig. 455.

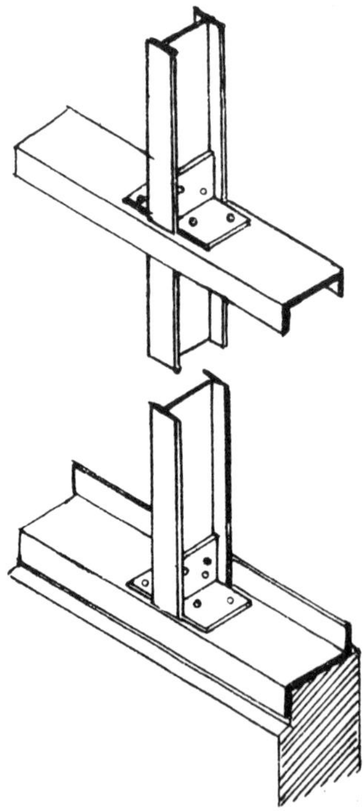

fernungen durch Spreizen und umgelegte Bänder (Fig. 452) oder durch Bolzen und Gasrohr oder durch entsprechende gusseiserne Füllstücke nach Fig. 206 ist sehr erforderlich. Von ganz besonderem Vorteil zur Verbindung von Ständer und Rahmen sind jedoch gusseiserne Schube, die zuerst von Liger (1872) angegeben wurden (Fig. 453 und 454). Sie eignen sich sowohl für einfache wie Doppelständer.

Fig. 456.

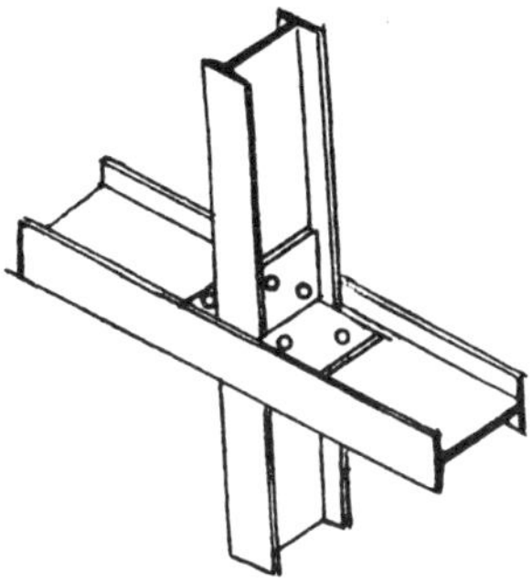

Fig. 457.

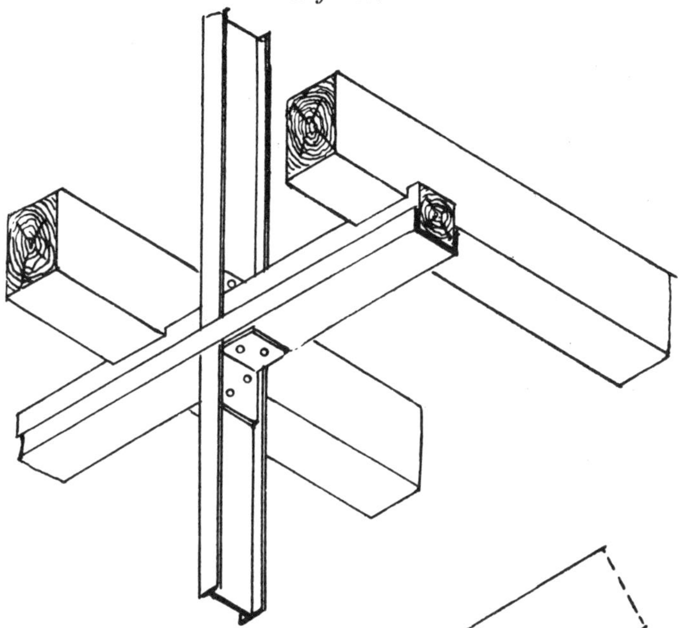

Fig. 458.

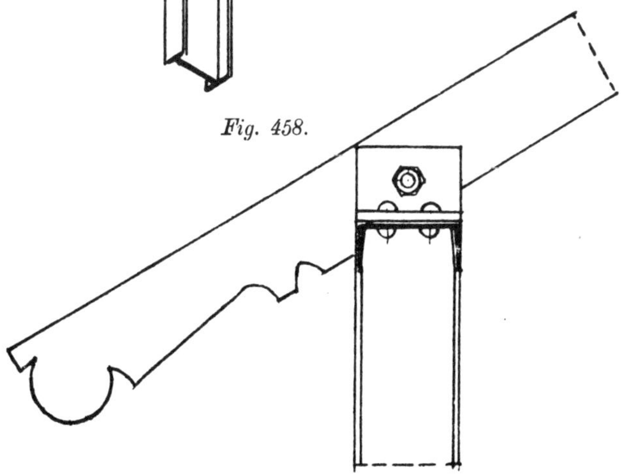

Nimmt der Rahmen keine Deckenlast auf, so werden für denselben zweckmässig flach liegende ⊏- oder I-Eisen verwandt (Fig. 455 und 456). Derartige Rahmen eignen sich auch dann, wenn hölzerne Balkendecken ihr Lager auf dem Rahmen finden sollen. Man füllt dann die ⊏- oder ⊢⊣-Eisen mit Holz aus und kämmt auf dieses die Balken auf (Fig. 457).

Als Rahmen für Kniestockwände benutzt man flach gelegte I- oder ⊏-Eisen oder auch Winkeleisen, auf welche dann die Sparren befestigt werden (Fig. 458).

Ständer. Für die Ständer kommen vorzugsweise I- und ⊏-Eisen zur Verwendung, wie dies schon aus den Beispielen in Fig. 448 bis 457 hervorgeht. Sie sind auf Druck und Knicken zu berechnen und müssen, wenn einfache Profile nicht ausreichen, aus mehreren Walzeisen zusammengesetzt werden. Dies geschieht durch Kuppelung mehrerer I- oder ⊏-Eisen (Fig. 459, 460, 461), wozu bei dem von Oppermann angegebenen senkrecht zur Wandfläche äusserst knickfesten Querschnitt zwei Eisenbahnschienen treten (Fig. 462).

Als Eckständer sind die in Fig. 463 bis 467 angegebenen Verbindungen zu empfehlen, während für die Bundständer die in Fig. 468 bis 472 gezeichneten Anordnungen vielfach Anwendung finden.

Für Tür- und Fensterständer wird am meisten ein einfaches ⊏-Eisen benutzt, auf welches, um einen guten Anschlag für den Tür- und Fensterrahmen

Fig. 459.

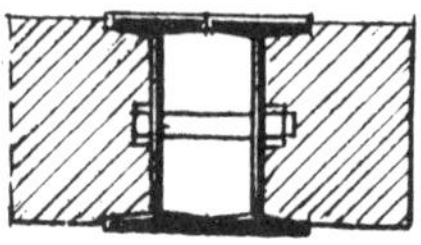

Fig. 460.

Fig. 461.

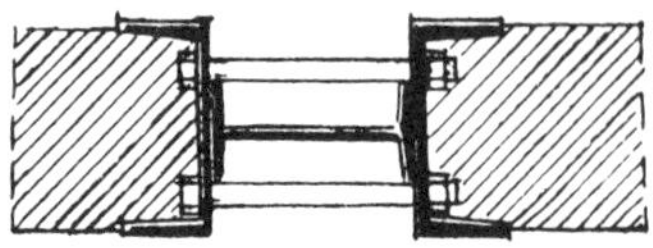

zu gewinnen, ein kleiner Winkel (40 · 40 · 6) genietet wird (Fig. 473). Doch sind auch L- und ⊥-Eisen für die Tür- und Fensterständer geeignet. Die Entfernung

Fig. 462.

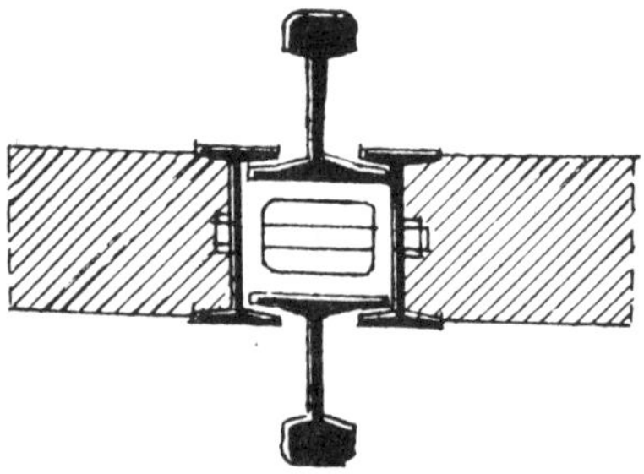

Fig. 463.

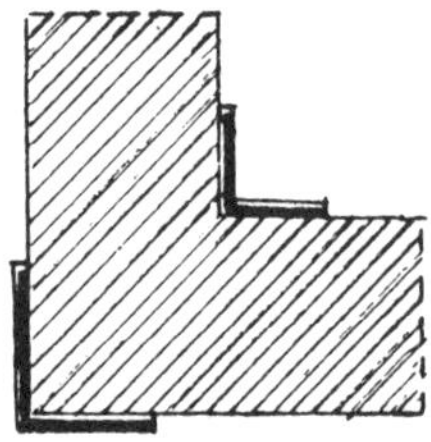

Fig. 464.

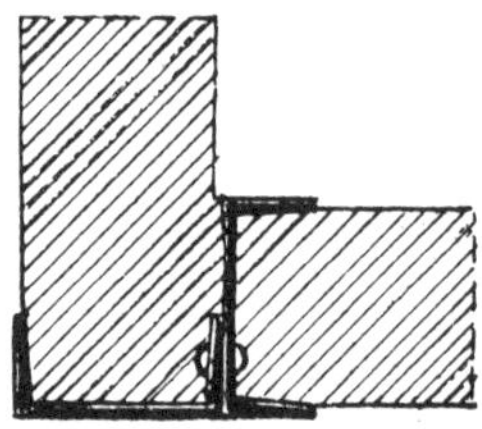

Fig. 465.

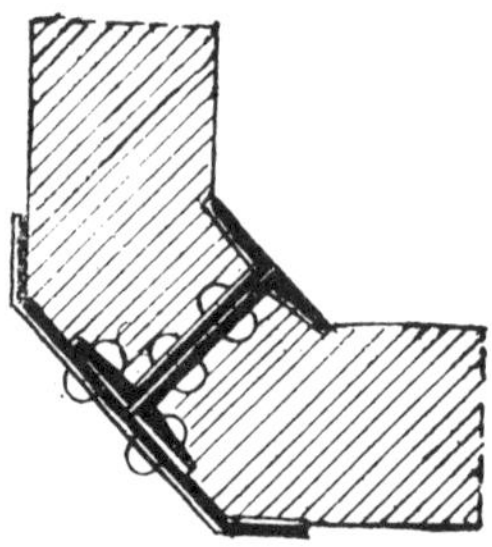

Fig. 466.

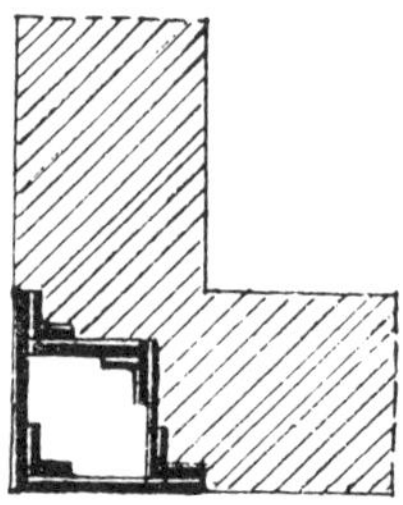

Fig. 467.

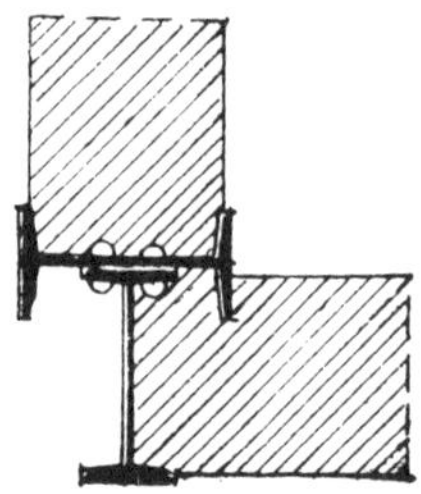

der Ständer soll höchstens 2,50 m betragen, am besten bewegen sich die Abstände indessen zwischen 1,0 und 1,50 m.

Fig. 468.

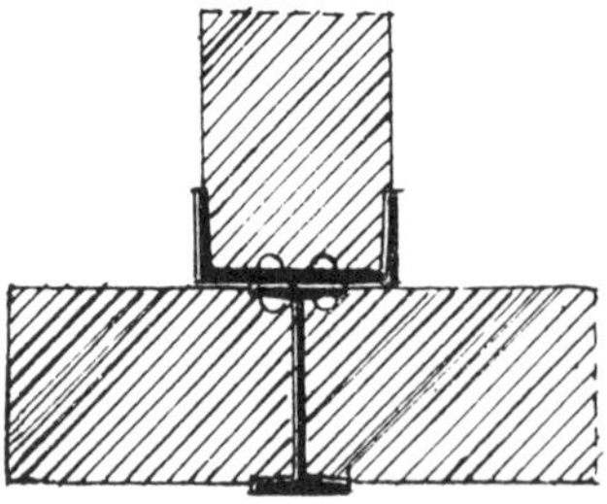

Fig. 469.

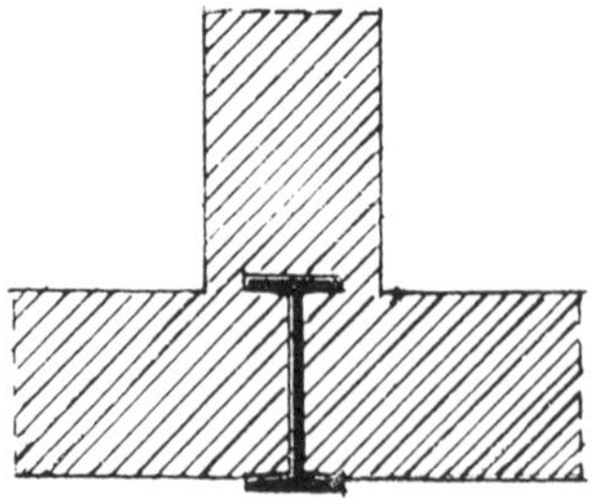

Fig. 470.

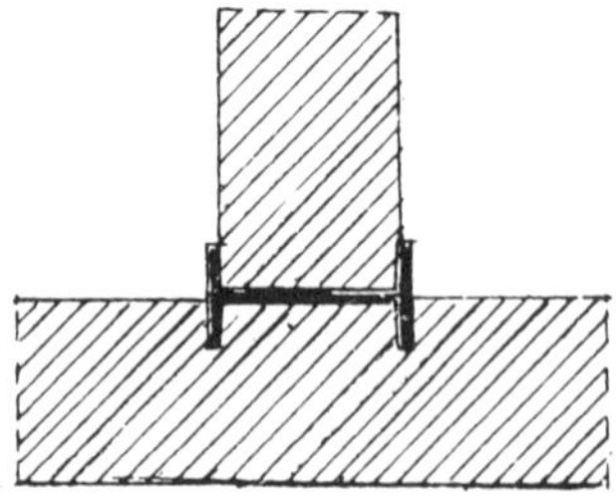

Streben und Bänder. Die Streben erhalten in der Regel einen ⊔- oder T-Eisenquerschnitt und werden mit den Schwellen, Rahmen und Pfosten durch Winkellaschen verbunden (Fig. 474).

Ordnet man statt der Streben gekreuzte Diagonalbänder an, so werden die aus Flacheisen gebildeten Stäbe vermittelst Knotenbleche an die Schwellen,

Fig. 471.

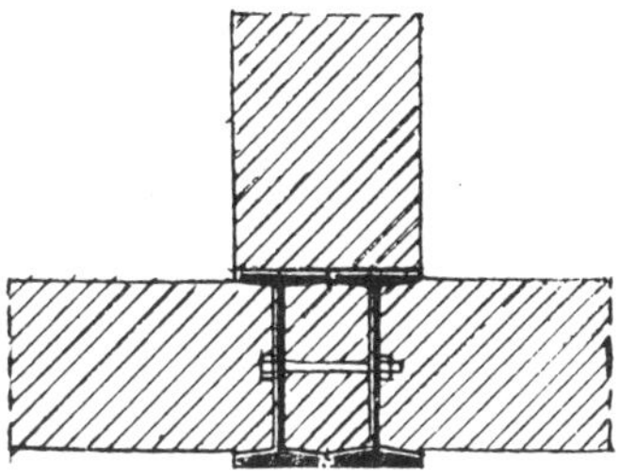

Fig. 472.

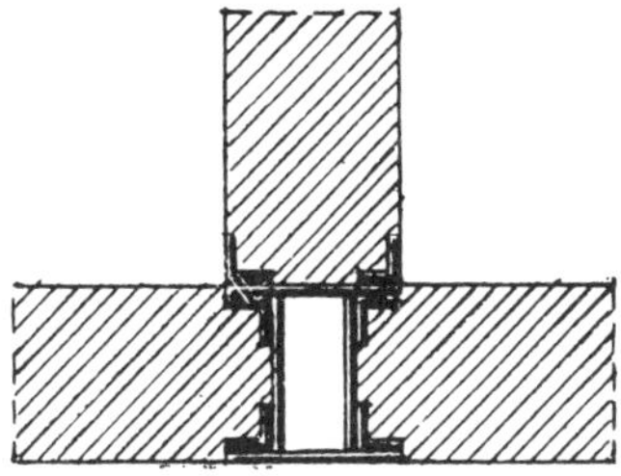

Ständer und Rahmen angeschlossen (Fig. 475). Gegenüber den Streben haben sie den Vorteil eines geringeren Materialaufwandes und ausserdem setzen sie der Ausmauerung der Gefache weniger Schwierigkeiten entgegen. Die Bänder werden

Fig. 473.

Fig. 474.

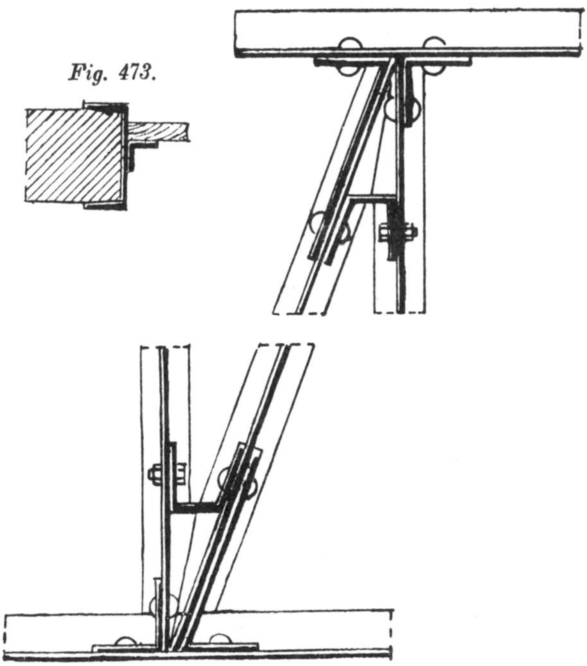

Fig. 475.

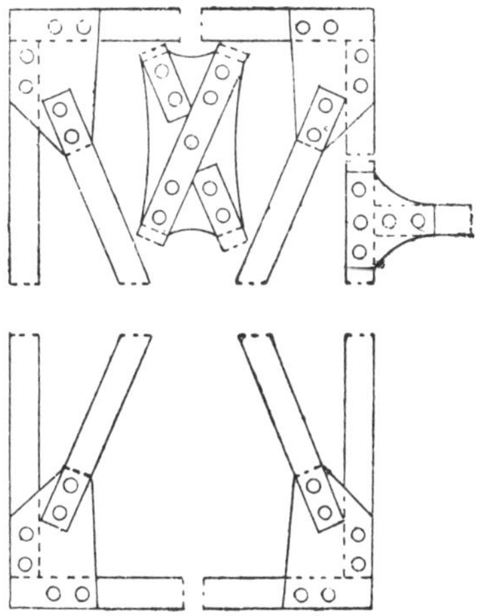

beiderseitig vor die Wand gelegt. Soll die innere Seite verputzt werden, so bieten sie indessen dem Verputz Hindernisse. Man lässt sie dann häufig an dieser Seite weg und begnügt sich mit einseitig angeordneten Bändern. Wie oben schon bemerkt, finden auch Rundeisen mit Spannschloss als Zugbänder zuweilen Verwendung.

Riegel. Die Riegel haben den Zweck, die Ständer und Streben zu versteifen. Eine wirksame Aussteifung wird aber nur dann erreicht, wenn man sich für die Riegel flachgelegter [-Eisen und Winkeleisen bedient. Der Flansch wird in Aussenwänden stets nach unten gerichtet, um der Bildung von sogenannten

Wassersäcken vorzubeugen. Bei Tür- und Fensterriegeln wird das ⊏- bezw. L-Eisen mit dem Flansch nach oben gekehrt. Für den Anschlag werden kleine L-Eisen aufgenietet. Die Verbindung der Riegel mit den Ständern geschieht mit Hilfe von Winkellaschen.

Ist der Abstand der Ständer nicht grösser als 1,0 bis 1,2 m, so sind die Riegel entbehrlich.

Bei dünnen Wänden benutzt man auch wohl Flach- oder Quadrateisen zu den Riegeln, die mit ihren umgebogenen Enden mit den Ständern und Streben vernietet werden. Derartige Riegel können aber keinen Anspruch auf Aussteifung der Wände erheben.

Eine wesentliche Versteifung der ganzen Fachwerkwand erreicht man, wenn man den Anschluss der sämtlichen Konstruktionsteile gleichzeitig durch Winkellaschen und Knotenbleche bewirkt. Besonders wichtig ist dies für das unvollständige Fachwerk, bei welchem, da die Streben und Bänder fehlen, die Standsicherheit hauptsächlich durch die Festigkeit und Steifigkeit der Knotenpunkte bedingt ist.

d) Eiserne Wände.

Die eisernen Wände erhalten, wie die eisernen Fachwerkwände, ein Gerippe aus Schmiede- oder Gusseisen. Dies Gerippe braucht aber nur unvollständiges Fachwerk zu sein, da die Seitensteifigkeit durch die ein- oder beiderseitige Verkleidung mit Eisenplatten völlig gewährleistet ist.

Da Eisen ein guter Wärmeleiter ist, so ist es in vielen Fällen notwendig, Schutzvorkehrungen gegen zu schnellen Temperaturwechsel der umschlossenen Räume zu treffen. Dies geschieht meist dadurch, dass man zwischen die beiderseitigen Bekleidungen, von denen die äussere meist aus Eisen, die innere aus Holz hergestellt wird, einen schlechten Wärmeleiter, wie Asche, Torfstreu, Holzwolle, Sägemehl, Infusorienerde usw. bringt. Durch die Wahl eines geeigneten Mittels wird dabei die Feuersicherheit gleichzeitig erhöht.

Den Witterungseinflüssen, die sich infolge der Eigenschaft des Eisens, leicht zu rosten, bald unliebsam bemerkbar machen würden, wird am besten durch Verzinken oder durch einen rostschützenden Anstrich der Eisenteile begegnet.

Am häufigsten werden die eisernen Wände zu kleineren Gebäulichkeiten verwandt und so konstruiert, dass die einzelnen Wände in sich fertige Teile des Gebäudes darstellen. Die leichte Aufstellung, wie auch die bequeme Veränderung des Aufstellungsplatzes sind die Faktoren, welche für die Anordnung leicht löslicher Verbindungen mafsgebend sind.

Bekleidung. Zur Bekleidung des Gerippes wird wohl in den meisten Fällen das flache Wellblech in verzinktem Zustande verwandt. Durch Benutzung von Trägerwellblech wird die Gestaltung des Gerippes einfacher, da die Entfernung der Ständer grösser werden darf. Die Wahl zwischen flachem und Trägerwellblech hängt hauptsächlich von dem Abstand der Riegel ab, da die freie Länge der Tafeln mafsgebend ist für ihre Beanspruchung durch Winddruck.

Von den flachen Wellblechprofilen kommen meist die in Fig. 476 bis 478 gezeichneten Profile für die Bekleidung in Betracht, die vorwiegend gebrauchten Trägerwellblechprofile bewegen sich in den Grenzen 45 bis 100 mm Wellenhöhe und 40 bis 50 mm Wellenbreite.

Die Ueberdeckung in der Quernaht beträgt mindestens 80 bis 100 mm, wobei in jedem Wellenberge eine Vernietung der Tafeln stattfindet (Fig. 479).

Fig. 476.

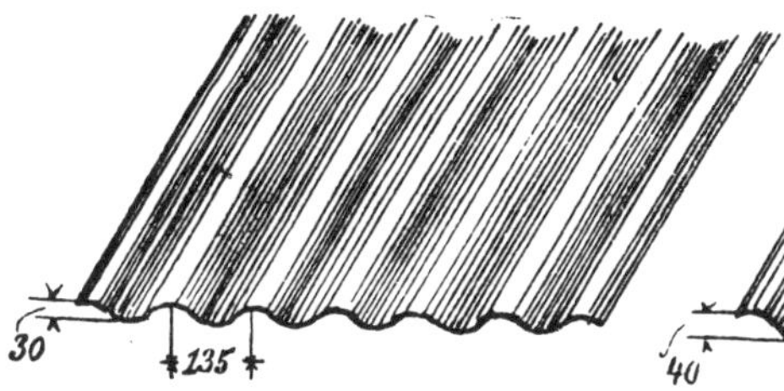

Fig. 477.

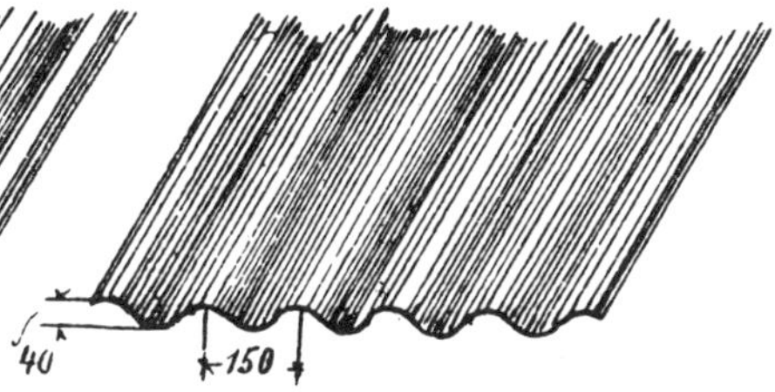

Fig. 478.

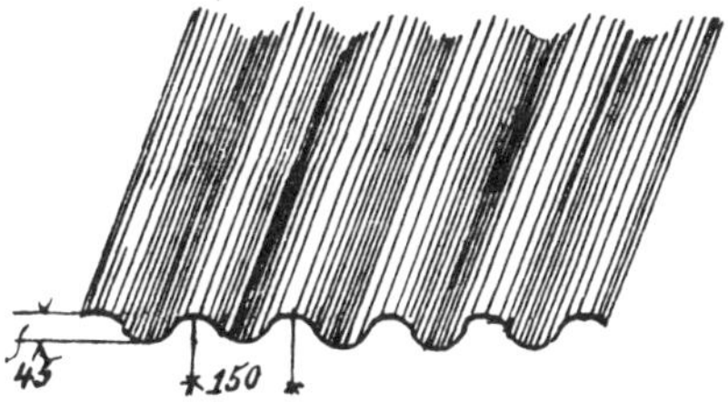

Fig. 479.

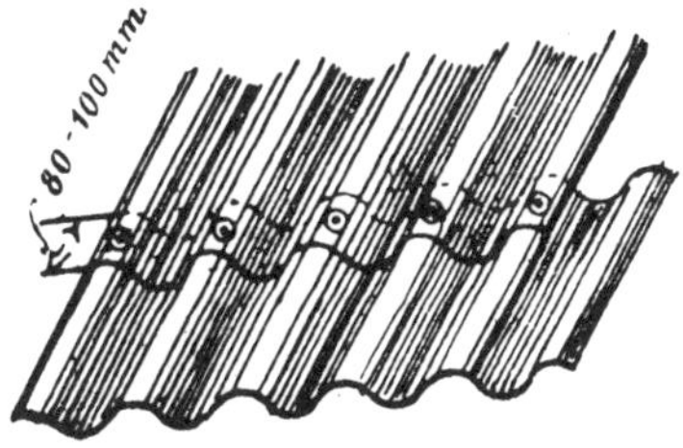

Fig. 480.

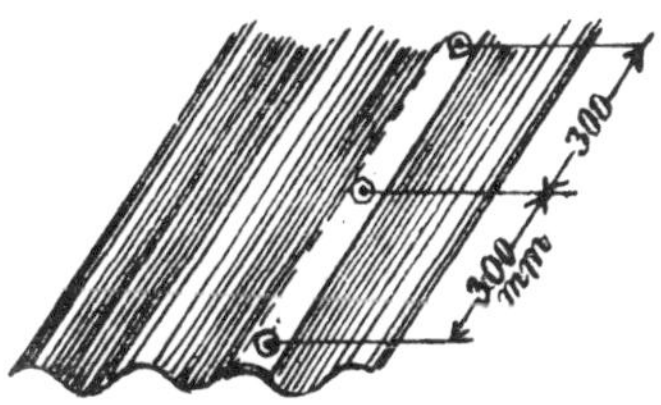

Fig. 481.

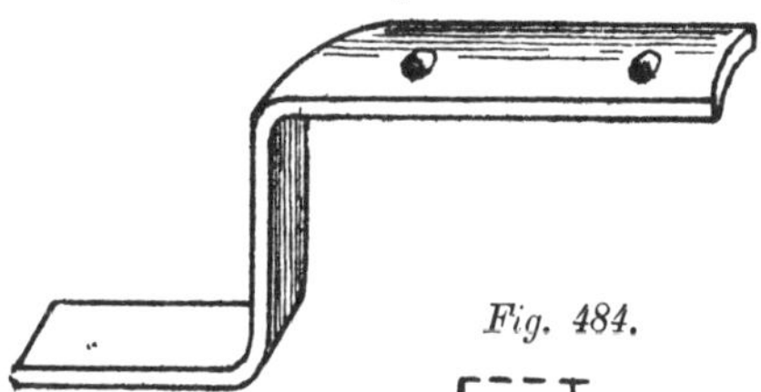

Fig. 482.

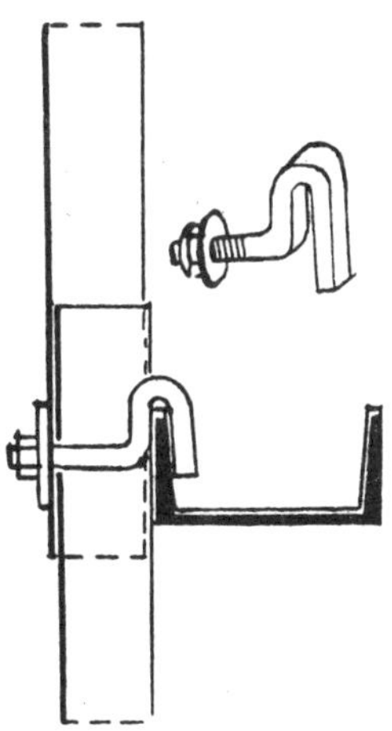

Fig. 483.

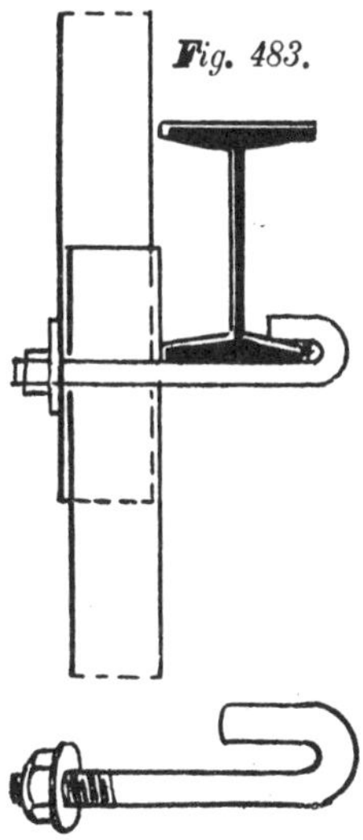

Fig. 484.

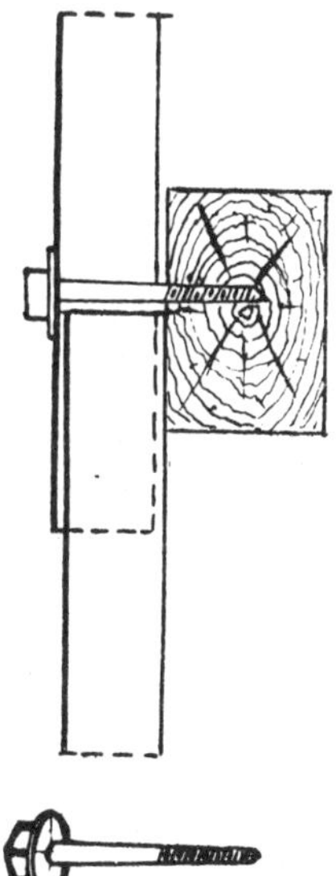

Der Stoss in der Längsnaht geschieht durch Ueberdeckung einer halben Welle. Die Fuge muss dabei von der Wetterseite abgekehrt sein. Der Abstand der Niete in der Längsnaht wird etwa zwischen 300 bis 500 mm angenommen (Fig. 480).

Die Wellbleche stehen stets lotrecht mit der Wellenrichtung und werden mit der Schwelle und den Riegeln durch Agraffen (Fig. 481), mit dem Rahmen durch Hakenschrauben (Fig. 482, 483) verbunden. Bei hölzernen Riegeln wird die Schlüsselschraube benutzt (Fig. 484). Um der Ausdehnung durch die Wärme Rechnung zu tragen, muss zwischen den Haften und den Riegeln genügender Spielraum bleiben. Bei den Hakenschrauben sind längliche Löcher in den unteren Wellblechtafeln anzuordnen, bei den Schlüsselschrauben wird nur das obere Blech mit dem Riegel verbunden.

Fig. 485.

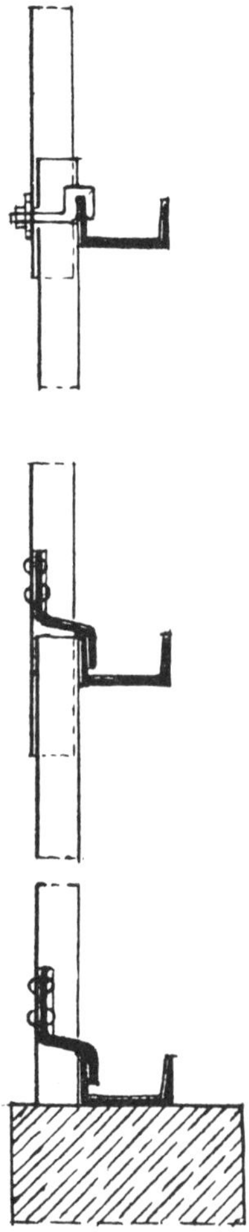

Der Höhenschnitt durch eine senkrechte Wand gestaltet sich demnach wie in Fig. 485 dargestellt.

Wie die Wellblechtafeln werden auch alle Verbindungsteile nur in verzinktem Zustande verwandt oder durch andere geeignete Mittel gegen Rosten geschützt.

Fig. 486.

Ständer. Als Ständer werden bei kleineren Gebäuden vorwiegend ⊥- und ∟-Eisen benutzt, bei grösseren Gebäuden T- und [-Eisen und selbst aus mehreren Walzeisen zusammengesetzte Querschnitte verwandt.

Fig. 487.

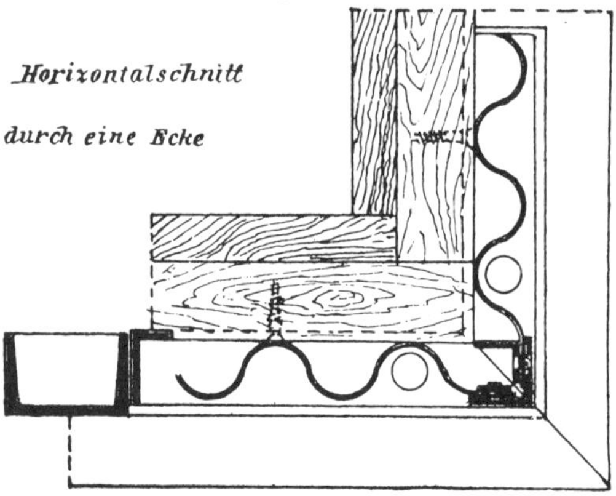

Die Eckständer sind in der Regel Winkeleisen, auf welche die flach geschlagenen Tafelränder genietet oder geschraubt werden. Die Deckung der stets wellig bleibenden Kante geschieht durch ein aufgelegtes Flacheisen (Fig. 486).

Bei den kleineren Wellblechhäusern wird von der Firma Tillmanns in Remscheid die Ecke nach Fig. 487 ausgebildet.

Die in Fig. 488 und 489 dargestellten Eckbildungen sind nicht zu empfehlen.

Tür- und Fensterriegel werden am zweckmässigsten aus ∟-Eisen hergestellt (Fig. 490). Bei dem unteren Fensterriegel ist der eine Flansch nach unten, bei dem oberen nach oben gerichtet, bei beiden liegt der senkrechte Flansch stets an der Aussenseite der Wand.

Die Fensterständer bestehen ebenfalls am besten aus L-Eisen, wobei das Wellblech auf die Innenseite des Flansches genietet wird (Fig. 490 und 491); Torständer aus [-Eisen sind nicht selten.

Zu Bundständern eignen sich am besten ⊥-Eisen, doch ist die Verwendung von L-Eisen auch sehr häufig (Fig. 492).

Fig. 490.

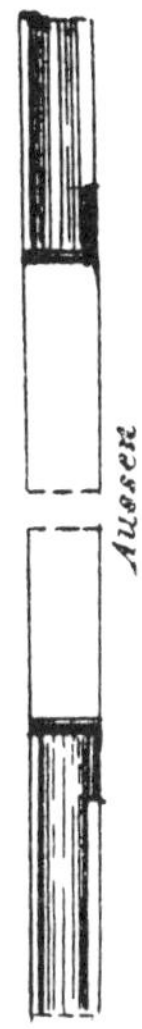

Höhenschnitt durch ein Fenster

Fig. 489.

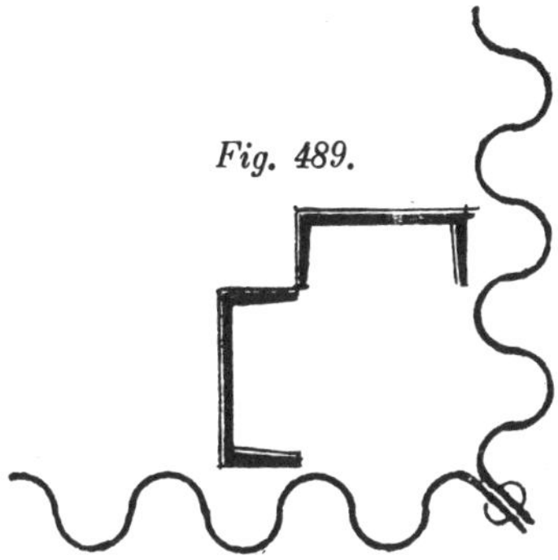

Fig. 488.

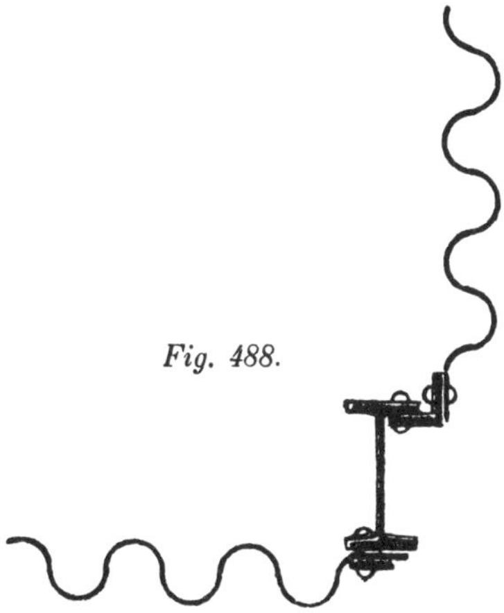

Schwellen und Rahmen. Zu den Schwellen bedient man sich meistens der L-Eisen, deren horizontaler Flansch direkt oder aber mit Hilfe von Blechen mit dem Fundamentmauerwerk verankert wird. Des Wasserabflusses wegen liegt der senkrechte Flansch stets an der Innenseite der Wand (Fig. 493). Der Abschluss des Wellbleches wird mit Zement gedichtet.

Fig. 491.

Horizontalschnitt durch ein Fenster

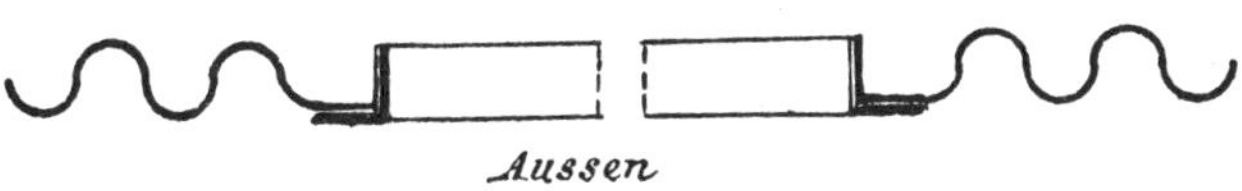

Fig. 492.

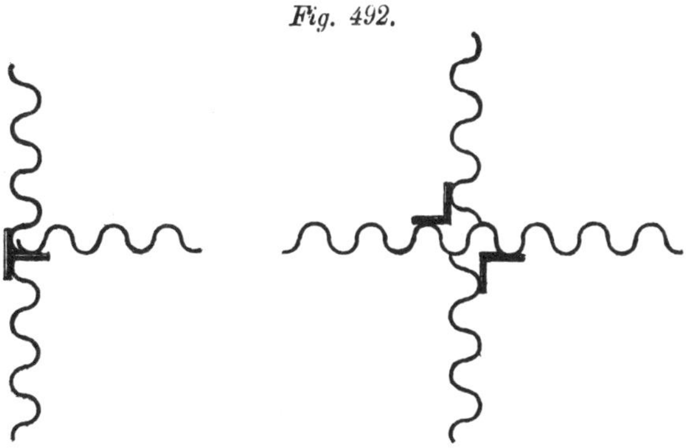

Fig 493.

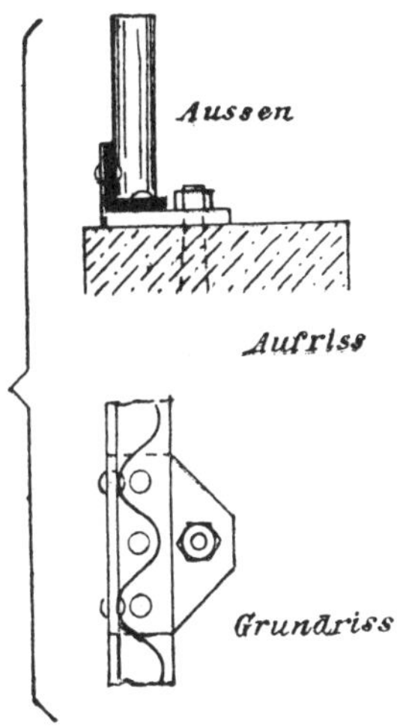

Tillmanns in Remscheid verwendet zu den Schwellen häufig [-Eisen, die mit Asphalt ausgegossen werden. Der Firma ist diese Anordnung patentiert (Fig. 494).

Wellblechhäuser, die voraussichtlich ihren Standplatz öfter ändern, erhalten zweckmässig kein Fundamentmauerwerk. Bei den zerlegbaren Wärterbuden von W. Tillmanns in Remscheid besteht die Schwelle aus einem ⊏-Eisen mit aufgenietetem ∟-Eisen. In Fig. 495 bis 497 ist eine solche Bude mit ihren Einzelheiten dargestellt.

Fig. 494.

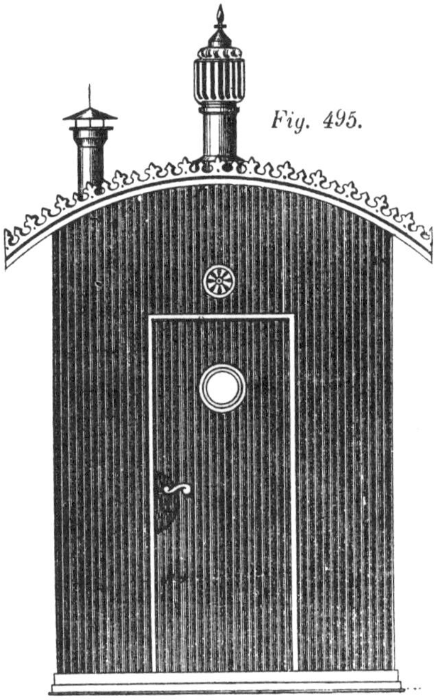

Fig. 495.

Fig. 496.

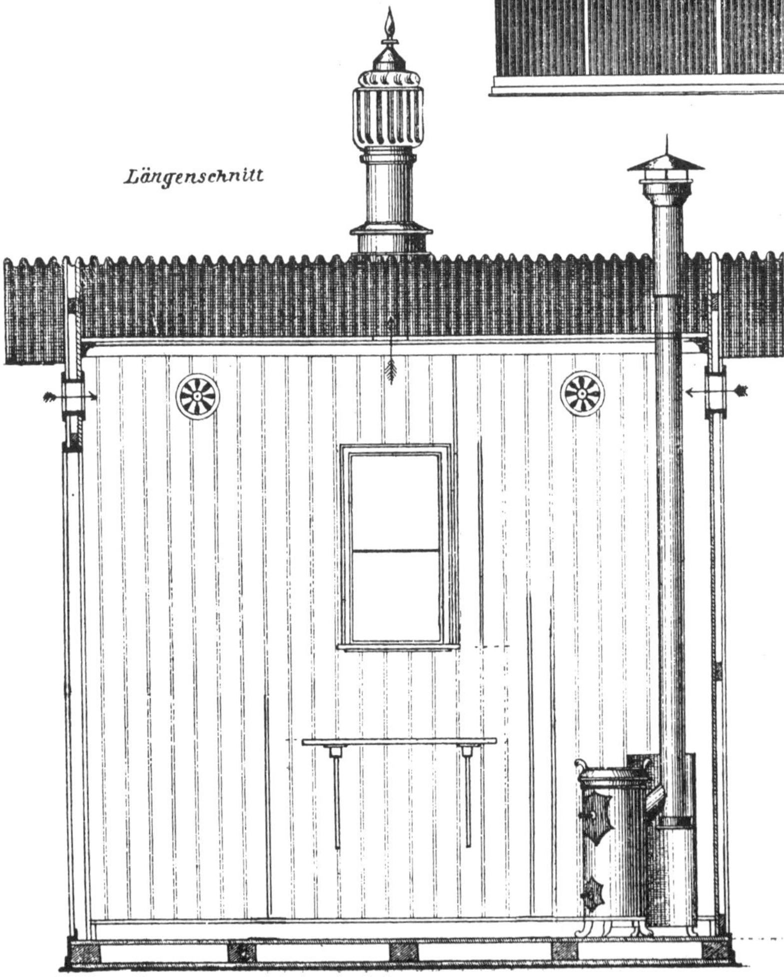

Das Wellblech ist bei denselben durch gewöhnliche Holzschrauben an den Holzriegeln befestigt, auf welche die innere Holzbekleidung genagelt wird. Das Wellblech hat unten kleine Löcher, durch welche ein Luftstrom eintritt, der durch den Luftsauger auf dem Dach abgeführt wird.

Der Rahmen wird meist aus [-oder L-Eisen, seltener aus T-Eisen ge-

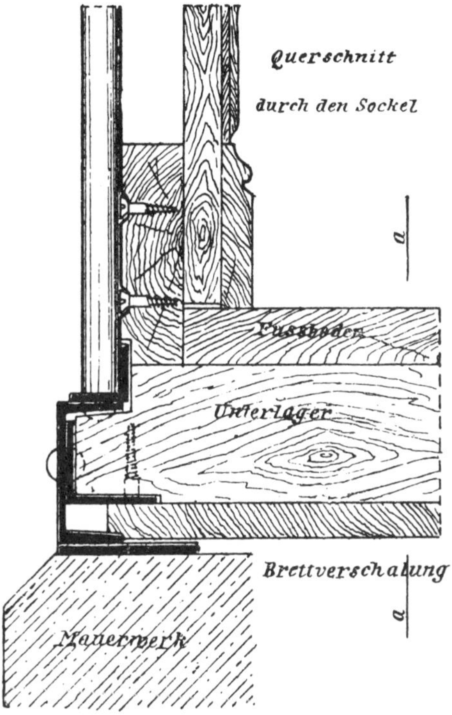

Fig. 497.

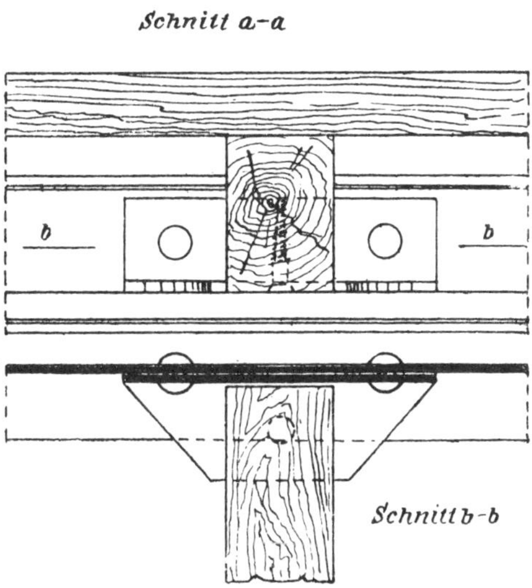

Fig. 498.

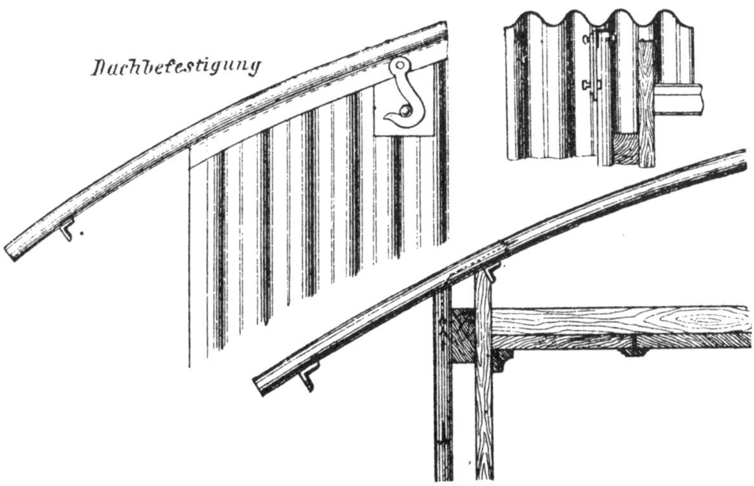

bildet (Fig. 499 bis 503). Günstig hierfür sind die von der Firma Mannstädt gewalzten Winkeleisen, deren Schenkel stumpfe Winkel von $101\frac{1}{2}$ und $112\frac{1}{2}$ Grad oder spitze Winkel von $67\frac{1}{2}$ Grad miteinander bilden.

Die Befestigung des Dachwellbleches mit den Rahmen geschieht durch Haften oder Hakenschrauben, die an jedem 3 bis 4 Wellenberge angebracht werden.

Fig. 499.

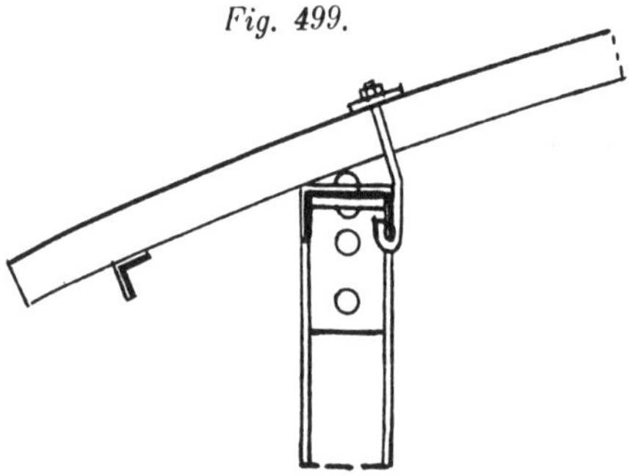

Fig. 500.

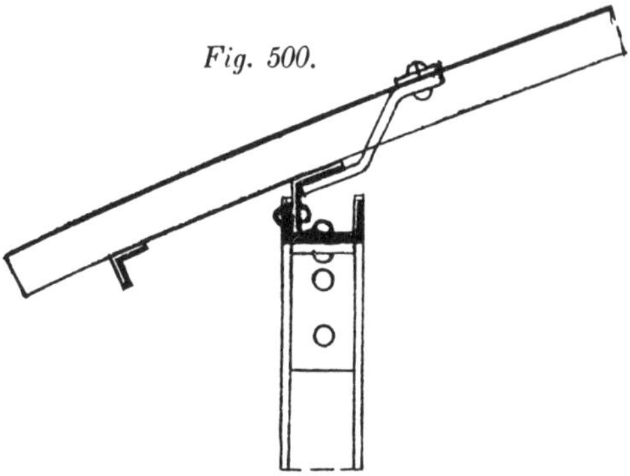

Bei zerlegbaren Wellblechhäusern geschieht die Verbindung des Daches nach Fig. 498.

Fig. 501.

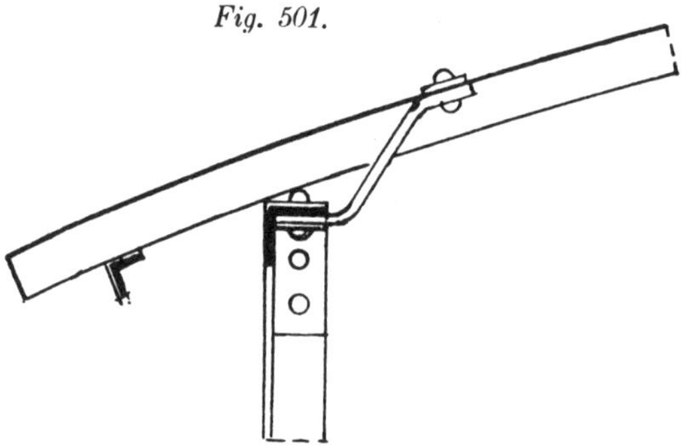

Holzverkleidung. Innere Holzverkleidung kann entweder wagerecht oder senkrecht angeordnet werden. Im ersten Falle sind senkrechte Stiele aus Holz, im zweiten Falle horizontale Holzriegel erforderlich. Die Verbindung der Holzständer bezw. Holzriegel mit dem Gerippe kann nach Fig. 504 bis 506 geschehen. Die Anordnung des Fussbodens geht aus Fig. 494 und 497 hervor.

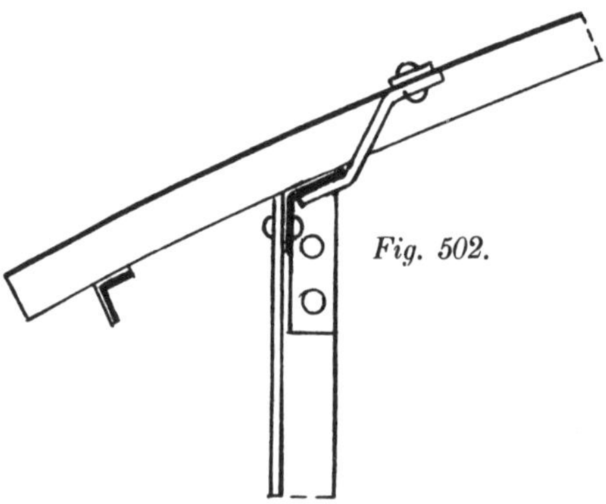

Fig. 502.

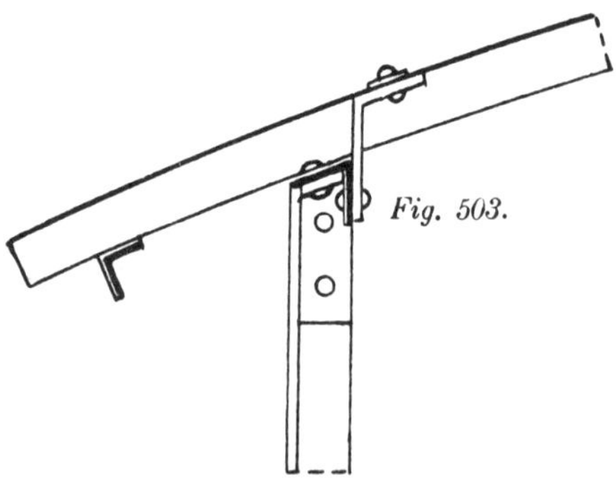

Fig. 503.

Windverband. Erscheint bei freistehenden Fachwerkgebäuden die Anordnung eines horizontalen Windverbandes, etwa in Höhe des Rahmens, wünschenswert, so wird derselbe als Fachwerkträger ausgebildet. Der Anschluss des Windverbandes, welcher den Winddruck gleichmässig auf alle Stiele übertragen soll, an dem oberen Rahmen, geschieht mit Hilfe von Knotenblechen (Fig. 507).

Wie der Windverband berechnet wird, soll später bei der Besprechung der Fachwerkträger gezeigt werden.

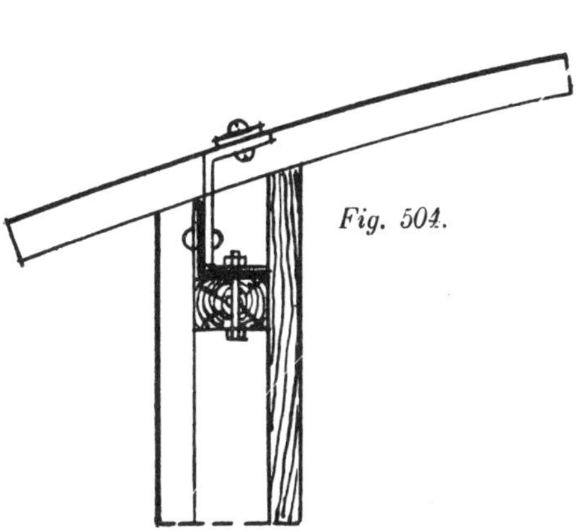

Fig. 504.

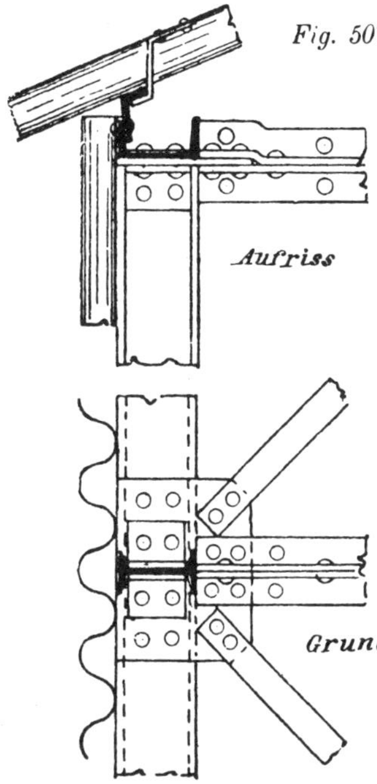

Fig. 507.

Fig. 505.

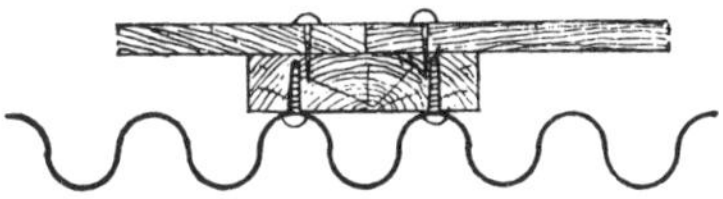

Fig. 506.

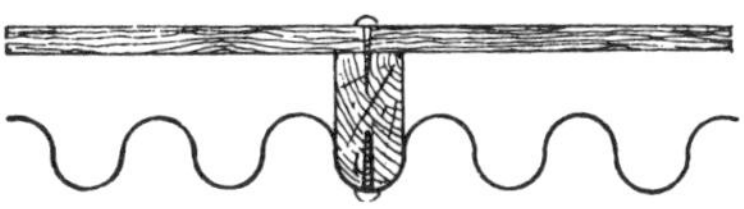

Windverband

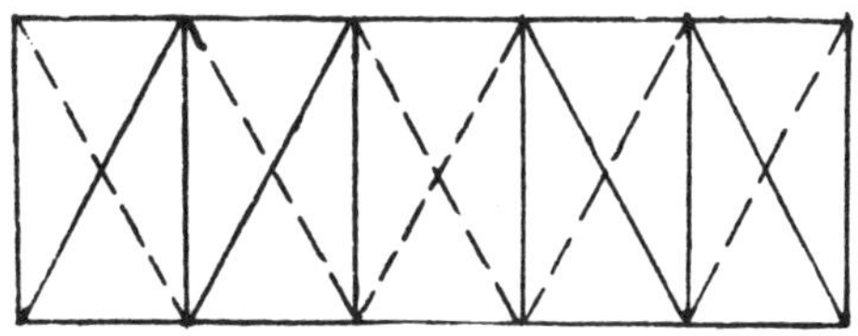

Er besteht aus: 1. Vertikalen, welche die hintereinander stehenden Stiele der vorderen und hinteren Fachwerkwand an ihrem oberen Ende miteinander verbinden und die, da sie Druckspannung erhalten, steif, also ans L-, ⊥- oder ⊏-Eisen konstruiert werden; 2. aus Diagonalen, die in den entstehenden rechteckigen Feldern kreuzweise angeordnet werden. Sie nehmen Zugspannung auf und werden daher als Flacheisen angeordnet.

Siebentes Kapitel.

Balkone und Erker.

Aus der Umfassungsmauer eines Bauwerkes hervortretende Bauteile, die nicht bis zur Erde reichen, durch Konsolen oder Träger irgend welcher Art unterstützt sind und den Bewohnern des Hauses als Aufenthaltsort dienen, heissen Balkone, wenn sie allseits offen, Erker, sofern sie allseits geschlossen sind.

Die zur Unterstützung derartiger Ausbauten dienende Eisenkonstruktion ist für beide Bauteile hinsichtlich ihrer Anordnung dieselbe, nur die Abmessungen der Querschnitte werden infolge der mehr oder minder grossen Belastung verschieden sein.

a) Balkone.

Man unterscheidet bei den Balkonen drei Hauptbestandteile:

1. die Plattform,
2. die Unterstützung derselben und
3. die Brüstung bezw. Geländer.

Der Grundriss der Plattform ist meist rechteckig, oft zeigt er eine polygonale oder auch durch eine Kurve begrenzte Form.

Hat der Balkon eiue grössere Längenausdehnung, erstreckt er sich vor der ganzen Front oder, wie es in Fabrikgebäuden oft vorkommt, längs einer ganzen Wand, so wird er Galerie oder Laufgang genannt.

Plattform. Bei den einfachsten Balkonen besteht die Plattform aus einem Belag aus Bohlen, aus glattem, geriffeltem, gelochtem Blech oder dergl., der mit der unterstützenden Konstruktion direkt befestigt wird. Namentlich findet man diese Anordnung bei den Laufgängen industrieller Gebäude (Fig. 508 und 509). Ist die Entfernung der tragenden Teile so gross, dass die Eisenbleche die Belastung nicht aufzunehmen vermögen, so werden dieselben durch hochkantig gestellte Flacheisen, kleine ⌊- oder ⊥-Eisen unterstützt (Fig. 510).

Vielfach besteht der Boden des Balkons aus einer 15 bis 20 cm starken Steinplatte, welche bis zur Hinterkante des Türanschlages in das aufgehende Mauerwerk eingreift (Fig. 511).

Gewölbte Decken sowie alle anderen im dritten Kapitel unter 2b besprochenen Deckenkonstruktionen lassen sich zur Herstellung der Plattform verwenden, wovon die Figuren 518 bis 520 mehrere Beispiele zeigen. Es mag aber hervorgehoben werden, dass die Wahl einer Decke, welche keinen Schub ausübt, den Vorzug verdient.

Fig. 508.

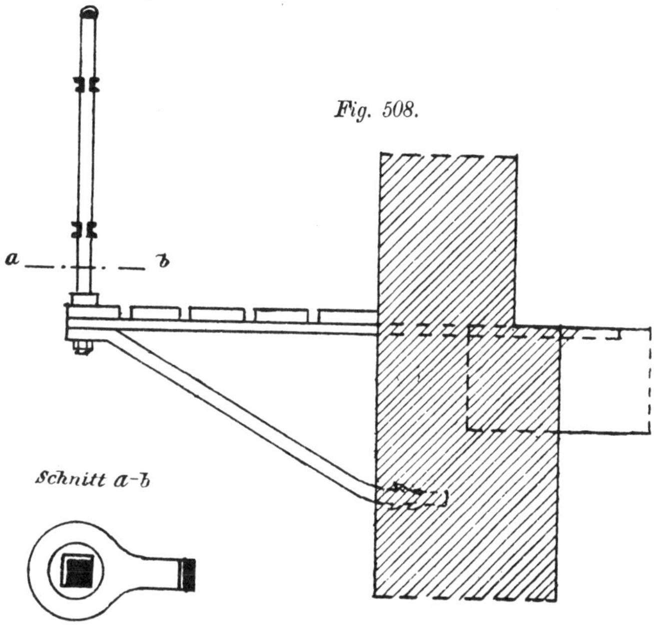

Die Unterstützung der Plattform geschieht durch

1. schmiedeeiserne oder gusseiserne Konsolen,
2. Freiträger,
3. Träger mit überhängendem Ende,
4. Träger, die durch eine Strebe oder durch ein Zugband am vorderen Ende unterstützt sind.

Konsolen. Die schmiedeeisernen Konsolen sind aus Quadrat- oder Flacheisen, aus ⌊- oder ⊥-Eisen gebildete rechtwinkelige Dreiecke (Fig. 508 und 510). Die Befestigung mit der Mauer geschieht durch Verankerung, die man, wenn eben möglich, mit der Balkenlage

Fig. 509.

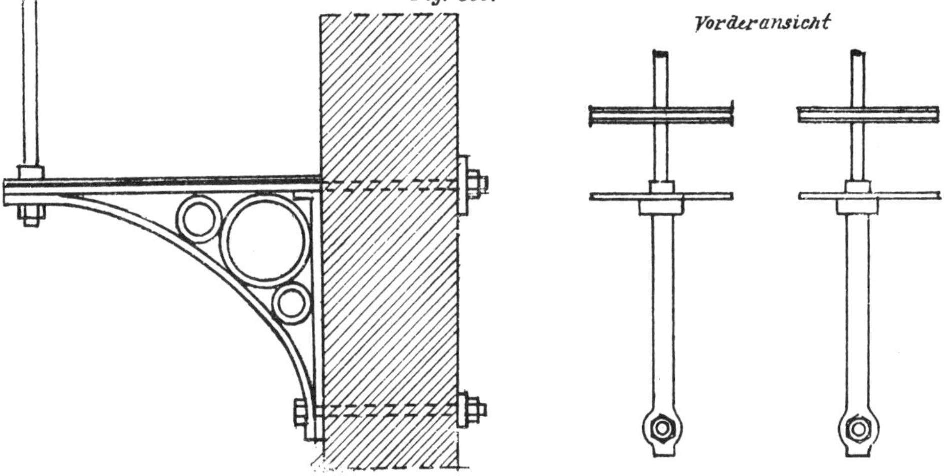

des Gebäudes in Verbindung bringt (Fig. 508). Die Hypotenuse ist entweder gerade oder gekrümmt; auch weisen derartige Konsolen reiche Kunstschmiedearbeiten auf (Fig. 512, 513).

Berechnung. Die Ermittelung der Querschnitte für die Strebe, den horizontalen Stab der Konsole und dem Ankerbolzen bietet keine Schwierigkeiten.

Ist P die gleichmässig über die Konsole verteilte Last, so betrachte man die horizontale Kathete als einen Träger auf zwei Stützen (Fig. 514). Ist M das grösste Moment, so folgt nach Gleichung 25) für die grösste auftretende Faserspannung

$$k_1 = \frac{M}{W}.$$

Fig. 510.

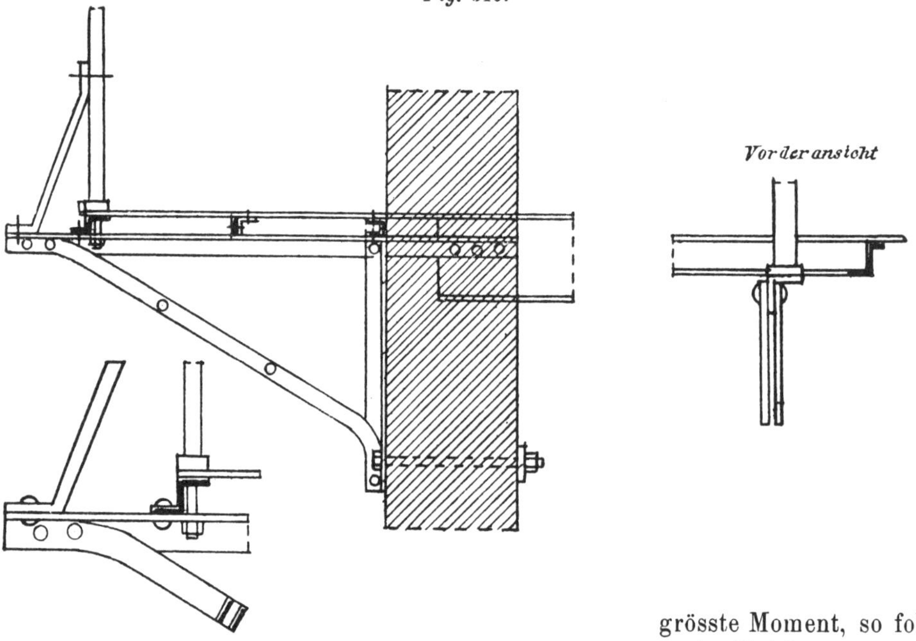

Fig. 511.

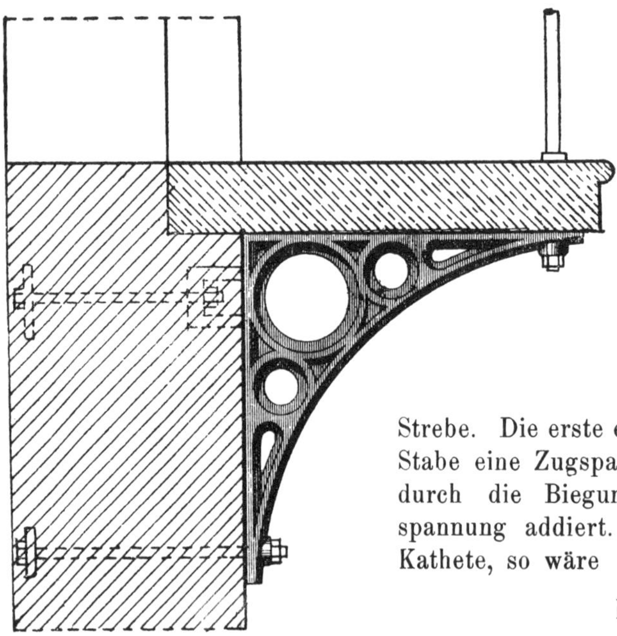

Die Hälfte der Last wirkt als Auflagerdruck am vorderen Ende der Konsole. Hier zerlegt sich die Belastung $\frac{P}{2}$ in eine horizontale Komponente H und eine solche D in der Richtung der Strebe. Die erste erzeugt in dem horizontalen Stabe eine Zugspannung k_2, die sich mit der durch die Biegung hervorgerufenen Faserspannung addiert. Ist F der Querschnitt der Kathete, so wäre

$$k_2 = \frac{H}{F}.$$

Die grösste Faserspannung des Stabes ist demnach $k = k_1 + k_2 = \frac{H}{F} + \frac{M}{W}$ und darf die zulässige Höhe nicht überschreiten.

Die in der Richtung der Strebe wirkende Komponente D sucht als Druck die Strebe zu knicken. Für diese gilt daher die Gleichung 94). Durch Konstruktion des Kräftedreiecks für den vorderen Knotenpunkt erhält man leicht die Grösse der Komponenten auf graphischem Wege (Fig. 514).

Fig. 512.

Rechnerisch findet man:

$$141)\qquad H = \frac{P}{2} \operatorname{cotg} \alpha \text{ und } D = \frac{P}{2 \sin \alpha}.$$

Fig. 513.

Fig. 514.

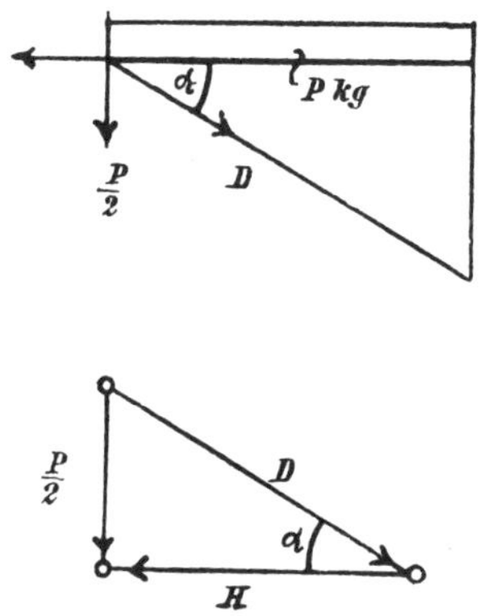

Beispiel. Eine 1,0 m ausladende Galerie ist alle 0,8 m durch eine schmiedeeiserne Konsole unterstützt. Die Abdeckung besteht aus Riffelblech von 6 mm Stärke und rd 40 kg Gewicht pro Quadratmeter. Die Nutzlast beträgt 200 kg pro Quadratmeter.

Die Last, welche eine Konsole aufnimmt, berechnet sich zu:

$$P = 1{,}0 \cdot (200 + 40) \cdot 0{,}8 = 192 \text{ kg},$$

wofür mit Rücksicht auf das Eigengewicht der Konsole rd 200 kg gesetzt werden.

Das Biegungsmoment wird daher:

$$M = \frac{1}{8} \cdot 200 \cdot 1{,}0 = 25 \text{ kgm} = 2500 \text{ kgcm}.$$

Das Widerstandsmoment eines Flacheisens 40/20 für eine Schwerachse parallel zu der längeren Seite ist

$$W = \frac{1}{6} \cdot 4{,}0 \cdot 2{,}0^2 = \text{rd } 2{,}7 \text{ cm}^3,$$

demnach die Spannung der äussersten Fasern:

$$k_1 = \frac{2500}{2{,}7} = 926 \text{ kg pro qcm}.$$

Mit $\alpha = 30^0$ wird:

$$H = \frac{200}{2} \cdot \operatorname{cotg} 30^0 = 173 \text{ kg und}$$

$$D = \frac{200}{2} \cdot \frac{1}{\sin 30^0} = 200 \text{ kg}.$$

Die Zugspannung durch die Komponente H wird, da der Querschnitt des Flacheisens $4{,}0 \cdot 2{,}0 = 8$ qcm ist:

$$k_2 = \frac{173}{8} = \text{rd } 21 \text{ kg/qcm},$$

somit die grösste Faserspannung des Flacheisens:

$$k = 926 + 21 = 947 \text{ kg/qcm}.$$

Die Ankerschraube erhält eine Spannung von $H = 173$ kg und erfordert daher einen Querschnitt von $\frac{173}{1000} = 0{,}173$ qcm. Man wird daher das Flacheisen 40/20 zu einem Rundeisen ausschmieden und mit Schraubengewinde versehen.

Die Länge der Strebe ist 1,16 m lang, daher ist gegen Knicken erforderlich ein Trägheitsmoment

$$J = 2{,}5 \cdot 0{,}2 \cdot 1{,}16^2 = 0{,}68 \text{ cm}^4.$$

Hierfür genügt ebenfalls das Flacheisen 40/20 mit

$$J = \frac{1}{12} \cdot 4{,}0 \cdot 2{,}0^3 = \text{rd } 2{,}7 \text{ cm}^4.$$

Die senkrechte Kathete der Konsole wird man der Einfachheit halber ebenfalls aus Flacheisen 40/20 herstellen.

Bei grösserer Entfernung der Konsolen ordnet man öfter längs der Wand und am vorderen Ende Träger an aus ⊥- oder ⊏-Eisen, auf welche der Belag befestigt wird (Fig. 515). In diesem Falle erleidet der horizontale Stab nur Zugspannungen, deren Grösse sich aus der Gleichung 141) ermittelt.

Fig. 515.

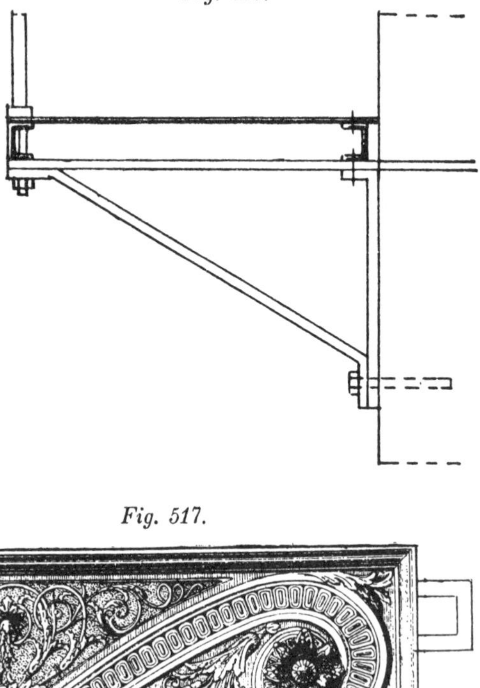

Fig. 516.

Fig. 517.

Die gusseisernen Konsolen sind von den Werken, welche Bauguss liefern, sowohl in einfachster Form wie in reichster dekorativer Ausführung zu erhalten. Sie werden meist benutzt, wenn die Balkonplatte aus Werksteinen hergestellt wird (Fig. 511). Der vertikale Schenkel wird in der

Regel sehr breit gehalten, oder aber es werden besondere Lappen angegossen, um den Ankerschrauben das nötige Auflager zu gewähren (Fig. 516 und 517). An der Rückseite finden sich fast immer kurze angegossene Stücke, durch welche die Konsole ein genügendes Auflager in der Mauer findet.

Freiträger. Zu den als Freiträger konstruierten Unterstützungen der Balkone werden in der Regel ⌶- oder ⊏-Eisen verwandt. Was die Berechnung und Einmauerung anbetrifft, so wird hier auf das dritte Kapitel, Abschnitt 1a, verwiesen.

Fig. 518.

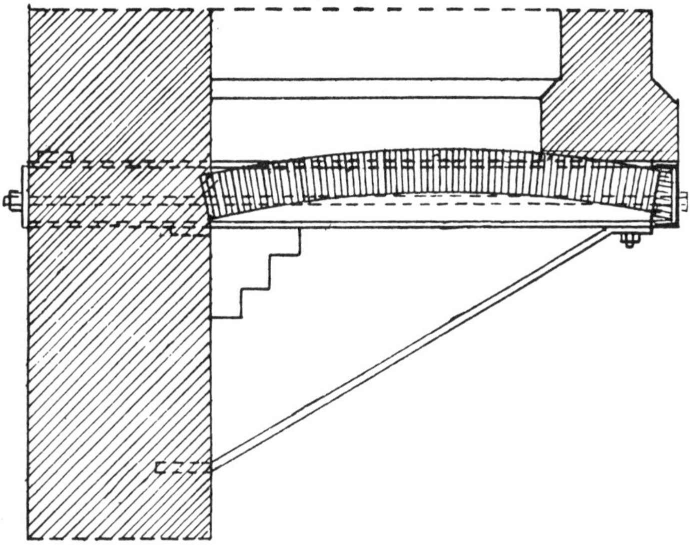

Um die freie Länge des Trägers zu verkürzen, werden häufig unter demselben mehrere Steinschichten ausgekragt (Fig. 518).

Die Bildung der Balkonplatte geschieht hier in der Regel durch eine Kappe oder eine neuere Deckenkonstruktion. Hierdurch wird aber ein Abschluss nach aussen erforderlich, der am zweckmässigsten durch ein ⊏-Eisen geschaffen wird, welches sowohl dem Geländer wie der Brüstung zur Unterstützung dient (Fig. 518 und 519).

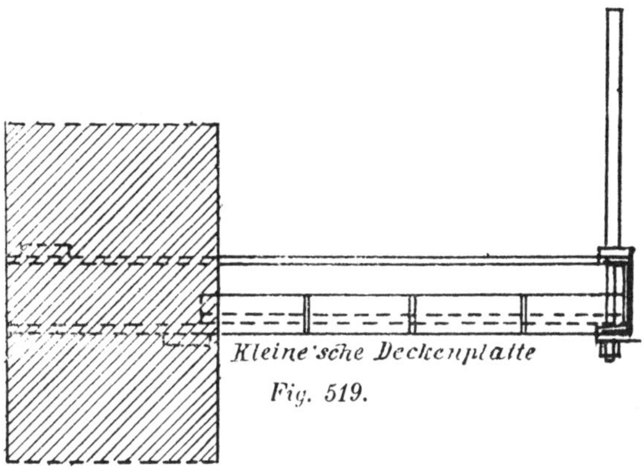

Fig. 519.

Wird, wie in Fig. 518 angedeutet, ein strebenartiges Flacheisen angeordnet, so soll dies lediglich dazu dienen, architektonische Verkleidungen (Konsolen aus Gips, Zement, Zink usw.) befestigen zu können. Das Loch für die Befestigungsschraube muss länglich gestaltet sein, damit die Strebe nachgeben kann, wenn eine Durchbiegung des Trägers eintritt.

Träger mit überhängendem Ende. Die Unterstützung der Balkonplatte durch Träger mit überhängendem Ende gestaltet sich einfacher als die durch Konsolen und Freiträger. Sie wird am einfachsten, wenn man die Deckenträger, soweit die Ausladung des Balkons es verlangt, über die Mauerflucht hinaus verlängert (Fig. 520). Verankerungen sind in diesem Falle gänzlich unnötig. Die Auflagerung der Träger geschieht nach den früher gegebenen Regeln (siehe das dritte Kapitel, Abschnitt 1e).

Bei Balkonen, die an abgestumpften Gebäudeecken heraustreten, verfährt man zweckmäfsig nach Fig. 521. Parallel zur Gebäudeecke verlegt man etwa im Abstande gleich der Ausladung des Balkons einen Träger, der sein Auflager

Fig. 520.

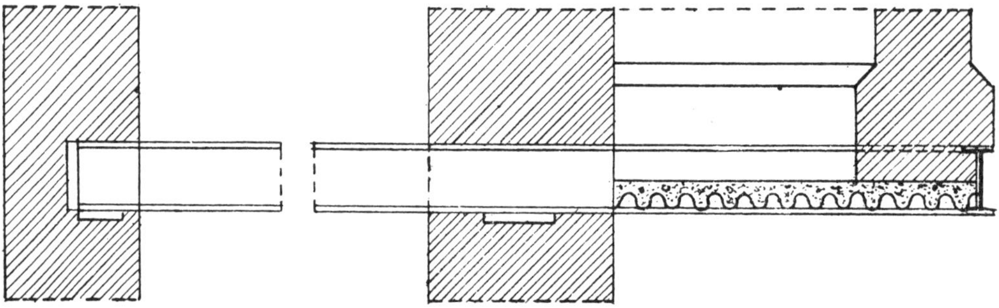

in den beiden Frontmauern findet, lässt die Balkonträger bis an diesen Träger gehen, mit welchem jene vernietet werden und schiftet die Deckenträger an den Hilfsträger an.

Die **Berechnung der Träger mit überhängendem Ende** kann in folgender Weise geschehen.

Der Träger sei nach Fig. 521a mit p kg auf seine Länge belastet und trage an seinem freien Ende eine Einzellast P. Alsdann findet man unter Berücksichtigung der dort gewählten Bezeichnung für den Auflagerdruck A:

Fig. 521.

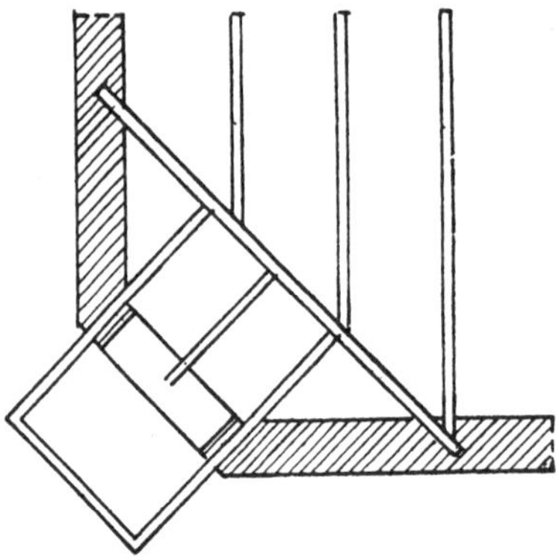

Fig. 521a.

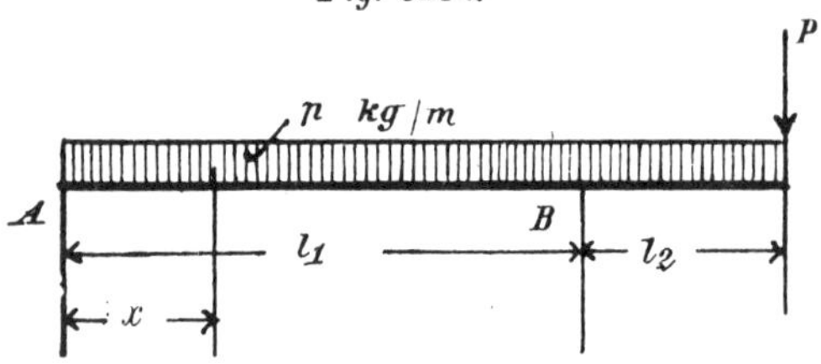

142) $$A = \frac{p\,(l_1{}^2 - l_2{}^2) - 2\,P\,l_2}{2\,l_1}$$

und für den Auflagerdruck B:

143) $$B = \frac{p\,(l_1 + l_2)^2 + 2\,P\,(l_1 + l_2)}{2\,l_1},$$

oder auch: $B = p\,(l_1 + l_2) + P - A$.

A kann positiv oder negativ werden, je nachdem $p\,(l_1{}^2 - l_2{}^2)$ grösser oder kleiner als $2\,P\,l_2$ ist. Im ersten Falle wirkt A von unten nach oben, im anderen Falle von oben nach unten.

Wird A **negativ**, so liegt das grösste Moment stets über B und berechnet sich zu:

$$144) \qquad M_B = P l_2 + \frac{p l_2^2}{2}.$$

Ist dagegen A **positiv**, so tritt das grösste Moment M, welches zwischen A und B wirkt, in der Entfernung

$$145) \qquad x = \frac{A}{p}$$

von der Stütze A auf und bestimmt sich zu:

$$146) \qquad M = \frac{A x}{2}.$$

Das Stützenmoment M_B bleibt wie in Gleichung 139).

Das grössere der beiden Momente ist für die weitere Berechnung entscheidend.

Liegt der Belastungsfall in Fig. 522 vor, der z. B. dann vorhanden ist, wenn der Balkon durch Personen besetzt, das Zimmer hingegen leer ist, so wird:

Fig. 522.

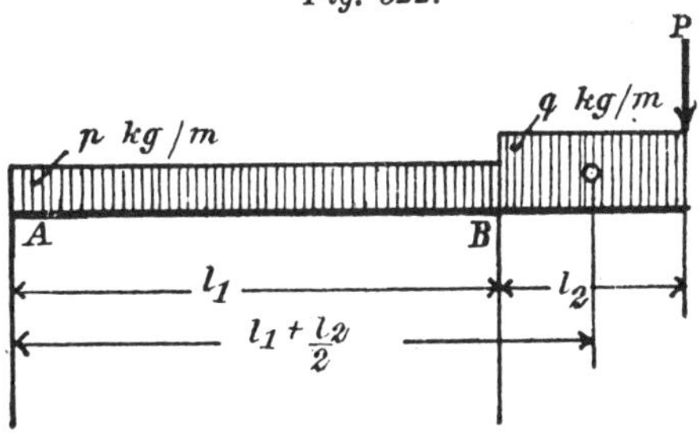

$$147) \qquad A = \frac{p l_1^2 - 2 P l_2 - q l_2^2}{2 l_1}$$

und

$$148) \qquad B = \frac{2 P (l_1 + l_2) + q l_2 (2 l_1 + l_2) + p l_1^2}{2 l_1},$$

oder auch: $B = p l_1 + q l_2 + P - A.$

Für das Stützenmoment erhält man:

$$149) \qquad M_B = P l_2 + \frac{q l_2^2}{2}$$

und, sofern A positiv ist, für das grösste Moment zwischen A und B:

$$150) \qquad M = A \frac{x}{2}, \text{ wobei}$$

$x = \frac{A}{p}$ zu setzen ist.

Fig. 523.

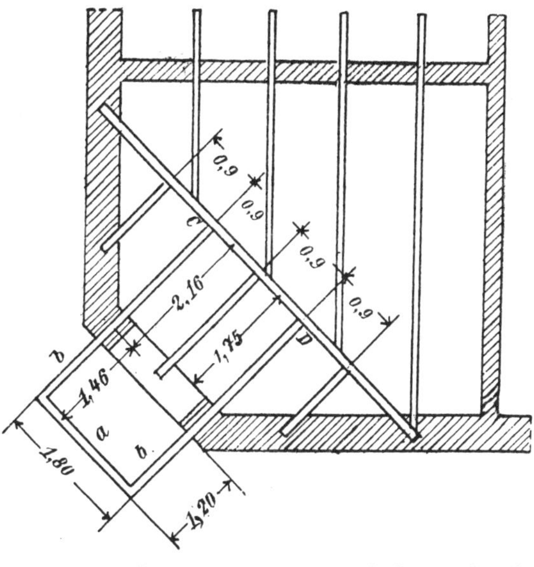

Werden die Deckenbalken, wie dies bei einfachen Balkonanlagen meist geschieht, so weit als erforderlich vorgestreckt, so ist eine besondere Berechnung der Träger nicht erforderlich, da die gewöhnlichen Deckenträger stets ein grösseres Biegungsmoment erhalten, als die Balkonträger.

Bei der Anordnung der Balkone nach Fig. 521 ist aber immer die statische Untersuchung durchzuführen und zwar für folgende Belastungsfälle.

1. Der Balkon ist belastet, das Zimmer nicht.
2. Balkon und Zimmer sind belastet.
3. Der Balkon ist unbelastet, das Zimmer belastet.

Beispiel. Die Eisenkonstruktion des in Fig. 523 dargestellten Balkons ist zu berechnen. Eigengewicht der Kleine'schen Decke 290 kg pro qm, Nutzlast 250 kg pro qm. Die Bandeisen der Decke des Balkones liegen parallel zum Träger b.

I. Träger a.

α) Belastung.

1. Brüstungsmauer: $1{,}8 \cdot 0{,}8 \cdot 0{,}25 \cdot 1600 = 576$ kg
2. Deckenlast: $\frac{1{,}8 \cdot 1{,}2}{2} \cdot (290 + 250) = 583$ „

zusammen 1159 kg oder rund 1160 kg.

β) Moment.

Das grösste Moment ist demnach:

$$M_{max} = \frac{1}{8} \cdot 1160 \cdot 1{,}8 = 261 \text{ kgm} = 26100 \text{ kgcm},$$

folglich das erforderliche Widerstandsmoment:

$$W = \frac{26100}{1000} = 26{,}1 \text{ cm}^3.$$

Hierfür genügt ⊏-Eisen N. P. Nr. 8 mit $W = 26{,}5$ cm³.

II. Träger b.

α) Balkon und Zimmer sind belastet (Fig. 524).

Der Träger ist belastet:

Fig. 524.

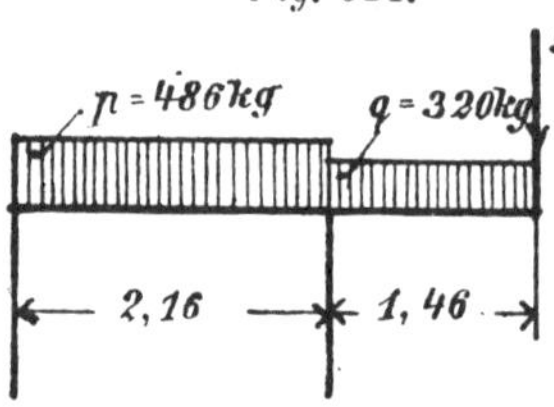

1. An seinem vorderen Ende mit der Hälfte des Gewichtes von Träger a = 580 kg.
2. Auf die freie Länge von 1,46 m mit der Brüstungsmauer. Das Gewicht für einen Meter Mauer beträgt:

   $$0{,}8 \cdot 0{,}25 \cdot 1{,}0 \cdot 1600 = 320 \text{ kg}.$$
3. Im Zimmer durch die Deckenlast, welche pro lfd. Meter $0{,}9 \cdot 540 = 486$ kg wiegt.

Der Einfachheit halber wird der Träger über seine ganze Länge von Auflager zu Auflager gleichmässig belastet angenommen.

Nach Fig. 524 erhält man aus Gleichung 147):

$$A = \frac{486 \cdot 2{,}16^2 - 1160 \cdot 1{,}46 - 320 \cdot 1{,}46^2}{2 \cdot 2{,}16} = -25 \text{ kg}.$$

Ferner aus Gleichung 148):

$$B = 486 \cdot 2{,}16 + 320 \cdot 1{,}46 + 580 + 25 = 2122 \text{ kg}.$$

A ist negativ, mithin tritt das grösste Moment über der Stütze B auf und wird nach Gleichung 149):

$$M_B = 580 \cdot 1{,}46 + 320 \cdot \frac{1{,}46^2}{2} = 1227{,}6 \text{ kgm}.$$

β) Der Balkon ist belastet, das Zimmer unbelastet.

Für diesen Belastungsfall wird A erst recht negativ; das Moment über der Stütze bleibt daher wie vor, nämlich 1227,6 kgm.

γ) Der Balkon ist unbelastet, das Zimmer belastet.

An der Belastung ändert sich nur die am vorderen Ende wirkende Last.

Fig. 525.

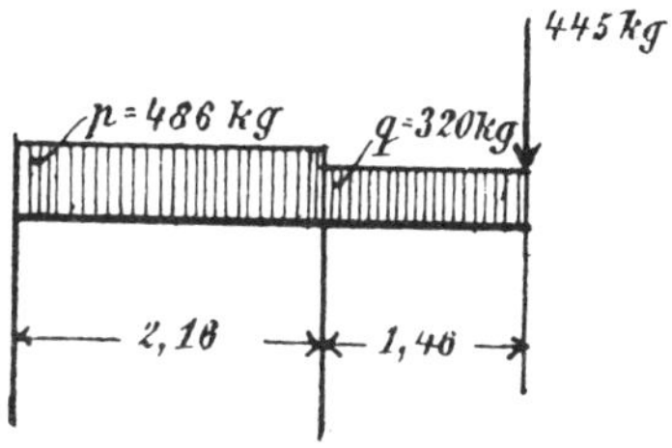

Dieselbe beträgt (siehe Träger a):

$$\frac{576 + \frac{1,8 \cdot 1,2}{2} \cdot 290}{2} = 445 \text{ kg}.$$

Aus Gleichung 147) erhält man daher (Fig. 525):

$$A = \frac{486 \cdot 2,16^2 - 2 \cdot 445 \cdot 1,46^2 - 320 \cdot 1,46^2}{2 \cdot 2,16} = +\,65 \text{ kg}.$$

A ist jetzt positiv. Das grösste zwischen A und B wirkende Moment tritt nach Gleichung 150) auf im Abstande

$$x = \frac{65}{486} = 0,14 \text{ m von A entfernt und wird}$$

$$M = 65 \cdot \frac{0,14}{2} = 4,6 \text{ kgm}.$$

Das grösste Moment befindet sich also über der Stütze B.

Hiernach ist das erforderliche Widerstandsmoment:

$$W = \frac{1227,6}{10} = 122,76 \text{ cm}^3,$$

wofür ⊥-Eisen N. P. Nr. 16 mit $W = 117 \text{ cm}^3$ ausreichen würde.

Für Träger a wird man ⊏-Eisen 16 wählen in Uebereinstimmung mit der Höhe des ⊥-Eisens.

Die Berechnung des Trägers c kann nun nach früheren Regeln geschehen, unter Berücksichtigung der in C und D angreifenden Lasten von je 65 kg, herrührend vom Auflagerdruck A des Belastungsfalles unter γ.

Polygonale und runde Balkone. Häufig erhält der Balkon einen polygonalen oder runden Grundriss.

Der Balkonträger ist in diesem Falle besonders vorsichtig einzumauern und mit anderen Trägern zu verankern, da er ausser den Biegungsmomenten noch Verdrehungsmomente aufzunehmen hat.

Für halbkreisförmige Balkonträger hat Koenen in der deutschen Bauzeitung, Jahrgang 1885, einige Formeln aufgestellt, die nachstehend mitgeteilt sind.

1. Der Träger ist gleichmässig mit p kg pro lfd. m belastet, alsdann ist, wenn r den Radius und k die zulässige Inanspruchnahme bedeutet (Fig. 526):

$$151) \qquad W = 1,7 \frac{p\,r^2}{k}.$$

2. Der Träger ist symmetrisch durch zwei Einzellasten P belastet (Fig. 527). Bezeichnet α den der Last entsprechenden Centriwinkel, so wird:

$$152)\qquad W = \frac{1,7\,P \cdot r \cdot \cos\alpha}{k}.$$

3. Der Träger ist symmetrisch durch beliebig viele Lasten P beansprucht, alsdann wird

$$153)\qquad W = \frac{1,7\,r \cdot \Sigma\,(P\cos\alpha)}{k}.$$

4. Der Träger ist gleichmässig mit p und beliebig vielen aber symmetrischen Einzellasten P belastet (Fig. 528). Hierfür wird:

$$154)\qquad W = \frac{1,7\,r}{k}\left[p\,r + \Sigma\,(P\cos\alpha)\right].$$

Fig. 526.

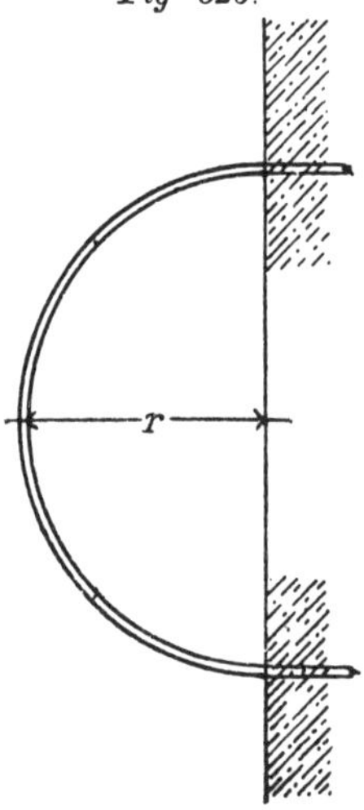

Fig. 527.

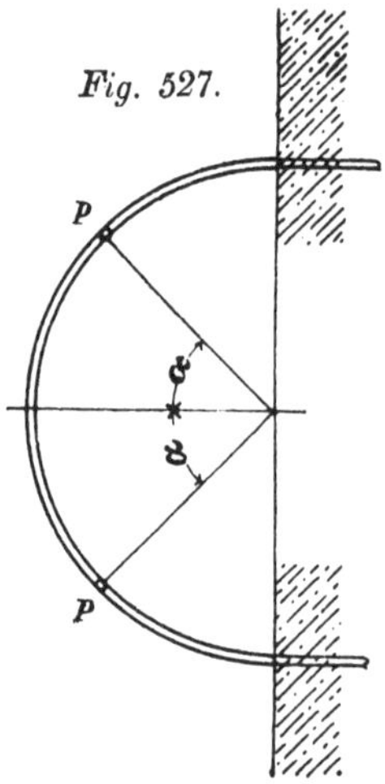

Fig. 528.

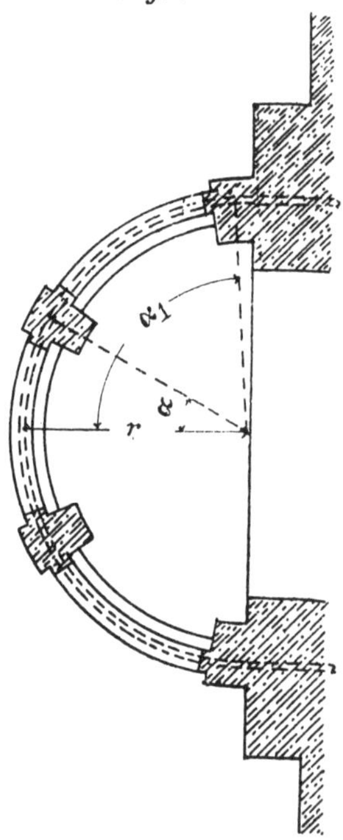

Beispiel. Ein nach einem Radius von 1,4 m gekrümmter Balkonträger erhalte von den Brüstungswänden 250 kg pro laufende Meter, durch die Balkonplatte von zwei Trägern je 480 kg. Nach Fall 4 und Fig. 529 wird alsdann:

$$W = \frac{1,7 \cdot 140}{1000} \cdot \left[250 \cdot 1,4 + 480 \cdot \cos 28^0\right]$$

$$W = \frac{1,7 \cdot 140}{1000} \cdot \left(350 + 424\right) = 184\ \text{cm}^3.$$

Dem würde [-Eisen N. P. Nr. 20 mit W = 193 entsprechen.

Abgestrebte Träger. Wenn der Balkonträger durch eine Strebe unterstützt ist (Fig. 530), so muss die Berechnung desselben ganz so durchgeführt werden, wie die der Konsolträger. Die am vorderen Ende wirkende Last zerlegt sich in eine Druckkraft D der Strebe und in eine Zugkraft H des Trägers. Da der Träger ausser der Zugkraft H noch eine Biegungsbeanspruchung durch die gleichmässig verteilte Last erleidet, so ist, wie oben, die grösste Faserspannung:

$$155)\qquad k = + \frac{H}{F} + \frac{M}{W}.$$

Infolge der Wirkung der Zugkraft H des Trägers ist für eine solide Verankerung desselben Sorge zu tragen. Die Grösse der Ankerplatte muss so bemessen sein, dass der Druck auf das Mauerwerk innerhalb der zulässigen Grenze bleibt.

Der Druck S der Strebe wird durch eine Druckplatte auf das Mauerwerk übertragen, wobei die Grösse derselben ebenfalls der letztgenannten Bedingung genügen muss. Die Strebe selbst ist auf Knicken zu berechnen. Eine Aufhängung des Balkonträgers durch eine Zugstange (Fig. 531) ist nur selten angewandt worden und nur dort, wo durch eine massive Brüstung eine völlige Einmauerung des Zugbandes möglich war. Die Berechnung dieser Konstruktion bleibt dieselbe wie oben. Die Horizontalkomponente H der am freien Ende zur Wirkung gelangenden Belastung tritt hier aber als Druckkraft, die Spannung der

Fig. 529.

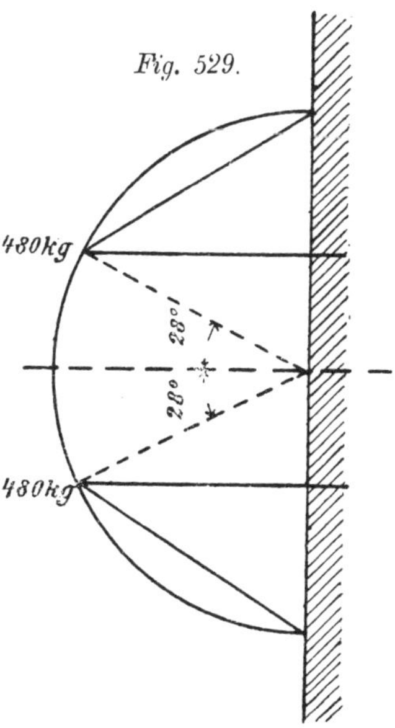

Fig. 530.

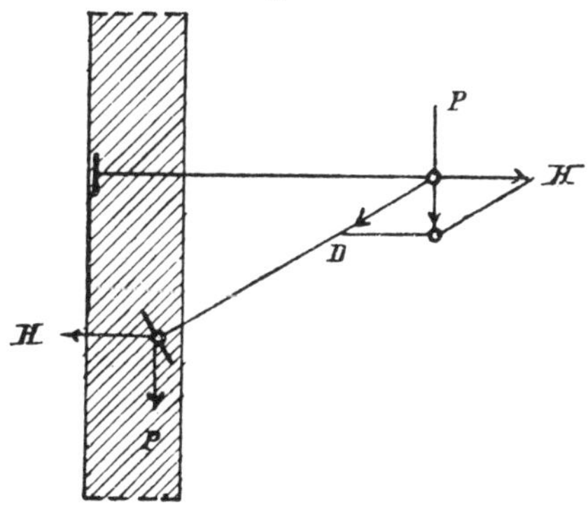

Fig. 531.

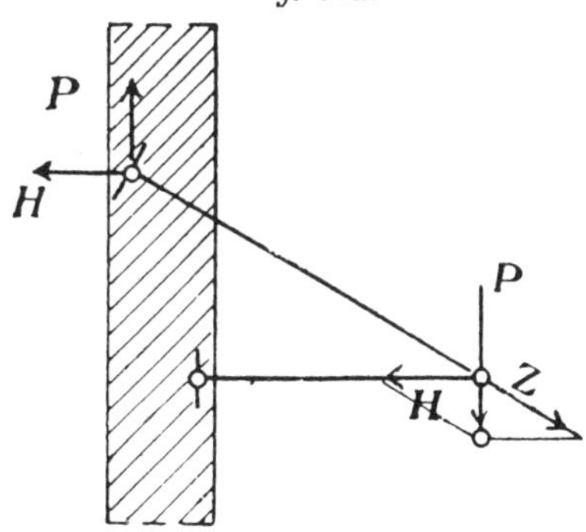

Hängestange als Zugspannung auf, so dass die zur Berechnung der grössten Faserspannung dienende Gleichung lautet:

$$156)\qquad k = - \frac{H}{F} - \frac{M}{W}.$$

Beispiel. Die Eisenkonstruktion des in Fig. 532 dargestellten Balkons ist zu berechnen. Die Decke soll aus Stolte'schen Steg-Zementdielen hergestellt, das Eigengewicht zu 300 kg, die Nutzlast zu 400 kg pro Quadratmeter angenommen werden.

Fig. 532.

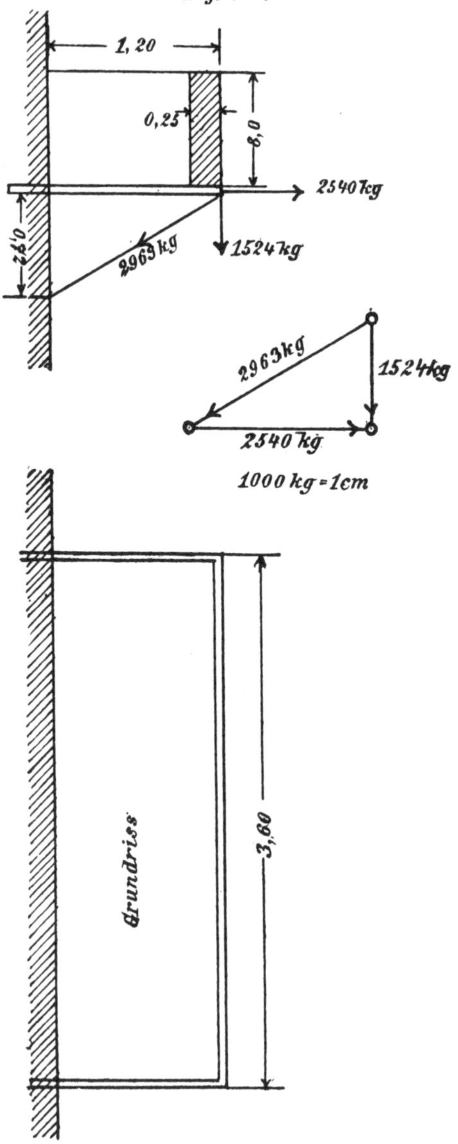

I. Vorderer Träger.

Belastung.

a) Deckenlast $\frac{1{,}2 \cdot 3{,}6}{2} \cdot 700 \quad = 1512$ kg

b) Brüstungsmauer

$3{,}6 \cdot 0{,}8 \cdot 0{,}25 \cdot 1600 \quad = 1152$ kg

zusammen 2664 kg

demnach:

$$M = \frac{1}{8} \cdot 2664 \cdot 3{,}6 = 1198{,}8 \text{ kgm}$$

und:

$$W = \frac{1198{,}8}{10} = 119{,}88 \text{ cm.}$$

Dem entspricht ⊏-Eisen N. P. Nr. 16 mit $W = 116$ cm³.

II. Der Konsolträger.

Belastung.

Brüstungsmauer:

$$1{,}2 \cdot 0{,}8 \cdot 0{,}25 \cdot 1600 \text{ kg} = 384 \text{ kg.}$$

Das Biegungsmoment dieser Last ist

$$M = \frac{1}{8} \cdot 384 \cdot 1{,}2 = 57{,}6 \text{ kgm} = 5760 \text{ kgcm.}$$

Am vorderen Ende wirkt eine Last von

$$\frac{2664 + 384}{2} = 1524 \text{ kg.}$$

Die Horizontalkomponente dieser Last ist:

$$H = P \cdot \operatorname{cotg} \alpha = 1524 \cdot \frac{1{,}2}{0{,}72} = 2540 \text{ kg,}$$

der Strebendruck:

$$D = \frac{P}{\sin \alpha} = \frac{1524 \cdot 1{,}4}{0{,}72} = 2963 \text{ kg.}$$

Für den horizontalen Träger wird ⊥ 70/70 gewählt, mit $F = 10{,}6$ qcm und $W = 8{,}79$ cm³. Demnach erhält man für die grösste Zugspannung des Trägerquerschnittes:

$$k = \frac{2540}{10{,}6} + \frac{5760}{8{,}79} = \text{rd } 895 \text{ kg/qcm.}$$

Die Grösse der Ankerplatte muss mindestens sein:

$$f = \frac{2540}{7} = 363 \text{ qcm.}$$

Wählt man ⌊-Eisen 70/70/9, so ergibt sich für dessen Länge l:

$$l = \frac{363}{7,0} = 52 \text{ cm.}$$

Das Trägheitsmoment der Strebe berechnet sich nach Gleichung 94) zu:

$$J = 2,5 \cdot 2,963 \cdot 1,4^2 = \text{rd } 15 \text{ cm}^4,$$

wobei der Querschnitt mindestens $\frac{2963}{1000}$ = rd 3 qcm sein muss.

Hierfür würde ⊥-Eisen 70/70 genügen mit f = 10,6 qcm und J = 44,5 cm^4.

Der Fuss der Strebe stützt sich gegen ein ⌊-Eisen 130/65. Hier zerlegt sich der Strebendruck in eine Vertikal- und eine Horizontalkomponente. Die erstere ist gleich der Last 1524 kg, die letztere gleich der im Träger wirkenden Horizontalkraft 2540 kg (Fig. 532). Der horizontale Schenkel der Winkel muss mindestens eine Fläche von $\frac{1524}{7} = 218$ qcm, der Vertikalschenkel eine solche von $\frac{2540}{7} = 363$ qcm besitzen; demnach die Länge des ersteren $\frac{218}{6,5} = 33$ cm, die des letzteren $\frac{363}{1,30} = 28$ cm sein. Man wird den Winkel daher 33 cm lang anordnen.

Fig. 533 (1:10).

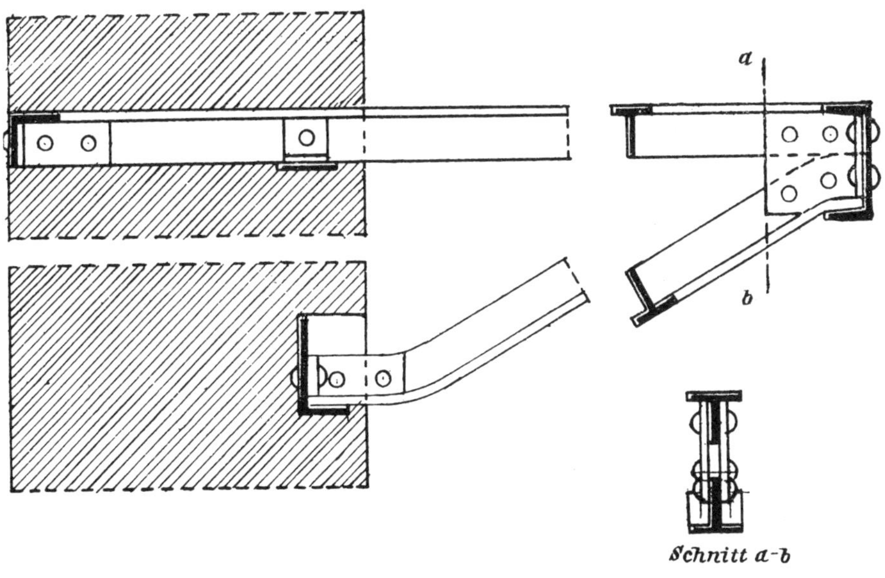

Die Konstruktion des Balkones ist in Fig. 533 angegeben. Statt der ⊥-Eisen wird man vorteilhaft auch Winkeleisen benutzen können, die Anordnung würde sich dann nach Fig. 534 treffen lassen.

Brüstung und Geländer. Der seitliche Abschluss der Balkone geschieht entweder durch Brüstungsmauerwerk oder durch schmiede- oder gusseiserne Geländer. Die Fig. 518 und 520 zeigen, wie sich die Brüstungswände auf die Balkonkonstruktion aufsetzen.

Die Befestigung der Geländerpfosten geschieht am besten mit den oberen Flanschen der Konsolen. Doch eignen sich auch die Rahmstücke zur soliden Befestigung der Geländerstäbe. In den Fig. 508, 510, 511, 519, 535, 536 sind eine Reihe derartiger Konstruktionen angegeben.

Die gusseisernen Konsolen erhalten in der Regel eine hülsenartige Endigung zur Aufnahme des Pfostens (Fig. 511).

Fig. 534.

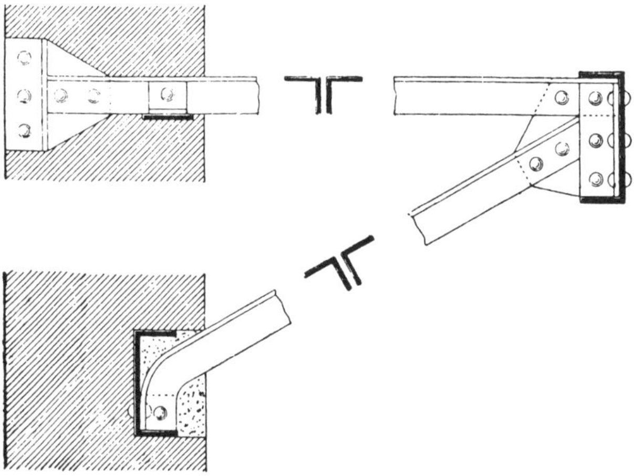

Fig. 535.

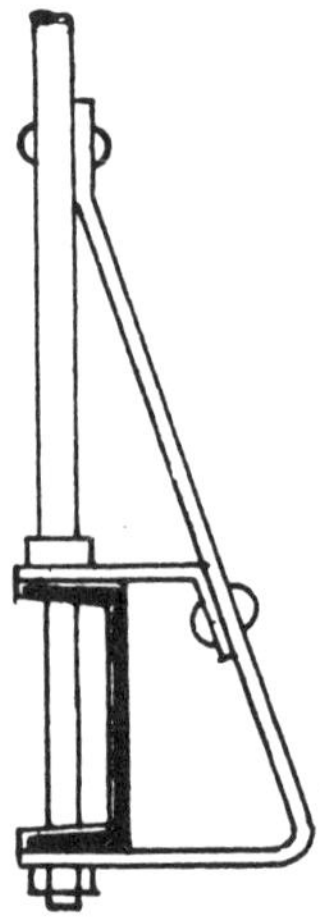

Fig. 536.

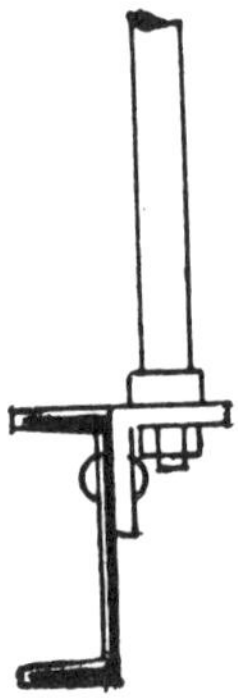

b) Erker.

Die Konstruktion der tragenden Teile bei den Erkern, sowie deren statische Berechnung geschieht in derselben Weise wie bei den Balkonen. Da bei den Erkern die Lasten bedeutend grösser sind, so wird man, wenn Freiträger zur Unterstützung dienen, sorgfältig zu untersuchen haben, ob das über der Einspannstelle lastende Mauerwerk der Frontwand so gross ist, dass die Resultierende aus sämtlichen am Erker auftretenden äusseren Kräften im Kern des Mauerquerschnittes bleibt, also durch einen Punkt geht, der mindestens $\frac{b}{3}$ hinter der Vorderkante des aufgehenden Mauerwerks liegt, wenn b die Mauerstärke bezeichnet (Fig. 537). Ist dies nicht der Fall, so treten an der inneren Mauerkante Zugspannungen auf, was unter keinen Umständen zulässig ist. Man muss alsdann entweder den Freiträger nach Fig. 153 verankern, oder aber statt der Freiträger Träger mit überhängendem Ende anordnen. Auch durch eine Verankerung der Frontmauer mit der Balkenlage kann der Zweck erreicht werden.

Geht der Erker durch mehrere Geschosse hindurch, so konstruiert man am besten so, dass in jeder Etage Träger zur Unterstützung verlegt werden, die dann nur das Gewicht des Erkers bis zu dem darüber befindlichen Boden zu tragen haben.

Man findet häufig, dass entsprechende, übereinanderliegende Träger durch ein Rundeisen verbunden werden (Fig. 538). Dasselbe dient dann aber lediglich dazu, dem in der Regel schwachen Mauerpfeiler inneren Halt zu gewähren. Es darf nicht mit Spannung eingezogen werden, da hierdurch das Kippmoment des Erkers vergrössert werden würde.

Fig. 537.

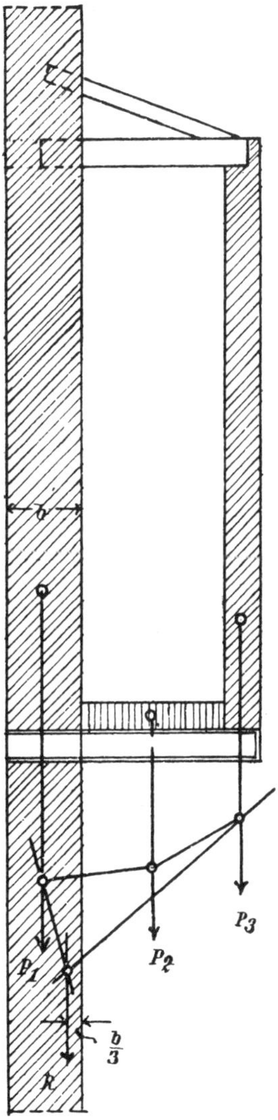

Fig. 538.

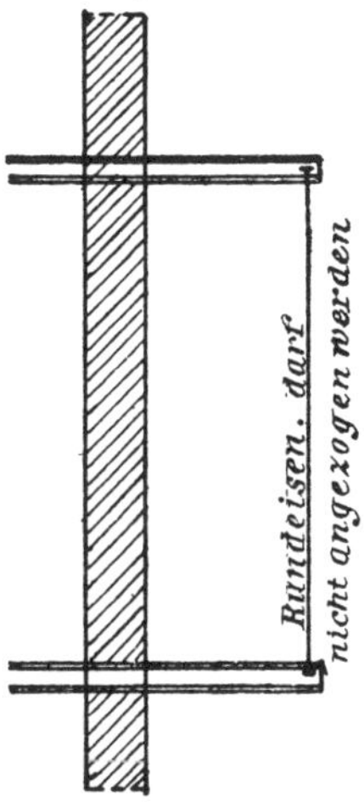

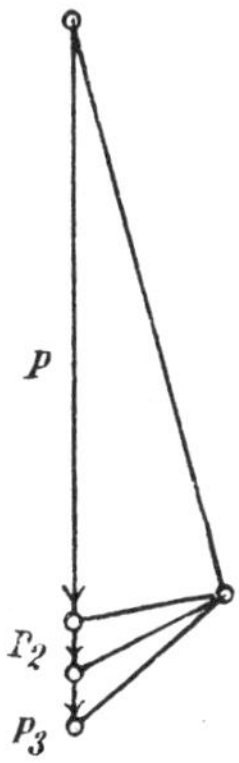

Fig. 539.

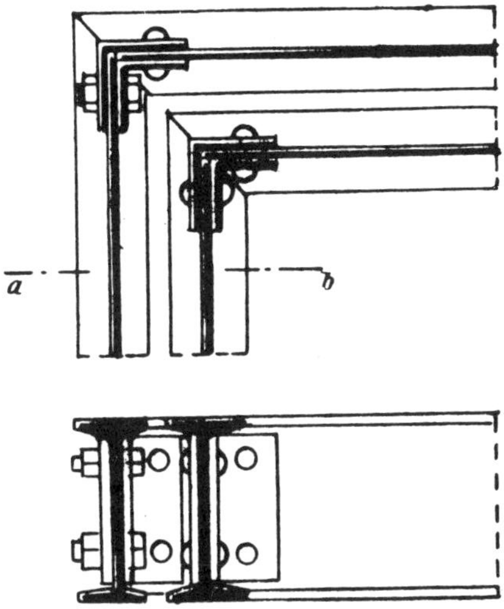

Schnitt a-b.

Fig. 540.

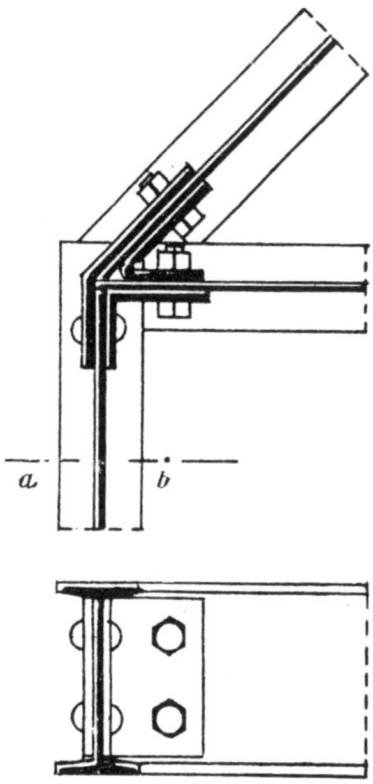

Schnitt a-b

Meist wird das Erkermauerwerk, um dessen Gewicht nach Möglichkeit zu verringern, aus Lochsteinen, porösen Backsteinen oder Schwemmsteinen hergestellt.

Ergibt sich bei der Berechnung die Höhe eines Trägers zu hoch, so sind mehrere I- oder [-Eisen nebeneinander anzuordnen.

Das als Rahmen dienende Profileisen, welches die Last der Erkerwände auf die Enden der Erkerträger überträgt, kann entweder mit diesen durch Vernietung

Fig. 541.

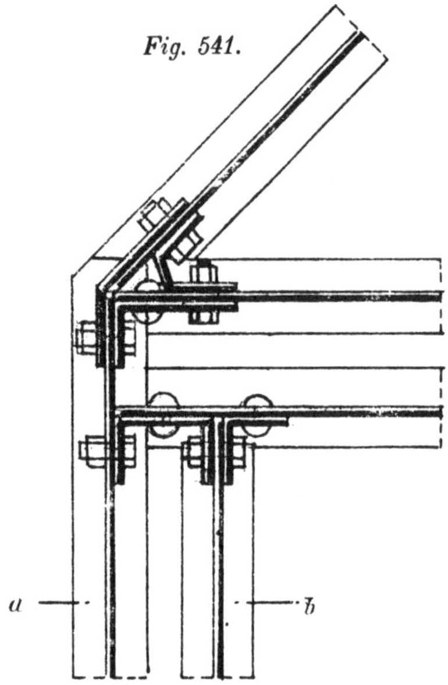

Schnitt a-b

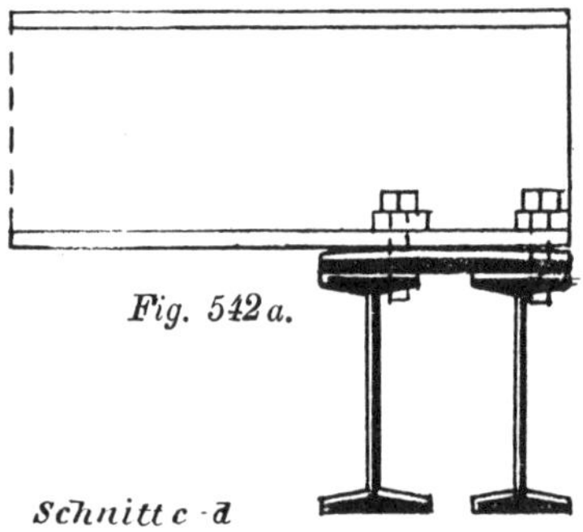

Fig. 542a.

Schnitt c-d

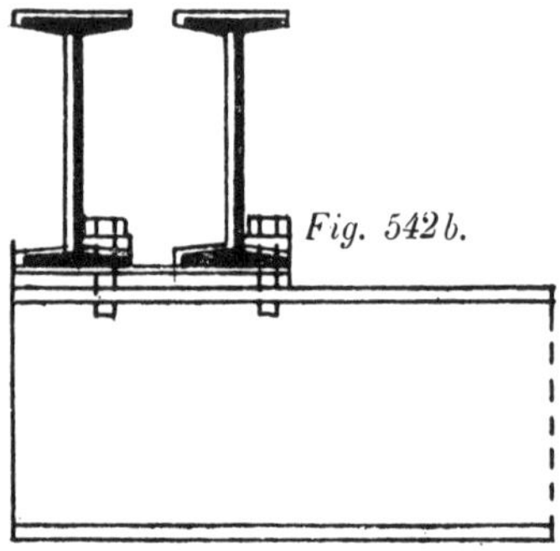

Fig. 542b.

Schnitt a-b

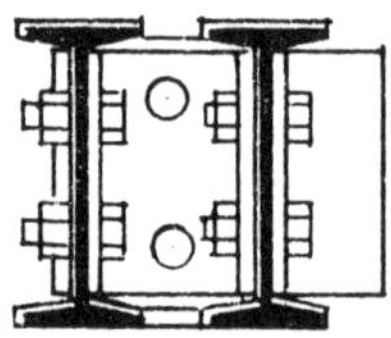

Fig. 542.

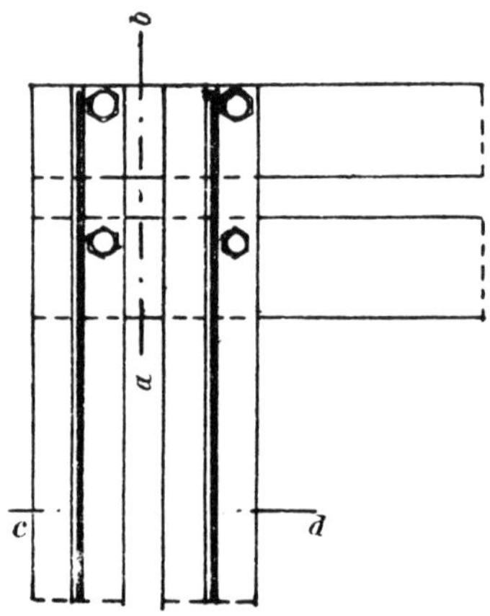

Fig. 543.

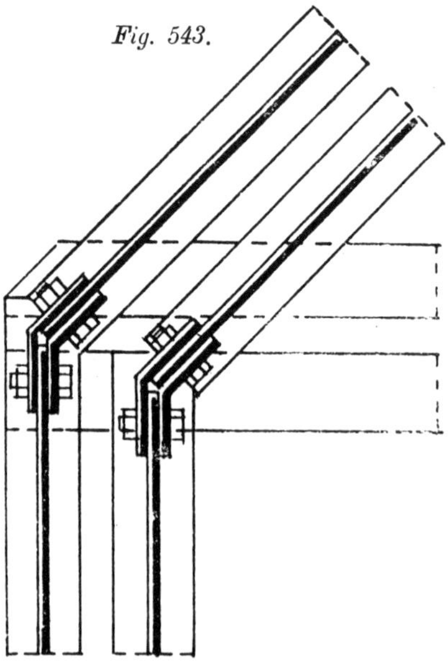

oder Verschraubung in gleicher Höhe verbunden, oder auf den Enden der Erkerträger gelagert werden. Diese Verbindung gestaltet sich namentlich bei Erkern

Fig. 544.

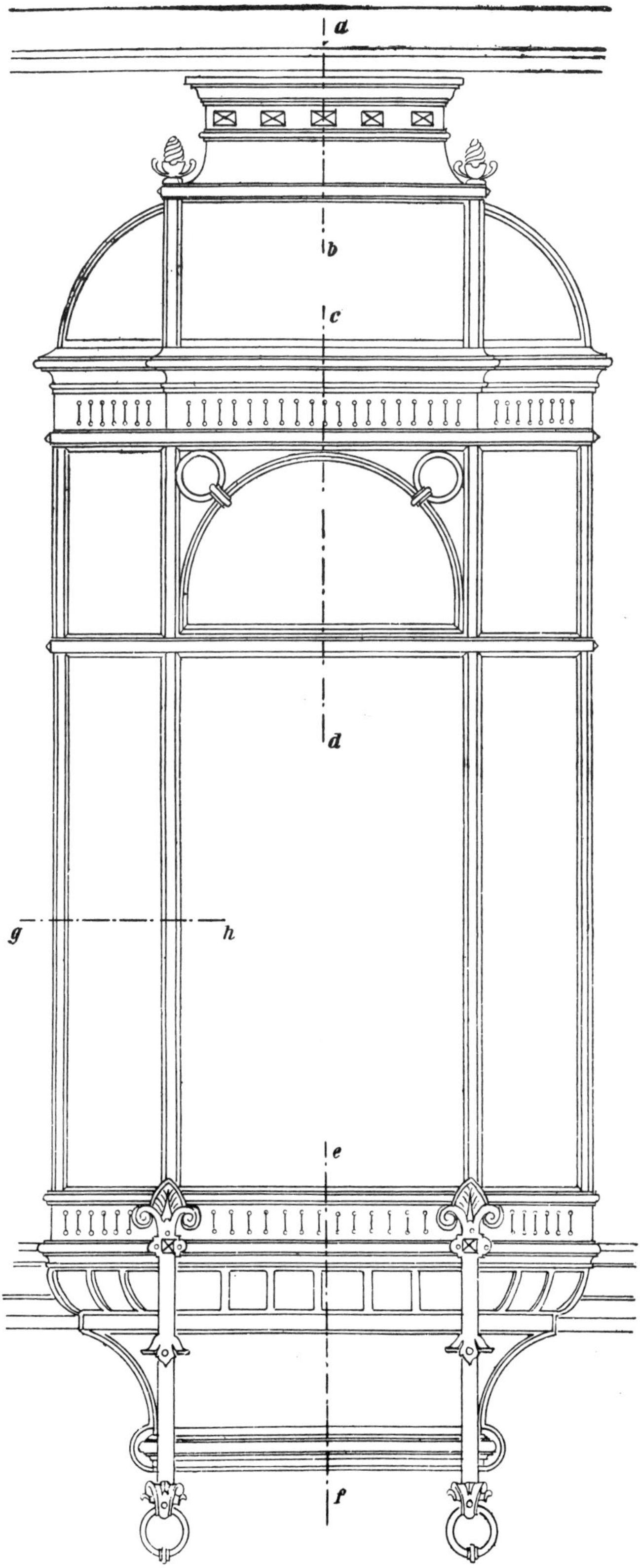

Fig. 545.

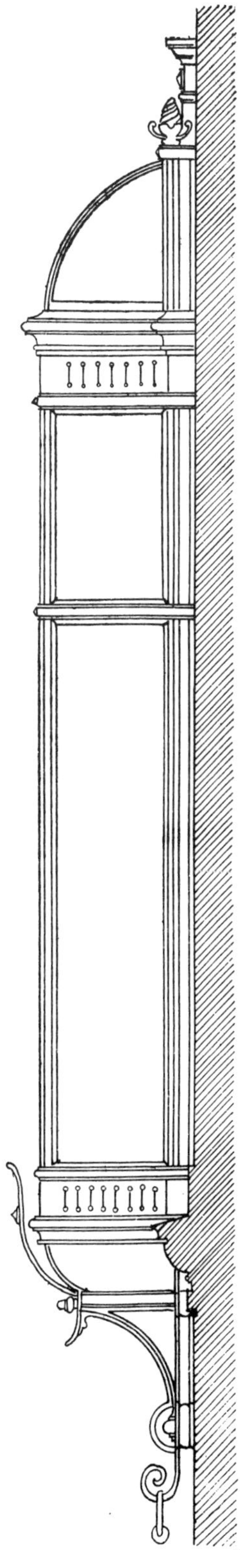

mit polygonalem Grundriss einfacher. In Fig. 539 bis 543 sind derartige Anordnungen dargestellt.

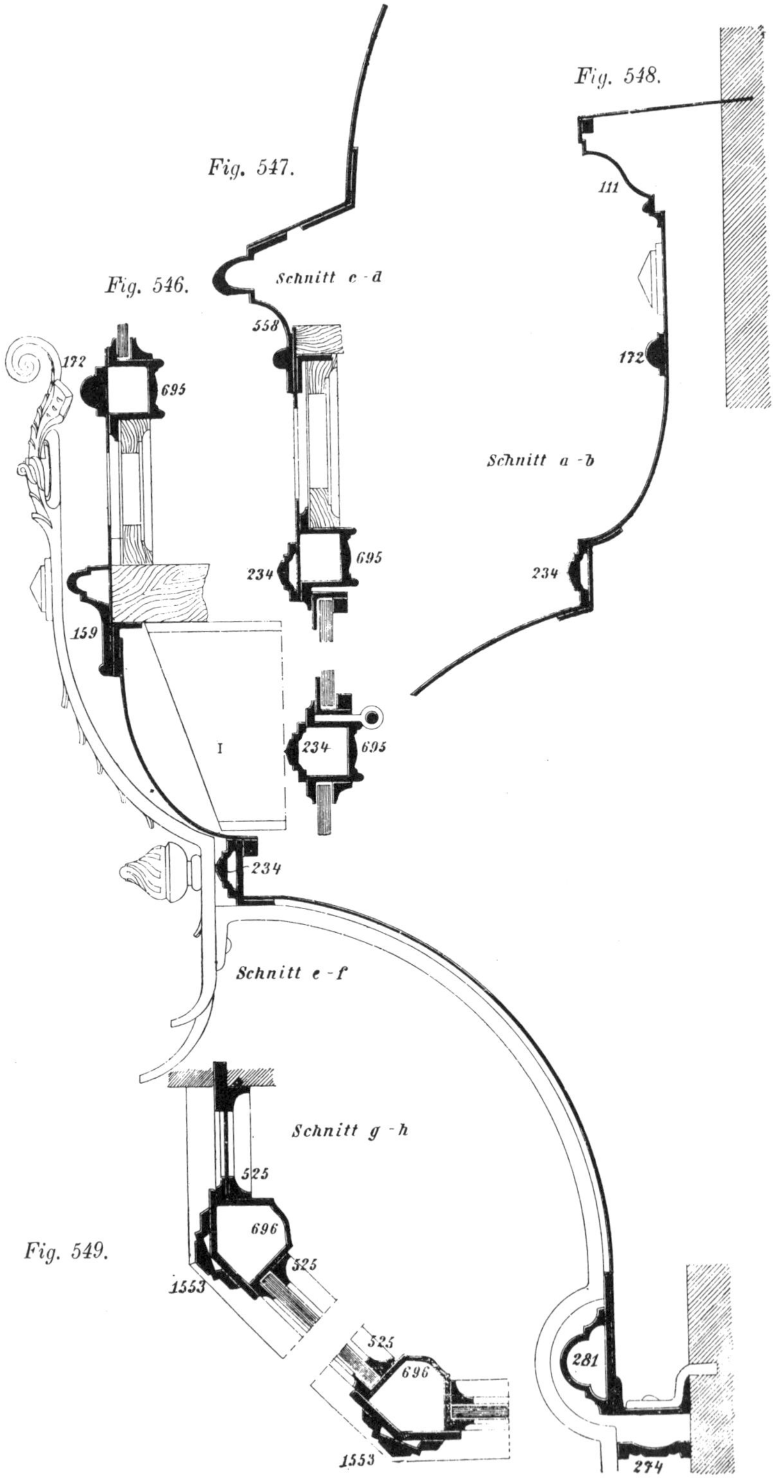

Fig. 546. Fig. 547. Fig. 548. Fig. 549.

Fig. 539 zeigt die Verbindung zweier in gleicher Höhe liegender T-Eisen, die durch Winkellaschen bewirkt wurde. Die Ecke eines polygonalen Erkers, an welcher drei T-Eisen in derselben Ebene zu stossen sind, ist in Fig. 540 dargestellt. Ebenso ist die in Fig. 541 veranschaulichte Eckverbindung eines polygonalen Erkers, bei welcher das vordere Rahmstück aus zwei T-Eisen besteht, in leichter Weise auszuführen. Um sämtliche Träger gleichmässig zur Uebertragung der Lasten heranzuziehen, ist der innere der beiden Deckenträger bis zum vorderen Rahmstück durchgestreckt und sowohl mit diesem als mit dem inneren Rahmstück verbunden.

In Fig. 542 liegen die beiden das Rahmstück bildenden T-Eisen auf den ausgekragten Trägern. Um beide Kragträger in gleichem Mafse zu belasten, ist die Anordnung einer etwas gewölbten Unterlagsplatte erforderlich.

In Fig. 543 ist endlich die Lagerung des aus mehreren T-Eisen bestehenden Rahmstückes auf die Kragträger bei polygonaler Anordnung des Erkergrundrisses dargestellt. Die T-Eisen des Rahmstückes sind unter sich durch gebogene Flacheisen mit den Kragträgern durch Feststelldorne verbunden.

Eine ausreichende Verkuppelung der Träger von grösserer Länge ist dabei von Wichtigkeit.

Die Ausbildung der Decke kann nach dem dritten Kapitel, 2b geschehen.

Erker aus Eisen. Völlig eiserne Erker sind bisher nur selten zur Ausführung gekommen, wohl aus dem Grunde, weil die Witterungseinflüsse sich für das Erkerzimmer zu sehr fühlbar machen. Hin und wieder sind jedoch Blumenerker ganz aus Schmiedeeisen hergestellt worden, wie auch bei Geschäftshäusern derartige Vorbauten wiederholt zur Anwendung gebracht worden sind. Die Firma Mannstädt & Komp. zu Köln hat eine Reihe besonders hierfür geeigneter Ziereisen in den Handel gebracht, die dem Erker eine reizvolle architektonische Wirkung verleihen. In Fig. 544 bis 549 ist die Konstruktion eines solchen Erkers nach dem Musterbuche dieser Firma wiedergegeben. Die Verbindung der Ziereisen untereinander und mit dem tragenden Profileisen geschieht wieder durch Kopfschrauben Fig. 73, die etwa 500 mm Abstand voneinander haben.

Das zu den Fenstersäulen verwendete Profil Nr. 696 ist bereits bekannt aus Fig. 417a. Doch wurde hier zur vollständigen Bildung der Säule das Profil 1553 zugezogen, welches mit Hilfe eines dünnen, dem Eckwinkel des Erkers entsprechend gebogenen Flacheisens mit dem Säuleneisen vernietet wurde (Fig. 549). Fig. 548 zeigt den Schnitt durch den oberen Teil des Erkers. Die zur Konstruktion desselben verwendeten flachen oder gebogenen Bleche besitzen eine Stärke von 2 bis 3 mm. In Fig. 547 ist der Schnitt durch das bewegliche Oberlicht dargestellt, zu welchem das ebenfalls aus Fig. 417a bereits bekannte Profil Nr. 695 des Musterbuches Verwendung fand.

Der Schnitt e bis f durch den unteren Teil des Erkers ist in Fig. 546 dargestellt. Der Fussboden des Erkers wird von T-Eisen getragen, an welchen das Winkeleisen des Rahmstückes zu befestigen ist. Zur Lüftung sind sowohl unter dem Fenster wie über dem Oberlicht durchbrochene Bleche angeordnet, welche die Luftzirkulation ermöglichen. Der untere Abschluss des Erkers geschieht durch ein [-Eisen, welches vermittelst Bankeisen mit dem Mauerwerk verbunden ist

Achtes Kapitel.

Eiserne Treppen.

Im Treppenbau findet das Eisen in neuerer Zeit eine ausgedehnte Verwendung, sei es, dass es als Hilfsmaterial bei der Anlage massiver Treppen aus natürlichen oder künstlichen Steinen die Herstellung kostspieliger und schwer auszuführender Widerlager unnötig macht, oder dass die ganze Treppenanlage in Guss- oder Schmiedeeisen zur Ausführung gelangt.

1. Massive Treppen.

Bei den massiven Treppen werden namentlich I- und ⊏-Eisenträger zur Unterstützung der Tritte und Podeste verwandt.

Treppen aus natürlichen Steinen.

So lange die Trittstufen bei den freitragenden Treppen keine zu grosse Länge haben, genügt die sorgfältige Einmauerung der Stufen in der Treppenhausmauer. Bei grösserer Ausladung der Stufen ist es jedoch notwendig, diese durch eine Wange aus I- oder ⊏-Eisen zu unterstützen, weil die Unzuverlässigkeit des Steinmaterials hinsichtlich der Schub-, Biegungs- und Verdrehungsfestigkeit die Sicherheit der freitragenden Treppe in Frage stellen würde.

Fig. 550.

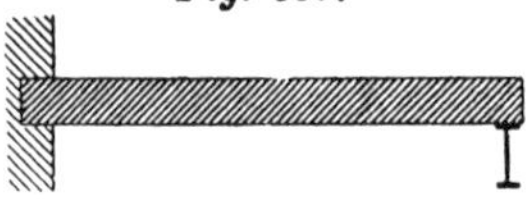

Fig. 551.

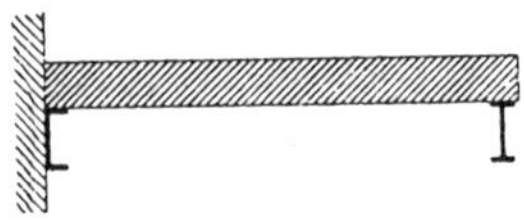

Fig. 552.

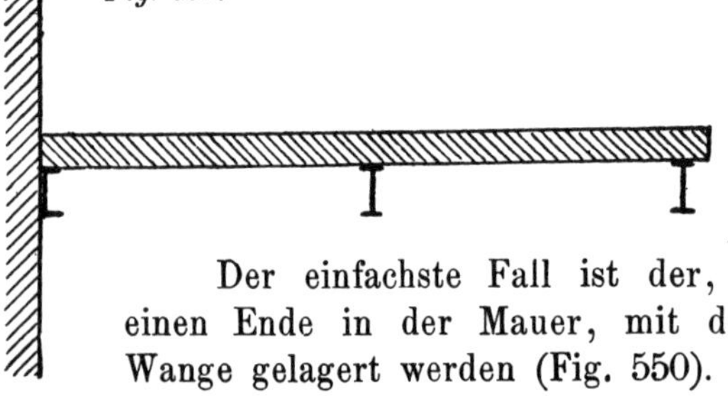

Der einfachste Fall ist der, dass die Werksteinstufen mit dem einen Ende in der Mauer, mit dem anderen Ende auf der eisernen Wange gelagert werden (Fig. 550).

Durch die Anordnung einer Wandwange, zu der am besten ein ⊏-Eisen genommen wird, ist man in der Lage, eine von der Treppenhausmauer unabhängige

Treppenanlage herzustellen. Eine Verankerung der ⊏-Eisenwange mit der Mauer vermittelst Steinschrauben in Abständen von etwa 1,50 bis 2 m ist aber stets zu empfehlen.

Der mittlere Lauf bei dreiarmigen Treppen erfordert selbstverständlich eine Unterstützung durch zwei Wangen, bei längeren Stufen (über 2 m) muss sogar eine Zwischenwange verlegt werden (Fig. 552). Eine dekorative Ausbildung dieser Wangen, die sonst sehr nüchtern wirken, ist durch eine grosse Anzahl der von der Firma Mannstädt & Komp. gewalzten Ziereisen ermöglicht.

In Fig. 553, 554, 555 sind mehrere Beispiele gegeben, bei denen die Nummern der Profile ausgeschrieben sind. Hierher würden auch die für diese Zwecke von der genannten Firma besonders gewalzten ⊏-Eisen gehören (Fig. 556 bis 560).

Fig. 553.

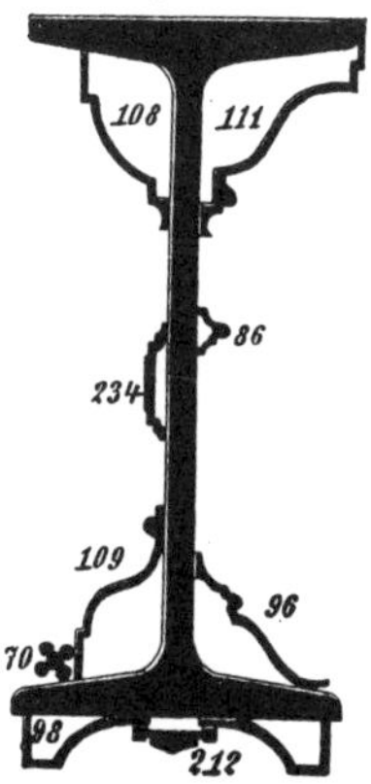

Fig. 554.

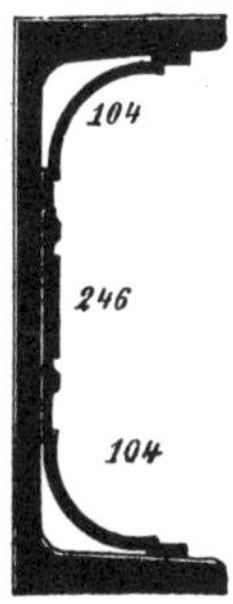

Fig. 555.

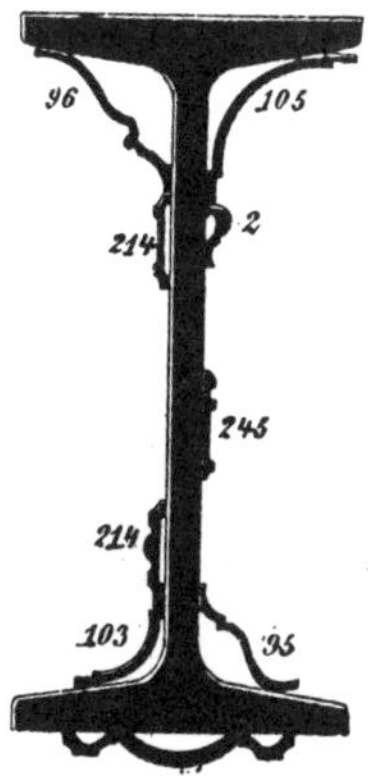

Fig. 556.

Die Auflagerung der Steinstufen auf den schmiedeeisernen Wangen ist am einfachsten, wenn die Stufen ausgeschalt sind. Sie können dann ohne Zwischenkonstruktion auf die Wangen verlegt werden (Fig. 561).

Fig. 557.

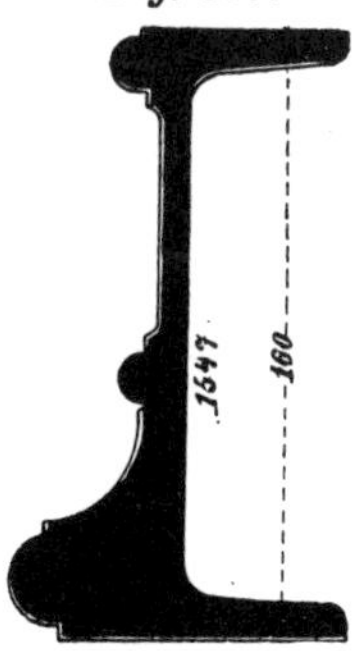

Fig. 558.

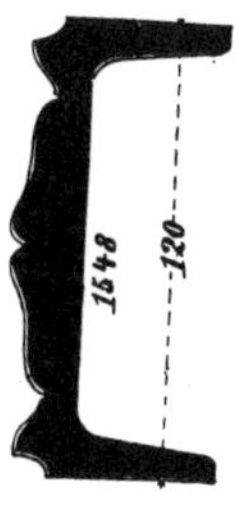

Fig. 559.

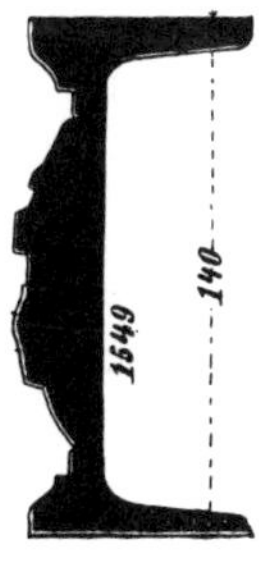

Fig. 560.

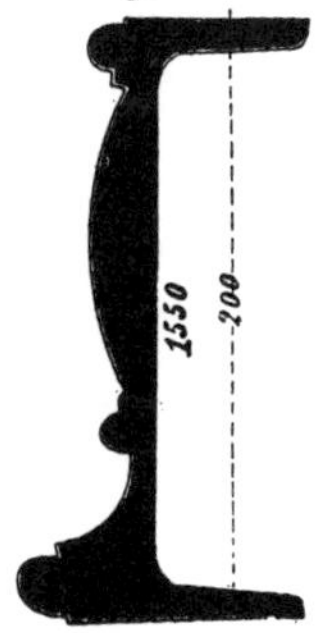

Bei grösserer Breite werden besser Blockstufen verwandt, die ihrer ganzen Länge nach eine Unterstützung durch ein ⅂_-Eisen erhalten, die auf eisernen Stufendreiecken befestigt werden. Diese Stufendreiecke werden, sofern die Wange ein ⊥- oder ⊏-Eisen ist, auf diese Walzeisen genietet (Fig. 562). Ist dagegen die Wange als Blechträger konstruiert, so werden in dem Stehblech die Tritt- und Setzstufen gleich ausgeschnitten und die Ränder mit kleinen Wickeln besäumt, deren Schenkellänge 40 bis 50 mm beträgt (Fig. 563). Das ⅂_-Profil in Fig. 563

Fig. 561.

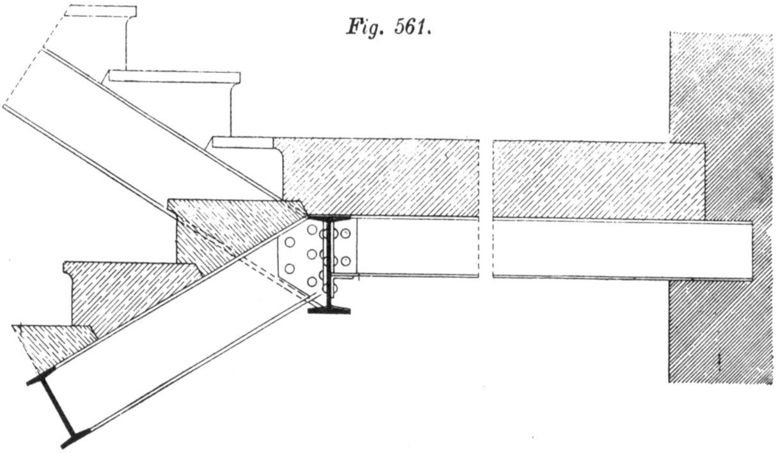

Fig. 562.

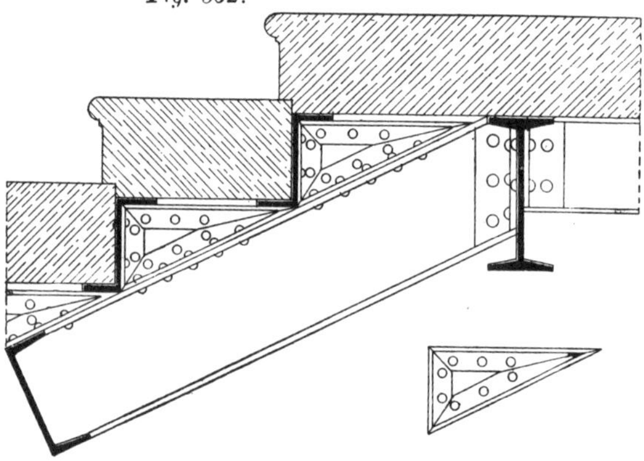

Fig. 563.

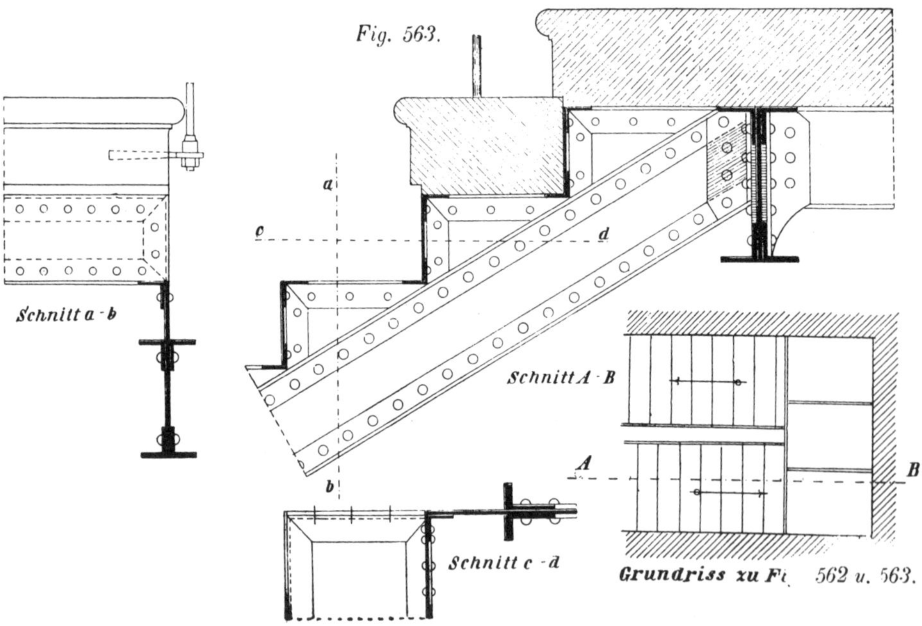

Grundriss zu Fi 562 u. 563.

ist hergestellt aus einem 5 mm starken Stehblech, welches mit denselben kleinen Winkeln besäumt ist. Die Schnitte ergeben das Nähere. Der Nietdurchmesser beträgt 8 mm. An der Seite, an welche die Stufe mit dem Z-Eisen in Berührung kommt, sind die Niete zu versenken.

Eine glatte Lösung der Stufenordnung am Podest erhält man, wenn Oberkante Wange mit Vorderkante Podestträger abschneidet (Fig. 562, 563).

Was das Steigungsverhältnis anbetrifft, so gelten für eiserne Treppen dieselben Regeln wie für hölzerne und steinerne Treppen. Hierüber lese man das Weitere in Band IV, Seite 90, dieses Handbuches. Das Podest bei den vorstehend besprochenen Treppen wird in der Regel an der Vorderkante durch einen kräftigen Podestträger abgeschlossen. An diese werden die Wangen mittels Winkellaschen angenietet. Zu den Podestträgern eignen sich am besten die I-Eisen, die bei grösserer Länge durch genietete Träger oder durch Fachwerkträger ersetzt werden. Bei der Besprechung der eisernen Treppen wird hierauf noch näher eingegangen werden. Die Berechnung der Wangen und Podestträger geschieht in derselben Weise, wie später bei den Decken zwischen Wangen.

Treppen aus künstlichen Steinen. Hierher gehören diejenigen Treppen, bei denen die Stufen durch eine tragfähige Decke aus Backsteinkappen, Beton oder Beton auf Wellblech oder endlich durch irgend eine andere eisenarmierte Deckenkonstruktion getragen werden. In der Regel werden diese Decken zwischen Wangen gespannt, zu denen sich vorzugsweise wieder die I- und ⊏-Eisen eignen.

Fig. 564.

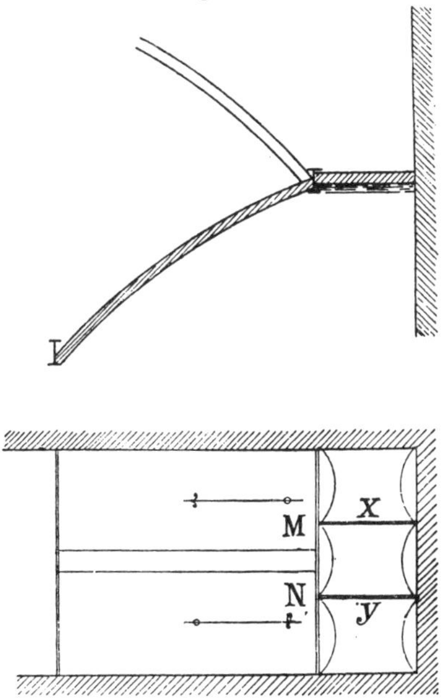

Fig. 565.

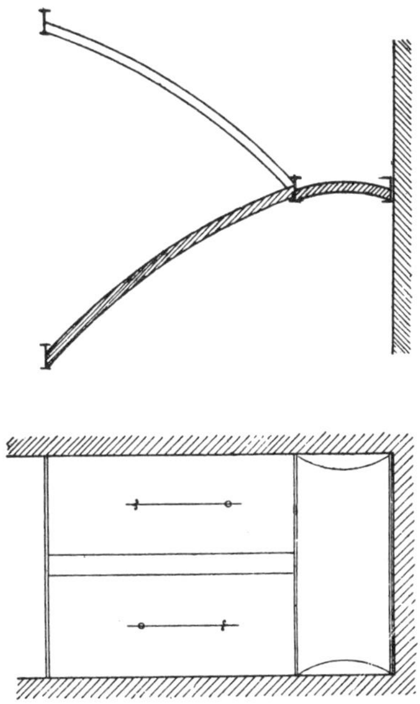

Der Billigkeit halber werden vielfach noch Treppen mit steigenden Bögen ausgeführt, obwohl die Treppen mit einer der vielen neueren Deckenbildungen in bezug auf Tragfähigkeit und gutes Aussehen den Vorzug verdienen. Der Schub, den die flachen Bögen, die mit einem Pfeil von $^1/_{12}$ bis $^1/_{20}$ der Spannweite angelegt werden, auf die Podestträger ausüben, ist äusserst gross. Die

Podestplatte ist deshalb so steif zu gestalten, dass der Schub durch sie mit Sicherheit auf die Treppenhausmauern übertragen wird. Man erreicht dies dadurch, dass man die Podestplatte je nach ihrer Länge durch ein oder mehrere mit dem Podestträger zu vernietende Träger in mehrere Felder teilt und in diese Kappen einzieht, die ihre Widerlager auf diesen Trägern bezw. an den Treppenhauswänden finden (Fig. 564).

Ordnet man die Podestkappe dagegen nach Fig. 565 so an, dass der Podestlängsträger das Widerlager für die Kappe abgibt, so ist längs der Frontwand ein zweiter Träger zu verlegen, der das andere Widerlager bilden würde. Ausserdem wäre für eine hinreichende Verankerung beider Träger Sorge zu tragen.

Fig. 566.

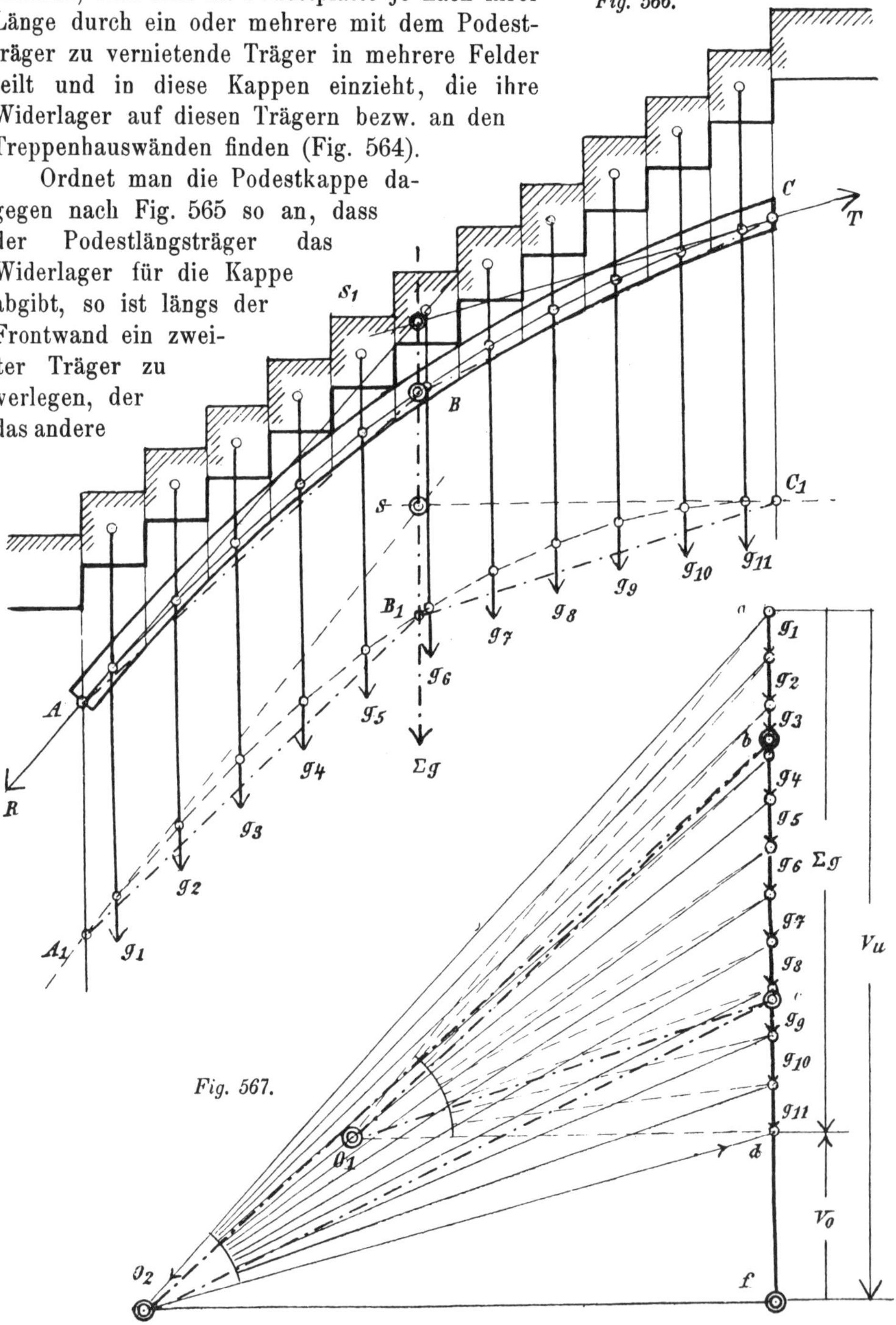

Fig. 567.

Die erste Art der Anordnung der Podestkappen (Fig. 564) ist der in Fig. 565 dargestellten vorzuziehen.

Berechnung des Schubes. Für die Berechnung der Podestträger ist die Kenntnis des Schubes, den der steigende Bogen ausübt, erforderlich. Um denselben zu erhalten, kann man graphisch in folgender Weise verfahren. Man teile nach Fig. 566 den Bogen in eine Anzahl gleicher Teile, am besten entsprechend der Stufenzahl, die auf dem Bogen ruht. Die Nutzlast nehme man zu 500 kg pro Quadratmeter Grundriss an. Hierauf ermittele man die Gewichte g_1 g_2 g_3 usw. der Bogenlamellen für ein Meter Laufbreite und reihe dieselben zu einem Kräftezuge a d aneinander (Fig. 567). Es genügt, dieselben gleich gross anzunehmen. Mit Hilfe eines beliebig angenommenen Poles O_1 konstruiere man nun zwischen den Kräften g_1 g_2 g_3 usw. ein Seilpolygon (in Fig. 566 das gestrichelte), verlängere die äussersten Seilstrahlen bis zum Schnitt in S und ziehe durch S die Resultierende Σg aus sämtlichen Lasten. Dieses Seilpolygon wird von der Schwerlinie Σg im Punkte S und von den durch die Kämpferpunkte A und C gezogenen Vertikalen in den Punkten A_1 und C_1 getroffen. Auf der Schwerlinie nehme man nun den Punkt B in der Mitte zwischen Laibungs- und Rückenlinie des Gewölbes an und betrachte B als den Scheitel des Bogens. Durch die Punkte A, B und C konstruiere man nun ein Seilpolygon, so kann dieses mit hinreichender Genauigkeit als die Stützlinie des Gewölbes betrachtet werden.

Um den Pol O_2 für dieses Seilpolygon zu finden, verbinde man A_1 mit B_1 und B_1 mit C_1 und ziehe durch den Pol O_1 Parallele zu A_1, B_1 und B_1, C_1. Diese schneiden den Kräftezug in b und c. Durch b lege man hierauf eine Parallele zu der Verbindungslinie A B und durch c eine solche zu B C. Der Schnittpunkt dieser beiden Linien ist der gesuchte Pol O_2. Ein mit Hilfe dieses Poles gezeichnetes Seilpolygon, dessen erster Strahl durch A gelegt wird, geht auch durch die Punkte B und C. Die äussersten Seilpolygonstrahlen schneiden sich in einem Punkte S_1 der Schwerlinie Σg.

Im Kämpferpunkte A wirkt nun ein Schub R, dessen Grösse und Richtung sich im Kräfteplane gleich dem Polstrahle a O_2 ergibt. Der in C wirkende Schub T ist nach Richtung und Grösse gleich dem Polstrahle O_2 d.

Diese Kräfte R und T sind in die senkrechten und wagerechten Seitenkräfte zu zerlegen.

Zieht man im Kräfteplane (Fig. 567) durch O_2 die Horizontale bis zum Schnitt mit dem Kräftezuge im Punkte f, so ergibt sich für die Vertikalkomponente V_u von R die Grösse a f und für die Horizontalkomponente H_u die Grösse f O_2; die Vertikalkomponente V_o von T ist gleich f d und die Horizontalkomponente H_o gleich O_2 f.

V_u ist von oben nach unten, V_o von unten nach oben gerichtet. Die Horizontalkräfte H_u und H_o sind einander gleich und entgegengesetzt gerichtet, wie es die Gleichgewichtsbedingungen erfordern, da sie die einzigen horizontal gerichteten Kräfte sind.

Wird das Podest nach Fig. 564 angeordnet, so ist der Podestträger belastet wie folgt:

In vertikaler Richtung auf die Breite des steigenden Treppenarmes mit der nach unten gerichteten Kraft V_u, auf die Breite des fallenden Armes mit der nach oben gerichteten Kraft V_o, ferner in den Punkten M und N durch zwei Einzellasten P, die von den Lagerdrücken der Podestquerträger x und y herrühren (Fig. 568 und 564).

In horizontaler Richtung auf die Breite jedes Treppenarmes mit der Horizontalkomponente $H_u = H_o = H$. Das Belastungsschema ist in Fig. 568 dargestellt. Die horizontale Belastung braucht hier indessen nicht berücksichtigt zu werden, da der Podestträger auf seine ganze Länge durch die Podestkappen unterstützt ist, welche den Horizontalschub auf die Seitenmauern übertragen.

Fig. 568.

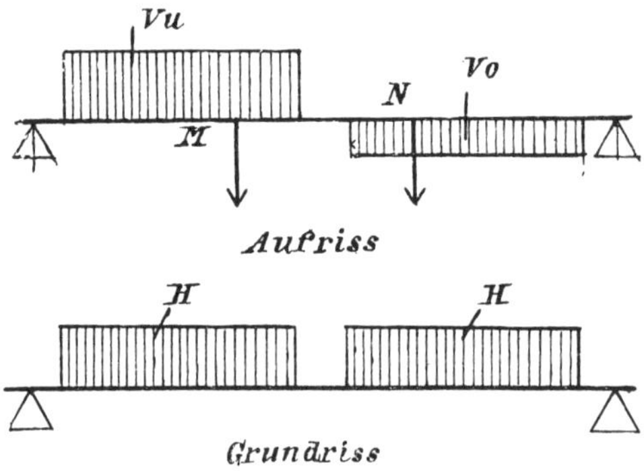

Die ungünstigste Belastungsweise tritt ein, wenn das Podest und der steigende Arm belastet, der fallende Arm aber unbelastet ist.

Rechnerisch lassen sich folgende Beziehungen ableiten. Es sei nach Fig. 569

l die Länge des Bogens im Grundriss,
l_1 die Stützweite des Bogens (Sehne A C),
h_1 die Steigung desselben,
h die Pfeilhöhe desselben,
p die gleichförmig verteilte Last pro qm Grundriss.

Fig. 569.

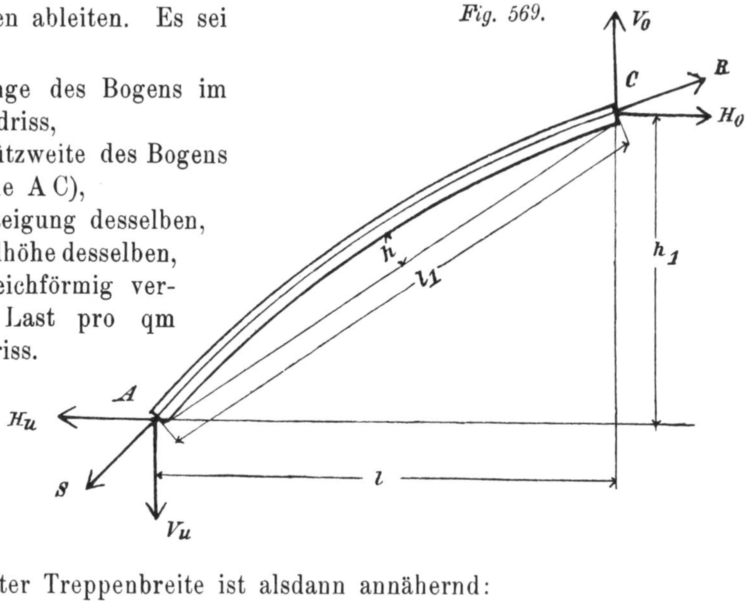

Für ein Meter Treppenbreite ist alsdann annähernd:

157) $$H_u = H_o = \frac{p\,l^2}{2\,l_1}\left(\frac{l}{4\,h} + \frac{h_1}{l_1}\right),$$

158) $$V_u = \frac{p\,l^2}{2\,l_1}\left(\frac{h_1}{4\,h} + \frac{l}{l_1} + \frac{2\,h_1{}^2}{l \cdot l_1}\right)$$

und

159) $$V_o = \frac{p\,l^2}{2\,l_1}\left(\frac{l}{l_1} - \frac{h_1}{4\,h}\right).$$

Beispiel. Für eine Treppe von 1,30 m Breite betrage die Eigenlast pro Quadratmeter Grundriss 500 kg/qm, die Nutzlast 500 kg/qm, ferner sei l = 3,0 m, h_1 = 2,0 m, h = 0,25 m; die Breite des Podestes sei 1,5 m (Fig. 570).

Die Gesamtlast beträgt p = 500 + 500 = 1000 kg/qm. Die Spannweite des Bogens

$$l_1 = \sqrt{3{,}0^2 + 2{,}0^2} = 3{,}60 \text{ m},$$

mithin ist nach Gleichung 157) für 1 m Treppenbreite:

$$H_u = H_o = \frac{1000 \cdot 3{,}0^2}{2 \cdot 3{,}6}\left(\frac{3{,}0}{4 \cdot 0{,}25} + \frac{2{,}0}{3{,}6}\right) = 4450 \text{ kg};$$

ferner nach Gleichung 158):

$$V_u = \frac{1000 \cdot 3{,}0^2}{2 \cdot 3{,}6}\left(\frac{2{,}0}{4 \cdot 0{,}25} + \frac{3{,}0}{3{,}6} + \frac{2 \cdot 2{,}0^2}{3{,}0 \cdot 3{,}6}\right)$$
$$= 4462 \text{ kg}$$

und nach Gleichung 159) für Eigengewicht:

$$V_o = \frac{500 \cdot 3{,}0^2}{2 \cdot 3{,}6}\left(\frac{3{,}0}{3{,}6} - \frac{2{,}0}{4 \cdot 0{,}25}\right) = -731 \text{ kg}.$$

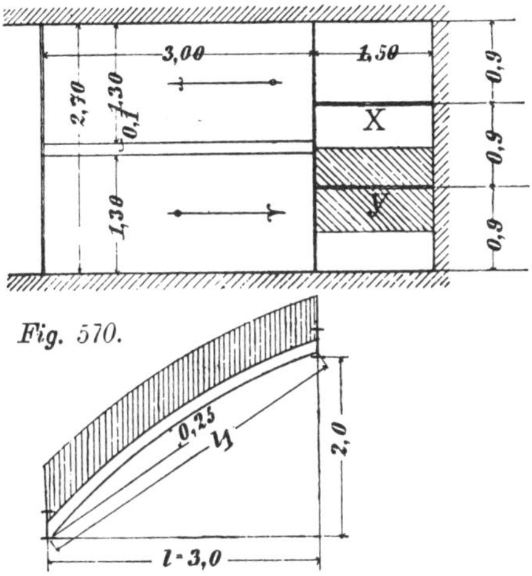

Fig. 570.

Die Last, welche die Träger x und y auf den Podestträger übertragen, berechnet sich zu (Fig. 570):

$$P = \frac{1{,}5 \cdot 0{,}9 \cdot 1000}{2} = 675 \text{ kg}.$$

Die Stützweite des Podestträgers ist nach Gleichung 32):

$$l = 1{,}04 \cdot 2{,}7 + 0{,}1 = 2{,}90 \text{ m}.$$

Die Belastung des Podestträgers ist in Fig. 571 dargestellt.

Hiernach werden die Auflagerdrücke:

$$A = 675 + \frac{4462 \cdot 1{,}3 \cdot 2{,}15 - 731 \cdot 1{,}3 \cdot 0{,}75}{2{,}9} = 4733 \text{ kg}$$

$$B = (4462 - 731) \cdot 1{,}3 + 2 \cdot 675 - 4733 = 1467 \text{ kg}.$$

Fig. 571.

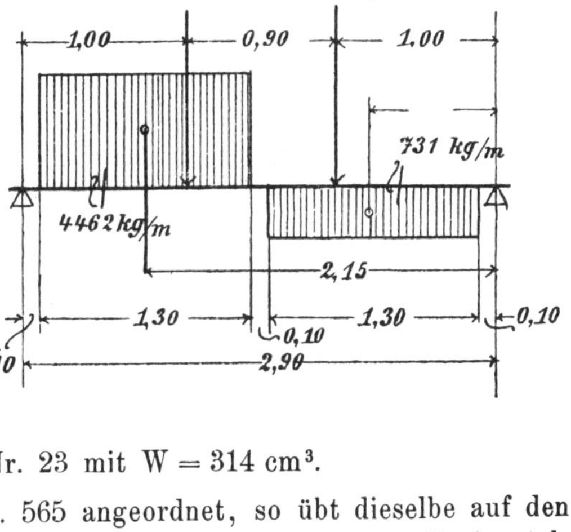

Die Lage des gefährlichen Querschnittes ergibt sich aus der Gleichung:

$$4733 - 4462\,(x - 0{,}1) - 675 = 0\,..$$

zu: $x = 1{,}01$ m.

Das grösste Moment wird dann:

$$M_{max} = 4733 \cdot 1{,}01 - 4462 \cdot \frac{0{,}91^2}{2}$$
$$- 675 \cdot 0{,}01 = 2925{,}4 \text{ kgm},$$

mithin das erforderliche Widerstandsmoment:

$$W = \frac{2925{,}4}{10} = \text{rd } 293 \text{ cm}^3.$$

Hierfür genügt ⊥-Eisen N. P. Nr. 23 mit $W = 314$ cm³.

Wird die Podestkappe nach Fig. 565 angeordnet, so übt dieselbe auf den vorderen Podestträger einen Horizontalschub H_1 aus, der sich mit dem Horizontalschub H aus den Treppenbögen zum Teil aufhebt.

Die Grösse des Schubes H_1 erhält man graphisch auf folgende Weise. Es sei G das Gewicht der halben Kappe für 1 m Tiefe. Nach Fig. 572 müssen die auf die halbe Kappe wirkenden Kräfte H_1, G und der Kämpferdruck K im Gleichgewicht sein, sich also in einem Punkte E schneiden.

Fig. 572.

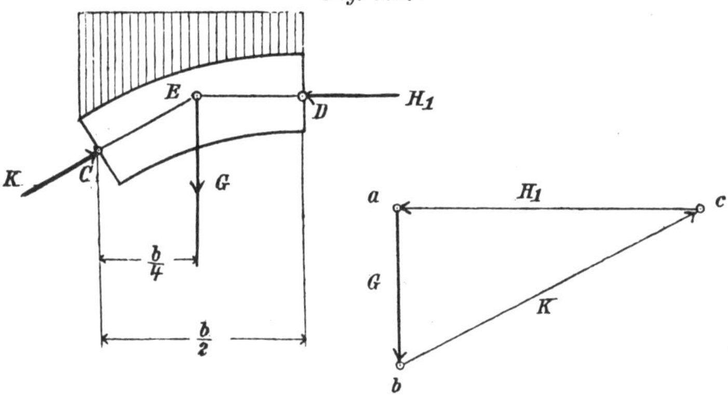

Da die Podestkappen sehr flach sind, so kann man mit hinreichender Genauigkeit G in der Mitte angreifend annehmen (Fig. 572). Man trage G in einem passenden Mafsstabe auf (am besten in dem Kräftemafsstabe, der der Untersuchung des Treppenbogens zu Grunde gelegt war) und zerlege G nach den Richtungen D E und C E, dann ist $a c = H_1$. Im Punkte C wirkt der schiefgerichtete Kämpferdruck $K = b c$, dessen wagerechte Seitenkraft gleich H_1 und dessen senkrechte Seitenkraft G ist.

Die vertikale Belastung des vorderen Podestträgers setzt sich nun zusammen aus den in Fig. 566 und 567 gewonnenen Kräften V_o und V_u und dem Gewicht der halben Podestkappe mit G kg/m.

Fig. 573.

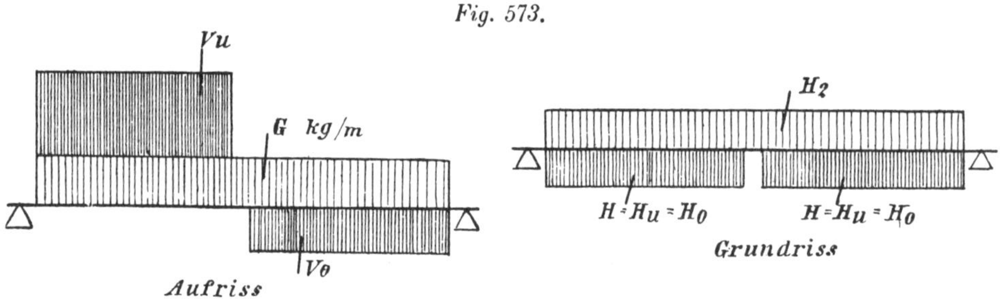

Die horizontale Belastung des Trägers besteht aus dem Schube $H = H_u = H_o$ aus der steigenden und fallenden Kappe und dem Schube H_1 aus der Podestkappe. H und H_1 sind entgegengesetzt gerichtet, es kommt also nur ihre Resultierende $H_2 = H - H_1$ zur Wirkung. Da H wohl meist grösser ist, als H_1, so ist H_2 nach der dem Podestträger parallelen Treppenwand gerichtet. In Fig. 573 ist die Belastung des vorderen Podestträgers dargestellt.

Die Bestimmung von H_1 auf rechnerischem Wege geschieht nach der auf Seite 96 abgeleiteten Gleichung für H.

Der hintere Podestträger wird in vertikaler Richtung beansprucht durch das Gewicht der halben Podestkappe mit G kg/m. In horizontaler Richtung ist er belastet mit dem Schube H_1 der Podestkappe. Diese stets in Zementmörtel zu mauernde Kappe überträgt aber die auf den vorderen Träger wirkende Horizontalkraft H_2 auf den hinteren Träger, so dass dessen horizontale Belastung gleich

$H_1 + H_2 = H$ ist. Der hintere Träger ist also in horizontaler Richtung durch den Schub der Treppenkappen belastet. Fig. 574 zeigt die Belastung. In Verbindung mit der Mauer muss dieser Träger im stande sein, die horizontale Belastung aufzunehmen. Wird die Spannung der äussersten Fasern zu gross, so ist für eine den Umständen entsprechende Verankerung Sorge zu tragen.

Fig. 574.

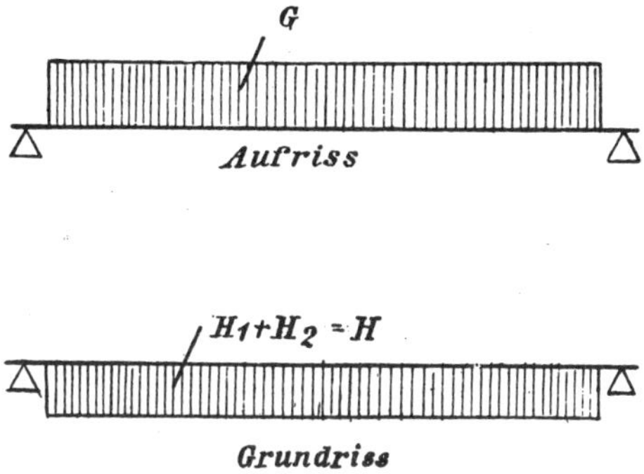

Beispiel. In der vorigen Aufgabe werde die Podestkappe nach Fig. 565 angeordnet. Der Pfeil der Kappe sei $^1/_{10}$ der Spannweite, also rd 0,15 m.

Das Gewicht der halben Podestkappe beträgt für 1,0 m Tiefe

$$G = \frac{1,5}{2} \cdot 1,0 \cdot 1000 = 750 \text{ kg},$$

demnach der Horizontalschub für 1 m nach Seite 96:

$$H_1 = \frac{750 \cdot 1,5}{4 \cdot 0,15} = 1875 \text{ kg}.$$

Der Horizontalschub aus den Treppenbögen betrug $H = 4450$ kg, mithin ergibt sich für den auf den vorderen Podestträger tatsächlich zur Wirkung gelangenden Schub in horizontaler Richtung der Wert:

$$H_2 = 4450 - 1875 = 2575 \text{ kg/m}.$$

Dieser Schub verteilt sich gleichmässig über den ganzen Träger, wenn man von dem kleinen Zwischenraum von 0,10 m, der sich zwischen den Treppenläufen befindet, absieht.

Ist die Podestkappe im stande, diesen Schub auf den hinteren Podestträger zu übertragen, so erhält dieser die über seine ganze Länge gleichmässig verteilte Horizontalbelastung:

$H = 2575 + 1875 = 4450$ kg m.

Die Vertikalbelastung des vorderen Trägers ist in Fig. 575 dargestellt.

Fig. 575.

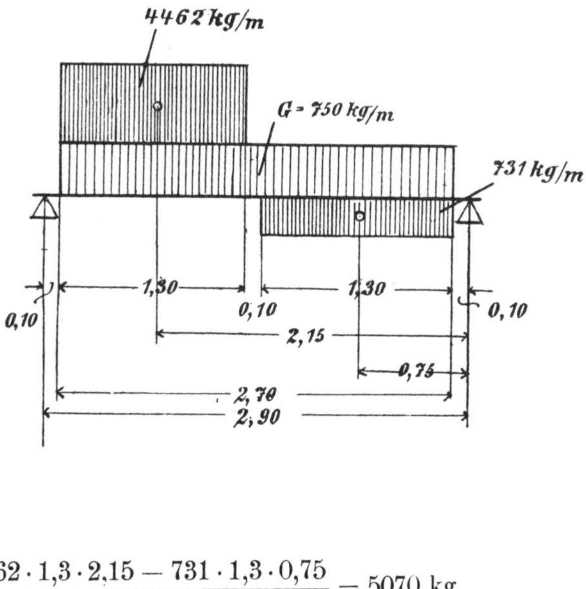

Hiernach ergibt sich:

$$A = \frac{750 \cdot 2,7}{2} + \frac{4462 \cdot 1,3 \cdot 2,15 - 731 \cdot 1,3 \cdot 0,75}{2,9} = 5070 \text{ kg},$$

$$B = 750 \cdot 2,7 + (4462 - 731) \cdot 1,3 - 5070 = 1805 \text{ kg}.$$

Der Bruchquerschnitt liegt:

$$x = 0{,}1 + \frac{5070}{4462 + 750} = 1{,}07 \text{ m von der Stütze A entfernt.}$$

Hiernach wird:

$$M_{max} = 5070 \cdot \frac{0{,}1 + 1{,}07}{2} = 2965{,}95 \text{ kgm},$$

somit:

$$W = \frac{2965{,}95}{10} = \text{rd } 297 \text{ cm}^3.$$

Hierfür wird ein T-Eisen N. P. Nr. 23 mit $W = 314$ cm³ gewählt.

In Fig. 576 ist die Belastung des hinteren Podestträgers angegeben. Das Maximalmoment infolge der Vertikalbelastung durch die Kappe mit 750 kg/m ist, wenn man der Einfachheit wegen die Belastung über den ganzen Träger erstreckt:

$$M'_{max} = \frac{1}{8} \cdot 750 \cdot 2{,}9^2 = 788{,}44 \text{ kgm} = 78844 \text{ kgcm}.$$

Fig. 576.

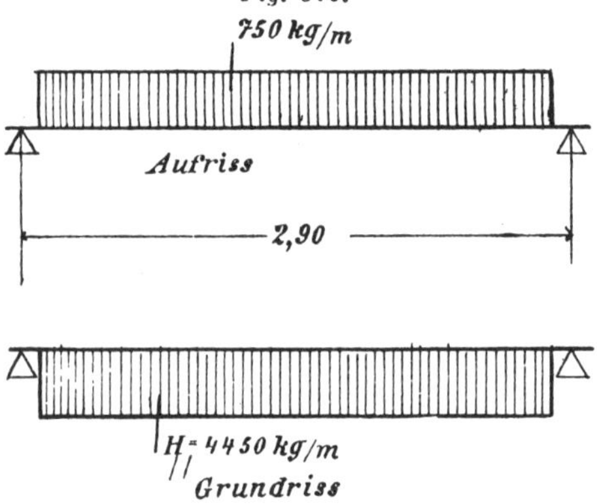

Wählt man ⊏-Eisen N. P. Nr 24 mit $W_x = 300$ cm³, so ergibt sich für die Spannung der äussersten Fasern

$$k' = \frac{M'_{max}}{W_x} = \frac{78844}{300} = 263 \text{ kg/qcm}.$$

Von der horizontalen Belastung soll das ⊏-Eisen einen solchen Teil aufnehmen, dass die Faserspannung die zulässige Höhe, also 1000 kg pro Quadratzentimeter, nicht überschreitet. Aus dieser Belastung darf daher die Faserspannung höchstens 1000 – 263 = 737 kg/qcm betragen. Das Widerstandsmoment des ⊏-Eisens für die y – y Achse ist nun $W_y = 39{,}6$ cm³. Das in der Mitte auftretende grösste Moment sei M''_{max}, dann besteht die Gleichung:

$$737 = \frac{M''_{max}}{39{,}6},$$

somit:

$$M''_{max} = 737 \cdot 39{,}6 = 29185{,}2 \text{ kgcm} = 291{,}852 \text{ kgm}.$$

Für gleichmässig verteilte Belastung ist aber

$$M''_{max} = \frac{1}{8} p\, l^2 = \frac{1}{8} p \cdot 2{,}9^2;$$

somit:

$$\frac{1}{8} p \cdot 2{,}9^2 = 291{,}852,$$

woraus sich p zu:

$$p = \frac{8 \cdot 291{,}852}{2{,}92} = 2772 \text{ kg/m}$$

berechnet. Die ganze horizontale Last beträgt 4450 kg/m, demnach muss die Wand imstande sein, den Rest des Schubes von 4450 – 2772 = 1678 kg/m aufzunehmen

Den Teil a, b, c, d der Frontmauer (Fig. 577) betrachte man als einen zwischen den seitlichen Treppenhauswänden eingespannten Träger. Das grösste Moment bei einem gleichmässig belasteten, beiderseits eingespannten Träger ist nun nach den Ergebnissen der Festigkeitslehre:

$$M_{max} = \frac{1}{12}\, p\, l^2.$$

Fig. 577.

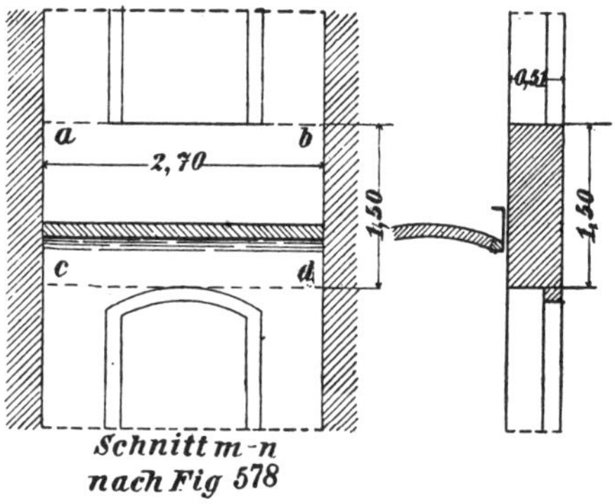

Mit den in Fig. 575 und 576 angegebenen Mafsen wird:

$$M_{max} = \frac{1}{12} \cdot 1678 \cdot 2{,}7^2 = \text{rd}\, 1019 \text{ kgm}$$

$$= 101900 \text{ kgcm}.$$

Lässt man für Mauerwerk in Zementmörtel 1,6 kg Zug für 1 qcm zu, so wird:

$$W = \frac{101900}{1{,}6} = 63690 \text{ cm}^3.$$

Das Widerstandsmoment des 150 cm hohen, 51 cm breiten Mauerquerschnittes beträgt:

$$W = \frac{1}{6} \cdot 150 \cdot 51^2 = 65025 \text{ cm}^3.$$

Die Frontmauer wäre demnach imstande, den Schub gerade aufzunehmen. Würde sich dieselbe als zu schwach erweisen, so wäre durch Vergrösserung des Pfeiles der Treppengewölbe deren Horizontalschub zu verringern oder aber es müsste eine Verankerung eintreten.

Fig. 578.

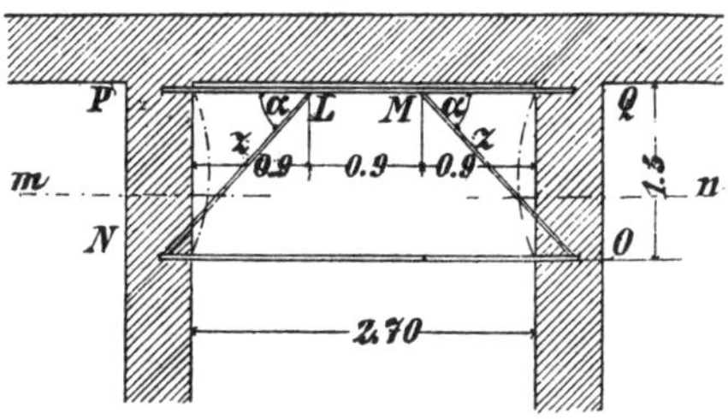

Fig. 578 a.

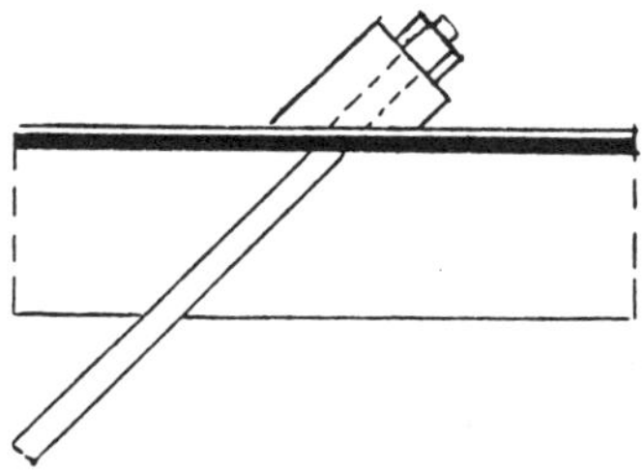

Diese wird zweckmässig nach Fig. 578 so angeordnet, dass man den Wandträger an zwei Punkten L und M fasst und mit den Enden N und O des vorderen Podestträgers durch Zugbänder verbindet.

Die Punkte L und M liegen am besten auf $^1/_3$ der Trägerlänge.

In L und M wirkt alsdann je eine Horizontalkraft $H_3 = 4450 \cdot 0{,}9 = 4005$ kg. Diese zerlegt sich nach den Richtungen LN und LP.

Die Zugspannung Z in LN wird nun, da LN = 1,8 m ist:

$$Z = \frac{H_3}{\sin\alpha} = \frac{4005 \cdot 1{,}5}{1{,}8} = 3338 \text{ kg}.$$

Die Komponente Z_1 nach LP ist:

$$Z_1 = H_3 \cdot \operatorname{cotg}\alpha = 4005 \cdot \frac{1{,}0}{1{,}5} = 2670 \text{ kg},$$

welche im Trägerteile LM Zugspannungen hervorruft.

In den Punkten N und O zerlegt sich die Spannung Z wieder in zwei Seitenkräfte parallel zur Mauer und zum Träger NO. Erstere ist gleich H_3; letztere ist gleich Z_1 und bewirkt im Träger NO Druckspannungen.

Für Träger NO war oben ⟂-Eisen N. P. Nr. 23 mit $W = 314$ cm³ und $f = 42{,}6$ qcm gewählt worden. Die grösste Beanspruchung der äussersten gedrückten Faser wäre somit, da das Moment des Trägers $M_{max} = 296595$ kgcm betrug:

$$k = \frac{296595}{314} + \frac{2670}{42{,}6} = 1007 \text{ kg/qcm,}$$

also noch eben zulässig.

An der Wand kommt man in diesem Falle mit [-Eisen N. P. Nr. 16 aus, dessen Widerstandsmoment 116 cm³ und dessen Querschnitt 24 qcm beträgt. Da

Fig. 579.

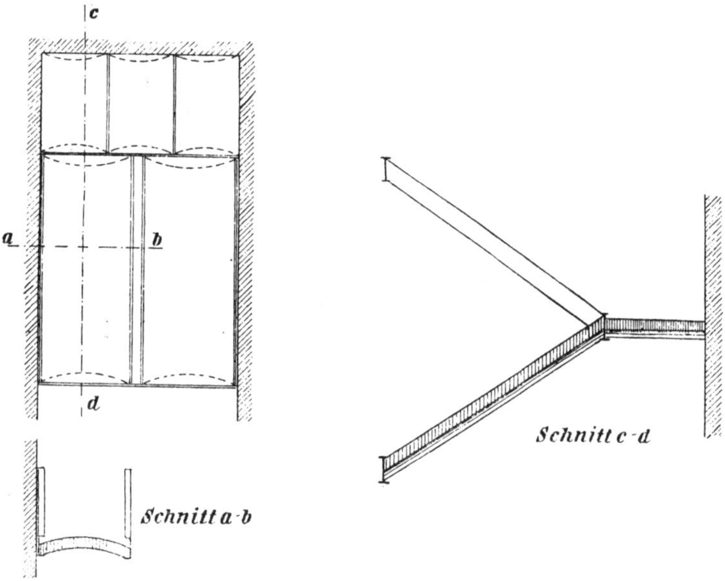

$M'_{max} = 78844$ kgcm war, so folgt für die grösste Zugspannung im Trägerquerschnitt

$$k = \frac{78844}{116} + \frac{2670}{24} = \text{rd } 790 \text{ kg/qcm.}$$

Der Durchmesser der Zugstange wird nach Gleichung 5), Seite 19:

$$d = 1{,}77 \sqrt{3{,}338} = \text{rd } 3{,}2 \text{ cm.}$$

Zu beachten ist bei der Anbringung der Zugstangen, dass die Schraubenmuttern durch keilförmige Unterlagsplatten ein volles Auflager erhalten (Fig. 578a).

Massive Decken zwischen Treppenwangen. Die Herstellung der massiven Decken kann dadurch geschehen, dass man die Kappe der Treppenarme zwischen Treppenhausmauer und einer eisernen Wange spannt. In der Regel wird man dann aber auch eine Wandwange anordnen (Fig. 579). Der Schub des Gewölbes muss durch Anker, deren Abstand etwa 1,5 m beträgt, abgefangen werden. Wählt man eine neuere Deckenkonstruktion für den Bau der massiven Treppen, so wird man, um die Anlage unabhängig von den Treppenhauswänden zu machen, in den meisten Fällen eine Wandwange benutzen und die Konstruktion so einrichten, dass die Last der Treppenläufe zunächst auf die Wangen und von diesen auf die Podestträger übertragen wird.

Berechnung der Wangen. Die Wangen bilden geneigt liegende Träger auf zwei Stützen mit gleichförmig verteilter Belastung (Fig. 580).

Es sei Q die auf eine Wange entfallende Gesamtlast, l_1 die Länge der Wange, l die Länge der Wange im Grundriss gemessen, α der Neigungswinkel der Wange. Die Belastung Q zerlegt sich in zwei Komponenten $Q \cdot \cos\alpha$ senkrecht zur Wange und $Q \cdot \sin\alpha$ in der Richtung der Wange. Jene erzeugt ein Biegungsmoment M:

$$M = \frac{Q \cdot \cos\alpha \cdot l_1}{8}.$$

Nun ist:

$$l_1 = \frac{l}{\cos\alpha},$$

folglich auch:

$$M = \frac{Q \cdot \cos\alpha}{8} \cdot \frac{l}{\cos\alpha}, \text{ oder}$$

160) $$M = \frac{Q \cdot l}{8}.$$

Die Neigung des Trägers ist also ohne Einfluss auf die Grösse des Momentes, er ist zu berechnen wie ein horizontaler Träger von der Länge l und der Gesamtlast Q.

Fig. 580.

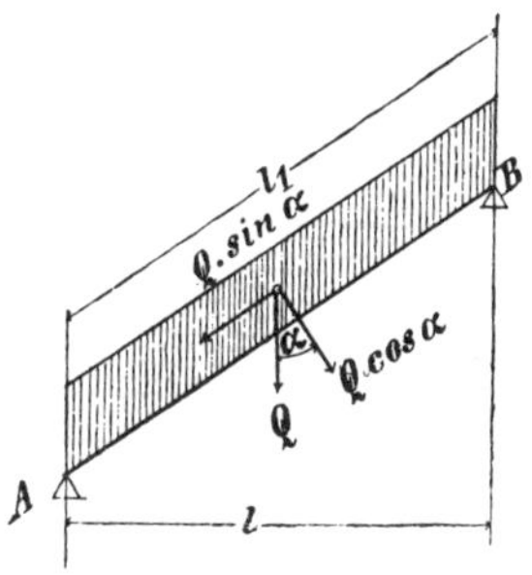

Fig. 581.

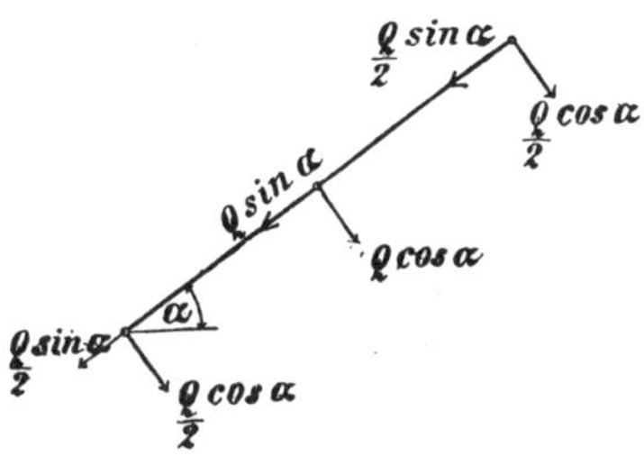

Die Komponente $Q \cdot \sin\alpha$ erzeugt im oberen Teile des Trägers Zugspannungen, im unteren Teile Druckspannungen, deren Grösse als unwesentlich vernachlässigt werden kann.

In den Auflagerpunkten A und B wirken nun folgende Kräfte:

1. senkrecht zur Wange als Auflagerdrücke $\frac{Q}{2}\cos\alpha$;

2. in der Richtung der Wange der Schub $\frac{Q}{2}\sin\alpha$ (Fig. 581). Zerlegt man beide Kräfte in eine senkrechte und eine wagerechte Komponente, so findet man für die Vertikalkomponente die Werte $\frac{Q}{2}\cos^2\alpha$ und $\frac{Q}{2}\sin^2\alpha$ (Fig. 582). Beide sind nach unten gerichtet und ergeben zusammen den Wert $\frac{Q}{2}(\cos^2\alpha + \sin^2\alpha) = \frac{Q}{2}$ (Fig. 583).

Die Horizontalkomponenten sind beide $\frac{Q}{2} \cdot \sin\alpha \cdot \cos\alpha$. Da sie entgegengesetzt gerichtet sind, so heben sie sich gegenseitig auf (Fig. 582). Ein Schub in horizontaler Richtung findet also nicht statt.

Fig. 582.

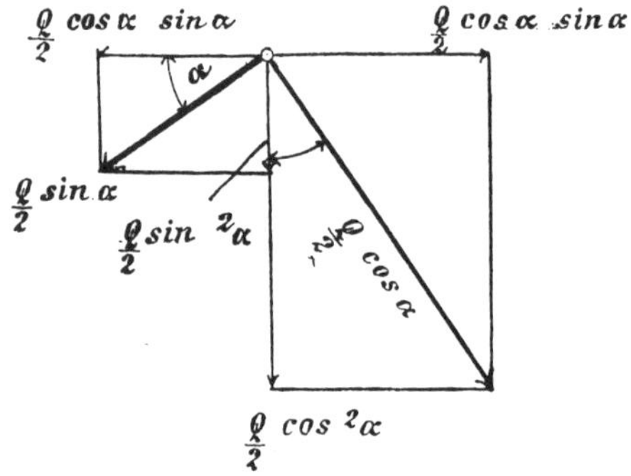

Fig. 583.

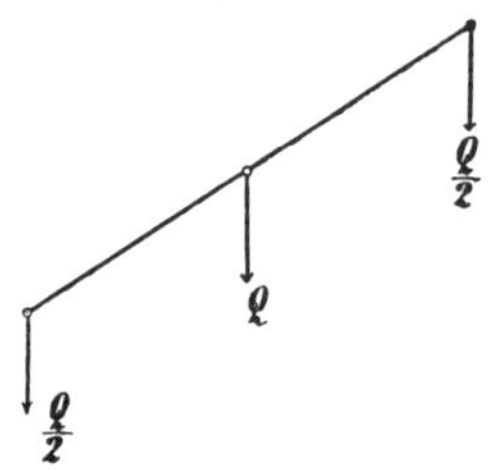

In den Punkten A und B wirkt daher nur der senkrechte Auflagerdruck $\frac{Q}{2}$ (Fig. 583).

Berechnung der Podestträger. Die Berechnung der Podestträger bietet nun keine Schwierigkeiten mehr. Aus der Belastung des Podestes wird der Podestträger gleichmässig über seine freie Länge belastet. An den Anschlussstellen der Wangen wird je eine Last von $\frac{Q}{2}$ übertragen. Das Maximalmoment ist nach früheren Regeln zu bestimmen und für die Querschnittsabmessungen zu verwerten.

Beispiel 1. Die in Fig. 584 dargestellte Treppe wurde durch eine Kleine'sche Decke getragen. Eigenlast 350 kg, Nutzlast 500 kg/qm Grundriss; Gesamtlast also 850 kg/qm Grundriss.

1. Wangenträger.

Die auf eine Wange entfallende Belastung beträgt:

$$\frac{4{,}6 \cdot 1{,}5}{2} \cdot 850 = 2932 \text{ kg},$$

demnach:

$$M = \frac{1}{8} \cdot 2932 \cdot 4{,}6 = 1685{,}9 \text{ kgm},$$

mithin:

$$W = \frac{1685{,}9}{10} = \text{rd } 169 \text{ cm}^3.$$

Hierfür genügt ⊥-Eisen N. P. Nr. 19 mit $W = 185$ cm³ oder ⊏-Eisen N. P. Nr. 20 mit $W = 191$ cm³.

2. Podestträger.

Die Stützweite berechnet sich zu:

$$l = 1{,}04 \cdot 3{,}2 + 0{,}1 = 3{,}42 \text{ m}.$$

Die Last auf 1 m Trägerlänge ist $\frac{1{,}6 \cdot 1{,}0}{2} \cdot 850 = 680$ kg. Jede Wange überträgt eine Last von $\frac{2932}{2} = 1466$ kg. Fig. 585 zeigt die Belastung.

Die Auflagerdrücke A und B sind:

$$A = B = \frac{3,2 \cdot 680}{2} + 2 \cdot 1466 = 4020 \text{ kg}.$$

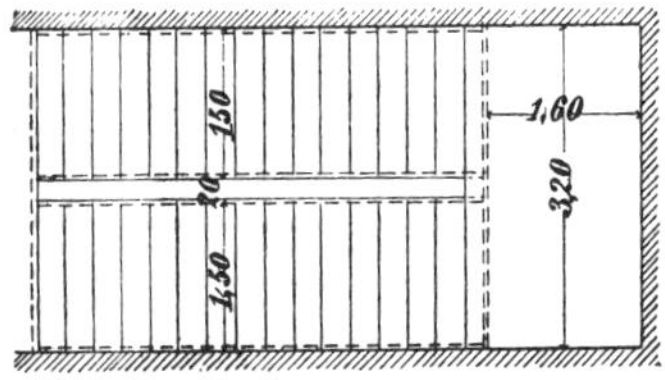

Fig. 584.

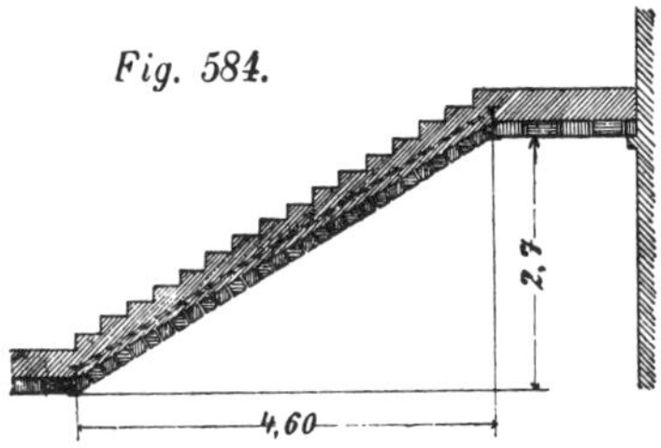

Fig. 586.

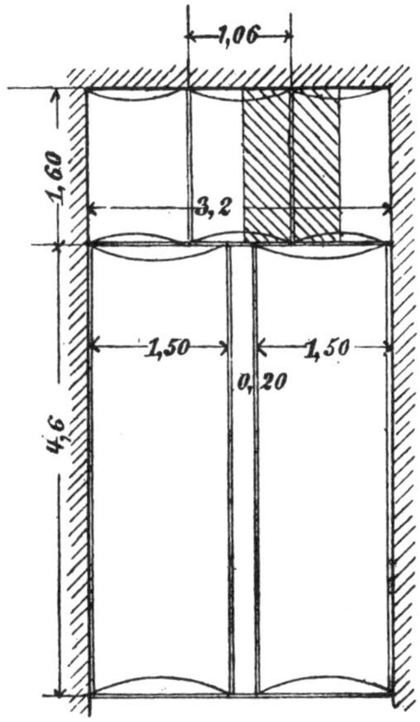

Der Bruchquerschnitt liegt in der Mitte. Das grösste Moment wird:

$$M_{max} = 4020 \cdot 1,71 - 680 \cdot \frac{1,6^2}{2} - 1466\,(1,6 + 0,1)$$

$$= 3511,6 \text{ kgm},$$

folglich:

$$W = \frac{3511,6}{10} = \text{rd } 351 \text{ cm}^3.$$

Dem entspricht ⊥-Eisen N. P. Nr. 24 mit $W = 353 \text{ cm}^3$.

Die Berechnung der Wangen- und Podestträger bei den Treppen aus Werksteinen geschieht in derselben Weise.

Beispiel 2. Die Decke des Treppenarmes werde durch eine Kappe zwischen den Wangen gebildet (Fig. 586). Gewicht und Abmessungen wie bei der vorigen Aufgabe. Stich der Kappen $= {}^1/_{10}$ der Spannweite.

Fig. 585.

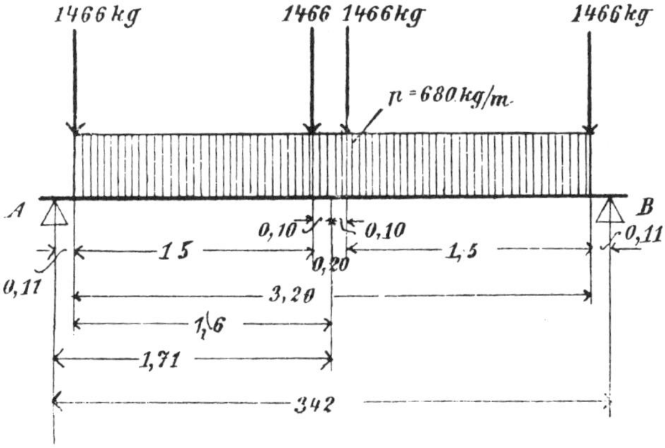

1. Der Wangenträger.

Dieser erhält dieselbe Belastung wie oben und daher dieselben Abmessungen. Der Schub der Kappe ist durch Anker aufzunehmen. Der Stich beträgt 0,15 m. Die Wange ist 5,33 m lang. Ordnet man drei Anker an, so besitzen sie eine Entfernung von $\frac{5,33}{4} = 1,33$ m. Im Grundriss gemessen beträgt dieses Maſs $\frac{4,60}{4} = 1,15$ m. Nach Gleichung 89) beträgt daher der Kappenschub:

$$H = \frac{\frac{1,5 \cdot 1,15 \cdot 680}{2} \cdot 1,5}{4 \cdot 0,15} = 1466 \text{ kg}.$$

Der Ankerquerschnitt ist daher nach Gleichung 5), Seite 19,

$$d = 1{,}77 \sqrt{1{,}466} = 2{,}1 \text{ cm}.$$

2. Podestquerträger.

Die Belastung beträgt

$$1{,}6 \cdot 1{,}07 \cdot 850 = \text{rd } 1500 \text{ kg},$$

wovon die Hälfte auf den Podestträger übertragen wird. Die Stützweite beträgt 1,76 m, mithin annähernd

$$M_{max} = \frac{1}{8} \cdot 1500 \cdot 1{,}76 = 330 \text{ kg},$$

Fig. 587.

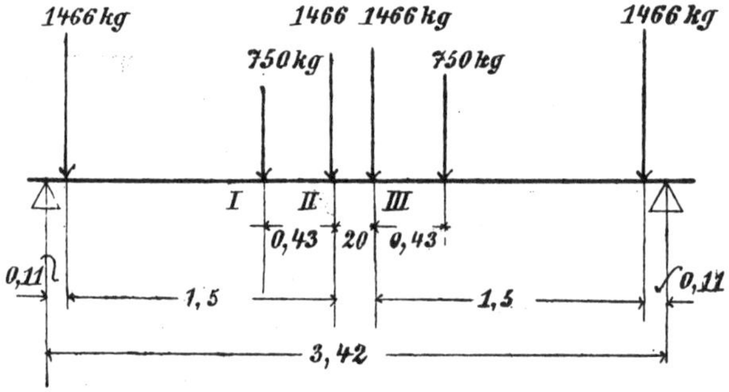

$$W = \frac{330}{10} = 33 \text{ cm}^3.$$

Hierfür ist ⊥-Eisen N. P. Nr. 10 mit $W = 34{,}1 \text{ cm}^3$ ausreichend.

3. Podestlängsträger.

Die Belastung besteht hier nur aus Einzellasten, die in Fig. 587 angegeben sind.

Demnach ist:

$$A = B = 2 \cdot 1466 + 750 = 3682 \text{ kg}$$

$$M_{max} = 3682 \cdot 1{,}61 - 1466 \cdot 1{,}50 - 750 \cdot 0{,}43 = 3406{,}52 \text{ kg}$$

Fig. 588.

$$W = \frac{3406{,}52}{10} = \text{rd } 341 \text{ cm}^3,$$

dafür genügt ⊥-Eisen N. P. Nr. 24 mit $W = 353 \text{ cm}^3$.

Wenn auch durch die Verwendung neuerer Deckenkonstruktionen zur Unterstützung der Stufen kein Schub auf die Wangen ausgeübt wird, so erscheint es

Fig. 589.

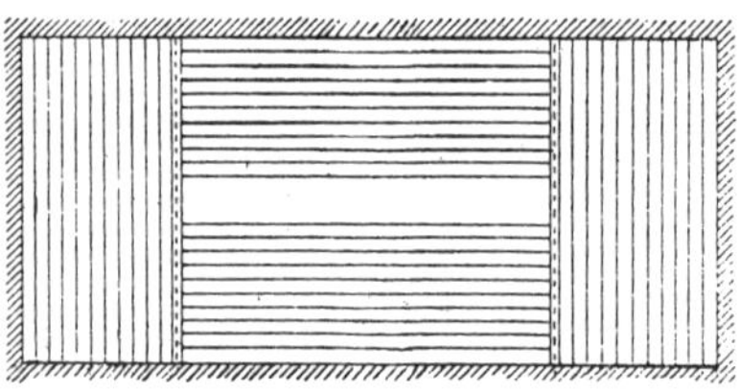

Fig. 590.

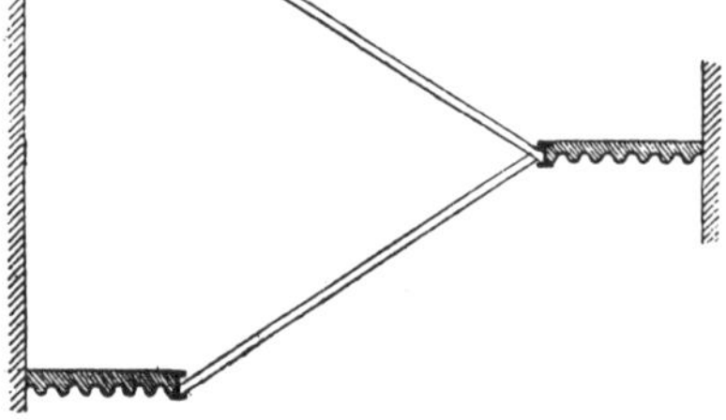

doch zweckmäſsig, um den Einflüssen des Temperaturwechsels auf die sichtbaren Wangen- und Podestträger zu begegnen, etwa alle 1,5 bis 2,0 m einen Anker anzuordnen, der die beiden Wangen miteinander verbindet (Fig. 588).

Wird Wellblech zur Unterstützung der Stufen benutzt, so kann dies nach Fig. 589 oder 590 geschehen. In Fig. 589 ist das Wellblech der Länge nach verlegt. Das Wellblech des Podestes findet sein Auflager in den seitlichen Treppenhauswänden, so dass der Podestträger vom Podeste keine Belastung erfährt. Die Befestigung des

Wellbleches der Treppenarme geschieht durch entsprechend gebogene Flacheisen, an welche jenes an jeder dritten bis vierten Welle genietet wird (Fig. 589a). Wangen sind hierbei entbehrlich, doch wird in der Regel zur Begrenzung der Aufmauerung das Wellblech mit einem ∟-Eisen besäumt. Bei längeren Treppenläufen ist die Anordnung einer Verankerung nur zu empfehlen. Die Wellen werden in der Regel mit Beton ausgefüllt und auf diese Ausfüllung die Stufen gemauert.

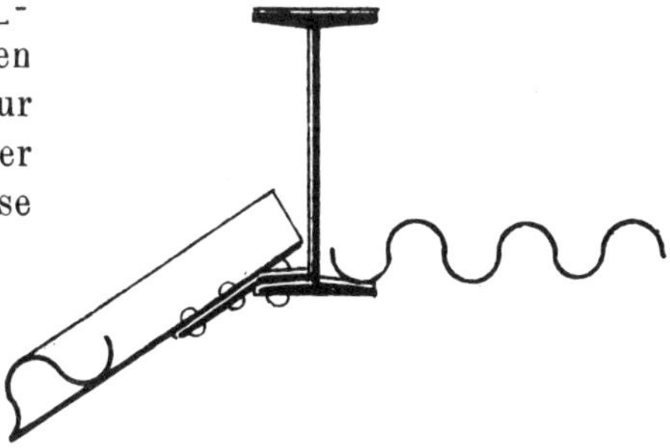

Fig. 589a.

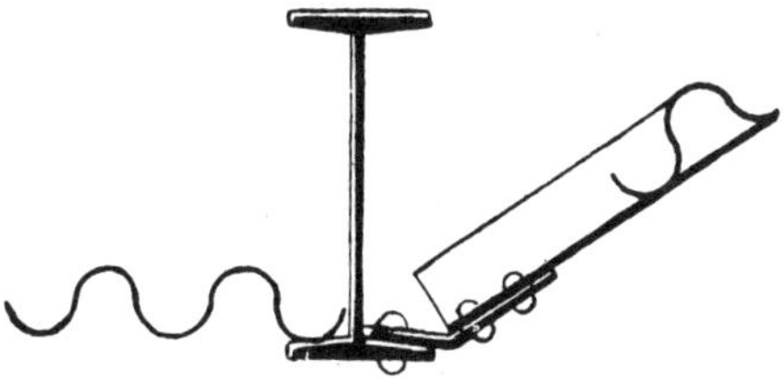

Besser jedoch werden die Stufen und das Podest durch quer verlegtes Wellblech unterstützt (Fig. 590). Dann sind aber für die Treppenarme Wangen anzuordnen, welche dem Wellblech die erforderliche Unterstützung gewähren (Fig. 591).

Fig. 591.

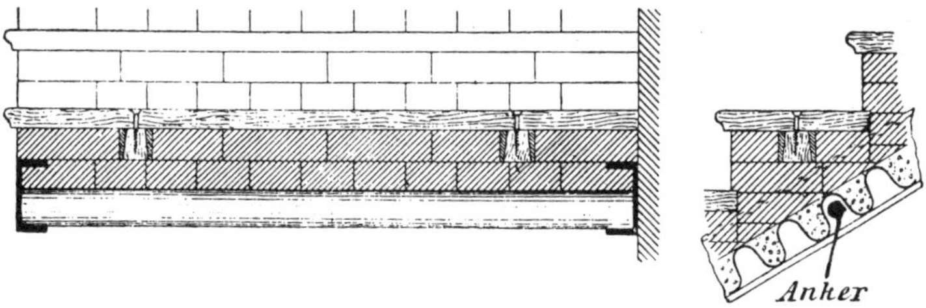

Aus demselben Grunde, der heute gegen die Anwendung des Wellbleches zu Deckenkonstruktionen spricht, wird man auch von seiner Verwendung zu Treppenanlagen absehen. Von der Berechnung derartiger Treppen kann daher hier Abstand genommen werden.

Die Geländer. Die Befestigung der Geländer bei den Werksteintreppen kann auf viererlei Arten geschehen.

1. Der Geländerpfosten wird in die Stufen eingegossen und mit Blei vergossen (Fig. 592).
2. Er wird am unteren Ende mit einer Krücke versehen und seitlich in die Stufenstirnen eingelassen und darin verbleit (Fig. 593).
3. In die Stufenstirnen wird seitlich ein besonderes, entsprechend ausgebildetes Eisenstück eingebleit, mit welchem der Pfosten verschraubt wird (Fig. 594).
4. Die Befestigung geschieht mit Hilfe von Krücken an den eisernen Wangen (Fig. 595).

Bei den Treppen aus künstlichen Steinen erhalten die Stufen vielfach einen Holzbelag. Das Geländer besteht dann ebenfalls aus Holz und wird nach den im Band IV dieses Handbuches gegebenen Regeln mit den hölzernen Stufen befestigt.

Eiserne Geländer, welche häufiger Anwendung finden, wenn der Belag der gemauerten Stufen aus Marmor, Terazzo, aus Granit oder sonst einem geeigneten

Fig. 592.

Fig. 593.

Fig. 594.

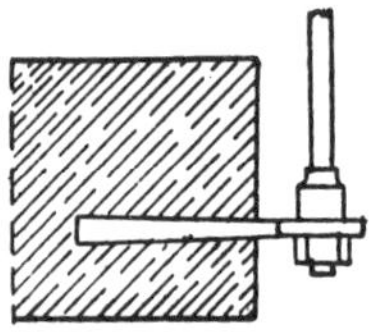

Fig. 595.

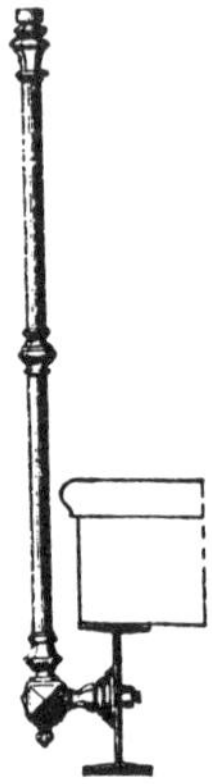

Material besteht, werden in diesem Falle befestigt wie bei den Werksteintreppen nach Fig. 592 bis 595.

2. Eiserne Treppen.

Zum Baue der eisernen Treppen wird sowohl das Gusseisen wie das Schmiedeeisen verwandt. Eignet sich das Gusseisen überall da, wo auf eine reiche formale Ausgestaltung Wert gelegt wird, oder da, wo die Verhältnisse die Ausführung in anderem Materiale sehr erschweren würden, so wird das Schmiedeeisen stets dort angewandt, wo eine besonders hohe Festigkeit und Sicherheit verlangt wird. Es geschieht dies namentlich mit Rücksicht auf die geringe Zuverlässigkeit, welche Gusseisen gegenüber der Beanspruchung auf Biegung besitzt. Für die Konstruktion der eisernen Treppen liefern die hölzernen Treppen das Vorbild, indem jene sowohl nach dem Prinzipe der eingeschobenen wie demjenigen der aufgesattelten Treppen gebaut werden.

a) Die gusseisernen Treppen.

α) Gerade Treppen.

Treppen ohne Wangen. Am einfachsten gestaltet sich die Anordnung, wenn Tritt- und Setzstufe aus einem Stück gegossen und mit Hilfe angegossener Flansche

Fig. 596.

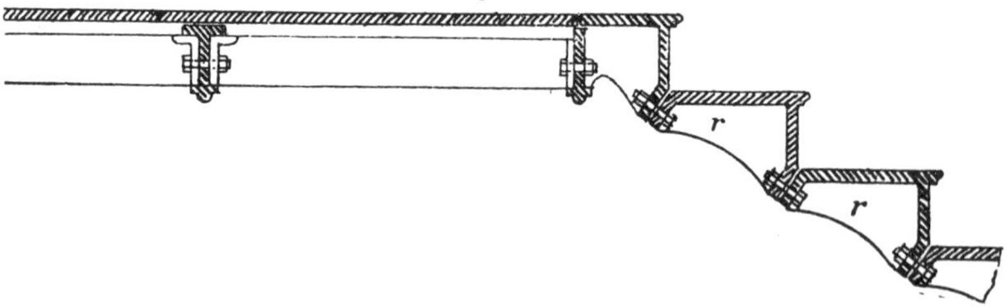

miteinander verschraubt werden (Fig. 596). Die Trittstufen werden durch Rippen r unterstützt. Die an den Stirnen befindlichen Stufendreiecke zeigen je nach der

Bedeutung der Treppe eine hohe künstlerische Ausbildung und sind an die Stufen direkt angegossen.

Eine andere Art dieser Treppen zeigt Figur 597. Hier werden Tritt- und Setzstufe und die Stirnstücke für sich gegossen und durch Schraubenbolzen, zu denen der untere Teil der Geländerstäbe ausgebildet wird, miteinander verbunden. Die Stirnstäbe besitzen zu diesem Zwecke Hülsen, durch welche die Schraubenbolzen hindurchgehen. Die Setzstufen greifen in entsprechende Nuten der Hülsen ein.

Fig. 597.

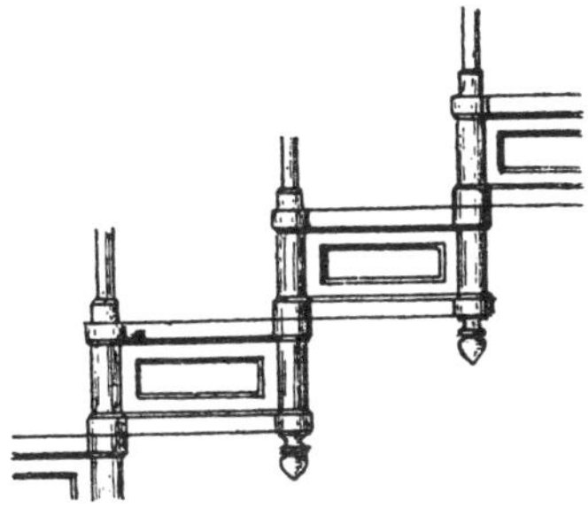

Setz- und Trittstufen können ebenfalls voll oder durchbrochen gegossen sein. Die Trittstufen sind oft geriffelt. Durch das Begehen wird die Oberfläche bald glatt, so dass in Wohnhäusern derartige Trittstufen mit Linoleum, Marmor, Holz und dergl. belegt werden.

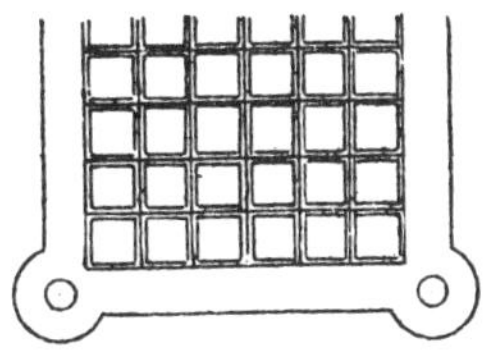

Treppen mit Wangen. Diese Treppen sind den vorigen vorzuziehen, namentlich wenn die Wangen aus schmiedeeisernen Walzträgern gebildet werden.

Tritt- und Setzstufen werden häufig aus einem Stück gegossen nach Art der Fig. 598 und 599. Bei einfacheren Treppen fehlen häufig die Setzstufen (Fig. 600). Die Befestigung der Stufen mit den Wangen geschieht vermittelst Schrauben, die durch an die Tritt- bezw. Setzstufen angegossene Lappen greifen. Die Trittstufen lagern auf kurzen Lappen, die an die Wangen gegossen sind.

Fig. 598.

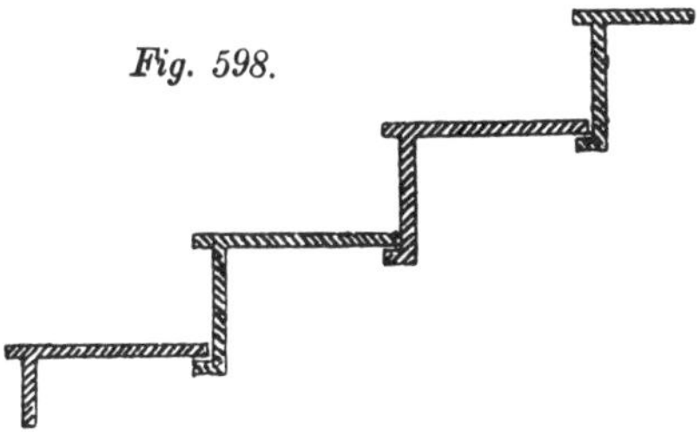

Fig. 599.

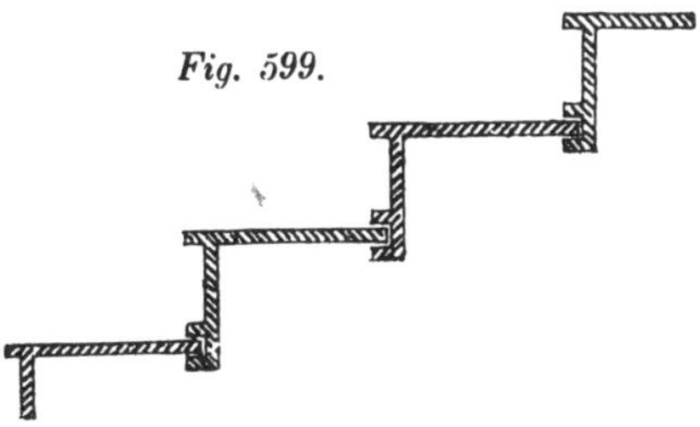

Fig. 600.

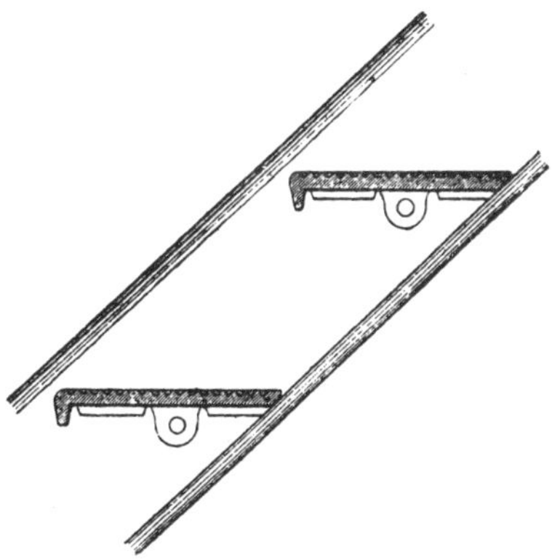

Tritt- und Setzstufe können auch getrennt gegossen werden, wie Fig. 601 zeigt.

Stufen zwischen den Wangen. Werden schmiedeeiserne Wangen benutzt, so ruhen die Trittstufen auf kleinen angenieteten Winkeln, mit denen sie durch Schrauben verbunden sind. Auch die Setzstufen können sich gegen solche lehnen.

Fig. 601.

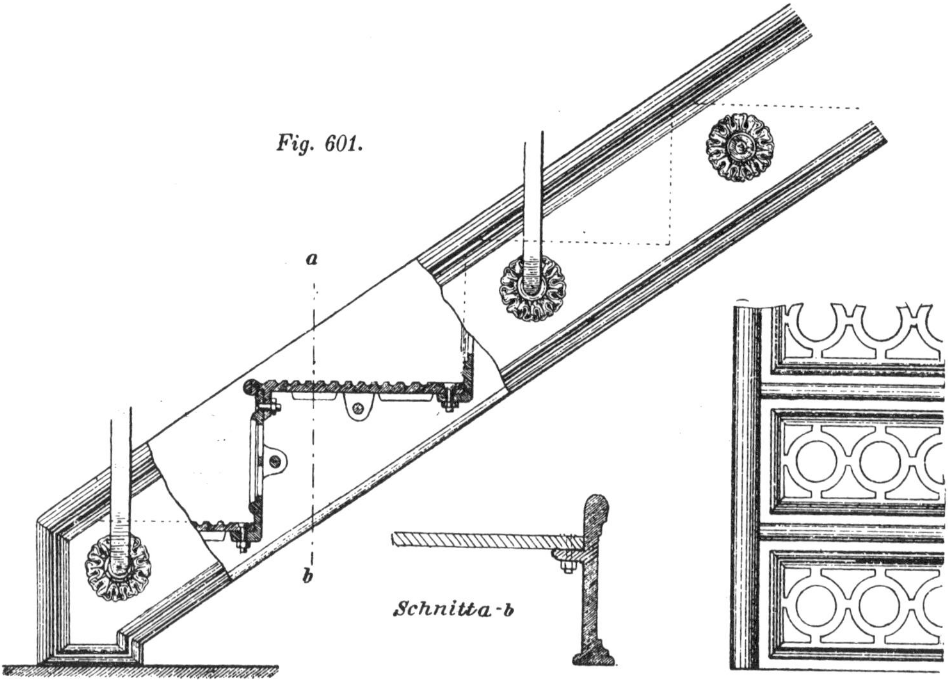

Statt der eisernen Trittstufen werden häufig solche aus hartem Holz angeordnet. Die Befestigung kann dann nach Fig. 602 bis 604 geschehen.

Fig. 602.

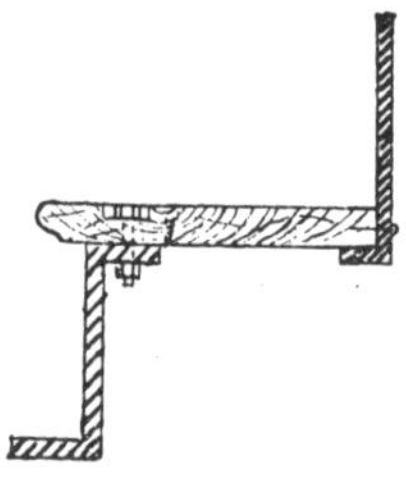

Fig. 603.

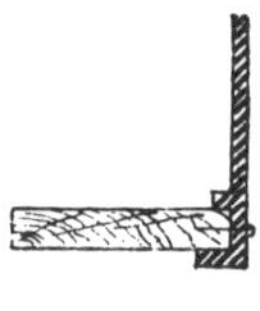

Fig. 604.

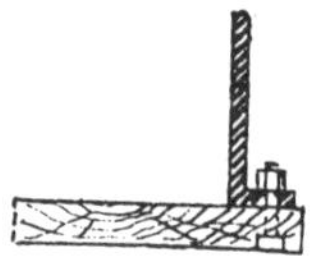

Fig. 605.

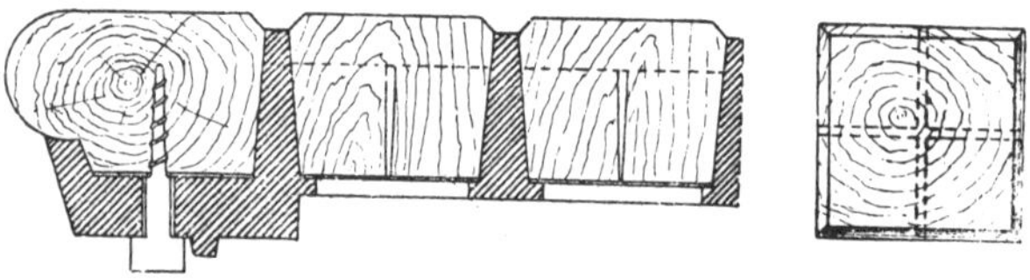

Bei Treppen, welche dem öffentlichen Verkehre dienen, nutzen sich die Holzbohlen bald ab, so dass häufig Auswechselungen stattfinden müssen. Hier wird der Belag zweckmässig aus Holzpflaster hergestellt (Fig. 605). Die Trittstufe bildet hier einen gusseisernen Rost, in dessen sich schwach verjüngenden Zellen die Eichenholzklötzchen von 3 cm Seitenlänge und $2^1/_2$ cm Höhe eingetrieben werden, so dass sie etwa 0,5 cm vorstehen. Die Klötzchen erhalten bis zu $^3/_4$ ihrer Höhe einen kreuzförmigen Sägeschnitt, so dass sie in den Zellen durch ihre Federkraft festgehalten werden. Die Trittkante aus Langholz wird durch Holzschrauben gehalten und kann mit geringen Kosten ausgewechselt werden.

Diese rostförmigen Trittstufen gestatten auch die bequeme Anordnung eines Belages aus Zement oder Asphalt.

Aufgesattelte Stufen. Bei den Treppen, die den aufgesattelten hölzernen Treppen nachgebildet sind, werden die Stufendreiecke entweder für sich gegossen und mit den Wangen verschraubt oder sie werden mit den Wangen aus einem

Fig. 606.

Fig. 607.

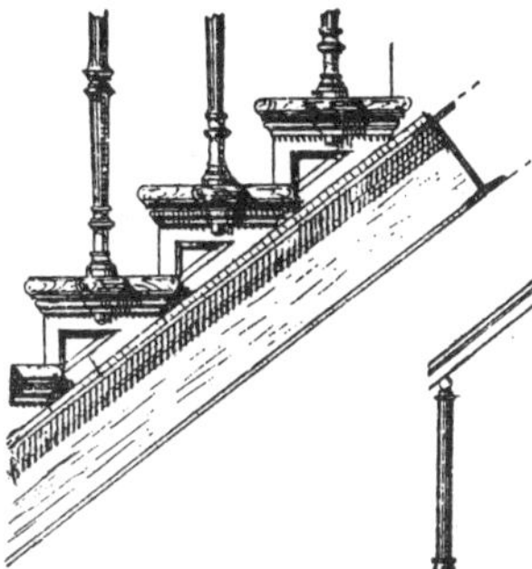

Fig. 608.

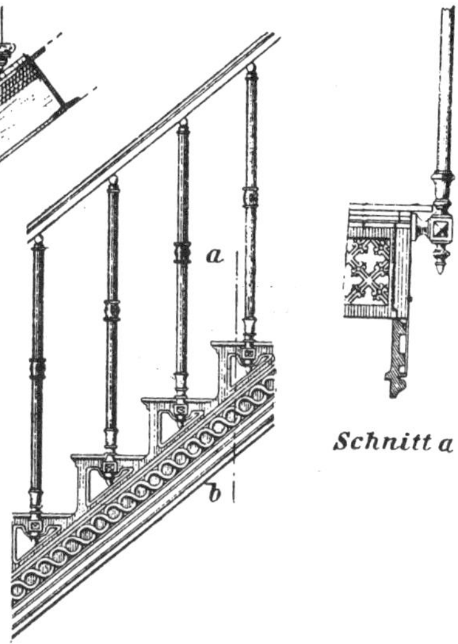

Schnitt a-b

Stück gegossen. Im ersten Falle erhalten Stufendreieck und Wange in der Regel einen [-förmigen Querschnitt.

Zur Verbindung der Trittstufen mit den Stufendreiecken dienen Laschen, die an einem der beiden Glieder angegossen sind und welche eine Schraubenbefestigung ermöglichen.

Fig. 609.

Fig. 610.

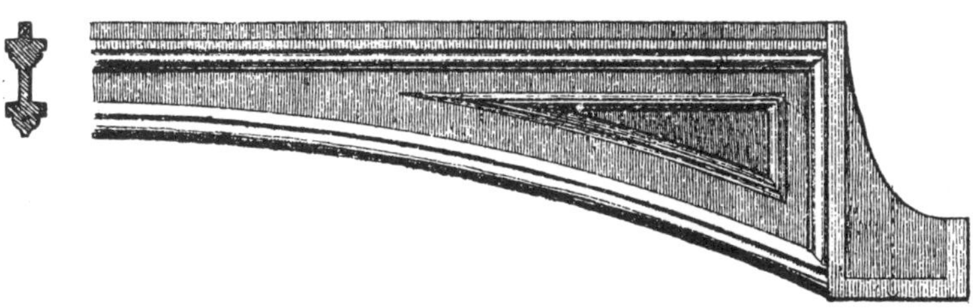

Die Auftritte ruhen auf der wagerechten Gurtung der Stufendreiecke und auf den den Trittstufen angegossenen Flanschen (Fig. 602 bis 604, 606).

Geländer. Die Geländer werden bei diesen Treppen entweder auf den Stufendreiecken oder vermittelst Krücken an den Wangen befestigt (Fig. 606, 607, 608).

Podeste. Podestbalken aus Gusseisen erhalten beiderseits eine Endigung, die sie zur Auflagerung in der Mauer geeignet macht (Fig. 609, 610). Zum Anschluss der Wangen an die Podestträger erhalten erstere in der Regel angegossene Flansche (Fig. 611), durch welche die Befestigungsschrauben hindurchgehen.

Fig. 611.

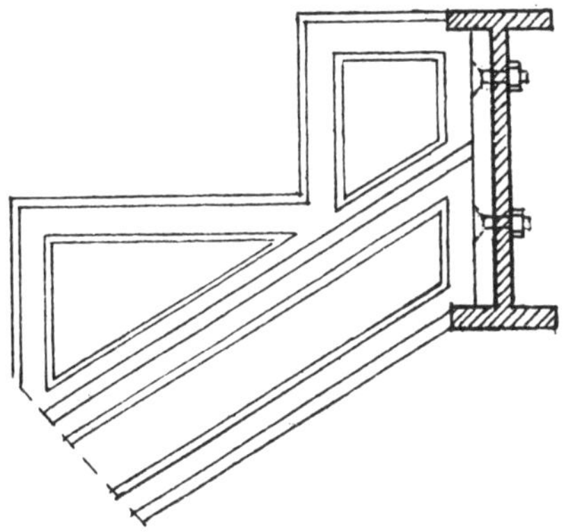

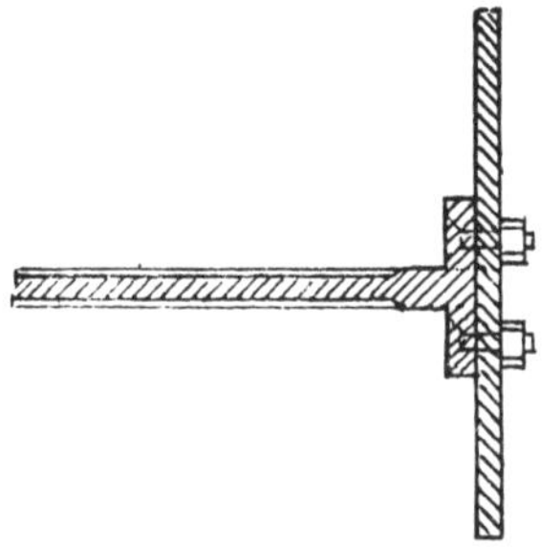

Ebenso werden die Podestquerträger angeschlossen (Fig. 596).

In dem Beispiel in Fig. 612 werden die Wangen an Laschen angeschlossen, die an den Podestträger angegossen sind. Die steigende Wange findet durch eine kleine Konsole am Podestträger ihren Abschluss. Die fallende Wange legt sich auf einen entsprechend abgeschrägten Flansch des Podestträgers.

Zur Aufnahme der Podestsäule ist an den Podestträger ein besonderes Glied angegossen, mit welchem die Säule, sowie der nach unten abschliessende Zapfen verschraubt sind.

In den Musterbüchern der Werke, die sich mit der Herstellung von Bauguss befassen, findet man Modelle der einfachsten wie der reich geschmücktesten Treppen verzeichnet. Man tut gut, bei Bedarf sich an die in diesen Musterbüchern gegebenen Beispielen zu halten, denn die Herstellung besonderer Modelle ist mit nicht unbedeutenden Kosten verknüpft.

β) Wendeltreppen.

Während bei den geraden Treppen das Gusseisen mehr und mehr verdrängt wird, findet dieses Material bei den Wendeltreppen noch sehr häufig Anwendung. Bei der reichen Auswahl, welche die Musterbücher der Giessereien liefern, ist es zweckmässig, von der Aufstellung eines eigenen Entwurfes abzusehen, um so mehr, als bei diesen Treppen die Modellkosten die Treppenanlage ganz wesentlich verteuern.

Wo es eben angeht, lasse man die Treppe von rechts nach links ansteigen, damit man beim Besteigen das Geländer zur rechten Hand behält.

Wendeltreppen haben meist nur untergeordnete Bedeutung, es sind in der Regel Nebentreppen, die zwei übereinander liegende Räume miteinander verbinden, ohne viel Platz wegzunehmen. Der Durchmesser der von den Werken auf Lager gehaltenen Treppen schwankt zwischen 1,2 und 2,5 m.

Die Spindel. Hinsichtlich der Konstruktion gelangen diese Treppen meist als **Spindeltreppen** zur Ausführung. Der Durchmesser der von oben bis unten durchgehenden schmiedeeisernen Spindel ist etwa 5 cm. Diese Spindel gibt der ganzen Treppe den nötigen Halt und ist daher oben und unten solide zu befestigen. Das untere Ende der Spindel ist quadratisch ausgeschmiedet und steckt

Fig. 612.

in einer gusseisernen Fussplatte, die mit dem Fundamente gehörig zu verankern ist (Fig. 613). Einzelne Stufen vermittelst Bankeisen mit den angrenzenden Mauern zu verbinden, verleiht der Treppe besondere Steifigkeit.

Die Konstruktion der Treppe erfordert folgende Stücke:

Fig. 613.

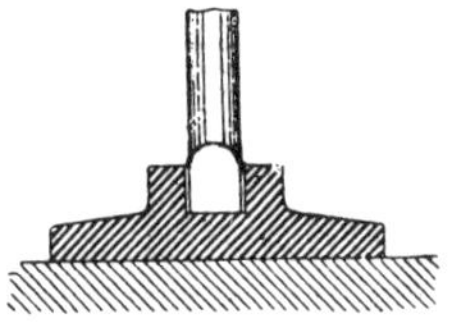

1. Die keilförmig gestaltete Trittstufe.
2. Die rechteckig geformte Setzstufe.
3. Das äussere, nach dem Treppenumfange gekrümmte Stirnstück mit zwei seitlichen Hülsen.
4. Die Spindelhülse.
5. Den Geländerstab, der unten in einem Schraubenbolzen endigt und durch die Hülsen der Stirnstücke greift.

Bei kleineren Treppenanlagen werden oft mehrere der vorstehenden Teile aus einem Stück hergestellt; die sonst notwendigen Verbindungsflanschen und Schrauben fallen dann weg.

Die Stufen. Die Stufen sind naturgemäfs keilförmig gestaltet und besitzen an ihrem schmalen Ende eine zylindrische Hülse, deren innerer Durchmesser demjenigen der Spindel entspricht. Die Verbindung mit der Setzstufe geschieht entweder durch Schrauben mit versenkten Köpfen, die durch Lappen greifen, welche oben und unten an die Setzstufe angegossen sind (Fig. 614 d), oder aber durch je zwei an der Vorder- und Hinterkante der Trittstufe angegossene Leisten, die eine Nut bilden, in welche die Setzstufe eingreift (Fig. 615).

Die Setzstufe (Fig. 614 c und d) ist in der Regel mit der Spindelhülse aus einem Stück gegossen; der innere Durchmesser ist so bemessen, dass die Hülse der Trittstufe muffenartig in jene eingreifen kann (Fig. 614 f).

Stirnstück. Das nach dem äusseren Radius gekrümmte Stirnstück (Fig. 614 e) besitzt an jedem Ende eine Hülse. Durch diese Hülse und die entsprechenden Augen am Umfange der Trittstufen wird der als Schraubenbolzen ausgebildete untere Teil der Geländerstäbe gesteckt und nun werden durch scharfes Anziehen einer als Knopf ausgebildeten Schraubenmutter diese Teile zu einem festen Ganzen verbunden. Sind die Trittstufen am Ende sehr breit, so erhält das Stirnstück in der Mitte wohl noch eine dritte Hülse zur Aufnahme eines weiteren Geländerstabes (Fig. 614 e).

Das Stirnstück besitzt ferner in der Regel eine Nut, in welche die Setzstufe eingeschoben wird (Fig. 614 e).

Die Zahl der Stufen, die zu einer vollen Umdrehung gehören, beträgt 12 bis 15.

Der Austritt muss genügend breit sein; er wird oft quadratisch ausgeführt.

Um das Gewicht der Wendeltreppen möglichst gering zu halten, werden Setz- und Trittstufen sowie die Stirnstücke meist durchbrochen ausgeführt.

Nachdem die Treppe montiert ist, werden die Hülsen der Spindel durch eine oben auf dieselbe geschraubte Mutter fest zusammengehalten.

Fig. 616 zeigt eine linksläufige, Fig. 617 eine rechtsläufige Wendeltreppe aus dem Musterbuche der Firma Kuhn in Stuttgart-Berg.

Bei der Bestellung von Wendeltreppen verlangen die Firmen ausser der Stockwerkshöhe und dem Durchmesser der Treppe noch die Angabe der Lage des An- und Austrittes und Auskunft über Grösse und Lage etwaiger Podeste.

Fig. 614.

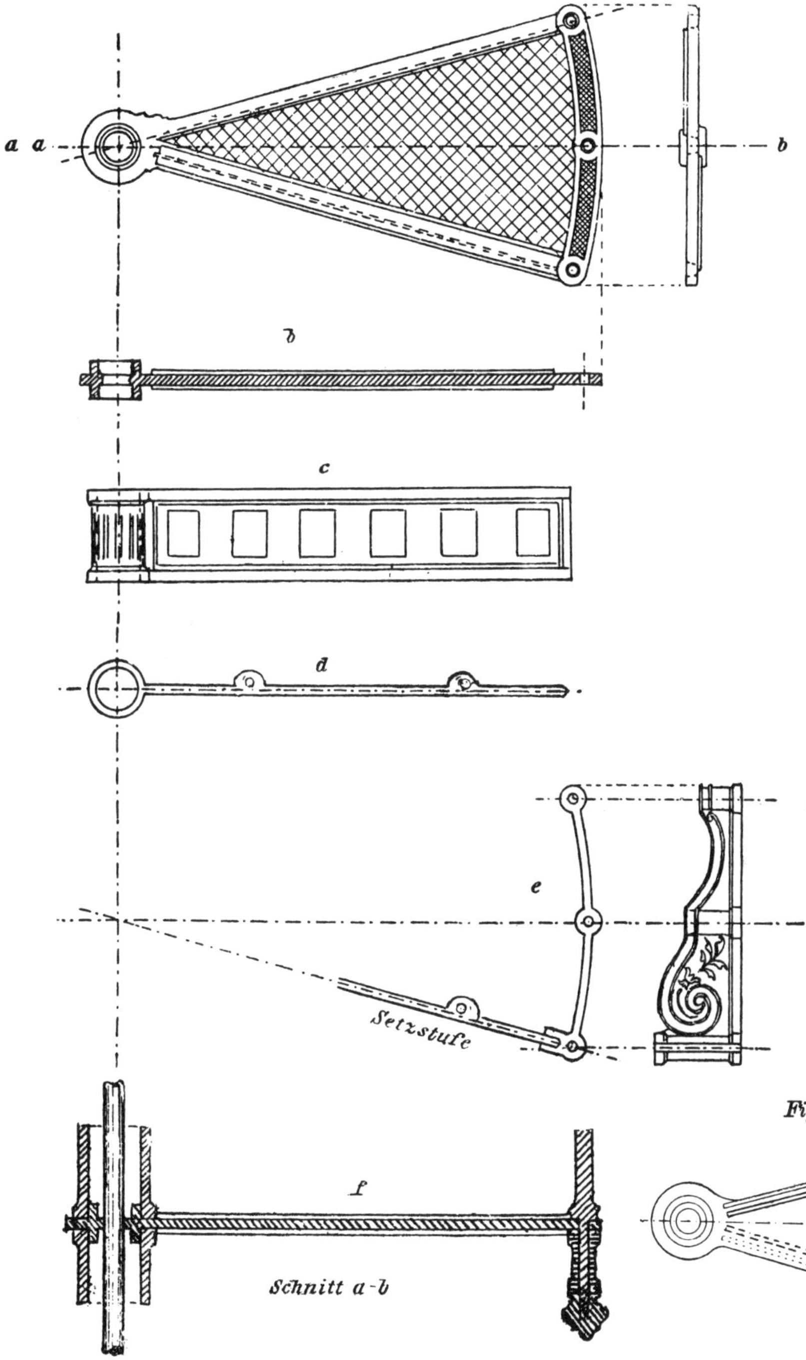

Fig. 615.

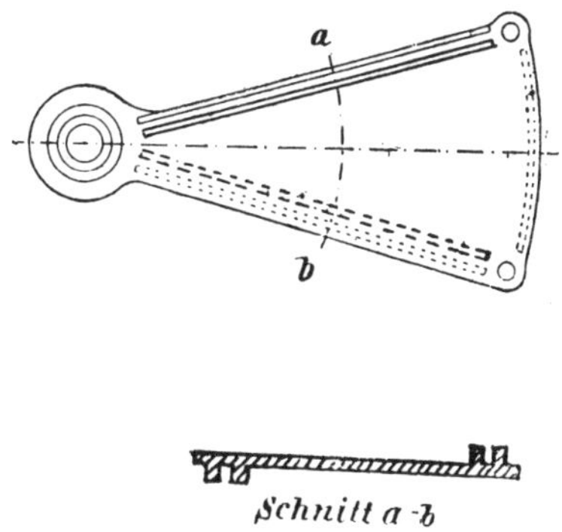

Fig. 616.

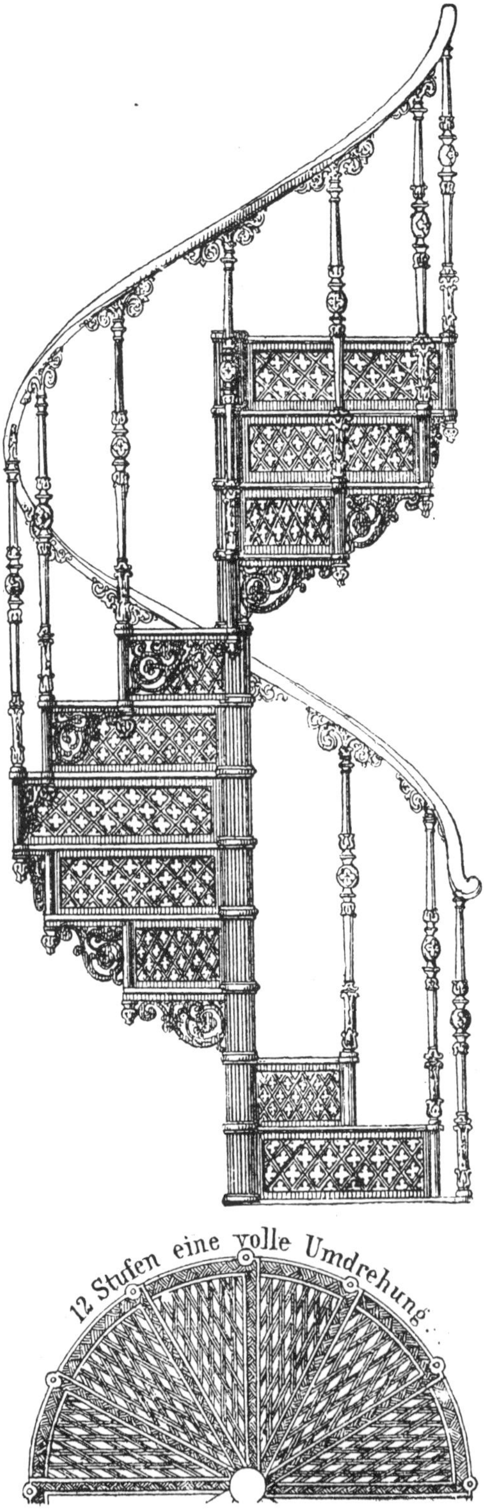

Fig. 617.

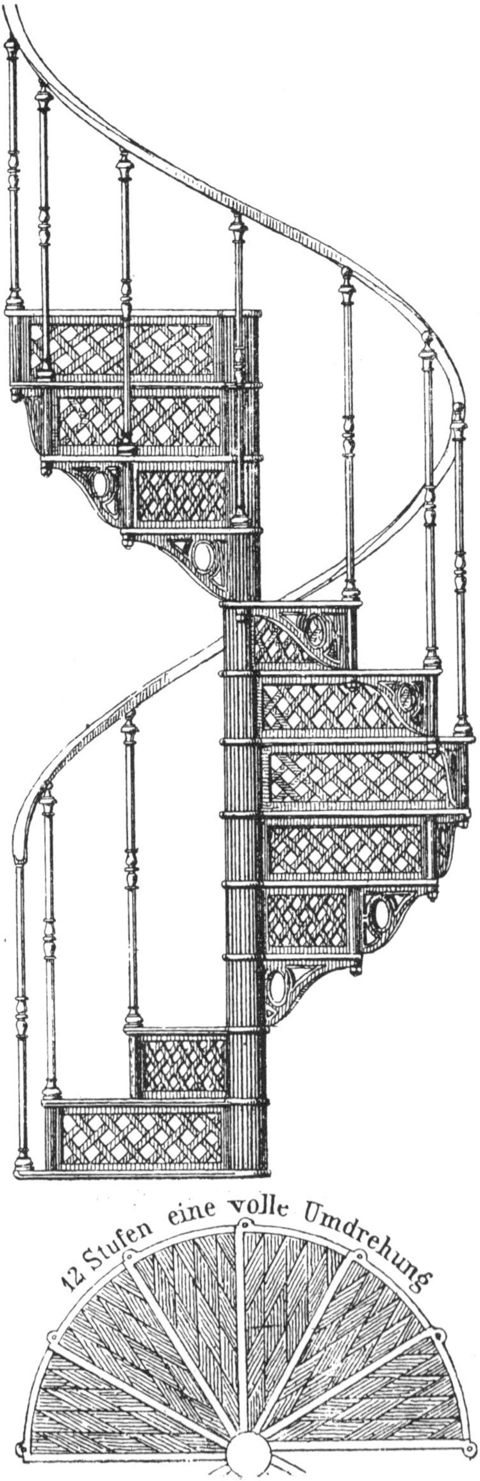

b) Schmiedeeiserne Treppen.

α) Gerade Treppen.

Seitdem man mit Hilfe der Mannstädt'schen Ziereisen in der Lage ist, den schmiedeeisernen Treppen einen künstlerischen Schmuck zu geben, hat das Schmiedeeisen im Treppenbau in neuerer Zeit das Gusseisen sehr zurückgedrängt. Der Bau schmiedeeiserner Treppen wird von einer Reihe von Firmen als Spezialität betrieben und man kann behaupten, dass auf diesem Gebiete Mustergültiges geleistet wird.

Fig. 618.

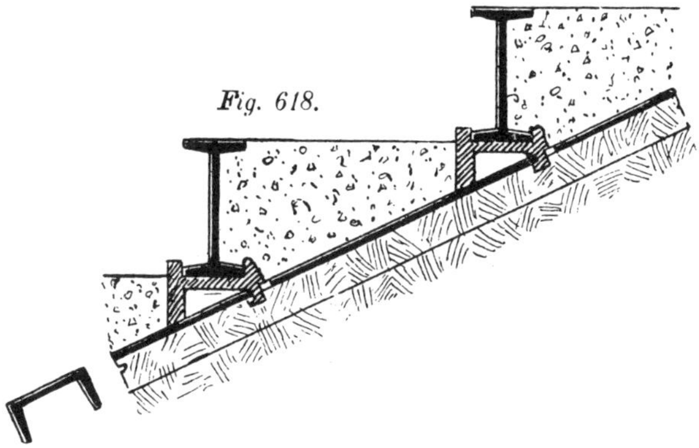

Fig. 618 a.

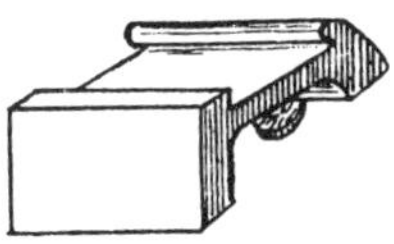

Fig. 618 b.

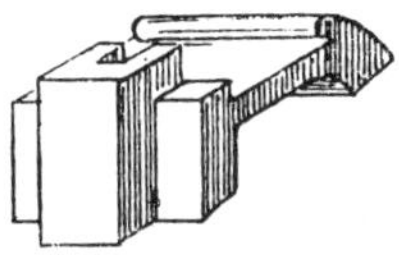

Die Stufen liegen entweder zwischen den Wangen oder sind auf diesen aufgesattelt. Die Wangen gelangen als Träger mit voller Wand oder als Fachwerkträger zur Ausführung. Dasselbe gilt von den Podestträgern.

Eine einfache Satteltreppe, die sich ganz besonders zur Anlage im Freien eignet, ist die der Firma R. Hermanns & Komp. in Elberfeld patentierte Kolumbustreppe (Fig. 618). Die Wangen bestehen aus flach gelegten [-Eisen, in deren Steg, der Steigung entsprechend, in gewissen Abständen Löcher gebohrt sind, welche zur Aufnahme der an einem gusseisernen Stuhle befindlichen Haken dienen (Fig. 618a). Diese Stühle dienen den aus T-Eisen bestehenden Setzstufen als Lager. Die Trittstufen werden durch das Hinterfüllungsmaterial gebildet. Soll die Treppe mit einem Geländer versehen werden, so erhalten die Stühle eine zur Aufnahme der Geländerstäbe geeignete Oese (Fig. 618b).

Fig. 619.

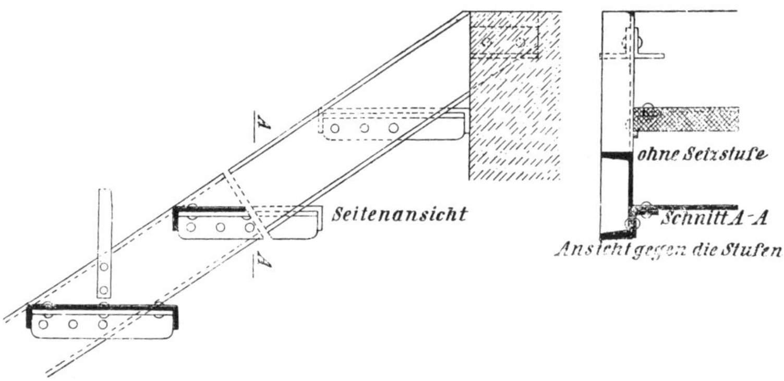

Die Stufen. Bei den einfachsten Treppen fehlen häufig die Setzstufen, so dass die Treppe nur aus den Wangen und der Trittstufe besteht. In Fig. 619

ist eine solche Treppe dargestellt. Die Verbindung der aus Riffelblech bestehenden Trittstufe mit den Wangen geschieht durch Winkeleisen, die sowohl mit der Wange als auch mit der Stufe vernietet werden. Der Nietdurchmesser beträgt 8 bis 10 mm, die Länge der Winkelflansche 40 bis 50 mm, die Stärke der Bleche etwa 5 mm. Da Bleche von dieser Dicke höchstens 20 cm frei liegen dürfen, so müssen dieselben versteift werden. Dies kann dadurch geschehen, dass man

Fig. 620.

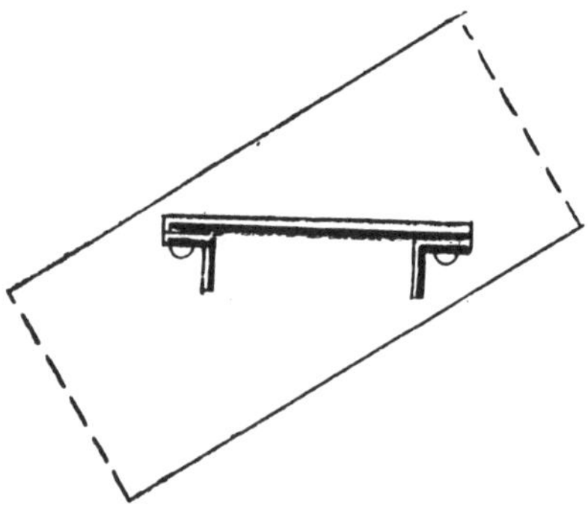

Fig. 621.

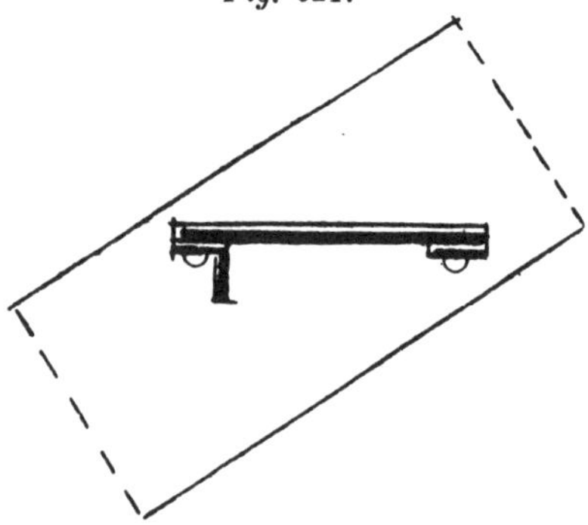

die Trittstufe an der Vorder- und Hinterkante rechtwinkelig umbiegt (Fig. 619) oder dadurch, dass die Trittstufen mit Winkeleisen von 30 bis 40 mm Schenkellänge besäumt werden. Die Nietköpfe sind an der oberen Seite zu versenken, damit das Begehen der Treppe nicht erschwert wird (Fig. 620). In vielen Fällen genügt an der Hinterkante eine Versteifung durch ein Flacheisen (Fig. 621).

Fig. 622.

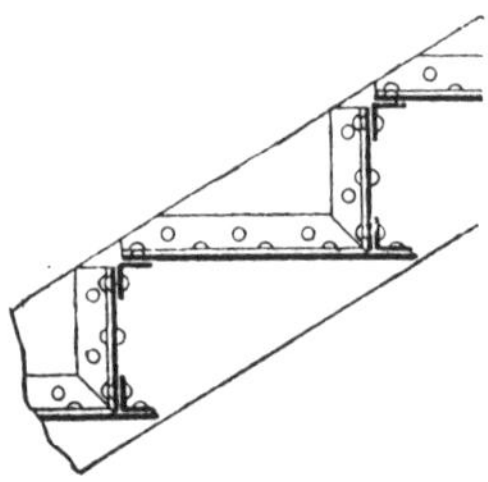

Fig. 623.

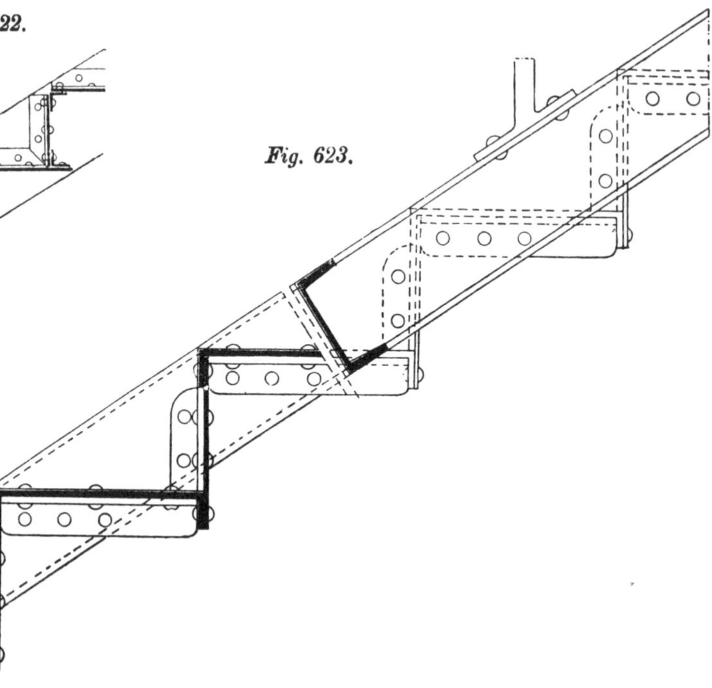

Mit der Zeit werden die eisernen Tritte durch das Begehen glatt; es ist daher vorteilhaft, dieselben mit Linoleum oder Gummi zu belegen.

Die so konstruierten Treppen kommen nur als sogenannte Lauftreppen zur Verwendung.

Werden mehr oder weniger schwere Lasten über derartige Treppen befördert, so müssen die Trittstufen durch Setzstufen unterstützt werden. Diese werden in der Regel durch etwa 3 mm starkes, glattes oder gelochtes Blech gebildet, welches mit den Trittstufen durch kleine Winkel von 30 bis 40 mm Schenkellänge und Nieten von 6 bis 8 mm Durchmesser verbunden wird (Fig. 622). Ebenso wird die Verbindung von Setzstufe mit der Wange hergestellt.

Ein anderes Beispiel dieser Art zeigt Fig. 623. Hier wird die an der Vorder- und Hinterkante rechtwinkelig umgebogene Trittstufe direkt mit der Setzstufe vernietet.

Fig. 624.

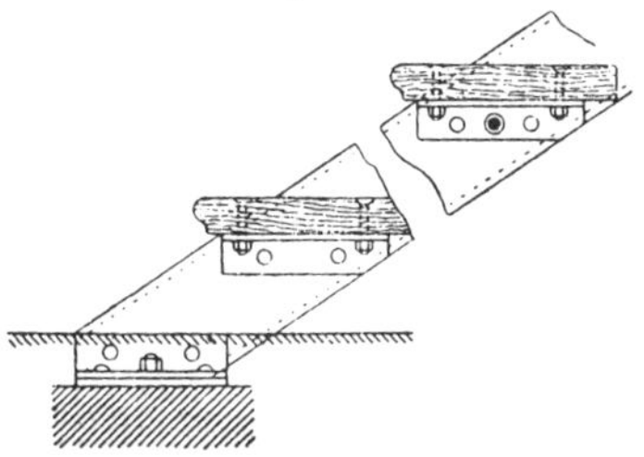

Fig. 625.

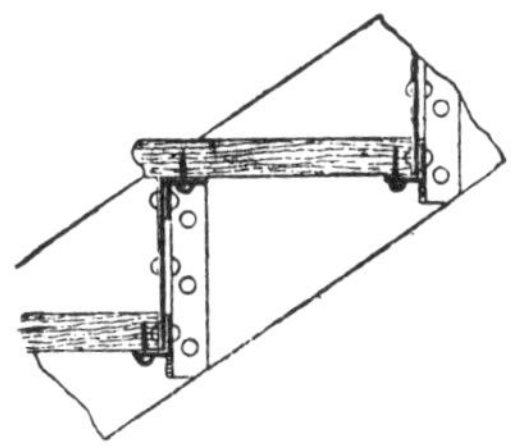

Fig. 626.

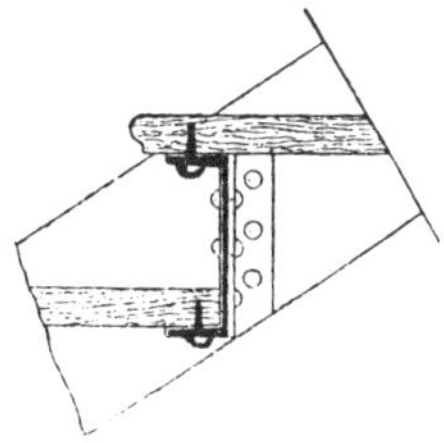

Einfache Treppen mit Holztritten veranschaulichen die Fig. 624, 625, 626. In Fig. 624 sind keine Setzstufen angeordnet, es ist daher ratsam, die beiden Wangen hin und wieder durch einen Anker zu verbinden. Die Setzstufe in Fig. 625 ist ein mit Winkeln besäumtes glattes oder durchbrochenes Blech, während in Fig. 626 ein [-Eisen zu den Setzstufen verwandt wurde. Die Verbindung des Holztrittes mit der Setzstufe geschieht am besten durch Schrauben mit versenkten Köpfen (Fig. 624), doch können auch Holzschrauben, die durch entsprechende Löcher der horizontalen Flansche der Setzstufen gehen, verwandt werden.

In der Regel werden jedoch die Holztritte durch ein 3 mm starkes Blech unterstützt, wie dies Figur 627 zeigt.

Die Firma Mannstädt & Komp. hat für solche Treppen besondere Winkel gewalzt, die eine dieser Blechstärke entsprechende Leiste aufweisen (Fig. 627, 628).

Fig. 627.

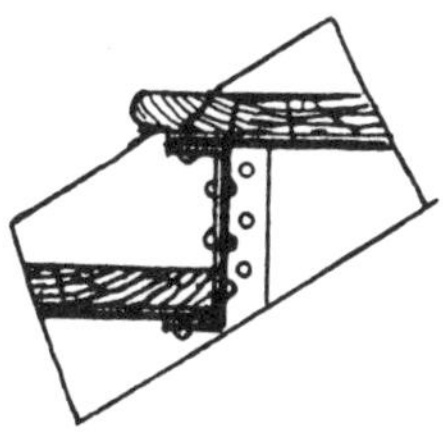

Fig. 630.

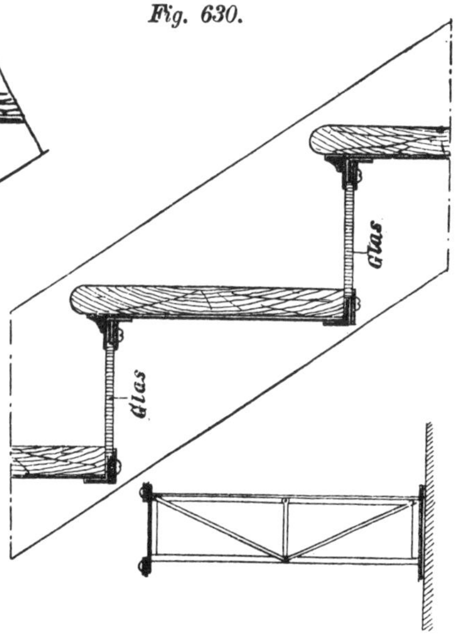

Fig. 628.

Fig. 629.

Bei manchen Treppen erscheint es wünschenswert, dass sie lichtdurchlässig sind. In diesem Falle werden die Setzstufen wohl aus Glas hergestellt. In

Fig. 630 ist eine derartige Konstruktion angegeben. Da die Glastafeln ziemlich stark sein müssen, um der Zerstörung durch Stösse oder Fusstritte nicht so bald ausgesetzt zu sein, so ist es notwendig, die Winkeleisen der Setzstufen durch Flacheisen von solcher Stärke zu belegen, dass die Dicke des Winkelflansches plus der des Flacheisens gleich der Glasdicke wird.

Fig. 631.

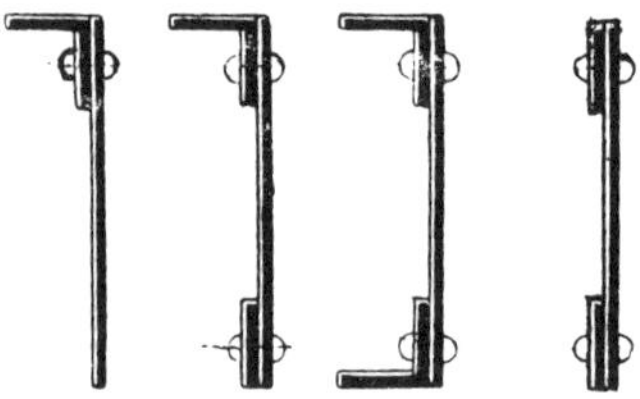

Die Wangen. Für ganz leichte Lauftreppen genügt für die Wange ein hochkantig gestelltes Flacheisen von 8 bis 10 mm Stärke. Bei schwereren Treppen kann man gemäss der in Fig. 631 angegebenen Weise das Blech durch ein ⌊-Eisen, oder durch Winkel- und Flacheisen verstärken. Fig. 632 zeigt eine Treppe in allen Einzelheiten, bei welcher die Wange aus einem durch zwei Flacheisen verstärkten Blech besteht. In den weitaus meisten Fällen wird man aber zu der Wahl von T- oder [-Eisen schreiten, oder aber zu Fachwerkträgern seine Zuflucht nehmen.

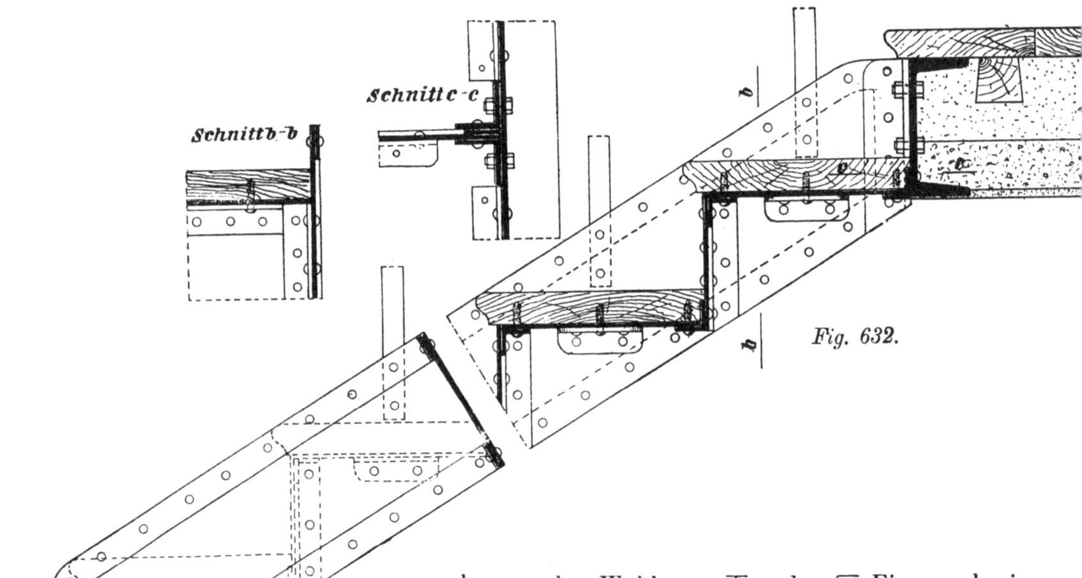

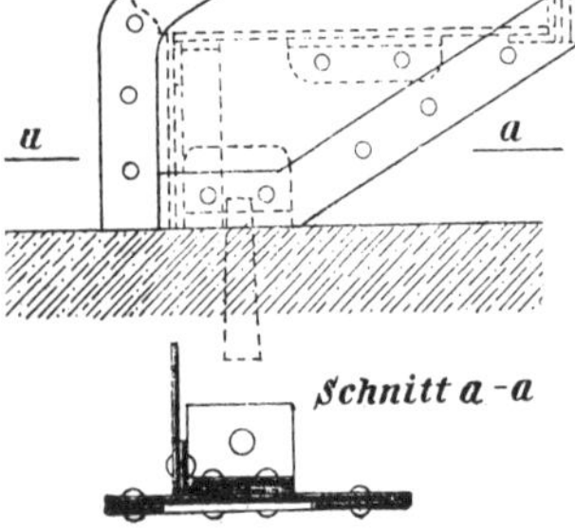

Fig. 632.

Liegen die Stufen zwischen den Wangen, so geschieht die Verbindung beider, wie in den Fig. 619 u. f. angegeben ist, durch kleine Winkel.

Bei den aufgesattelten Treppen müssen Stufendreiecke gebildet werden, die den Stufen als Lager dienen.

Bei untergeordneten Treppen werden die Stufendreiecke wohl aus Flacheisen gebildet (Fig. 633 und 634), welche auf die aus [- oder T-Eisen bestehenden Wangenträger genietet werden.

In den Fig. 562 und 563, Seite 220, bestehen die Stufendreiecke aus einzelnen dreieckigen Blechstücken, die durch kleine Winkeleisen besäumt sind und mit den Wangen vernietet werden. Die Verbindung der Setzstufe mit den Dreiecken ist daselbst ebenfalls angegeben. Die Winkeleisen der Stufendreiecke werden mit denjenigen der Setzstufe auf Gehrung zusammengearbeitet. Statt der steinernen Stufen können, wie dies meist in Wohnhäusern geschieht, Holztritte aufgelegt werden. Die Setzstufen werden dann durch Zierbänder, Rosetten und dergl. geschmückt.

Eine andere Art der Stufendreiecke zeigt Fig. 635. Sie sind

Fig. 633.

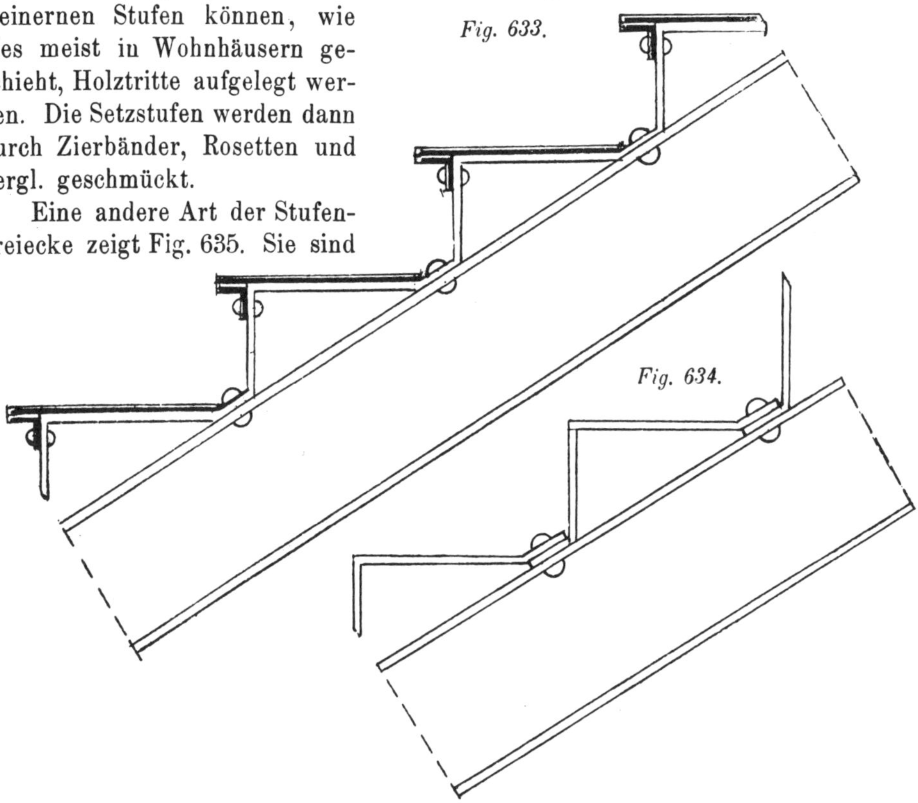

Fig. 634.

Fig. 635.

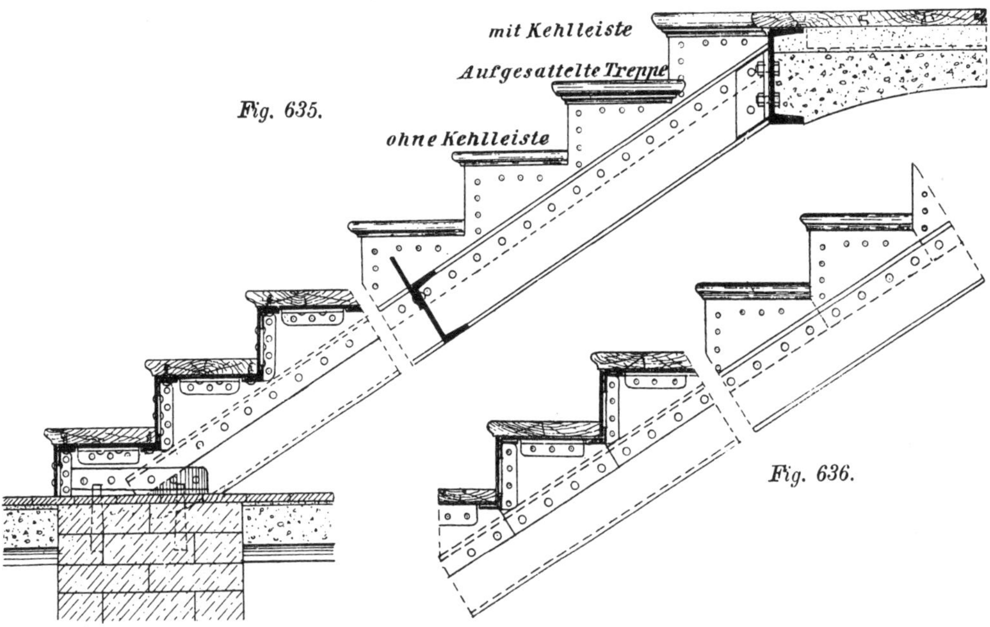

Fig. 636.

aus einem vollen Bleche herausgeschnitten, welches mit der [-Eisenwange vernietet ist. Da hierbei viel Material verloren geht, so werden vielfach die

Stufendreiecke einzeln gefertigt und nun in derselben Weise mit der Wange verbunden (Fig. 636).

Fig. 637.

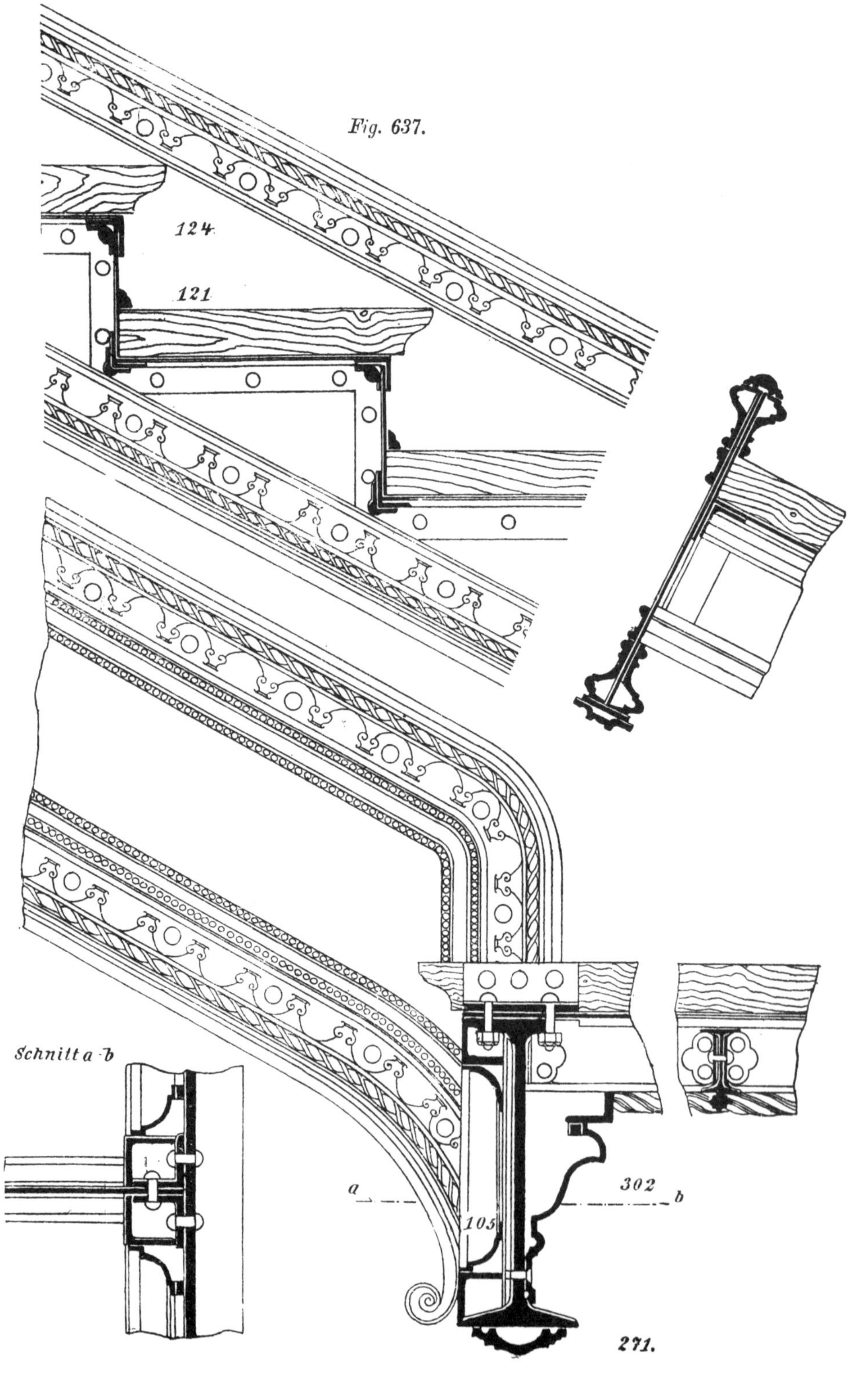

Bleiben die]- oder [-Eisen der Wangen sichtbar, so ist ihre Wirkung sehr nüchtern. Durch Verwendung M a n n s t ä d t'scher Ziereisen lässt sich aber

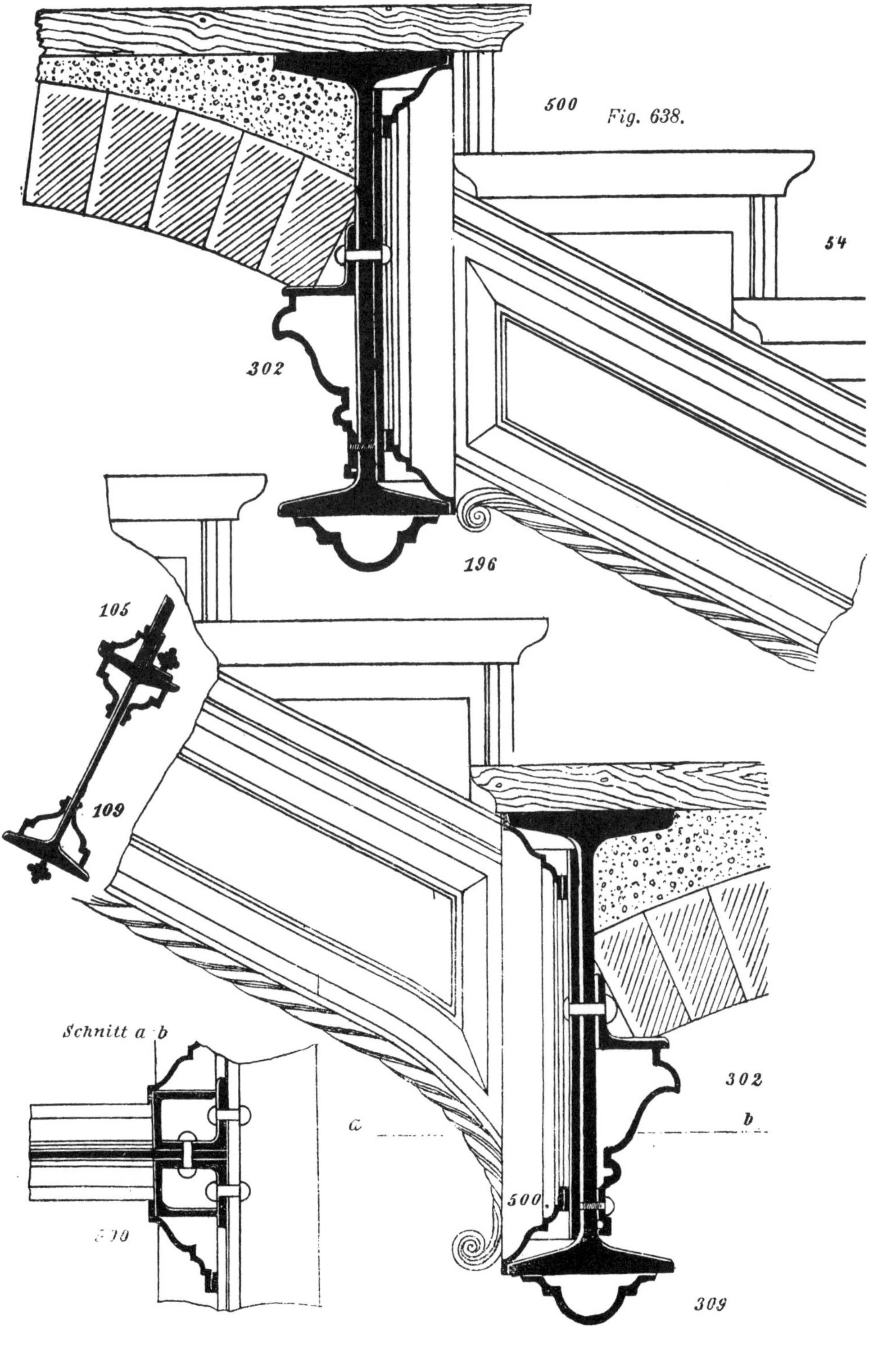

Fig. 638.

den Treppen ein reicher dekorativer Schmuck geben. Fig. 637 zeigt eine solche Treppe mit zwischen den Wangen angeordneten Stufen, Figur 638 eine aufgesattelte Treppe. Bei der ersteren ist die Wange aus einem Stehblech gebildet, welches durch Ziereisen ge-

Fig. 639a.

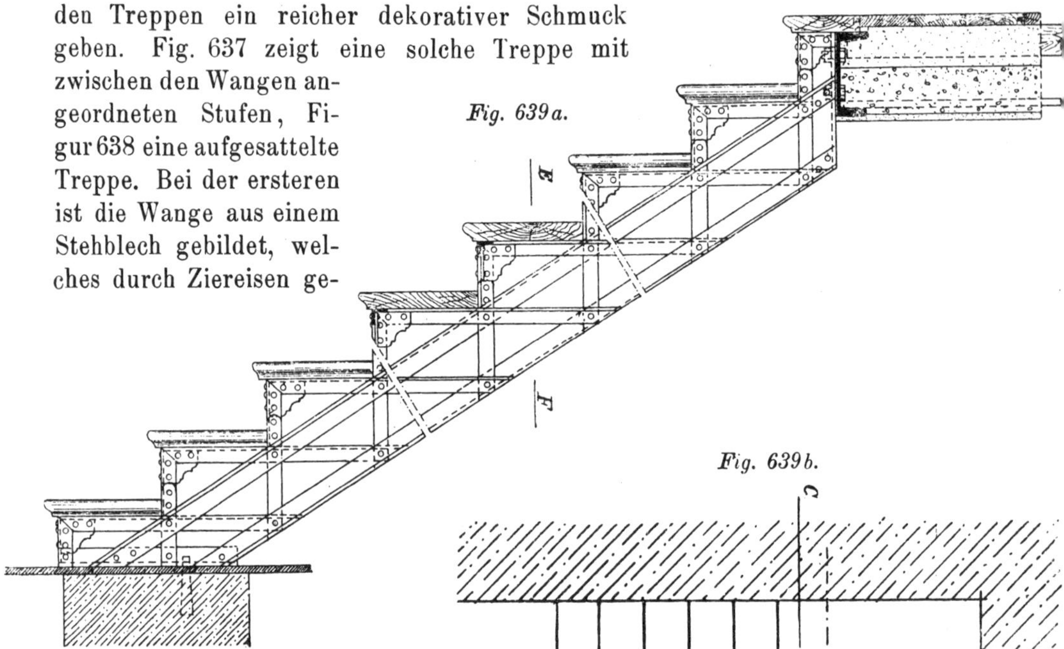

Fig. 639b.

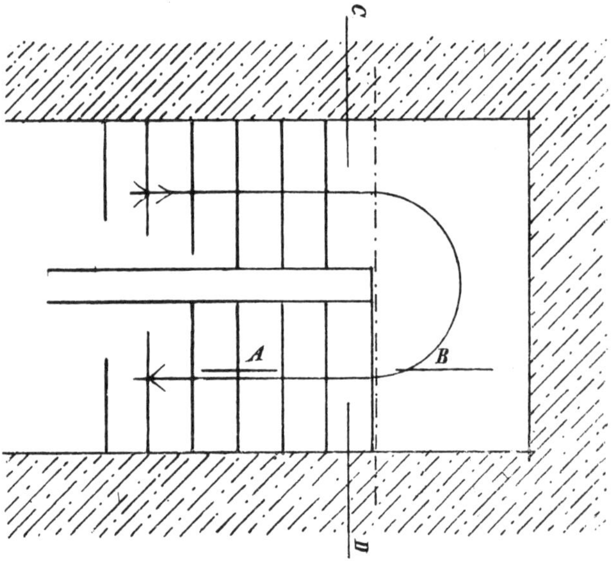

Fig. 639c.

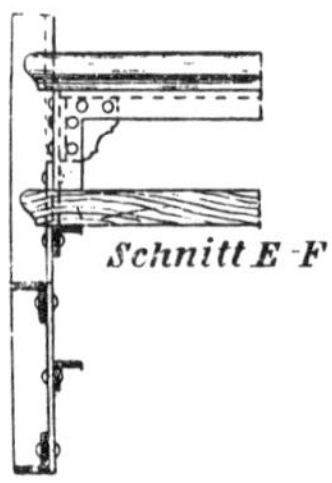

Fig. 639d.

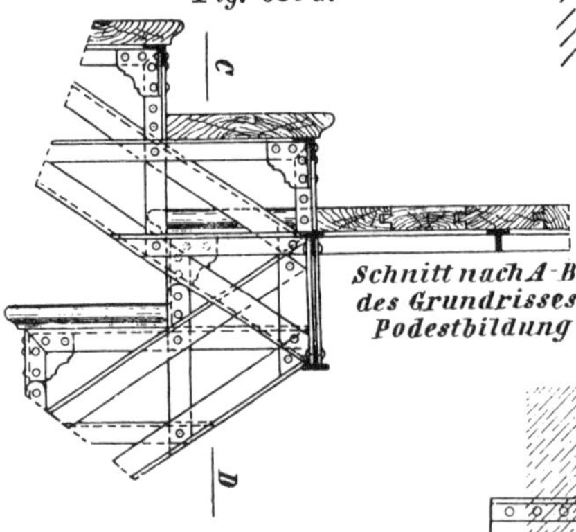

Fig. 639e.

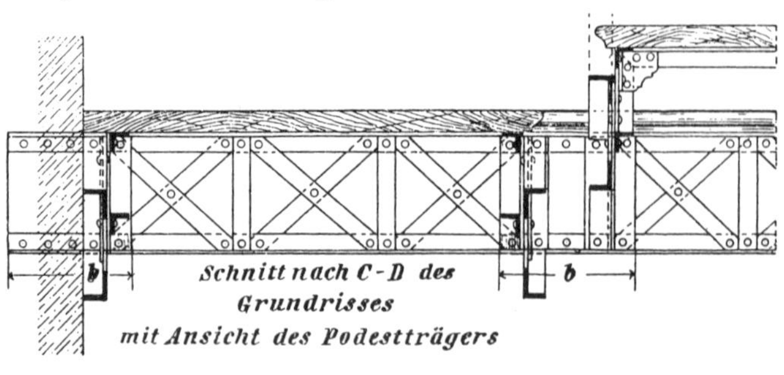

säumt ist, bei der letzten besteht die Wange aus einem verkleideten ⊤-Eisen, auf dessen Flansch sich die Stufendreiecke aufsatteln. In Fig. 553 bis 555 waren schon einige Beispiele für die Bildung von Treppenwangen mit Hilfe der Ziereisen gegeben.

Bei den Wangen aus Fachwerkträgern werden die Wandglieder abwechselnd horizontal und vertikal verlegt, so dass sie den Tritt- und Setzstufen entsprechen. Diese werden dann an dem entsprechenden Fachwerkstab befestigt. Fig. 639a bis e gibt ein Beispiel dieser Art Treppen. Die Gurtungen der Wange werden aus ∟-Eisen gebildet; die horizontalen Fachwerkstäbe bestehen ebenfalls aus ∟-Eisen und sind über die Gurtung hinaus so weit verlängert, dass sie das Auflager für die Trittstufe bilden können. Die vertikalen Fachwerkstäbe sind aus Flacheisen hergestellt und über die Gurtung hinaus so weit verlängert, dass die vertikalen Winkel des Stufendreiecks daran genietet werden können. Die Verbindung der Winkel des Stufendreiecks untereinander geschieht durch kleine Knotenbleche.

Bei der in Fig. 640 dargestellten Treppe sind die Stufen zwischen den Wangen angeordnet. Die Vertikalen und die Horizontalen bestehen aus Winkeleisen, die an ihren Enden übereinander gekröpft und mit den Gurtungen vernietet sind.

Fig. 640.

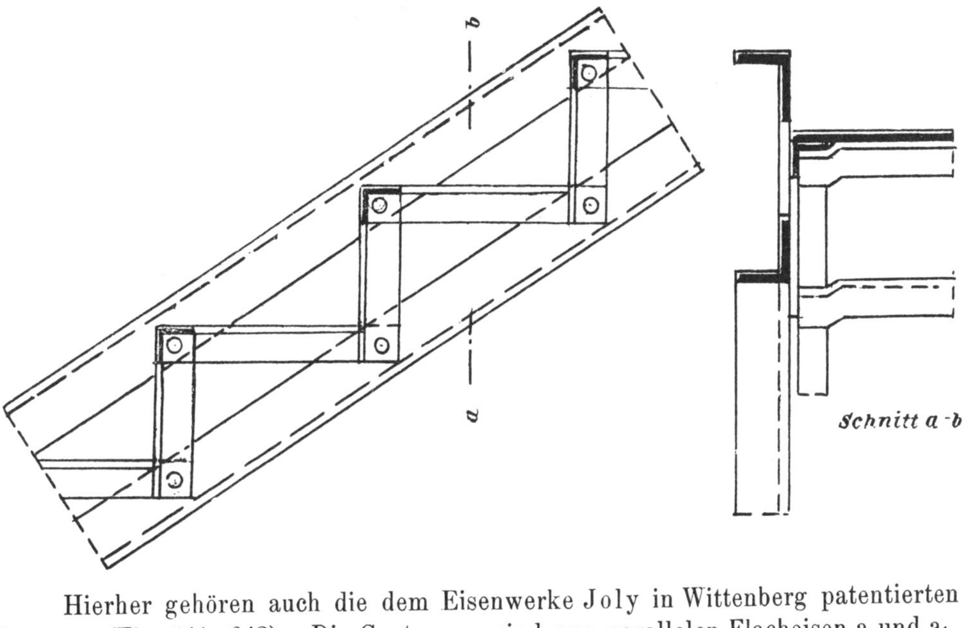

Hierher gehören auch die dem Eisenwerke Joly in Wittenberg patentierten Treppen (Fig. 641, 642). Die Gurtungen sind aus parallelen Flacheisen a und a_1, die Diagonalen aus Flacheisen d gebildet, die in die Stufenträger d_1 auslaufen. Die Vertikalen bestehen aus Bolzen c, welche die Gurtungen durchbrechen. Die gusseisernen Hülsen b halten die Gurtungen und Diagonalen in geeigneter Entfernung auseinander, während die Hülsen b_1 zur Unterstützung der Stufenträger d_1 und zur Befestigung der Setzstufen dienen. Sämtliche Teile werden durch den Bolzen c fest zusammengeschraubt. Auch dient dieser zur Befestigung des Geländerpfostens. Die Hülsen b_1 besitzen eine Nut, in welche die Setzstufe eingeschoben wird. Die Trittstufen ruhen an den schmalen Seiten auf den Stufenträgern, während sie an den langen Seiten auf Vorsprüngen der Setzstufe befestigt sind. Die Setzstufen dienen nur als Füllung und werden entweder aus Blech- oder Kunstguss hergestellt.

Fig. 641 a.

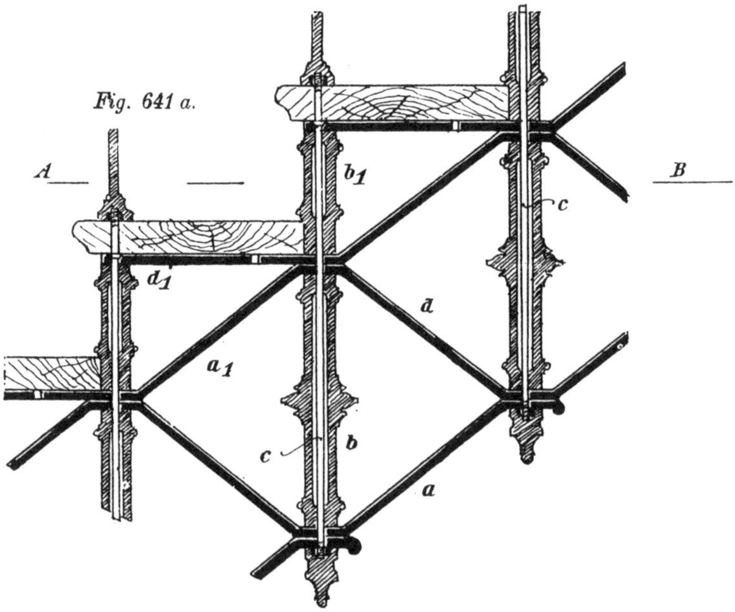

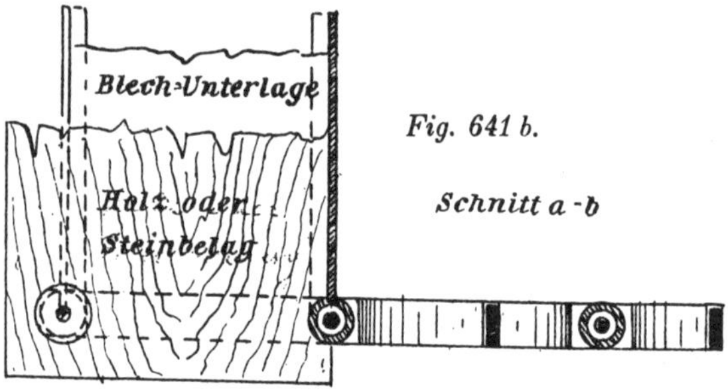

Fig. 641 b.

Schnitt a-b

Fig. 642.

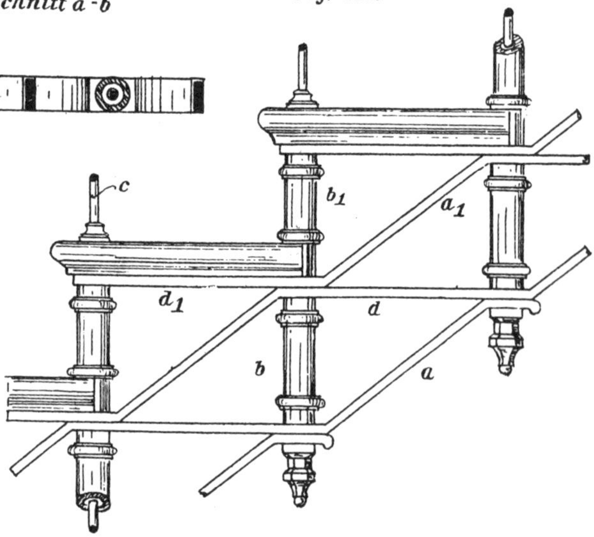

Aehnliche Treppen werden von der Firma O. Wilk in Eisenach hergestellt.

Eine einfache Konstruktion zeigt z. B. die in Fig. 643 dargestellte Treppe, bei welcher die Trittstufen, sowie die Geländerstäbe zur Bildung des Fachwerks herangezogen sind. Das in Fig. 644 dargestellte Fachwerk ist nach dem Prinzip eines Parabel-Brückenträgers angeordnet, wodurch eine ausserordentliche Tragfähigkeit bei geringem Materialaufwand erzielt wird. Die Unterstützung der

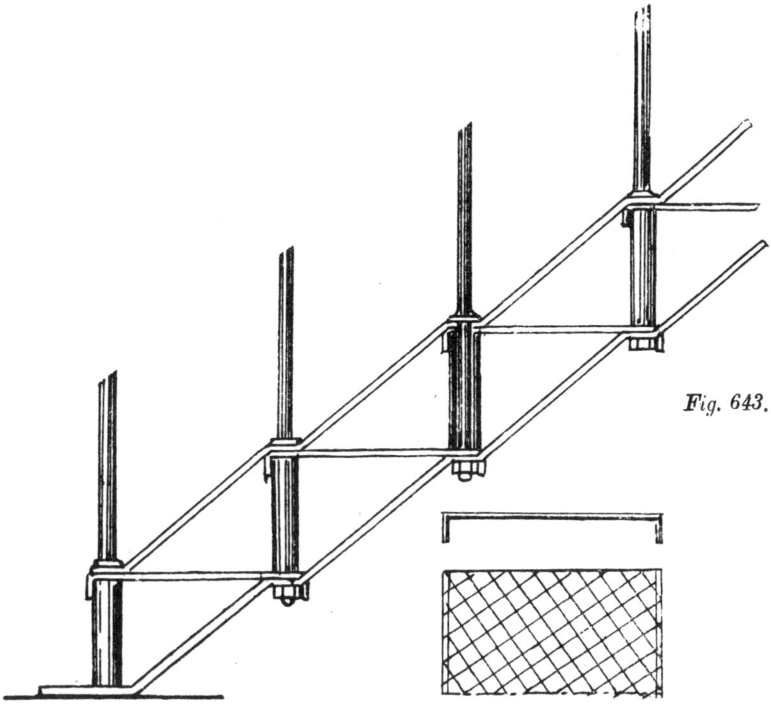

Fig. 643.

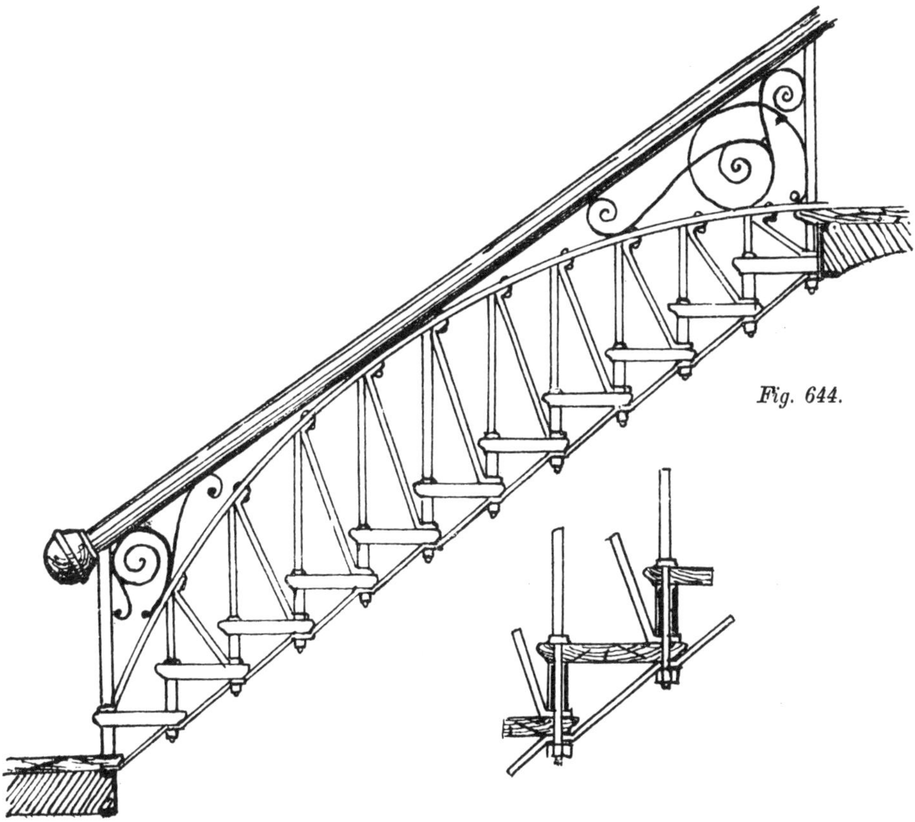

Fig. 644.

Trittstufen und der Anschluss der Setzstufen geschieht durch hülsenartig gebogene Flacheisen, wie dies aus den Schnitten in Fig. 644 ersichtlich ist. Für beide Treppen ist der Firma der Reichs-Muster-Schutz erteilt.

Die Berechnung der vollen Wangen geschieht nach denselben Regeln, wie sie bei denjenigen der massiven Treppen aufgestellt waren.

Es wäre daher hier nur noch die Berechnung der gegliederten Wangenträger zu besprechen. Dies soll indessen später bei der Behandlung des Fachwerks geschehen.

Befestigung der Treppen am Antritt. Der Fuss der untersten Wange muss gegen jede Verschiebung völlig gesichert sein. Wie oben gezeigt wurde, überträgt die Wange auf jeden Podestträger die Hälfte ihrer Belastung. Das Lager der untersten Wange muss daher im stande sein, diesen senkrechten Druck auf seine Unterlage zu übermitteln.

Vielfach nimmt man bei der Berechnung der Lagerplatte an, dass die Wange sich ganz auf jene stütze und sich gegen den Podestträger nur anlehne (Fig. 645). Der Horizontalschub, den die Wange dann ausübt, ist zu berechnen aus der Momentengleichung (Drehpunkt A):

$$\frac{Q \cdot l}{2} = H \cdot h,$$

somit

161) $$H = \frac{Q}{2} \cdot \frac{l}{h}.$$

Diese Horizontalkraft muss das Lager ebenfalls aufnehmen. Es ist daher mit seiner Unterlage zu verankern.

Fig. 645.

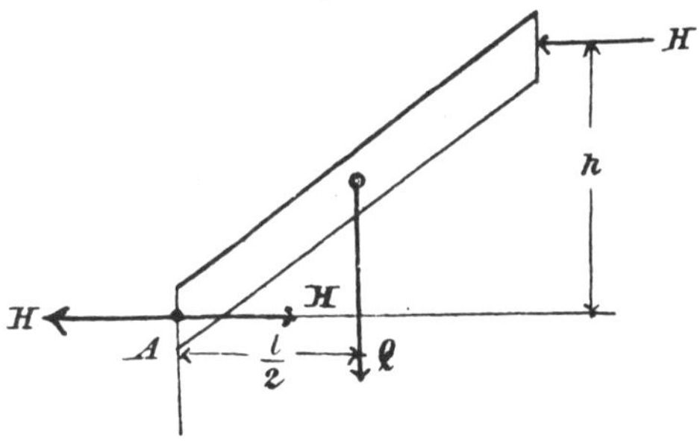

Fig. 646.

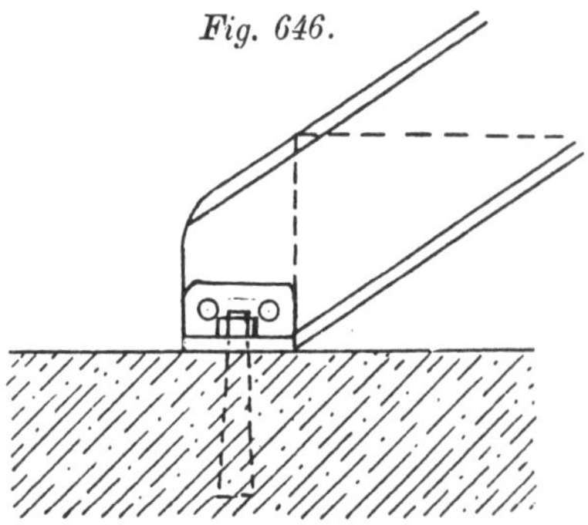

Fig. 647.

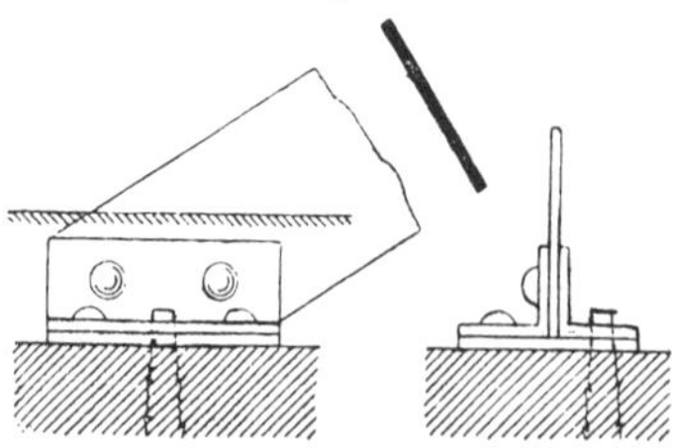

Fig. 648.

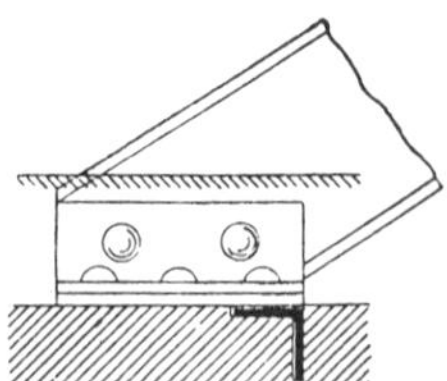

Das Lager wird zweckmässig hergestellt durch ein oder zwei Winkeleisen, die am unteren Ende an die Wange genietet werden. Für die Verankerung genügt ein Feststelldorn, Steinschrauben zu verwenden ist unnötig. Fig. 646 zeigt letztere Anordnung, während in den Fig. 632, 635 und 639 die Verankerung durch einen Feststelldorn veranschaulicht ist.

In Fig. 647 ist das Lager durch zwei Winkel gebildet, unter welche erst noch eine Unterlagsplatte genietet wurde. Die Verankerung in Fig. 648 wird durch ein quer unter die Lagerwinkel genietetes Winkeleisen bewirkt. Schwerere Treppen erhalten wohl ein gusseisernes Lager, wie dies Fig. 649 zeigt.

Wie man das Lager auch anordnen möge, stets ist dasselbe mit Zement zu untergiessen, damit der Druck ganz gleichmässig auf das Mauerwerk übertragen wird. Die Zementschicht erhält dabei eine Dicke von 1,0 cm.

Fig. 649.

Die Podeste. Die Wangen werden vermittelst Winkellaschen an die Podestträger angeschlossen. Für diese eignen sich am besten ⊤-Eisen, die bei grosser Breite des Treppenhauses und sehr schweren Treppen durch genietete Träger oder Fachwerkträger ersetzt werden. Die Zahl der zum Anschluss erforderlichen

Fig. 650.

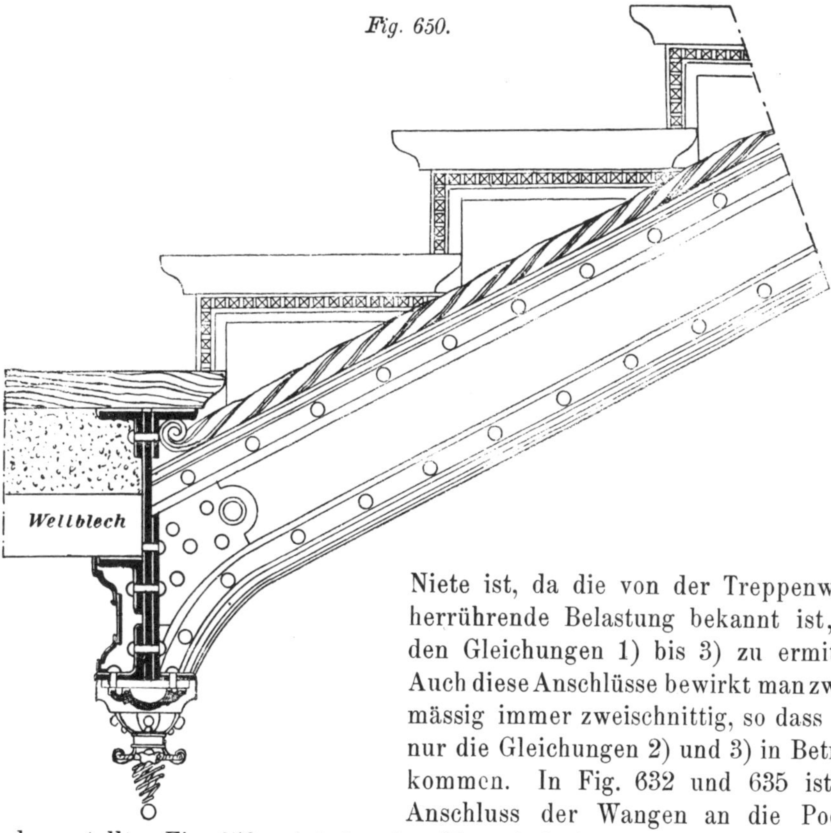

Niete ist, da die von der Treppenwange herrührende Belastung bekannt ist, aus den Gleichungen 1) bis 3) zu ermitteln. Auch diese Anschlüsse bewirkt man zweckmässig immer zweischnittig, so dass dann nur die Gleichungen 2) und 3) in Betracht kommen. In Fig. 632 und 635 ist der Anschluss der Wangen an die Podestträger dargestellt. Fig. 650 zeigt den Anschluss bei einer durch Ziereisen dekorierten Treppe.

Fig. 639d und e zeigen die Verbindung der als Fachwerkträger ausgebildeten Wangen mit einem Fachwerk-Podestträger. Der Anschluss der Wangen geschieht daselbst an ein Blech von der Breite b mit Hilfe von Winkeleisen. Die Befestigung der Fachwerkwangen an ein [-Eisen, welches als Podestträger dient, ist in Fig. 639 dargestellt.

Liegt die Wange auf den Podestträgern, so kann die Verbindung beider durch eine Konsole bewirkt werden (Fig. 651).

Bei mehrarmigen Treppen werden die inneren Ecken a und b der Podeste (Fig. 652) entweder durch Säulen unterstützt, oder es werden, wenn das nicht angängig ist, geknickte Wangenträger angeordnet (Fig. 653). Die Säulen erhalten zur Befestigung der Wangen angegossene Laschen oder Konsolen, deren Platte entsprechend der Wangenneigung abfällt (Fig. 654, 655).

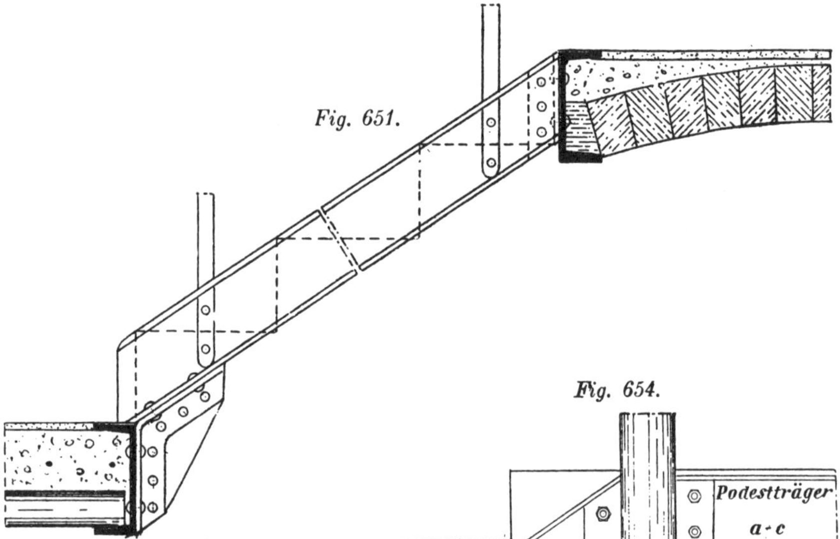

Fig. 651.

Fig. 652.

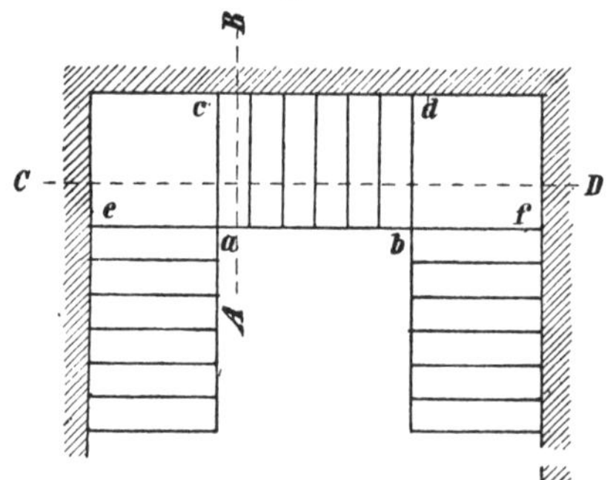

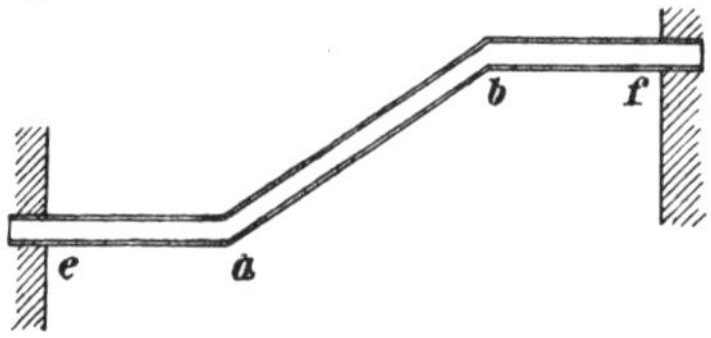

Fig. 653.

Fig. 654.

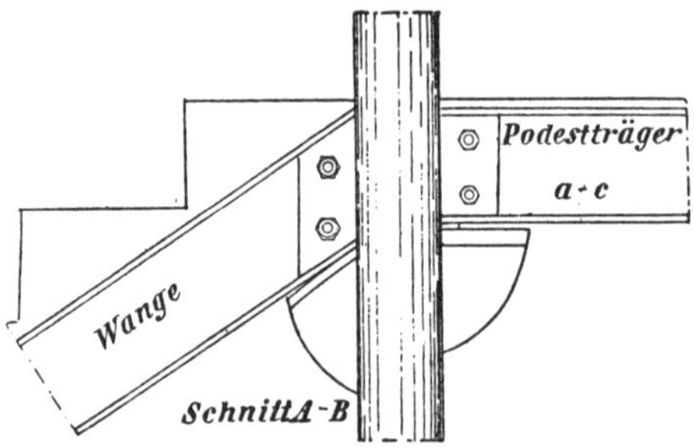

Fig. 655.

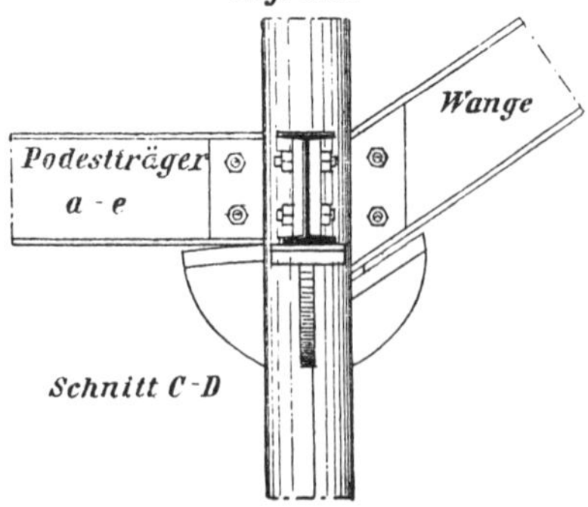

In Fig. 656 ist die Anordnung des geknickten Wangenträgers dargestellt. Die Träger e — a und b f sind als Freiträger zu berechnen und sorgfältig einzuspannen.

Beispiel. Die Treppe in Fig. 650 soll durch einen geknickten Träger unterstützt werden. Podest und Treppe erhalten eine Schürmann'sche Decke. Die Wellblechschienen des Podestes laufen parallel zu ca. Gewicht einschliesslich Nutzlast 700 kg/qm.

Der Freiträger ea ist belastet (Fig. 651):

1. Auf seine freitragende Länge durch die halbe Podestlast mit

$$\frac{1{,}2 \cdot 1{,}2}{2} \cdot 700 = 504 \text{ kg.}$$

2. Am vorderen Ende

α) mit der halben Last der abfallenden Wange

$$\frac{1{,}2 \cdot 3{,}08}{2 \cdot 2} \cdot 700 = \text{rd } 650 \text{ kg,}$$

β) mit der halben Last der steigenden Wange

$$\frac{1{,}2 \cdot 2{,}24}{2 \cdot 2} \cdot 700 = \text{rd } 475 \text{ kg}$$

zusammen 1125 kg.

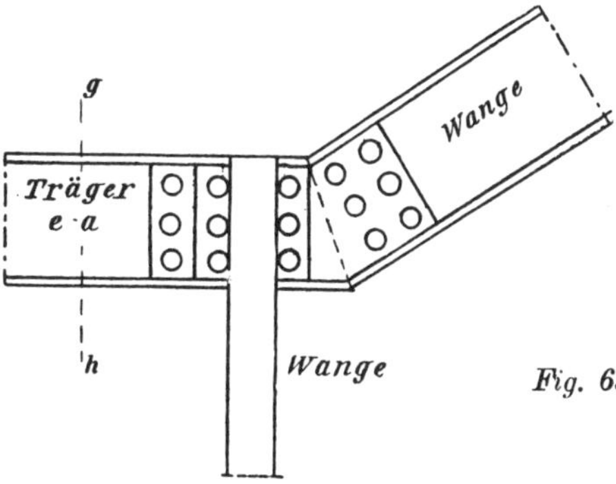

Fig. 656.

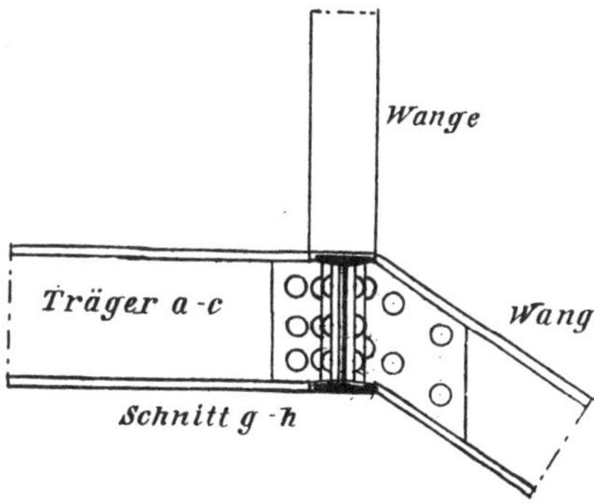

Fig. 657.

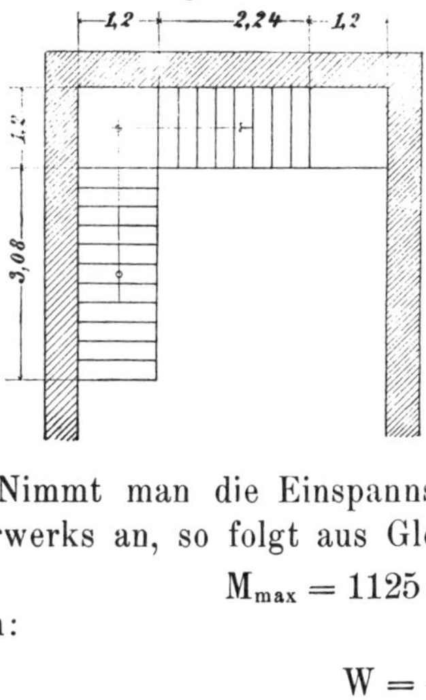

Fig. 658.

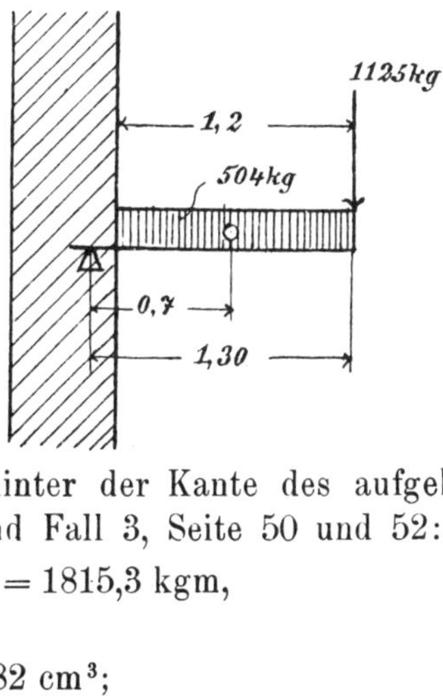

Nimmt man die Einspannstelle 0,1 m hinter der Kante des aufgehenden Mauerwerks an, so folgt aus Gleichung 30) und Fall 3, Seite 50 und 52:

$$M_{max} = 1125 \cdot 1{,}3 + 504 \cdot 07 = 1815{,}3 \text{ kgm,}$$

mithin:

$$W = \frac{1815{,}3}{10} = \text{rd } 182 \text{ cm}^3;$$

hierfür würde I-Eisen N. P. Nr. 19 mit $W = 185$ cm³ genügen.

Die Geländer. Bei untergeordneten Treppen, deren Wangen aus ⊏-Eisen gebildet sind, kann die Befestigung der Geländerpfosten durch direkte Vernietung derselben an die Wangen geschehen (Fig. 619, 632, 651). Liegen die Stufen zwischen den Wangen, so werden die Geländerpfosten auf dem Oberflansch des Wangenträgers befestigt (Fig. 623, 659 bis 661); etwas steifer ist die Befestigung, wenn der Geländerstab durch beide Flansche geht und mit dem unteren verschraubt wird (Fig 662).

Fig. 659.

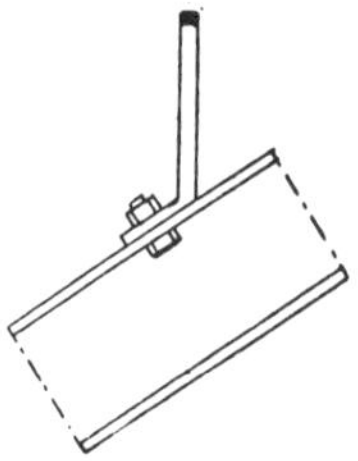

Fig. 660.

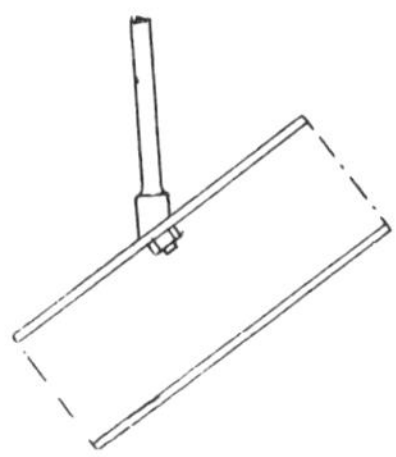

Fig. 661.

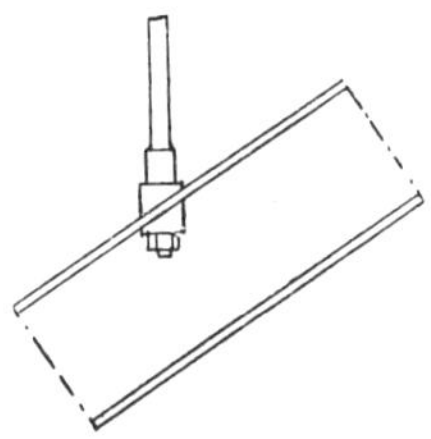

Fig. 662.

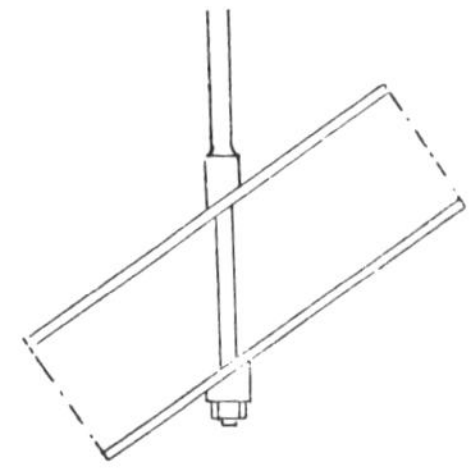

Bei den aufgesattelten Treppen werden vielfach die Geländerpfosten mit den Trittstufen und dem horizontalen Flansch der sie unterstützenden Winkel befestigt.

Fig. 663.

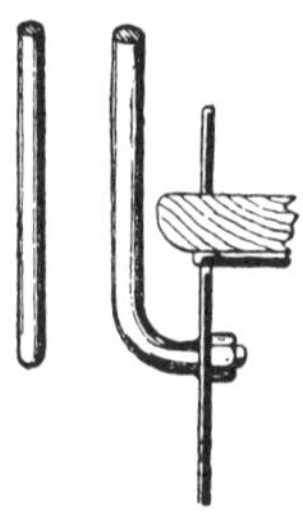

Fig. 664.

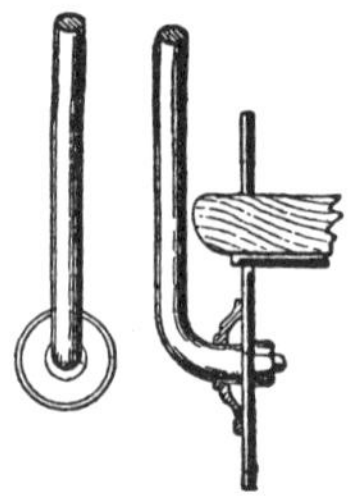

Fig. 665.

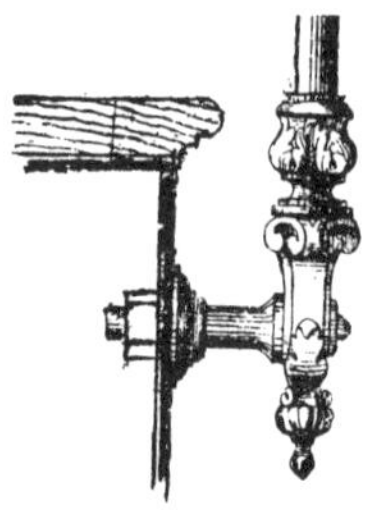

Fig. 666.

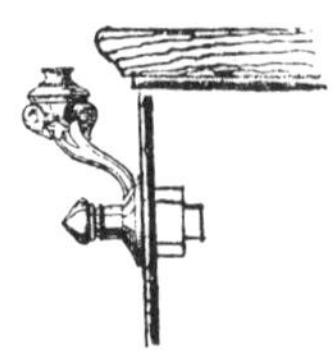

Für beide Anordnungen der Treppen wird vielfach die Befestigung der Geländerpfosten an den Wangen mit Hilfe von Krücken bewirkt. Hierdurch ge-

Fig. 667.

Fig. 668.

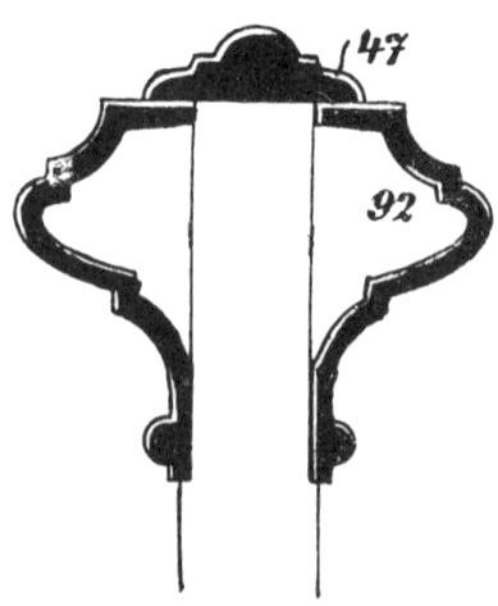

Fig. 669.

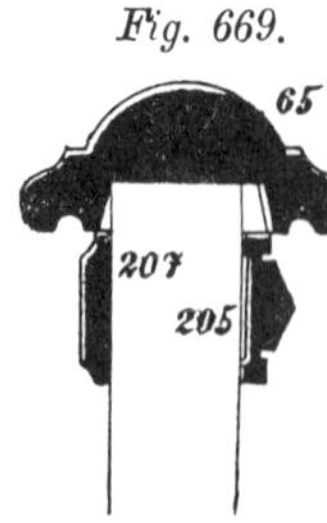

winnt man an nutzbarer Breite der Treppenläufe. Die einfachste Anordnung ist die, dass man den Geländerstab an seinem unteren Ende rechtwinkelig umbiegt und den Stab mit einer Mutter im Stehblech der Wange befestigt (Fig. 663). In Fig. 664 ist die Anschlussstelle durch eine Rosette gedeckt. Im übrigen können die Krücken die verschiedenste dekorative Ausbildung erhalten (Fig. 665, 666). Das Loch im Wangensteg erhält quadratischen Querschnitt und ebenfalls der entsprechende Teil der Krücke.

Wird die Handleiste aus Eisen hergestellt, so wird vielfach das in Fig. 11 dargestellte Normalprofil benutzt. Die Firma Mannstädt & Komp. hat für

Fig. 670.

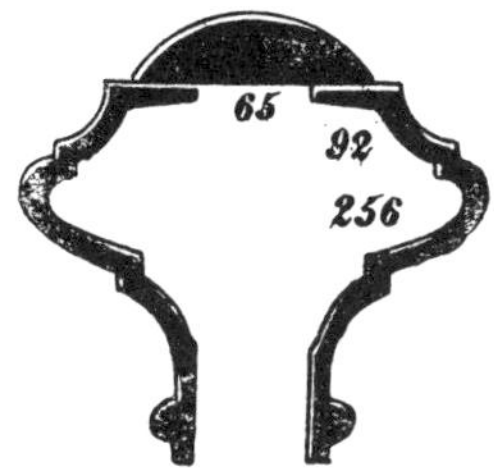

Fig. 671.

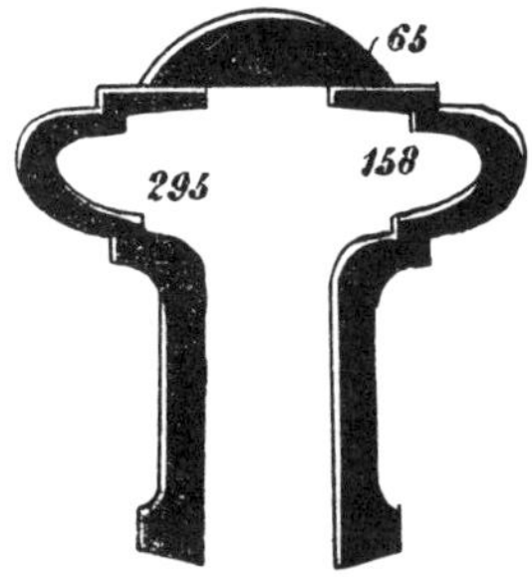

Fig. 672.

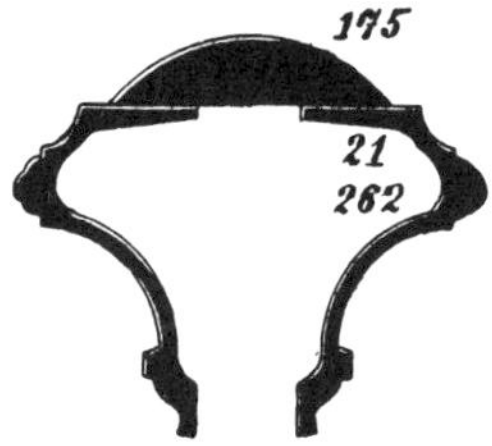

diese Zwecke ebenfalls eine Anzahl besonderer Walzeisen hergestellt, durch welche sich zierliche Handleisten herstellen lassen (Fig. 667 bis 672).

β) Wendeltreppen.

Die Herstellung schmiedeeiserner Wendeltreppen geschieht in derselben Weise wie diejenige der geraden Treppen. Die Stufen sind hier wieder keilförmig. Da die äussere Wange nach einer Schraubenlinie gebogen sein muss, so eignen sich hierfür am besten hochkantig gestellte Flacheisen, die entweder mit schmäleren Flach- oder Ziereisen oder mit Winkeln besäumt werden. Nach erfolgter Biegung werden diese Teile dann miteinander vernietet.

Als Spindel wird in der Regel ein Gasrohr benutzt, an welche die Setzstufen vermittelst kleiner Winkel genietet werden. Die Verbindung von Setzstufe mit Wange geschieht in derselben Weise. Die Trittstufe besteht entweder aus glattem, geriffeltem oder gelochtem Blech, oder aber es wird auf einem dünnen glatten Blech ein Stufenbelag aus Holz oder einem anderen passenden Material aufgebracht. In Fig. 673 ist eine einfache schmiedeeiserne Wendeltreppe dargestellt. Die Geländerstäbe sind auf den Trittstufen befestigt.

Der Firma O. Wilk in Eisenach ist eine Konstruktion schmiedeeiserner Wendeltreppen unter Reichs-Muster-Schutz gestellt, die in Fig. 674 dargestellt ist. Hier fehlt die äussere Wange. Die Trittstufen werden an der breiteren Seite durch Gasrohre auseinander gehalten, die gleichzeitig zur Aufnahme des Geländerstabes dienen. Die hintere Ecke jeder Stufe wird ausserdem durch ein als Zugband dienendes Flacheisen in der Nähe der Spindel mit der darüber liegenden Stufe verbunden. Zu diesem Zwecke sind längs der Spindel zwischen je zwei Trittstufen zur Aussteifung und Verbindung dienende Gasrohre eingeschaltet, durch welche ein Bolzen zur Befestigung gesteckt wird. Der Deckenring besitzt einen etwa 100 mm grösseren Durchmesser als der äussere Treppendurchmesser beträgt; er dient zur Auskleidung der Deckenöffnung.

Für die Wange werden auch Gitterträger benutzt, die sich leicht und billig herstellen lassen. Die Konstruktion dieser Wangen zeigt gegenüber der der ge-

Fig. 673.

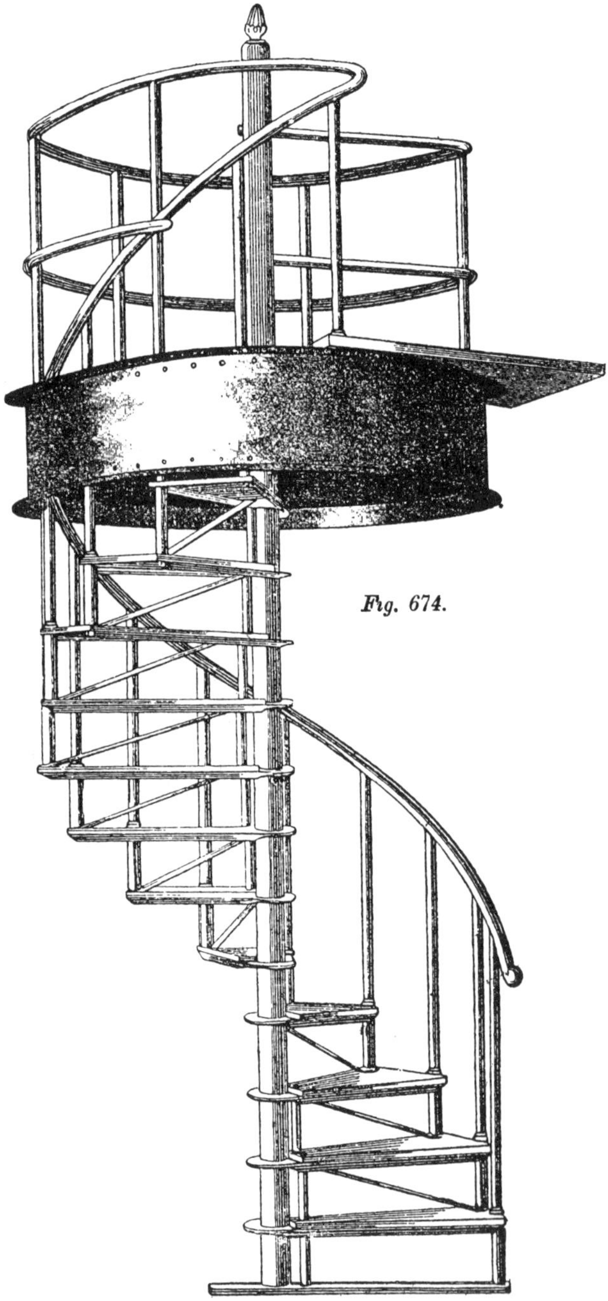

Fig. 674.

raden Wangen keine Besonderheiten. Es sei hier namentlich auf die Fabrikate des Eisenwerkes Joly in Wittenberg und der Treppenbauanstalt O. Wilk in Eisenach hingewiesen.

Neuntes Kapitel.

Fachwerk.

a) Allgemeines.

Erklärung. Ein ebenes Fachwerk ist ein System von Stäben, die in ihren Endpunkten durch reibungslose Gelenke miteinander verbunden sind und deren Achsen in einer Ebene liegen. Das einfachste Fachwerk ist das Dreieck, für welches oft fälschlich die Bezeichnung „einfaches Hängewerk“ gebraucht wird (Fig. 675). Dieses System ist statisch bestimmt, d. h. die in den Stäben auftretenden Kräfte lassen sich mit Hilfe der Gleichgewichtsbedingungen bestimmen.

Fig. 675.

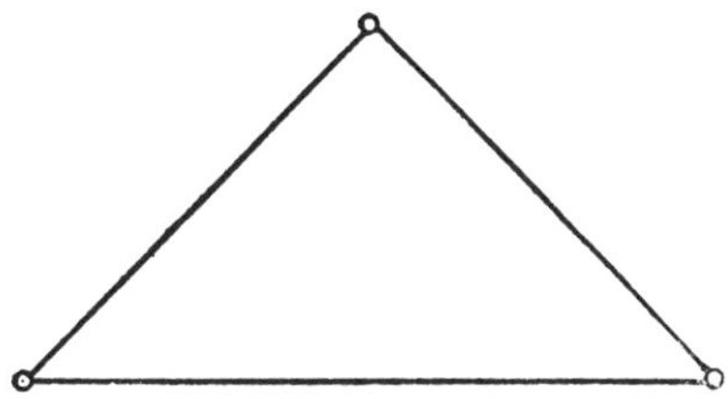

Reiht man an ein solches Dreieck andere Dreiecke, von denen jedes mit dem vorhergehenden und dem nachfolgenden eine Seite gemein hat, so erhält man stets Fachwerksysteme, die ebenfalls statisch bestimmt sind. Die allgemeinste Form eines Fachwerkes ist in Fig. 676 dargestellt.

Fig. 676.

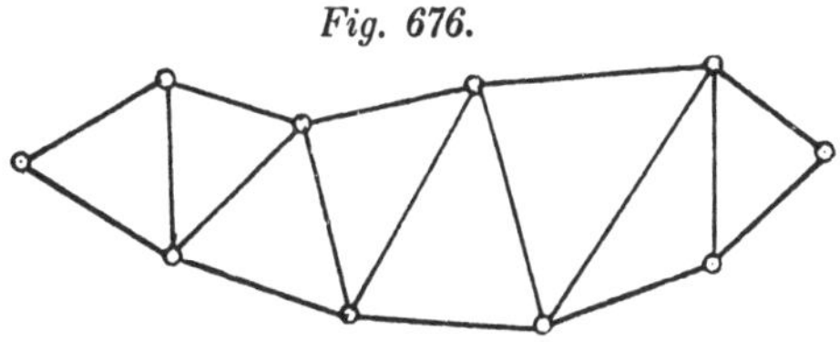

Die Stabreihen, welche das System oben und unten abschliessen, heissen die Gurtungen, die Stäbe, welche die Gurtungen miteinander verbinden, werden Wandglieder oder Gitterstäbe genannt, auch Diagonalen oder Vertikalen, je nachdem sie schräg oder senkrecht stehen. Die auf ein solches Fachwerk wirkenden äusseren Kräfte lässt man stets in den sogenannten Knotenpunkten, d. h. in den Kreuzungspunkten der Stäbe angreifen. Diese erhalten dadurch entweder nur Zug- oder nur Druckspannungen, die bei richtig konstruierten Knotenpunkten sich gleichmässig über den ganzen Querschnitt der Stäbe verteilen, so dass das aufgewandte Material voll ausgenutzt wird. Hierin liegt aber ein grosser Vorteil gegenüber den vollwandigen Trägern, da bei diesen nur die äussersten Fasern bis zur Grenze der zulässigen Inanspruchnahme, alle anderen, der neutralen Faserschicht näher liegenden Fasern, jedoch weit geringer angestrengt werden.

Einteilung. Je nach der Form der Gurtung hat man die Fachwerkträger eingeteilt in:

1. Parallelträger (Fig. 677, 677a).
2. Träger mit krummen Gurtungen, bei denen man weiter unterscheidet die Bogensehnenträger (Fig. 678), Fischbauchträger (Fig. 679), Parabel-, Hyperbel- und Ellipsenträger, je nachdem die Gurtung nach einer dieser Kurven gekrümmt ist.
3. Dreieckträger, wenn die Gurtung ein Dreieck bildet. Hierher zählen die eisernen Dachbinder, die, wenn auch der Untergurt meist in der Mitte etwas geknickt ist, im allgemeinen die Form eines Dreiecks besitzen.
4. Trapezträger, wenn die Gurtung ein Paralleltrapez bildet.

Berechnung. Welche Form die Fachwerkträger immer haben mögen, die Berechnung ist für alle Systeme dieselbe Die Bestimmung der in den einzelnen

Fig. 677.

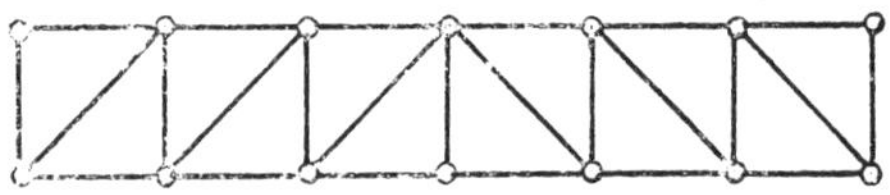

Fig. 677a.

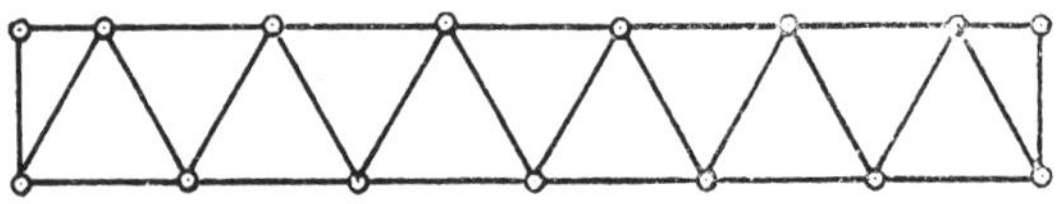

Stäben auftretenden Spannungen (Zug- oder Druckkräfte) kann sowohl rechnerisch wie graphisch geschehen. Für die einfachen im Hochbau in Betracht kommenden Systeme ist indessen die graphische Methode als die einfachere und schneller

Fig. 678.

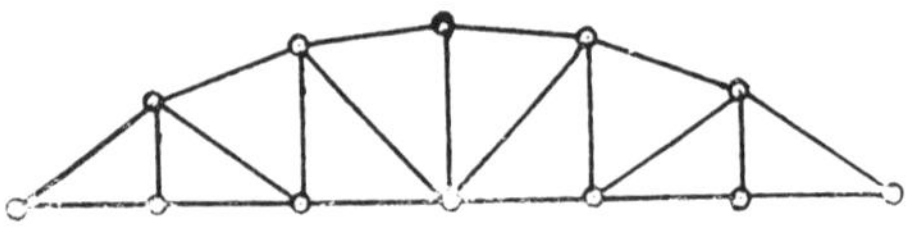

Fig. 679.

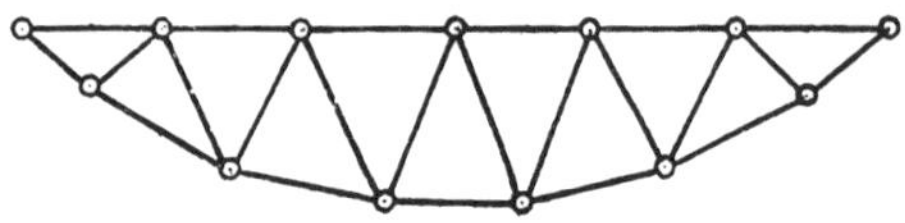

zum Ziele führende vorzuziehen. Diese soll daher bei der Ermittelung der Stabspannungen in den nachstehenden Untersuchungen angewandt werden.

Bestimmung der Stabspannungen. Bei der Bestimmung der Stabspannungen wird stets vorausgesetzt, dass

1. die äusseren Kräfte (Belastungen und Auflagerdrücke) in den Knotenpunkten angreifen und
2. dass die Stäbe an ihren Enden durch reibungslose Gelenke verbunden sind.

Am geeignetsten für die Ermittelung der Stabspannungen ist die Cremonesche Polygonal-Methode, die auf dem Satze beruht, dass, wenn an einem Fachwerksystem die äusseren Kräfte im Gleichgewicht sind, an jedem Knotenpunkte die daselbst wirkende äussere Kraft im Gleichgewicht sein muss mit den inneren Kräften (Spannungen) der dort zusammentreffenden Stäbe. Denkt man sich nämlich einen Knotenpunkt herausgeschnitten (Fig. 680) und bringt die in den Stäben wirkenden Spannungen als äussere Kräfte an, so ist wieder Gleichgewicht hergestellt. Die in dem Knotenpunkt wirkenden Kräfte müssen sich also zu einem geschlossenen Kräftezuge vereinigen lassen (Fig. 680a). Da jeder Stab zwei Knotenpunkten angehört, so kommt jede Spannung in zwei Kräftezügen vor. Durch zweckmässige Anordnung lassen sich diese aber so aneinanderreihen, dass jede Spannung und jede äussere Kraft nur einmal vorkommt. Man erhält dadurch eine in sich geschlossene Figur, die man Kräfteplan nennt.

Fig. 680.

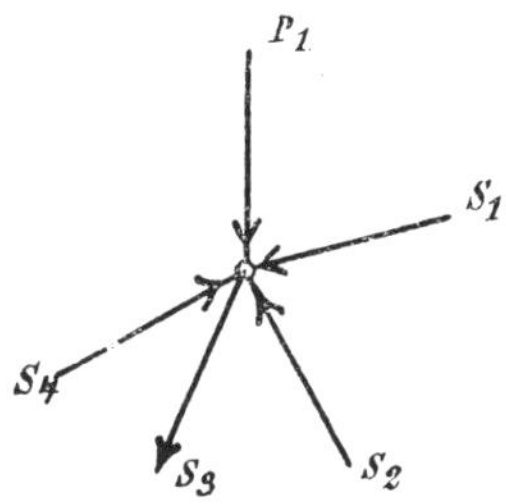

Fig. 680a.

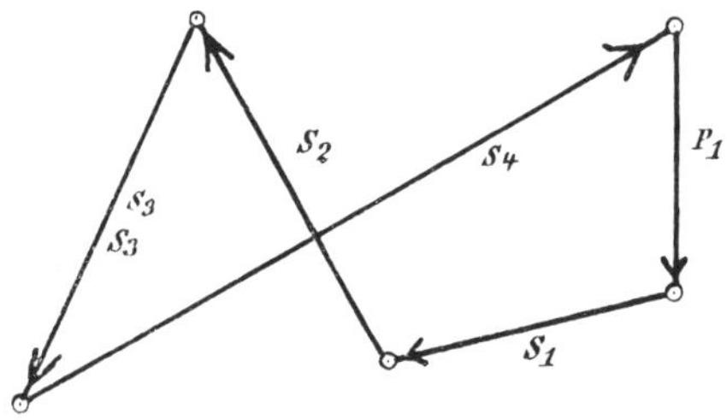

Um einen übersichtlichen Kräfteplan zu erhalten, muss jedoch die Zerlegung der Kräfte in einer bestimmten Reihenfolge und nach gewissen Regeln geschehen, die nachstehend kurz mitgeteilt werden sollen, da die Theorie des Fachwerks als bekannt vorausgesetzt wird.

Man beginne mit der Anfertigung des Kräfteplans am Auflager, indem man den Auflagerdruck nach den Richtungen der beiden hier anschliessenden Stäbe zerlegt. An jedem folgenden Knotenpunkte treten dann immer nur zwei unbekannte Stabkräfte auf, die sich durch Parallelen zu den betreffenden Stäben bestimmen lassen.

Die in einem Knotenpunkt wirkenden Kräfte reihe man stets im Sinne des Uhrzeigers aneinander, indem man mit der meist nach links gelegenen bekannten Kraft beginnt. Hierdurch fügen sich die einzelnen kleinen Kräftezüge zwanglos aneinander.

Um zu entscheiden, ob in einem Stabe Zug oder Druck herrscht, bringe man am Knotenpunkt den Pfeil an dem betreffenden Stabe so an, wie er sich im Kräfteplan ergeben hat. Zeigt der Pfeil in den Knotenpunkt hinein, so hat der Stab Druck-, zeigt er vom Knotenpunkt ab, so besitzt er Zugspannung.

Diese Regeln mögen an dem in Fig. 681 dargestellten Fachwerksystem kurz erläutert werden. Die Knotenpunkte sind der Reihe nach mit A I, II, III, IV B, die Stäbe mit den Ziffern 1, 2, 3 u. s. f. bezeichnet. Die in den Knoten I und III wirkenden Lasten seien P_1 und P_2.

Die Ermittelung der Auflagerdrücke A und B kann entweder rechnerisch oder graphisch erfolgen. In Fig. 681a ist der letzte Weg gewählt, in dem mit Hilfe des beliebig gewählten Poles O zwischen den gegebenen Kräften das Seilpolygon 1′ 2′ 3′ gezeichnet wurde. Durch Ziehen der Schlusslinie s im Seilpolygon und der durch O zu der Schlusslinie s gezogenen Parallelen s′ erhält man sodann den Auflagerdruck A = d a, und den Auflagerdruck B = c d.

Am Auflager A (Fig. 681) wirken nun der Stützendruck A und die unbekannten Spannungen der Stäbe 1 und 2. In Fig. 681a zerlege man A nach den Richtungen der Stäbe 1 und 2, indem man durch a eine Parallele zu 1 und durch d eine solche zu 2 zieht. Da A mit 1 und 2 im Gleichgewicht ist, so müssen die Pfeile aufeinanderfolgen. Der Umfahrungssinn im Kräftezuge d a e d ist daher durch die einfachen Pfeile ausgedrückt. Bringt man am Knoten A die Pfeile an, so weist der Pfeil von 1 nach A, so dass die Spannung im Stabe

1 Druck bedeutet. Im Stabe 2 zeigt der Pfeil von A weg, demnach ist die Spannung in 2 Zugspannung.

Fig. 681.

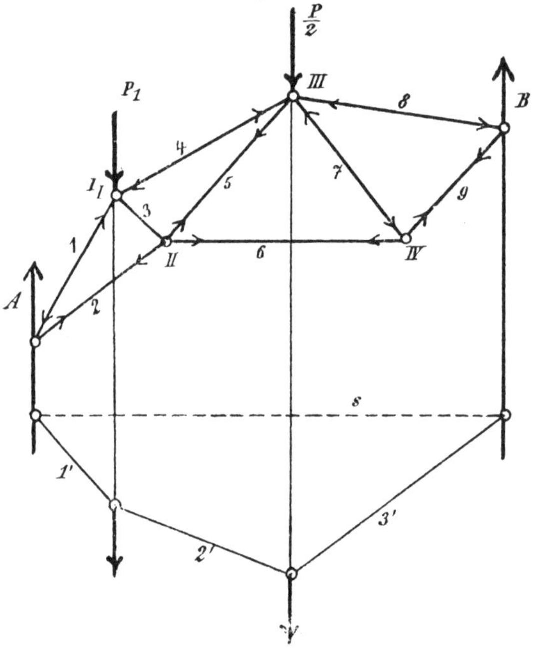

Am Knotenpunkt I wirken die Kräfte 1, P_1, 4 und 3. Hiervon sind 1 und P_1 bekannt, 4 und 3 unbekannt. Da 1 Druck ist, so ist am Knotenpunkt I (Fig. 681) der Pfeil in 1 so angebracht zu denken, dass er in den Knotenpunkt hineinweist. Die äusserste links gelegene bekannte Kraft ist 1, demnach die Reihenfolge der Aneinanderreihung 1, P_1, 4, 5. Im Kräfteplane Fig. 681a ist daher die Aufeinanderfolge e a, a b, b f, f e die Pfeilrichtung von e nach a (Doppelpfeil) nach b, nach f nach e. Hiernach wird 4 Druck, 3 Zug, denn im Stabe 4 zeigt der Pfeil auf den Knotenpunkt, in 3 von diesem weg.

Fig. 681 a.

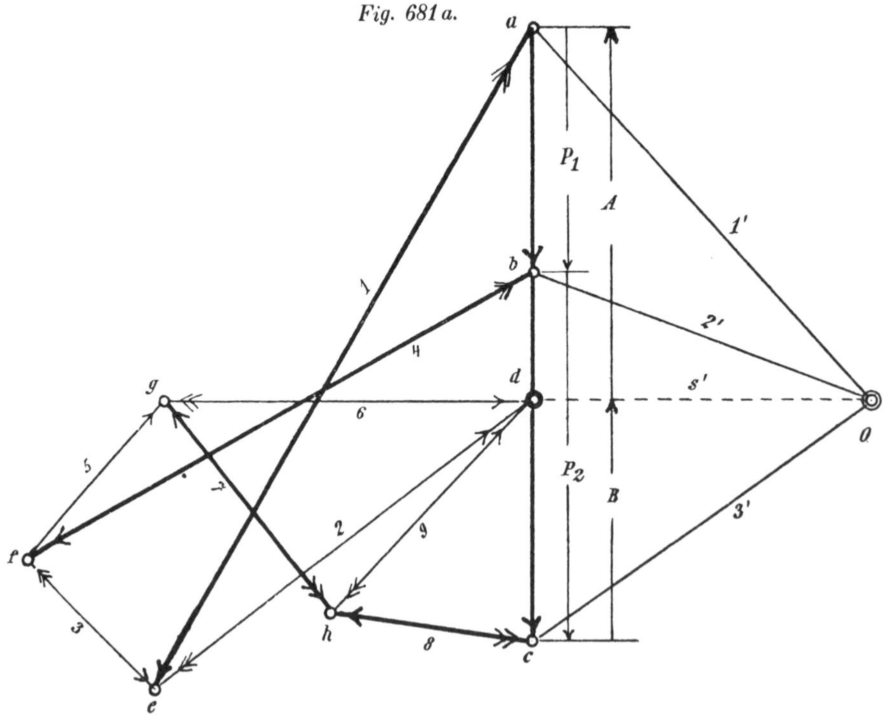

Am Knoten II sind jetzt bekannt die Kräfte 2 und 3, unbekannt 5 und 6. Da die bekannte Kraft 2 am meisten links liegt, so ist die Folge der Aneinanderreihung 2, 3, 5, 6, im Kräfteplane also in d beginnend d e, e f, f g, g d, die Pfeilrichtung von d über e, f, g nach d zurück. 5 und 6 ergeben sich somit als Zugspannung.

Im Knoten III ist die Reihenfolge 5, 4, P_2, 8, 7, im Kräfteplane g f, f b, b c, c h, h g. Die Spannungen in 8 und 7 sind demnach Druck.

Im Knoten IV ist die Reihenfolge 6, 7, 9, im Kräfteplan d g, p h, h d. Hiernach wird 9 Zug.

Am Lager B wirken jetzt die Kräfte 9, 8, B, welche, da sie miteinander im Gleichgewicht sein müssen, ein geschlossenes Kräftedreieck liefern müssen. Die Folge der Aneinanderreihung ist 9, 8, B, im Kräfteplane d h, h c, c d.

Der Kräfteplan ist, wie sich ergibt, stets eine in sich geschlossene Figur. Mit der Zerlegung der Kräfte in d beginnend, ist man nach d wieder zurückgekehrt.

In Fig. 681 a sind die gedrückten Stäbe durch einen kräftigen Strich hervorgehoben.

Um die gedrückten und die gezogenen Stäbe sofort unterscheiden zu können, zieht man im Kräfteplane jene rot, diese blau aus, während die äusseren Kräfte durch kräftige schwarze Linien dargestellt werden.

Die in der Praxis verwendeten Fachwerksysteme besitzen in der Regel gleiche Feldlängen und sind symmetrisch zur Mitte angeordnet. Jedes Auflager nimmt daher die Hälfte der Belastung des Systems auf.

Ist e die Binderentfernung, a die **horizontale** Entfernung je zweier benachbarter Knotenpunkte, p die Last pro Quadratmeter Grundriss, so ist die in einem mittleren Knotenpunkte zur Wirkung gelangende Last:

$$P = p \cdot e \cdot a \text{ (Fig. 682)},$$

Fig. 682.

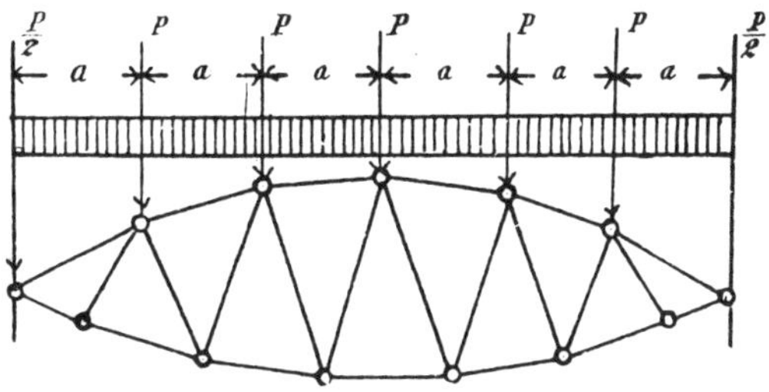

während in den Endknotenpunkten die Hälfte dieser Last angreift. Besitzt der Träger n Felder, so sind demnach die Auflagerdrücke:

$$A = B = \frac{n}{2} P.$$

D i e i n d e n E n d k n o t e n w i r k e n d e n L a s t e n h a b e n a b e r k e i n e n E i n f l u s s a u f d i e G r ö s s e d e r S t a b s p a n n u n g e n, d a s i e d i r e k t i n d a s L a g e r d e r T r ä g e r g e l a n g e n. Die zur Bestimmung der Stabspannung mafsgebenden Auflagerdrücke sind daher:

162) $$A = B = \frac{n-1}{2} P.$$

In den Figuren 683 bis 692 auf Tafel 6, 7 und 8 sind die Kräftepläne für eine Anzahl Dreiecksysteme gezeichnet, zu deren Erklärung kurze Bemerkungen genügen.

Parallelträger. Der in Fig. 683 auf Tafel 6 dargestellte Parallelträger ist in den oberen Knotenpunkten mit je 1500 kg, in den Endknoten mit 750 kg belastet, er besitzt 8 gleiche Felder. Die Lager A und B erhalten somit einen

Druck von $\frac{8}{2} \cdot 1500 = 6000$ kg. Beginnt man im Punkte A mit der Kräftezerlegung, so findet man die Spannung im Stabe $1 = A = 6000$ kg, in $2 = 0$. Im Knoten I sind jetzt die Kräfte 1, $\frac{P}{2}$, 4 und 3 im Gleichgewicht, von denen 4 und 3 unbekannt sind und durch Ziehen der Parallelen a c und b c im Kräfteplan gefunden werden. Die Kraft $\frac{P}{2}$ ist ohne Einfluss auf die Grösse der Stabspannungen, da sie durch den Stab 1 direkt auf das Lager übertragen wird. Der Stab 1 gehört gewissermafsen zum Lager. Denkt man nämlich die Stäbe 1 und 2 beseitigt und das Lager A in den Knoten I verlegt, so sieht man ohne weiteres, dass der Stab 2 überflüssig und seine Spannung $= 0$ ist, während die Last $\frac{P}{2}$ vom Lager direkt aufgenommen wird. Für die Grösse der Spannungen in den Stäben ist, wie aus dem Kräfteplan ersichtlich, der Auflagerdruck $A = a\,b = 3^1/_2\, P = \frac{8-1}{2} \cdot P$, in Uebereinstimmung mit Gleichung 162).

Die weitere Zerlegung der Kräfte in den Knotenpunkten II, III u. s. f. bietet jetzt keine Schwierigkeiten mehr.

Da der Träger symmetrisch zur Mitte angeordnet ist, so genügt es, den Kräfteplan nur für die linke Hälfte zu zeichnen, da die Spannungen der Stäbe der rechten Hälfte den Spannungen der entsprechenden Stäbe der linken Hälfte gleich sind.

Das letztere gilt für alle symmetrisch angeordneten und belasteten Fachwerksysteme.

Windverband eines Fachwerkgebäudes. Bei der Besprechung des Windverbandes bei freistehenden Fachwerkgebäuden wurde hervorgehoben, dass oft die Notwendigkeit vorliegt, einen solchen in der Ebene des oberen Rahmens anzuordnen. Das in Fig. 684 auf Tafel 6 schematisch dargestellte Fachwerkhäuschen möge senkrecht zur Breitseite vom Winde getroffen werden. Der auf die Vorderfront wirkende Winddruck greift alsdann teils in den unteren, teils in den oberen Endpunkten der Stiele an.

Die Stiele sind 1,40 m voneinander entfernt und 3 m lang. Die Grösse des Winddruckes wird zu 120 kg pro Quadratmeter senkrecht getroffene Fläche angenommen.

Auf den unteren Endpunkt eines jeden Mittelstieles wirkt somit ein Winddruck von $\frac{1{,}4 \cdot 3{,}2}{2} \cdot 120 =$ rd 270 kg, der von der Verankerung des Stieles mit dem Fundament aufgenommen wird.

Am oberen Ende des Stieles greift derselbe Winddruck vermehrt um den auf der Dachfläche wirkenden an, mithin da das Dach 0,40 m hoch ist:

$$W = 1{,}4 \cdot 0{,}40 \cdot 120 + 270 = \text{rd } 340 \text{ kg}.$$

Der Windverband besteht nun aus dem Rahmen, sowie aus den zwischen denselben eingezogenen Stäben 1, 3, 5, 7, 9, 10, 12, 14, 16, 18 (Fig. 684c).

Der auf die oberen Endpunkte der Eckstiele wirkende Winddruck wird von den Schmalseiten des Gebäudes aufgenommen.

Die Lager des horizontal liegenden Fachwerkträgers werden von den Schmalseiten gebildet. Jedes Lager erhält einen Druck von $2 \cdot 340 = 680$ kg.

In Fig. 684 d auf Tafel 6 ist die Spannungsermittelung durchgeführt. Hierdurch erhalten die Vertikalen 3, 7, 12, 16 Druck, die Diagonalen 1, 5, 14, 18 Zug, während die Diagonalen 9 und 10 des Mittelfeldes spannungslos bleiben.

Wirkt der Wind auf die Rückseite des Gebäudes, so treten statt der Diagonalen 1, 5, 14, 18 die Diagonalen 1', 5', 14' und 18' in Tätigkeit.

Die mittleren Diagonalen dürfen nicht fehlen, da bei über Eck wirkendem Winde diese Diagonalen angespannt werden, wenn auch die Grösse der Kräfte geringer ist als die der anderen Diagonalen. Hinsichtlich der praktischen Ausführung wird man sämtlichen Diagonalen denselben Flacheisenquerschnitt geben, und zwar denjenigen, welcher der meist gezogenen Diagonale entspricht.

Treppenwange. Fig. 685 auf Tafel 7 stellt die als Fachwerk ausgebildete Wange eines Treppenarmes dar, die Vertikalen entsprechen den Setzstufen, die Horizontalen den Trittstufen. Die Breite des Treppenlaufes sei 2,76 m, die des Auftrittes 0,30 m, Belastung pro Quadratmeter Grundriss 600 kg. An jedem oberen Knotenpunkt greift mithin eine Last von $\frac{2,76}{2} \cdot 0,3 \cdot 600 = \text{rd}\ 250$ kg an. Jedes Lager erhält einen Druck von 5 P. Aus dem Kräfteplan in Fig. 685 b auf Tafel 7 folgt, dass die Horizontalstäbe in der unteren Trägerhälfte (bis Stab 17) Zugspannungen, in der oberen Hälfte Druckspannung erleiden. Ebenso wechselt die Spannung in den Vertikalen; in der unteren Trägerhälfte erhalten sie Druck-, in der oberen Hälfte Zugspannung. Die Stäbe 21 und 23 sind spannungslos, ebenso die nicht zum Trägersystem gehörenden Stäbe x und y.

b) Dachbinder.

Besondere Wichtigkeit im Hochbau beanspruchen die als Fachwerk ausgebildeten Dachbinder. Sowohl die Satteldachbinder wie die Pultdachbinder gelangen in neuerer Zeit vielfach als Fachwerksysteme zur Anwendung.

Fig. 693.

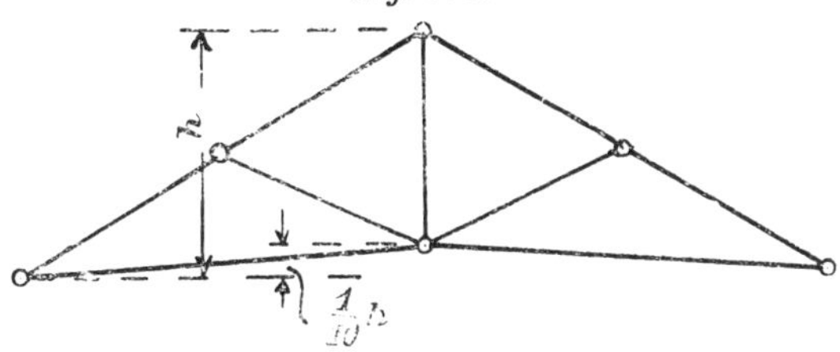

Je nach der Anordnung der Wandglieder unterscheidet man bei den Satteldachbindern folgende Systeme:

1. Der deutsche Binder (Fig. 693), besitzt eine Mittelvertikale und in jeder Dachhälfte eine Diagonale; er ist nur für geringe Spannweiten brauchbar und wird wenig angewandt.

Fig. 694.

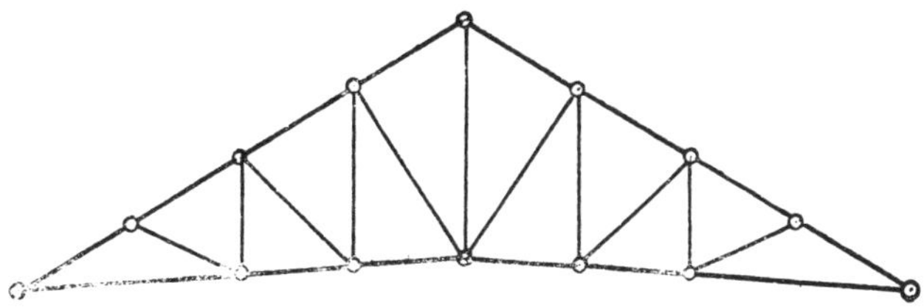

2. Der englische Binder (Fig. 694) ist bei enger Pfettenanordnung üblich, Die Diagonalen fallen nach der Dachmitte zu, die Vertikalen stehen lot-

recht. Die Anzahl der Fehler richtet sich nach der Spannweite des Daches.

3. Der belgische Binder (Fig. 695 und 696) besitzt nach dem First ansteigende Diagonalen. Die Vertikalen sind entweder lotrecht oder rechtwinkelig zum Obergurt angeordnet.

Fig. 695.

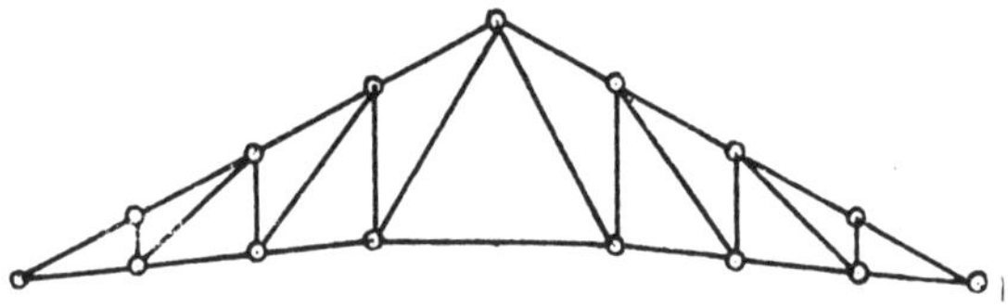

Fig. 696.

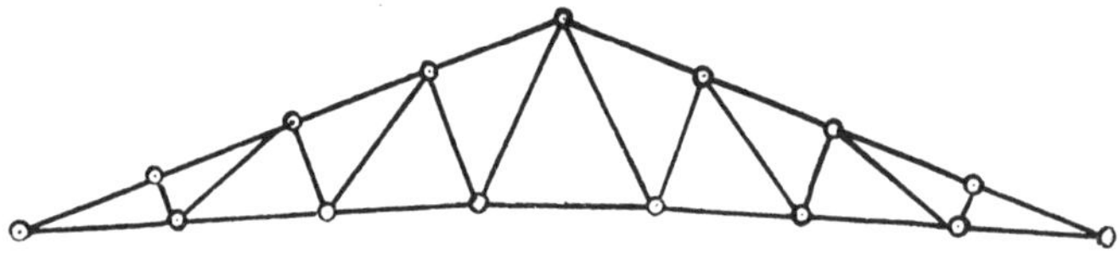

4. Der französische oder Polonceau-Binder ist eine Kombination mehrerer Hängewerke. Fig. 697 zeigt den einfachen, Fig. 698 den doppelten Polonceau-Binder. Er ist für alle Spannweiten geeignet und wird sehr häufig ausgeführt.

Fig. 697.

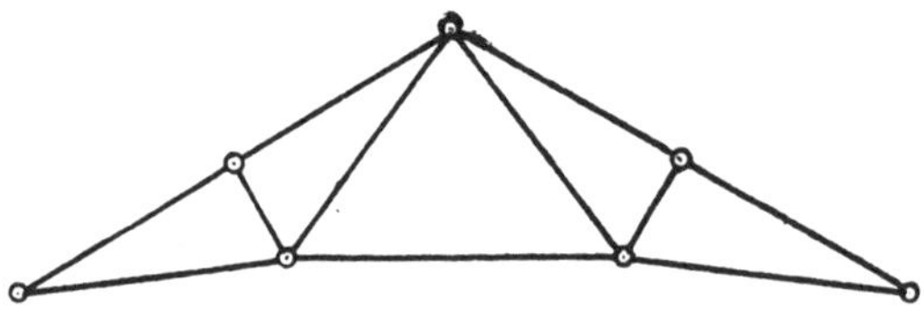

Fig. 698.

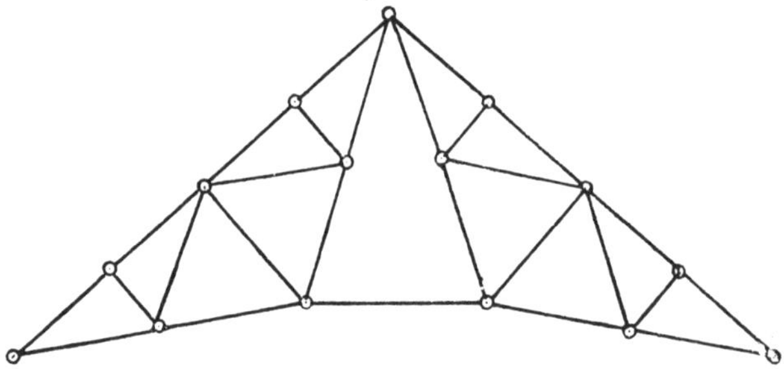

Bei den vorstehend genannten Dächern steigt der Untergurt in der Regel etwas an, etwa $^1/_{10}$ der Dachhöhe. Die Binder erhalten dadurch ein gefälligeres Ansehen.

Fig 699.

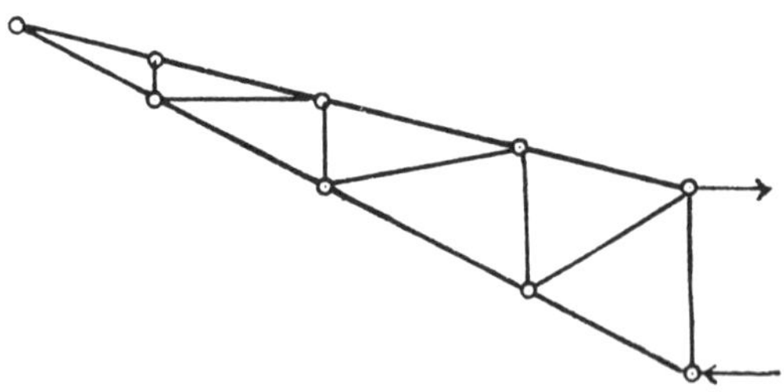

Die Pultdachbinder werden meist nach dem belgischen oder englischen System angeordnet (Figur 699, 700).

Fig. 700.

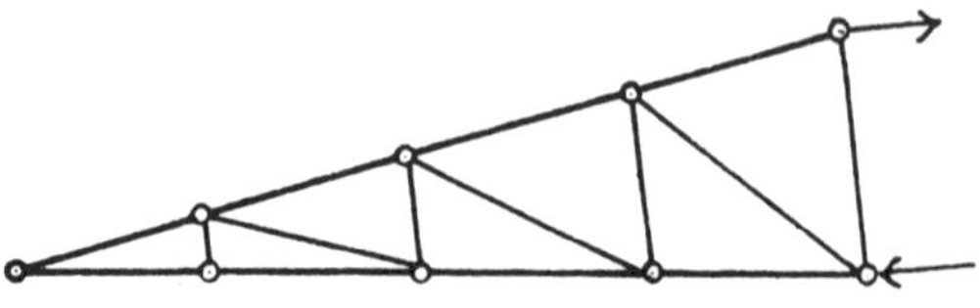

Belastung. Was die Belastung der Dachbinder anbetrifft, so setzt sich dieselbe zusammen aus der bleibenden und der zufälligen Last. Die erste besteht aus dem Gewicht der Deckung, der Latten, der Sparren und des Binders, die zufällige Last aus dem Winddruck und dem Gewichte des Schnees.

Je nach der Neigung des Daches ist die Grösse der bleibenden und zufälligen Last verschieden.

Bleibende Last. Für die verschiedenen Dachneigungen kann das Gewicht der bleibenden Last der nachstehenden Tabelle entnommen werden.

Das Gewicht der eisernen Binder beträgt bei gut konstruierten Dächern selten mehr als 25 kg/qm Grundriss. In den Werten der nachstehenden Tabelle ist dasselbe mit 22 kg als Mittelwert enthalten, so dass jene Werte das Gewicht der Eindeckung, Lattung bezw. Schalung, Pfetten und Binder angeben.

Tabelle der bleibenden Last in Kilogramm pro Quadratmeter Grundriss.

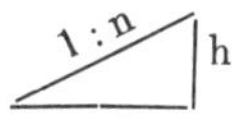

Art der Eindeckung $\frac{h}{s}=$	$1/1$	$1/1,5$	$1/2$	$1/2,5$	$1/3$	$1/3,5$	$1/4$	$1/4,5$	$1/5$
Einfache Ziegellage	150	130	122	119	—	—	—	—	—
Doppeldach	181	166	156	151	—	—	—	—	—
Kronendach	205	178	167	162	—	—	—	—	—
Pfannen auf Lattung	150	130	122	119	—	—	—	—	—
Pfannen auf Schalung und Lattung	178	154	145	140	—	—	—	—	—
Falzziegel auf Lattung	178	154	145	140	—	—	—	—	—
Schiefer auf 2,5 cm starker Schalung	142	124	117	114	111	—	—	—	—
Teerpappdach auf 2,5 cm starker Schalung	72	64	61	60	59	58	58	58	58
Zink- oder Eisenblech auf 2,5 cm starker Schalung	78	70	66	66	64	64	63	63	63
Glas (6 mm stark)	64	58	56	54	54	53	53	53	53
Glas (4 mm stark)	50	46	44	44	43	43	43	43	43
Eisen-Wellblech	57	52	51	50	48	48	48	48	47

Holzzement . . . . $\frac{h}{s}=$ $1/20$ auf 3,5 cm starker Schalung und 7 cm Kieslage 200 kg.

Schneelast. Das grösste Gewicht der Schneelast auf 1 qm horizontaler Fläche beträgt in unseren Gegenden etwa 75 kg. Ist der Winkel α grösser als 35^0, $\frac{h}{s} > 1/1,4$, so rutscht der Schnee ab und man kann daher bei solchen Dächern von dem Gewicht der Schneelast absehen.

Für die verschiedenen Dachneigungen wird der Schneedruck auf 1 qm Grundriss meist der nachstehenden Tabelle entnommen.

Tabelle des Schneedruckes.

Man rechnet für das Quadratmeter Grundriss der Dachfläche, wenn

$\frac{h}{s}=$	$1/1$	$1/1,5$	$1/2$	$1/2,5$	$1/3$	$1/3,5$	$1/4$	$1/4,5$	$1/5$
kg . .	55	65	70	75	75	75	75	75	75

Winddruck. Je steiler das Dach ist, um so grösser ist der Einfluss des Windes. Aus einer Reihe von Beobachtungen ergibt sich, dass die Windrichtung etwa 10° gegen die Horizontale geneigt ist. Die Grösse des Winddruckes wird zu W = 125 kg pro Quadratmeter senkrecht getroffener Fläche angenommen.

Zerlegt man den Winddruck W in eine Komponente N normal zur Dachfläche und in eine in diese fallende (Fig. 701), so ergibt sich für 1 qm geneigter Dachfläche für N der Wert:

$$163)\qquad N = W \cdot \sin^2(\alpha + 10^0) = 125 \cdot \sin^2(\alpha + 10^0).$$

Die andere Komponente ist für die Spannungen ohne Wirkung. Die in den einzelnen Knotenpunkten angreifenden Winddrucke lassen sich nun leicht bestimmen.

Da der Wind immer nur eine Dachfläche treffen kann, so wird man für den Wind zwei Kräftepläne anfertigen müssen, einmal für den Fall, dass er die Seite des Daches trifft, an welcher das bewegliche Lager liegt, das andere Mal für den Fall, dass er die Seite trifft, auf welcher sich das feste Lager befindet.

Fig. 701.

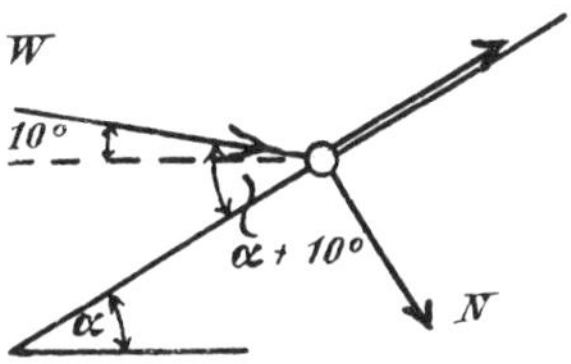

Fig. 702.

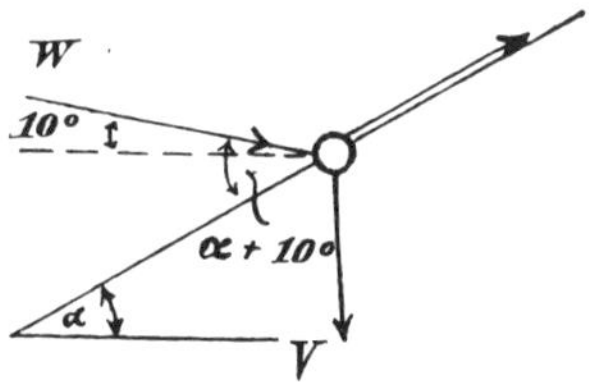

Für Dächer, deren Neigung höchstens 1 : 1 ist, wird indessen meist anders verfahren.

Zerlegt man den Winddruck W in eine lotrechte Seitenkraft V und eine andere in die Dachfläche fallende (Fig. 702), so ist letztere ohne Einfluss auf das Dach; für V ergibt sich aber pro Quadratmeter Grundriss der Wert:

$$164)\qquad V = \frac{W \cdot \sin^2(\alpha + 10^0)}{\cos^2 \alpha} = \frac{125 \cdot \sin^2(\alpha + 10^0)}{\cos^2 \alpha}.$$

Für die verschiedenen Dachneigungen ergeben sich nach dieser Formel die in nachstehender Tabelle mitgeteilten Werte.

Lotrechter Winddruck in Kilogramm pro Quadratmeter Grundriss der Dachfläche.

(h, s) Für $\frac{h}{s}$ =	$^1/_1$	$^1/_{1,5}$	$^1/_2$	$^1/_{2,5}$	$^1/_3$	$^1/_{3,5}$	$^1/_4$	$^1/_{4,5}$	$^1/_5$
wird V =	169	88	57	42	32	26	23	20	17

Diese Last wird nun, obwohl der Wind nur eine Seite des Daches treffen kann, auf beiden Dachhälften wirkend angenommen.

Die Gesamtbelastung des Daches erhält man durch Addition der Werte in den vorstehenden drei Tabellen. Die Resultate sind in der folgenden Tabelle enthalten.

Gesamtlast in Kilogramm pro Quadratmeter Grundriss der Dachfläche.

Art der Eindekung (1 : n, h, s) $\frac{h}{s}=$	$^1/_1$	$^1/_{1,5}$	$^1/_2$	$^1/_{2,5}$	$^1/_3$	$^1/_{3,5}$	$^1/_4$	$^1/_{4,5}$	$^1/_5$
Einfache Ziegellage . . .	374	268	249	236	—	—	—	—	—
Doppeldach	405	319	283	268	—	—	—	—	—
Kronendach	429	331	294	279	—	—	—	—	—
Pfannen auf Lattung . .	374	283	249	236	—	—	—	—	—
Pfannen auf Schalung und Lattung	402	307	272	257	—	—	—	—	—
Falzziegel auf Lattung . .	402	307	272	257	—	—	—	—	—
Schiefer auf 2,5 cm starker Schalung	366	277	244	231	216	—	—	—	—
Teerpappdach auf 2,5 cm starker Schalung . . .	296	217	188	179	164	159	156	153	150
Zink- oder Eisenblech auf 2,5 cm starker Schalung	302	223	193	183	169	165	161	158	155
Glas (6 mm stark) . . .	288	211	183	171	159	154	151	148	145
Glas (4 mm stark) . . .	274	199	171	161	148	144	141	138	135
Eisen-Wellblech	281	205	178	167	153	149	146	143	139

Holzzement $\frac{h}{s} = {}^1/_{20}$ auf 3,5 cm starker Schalung und 7 cm Kieslage 275 kg.

Kräftepläne. In Fig. 686 auf Taf. 7 ist der Kräfteplan für einen einfachen Polonceau-Binder gezeichnet. Spannweite 12 m, Dachneigung 1 : 3, Binderentfernung 4,41 m, Eindeckung Schiefer, demnach Belastung pro Quadratmeter Grundriss 216 kg. Die Knotenpunktslast ist daher:

$$4{,}41 \cdot \frac{12}{4} \cdot 216 = \text{rund } 2850 \text{ kg.}$$

Die Auflagerdrücke A und B werden: $A = B = \frac{3}{2} P.$

Für diesen wie für die anderen Binder ist der Kräfteplan nur für die eine Dachhälfte gezeichnet, weil dadurch sämtliche Stabspannungen bekannt sind.

Für den belgischen Dachstuhl (Fig. 687, Taf. 7) ist die Dachneigung 1 : 2, die Spannweite 15,0 m; die Eindeckung sei Schiefer, die Last pro Quadratmeter Grundriss somit 244 kg. Die Knotenlast beträgt alsdann, da die Binderentfernung 3,85 m ist und sechs gleiche Felder vorhanden sind:

$$3{,}85 \cdot \frac{15{,}0}{6} \cdot 244 = 2350 \text{ kg.}$$

Die Auflagerdrücke A und B werden nach Gleichung 162):

$$\frac{6-1}{2} \cdot P = \frac{5}{2} \cdot 2350 \text{ kg.}$$

Der englische Dachstuhl (Fig. 688, Taf. 7) besitzt eine Spannweite von 14,0 m, die Dachneigung ist 1 : 1,5, die Eindeckung besteht aus einer einfachen Ziegellage, die Last pro Quadratmeter Grundriss ist somit 268 kg; Anzahl der Felder 6, Binderentfernung 4,45 m, die Knotenlast also:

$$4{,}45 \cdot \frac{14{,}0}{6} \cdot 268 = \text{rund}\,2780\ \text{kg}.$$

Die Lagerdrücke A und B werden folglich

$$\frac{6-1}{2} \cdot P = \frac{5}{2} \cdot 2780\ \text{kg},$$

Bei dem Doppel-Polonceau-Binder in Fig. 690 auf Taf. 8 beträgt die Spannweite 22,0 m, die Binderentfernung 5,55 m, die Dachneigung rund 1 : 3, die Anzahl der gleichen Felder 8, die Eindeckung ist Schiefer, die Last pro Quadratmeter Grundriss 216 kg; hiernach ergibt sich die Knotenlast zu:

$$5{,}55 \cdot \frac{22}{8} \cdot 216 = \text{rund}\,3300\ \text{kg}$$

und die Auflagerdrücke berechnen sich zu

$$\frac{8-1}{2} \cdot P = \frac{7}{2} \cdot 3300\ \text{kg}.$$

Beginnt man beim Auflager A mit der Kräftezerlegung, so bieten sich für die Knotenpunkte I und II keine Schwierigkeiten, die Spannungen der Stäbe 1 bis 6 lassen sich in der bekannten Weise ermitteln. Am Knoten III und IV treten jetzt aber drei unbekannte Spannungen auf, so dass sich für diese Knotenpunkte ohne weiteres keine Kräftepläne aufzeichnen lassen. Man kann nun aber die Spannung S im Stabe 11 auf folgende Weise ermitteln. Denkt man sich durch den First und den Stab 11 einen Schnitt gelegt und im Stabe 11 die Spannung S angebracht, so muss das Moment der auf der linken Binderhälfte wirkenden Kräfte = 0 sein. Wählt man den Firstpunkt als Drehpunkt, so ist nach den Bezeichnungen in Fig. 690 auf Tafel 8:

$$M = A \cdot 4a - P(3a + 2a + a) - S \cdot h = 0,$$

woraus, da $A = \frac{7}{2} P$ ist, sich ergibt

$$8Pa = S \cdot h.$$

Hierfür kann man schreiben:

$$2P \cdot 4a = S \cdot h, \text{ oder es verhält sich:}$$

$$\frac{S}{2P} = \frac{4a}{h}.$$

Dieser Ausdruck lässt sich aber leicht konstruieren. Verlängert man nämlich den Stab 11 bis zum Schnitt mit der Auflagervertikalen im Punkte C und verbindet C mit F, so entsteht das Dreieck CDF, in welchem CD = 4a und DF = h ist. Trägt man von D aus auf DF die Kraft 2P in irgend einem Mafsstabe auf und zieht durch den Endpunkt eine Parallele zu FC, so wird auf DG die gesuchte Spannung abgeschnitten. Das Ziehen der Parallele kann aber auch im Kräfteplan direkt geschehen. Durch b ziehe man die Horizontale, mache bc = 2P und ziehe durch c die Parallele cd, dann ist bd die gesuchte Spannung im Stabe 11.

Für den Knotenpunkt IV kann man nun den Kräfteplan zeichnen, wodurch die Spannung im Stabe 7 bekannt wird. Jetzt sind im Punkte III auch nur noch zwei Spannungen unbekannt, so dass der Kräfteplan vollendet werden kann.

Bei den Pultdachbindern ist stets eine Verankerung des Binders mit der Mauer notwendig. Zu den zu bestimmenden Spannungen kommen hier noch die Kräfte in den Ankern H_1 und H_2. Diese sind einander gleich, da sie die einzigen horizontal wirkenden Kräfte sind. H_1 ist Zug, H_2 Druck (Fig. 689 und 691 auf Tafel 7 und 8).

Mit der Anfertigung der Kräftepläne beginnt man zweckmässig am vorderen Ende.

Bei dem in Fig. 689 auf Tafel 7 dargestellten Binder, dessen Ausladung 3,0 m beträgt, ist die Binderentfernung zu 5,0 m, als Eindeckung Eisenwellblech angenommen, die Dachneigung ist 1 : 6, daher das Gewicht pro qm Grundriss rd 132 kg. Hiernach wird die Knotenlast:

$$\frac{3,0}{4} \cdot 5,0 \cdot 132 = 480 \text{ kg.}$$

Auf die beiden Endknoten kommt die Hälfte der Last.

Der Freiträger in Fig. 691 auf Tafel 8 besitzt eine Neigung des Obergurtes von 1 : 3, die Binderentfernung beträgt 4,36 m, die Ausladung 3,0 m, die Eindeckung besteht aus Eisenwellblech, das Gewicht pro qm Grundriss 153 kg. Die Knotenlast berechnet sich demnach zu:

$$\frac{3,0}{4} \cdot 4,36 \cdot 153 = \text{rd } 500 \text{ kg.}$$

In den Endknoten wirken je 250 kg.

Der in Fig. 692 auf Tafel 8 dargestellte Träger wird häufig bei Güterschuppen angewandt. Es ist ein Träger mit überhängenden Enden und dient einem Holzzementdach zur Unterstützung. Die Entfernung der Knotenpunkte beträgt in dem gewählten Beispiel 1,0 m, die Binderentfernung 5,0 m, das Gewicht pro qm Grundriss 300 kg. Die Knotenlast wird alsdann $5,0 \cdot 1,0 \cdot 300 = 1500$ kg. In den beiden Endknoten wirkt die Hälfte dieser Last. Die Auflagerdrücke werden hier, da jedes Lager 9 Lasten aufnimmt,

$$A = B = 9 \cdot 1500 \text{ kg.}$$

Der Kräfteplan wurde für die linke Dachhälfte gezeichnet und mit der Kräftezerlegung im Punkte a begonnen. Fährt man mit derselben von Knotenpunkt zu Knotenpunkt fort, so stösst man auf keine Schwierigkeiten.

Berechnung der Stabquerschnitte. Sind die Stabspannungen sämtlich bestimmt, so schreitet man zur Berechnung der erforderlichen Nutzquerschnitte der Stäbe. Ist allgemein P die Spannung eines Stabes, k die zulässige Belastung (gleich 1000 kg für Schmiedeeisen,) so muss der nutzbare Querschnitt jedes Stabes mindestens sein:

$$f = \frac{P}{k} = \frac{P}{1000} \text{ qcm.}$$

Die gedrückten Stäbe sind ausserdem auf Knicken zu untersuchen, sie müssen demnach der in Gleichung 94 aufgestellten Bedingung

$$J = 2,5 P l^2$$

genügen. Hierbei wird vorausgesetzt, dass das ganze Fachwerksystem aus Schmiedeeisen hergestellt wird, wie dies in der Praxis stets geschieht.

Form der Querschnitte. Mit Rücksicht auf die bei der Besprechung der Nietverbindungen aufgestellten Regeln (Seite 8 ff.), wird man den Querschnitt der Stäbe zweiteilig anordnen. Für die Form des Querschnittes ist dessen Lage im Fachwerk meist ausschlaggebend.

Die gezogenen Wandglieder werden am besten und häufigsten aus zwei Flacheisen gebildet, bei sehr geringen Querschnitten wird auch wohl ein Flacheisen angeordnet, welches dann aber durch Doppellaschen mit dem Knotenblech verbunden wird.

Der Untergurt der Fachwerksysteme ist stets gezogen. Wenn nun auch für gezogene Stäbe der Flacheisenquerschnitt am geeignetsten erscheint, so wird bei den Parallelträgern der Querschnitt der Untergurtstäbe in der Regel aus zwei Winkeleisen gebildet (Fig. 703). Bei den Dachbindern wird aber der Untergurt vielfach aus zwei Flacheisen gebildet. Man halte als Regel fest, dass die geringste Breite 60 mm, die geringste Stärke 7 bis 8 mm betragen soll. Jedoch kommt auch der doppelte Winkelquerschnitt oft zur Anwendung (Fig. 703).

Fig. 703.

Fig. 704.

Die gedrückten Stäbe werden bei den im Hochbau vorkommenden Fachwerksystemen aus zwei Winkeleisen gebildet (Fig. 703), zu denen häufig noch eine Gurtplatte tritt (Fig. 704), wenn der Stab dem Obergurte angehört. Die gedrückten Wandglieder erhalten stets den doppelten Winkelquerschnitt. Der kleinste zu verwendende Winkel besitzt eine Flanschlänge von 50 mm und eine Flanschdicke von 7 mm.

Ausbildung der Knotenpunkte. Die Knotenpunkte werden sowohl als Gelenk- wie auch als vernietete Knotenpunkte ausgebildet. Hinsichtlich der Gelenke und ihrer Gestaltung kann auf die Ausführungen auf Seite 24 ff. verwiesen werden. Hier kommen nur die vernieteten Knotenpunkte zur Besprechung, die auch die bei weitem üblichste Verbindungsweise ist.

Als erste Regel beachte man, dass sich die Stabachsen aller in einem Knoten zusammenstossenden Stäbe in einem Punkte schneiden.

Bei den Winkeleisen tritt im Hinblick darauf, dass die Schwerachse so nahe an dem Flansch liegt, dass Niete in derselben nicht gestellt werden können, eine kleine Abweichung ein. Statt der Schwerachse nimmt man bei ihnen die Mittellinie des Flansches.

In jedem Knotenpunkt befinden sich die an demselben wirkenden Kräfte im Gleichgewicht. Es ist daher zweckmässig, dass alle an einem Knoten zusammenstossenden Stäbe ihre Spannungen auf einen gemeinsamen Konstruktionsteil übertragen, in welchem der Ausgleich der Kräfte stattfindet. Dieser gemeinsame Konstruktionsteil ist das Knotenblech. Die Dicke δ desselben richtet sich im allgemeinen nach dem Nietdurchmesser d und kann für die in der Praxis gebräuchlichen Nietstärken der nachstehenden Tabelle entnommen werden.

Für den Nietdurchmesser d	= 16,	20,	23,	26 mm
wähle man die Stärke des Knotenbleches δ	= 13,	16,	18,	20 mm.

Für die im Hochbau vorkommenden einfachen Fachwerksysteme wird man fast immer mit Nieten von 16 und 20 mm auskommen.

Für Stäbe mit grösserer Spannung wird man $d = 20$ mm, für geringer gespannte Stäbe $d = 16$ mm annehmen.

Die Zahl der Anschlussniete ergibt sich dann aus den Gleichungen 2) und 3), Seite 10 und 11.

Für die Konstruktion des Fachwerks ist es äusserst vorteilhaft, wenn die Resultate der Rechnung anschaulich in einer Tabelle zusammengestellt werden, weil dadurch die Uebersichtlichkeit erhöht und die Konstruktion wesentlich erleichtert wird. Die Anordnung der Tabelle wird weiter unten angegeben werden.

Was die Stellung der Niete anbetrifft, so sind die Regeln auf Seite 11 bis 17 strenge zu beachten.

Die Ausbildung des Knotenpunktes beginne man stets damit, dass man zuerst die Wandglieder mit der erforderlichen Nietzahl an dem Knotenblech befestigt. Die in diesen Stäben wirkenden Kräfte setzen sich mit der im Knotenpunkt wirkenden äusseren Kraft zu einer Resultierenden zusammen, deren Richtung mit derjenigen des Gurtes übereinstimmt.

Die Richtigkeit des Vorstehenden ergibt sich aus folgender Ueberlegung. Man denke sich aus einem Fachwerk einen Knotenpunkt herausgeschnitten und in den durchschnittenen Stäben deren Spannungen angebracht, so sind diese mit der äusseren Kraft im Gleichgewicht (Fig. 705). Sie lassen sich in der Reihenfolge P_1 bis P_5 zu dem geschlossenen Polygon a b c d e aneinanderreihen (Figur 706). P_1 sei die äussere Kraft, P_2 und P_3 seien die Gurtspannungen, P_3 und P_4 die Spannungen der Wandglieder. Da P_2 und P_5 in derselben Geraden wirken, so lassen sich die Spannungen zu einer Resultierenden R zusammenfassen, deren Richtung in die Kraftlinie P_2 P_5 fällt. Da Gleichgewicht vorhanden sein soll, so muss notwendigerweise die Resultierende R_1 aus den Kräften P_1, P_3, P_4 gleich aber entgegengesetzt der Resultierenden R sein, also in die Richtung des Gurtes fallen. Deutlich gelangt dieses zur Anschauung, wenn die Kräfte in der Reihenfolge P_5 P_2 P_1 P_3 P_4 zu dem Kräftezuge a, b, c, d, e zusammengesetzt werden (Fig. 707). Die Resultierende R aus P_2 und P_5 wird alsdann dargestellt durch die Linie a c, wirkend von a nach c; die Resultierende R_1 aus den Kräften P_1 P_3 P_4 ist aber c a, wirkend von c nach a. Diese letzte Resultierende ist nun, da die drei Kräfte P_1 P_3 P_4 am Knotenblech bereits angeschlossen sind, von dem Knotenblech in die Gurtung überzuführen, durch diejenigen Niete, welche die Gurtung mit dem Anschlussblech verbinden.

Fig. 705.

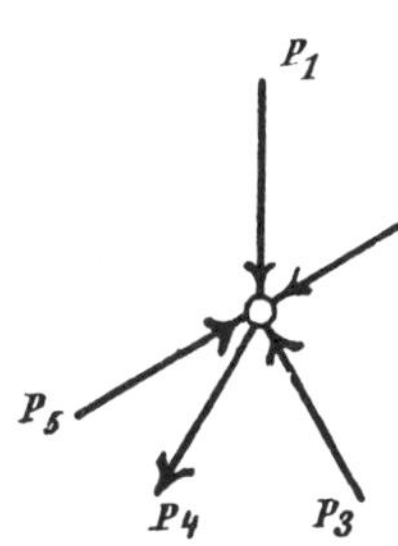

Fig. 706.

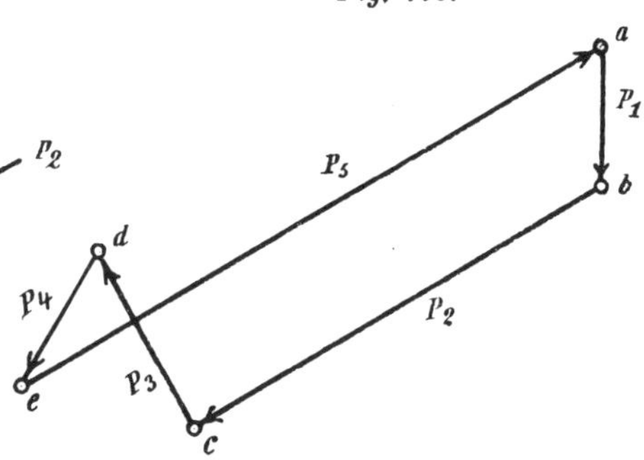

Fig. 707.

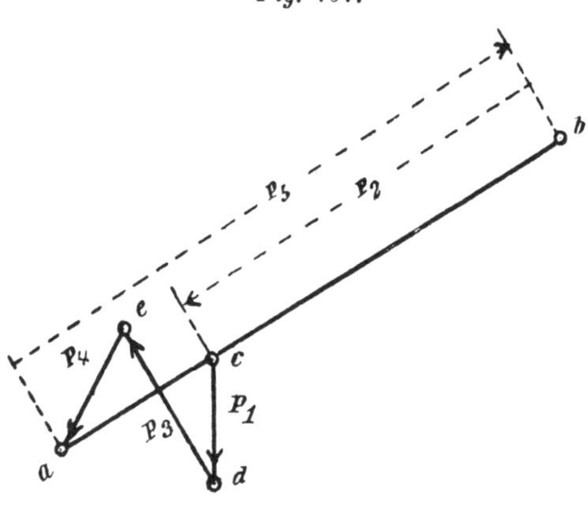

Hieraus ergibt sich, dass es äusserst vorteilhaft ist, wenn man die Stäbe der Gurtungen an den Knotenpunkten durchlaufen lässt, da man alsdann die Gurtstäbe am Knotenpunkt nur mit derjenigen Nietzahl an das Knotenblech anzuchliessen hat, die der Differenz ihrer Spannungen entspricht.

Da die Stäbe in den Längen, wie sie die einfachen Fachwerkkonstruktionen des Hochbaues erfordern, ohne weiteres von den Walzwerken zu beziehen sind, so ist die besprochene Anordnung auch stets möglich.

Wird hierdurch eine Menge Nietarbeit gespart, so besteht ein weiterer Vorteil darin, dass die Knotenbleche bedeutend kleiner werden, so dass also das Eigengewicht des Trägers entsprechend geringer wird.

Die Anzahl der Niete, mit der ein Stab an das Knotenblech angeschlossen wird, sei mindestens zwei, auch wenn theoretisch nur einer genügt.

Um die vorstehenden Regeln an einem Beispiel zu erläutern, soll der in Fig. 687 auf Tafel 7 graphisch untersuchte Dachbinder berechnet und konstruiert werden.

Der Berechnung werden folgende Annahmen zu Grunde gelegt. Die zulässige Beanspruchung gegen Zug und Druck ist 1000 kg/qcm, der Nietdurchmesser für die Stäbe mit grösseren Spannkräften 20 mm, für die Stäbe mit geringeren Spannungen 16 mm, die Stärke des Knotenbleches sei 16 mm. Die erforderlichen Nutzquerschnitte ergeben sich dann aus der Gleichung $f = \frac{P}{1000}$, die erforderlichen kleinsten Trägheitsmomente aus der Gleichung $J = 2{,}5\,P\,l^2$ (P in Tonnen, l in Meter). Sämtliche Nietverbindungen werden doppeltschnittig angeordnet. Die Tragfähigkeit eines Nietes gegen Abscheren ist alsdann:

$$N = 2 \cdot \frac{2{,}0^2 \pi}{4} \cdot 800 = \text{rd}\,5000\,\text{kg für } d = 2\text{ cm}$$

bezw.

$$N = 2 \cdot \frac{1{,}6^2 \pi}{4} \cdot 800 = \text{rd}\,3200\,\text{kg für } d = 1{,}6\,\text{cm};$$

gegen Lochwanddruck, da das Knotenblech 1,6 cm stark ist:

$$N_1 = 2{,}0 \cdot 1{,}6 \cdot 1200 = 3800\,\text{kg für } d = 2\text{ cm}$$

bezw.

$$N_1 = 1{,}6 \cdot 1{,}6 \cdot 1200 = \text{rd}\,3100\,\text{kg für } d = 1{,}6\text{ cm}.$$

Die Zahl der Niete ergibt sich somit durch Division der Spannungen mit 3800 bezw. 3100 kg, weil diese Zahlen die geringere Tragkraft der gewählten Niete angeben.

Bei der Wahl der Querschnitte ist auf die Schwächung durch Nietlöcher Rücksicht genommen.

Die Gurtstäbe gehen, da dieselben in der erforderlichen Länge zu erhalten sind, von einem zum anderen Ende durch.

Die Resultate der Rechnung sind in der nachstehenden Tabelle übersichtlich zusammengestellt.

	1	2	3	4	5	6	7	8	9	10	11	12	13
	Stab Nr.	Spannungen in kg		Querschnitt in qcm		Stablänge m	Trägheitsmoment in cm⁴		Niete				Knotenpunkt
		Zug	Druck	erforderlich	vorhanden		erforderlich	vorhanden	Durchmesser	Spannungsdifferenz kg	Anzahl erford.	Anzahl vorh.	
Obergurt	1	—	16670	16,7	 100/100/10 f = 34	2,8	328	360	20	—	5	6	A
										1000	1	2	I
	4	—	15670	15,7	wie Stab 1	2,8	308	360	20				
										3840	1	2	III
	8	—	11830	11,8	„ „ 1	2,8	234	360	20	—	4	4	V
Untergurt	2	15000	—	15,0	 90/11 f = 15,4	—	—	—	20	—	4	4	A
										2920	1	2	II
	6	12080	—	12,1	wie Stab 2	—	—	—	20	—	4	4	IV
	10	8670	—	8,7	 65/10 f = 9,0	—	—	—	20	—	3	3	IV
Vertikalen	3	—	2160	2,2	wie Stab 7	1,1	6,5	45	16	—	1	2	I, II
	7	—	3330	3,4	 55/55/8 f = 13,8	2,2	40,3	45	16	—	2	2	III,IV
Diagonalen	5	3000	—	3,0	 60/8 f = 7,0	—	—	—	1,6	—	1	2	II, III
	9	4500	—	4,5	wie Stab 5	—	—	—	1,6	—	2	2	IV, V

In Rubrik 1 sind die Stabnummern in Uebereinstimmung mit der Bezeichnung in der Zeichnung eingetragen. Kolonne 2 und 3 enthalten die dem Kräfteplane entnommenen Spannungen. Die erforderlichen nutzbaren Querschnitte sind in Kolonne 3 eingeschrieben, während Kolonne 9 die gewählten Durchmesser der Anschlussniete erhält. Für die gedrückten Stäbe sind deren zur Berechnung des Trägheitsmomentes notwendigen Längen in Rubrik 6 eingetragen und in Spalte 7 die kleinsten erforderlichen Trägheitsmomente.

Die Winkel des Obergurtes gehen von der Traufe bis zum First durch, im Untergurt haben Stab 2 und 6 denselben Querschnitt erhalten, die Flacheisen sind am Knoten II ohne Unterbrechung durchgeführt.

Die Form der gewählten Querschnitte, sowie deren Inhalt nach Abzug der Nietöffnungen enthält Spalte 5; die wirklich vorhandenen Trägheitsmomente der gewählten Querschnitte sind in Spalte 8 eingeschrieben. Mit Hilfe der Profiltabelle im Anhang sind die für die gedrückten Stäbe notwendigen Winkel leicht zu ermitteln.

Es mag hier besonders darauf hingewiesen werden, dass bei den auf Druck beanspruchten Stäben in erster Linie das Trägheitsmoment mafsgebend ist. Man wird finden, dass die Grösse des vorhandenen Querschnittes die des erforderlichen meist weit übertrifft, während die Trägheitsmomente beider einander ziemlich nahe kommen. Man suche daher in der Winkelprofiltabelle im Anhang in der Rubrik „zwei Winkeleisen“ unter J_2 zunächst das dem erforderlichen Trägheitsmoment zunächst gelegene und überzeuge sich dann, ob der Inhalt des Querschnittes dem erforderlichen entspricht.

Die Wahl der Flacheisen für die gezogenen Stäbe bietet keine Schwierigkeiten, der erforderliche und der vorhandene Querschnitt können einander ziemlich nahe gebracht werden.

Die Zahl der zum Anschluss notwendigen Niete befindet sich in Rubrik 11. Hierzu ist folgendes zu bemerken. Am Auflager A ist der Stab 1 mit 5 Nieten, der Stab 2 mit 4 Nieten anzuschliessen. Im Knotenpunkt I und III gehen die Gurtwinkel durch. In I ist daher die Spannungsdifferenz der Stäbe 1 und 4, in III diejenige der Stäbe 4 und 8 in das Knotenblech zu leiten. Der Spannungsunterschied in den Stäben 1 und 4 beträgt 1000 kg (eingetragen in Rubrik 10), zum Anschluss ist daher 1 Niet erforderlich; der Unterschied der Spannungen in den Stäben 4 und 8 beläuft sich auf 3840 kg; demnach wäre auch nur 1 Niet durch Gurtwinkel und Knotenblech zu stecken. Mit Rücksicht darauf, dass immer mindestens 2 Niete zum Anschluss gestellt werden sollen, würden daher in beiden Fällen 2 Niete anzuordnen sein. Im Knotenpunkt V ist Stab 8 wieder mit 5 Nieten anzuschliessen. Im Knoten II gehen die Flacheisen durch. Die Spannungsdifferenz der Stäbe 2 und 6 mit 2920 kg müsste daher durch einen Niet in das Knotenblech geführt werden, wofür wieder 2 Niete gewählt werden. Stab 10 erfordert 3 Niete zum Anschluss. Die Diagonalen und Vertikalen 3, 5, 7, 9 sind mit der in Spalte 11 angegebenen Zahl von Nieten an die Knotenbleche zu heften. Die gewählte Zahl der Niete befindet sich in Spalte 12.

Mit Rücksicht darauf, dass die Anschlussniete symmetrisch zur Stabachse stehen sollen, wird Stab 1 mit 6 Nieten am Knotenblech zu befestigen sein. Um das Knotenblech möglichst klein zu erhalten, wurden die Niete, da die Flanschbreite des Winkels dies gestattet, in 2 Reihen untergebracht, wie dies Seite 16 und 17 bereits hervorgehoben wurde. Aus demselben Grunde wurde der Anschluss des Stabes 2 in dieser Weise an das Knotenblech bewirkt.

In Fig. 687a auf Tafel 9 ist der Träger dargestellt. Die Besprechung der Anordnung der zur Auflagerung des Binders erforderlichen Konstruktion wird später erfolgen.

In den gedrückten Stäben sind zwischen den Knotenpunkten in Abständen von etwa 50 cm noch Niete unterzubringen, welche die beiden Gurtwinkel miteinander verbinden, damit sie hinsichtlich der Knickungsgefahr als ein Ganzes wirken. Zu diesem Zwecke müssen zwischen die Winkel kleine Futterstücke oder Futterringe, deren Dicke gleich der des Knotenbleches und deren Kantenlänge bezw. Durchmesser gleich zwei Nietdurchmesser ist, eingelegt werden.

An der Hand der vorstehenden Ausführungen wird man mit Leichtigkeit die im gewöhnlichen Hochbau vorkommenden Fachwerksysteme sachgemäss konstruieren können.

Zehntes Kapitel.

Eiserne Dächer.

a) Allgemeines.

Im vorigen Kapitel sind die eisernen Dachbinder hinsichtlich der allgemeinen Ausbildung der Knotenpunkte besprochen worden. Auch ist daselbst schon die graphische Behandlung dieser Fachwerksysteme, unter Berücksichtigung der in der Praxis üblichen Belastungsannahmen, durchgeführt. Es bleibt daher hier nur die spezielle Ausbildung der Knotenpunkte, sowie die Anordnung der sonstigen Bestandteile der Dächer zu erörtern übrig.

Eiserne Dächer im weiteren Sinne sind alle Dächer, die eiserne Binder als Haupttrageteile aufweisen. Die Pfetten und Sparren können dabei aus Holz oder Eisen, die Eindeckung aus irgend einem gebräuchlichen Material bestehen.

Im engeren Sinne bezeichnet man mit eisernen Dächern solche, die ganz aus Eisen hergestellt sind, also vorwiegend die Wellblechdächer oder Dächer mit sonstiger Metalldeckung.

Hinsichtlich der Anordnung derjenigen Teile, welche das Gewicht der Deckung einschliesslich desjenigen der Schneelast und des Winddruckes, auf die Binder übertragen, unterscheidet man Sparren- und Pfettendächer.

Bei dem Wohnhausbau haben die eisernen Dächer sich bisher wenig Eingang verschafft, bei allen anderen Hochbauten aber, wo es gilt, grössere Spannweiten zu überdecken, oder wo es darauf ankommt, die Dachkonstruktion sichtbar und durch ihre Leichtigkeit architektonisch wirken zu lassen, ferner überall dort, wo es sich darum handelt, feuersichere Konstruktionen zu schaffen, hat man in der Neuzeit den eisernen Dächern den Vorzug gegeben. Auch dann geschieht dies immer, wenn durch Anordnung grösserer verglaster Flächen die Helligkeit der darunter liegenden Räume durch die schwerfällige Holzkonstruktion zu sehr beeinträchtigt werden würde.

Bei der Konstruktion des Dachbinders auf Tafel 9 war keine Rücksicht genommen auf die Befestigung der Pfetten; jene war vielmehr erfolgt unter alleiniger Berücksichtigung der Stabspannungen. Je nach der Anordnung der Pfetten erleidet die Ausbildung der Knotenpunkte indessen Aenderungen, die nachstehend besprochen werden sollen.

b) Die Pfetten.

Zu den Pfetten, welche das Gewicht der Dachhaut und ihrer besonderen Unterstützung auf die Knotenpunkte der Binder übertragen, eignen sich die meisten Profileisen. Vorwiegend werden jedoch ⌶-, ⊏- und Z-Eisen hierzu verwandt. Der Berechnung der Binder entsprechend sind die Pfetten so auf den Obergurt zu stellen, dass die y—y Achse der gewählten Profile senkrecht steht und durch den theoretischen Knotenpunkt geht.

Pfetten aus ⌶- und ⊏-Eisen. Die ⌶- und ⊏-Eisen würden demnach horizontal zu lagern sein. Dies kann nach Fig. 708 bis 711 geschehen. Bei den ersten beiden Skizzen liegen die Pfetten auf schmiedeeisernen Stühlen, welche auf den Obergurt genietet sind; in den beiden letzten Figuren ist das Knotenblech zur Auflagerung der Pfetten benutzt worden. Zu diesem Zwecke lässt man das Knotenblech über den Obergurt hervortreten, säumt es mit Winkeln, wozu sich die Profile 60/60/8 bis 80/80/10 besonders eignen und benutzt diese Winkel als Lager für die Pfetten. Um das Kippen der Pfetten zu verhindern, werden entsprechend gebogene Flacheisen einerseits mit dem Steg der Pfetten,

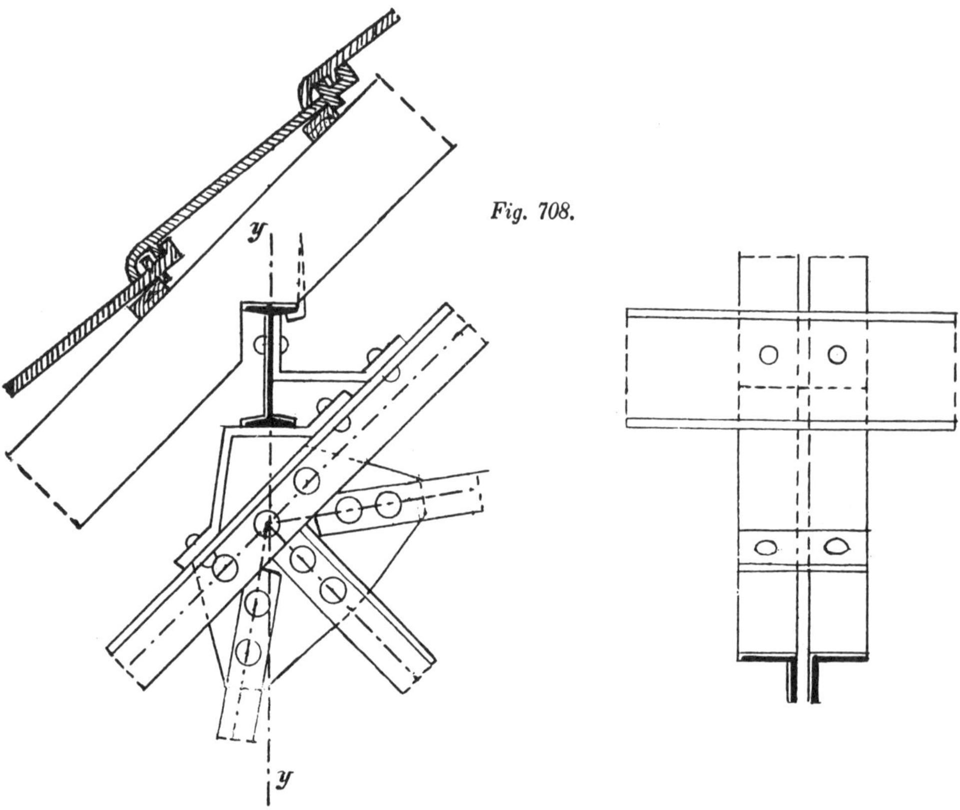

Fig. 708.

andererseits mit den Winkeln des Obergurtes oder den Saumwinkeln des Knotenbleches vernietet. Die Figuren 708 bis 711 zeigen hierfür eine Anzahl Beispiele. Bei ⊏-Eisenpfetten geschieht die Befestigung häufig vermittelst Anschlusswinkel, zu welchen sich vorzugsweise die Profile 100/65/10 bis 120/80/10 eignen (Fig. 712).

In diesem Falle ist die Anordnung besonderer Flacheisen zur Verhinderung des Kippens nicht notwendig.

Die in Fig. 713 dargestellte Befestigung der ⊥-Pfette an dem Knotenblech ist jedoch nicht zu empfehlen, weil die Bearbeitung des Knotenbleches zu umständlich und daher zu kostspielig ist, wenn auch die Verbindung von Pfette und Gurtung als äusserst solide bezeichnet werden muss. Man merke überhaupt als Regel bei der Ausbildung der Knotenpunkte, dass Knotenbleche mit einspringenden Ecken möglichst zu vermeiden sind. Diese können nur dadurch hergestellt werden, dass längs der Schenkel des einspringenden Winkels ein Loch neben das andere gebohrt oder gestanzt und dann das herauszuarbeitende Stück mit dem Meissel abgeschrotet wird, während die Formgebung der Knotenbleche im anderen Falle mit der Schere erfolgt.

Fig. 709.

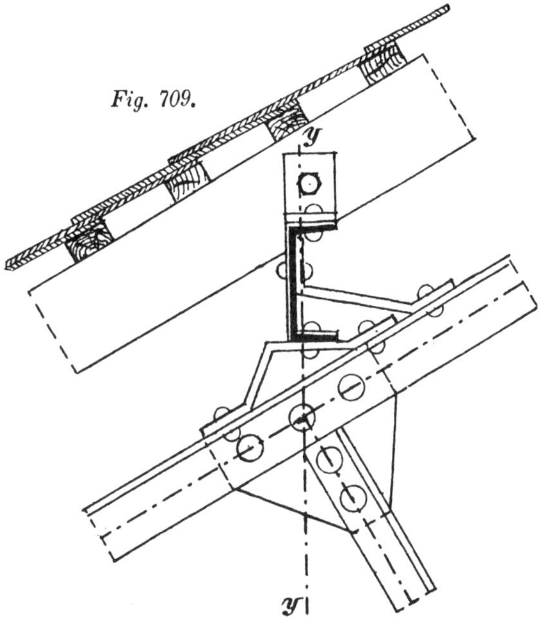

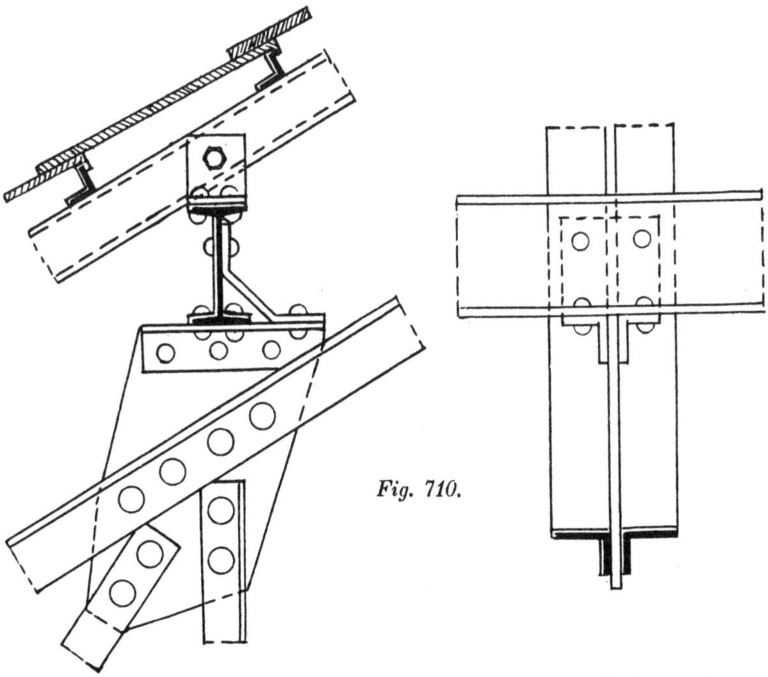

Fig. 710.

Wird das Knotenblech zur Auflagerung der Pfette benutzt, so ist bei der Ausbildung des Knotenbleches darauf zu achten, dass die Zahl der Niete in den durchgehenden Gurtwinkeln (vergl. Kapitel IX, Seite 278) zu vermehren ist um diejenige Anzahl, welche erforderlich

Fig. 711.

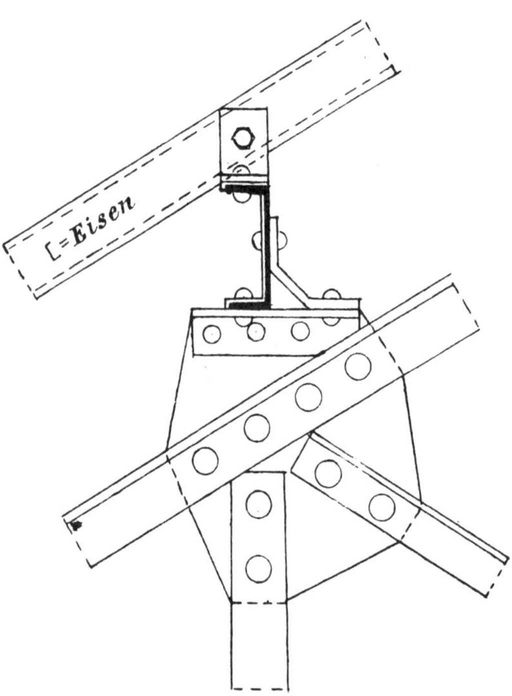

Fig. 713.

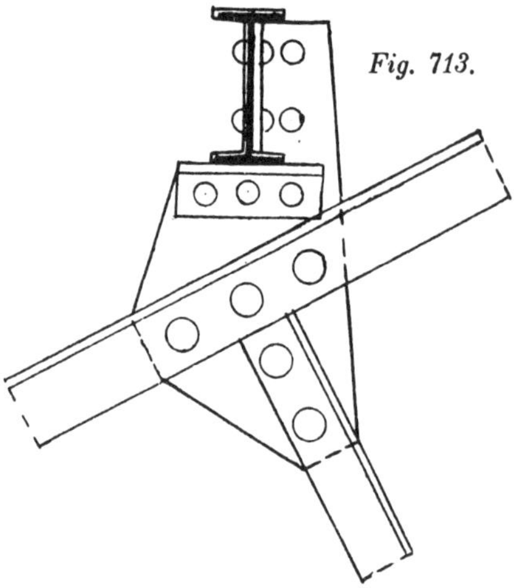

Fig. 714.

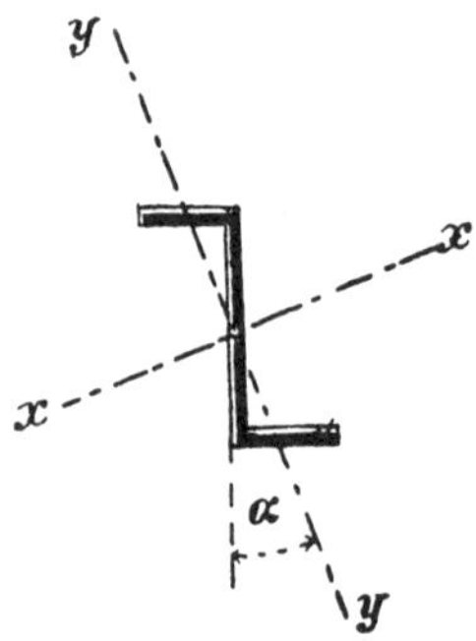

Fig. 712.

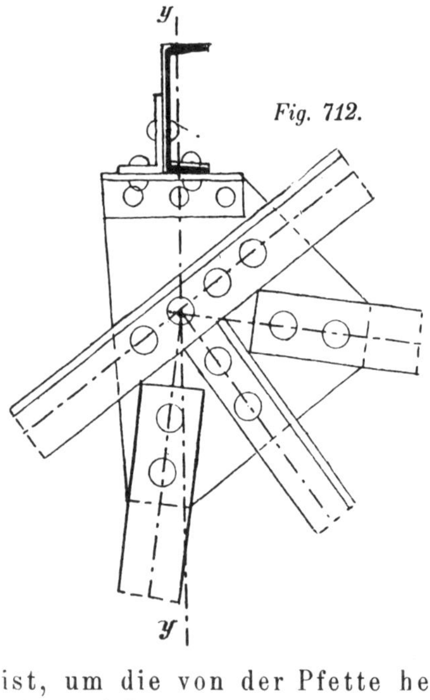

Fig. 715.

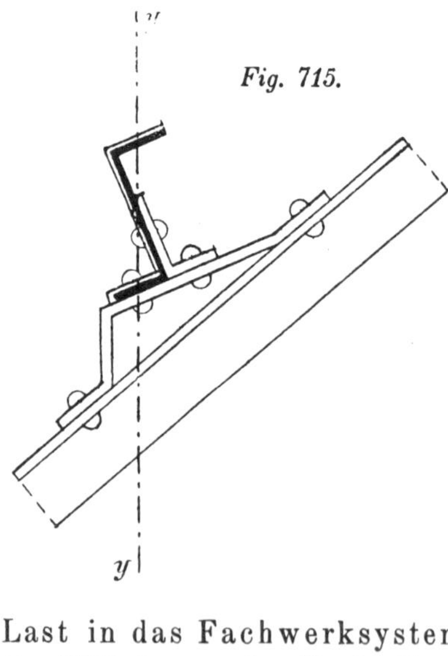

ist, um die von der Pfette herrührende Last in das Fachwerksystem überzuführen. Würde beispielsweise die Pfette 3400 kg an das Knotenblech abgeben, so wäre die Zahl der zum Anschluss der Stabspannungen notwendigen Niete von 2 cm Durchmesser um $\frac{3400}{3800} = 1$ Niet zu vergrössern. Bei der Anordnung der Pfettenstühle in Fig. 708 und 709 ist dies nicht erforderlich.

Pfetten aus ⌉⌊-Eisen. Die Lage der Hauptschwerpunktsachsen beim ⌉⌊-Eisen ist nach Fig. 714 durch den Winkel α bestimmt, den die Achse y—y mit dem Stege des ⌉⌊-Eisens bildet. In der im Anhange befindlichen Tabelle ist die Grösse des Winkels α durch die Funktion tg α angegeben.

Wählt man daher zu den Pfetten ⌉⌊-Eisen, so ist dasselbe so zu stellen, dass die Achse y—y lotrecht steht. Die Bedingungen der Festigkeit gegen Biegung schreiben ferner vor, den oberen Flansch stets dem First zuzukehren. Die richtige Stellung der ⌉⌊-Pfetten wird erreicht durch Lagerung derselben auf schmiedeeiserne oder gusseiserne Stühle (Fig. 715 und 716) oder durch Lagerung auf die durch Winkeleisen besäumten und mit entsprechender Neigung versehenen Knotenbleche (Fig. 717). Die Breite der Stühle ist gleich der Breite der Gurtung des Binders.

Fig. 716.

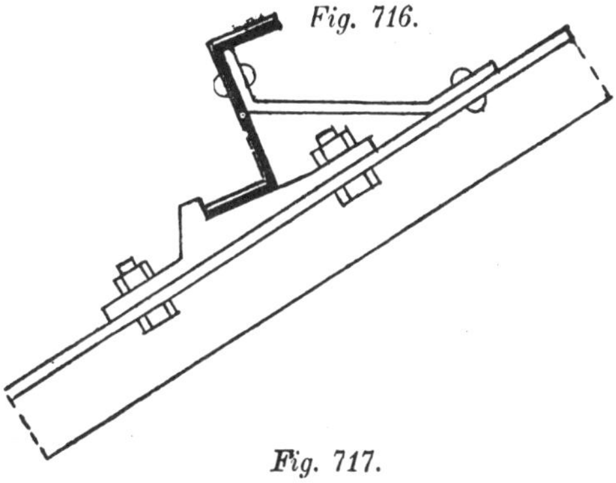

Fig. 718.

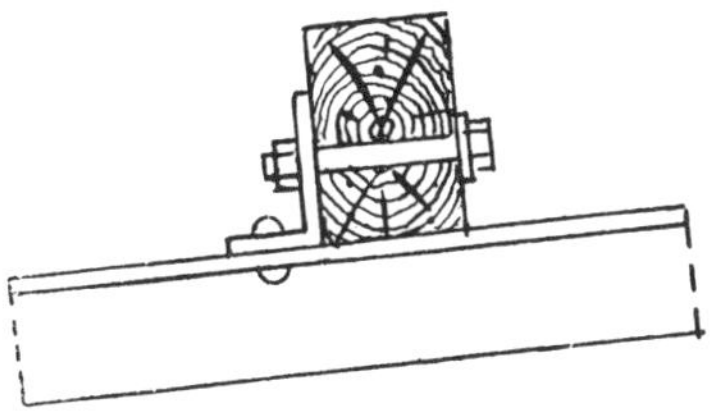

Fig. 717.

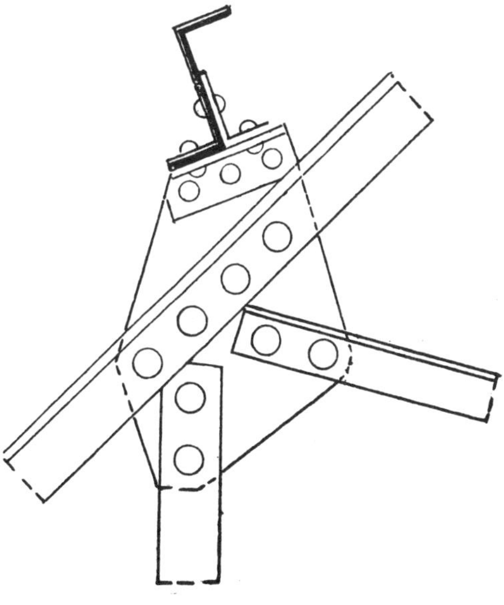

Fig. 719.

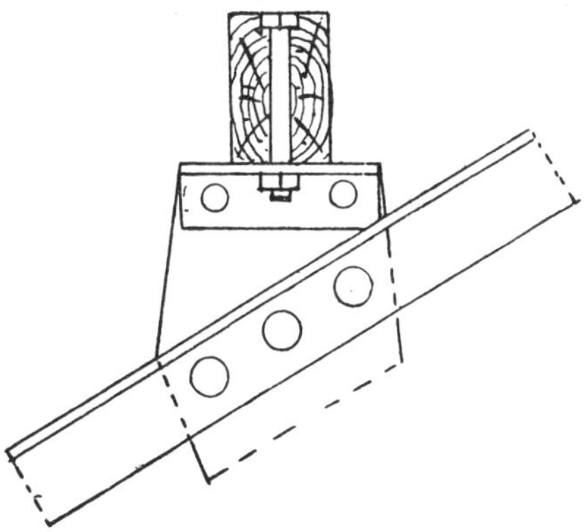

Hölzerne Pfetten. Diese werden meist nur bei ganz flachen Dächern (Holzzementdächern) und bei enger Pfettenteilung angewandt. Bei steileren Dächern findet man sie selten. Die Verbindung von Holzpfette und Gurtung geschieht in der Regel durch Winkellaschen (Fig. 718). Bei sehr flachen Dächern legt man die Pfetten direkt auf die Gurtung, bei steilen Dächern sind die Pfetten indessen wieder horizontal zu lagern, wie dies in Fig. 719 geschehen ist.

Fig. 720.

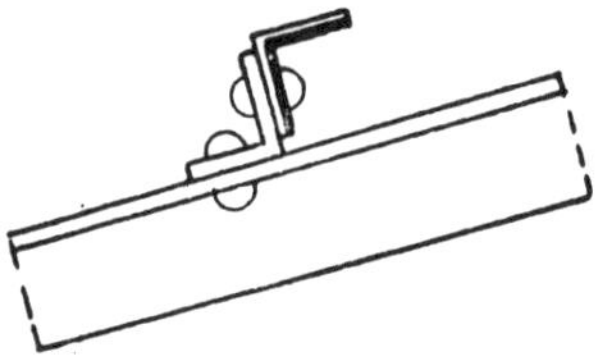

Fig. 721.

Fig. 722.

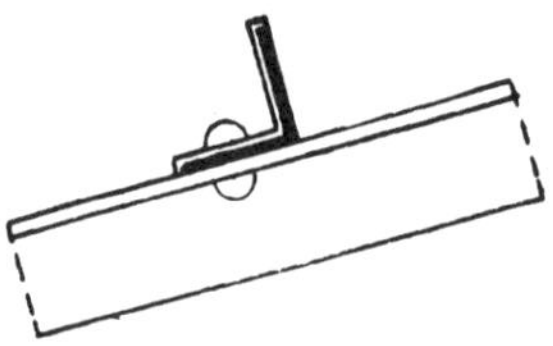

Pfetten aus Winkeleisen. Pfetten aus Winkeleisen dürften wohl nur bei kleinen Dächern mit geringer Binderentfernung am Platze sein. Die Befestigung der Pfette mit der Gurtung könnte dann nach Fig. 720 bis 722 geschehen.

Eiserne Latten und Sparren. Werden eiserne Sparren und Latten angeordnet, so werden letztere meist aus kleinen Winkelprofilen gebildet, die nach Fig. 720 bis 722 mit den in der Regel aus [-Eisen bestehenden Sparren verbunden werden. Nur treten an die Stelle der Niete Schrauben von 8 bis 10 mm Durchmesser.

Obwohl die Fuss- und die Firstpfette, insofern diese aus zwei Teilen besteht, nur die Hälfte derjenigen Last aufnehmen, welche die Mittelpfetten erhalten, werden für jene doch stets die für die Mittelpfetten gewählten Profile beibehalten.

Die Entfernung der Binder schwankt zwischen 3 und 6 m, sie ist abhängig von der Grundrissanordnung des Gebäudes und von der Stützweite insofern, als mit zunehmender Stützweite auch die Binderentfernung wächst.

Bei Dächern von grösserer Länge müssen die Pfetten gestossen werden. Dieser Stoss geschieht entweder über jedem Binder (Fig. 723) oder aber in jedem

Fig. 723.

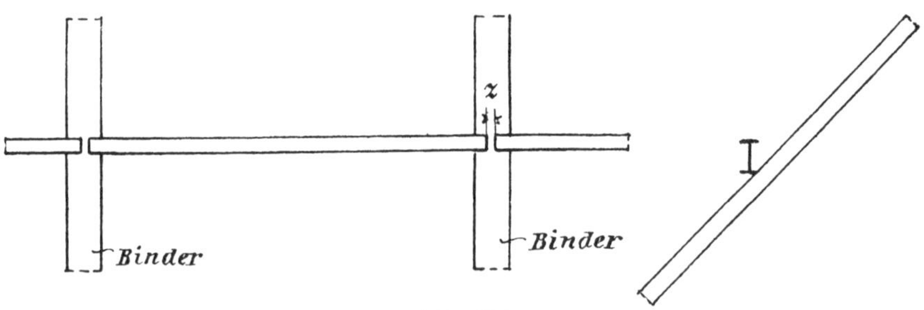

Fig. 724.

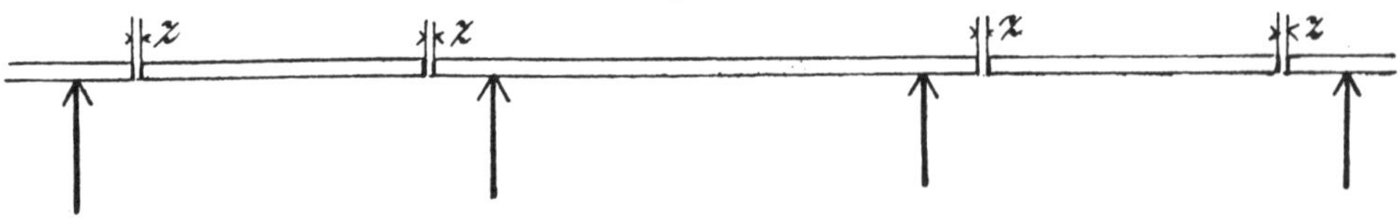

zweiten Felde wird die Pfette an zwei Stellen gestossen und jeder Stoss als Gelenk ausgebildet (Fig. 724).

Im ersten Falle ist die Pfette zu berechnen als ein Träger auf zwei Stützen, im letzten als kontinuierlicher Gelenkträger. Bei der Ausbildung des Stosses ist

Fig. 725.

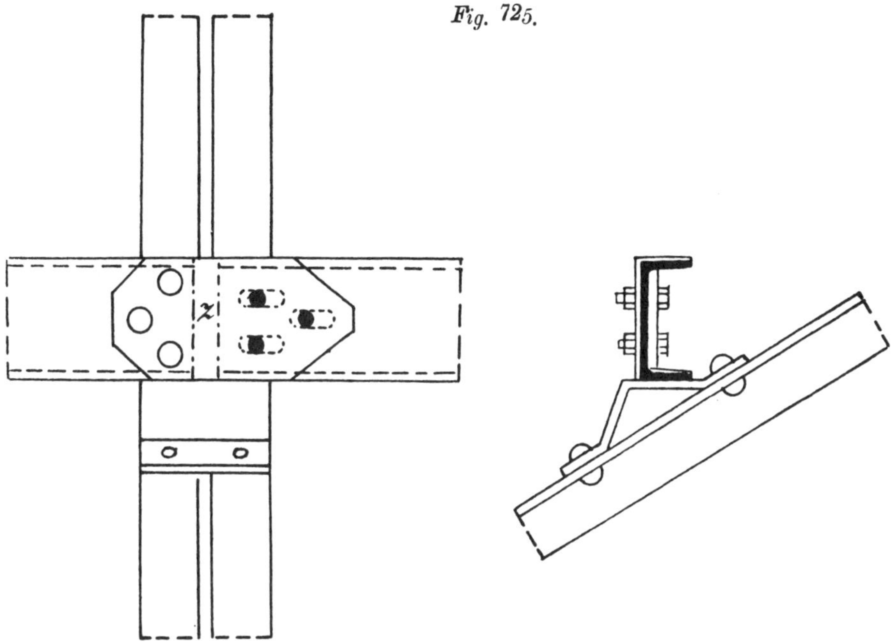

aber auf die durch die Temperaturschwankungen hervorgerufenen Längenänderungen Rücksicht zu nehmen. Zwischen den einzelnen Teilen der Pfetten

Fig. 726 bis 728.

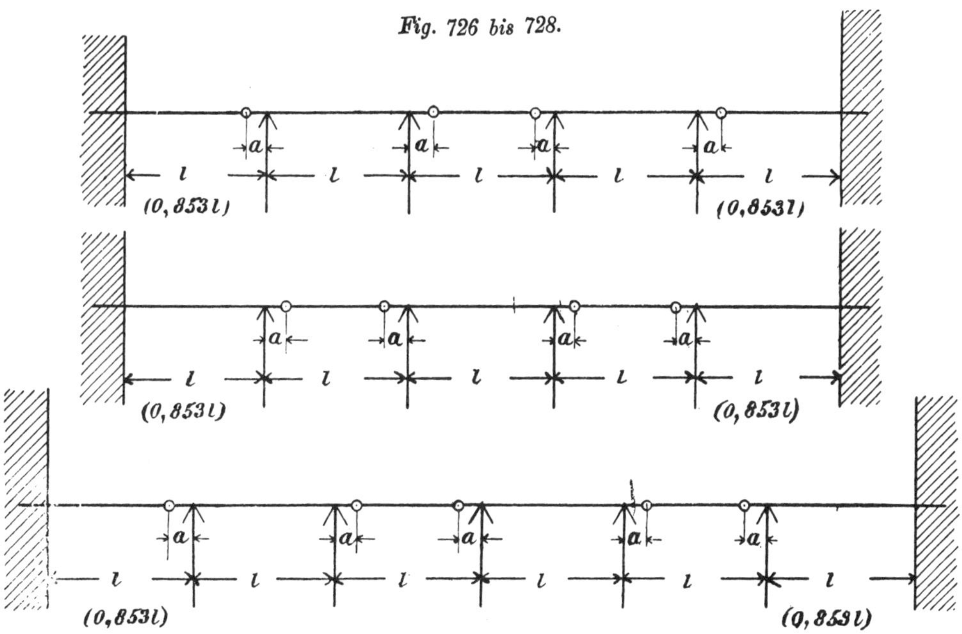

ist daher genügender Spielraum z zu lassen und die Beweglichkeit in der Längsrichtung durch ovale Schraubenlöcher zu ermöglichen.

Die Deckung des Stosses geschieht in der Regel durch doppelte Verlaschung des Steges in der Weise, dass die Laschen mit dem Ende des einen Pfettenteiles vernietet, mit dem Ende des daranstossenden Teiles der Pfette durch Schrauben verbunden werden. Dic länglichen Schraubenlöcher befinden sich dabei im Stege der Pfette. Fig. 725 zeigt den Stoss eines ⊏-Eisens über dem Binder. Der Zwischenraum zwischen den Köpfen der aneinanderstossenden Pfettenteile richtet sich nach der Bedeutung des Raumes, den das Dach überdeckt. Befindet sich das Dach über einem Raum, in welchem feuergefährliche Gegenstände in grösserer Menge aufbewahrt werden, so ist der Zwischenraum z (Fig. 725 und 731) so viel cm zu machen, als die doppelte Binderweite m beträgt; bei Hallendächern genügt es z = 1,0 – 1,5 cm auszuführen.

Mit der Verwendung kontinuierlicher Gelenkträger ist, wie sich bei der Berechnung ergeben wird, stets eine wesentliche Materialersparnis verbunden.

Hinsichtlich der Lage der Gelenke sind die in Fig. 726 bis 728 gegebenen Fälle möglich; hiernach befindet sich in jedem Endfeld entweder ein Gelenk oder keins, oder aber in dem einen Endfeld liegt ein Gelenk und in dem anderen nicht. In den Mittelfeldern wechselt jedesmal ein Feld mit zwei Gelenken mit einem solchen ohne Gelenke ab.

c) Berechnung der kontinuierlichen Pfetten.

Die Binder mögen alle denselben Abstand l haben. Sieht man zunächst von den Endfeldern ab, so enthält der mittlere Teil der Pfette:

1. Träger auf zwei Stützen in den Feldern mit zwei Gelenken,
2. Träger auf zwei Stützen mit überhängenden Enden in den Feldern ohne Gelenke.

Der Abstand der Gelenke von der Binderachse sei a, die auf der Pfette ruhende Belastung sei p kg pro lfde. Meter.

Fig. 729.

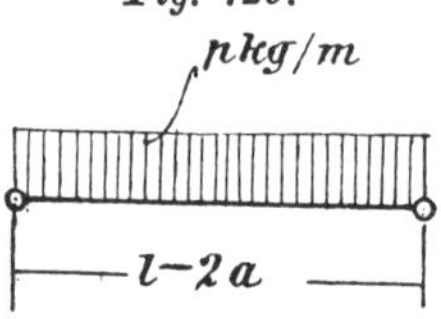

Träger zwischen den Gelenken. Die Länge des Trägers zwischen den Gelenken ist $l - 2a$, seine Belastung somit $(l - 2a) \cdot p$ kg, wovon jedes Gelenk die Hälfte, also $\frac{(l - 2a)p}{2}$ kg erhält. Das Moment M in der Mitte des kurzen Trägers zwischen den Gelenken ist nun nach Gleichung 51):

165) $$M = \frac{1}{8} p \cdot (l - 2a)^2 \quad \text{(Fig. 729).}$$

Fig. 730.

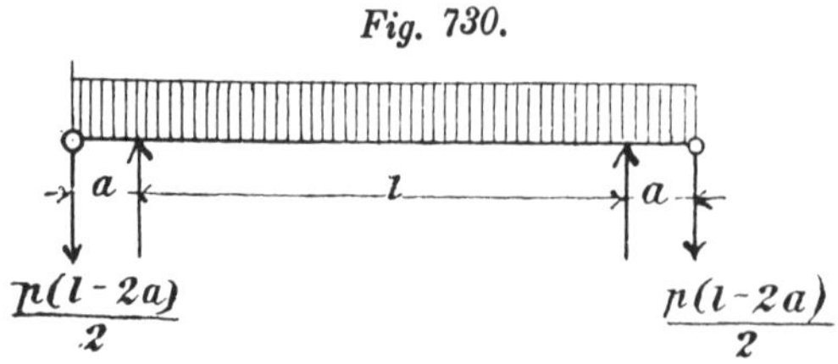

Die Grösse des Momentes ist also abhängig von a.

Träger mit überhängenden Enden. Die Belastung des Trägers ohne Gelenke ist in Fig. 730 dargestellt.

Hiernach sind die Stützendrücke A und B:

166) $$A = B = \frac{p(l - 2a)}{2} + \frac{p(l + 2a)}{2} = p\,l;$$

ein Resultat, das sich durch Betrachtung einer der Fig. 726 bis 728 ohne weiteres ergibt.

Die Momente über den Nutzen A und B sind einander gleich und zwar

$$M_1 = \frac{p}{2}(l - 2a) \cdot a + \frac{p a^2}{2};$$

das Moment M_2 in der Trägermitte ist

$$M_2 = p\,l \cdot \frac{l}{2} - \frac{p}{2}(l - 2a) \cdot \left(\frac{l}{2} + a\right) - \frac{p}{2}\left(\frac{l}{2} + a\right)^2.$$

Die Momente M_1 und M_2 sind ebenfalls nur abhängig von a. Der Abstand a lässt sich nun so wählen, dass $M_1 = M_2$ wird. Setzt man die Werte von M_1 und M_2 einander gleich, so findet man für a:

167) $$a = \frac{l}{2}\left(1 - \frac{1}{\sqrt{2}}\right) = 0{,}147\ l.$$

Eliminiert man diesen Wert von a in die obigen Gleichungen für M_1 und M_2, so folgt:

168) $$M_1 = M_2 = \frac{1}{16}\,p\,l^2.$$

Setzt man a in die Gleichung für M ein, so ergibt sich auch:

169) $$M = \frac{1}{16}\,p\,l^2.$$

Ist somit der Abstand des Gelenkes von der Binderachse

$$a = 0{,}147\ l,$$

so wird das grösste Moment in den Mittelfeldern

$$M = \frac{1}{16}\,p\,l^2,$$

also halb so gross wie bei dem Träger auf zwei Stützen.

Endfelder. Macht man das Endfeld $l_1 = 0{,}853\ l$ Meter lang, so ist auch in den Endfeldern das grösste auftretende Moment $M = \frac{1}{16}\,p\,l^2$, gleichgültig ob daselbst ein Gelenk ist oder nicht.

In dem Falle jedoch, wo das Endfeld dieselbe Breite wie die Mittelfelder besitzt, ergibt sich für ein Endfeld mit Gelenk annähernd

170) $$M = \frac{1}{11}\,p\,l^2$$

und für ein Endfeld ohne Gelenk annähernd:

171) $$M = \frac{1}{10}\,p\,l^2.$$

Die Ausbildung des Gelenkes geschieht in derselben Weise wie der Stoss der Pfetten auf den Bindern. Die Zahl der Niete bezw. Bolzen ist gegeben durch den Auflagerdruck des kurzen Trägers und der Dicke des Steges der Pfetten. Wenn irgend möglich sucht man mit einem Bolzen auszukommen, dessen Entfernung von der Binderachse 0,147 l betragen muss.

Beispiel. Die Binderentfernung eines eisernen Daches beträgt 5,0 m, die Endfelder sind $0{,}853 \cdot 5{,}0 = 4{,}265$ m. Die Belastung der Pfette sei 740 kg/m.

Das grösste in der Pfette auftretende Moment ist nach Gleichung 169)

$$M = \frac{1}{16} \cdot 740 \cdot 5{,}0^2 = 1156 \text{ kgcm},$$

somit:

$$W = \frac{1156}{10} = \text{rd } 116 \text{ cm}^3.$$

Hierfür würde genügen I-Eisen N. P. Nr. 16 mit $W = 117$ cm³, [-Eisen N. P. Nr. 19 mit $W = 116$, oder endlich Z-Eisen N. P. Nr. 16 mit $W = 121$ cm³.

Die Entfernung des Gelenkes von der Binderachse muss dabei

$$a = 0{,}147 \cdot 5{,}0 = 0{,}735 \text{ m}$$

betragen. Hiernach ist die Länge des Trägers zwischen den Gelenken $5{,}0 - 2 \cdot 0{,}735 = 3{,}53$ m und der Auflagerdruck, welchen das Gelenk aufnimmt:

$$A = \frac{3{,}53 \cdot 740}{2} = 1306 \text{ kg}.$$

Wählt man zur Ausführung der Pfette das I-Eisen Nr. 16, dessen Steg 0,63 cm dick ist und Niete von 16 mm Durchmesser, so überträgt ein Niet gegen Lochwanddruck

$$N = 1{,}6 \cdot 0{,}63 \cdot 1200 = \text{rd } 1200 \text{ kg}.$$

Demnach sind zum Anschluss

$$n = \frac{1306}{1200} = 2 \text{ Niete bezw. 2 Schrauben erforderlich.}$$

Wählt man für die Gelenkschraube einen Durchmesser von 20 mm, so würde dieselbe $2{,}0 \cdot 0{,}63 \cdot 1200 = \text{rd } 1500$ kg gegen Lochwanddruck übertragen. Man würde also mit einer Schraube auskommen. Die Stärke der Laschen darf, wie früher schon bemerkt wurde, nicht unter 8 mm genommen werden (vergl. Seite 30). Der Stoss ist in Fig. 731 dargestellt.

Fig. 731 (1:10).

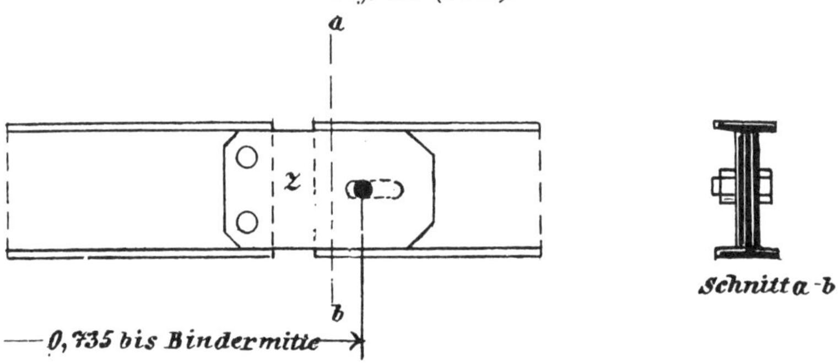

Da der Steg der I-, [- und Z-Eisen, die zu den Pfetten verwandt werden, sehr dünn ist, so kann man, um gegen Lochwanddruck eine grössere Festigkeit zu erzielen, denselben durch doppelseitig aufgenietete Flacheisen verstärken (Fig. 732). Eine andere Stossdeckung zeigt Fig. 733. Die aufgenieteten Flacheisen haben hier lediglich den Zweck, eine seitliche Verschiebung zu verhindern.

Geneigt liegende Pfetten. Die vorstehende Berechnung der Pfetten setzt voraus, dass die y—y Achse der gewählten Profile mit der Lotrechten zusammen-

Fig. 732.

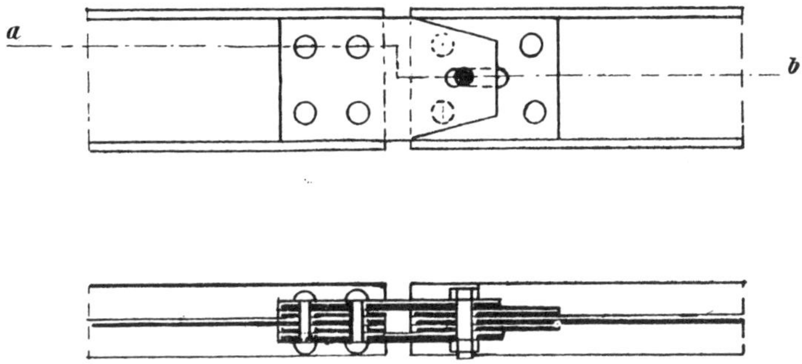

Schnitt a-b

Fig. 733.

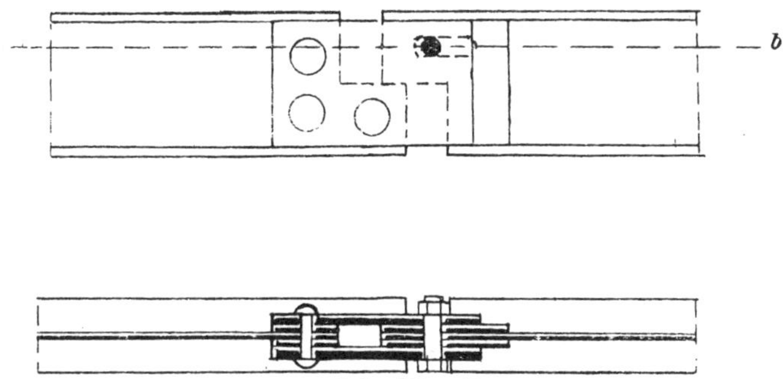

Schnitt a-b

Fig. 734.

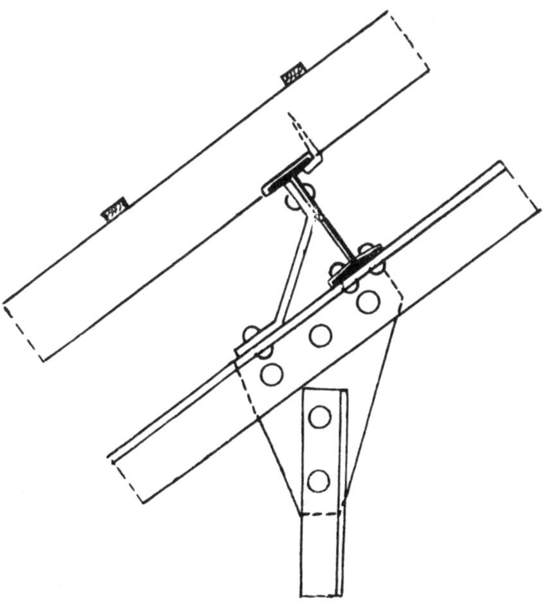

Fig. 735.

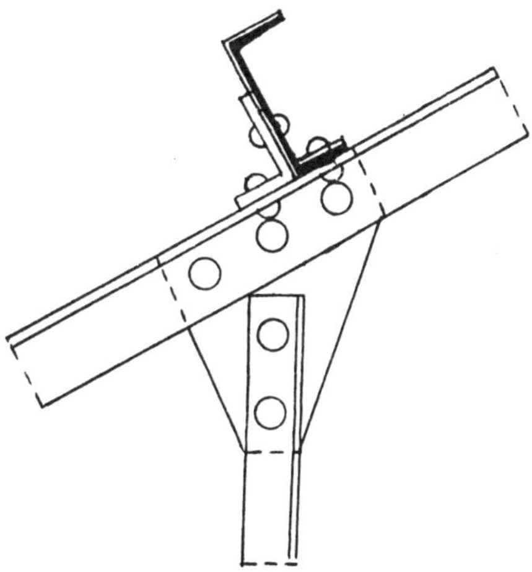

fällt. Bei vielen ausgeführten Dächern hat man indessen den Steg der Pfetten normal zur Dachfläche angeordnet (Fig. 734 bis 737). Hiermit ist aber die Gefahr einer seitlichen Durchbiegung vorhanden, wenn nicht genügend starke Profile gewählt werden.

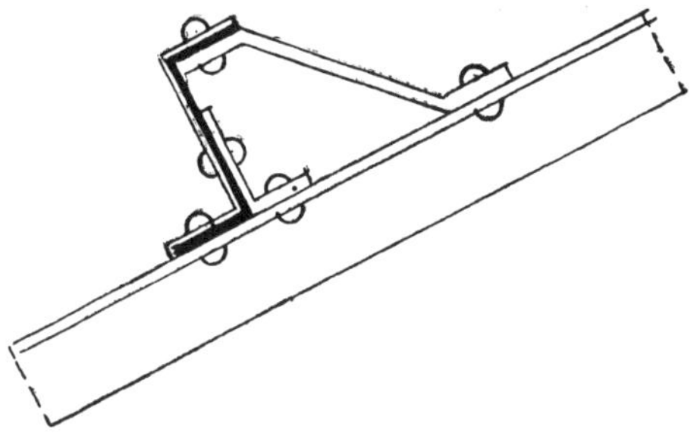
Fig. 736.

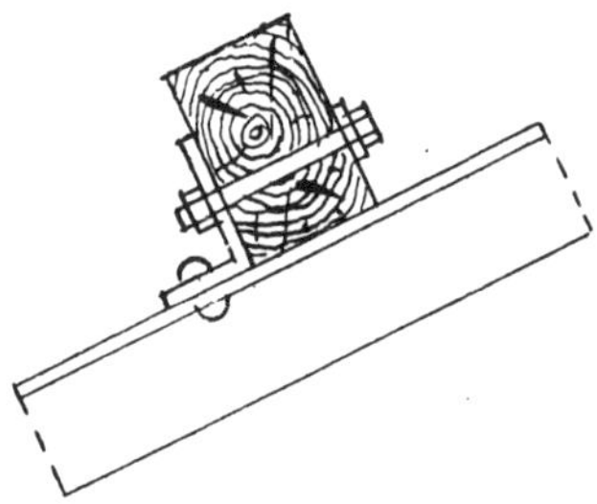
Fig. 737.

Die Verbindung von Pfette und Binder wird dadurch allerdings einfacher, indessen muss bei der Berechnung der Pfetten hierauf Rücksicht genommen werden. Der Schwerpunkt des Pfettenprofiles soll stets senkrecht über dem theoretischen Knotenpunkt des Binders liegen.

Berechnung der geneigten Pfetten. Die Berechnung der senkrecht zur Dachfläche gestellten Pfetten hat nach folgenden Gesichtspunkten zu erfolgen.

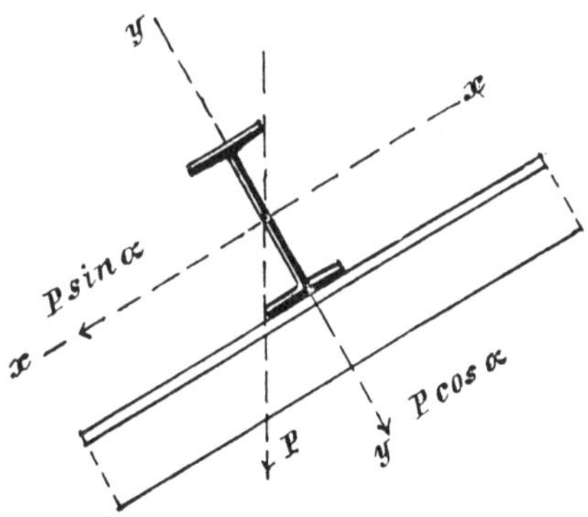

Fig. 738.

Es sei P die Last, welche eine Pfette aufnimmt. Diese zerlegt sich dann nach Fig. 738 in eine Komponente $P \cos \alpha$ in der Richtung der y — y Achse, und in eine zweite Komponente $P \sin \alpha$ in der Richtung der x — x Achse, wobei α den Neigungswinkel der Dachfläche mit der Horizontalebene bezeichnet.

Denkt man zunächst nur die Komponente $P \cos \alpha$ wirken, deren grösstes Moment M_1 sei (Fig. 739), so wäre die Spannung k_1 der äussersten Fasern nach Gleichung 26):

$$k_1 = \frac{M_1}{W_x}.$$

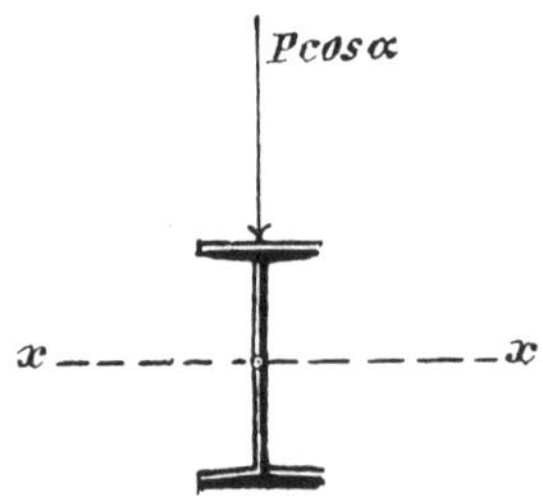

Fig. 739.

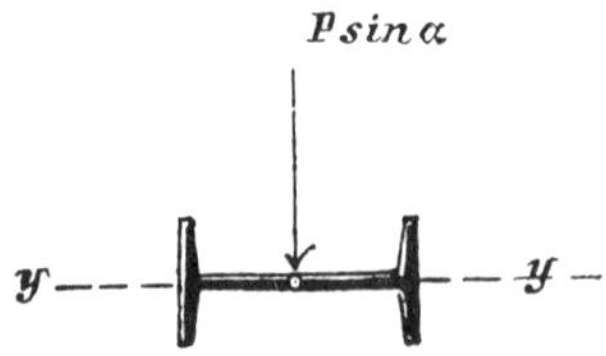

Fig. 740.

Denkt man jetzt nur die Komponente $P \sin \alpha$ tätig (Fig. 740), deren grösstes Moment M_2 sei, so ist nach derselben Gleichung:

$$k_2 = \frac{M_2}{W_y}.$$

Die grösste Spannung der äussersten Faser ist daher:

$$k = k_1 + k_2 = \frac{M_1}{W_x} + \frac{M_2}{W_y}.$$

Da diese die zulässige Inanspruchnahme nicht überschreiten darf und diese für Schmiedeeisen 1000 kg/qcm und Holz 80 kg/qcm beträgt, so folgt für eiserne Pfetten:

$$172) \qquad \frac{M_1}{W_x} + \frac{M_2}{W_y} \leqq 1000$$

und für hölzerne Pfetten:

$$173) \qquad \frac{M_1}{W_x} + \frac{M_2}{W_y} \leqq 80.$$

Beispiel. Die oben berechnete Pfette werde rechtwinkelig zur Dachebene gestellt. Der Winkel α des Daches mit der Horizontalebene sei rund 33^0. Mit $\cos\alpha = 0,839$ wird die Komponente nach der y — y Achse $p \cos\alpha = 740 \cdot 0,839 = 621$ kg und mit $\sin\alpha = 0,545$ diejenige nach der x – x Achse $740 \cdot 0,545 = 403$ kg, somit M_1 und M_2 nach Gleichung 169):

$$M_1 = \frac{1}{16} \cdot 621 \cdot 5,0^2 = \text{rd } 970 \text{ kgm} = 97000 \text{ kgcm und:}$$

$$M_2 = \frac{1}{16} \cdot 403 \cdot 5,0^2 = \text{rd } 630 \text{ kgm} = 63000 \text{ kgcm.}$$

Wählt man zur Ausführung I-Eisen N. P. Nr. 30 mit $W_x = 652$ und $W_y = 71,9$ cm³, so folgt nach Gleichung 172):

$$\frac{97000}{652} + \frac{63000}{71,9} = 1025 \text{ kg/qcm;}$$

Die Spannung wäre demnach noch zu gross.

Für I-Eisen N. P. Nr. 32 würde mit $W_x = 781$ und $W_y = 84,6$ cm³

$$\frac{97000}{781} + \frac{63000}{84,6} = \text{rd } 870 \text{ kg/qcm.}$$

I-Eisen 32 würde somit den Anforderungen der Festigkeit genügen, während bei lotrechter Stellung der y—y Achse, wie oben berechnet, I-Eisen N. P. Nr. 16 genügen würde.

Man erkennt hieraus, dass es wegen der ausserordentlichen Materialersparnis angezeigt ist, die Profile stets so zu stellen, dass ihre y—y Achse lotrecht steht.

Bei hölzernen Pfetten lässt sich der Stoss nur auf den Bindern ausführen. Die Berechnung der hölzernen Pfetten würde demnach folgendermafsen anzustellen sein.

1. Die y—y Achse steht lotrecht (Fig. 719).

Nach Gleichung 51) wird

$$M = \frac{1}{8} \cdot 740 \cdot 5,0^2 = 2312,5 \text{ kgm} = 231250 \text{ kgcm,}$$

folglich:

$$W = \frac{231250}{80} = \text{rd } 2890 \text{ cm}^3.$$

Hierfür würde genügen ein Balkenquerschnitt 22/28 mit $W = \frac{1}{6} \cdot 22 \cdot 28^2 = 2875$ cm³.

2. Die y – y Achse steht rechtwinkelig zur Dachfläche (Fig. 737). Mit $\alpha = 33^0$ wird

$$M_1 = \frac{1}{8} \cdot 621 \cdot 5{,}0^2 = \text{rund } 1940 \text{ kgm} = 194000 \text{ kgcm und}$$

$$M_2 = \frac{1}{8} \cdot 403 \cdot 5{,}0^2 = \text{rund } 1259 \text{ kgm} = 125900 \text{ kgcm.}$$

Wählt man einen Balken, dessen Querschnitt 28/30 ist, so folgt für

$$W_x = \frac{1}{6} \cdot 28 \cdot 30^2 = 4200 \text{ cm}^3 \text{ und } W_y = \frac{1}{6} \cdot 30 \cdot 28^2 = 3920 \text{ cm}^3,$$

somit wird:

$$k = \frac{194000}{4200} + \frac{125900}{3920} = \text{rund} 78 \text{kg.}$$

Fig. 741.

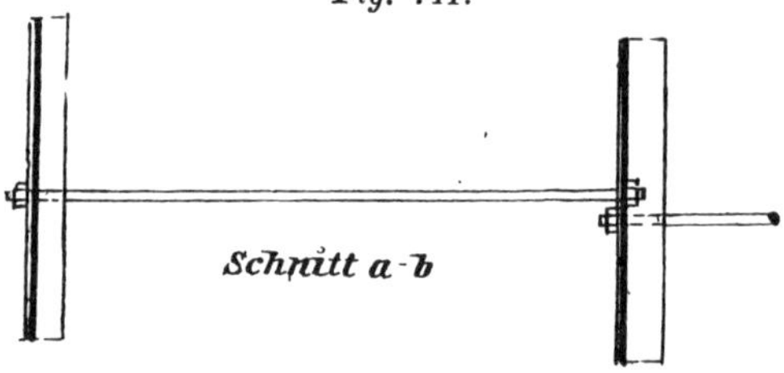

Der Querschnitt würde demnach gerade ausreichen, gegenüber dem vorigen aber bedeutend ungünstiger sein.

Der Gefahr der seitlichen Ausbiegung der Pfetten sucht man vielfach dadurch zu begegnen, dass man dieselben in Abständen von 1,5 bis 2,0 m vermittelst besonderer Zugstangen aus Rundeisen an die Firstpfette aufhängt (Fig. 741, 742). Sind zwei Firstpfetten vorhanden, so sind dieselben durch Diaphragmen miteinander zu verbinden (Figur 741 a). Die Anordnung der Zugstangen erfordert, dass dieselben von Pfette zu Pfette etwas gegeneinander versetzt werden (Fig. 741, 772).

Fig. 741 a.

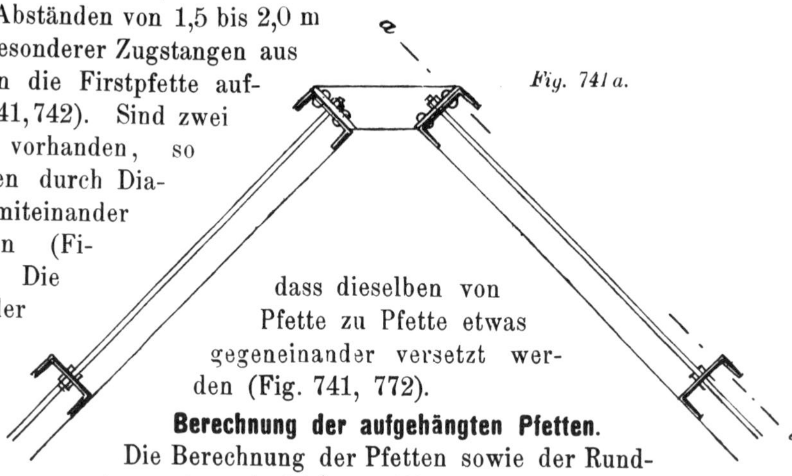

Berechnung der aufgehängten Pfetten.

Die Berechnung der Pfetten sowie der Rundstangen kann in folgender Weise geschehen. Durch die Aufhängung der Pfetten stellen sich diese dar als Träger auf mehreren Stützen, die über ihre Länge gleichmässig belastet sind mit $P \sin \alpha$, wenn P die auf die Pfette wirkende Last, α der Neigungswinkel des Daches ist. Die Zugstangen und die Konstruktionsteile, mit welchen die Pfetten auf den Bindern befestigt sind, bilden die Auflager.

Bei geneigten Pfetten findet der Stoss in der Regel über den Bindern statt. Je nach der Binderentfernung werden die Pfetten zwischen den Bindern an ein bis zwei Punkten aufgehängt, so dass jene gleichmässig belastete Träger auf drei oder vier Stützen sein würden. Bei gleich langen Feldern würde daher die Berechnung der Pfetten nach den Gleichungen 68, 69 und 72 bis 75 erfolgen können. Der Gang der Rechnung möge an nachstehendem Beispiele gezeigt werden.

Beispiel. Die Binderentfernung eines Daches sei 4,8 m, der Stoss der geneigt liegenden Pfetten liege über den Bindern, die Pfetten seien in Abständen von je 1,6 m durch Rundstangen aufgehängt. Der Neigungswinkel des Daches sei rd 30^0, die Belastung pro laufenden Meter 640 kg.

Fig. 742.

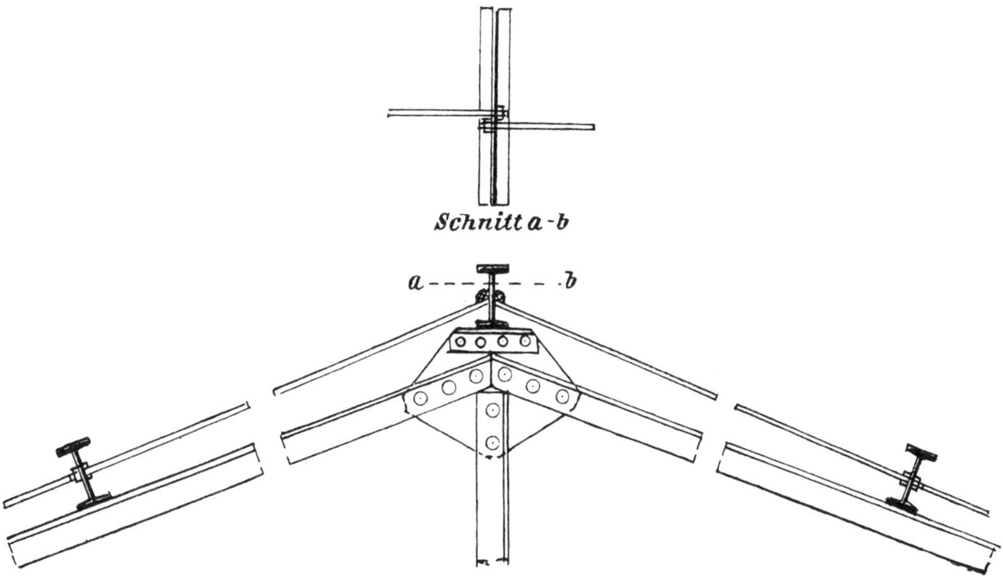

Da $\cos 30^0 = 0{,}866$ und $\sin 30^0 = 0{,}5$ ist, so erhält man für die Belastungen nach den Querschnittsachsen y—y und x—x (Fig. 738) die Werte

$$p \cos \alpha = 640 \cdot 0{,}866 = 554 \text{ kg/m} \text{ und } p \cdot \sin \alpha = 640 \cdot 0{,}5 = 320 \text{ kg/m}.$$

Gegen die Belastung von 320 kg/m verhält sich die Pfette als ein Träger auf vier Stützen, mit drei Feldern von je 1,6 m Feldweite.

Nach den Bezeichnungen in Fig. 178 und den Gleichungen 72) und 73) findet man demnach für die Stützenmomente:

$$M_1 = M_2 = -\frac{1}{10} \cdot 320 \cdot 1{,}6^2 = -83{,}92 \text{ kgm}$$

und für die Stützendrücke:

$$D_0 = D_3 = \frac{2}{5} \cdot 320 \cdot 1{,}6 = 205 \text{ kg bezw.}$$

$$D_1 = D_2 = \frac{11}{10} \cdot 320 \cdot 1{,}6 = 563 \text{ kg.}$$

Diese zuletzt berechnete Kraft muss von den Zugstangen aufgenommen werden.

Nach Gleichung 75) erhält man für das grösste Moment im Mittelfelde

$$\mathfrak{M} = \frac{1}{8} \cdot 320 \cdot 1{,}6^2 - 83{,}92 = 18{,}48 \text{ kgm} = 1848 \text{ kgcm.}$$

Gegen die Belastung von 554 kg/m verhält sich die Pfette wie ein Träger auf zwei Stützen. Das grösste Moment ist somit

$$M = \frac{1}{8} \cdot 554 \cdot 4{,}8^2 = 1595{,}5 \text{ kgm} = 159550 \text{ kgcm.}$$

Wählt man $\perp$-Eisen N. P. Nr. 19 mit $W_x = 185$ und $W_y = 22{,}6$, so wird die ungünstigste Beanspruchung der Pfette:

$$k = \frac{159550}{185} + \frac{1848}{22{,}6} = \text{rd } 954 \text{ kg}.$$

Liegen auf der einen Dachfläche ausser der Firstpfette n Pfetten, so muss die oberste Zugstange einen Zug von n Auflagerdrücken D_1 übertragen. Würden in unserem Beispiel vier solcher Pfetten aufzufangen sein, so wäre der Zug z der obersten Stange:

$$z = 4 \cdot 563 = 2252 \text{ kg}$$

betragen. Der Durchmesser des Rundeisens wäre somit nach Gleichung 4):

$$d = 1{,}45 \sqrt{2{,}252} = \text{rd } 2{,}2 \text{ cm}.$$

Die berechnete Stärke der Rundeisen wird aus praktischen Gründen für alle Zugstangen beibehalten.

An den Giebelwänden werden in der Regel keine Binder angeordnet. Die Pfetten werden mit Hilfe von Lagerplatten auf Auflagersteinen verlegt, die in den Giebelwänden eingemauert sind.

d) Sparren, Latten, Deckung.

Die Sparren und Latten. Bei den eisernen Dächern kommen sowohl hölzerne als auch eiserne Sparren vor. Hölzerne Sparren und Pfetten werden in der üblichen Weise durch Nagelung verbunden. Liegen hölzerne Sparren auf eisernen

Fig. 743.

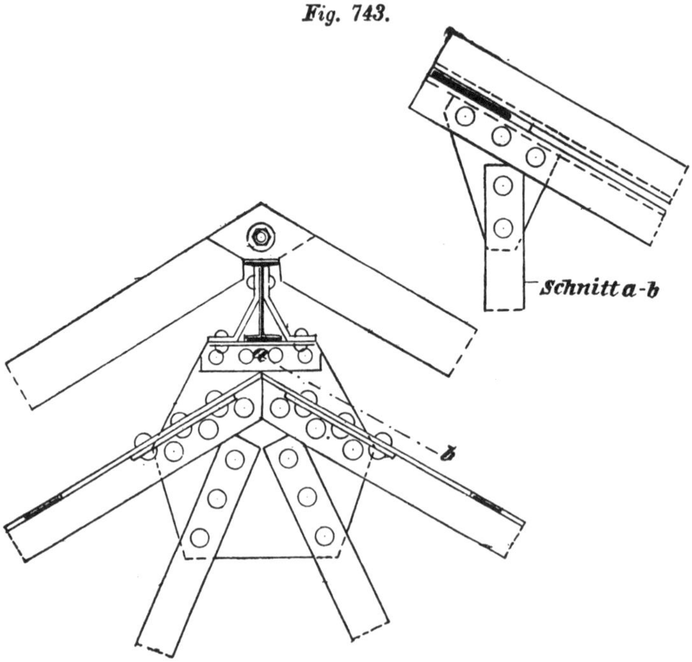

Pfetten, so geschieht dies vermittelst Verkämmung der Sparren. Die Befestigung wird durch kräftige Hakennägel bewirkt, deren Haken unter den dem Firste zugewandten Flansch der Pfette greift (Fig. 708, 734). Bei steileren Dächern findet

man zuweilen die Verbindung von Holzsparren und Eisenpfetten in der Weise ausgeführt, dass die Sparren an Winkelstücke geschraubt werden, die mit der Pfette vernietet sind (Fig. 709). Diese Befestigung ist zwar sehr solide, aber auch sehr teuer.

Am First werden die hölzernen Sparren durch Scherzapfen oder Ueberblattung miteinander verbunden. In Fig. 743, 744 sind mehrere Firstknotenpunkte dargestellt.

Fig. 744.

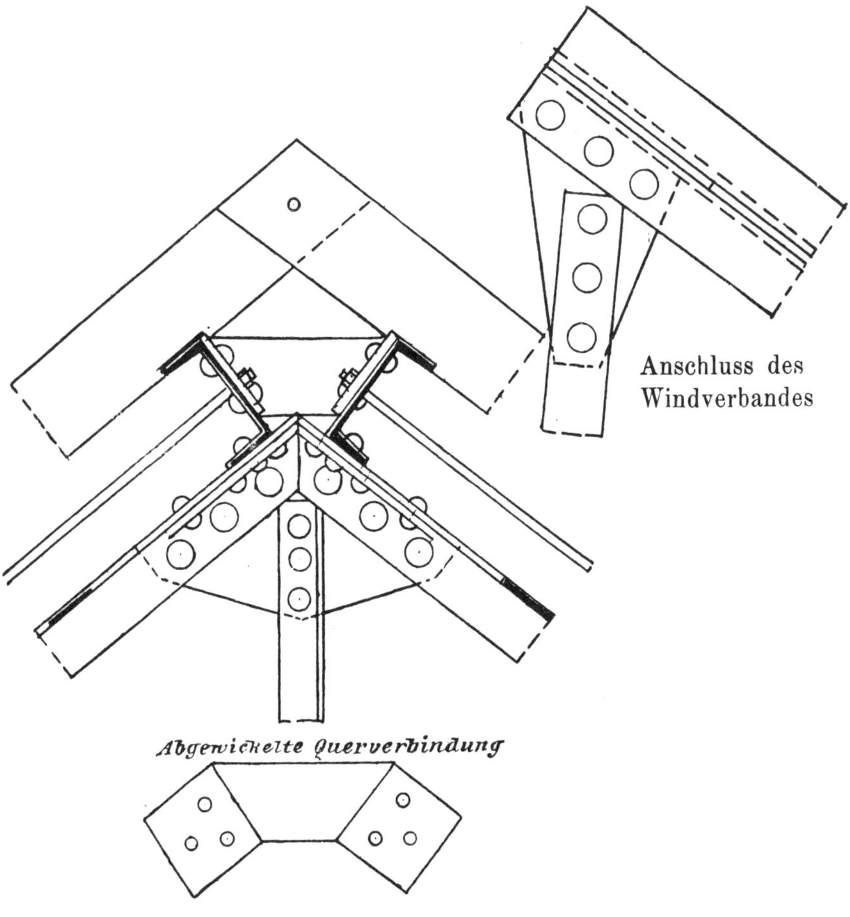

Bei der Anordnung hölzerner Sparren dienen selbstverständlich hölzerne Latten oder Schalbretter zur Unterstützung der Eindeckung. Hierüber sehe man den Band X dieses Handbuches.

Werden eiserne Sparren angeordnet, so dienen auch eiserne Latten zur Unterstützung der Dachhaut. Wie oben schon bemerkt, eignen sich zu den Sparren vor allem [-Eisen, weil diese einen leichten Anschluss an die Pfetten gestatten. Derselbe wird durch kleine Winkelstücke, die auf die Pfetten genietet sind, hergestellt (Fig. 710, 711). Die aus Winkeleisen gebildete Lattung wird nach Fig. 720 bis 722 mit den Sparren verbunden. Die Verbindung der Sparren am First geschieht durch winkelförmig gebogene Knotenbleche von 7 bis 8 mm Stärke, an welche die Sparren geschraubt werden, während die Knotenbleche durch Nietung mit der Firstpfette verbunden werden (Fig. 744). Senkrecht zur Dachfläche geneigte Pfetten sind des bequemen und eleganten Anschlusses der Sparren wegen hier empfehlenswert.

Was die Lage der Sparren anbetrifft, so ist man bei den hölzernen Dächern insofern abhängig von der Lage der Binder, als über jedem Binder ein Sparren angeordnet werden muss, der in den meisten Fällen zum Bindersystem gehört. Bei den eisernen Dächern hingegen hat man bei der Sparrenteilung vollständig freie Hand, indem man auf die Lage der Binder keine Rücksicht zu nehmen braucht. In vielen Fällen ist es aus praktischen Gründen nicht erwünscht, über den Bindern Sparren zu verlegen, namentlich dann nicht, wenn doppelte Firstpfetten angeordnet werden, da in diesem Falle die über dem Binder zwischen den First-

Fig. 745.

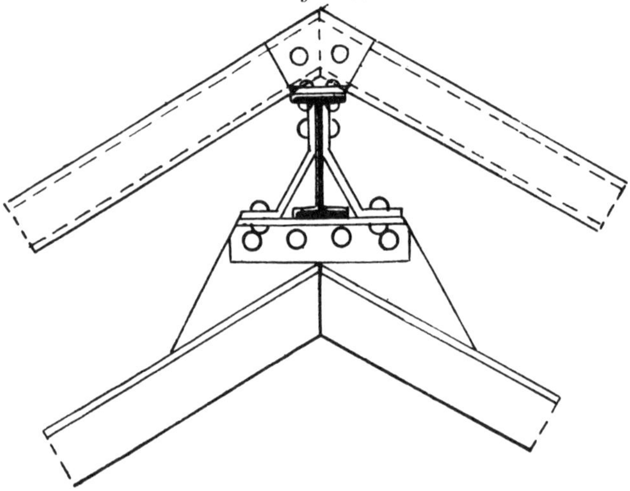

Fig. 746.

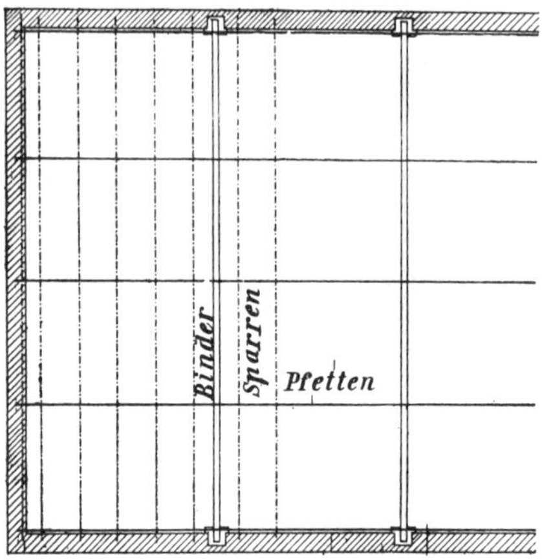

Fig. 747b.

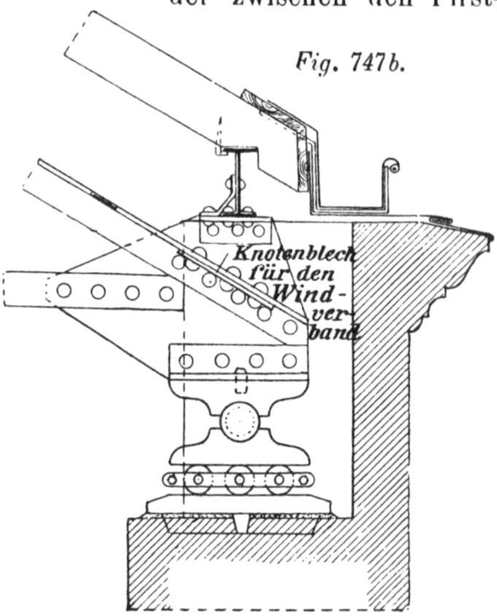

pfetten befindliche Querverbindung die Befestigung der Sparren mit den Pfetten behindert. Die Sparrenteilung wird man daher zweckmäfsig folgendermafsen vornehmen. Man verlege zuerst die Sparren längs den Giebelwänden und teile die Entfernung der Binder in eine Anzahl gleiche Teile, deren Grösse der üblichen Sparrenentfernung entspricht. Nun zeichne man den zweiten Sparren ein im Abstande gleich der Hälfte des Teilmafses und hierauf die übrigen Sparren im Abstande des Teilmafses. Ueber den Bindern liegt alsdann kein Sparren, vielmehr ist die Entfernung der nächstgelegenen Sparren von den Bindern gleich dem halben Teilmafs. Ist z. B. die Binderentfernung 4,0 m, so würde der Abstand der Sparren zweckmässig 0,80 m gemacht werden. Indem man je ein Sparrenpaar 0,40 m von den Giebelwänden anordnet, wird man zwischen denselben im Abstande von 0,80 m die übrigen Sparren unterbringen können. In Fig. 746 ist diese Anordnung dargestellt. Die Sparren sind punktiert, die Binder durch Doppellinien angedeutet.

Die Deckung. Zur Deckung kann jedes hierzu geeignete Material Verwendung finden. Es mag besonders darauf hingewiesen werden, dass in der Neuzeit häufig die neueren Deckenkonstruktionen mit Vorteil für die Bildung von Dachflächen angewandt worden sind.

Die Fig. 708 zeigt eine Deckung von Falzziegel auf Winkeleisen, Fig. 709 eine solche von Schiefer auf Lattung.

e) Fuss- und Firstpunkte.

Die Fusspunkte. Bei der Konstruktion der Fusspunkte beginnt man am besten damit, dass man den Obergurt anschliesst. Die Niete verteile man wenn irgend möglich so, dass links und rechts vom theoretischen Knotenpunkte gleich viel Niete stehen. Bei ungerader Nietzahl wird dabei ein Niet in den Knotenpunkt fallen, bei gerader Nietzahl nicht. Sind die Niete untergebracht, so schneide

Fig. 747. *Fig. 747a.*

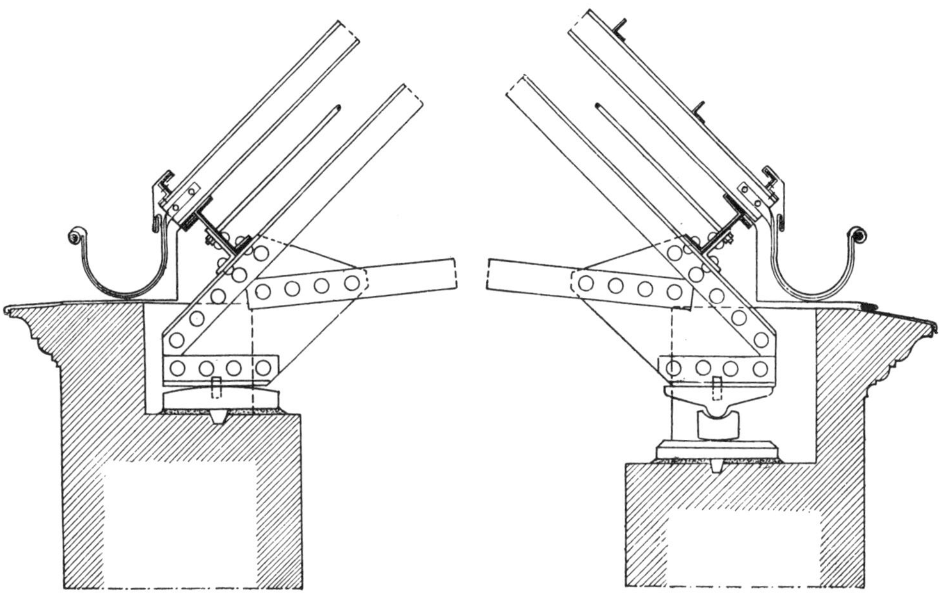

man 2d hinter dem letzten Niet den Winkel ab und zeichne nun die zur Auflagerung des Binders erforderlichen Winkel ein, die zweckmäfsig die Abmessungen der Gurtwinkel erhalten. Für den Anschluss der Lagerwinkel sind 3 bis 4 Niete ausreichend. Hierauf lässt sich das Lager selbst einzeichnen und zwar so, dass der Angriffspunkt des Auflagerdruckes senkrecht unter dem theoretischen Knotenpunkt liegt. In Fig. 747 ist ein Fusspunkt mit dem festen Lager, in Fig. 747a und 747 b sind solche mit beweglichem Lager dargestellt. Auch wird hier auf den auf Tafel 9 dargestellten Binder verwiesen.

Jetzt zeichne man die Pfette, den Sparren, die Deckung und die Rinnenanlage. Beim festen Auflager stösst man dabei auf keine Schwierigkeiten, namentlich dann nicht, wenn hölzerne Sparren verwandt werden. Die Ausbildung der Traufe kann in diesem Falle wie bei den hölzernen Dächern geschehen (Fig. 748).

Fig. 748.

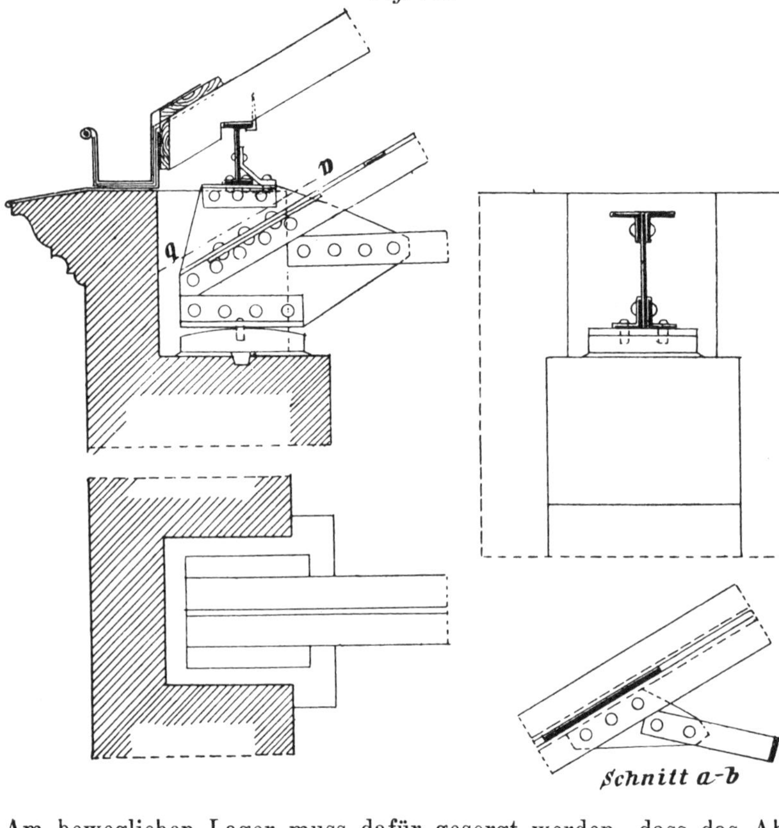

Am beweglichen Lager muss dafür gesorgt werden, dass das Abdeckblech der Mauer der Ausdehnung beziehungsweise der Zusammenziehung des Binders folgen kann. Das Abdeckblech besteht daher zweckmässig aus zwei Teilen, welche durch Falze miteinander verbunden werden (Fig. 747a und b). Der obere Teil des Abdeckbleches wird bei Dächern mit hölzernen Sparren an dem vor den Sparrenköpfen befindlichen Stirnbrett befestigt; bei Dächern mit eisernen Sparren wird das Abdeckblech um ein Flacheisen gebogen, welches unter die Sparrenköpfe geschraubt wird (Fig. 747, 748).

Lager. Die Binder ruhen in der Regel auf Pfeilervorlagen (Fig. 748); in dem aufgehenden Mauerwerk werden für das Lager Kammern ausgespart, die es ermöglichen, zu jeder Zeit an die Lager kommen zu können.

Was im Kapitel 3, e über die Lager der Träger ausgeführt wurde, ist hier besonders zu beachten. Das feste Lager kann als einfache Lagerplatte ausgeführt werden (Fig. 745, 748), wenn auch bei Bindern mit grösserer Spannweite vielfach Kipplager zur Verwendung gelangen. Das bewegliche Lager ist aber stets als Rollen- oder Pendellager auszubilden (Fig. 747a, 747b); Gleitlager empfehlen sich weniger, weil die zwischen Binder und Lager auftretende Reibung der Längenänderung des Binders zu grossen Widerstand entgegensetzt.

Die Verankerung des Binders mit dem Mauerwerk ist nur dann gerechtfertigt, wenn sich das Dach über einer offenen Halle befindet, so dass bei eintretendem Sturme ein Abheben des Binders von seinem Lager zu befürchten stände. Eine mit dem Knotenblech verbundene Rundeisenstange von etwa 20 mm Durchmesser, die an der Innenseite des Gebäudes heruntergeführt und in gewisser Tiefe mit der Mauer verbunden wird, dürfte jedenfalls ausreichend sein (Fig. 749).

Fig. 749.

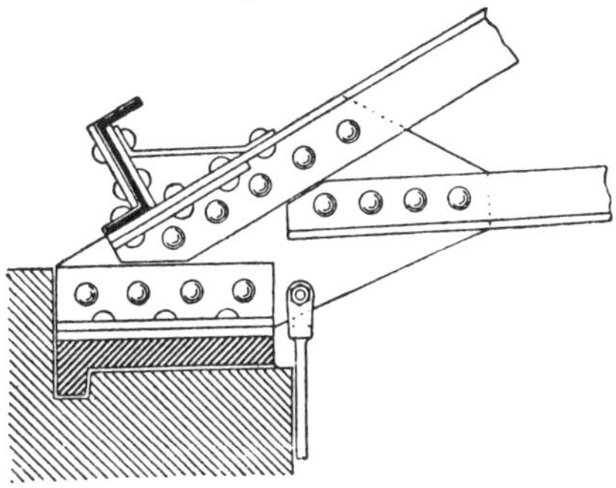

Der First. Am Firste wird entweder eine Pfette angeordnet, die dann meist aus einem ⊥-Eisen gebildet wird (Fig. 743) oder aber es werden, was nicht selten geschieht, zwei Firstpfetten verlegt, deren Steg rechtwinklig zur Dachfläche steht (Fig. 744). Die Pfetten sind dann aber durch Querverbindungen, die über jedem Binder und ausserdem zwischen denselben in Abständen von etwa 1,5 bis 2,0 m anzubringen sind, zu verbinden. Sie nehmen, wie oben bereits ausgeführt wurde, die parallel zur Dachfläche wirkende Komponente der Dachlast auf.

Die Dichtung der Dachdeckung am First geschieht in der üblichen Weise mit Hilfe von Firstziegeln u. s. w., worüber man in Band X dieses Handbuches die in der Praxis gebräuchlichen Konstruktionen findet.

f) Der Windverband.

Wie bei den hölzernen Dächern durch Anordnung von Kopfbändern, Windrispen u. dergl. dafür Sorge getragen wird, dem Einflusse des schräge zur Längsrichtung des Daches wirkenden Windes zu begegnen, der ein Kanten der Binder verursachen würde, so wird bei den eisernen Dächern durch die Anordnung des Windverbandes die Standsicherheit nach der Längsrichtung des Daches hergestellt.

Die Windverstrebung wird dadurch bewirkt, dass je zwei Binder durch aus Flacheisen gebildete Diagonalen zu einem Binderpaare vereinigt werden. Diese Winddiagonalen dürfen aber nur in denjenigen Feldern angeordnet werden, in denen die Pfetten keine Gelenke besitzen. Es muss dies aus dem Grunde geschehen, weil die Diagonalen stets mit etwas Spannung eingezogen werden. Würden die Winddiagonalen in den Feldern, in denen sich die Gelenke der Pfetten befinden, eingezogen, so würden durch die straff gespannten Flacheisen die Pfettenköpfe an den Gelenken bis zur Berührung genähert, die durch die Anordnung der Gelenke beabsichtigte Möglichkeit der Längenänderung der Pfetten also verhindert werden. In Fig. 750 ist die Anordnung des Windverbandes für ein längeres Dach dargestellt. Die Gelenke sind durch kleine Kreise angedeutet.

Die Diagonalen werden vermittelst Knotenbleche an die Gurtwinkel genietet und zwar in der Weise, dass man die Anschlussbleche unter den parallel zur Dachfläche laufenden Winkelflansch der Gurtung nietet. Die Flacheisen liegen auf diesen Knotenblechen, also in der Ebene der genannten Winkelflansche.

Bei Dächern mit kleiner Spannweite (etwa 15,0 m) genügt es, die Flacheisen nur an den diagonal gegenüberliegenden Fuss- und Firstpunkten zu befestigen. Bei Dächern mit grösserer Spannweite sind zwischen Traufe und First mehrere Windkreuze anzuordnen (Fig. 751).

Fig. 750.

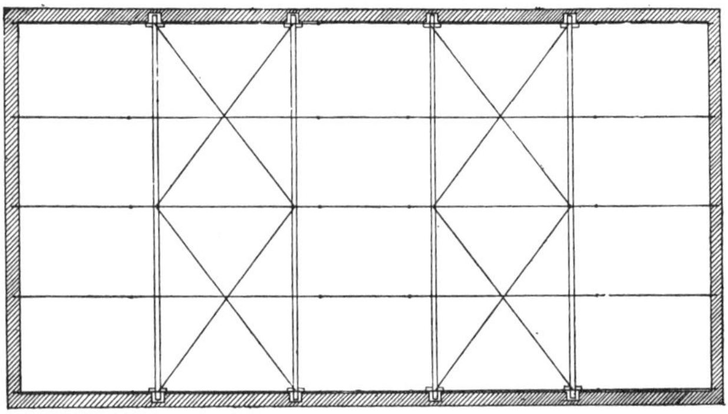

Fig. 751.

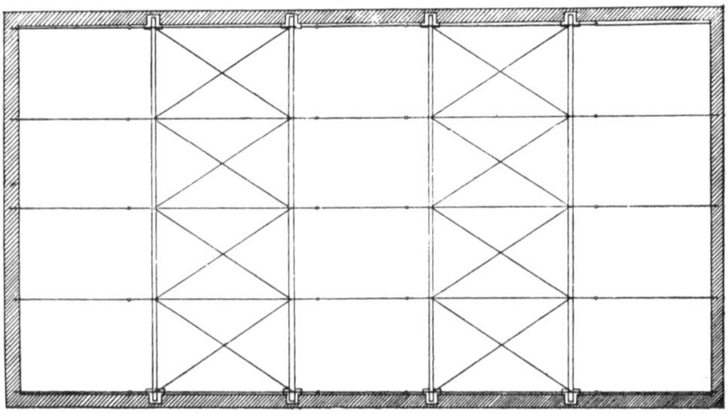

Die Achse der Diagonalen muss im Grundrisse durch die theoretischen Knotenpunkte gehen.

Die Stellung der Niete, welche die Knotenbleche des Windverbandes und Gurtwinkel miteinander verbinden, ist so anzuordnen, dass sie sich bequem schlagen lassen und daher zweckmässig um eine halbe Nietteilung gegen die in den lotrechten Winkelflanschen sitzenden Niete des Bindersystems zu verschieben. In den Fig. 748 und 744 ist der Anschluss des Windverbandes an einen Fuss- und Firstpunkt dargestellt.

Im Verein mit den Pfetten und den Obergurtwinkeln bilden die Winddiagonalen ein vollständiges unverschiebbares in der Dachfläche liegendes Bindersystem, welches eine Verschiebung der Rechteckform des Daches wirksam verhindert.

Zu den Winddiagonalen genügt es, je nach deren Länge, Flacheisen 60·8 bis 80·10 zu wählen.

g) Wellblechdächer.

Die Vorzüge, welche das Wellblech gegenüber anderen Eindeckungsmaterialien besitzt, haben demselben in den letzten Jahren eine überaus häufige Verwendung gesichert.

Das Eisenwellblech besitzt bei geringem Gewicht eine grosse Tragfähigkeit und bietet dem Winde eine geringe Angriffsfläche, wodurch die Wellblechdächer sturmfester sind, als die Dächer mit Eindeckungen aus natürlichen und künstlichen Gesteinen. Infolge der grossen Tafeln, in welchen es in den Handel gebracht wird, entstehen nur wenige Fugen, so dass das Eindringen von Schlagregen und Flugschnee in die Dachräume bei einigermafsen sorgfältiger Ausführung ausgeschlossen ist.

Die Wellblechdeckung gestattet ferner die Pfettenabstände möglichst gross zu machen und die Dachneigung ziemlich flach zu halten, wobei die Wasserabführung trotzdem ungehindert erfolgt.

Die Eindeckung ist mit einfachen Hilfsmitteln zu bewirken, auch lassen sich die Anschlüsse des Wellbleches an lotrechte Mauern und ferner die Dichtung der Grate und Kehlen leicht und bequem herstellen.

Als weitere Vorteile sind zu nennen, dass Reparaturen fast gänzlich ausgeschlossen sind, dass infolge des geringen Gewichtes des Wellbleches die Dachbinder sich mit dem geringsten Aufwand an Material ausführen lassen und dass endlich das Wellblech als feuersicheres Material dem Umsichgreifen eines Brandes natürlichen Einhalt gebietet.

Verzinkung. Das Wellblech wird stets in verzinktem Zustande verwandt und ebenso die Konstruktionsteile, welche zur Befestigung der Wellblechtafeln dienen.

Der Zinküberzug soll so stark sein, dass auf jeder Seite der verzinkten Bleche pro Quadratmeter mindestens 0,4 bis 0,5 kg Zink vorhanden sind.

Wahl des Wellbleches. Für alle Dächer mit Unterkonstruktion, sei sie aus Eisen oder Holz, wird nur flaches Wellblech benutzt, dessen Stärke mindestens 1 mm betragen soll; bei bombierten Dächern, d. h. bogenförmige Dächer, bei denen das Wellblech nicht durch Pfetten unterstützt wird, findet indessen stets das Trägerwellblech Anwendung. Von der Besprechung dieser Dächer wird hier Abstand genommen, da sie über den Rahmen des Buches hinausgehen würde.

Abmessungen. Die grösste Länge der Wellblechtafeln beträgt zur Zeit 6,0 m; die nutzbare Breite ist ein Vielfaches der Wellenbreite, wozu noch an jeder Seite ein Ueberstand von 20 bis 30 mm für die Stossdeckung kommt.

In den im Anhang befindlichen Tabellen der von den Firmen W. Tillmanns in Remscheid und Jakob Hilgers in Rheinbrohl hergestellten Wellblechprofile sind die Baubreiten angegeben.

Fig. 752.

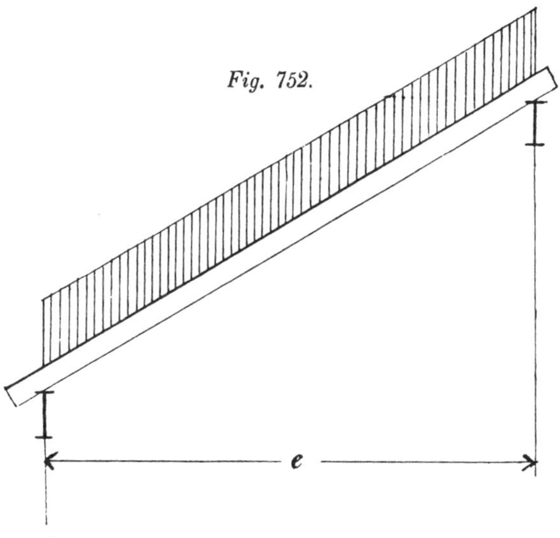

Berechnung der Wellblechtafeln. Wie bei der Berechnung der Wangen eiserner Treppen bereits dargetan wurde, ist die Neigung eines Trägers ohne Einfluss auf die Grösse des biegenden Momentes.

Da in den Profiltabellen der Wellbleche deren Trägheits- und Widerstandsmomente stets für 1 m Breite angegeben sind, so ist die Berechnung des Wellbleches ebenfalls für 1 m Breite durchzuführen.

Ist p die Belastung pro qm Grundriss (Eigengewicht, Schnee- und Winddruck), e die Entfernung der Pfetten im Grundriss gemessen, ausgedrückt in Metern (Fig. 752), so wird, da das Wellblech als ein Träger auf zwei Stützen zu betrachten ist, das grösste Moment:

$$M = \frac{1}{8} p e^2,$$

mithin nach Gleichung 29):

$$\frac{1}{8} p e^2 = W \cdot k.$$

Setzt man k = 1000 kg, so folgt:

$$W = \frac{p e^2}{80} \text{ cm}^3. \tag{174}$$

Pfettenabstand. Die Grösse der Widerstandsmomente der flachen Wellblechprofile gestattet es, die horizontale Entfernung e der Pfetten bis zu 3,5 m anzuordnen. Bei grösserem Pfettenabstande würde Trägerwellblech für die Ausführung gewählt werden müssen.

Beispiel. Es ist das Wellblech für ein Dach zu berechnen, dessen Neigung 1 : 3 beträgt, der Pfettenabstand im Grundriss gemessen sei 2,8 m.

Nach den Tabellen auf Seite 271 und 272 beträgt bei der angenommenen Dachneigung der Schneedruck 75 kg, der Winddruck 32 kg. Schätzt man das Eigengewicht des Wellbleches pro qm Grundriss auf 11 kg, so wäre das Gesamtgewicht p = 75 + 32 + 11 = 118 kg/qm Grundriss, mithin

$$W = \frac{118 \cdot 2{,}8^2}{8} = 11{,}6 \text{ cm}^3.$$

Hierfür würde nach der Profiltabelle von Tillmanns im Anhang das Profil 100 · 35 · 1,0 mit W = 11,62 cm³ genügen. Das Gewicht pro qm beträgt 10,14 kg in der Dachfläche. Da der Neigungswinkel des Daches sich aus

$$\operatorname{tg} \alpha = \frac{1}{3} = 0{,}333 \text{ zu } \alpha = \text{rd } 18^0\,30'$$

berechnet und $\cos 18^0\,30' = 0{,}948$ ist, so erhält man für das Gewicht pro qm Grundriss:

$$\frac{10{,}14}{0{,}948} = 10{,}7 \text{ kg}.$$

Die geraden Wellblechdächer gelangen stets als Pfettendächer zur Ausführung. Die geringste Neigung des Wellbleches sei 1 : 4, doch ist es empfehlenswert, wegen der raschen Wasserabführung, das Neigungsverhältnis nicht unter 1 : 2½ bis 1 : 3 zu nehmen.

Die Wellblechtafeln reichen gewöhnlich von einer Pfette zur anderen, doch können sie auch über mehrere Pfetten durchgehen. Die Verbindung der Tafeln mit den Pfetten muss stets so eingerichtet sein, dass das Wellblech sich den Temperaturschwankungen entsprechend ausdehnen oder zusammenziehen kann. Die Ueberdeckung der Tafeln muss um so grösser sein, je flacher das Dach ist. Landsberg gibt für das Maſs u der Ueberdeckung folgende aus guten ausgeführten Dächern abgeleitete Werte an:

Für eine Dachneigung von	$^1/_{1,5}$	$^1/_2$	$^1/_{2,5}$	$^1/_3$	$^1/_{3,5}$	$^1/_4$
wähle man u =	8	12	15	17	18	18 cm

Verbindung der Tafeln untereinander. In den Längsnähten (Stossfugen), d. h. den Fugen, die rechtwinkelig zum First laufen, wird der Stoss stets in den Wellenberg gelegt, da im Wellentale das Wasser abläuft. Er wird durch einfache Ueberdeckung der Tafelränder hergestellt. Dabei soll die Fuge stets

Fig. 753.

Fig. 753 a.

von der Wetterseite abgewendet sein (Fig. 753). Die Verbindung geschieht durch Niete von 6 mm Durchmesser, deren Abstand 300 bis 500 mm beträgt, während der Abstand der Niete von den Tafelrändern 150 bis 300 mm beträgt. Unter die Nietköpfe werden immer Blechplättchen von der Grösse und Dicke etwa eines 2-Pfennigstückes gelegt. Fig. 753a.

In den mit den Pfetten zusammenfallenden Quernähten (Lagerfuge) dürfen die Tafeln nicht miteinander vernietet werden, damit jede Tafel sich ungehindert in der Länge ausdehnen kann.

Fig. 754.

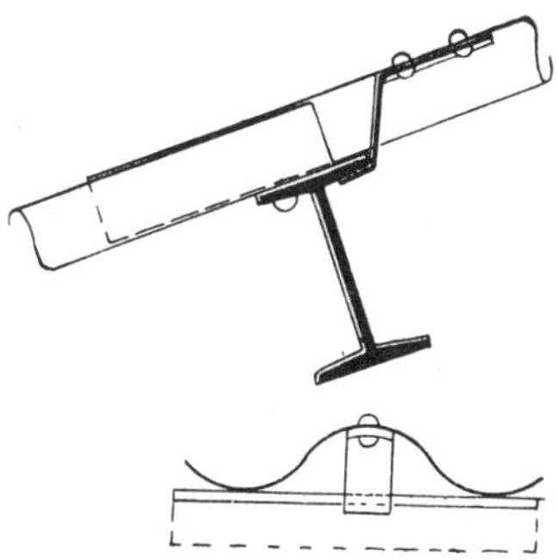

Fig. 755.

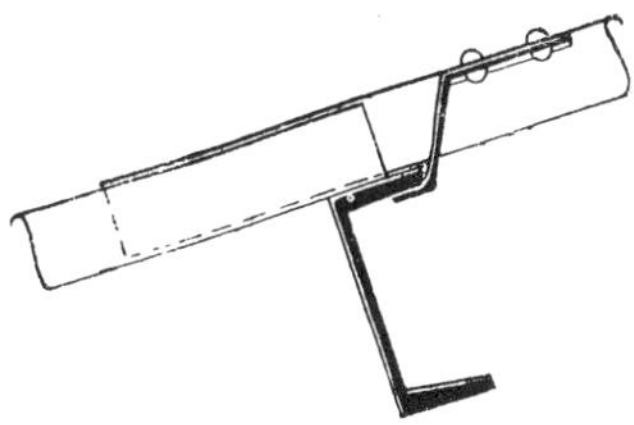

Fig. 756.

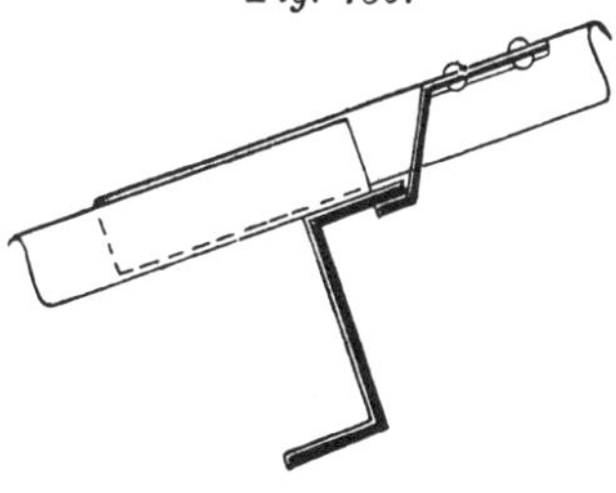

Fig. 757.

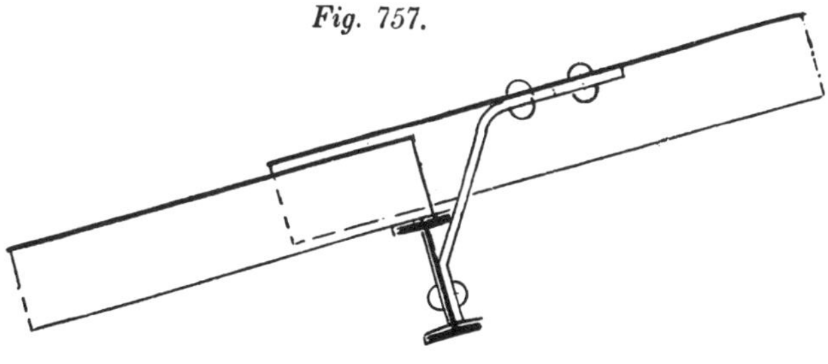

Befestigung von Wellblech und Pfetten. Die Verbindung der Tafeln mit den Pfetten geschieht am besten mit Hilfe der in Fig. 481 abgebildeten Agraffe, die an jeder 3. bis 4. Welle mit dem Wellenberge mit 2 bis 3 Nieten von 6 mm Durchmesser verbunden werden (Fig. 754 bis 756), während der untere Teil der Agraffe unter den Flansch der Pfette greift.

Je nach dem Querschnitt der Pfette erhält der untere Teil der Agraffe eine verschiedene Gestalt. In Fig. 757 ist die Agraffe mit dem Steg des ⊥-Eisens vernietet, in Fig. 758 mit dem Flansch des als Pfette dienenden Winkels, in Fig. 759 mit dem Stege des ⊏-Eisens.

Auch die bereits aus Fig. 482 und 483 bekannte Hakenschraube kann zur Befestigung oft mit Vorteil verwandt werden, wie die Figuren 760 und 761 zeigen.

Fig 760.

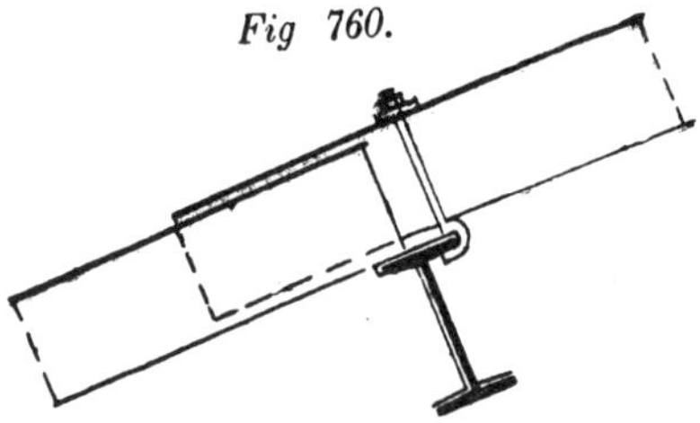

Fig. 758.

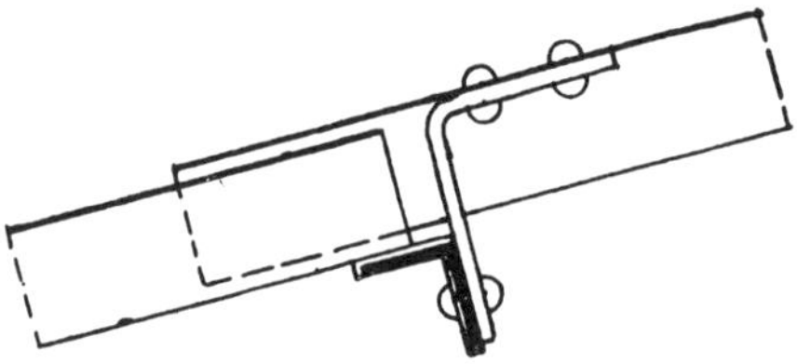

Fig. 761.

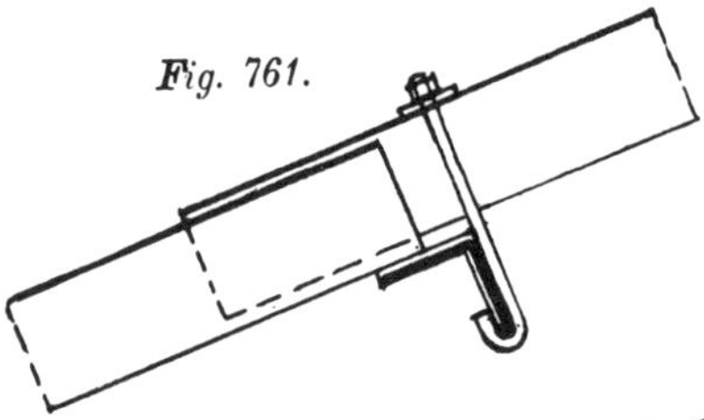

Fig. 759.

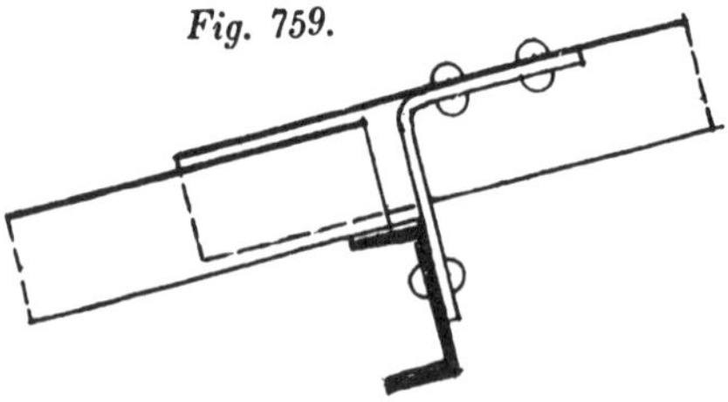

Fig. 762.

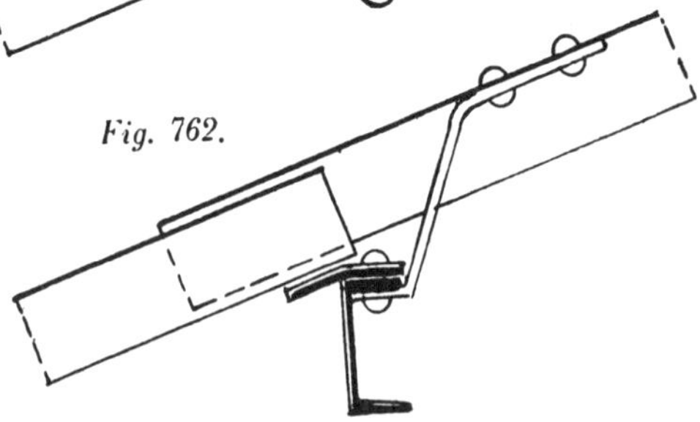

Bei den Wellblechdächern sind die Pfetten meist rechtwinkelig zur Dachfläche angeordnet, um dem Wellblech eine gute Auflagerfläche zu bieten. Will man die Pfetten senkrecht stellen, so kann man die Auflagerflächen dadurch schaffen, dass man auf den oberen Flansch des ⊏- oder ⊥-Eisens ein Blech von 6 bis 8 mm Stärke nietet, dessen überstehendes Ende in die Dachebene gebogen wird (Figur 762).

Fig. 763.

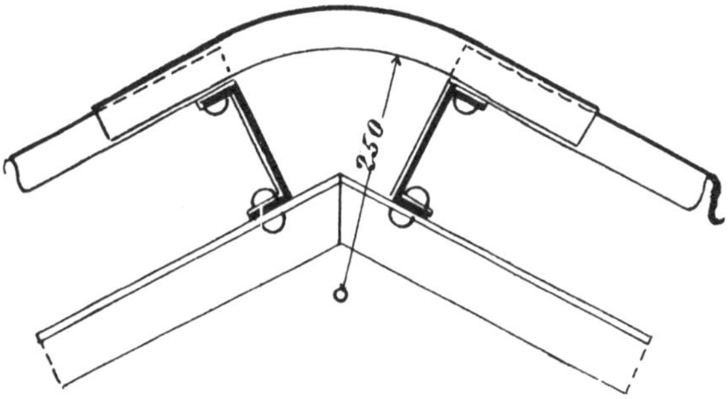

Firstabdeckung. Die Abdeckung am First richtet sich nach der Zahl der dort verlegten Pfetten. Bei 2 Pfetten dient zur Dichtung ein nach einem Radius von 250 bis 400 mm gebogenes Wellblech des zur Deckung des Daches benutzten Profiles (Fig. 763). Die Längenausdehnung wird dadurch ermöglicht, dass die Nietlöcher im unteren Wellblech länglich angeordnet werden. Fig. 764 zeigt eine Firstkappe aus flachem Blech. Die Wellblechtafeln werden durch ein

⊏-eisenförmig gebogenes Blech geschlossen und mit dem Firstblech durch Falze verbunden.

Eine elegante Firstdeckung erhält man durch Anwendung von gewellten Blechen, die allmählich in glatte Bleche übergehen (Fig. 765, 766). Auch mit der Verwendung sogenannter Zungenbleche hat man gute Resultate zu erwarten (Fig. 767). Die wulstartig gebogenen Bleche sind am unteren Ende so ausgeschnitten, dass die entstehenden Lappen genau in die Wellentäler hineinpassen. Denselben Zweck erfüllen die von der Firma Hilgers hergestellten Firstbleche (Fig. 768).

Fig. 764.

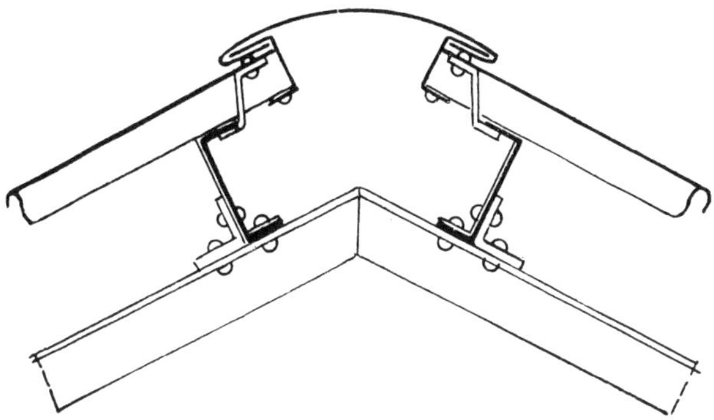

Fig. 765.

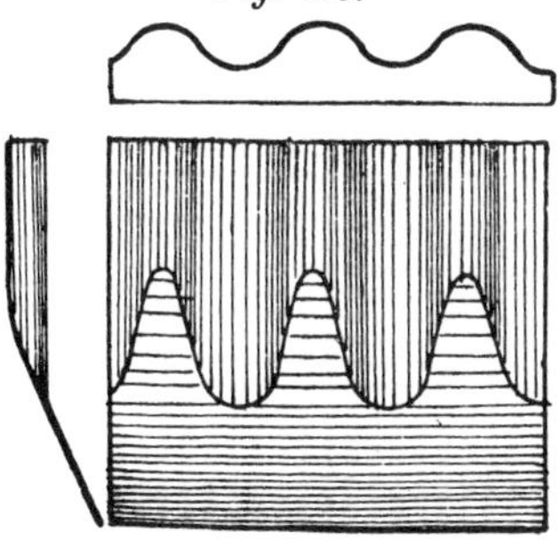

Fig. 766.

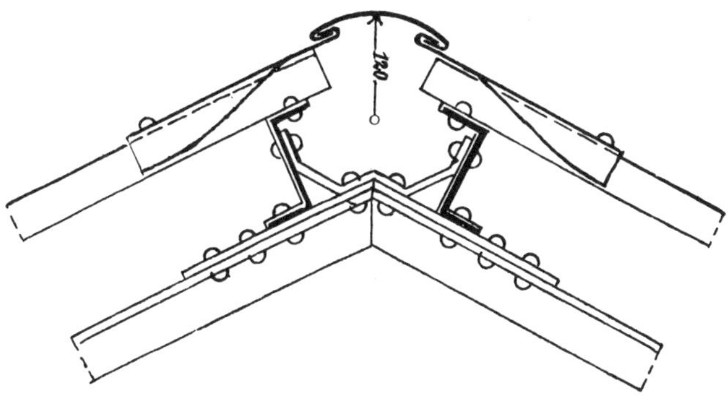

Fig. 767.

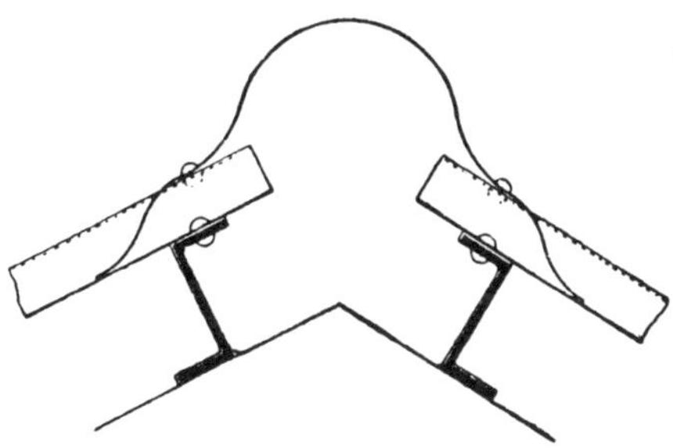

Fig. 768.

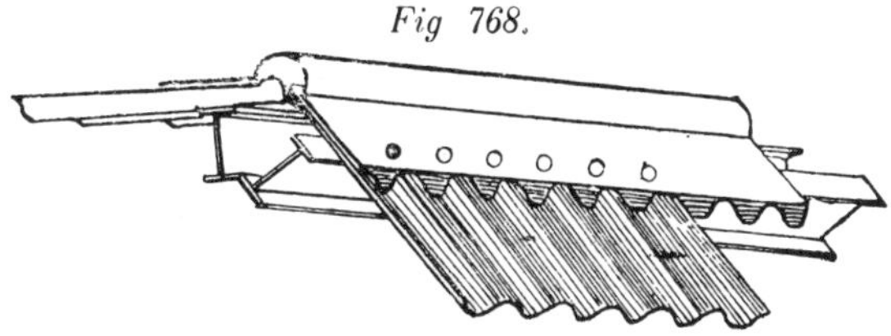

Fig. 769.

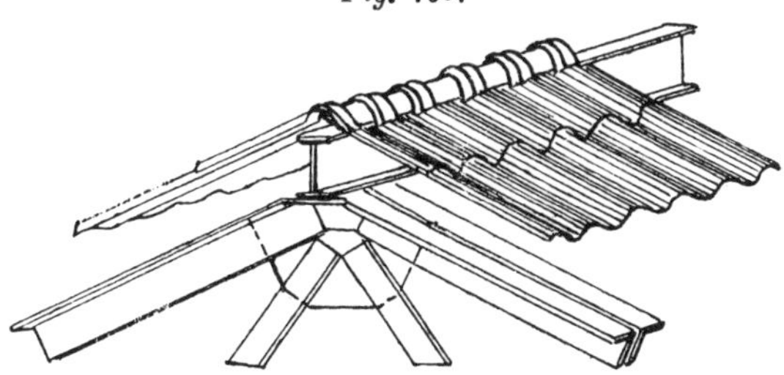

Die in die Wellen hineinreichenden Zungen werden mit dem verzinkten Wellblech verlötet.

Bei nur einer Firstpfette benutzt man am besten geknickte Firstbleche, wie sie unter anderen von der Firma Hilgers in Rheinbrohl hergestellt werden (Fig. 769).

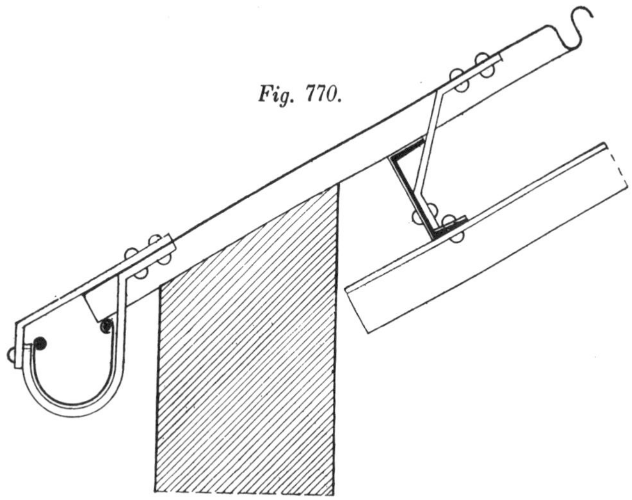

Fig. 770.

Bildung der Traufe. Bei Wellblechdächern, die sich auf untergeordneten Gebäuden befinden, lässt man oft das Wellblech so weit überstehen, dass die Rinnenhalter mit den Wellenbergen vernietet werden können (Fig. 770).

Die oben in Fig. 765 dargestellten Pressbleche eignen sich besonders zur Bildung der Traufe (Figur 771). Das Pressblech wird unter das Wellblech gelegt und mit diesem in den Wellenbergen vernietet. Der glatte Teil ist zu einem Falz umgebogen, in welchem die Rinne aufgehängt wird. Das Rinneneisen kann dabei an der Fusspfette oder an dem Wellenberge befestigt sein.

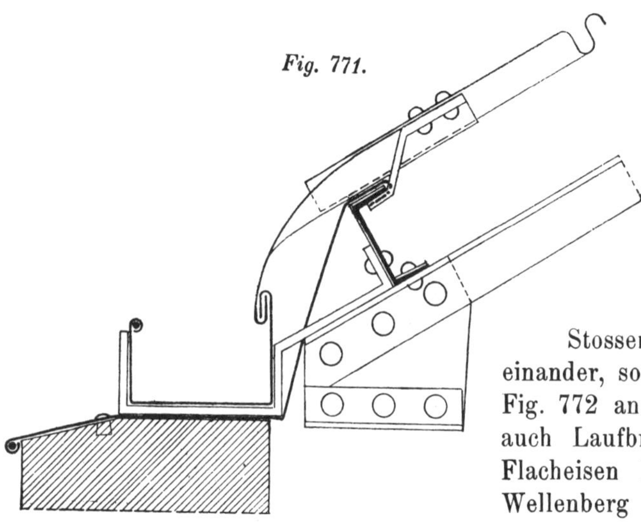

Fig. 771.

Stossen zwei Satteldächer aneinander, so lässt sich die Traufe nach Fig. 772 anordnen. Hier lassen sich auch Laufbretter anbringen, die auf Flacheisen liegen, welche mit dem Wellenberg vernietet werden.

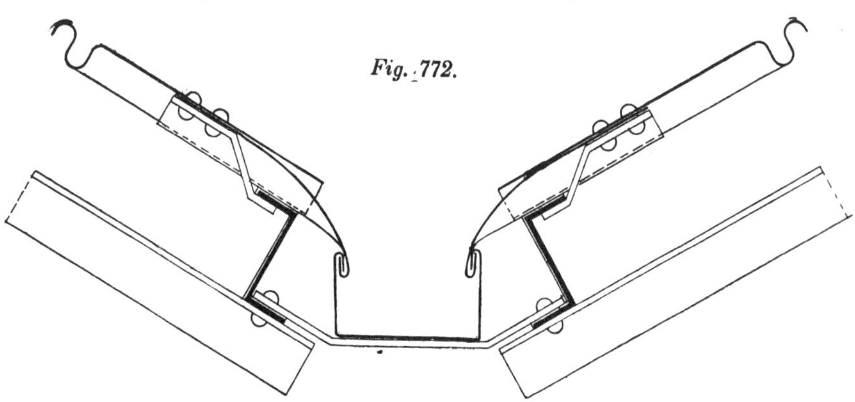

Fig. 772.

Abschluss an lotrechten Mauern. Laufen die Wellen parallel der Mauer, so geschieht der Anschluss durch ein Giebelblech nach Fig. 773. Das Blech ist oben rechtwinkelig umgebogen und greift in eine in die Mauer eingehauene Fuge, in welcher es vermittelst verzinkter Haken befestigt wird. Die Fuge wird sodann sorgfältig verstrichen. Der Anschluss kann auch nach Fig. 774 geschehen. Die Ueberdeckung des Mauerbleches mit dem umgekanteten Wellblech soll mindestens 10 cm betragen.

Fig. 773.

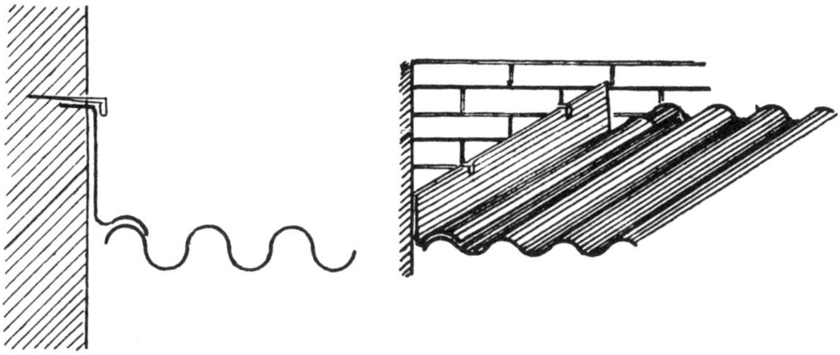

Fig. 774.

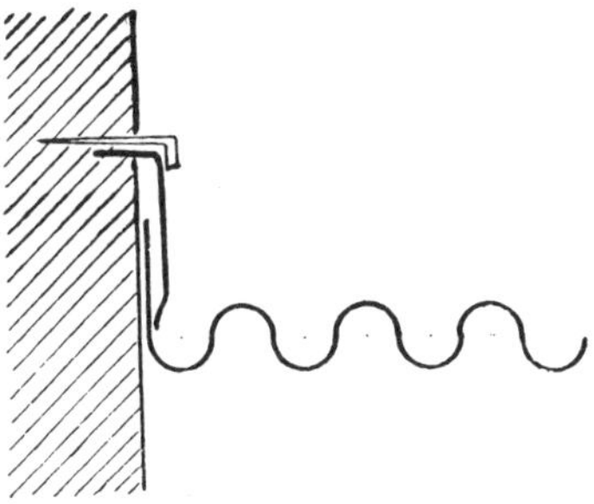

Fig. 775.

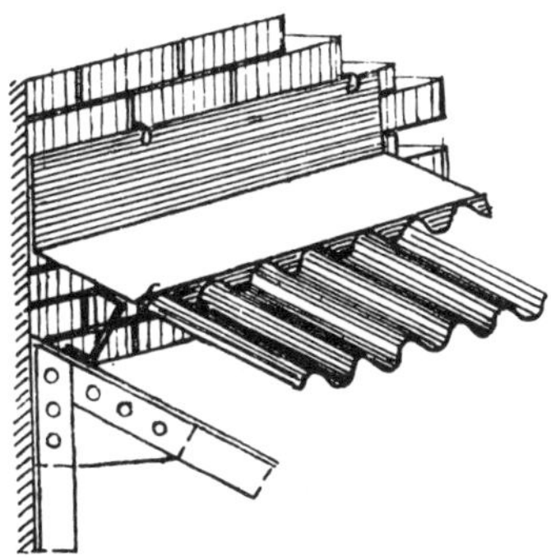

Fig. 776.

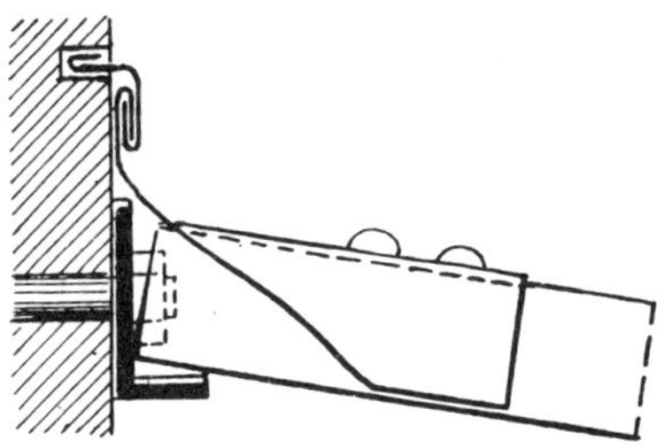

Fig. 777.

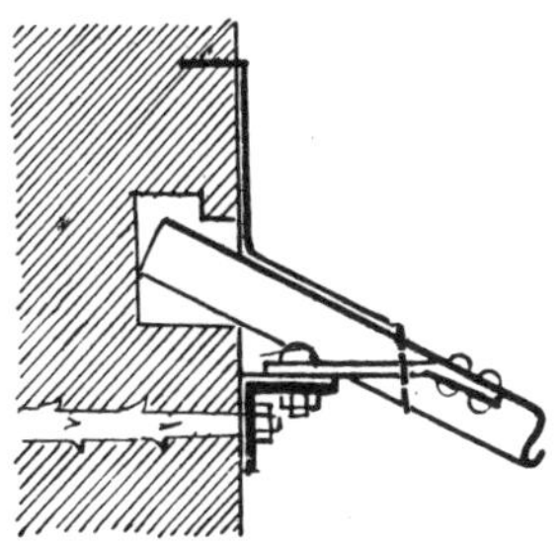

Zum Anschluss des Wellbleches an Mauern, die senkrecht zur Wellenrichtung laufen, verwendet man zweckmässig die von der Firma Hilgers hergestellten Mauerfirstbleche (Fig. 775). Einen anderen Anschluss zeigt Fig. 776, bei welchem das Pressblech zweckmässige Verwendung gefunden hat. Die Verbindung des Winkeleisens mit der Mauer erfolgt durch Steinschrauben, die etwa alle 80 bis 100 cm angeordnet werden. Auch der in Fig. 777 dargestellte Anschluss ist empfehlenswert.

Der häufig vorkommende Anschluss des Wellbleches an Schornsteine kann nach Fig. 778 und 779 bewerkstelligt werden. Der seitliche und untere Abschluss geschieht nach den vorstehend angegebenen Konstruktionen. Um die Abführung des Wassers aus der oberhalb des Schornsteines befindlichen Kehle zu bewirken,

Fig. 778.

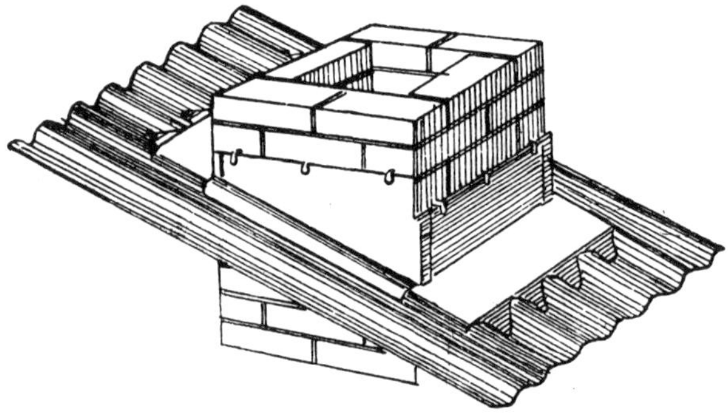

Fig. 779.

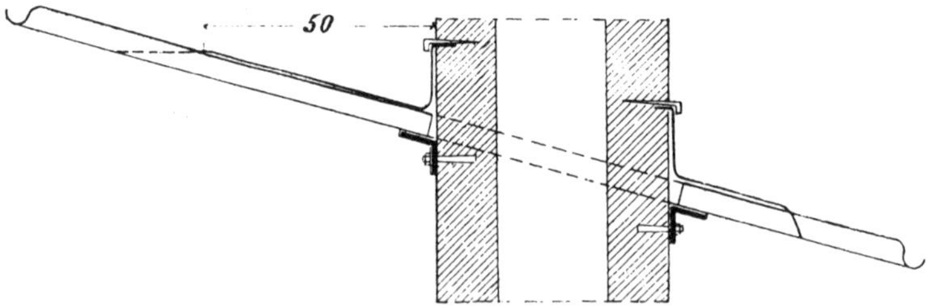

lässt man das Wellblech (Fig. 779) bis an den Schornstein gehen, wo es auf einen an diesem befestigten Winkel gelagert wird. Das als Zungenblech ausgebildete Dichtungsblech, das oben rechtwinkelig umgekantet und in einer Mauerfuge befestigt ist, wird auf dem Wellblech parallel der Dachfläche umgebogen und legt sich mit seinen Zungen in die Wellentäler. Durch eine allseitige sorgfältige Verlötung wird eine gute Dichtung erzielt.

Elftes Kapitel.

Die Oberlichter.

---

a) Allgemeines.

Verglaste Dächer sind stets anzuordnen, wenn den darunter befindlichen Räumen Licht zugeführt werden soll. Die Verglasung kann sich erstrecken entweder über die ganze Dachfläche oder nur über einen Teil derselben. Im letzten Falle bezeichnet man die mit Glas abgedeckten Teile der Dachfläche als „Oberlichter“.

Die verglasten Dächer sind im allgemeinen schwer dicht zu halten, sie sind um so undichter, je flacher sie sind. Der auf den flachen Dächern liegen bleibende Schnee verdunkelt nicht allein die darunter liegenden Räume, sondern ist auch vielfach Veranlassung zu Brüchen der Glastafeln. Ferner lagert sich Schmutz und Staub auf flachen Dächern leichter ab als auf steilen, so dass, wenn der Zweck der Oberlichter nicht beeinträchtigt werden soll, eine häufigere Reinigung derselben eintreten muss. Um eine gute Dichtigkeit zu erzielen, muss aber vor allem das Regenwasser, sowie das sich im Innern bildende Schweisswasser schnell abgeführt werden.

Die Neigung der Oberlichter soll deshalb nicht kleiner sein als 1 : 3,5 (Neigungswinkel etwa 16°), besser ist es jedoch eine steilere Neigung 1 : 2 bis 1 : 1 anzuordnen, namentlich dann, wenn ein selbständiges Abgleiten des Schnees verlangt wird, was aber erst bei einer Neigung von 1 : 1,4 (Neigungswinkel 35°) eintritt.

Bei steilen Dächern kann das Oberlicht daher in der Dachfläche liegen, bei Dächern dagegen, deren Neigung geringer ist als für das Oberlicht erforderlich, muss dasselbe herausgebaut werden.

Dies kann in der verschiedensten Weise ausgeführt werden, doch haben sich namentlich folgende Anordnungen in der Praxis bewährt:

1. Der am First liegende verglaste Teil des Daches erhält eine steilere Neigung als der mit anderem Material gedeckte Teil des Daches (Fig. 780).
2. Der glasgedeckte Teil liegt in einer Laterne (Fig. 781).

3. Der als Oberlicht auszubildende Teil der Dachfläche wird in eine Anzahl Satteldächer zerlegt wie dies bei Bahnhofshallen vielfach geschieht (Fig. 782). Der Firstwinkel beträgt am besten 90°.
4. Das Dach wird als Sägedach (Sheddach) ausgeführt (Fig. 783). Diese für Fabriken, Werkstätten usw. so wichtige Anordnung entsteht durch Nebeneinanderstellung mehrerer Satteldächer mit ungleicher Dachneigung.

Fig. 780.

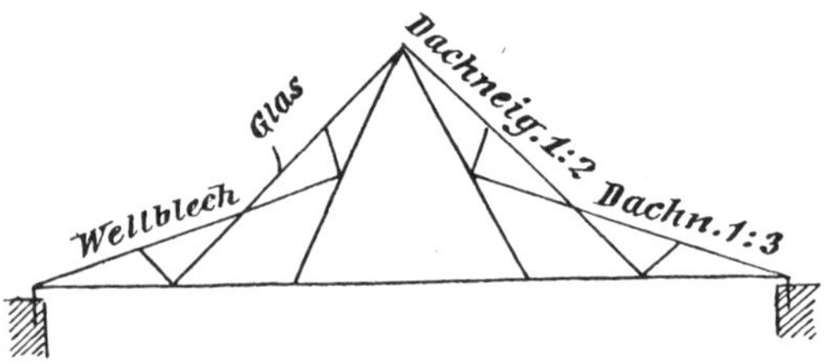

Fig. 781.

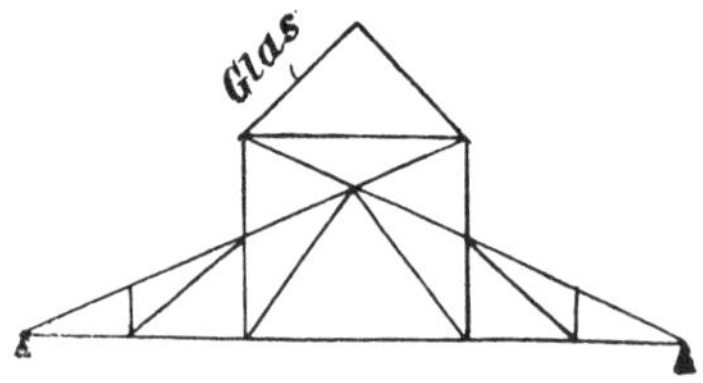

Fig. 782.

Fig. 783.

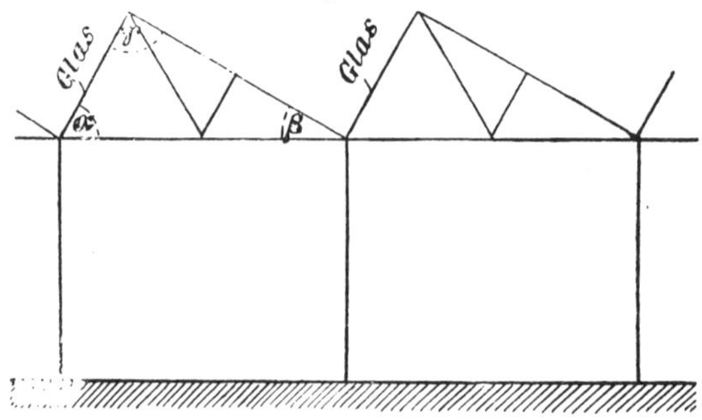

Die steileren gegen die Horizontale unter 60 bis 90° geneigten Dachflächen werden verglast, während die flacheren unter 20 bis 30° gegen die Horizontale geneigten Flächen mit einem anderen Material abgedeckt werden. Der Firstwinkel soll nicht kleiner als 70° sein. Bei diesen Dächern wird die verglaste Seite des ruhigen Lichtes wegen meist nach Norden gelegt.

b) Die Glasdecke.

Die Arten des Glases. Zu den Verglasungen werden hauptsächlich verwandt:

1. Das geblasene Rohglas.
2. Das gegossene Rohglas.
3. In neuerer Zeit das Siemens'sche Drahtglas.

Das geblasene Rohglas wird in Stärken von 3 bis 5 mm geliefert. Die grössten Tafeln erhalten eine Länge von 110 cm und eine Breite von 60 cm.

Die Biegungsfestigkeit wird zu 375 kg pro Quadratzentimeter, der Elastizitätsmodul zu 740000 kg pro Quadratzentimeter angegeben.

Das gegossene Rohglas wird für Dachdeckungen am besten in den Stärken von 6 bis 12 mm verwandt. Die grössten Tafeln sollen nicht mehr als 2 qm Fläche besitzen, wobei die Länge nicht über 2,7 m, die Breite nicht über 0,99 m betragen darf.

Die Biegungsfestigkeit nimmt mit der Stärke des Glases ab, für 6 mm starkes Glas wird dieselbe zu 330 kg, für 12 mm starkes Glas indessen nur zu 214 kg angegeben.

Der Elastizitätsmodul beträgt rd 760000 kg/qcm.

Da die beim Giessen sich bildende Oberfläche grössere Festigkeit besitzt und gegen Verwitterung widerstandsfähiger ist als der Kern, so verlegt man, sofern geschliffenes Glas zur Verwendung gelangt, zweckmässig die rauhe Seite nach aussen.

Das auf einer Seite geriffelte Rohglas besitzt eine grössere Festigkeit als das glatte Rohglas, die Biegungsfestigkeit kann zu rd 270 bis 300 kg/qcm angenommen werden. Die Riffeln sind stets nach unten zu verlegen, schon aus dem Grunde, damit der Staub und Schmutz sich nicht so leicht in den Riffeln absetzen können. Sie sollen ferner parallel zur längeren Glaskante, also parallel zur Sprosse, das heisst von der First zur Traufe laufen.

Die zulässige Beanspruchung k des Glases wird meist gleich $^1/_3$ der Bruchfestigkeit gesetzt. Hiernach würde zu setzen sein für

geblasenes Rohglas k = rd 120 kg/qcm,
gegossenes Rohglas k = rd 70 „
geriffeltes Rohglas k = rd 100 „

Das Siemenssche Drahtglas ist ein Rohglas, in dessen Innerm sich ein feinmaschiges Eisendrahtnetz von 1 mm Stärke befindet. Beschädigungen durch Stosswirkungen kommen daher seltener vor als bei den anderen Glassorten.

Berechnung. Die Berechnung des Glases geschieht unter der Annahme, dass die Tafeln nur mit ihren Längsseiten auf den Sprossen aufliegen. Als Belastung ist zu berücksichtigen das Eigengewicht, sowie der Schnee- und Winddruck.

Man denke sich nun aus der schräge liegenden Glastafel einen Streifen von 1 cm Breite rechtwinkelig zu den Langsprossen herausgeschnitten und nenne den Sprossenabstand a (cm), die Last für 1 cm Länge Glasstreifen q kg, den Neigungswinkel der Glastafel mit der Horizontalebene α, dann ist die auf dem Streifen liegende Gesamtlast q a kg. Diese zerlegt sich in eine Komponente rechtwinkelig zur Dachfläche und in eine solche parallel zur Dachfläche (Fig. 784).

Die erste ist

$$p = q \cos\alpha \text{ für 1 cm Streifenlänge,}$$

die letzte kann vernachlässigt werden.

Nach der Biegungsgleichung ist nun (Fig. 785):

$$\frac{1}{8} p a^2 = \frac{1}{6} \cdot 1{,}0\, \delta^2 k,$$

wenn δ die Dicke des Glases, k dessen zulässige Beanspruchung bedeutet.

Fig. 784.

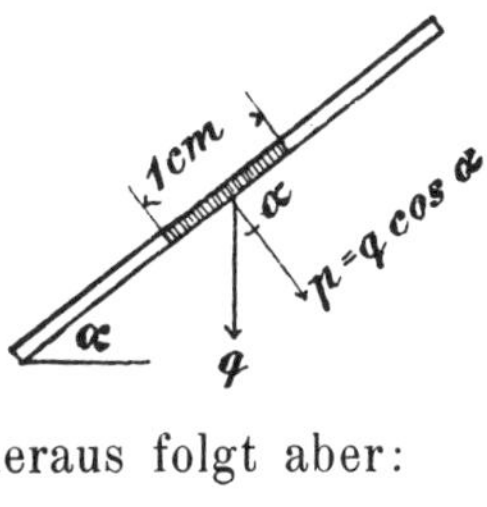

Fig. 785.

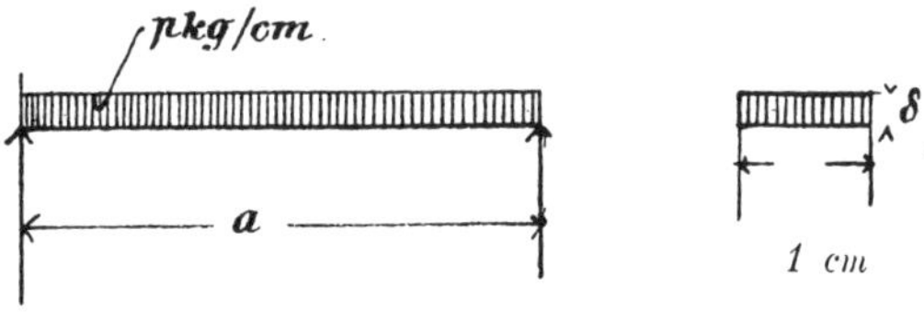

Hieraus folgt aber:

$$\delta = \frac{a}{2}\sqrt{\frac{3\,p}{k}}.$$

Im ungünstigsten Falle ist nun p = 120 kg für 1 qm schräger Dachfläche oder = 0,012 kg für 1 qcm. Mit diesem Wert erhält man aus der vorigen Gleichung:

$$\delta = \frac{a}{2}\sqrt{\frac{3 \cdot 0{,}012}{k}}$$

oder

175) $$\delta = \frac{0{,}095\,a}{\sqrt{k}}.$$

Beispiel. Die Sprossenentfernung eines mit Riffelglas abzudeckenden Oberlichtes sei 60 cm, wie stark muss das Glas werden?

Es ist, da k = 100 zu setzen ist:

$$= \frac{0{,}095 \cdot 60}{\sqrt{100}} = 0{,}57 \text{ cm} = 5{,}7 \text{ mm}.$$

Die Glasdicke ohne Riffeln müsste demnach mindestens 5,7 mm sein.

Die Anforderungen, welche man an eine gut ausgeführte Glasdecke zu stellen berechtigt ist, sind folgende:

Die Glasdecke muss wasserdicht sein, gegen gewöhnlichen, wie Schlagregen wie auch gegen Flugschnee.

Die Glastafeln müssen auf den Sprossen ein genügend breites Auflager finden, sie dürfen weder abgleiten noch vom Winde abgehoben werden können.

Mit ihren Auflagerstellen dürfen die Glastafeln nicht unveränderlich fest verbunden sein, damit sie die durch die Temperaturschwankungen bedingten Längenänderungen der Eisenkonstruktion nicht behindern.

Schweisswasser ist unschädlich abzuführen, zerbrochene Glastafeln müssen leicht auswechselbar sein.

Lagerung der Tafeln. Die Tafeln ruhen gewöhnlich auf den senkrecht zur Traufe angeordneten Sprossen. Hierdurch werden Längsfugen gebildet, deren Dichtung sorgfältig auszuführen ist.

Fig. 786.

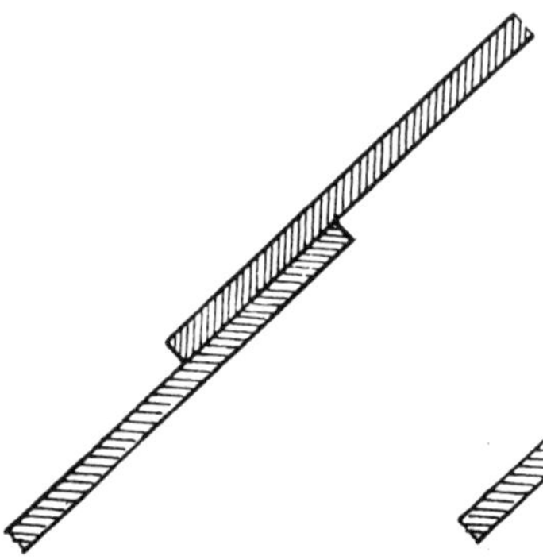

Fig. 787.

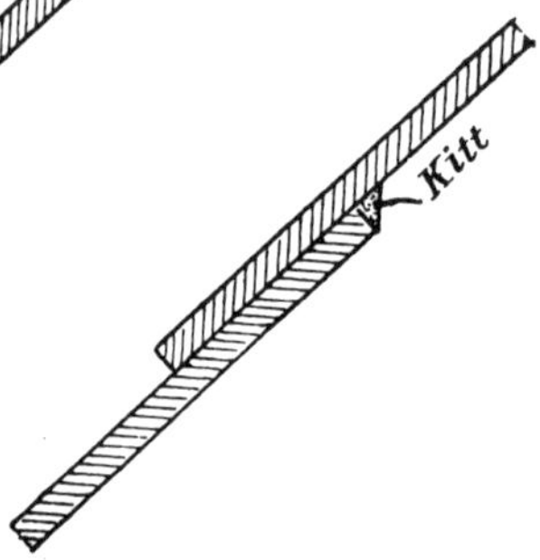

Bei längeren Oberlichtern entstehen häufig auch Querfugen durch die Ueberdeckung der Tafeln. Das Mafs der Ueberdeckung ist abhängig von der Neigung des Oberlichtes und ist zwischen 10 und 15 cm zu wählen (Fig. 786). Häufig wird die Querfuge durch einen Kittstreifen gedichtet, der zwischen die Glasplatten gestrichen wird. Hierdurch geht indessen viel Lichtfläche verloren, die nach Fig. 787 durch einen schmalen Kittstreifen gedichtete Fuge ist daher vorzuziehen.

c) Die Sprossen.

Zu den Sprossen werden wohl in den meisten Fällen ⊥- und ∟-Eisen gewählt, die ihr Auflager auf den Pfetten finden. Auch die Rinneneisen (Rinnensprossen), die aus Fig. 12 und 13 schon bekannt sind, finden vielfach Verwendung. Die Abmessungen der Sprossen sind so zu bestimmen, dass sie die bleibende wie zufällige Last sicher auf die Pfetten übertragen können.

Berechnung. Ist der Horizontalabstand der Pfetten e, a der Abstand der Sprossen, beide gemessen in m, p die Last pro qm Grundrissfläche, so ist die auf eine Sprosse kommende Gesamtlast $= p \cdot e \cdot a$ kg und deren Biegungsmoment

$$M = \frac{1}{8} p\, a\, e^2 \,\text{kgm} = \frac{1}{8} p\, a\, e^2 \cdot 100 \,\text{kgcm}$$

Nach Gleichung 29) wird daher das erforderliche Widerstandsmoment:

$$176) \qquad W = \frac{M}{k} = \frac{p\, a\, e^2 \cdot 100}{8\, k} = \frac{p\, a\, e^2 \cdot 100}{8 \cdot 1000} = \frac{p\, a\, e^2}{80} \text{cm}^3.$$

Hiernach kann das entsprechende Formeisen den Profiltabellen entnommen werden.

Beispiel. Ein Oberlicht mit der Neigung 1:1,5 besitzt einen Sprossenabstand von 0,55 m, einen Pfettenabstand im Grundriss gemessen von 1,20 m.

Nach den Tabellen auf Seite 271 und 272 wird der Winddruck für die angegebene Neigung 88 kg, der Schneedruck 65 kg pro Quadratmeter Grundriss. Das Gewicht des Glases pro Quadratmeter Grundriss werde zu 17 kg, das der Sprossen zu 12 kg angenommen, die Last pro Quadratmeter Grundriss ist alsdann

$$88 + 65 + 17 + 12 = 182 \text{ kg}.$$

Nach Gleichung 176) wird somit das erforderliche Widerstandsmoment:

$$W = \frac{182 \cdot 0{,}55 \cdot 1{,}2^2}{80} = 1{,}8 \text{ cm}^3.$$

Dafür würde ⊥-Eisen 40/40/5 genügen mit $W = 1{,}84$ cm³.

Die Sprossen müssen den Glastafeln ein hinreichendes Auflager bieten und eine genügende Dichtung der sich bildenden Fuge ermöglichen. Das kleinste ⊥-Eisen, welches diesen Bedingungen entspricht, ist 30/30, während der kleinste hierzu sich eignende Winkel 30/20 wäre.

Die Glastafeln werden auf die in der Dachfläche fallenden Schenkel der genannten Profile gelagert unter Verwendung eines 3 mm starken Bettes aus Glaserkitt. Statt dessen wird, da der Kitt mit der Zeit brüchig wird und fest am Glase haftet, jetzt vielfach ein in einen ¼ mm starken Bleistreifen gewickelter Filzstreifen benutzt.

Fig. 788.

Mittel gegen Abheben. Gegen das Abheben der Glastafeln durch Sturm dienen 3 bis 5 mm dicke Stifte, welche in Abständen von etwa 150 mm vom Ende der Glastafel in den senkrechten Flansch der Sprossenprofile eingeschoben werden. Bei langen Tafeln wird auch in der Mitte noch ein solcher Stift angeordnet (Fig. 788). Zwischen Stift und Glastafel muss stets ein 2 mm betragender Spielraum vorhanden sein.

Dichtung der Längsfuge. Die Dichtung der Längsfuge geschieht durch einen dreieckigen Kittstreifen, dessen Geschmeidigkeit durch einen fetten Oelfarbenanstrich längere Zeit erhalten bleibt, so dass die kleinen Bewegungen der Glastafel gegen die Sprossen infolge der Temperaturveränderungen ohne Gefahr für das Springen des Glases ermöglicht sind.

Sicherung gegen Abgleiten. Gegen Abgleiten dienen am besten schwache Winkeleisenstücke, welche vor dem Kopfe der Glastafeln an die Sprossen genietet werden (Fig. 789). Am unteren Ende benutzt man zu diesem Zwecke den horizontalen Flansch, indem man den lotrechten Steg abschrotet und den horizontalen Flansch nach oben biegt (Fig. 790).

Fig. 789.

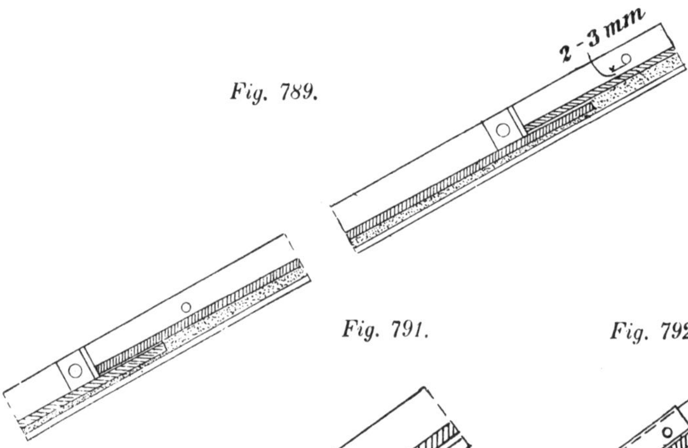

Fig. 790.

Fig. 791.

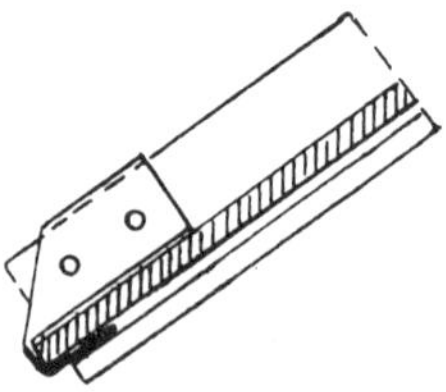

Fig. 792.

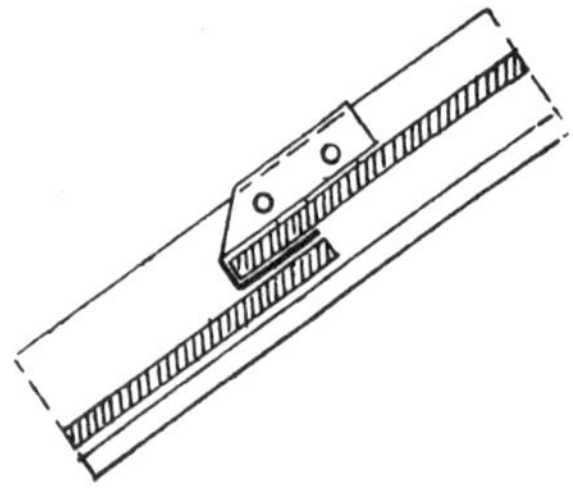

Fig. 793.

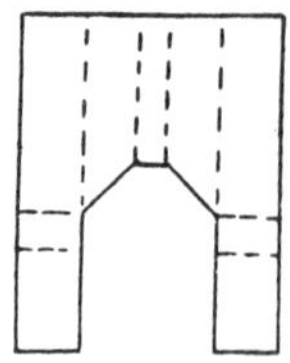

Ebenso zweckmässig ist jedoch die Verwendung von Bügeln aus Kupfer oder verzinktem Eisenblech, wie dies in Fig. 791 und 792 dargestellt ist. Figur 793 zeigt die Abwickelung eines solchen Bügels.

Kommen Querfugen vor (Fig. 789), so werden die dadurch entstehenden keilförmigen Fugen zwischen Glas und Sprossen gedichtet, entweder durch Kitt oder schlanke Keile aus hartem Holz oder Eisen. Die Querfugen werden zweckmäſsig durch Kitt gedichtet.

Fig. 794.

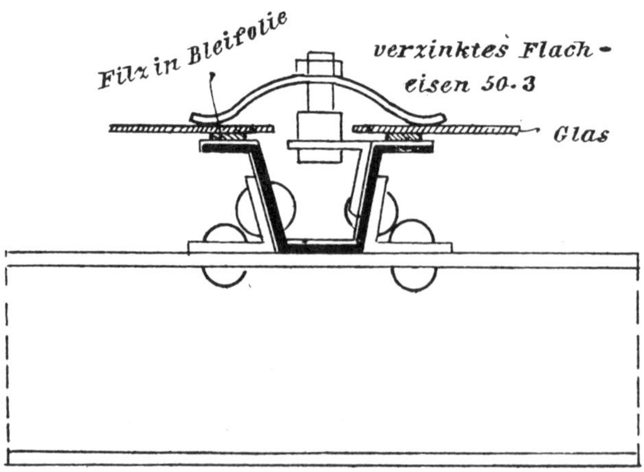

Rinnensprossen. Bei den Rinnensprossen werden die Glastafeln auf den horizontalen Flansch der Sprossen gelagert. Zwischen Glas und Sprosse wird ein in Blei gehüllter Filzstreifen gelegt. Zu diesem Zwecke haben manche Rinnensprossenprofile in den horizontalen Flanschen flache Nuten, in welche der Filzstreifen eingebettet wird (Fig. 13). Die Glastafeln sollen über den Rand der Rinnen mindestens 10 bis 15 mm vorstehen (Fig. 794).

Die Befestigung der Sprossen auf den Pfetten geschieht mit Hilfe winkelförmig gebogener Flacheisen.

Gegen Abheben und Abgleiten dienen verzinkte Federn, welche durch einen Stehbolzen mit einem an die Innenwandung genieteten kleinen Winkelstücke verbunden sind. Damit der Druck der Feder möglichst gleichmäfsig auf die Glastafel ausgeübt wird, wird die Feder an der Berührungsstelle mit einem dünnen Bleistreifen umwickelt. Diese Federn sitzen etwa 150 bis 200 mm von dem oberen und unteren Ende der Glastafel. Zwischen diesen werden je nach der Länge der Tafel noch ein oder zwei solcher Federn angeordnet, deren Abstand 500 bis 800 mm beträgt. Die Feder ist etwa 3 mm stark und 40 bis 50 mm breit. Gegen Abgleiten der Glastafeln werden an der Ueberdeckungsstelle zweier Tafeln auch wohl ⊏⊐förmig gebogene Bügel aus Kupfer oder verzinktem Eisenblech von rd 40 bis 50 mm Breite verwandt (Fig. 795).

Fig. 795.

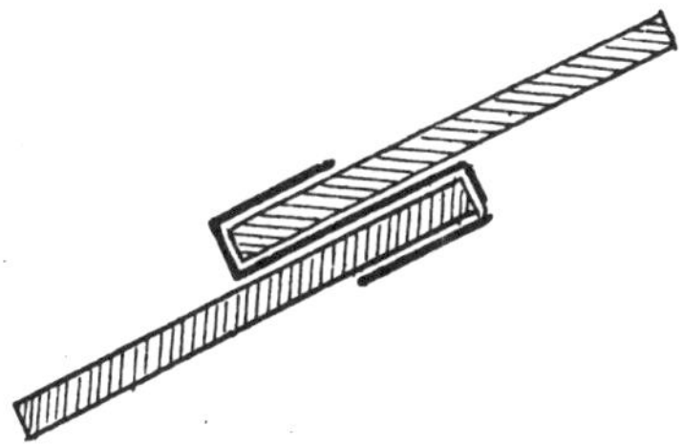

d) Die Bildung des Firstes.

Anordnung bei zwei Firstpfetten. Liegen am First zwei Pfetten, so geschieht die Dichtung der Fugen nach Fig. 796, sofern ⊥-Sprossen und nach Fig. 797, wenn Rinnensprossen verwandt werden. In beiden Fällen benutzt man ein federndes verzinktes Eisenblech oder Zinkblech; bei den ⊥-Sprossen wird über den vertikalen Steg eine Zinkkappe gelegt, die mit dem Firstblech verlötet wird; bei den Rinnensprossen lässt man diese zweckmässig bis gegen die ⊏-Eisenpfette stossen, mit welcher sie vernietet werden. Die Firstkappe wird sodann mit dem horizontalen Flansch der ⊏-Pfette vernietet.

Fig. 796.

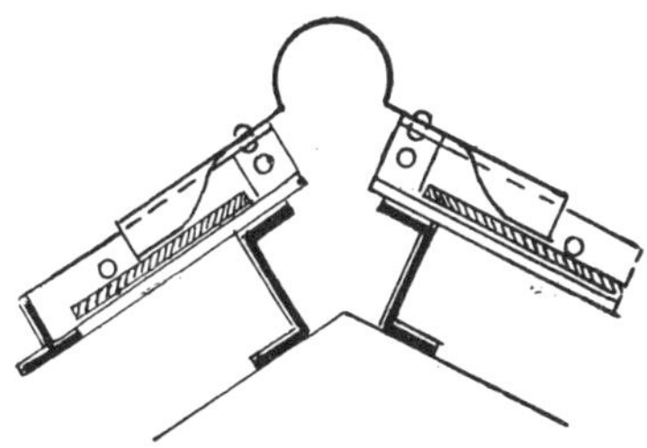

Eine andere Anordnung zeigt Fig. 798. Hier sind die Rinnensprossen oben durch kleine Winkelstücke geschlossen und die Dichtung durch ein _⌒_ gebogenes Blech bewirkt, welches vermittelst Stehbolzen mit den Sprossen verbunden wird.

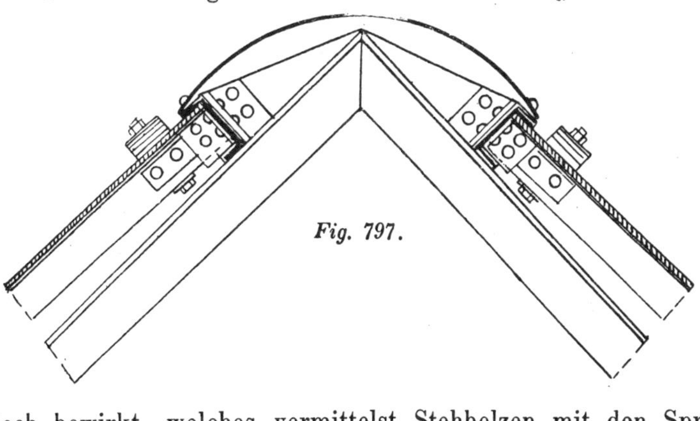

Fig. 797.

Anordnung bei einer Firstpfette. Ist nur eine Firstpfette vorhanden, so kann die Bildung des Firstes nach Fig. 799 bis 802 erfolgen. In Fig. 799 dient ein ⊥-Eisen als Pfette, dessen Flansche in die Dachebene gebogen sind. Auf diesem liegen die ebenfalls aus ⊥-Eisen hergestellten Sprossen, die mit jenen durch oben versenkte Niete verbunden sind. Die Dichtung der Firstfuge geschieht durch ein Kittbett. Bei der in Fig. 800 dargestellten Anordnung dient als Pfette ein ⊥-Eisen, dessen Steg nach unten gekehrt ist. Der Steg der ⊥-Sprossen ist soweit abgeschrotet, dass der aufwärts gebogene Flansch mit dem Stege der Pfette vernietet werden kann. Die Dichtung geschieht durch eine Blechkappe. In gleicher Weise ist die Dichtung bei der in Fig. 801 veranschaulichten Firstbildung bewirkt worden. Die Pfette besteht aus einem Winkel, dessen Flansche in die Dachebene fallen. Zur Firstbildung wurde ein halbrundes Holzstück verwandt, welches durch Schrauben an der Pfette befestigt ist. In Fig. 802 sind die Sprossen mit Hilfe von Laschen an den unteren Flansch des als Pfette dienenden T-Eisens genietet.

Fig. 798.

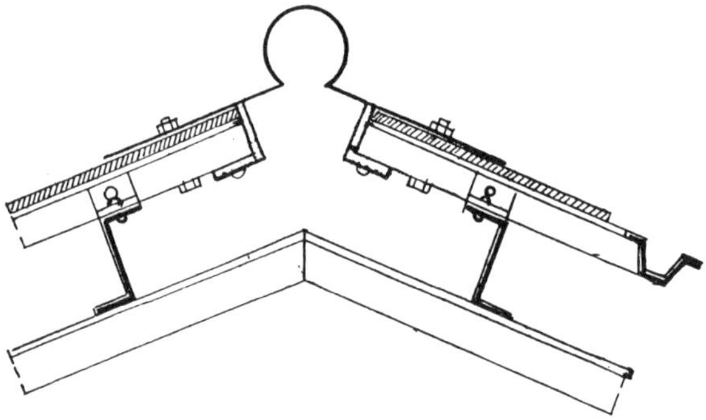

Fig. 799.

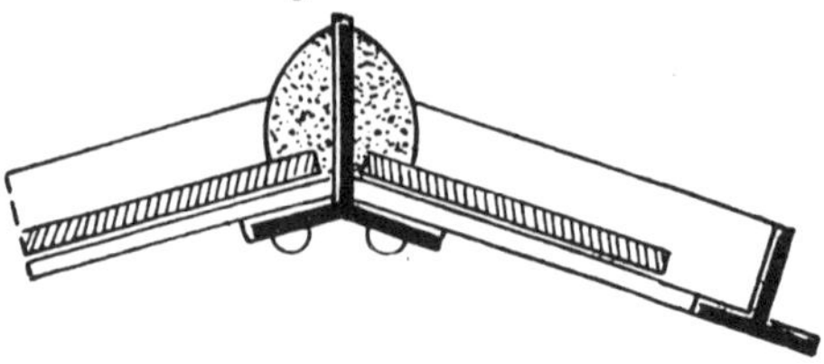

Fig. 800.

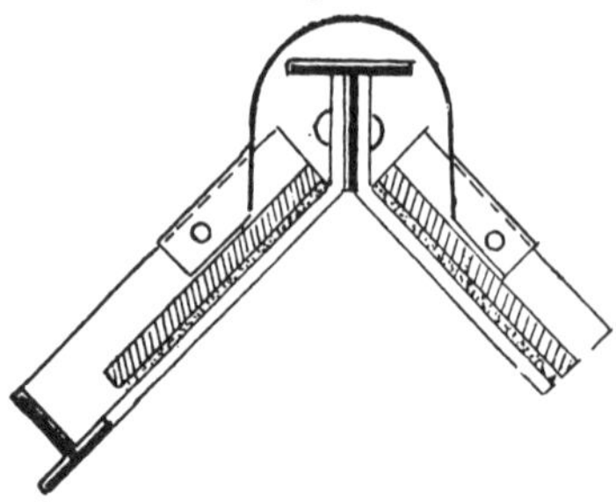

Fig. 801.

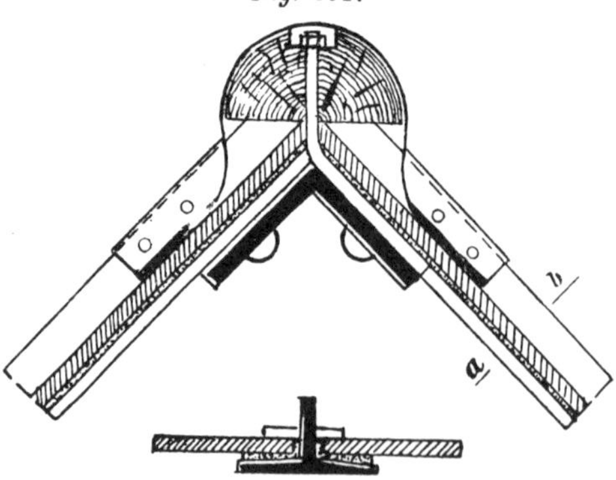

Fig. 802.

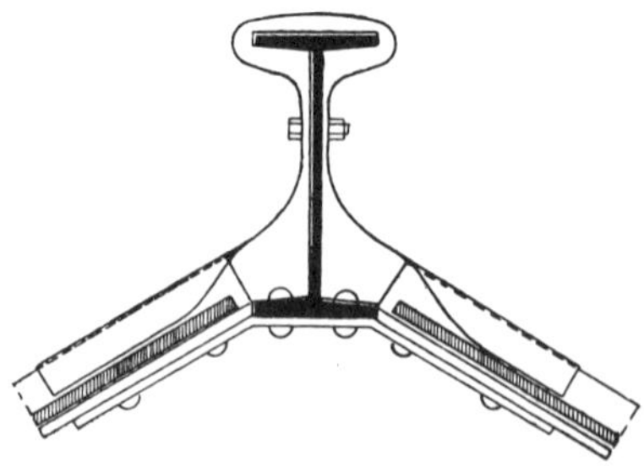

Anordnung bei Rinnensprossen. Bei der Verwendung von Rinnensprossen bietet die Stossstelle im First leicht Anlass zu Undichtigkeiten. Die Fig. 803 und 804 bieten zwei Beispiele für die Firstbildung bei der Anordnung von

Fig. 803.

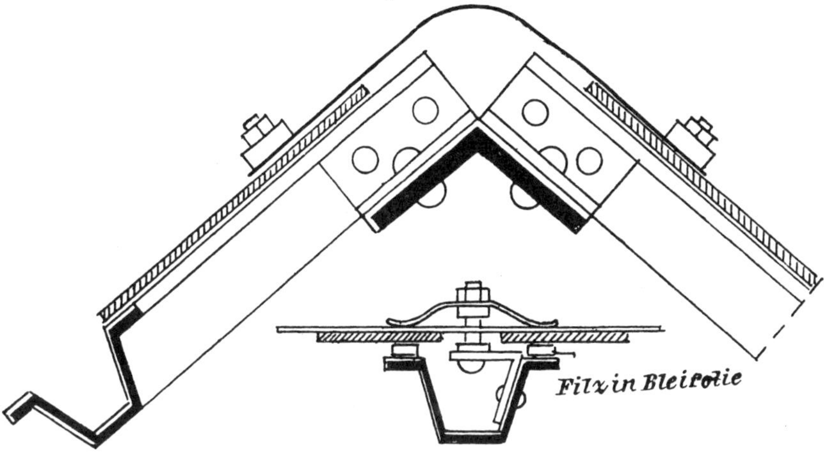

Fig. 804.

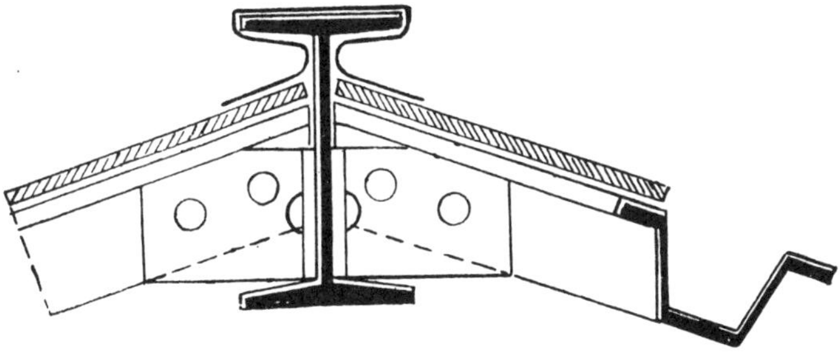

Fig. 805 a.

Fig. 805.

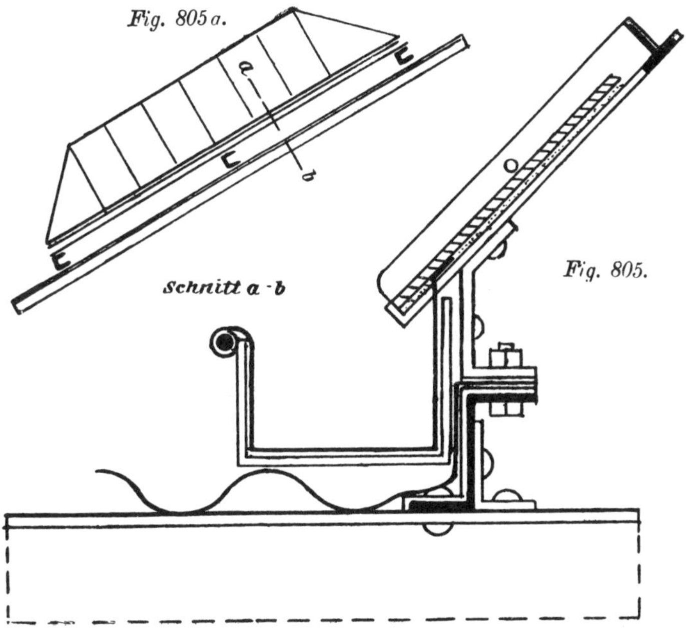

Rinnensprossen. Die Konstruktion in Fig. 803 kann jedoch nur für steilere Glasdächer empfohlen werden und dann auch nur, wenn die Rinnensprossen am oberen Ende durch ein kleines Winkelstück nach Fig. 768 geschlossen werden.

e) Bildung der Traufe.

Die Anordnung der Traufe hängt davon ab, ob eine Rinne vorhanden ist oder nicht. Ist eine solche vorhanden, so wird dieselbe in der gewöhnlichen Weise auf Rinneisen gelegt, die an die Fusspfette genietet sind (Figur 805). Das Blech der Rinne wird bis unter die Glasdeckung heraufgeführt.

Ist keine Rinne längs der Traufe vorgesehen, wie dies bei Laternen häufig vorkommt, so lässt man die Sprossen und Glastafeln über die lotrechte Wand vorstehen, dass der Winkel α (Figur 806) etwa 45° wird.

Die Anordnung der Rinne zwischen sattelförmigen Oberlichtern kann nach Fig. 807 und 809 geschehen.

In Fig. 807 ist zur Rinnenbildung parallel zur Pfette ein kleiner Winkel benutzt worden, um welchen das Blech der Rinne gebogen wird.

Fig. 809 zeigt eine ähnliche Anordnung unter Verwendung von Profileisen, die von der Firma Mannstädt besonders zu diesem Zweck gewalzt werden. Ebenso ist die Benutzung des in Fig. 808 dargestellten Profiles derselben Firma zu empfehlen.

Fig. 806.

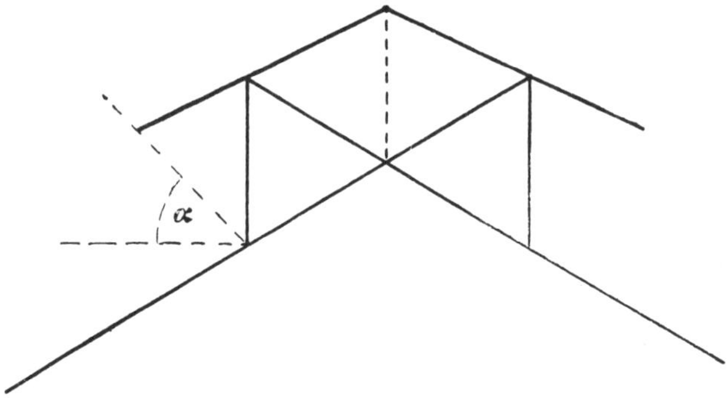

Fig. 807.

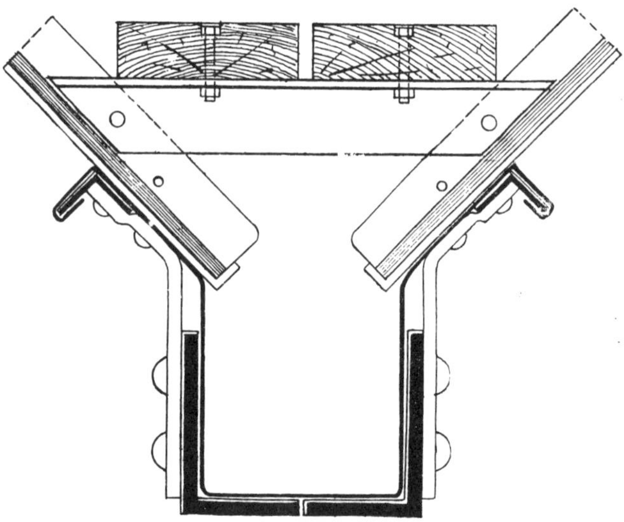

Fig. 808.

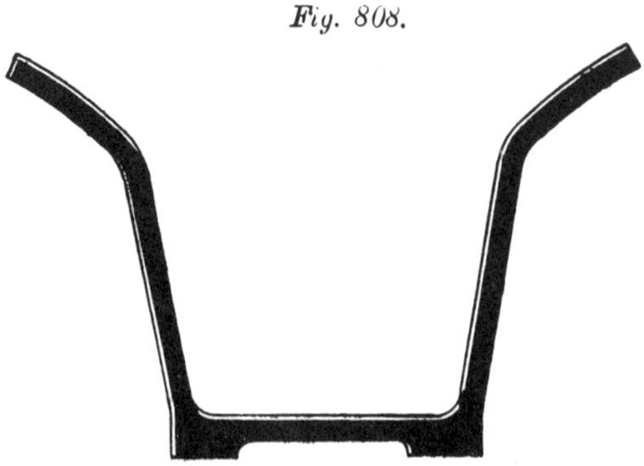

Fig. 810 und 811 veranschaulichen die Anordnung bei Verwendung von Rinnensprossen.

Fig. 809.

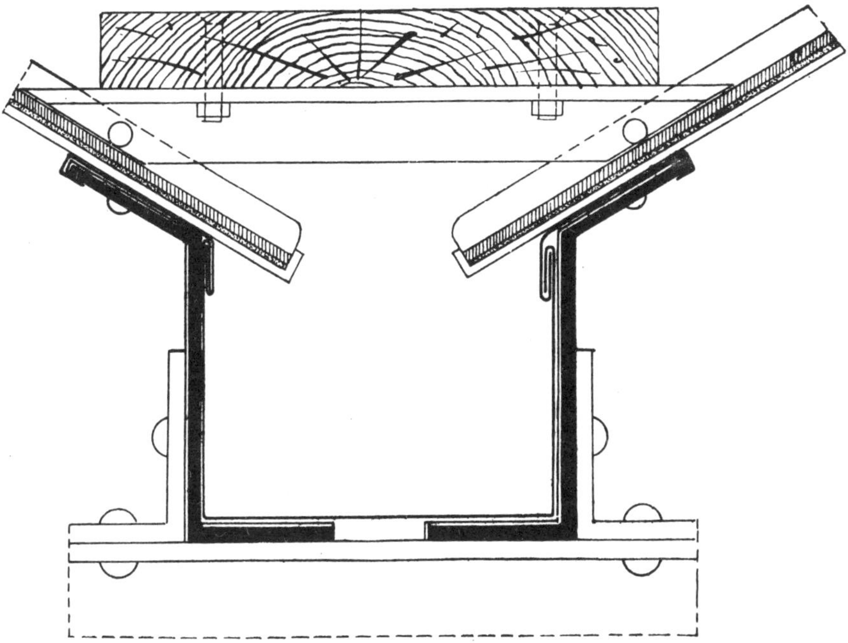

Fig. 810.

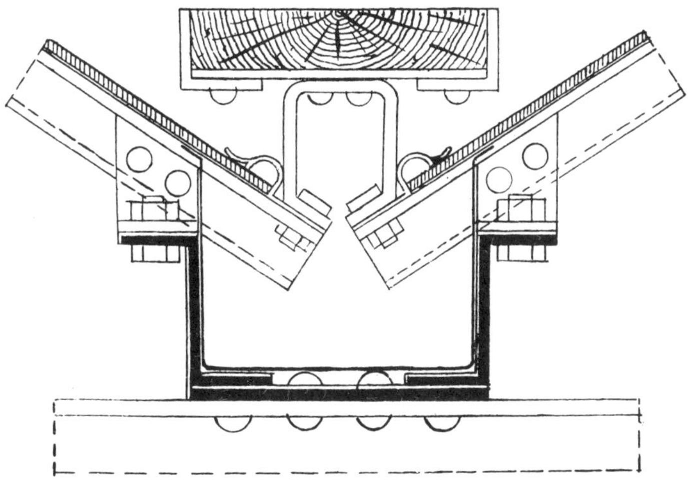

In Fig. 811 ist zur Rinnenbildung ein flachliegendes [-Eisen benutzt worden, an welches auch die zur Befestigung der Rinnensprossen benutzten Konsolen befestigt sind. Die Konsolen selbst bestehen aus je einem gebogenen Winkeleisen.

Die Befestigung der Laufbohlen zwischen den Oberlichtern geht aus den Fig. 807, 809 und 810 hervor.

Fig. 811.

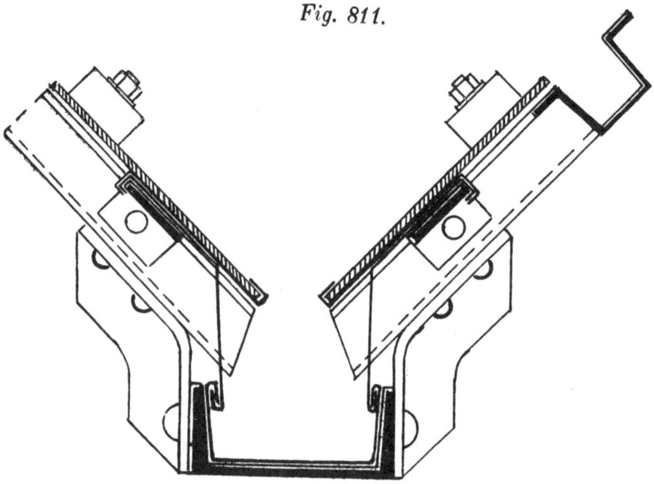

f) Anschluss an lotrechte Mauern.

Der Anschluss der Oberlichtfläche an lotrechte Mauern geschieht in ganz ähnlicher Weise wie derjenige des Wellbleches. In Fig. 812 und 813 sind mehrere

Fig. 812.

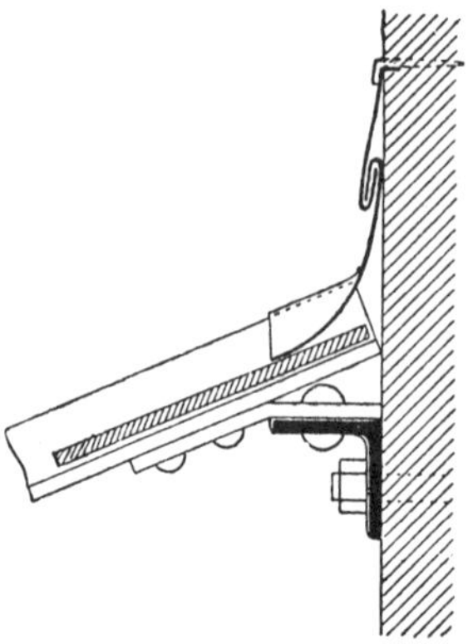

Fig. 813.

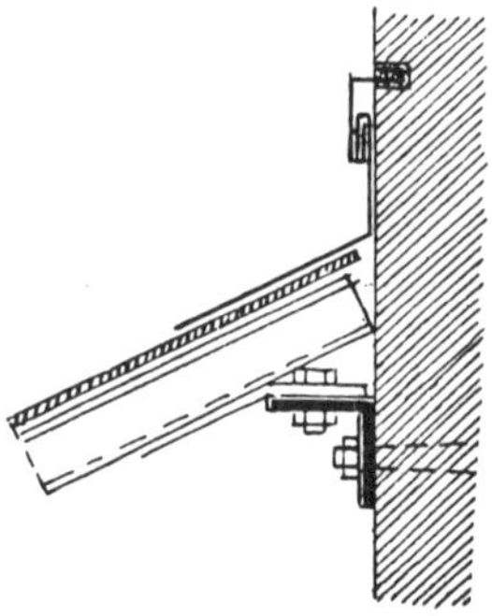

Fig. 814.

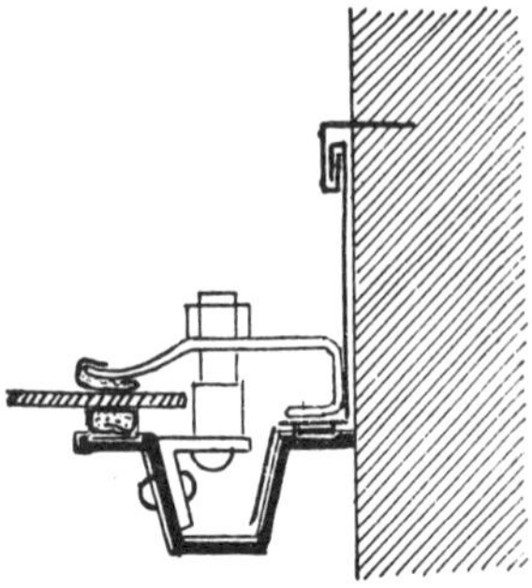

Fig. 815.

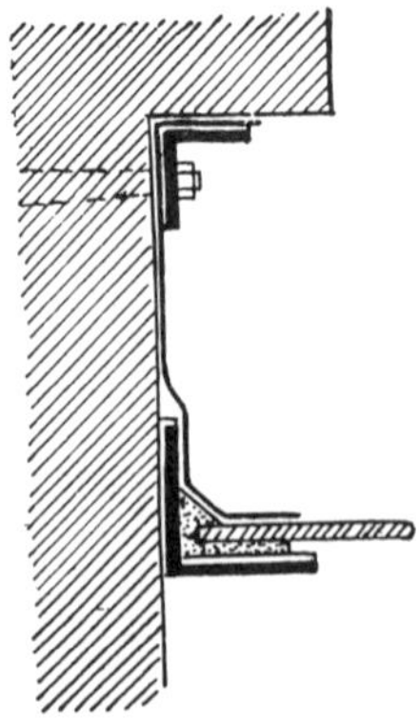

Lösungen gegeben. Fig. 812 zeigt den Anschluss am oberen Rande eines Oberlichtes bei Verwendung von ⊥-Sprossen, Fig. 813 desgleichen bei Verwendung von Rinnensprossen.

An den Seitenrändern kann der Anschluss nach Figur 814 und 815 hergestellt werden. Ein guter Schutz wird durch Vorkragen der Mauern erreicht.

g) Sheddächer.

Ueber die allgemeine Anordnung der Sheddächer ist schon auf Seite 312 das Nötige gesagt worden. Die Spannweite der Binder wird am besten zwischen 5,0 bis 7,5 m gewählt. Bei den Dächern mit kleiner Spannweite kommt man mit einer Mittelpfette aus (Fig. 816), bei den Dächern mit über 6,2 m Spannweite ordnet man besser zwei Mittelpfetten an (Fig. 817). Aus diesen beiden Figuren ist die meist übliche Konstruktion der in Eisen ausgeführten Sägedächer zu ersehen.

Die verglaste Fläche wird dadurch hergestellt, dass ⊥-Sprossen mit den aus [-Eisen gebildeten Rahmstücken vernietet werden, die ihrerseits an den

Fig. 816.

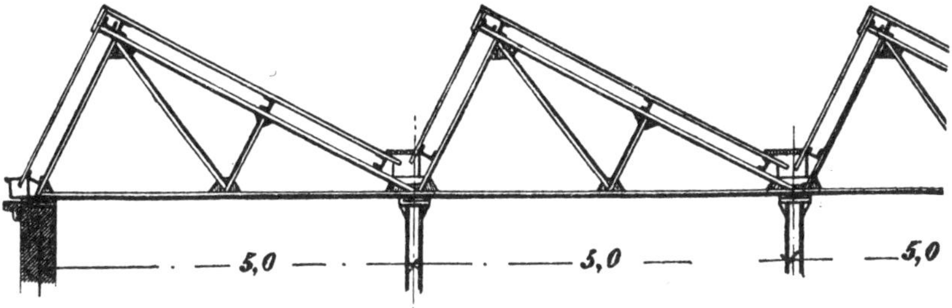

Fig. 817.

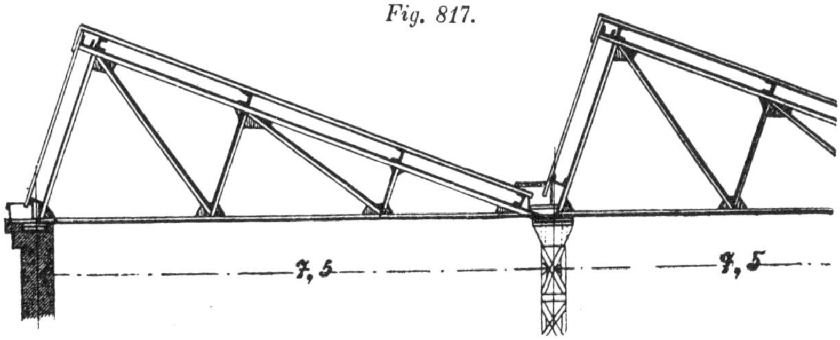

Fig. 818.

Fig. 819.

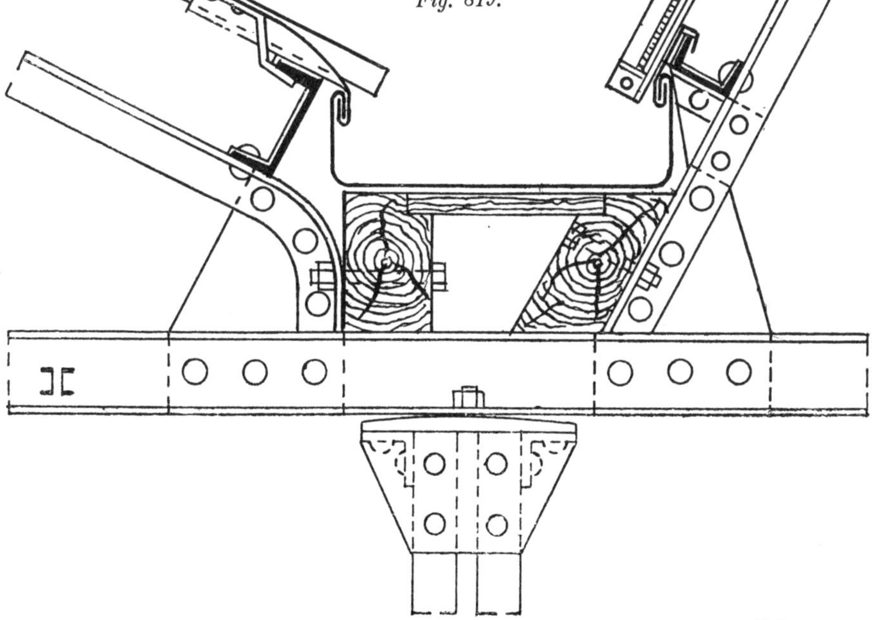

Pfosten der Binder befestigt sind. Das obere [-Eisen liegt auf der Verlängerung der Obergurtwinkel, das untere ruht auf kleinen Knotenblechen, welche zwischen die Ständer des Binders genietet sind. Mit den Profilnummern 8 oder 10 kommt man in der Regel aus. In Fig. 819 ist der Fusspunkt dargestellt.

Die Rinne ruht auf Hölzern, die ihr Auflager auf dem aus [-Eisen gebildeten Untergurt finden. Die Wahl dieser Profileisen für den Untergurt geschieht meist aus dem Grunde, weil sich an dieselben Lager für die Transmissionswellen leicht anschliessen lassen. Die Unterstützung der Rinne durch Holzteile ist insofern von Vorteil, als die Rinne bei Reparaturen an der Verglasung begangen werden kann. Will man kein Holz verwenden, so lassen sich Rinneisen anordnen, die einerseits an den unteren [-Rahmen der Glaswand, andererseits an die Fusspfette des Binders genietet oder geschraubt werden. In diesem Falle werden aber zweckmäfsig Laufbohlen über der Rinne angebracht, die auf Winkeln von 40 mm Schenkellänge ruhen. Diese Winkel werden mit dem einen Ende an die Sprossen, mit dem anderen Ende auf einen Wellenberg der Wellblechdeckung genietet.

Fig. 820.

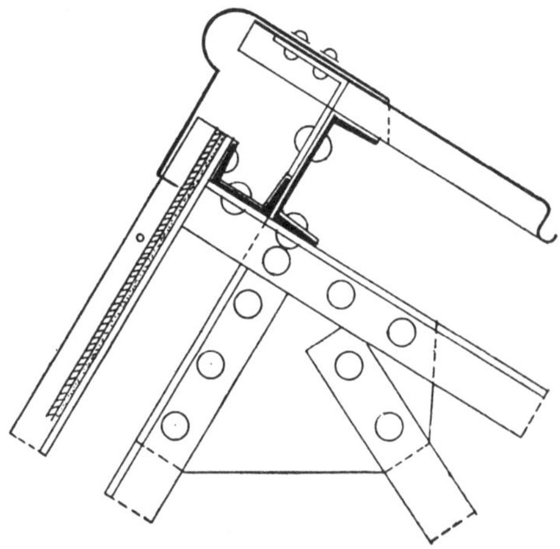

Fig. 821.

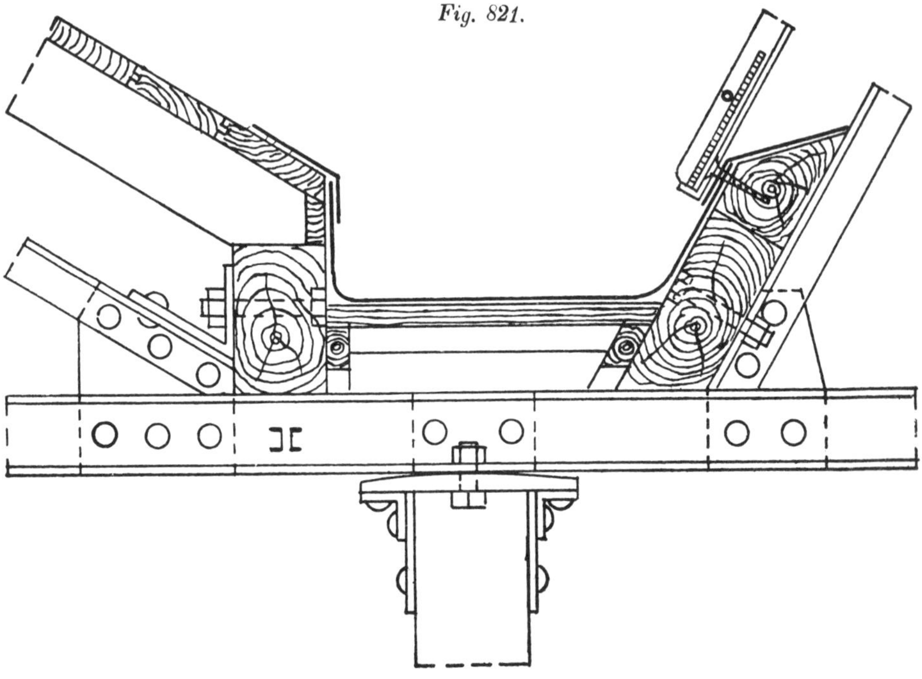

Die Dichtung am First (Fig. 820) geschieht am einfachsten mit Hilfe besonders hergestellter Firstbleche, die unter anderen von der Firma **Hilgers** in Rheinbrohl geliefert werden. In Fig. 818 ist ein solches Blech dargestellt.

Der den Abschluss der Glaswand bildende Teil dieses Bleches ist unten rechtwinkelig zu dieser umgebogen und besitzt in dem horizontalen Schenkel Schlitze für den Steg der Sprossen. Der auf dem Wellblech liegende Teil des Firstbleches ist als Zungenblech ausgebildet, wie dies die Firstbleche der Satteldächer von der genannten Firma ebenfalls aufweisen und die schon aus Fig. 768 bekannt sind.

In den mit Wellblech abgedeckten geschlossenen Räumen herrscht im Winter grosse Kälte, während im Sommer durch die Ausstrahlung des Eisenbleches ungewöhnlich hohe Temperaturen zu verzeichnen sind.

Auch macht sich das Schweisswasser für manche Betriebe unangenehm bemerkbar. Man zieht aus diesen Gründen mit Recht die Eindeckung der Sheddächer mit Teerpappe vor. Wie in diesem Falle die Traufen und Firstbildung geschehen kann, geht aus den Fig. 821 und 822 hervor. Vom Verfasser sind in den letzten Jahren eine ganze Anzahl Sheddächer in dieser Weise entworfen worden, wobei die Rinnen folgendermaſsen angeordnet wurden. Auf den Rinnenboden wird zunächst eine Lage Leinen, welches in gleicher Weise wie Asphaltpappe präpariert ist, ausgebreitet und mit dem bei der Herstellung des Holzzement-

Fig. 822.

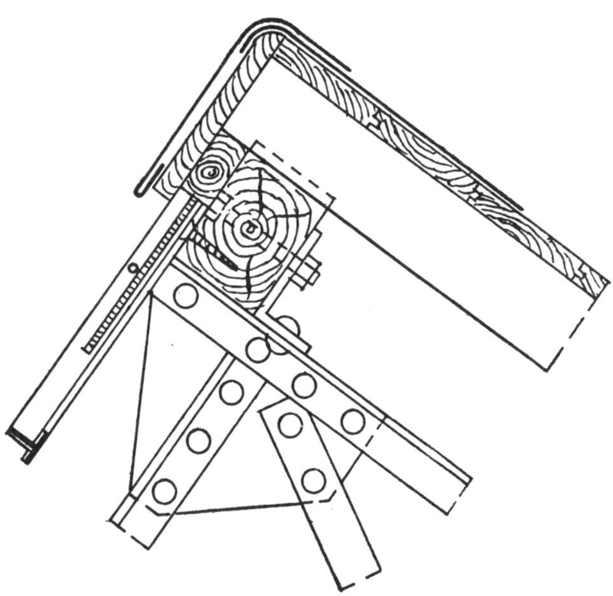

Fig. 823.

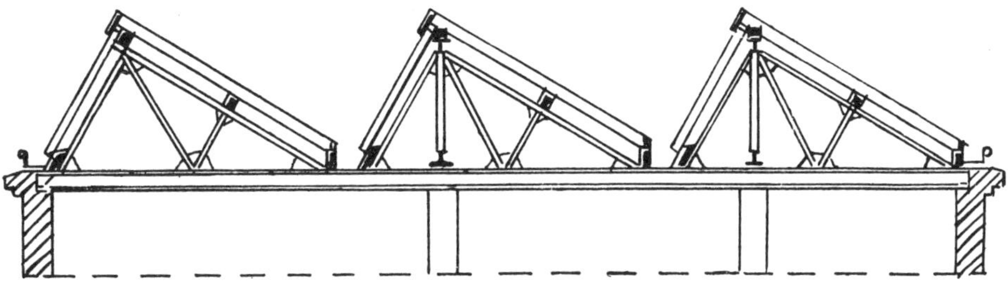

Fig. 823 a.

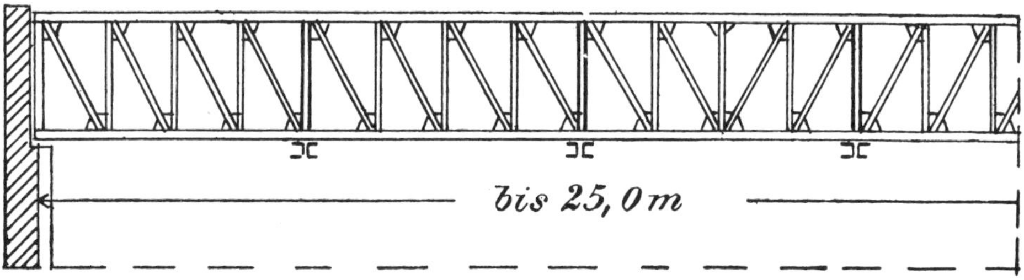

daches zur Anwendung kommenden Vegetabil-Asphalt gestrichen. Sodann folgen zwei Lagen Asphaltpappe, welche unter sich ebenfalls mit jener Klebemasse verbunden werden. Die zur Dachdeckung verwandte Asphaltpappe wird mit der oberen Lage der Rinnen gleichfalls verklebt und dann genagelt. An den Glasseiten werden hierauf die ⊥-Eisen-Sprossen mit kräftigen Holzschrauben an den Längshölzern befestigt. Am First werden die Sprossen mit der Pfette verschraubt und die Dichtung durch eine vor diese genagelte Latte bewirkt.

Viele Betriebe, deren Betriebskraft die Elektrizität bildet, verlangen neuerdings die Ueberdeckung der Arbeitssäle durch Sheddachkonstruktionen, die keine Säulenstellungen notwendig machen. Hierzu eignen sich die in Fig. 823 bis 825 dargestellten freitragenden Sheddachbinder. Nach diesen Systemen sind vom Verfasser in den letzten Jahren mehrere Entwürfe angefertigt worden. Das Eisengewicht pro qm Grundriss ist dabei für die drei Systeme gleich. First und Traufen wurden dabei nach Figur 821 und 822 angeordnet. Das System in Fig. 823 erfordert die Ausführung von Längsträgern (Fig. 823a), die ihr Auflager in den Giebelwänden finden und an welche die Sheddachbinder angeschlossen werden. Im ersten Feld ist der Längsträger entbehrlich. In der Ebene der Sheddachbinder ist die Ausdehnung des Arbeitsraumes unbegrenzt, in der Ebene der Längsträger ist die Lichtweite desselben aber nur bis zu 25,0 m vorteilhaft, da sonst die Längsbinder zu schwer werden.

Fig. 824.

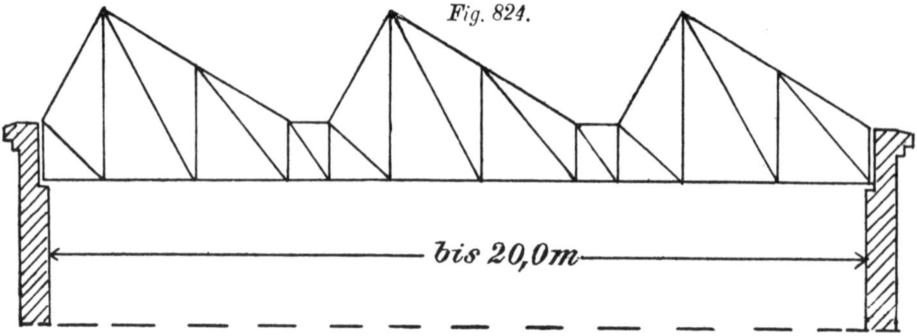

Fig. 825.

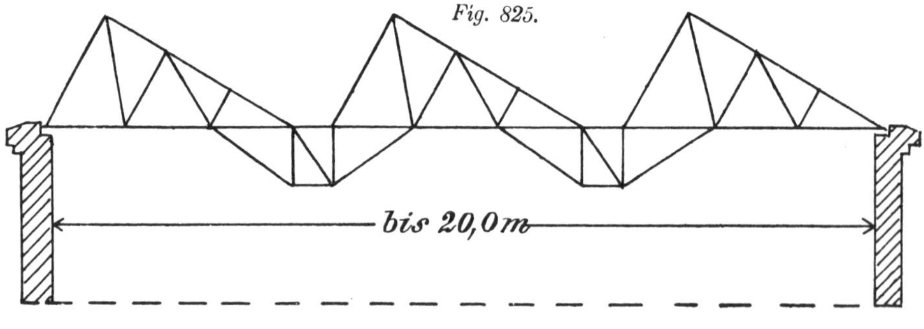

Die vom Verfasser herrührenden statisch bestimmten Sheddachbinder in Fig. 824 und 825 sind indessen nur bis zu einer Lichtweite von 20,0 m mit Vorteil zu verwenden, wogegen die Länge des Arbeitsraumes unbeschränkt ist. Je nach der Lage und Gestaltung des Arbeitsraumes wird man sich des einen oder anderen Systemes zweckentsprechend bedienen können.

Zwölftes Kapitel.

Bedingungen über die Lieferung von Eisenkonstruktionen.

a) Allgemeines.

Die Herstellung einer sachgemäfsen Eisenkonstruktion erfordert zunächst die sorgfältige Prüfung der zur Verwendung gelangenden Eisensorten und sodann die stetige Ueberwachung bei der Anfertigung der Arbeiten. Gegenüber den Stein- und Holzkonstruktionen ist das Eisen ein verhältnismäfsig teures Material, daher ist weise Sparsamkeit beim Projektieren von Eisenkonstruktionen für den gewissenhaften Techniker eine Bedingung, der er sich stets bewusst sein soll. Er kann diese aber nur dann beobachten, wenn er die Eigenschaften des Eisens genau kennt, wenn er ferner weiss, worauf er bei der Prüfung des Materials und bei der Ueberwachung der Arbeiten seine Aufmerksamkeit zu lenken hat. Denn das best durchgearbeitete Projekt kann bald schwere Mängel aufweisen, wenn das Material nicht den vorausgesetzten Anforderungen entspricht oder wenn bei der Herstellung der Arbeiten nicht mit der erforderlichen Gewissenhaftigkeit verfahren wird.

Es würde hier zu weit führen, die Herstellung des Eisens und die daraus folgenden Eigenschaften desselben näher zu besprechen; hierüber sehe man Band XII dieses Handbuches, in welchem die Baumaterialien eingehend behandelt sind.

Für den Bautechniker ist es aber von Wichtigkeit, die Bedingungen kennen zu lernen, unter denen grössere und wichtigere Eisenkonstruktionen stets vergeben werden sollen. Die nachstehend mitgeteilten Bedingungen sind hauptsächlich diejenigen, welche von vielen Behörden der Anfertigung und Lieferung von Eisenkonstruktionen zugrunde gelegt werden.

b) Beschaffenheit des Materials.

Art und Umfang der Prüfung. Dem Auftraggeber steht das Recht zu, sich von der Vertragsmäfsigkeit der Materialien und der Arbeit durch Proben und durch fortwährende oder zeitweise Prüfung selbst oder durch sachverständige Beamte zu überzeugen. Der Unternehmer hat dafür zu sorgen, dass dem Abnahmebeamten hierbei stets und überall Zutritt zu den betreffenden Werkstätten gestattet werde.

Den mit der Prüfung betrauten Beamten sind die zu den Proben und Untersuchungen notwendigen Werkzeuge und Arbeitskräfte unentgeltlich zur Verfügung zu stellen.

Die Prüfung des Materials erfolgt auf rechtzeitigen Antrag des Unternehmers auf den Hüttenwerken.

Die Materialien zu den Proben hat der Unternehmer unentgeltlich zu liefern.

Zu den Proben sollen im allgemeinen abfallende Abschnitte und kleinere Stücke verwendet werden, jedoch soll der mit der Prüfung betraute Beamte in der Auswahl der Probestücke nicht beschränkt sein. Das abgenommene vorschriftsmäſsige Material ist als solches zu stempeln. Nicht vertragsmäſsig befundene Teile sind so zu bezeichnen, dass ihre Verwerfung erkannt werden kann, ohne dass durch diese Bezeichnung das Material für andere Zwecke unbrauchbar gemacht wird.

Sollten bei der Prüfung der fertigen Konstruktionsteile, sei es in der Werkstatt oder während der Aufstellung am Bauplatze, Mängel in der Ausführung einzelner Stücke wahrgenommen werden, so ist der Unternehmer verpflichtet, die mangelhaften Stücke auf eigene Kosten durch andere, vorschriftsmäſsige zu ersetzen.

Die Prüfung auf den Hüttenwerken und in der Werkstatt des Unternehmers soll entscheidend sein für die innere Güte des Materials. Bei der Aufstellung können nur einzelne Stücke wegen äusserer Fehler, die hier erst bemerkt werden, verworfen werden.

Für die aus Schweisseisen herzustellenden Konstruktionsteile genügt es, wenn von je 100 Stücken oder angefangenen 100 Stücken desselben Walzprofiles 3 Stücke zu Proben entnommen werden.

Wenn sie den gestellten Vorschriften genügen, so gelten diese 100 Stücke als angenommen. Genügt eine dieser 3 Proben nicht, so dürfen dafür aus der betreffenden Materialmenge 2 neue entnommen werden. Entspricht eine von diesen wiederum den Anforderungen nicht, so kann das Material verworfen werden.

Für die Prüfung des Flusseisens wird festgesetzt, dass von je 2000 kg oder angefangenen 2000 kg 1 Stück oder aber von 100 Stücken desselben Walzprofils 5 Stücke zu Probezwecken entnommen werden können.

Entsprechen alle Proben den gestellten Vorschriften, so gilt das zugehörige Material als abgenommen. Für jede nicht genügende Probe dürfen aus der betreffenden Materialmenge 2 neue Proben entnommen werden. Entspricht eine derselben wiederum den Anforderungen nicht, so kann das Material verworfen werden.

Art der Proben. Die vorzunehmenden Proben sind entweder:

1. Besichtigungsproben, bei denen die äussere und innere Beschaffenheit durch den Augenschein geprüft wird;
2. Festigkeitsproben, bei denen es sich um zahlenmäſsige Ermittelung der Festigkeitsgrössen handelt;
3. Brüchigkeitsproben, bei denen ohne zahlenmäſsige Ermittelung eine Wertschätzung einzelner Eigenschaften des Eisens stattfindet.

Beschaffenheit der Probestäbe und der Festigkeitsmaschine. Mit sichtbaren Fehlern behaftete Probestäbe dürfen nicht verwendet werden.

Die Stäbe für Zerreissproben sind von dem zu untersuchenden Eisen kalt abzutrennen und kalt zu bearbeiten. Die Wirkungen etwaigen Scherenschnitts sowie des Auslochens oder Aushauens sind zuverlässig zu beseitigen. Ausglühen ist, wenn das Gebrauchsstück nicht ebenfalls ausgeglüht wird, zu unterlassen.

Auf den Probestäben ist die Walzhaut möglichst zu belassen.

Fig. 826.

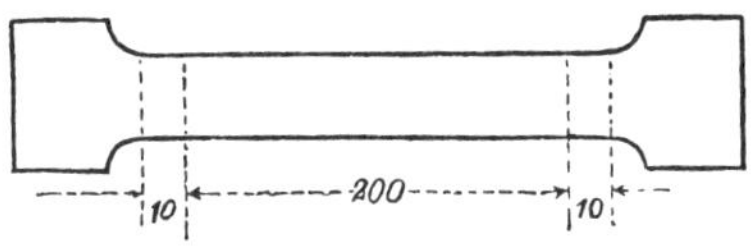

Die Probestäbe sollen in der Regel eine Versuchslänge von 200 mm bei 300 bis 500 qmm Querschnitt haben. Bei Rundstäben von weniger als 20 mm Durchmesser ist die Versuchslänge gleich dem zehnfachen Durchmesser. Ueber die Versuchslänge hinaus haben die Probestäbe nach beiden Seiten noch auf je 10 mm Länge den gleichen Querschnitt (Fig. 826).

Wenn bei Ausführung der Probe der Bruch ausserhalb des mittleren Drittels der Versuchslänge des Stabes erfolgt, so ist die Probe zu wiederholen, falls die Dehnung ungenügend ausfällt.

Die Zerreissmaschinen müssen leicht und sicher auf ihre Richtigkeit geprüft werden können.

Zu Biegeproben sind Materialstreifen von 30 bis 50 mm Breite oder Rundeisenstäbe von einer der Verwendung entsprechenden Dicke zu benutzen. Die Probestücke müssen auf kaltem Wege abgetrennt werden. Die Kanten der Streifen sind abzurunden.

α) Eigenschaften des Schweisseisens.

Das Eisen soll dicht, gut stauch- und schweissbar, weder kalt- noch rotbrüchig, noch langrissig sein, eine glatte Oberfläche zeigen und darf weder Kantenrisse noch offene Schweissnähte oder sonstige unganze Stellen haben.

I. Festigkeitsproben.

Es müssen mindestens betragen:

1. bei Flacheisen, Formeisen (Winkel-, Rund-, Vierkant- und Trägereisen: I-, [-, Z-, T- und ähnlichen Walzeisen) und bei solchen Blechen, welche im wesentlichen nur in der Längsrichtung beansprucht werden,
   a) Zugfestigkeit in der Längsrichtung, wenn die Dicke beträgt:
      α) 10 mm oder weniger . . . . 36 kg/qmm,
      β) mehr als 10 mm bis einschliesslich 15 mm . . . 35 kg/qmm,
      γ) mehr als 15 mm bis einschliesslich 25 mm . . . 34 kg/qmm;
   a) die Dehnung bis zum Bruche in allen Fällen 12 %.
1. bei Blechen mit ausgesprochener Längsrichtung, welche vorwiegend Biegungsspannungen aufzunehmen haben, z. B. bei Stehblechen von Blechträgern,

a) Zugfestigkeit in der Längsrichtung . . . . . 35 kg/qmm,
b) Dehnung 10 %.
c) Zugfestigkeit in der Querrichtung . . . . . 28 kg/qmm,
d) Dehnung 3 %.

3. bei Blechen ohne ausgesprochene Längsrichtung, welche vorwiegend durch Spannungen in verschiedenen Richtungen beansprucht sind, z. B. bei Anschlussblechen,
a) Zugfestigkeit in der Hauptwalzrichtung . . . . 35 kg/qmm,
b) Dehnung 10 %,
c) Zugfestigkeit in der Querrichtung . . . . . . 30 kg/qmm,
d) Dehnung 4 %.

4. bei Eisen für Niete, Schrauben und dergl.
bis zu 25 mm einschliesslich Durchmesser:
a) Zugfestigkeit in der Längsrichtung . . . . . 38 kg/qmm,
b) Dehnung 18 %.
von mehr als 25 bis einschliesslich 40 mm Durchmesser:
c) Zugfestigkeit . . . . 36 kg/qmm,
d) Dehnung 15 %.

5. bei Zores-Eisen:
a) Zugfestigkeit . . . . 33 kg/qmm,
b) Dehnung 6 %

Bei keiner Probe darf die Streckgrenze unter 22 kg/qmm liegen.

II. Brüchigkeitsproben.

1. Flacheisen, Formeisen und Bleche.

a) Biegeproben.

Längsstreifen müssen über eine Rundung von 13 mm Halbmesser winkelförmig gebogen werden können, ohne dass sich an der Biegungsstelle ein Bruch im Eisen zeigt. Der Winkel α, welchen ein Schenkel bei der Biegung zu durchlaufen hat, beträgt in Graden (Fig. 827)

Fig. 827.

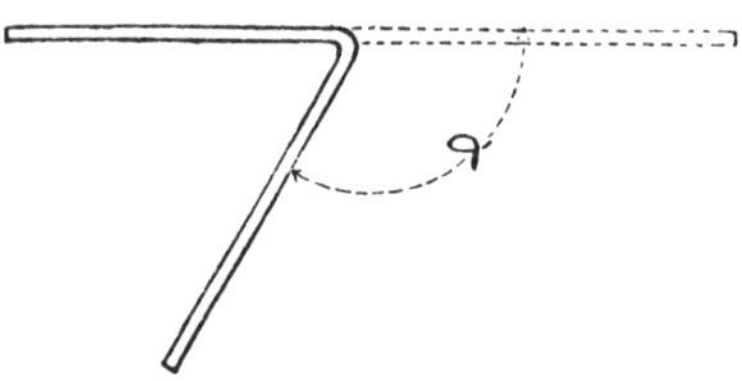

für Biegung in kaltem Zustande:
$\alpha = 50^0$ bei Eisendicken d = 8 bis 11 mm
$\alpha = 35^0$ „ „ d = 12 „ 15 „
$\alpha = 25^0$ „ „ d = 16 „ 20 „
$\alpha = 15^0$ „ „ d = 21 „ 25 „

für Biegung in dunkelkirschrotem Zustande:
$\alpha = 120^0$ bei Eisendicken d = bis 25 mm
$\alpha = 90^0$ „ „ d = über 25 „

b) Ausbreitproben.

In rotwarmem Zustande muss ein auf kaltem Wege abgetrennter, 30 bis 50 mm breiter Streifen eines Winkeleisens, Flacheisens oder Bleches mit der parallel zur Faser geführten, nach einem Halbmesser von 15 mm abgerundeten Hammerfinne bis auf das $1\frac{1}{2}$ fache seiner Breite ausgebreitet werden können, ohne Spuren einer Trennung im Eisen zu zeigen.

2. Nieteisen.

a) Biegeproben.

Nieteisen soll kalt gebogen und mit dem Hammer zusammengeschlagen eine Schleife mit einem lichten Durchmesser gleich dem halben Durchmesser des Rundeisens bilden können, ohne Spuren einer Trennung im Eisen zu zeigen.

b) Stauchproben.

Ein Stück Nieteisen, dessen Länge gleich dem doppelten Durchmesser ist, soll sich in warmem, der Verwendung entsprechenden Zustande bis auf ein Drittel der Länge zusammenstauchen lassen, ohne Risse zu zeigen.

β) Eigenschaften des Flusseisens.

Das Flusseisen soll eine glatte Oberfläche ohne Schiefer und Blasen zeigen und darf weder Kantenrisse noch unganze Stellen haben.

I. Zerreissproben.

Es soll betragen:

in der Längsrichtung
die Zugfestigkeit mindestens 37, höchstens 44 kg/qmm; die Dehnung mindestens 20 %;

in der Querrichtung
die Zugfestigkeit mindestens 36, höchstens 45 kg/qmm; die Dehnung mindestens 17 %;

bei Niet- und Schraubenmaterial:
die Zugfestigkeit mindestens 36 kg, höchstens 42 kg/qmm; die Dehnung mindestens 22 %.

Die Streckgrenze darf bei keiner Probe unter 24 kg/qmm liegen.

II. Brüchigkeitsproben.

Flacheisen, Formeisen und Bleche.

a) Biegeproben.

Sowohl Längs- als auch Querstreifen sind hellrotwarm zu machen, in Wasser von etwa 28° C. abzuschrecken und dann so zusammenzubiegen, dass sie eine Schleife bilden, deren Durchmesser an der Biegestelle gleich ist: bei Längsstreifen der einfachen, bei Querstreifen der doppelten Dicke des Versuchsstückes. Hierbei dürfen an Längsstreifen keine Risse entstehen; bei Querstreifen sind unwesentliche Oberflächenrisse zulässig.

b) Rotbruchproben.

Ein in rotwarmem Zustande auf 6 mm Dicke und etwa 40 mm Breite abgeschmiedeter Probestreifen soll mit einem sich verjüngenden Lochstempel, der 80 mm lang ist und 20 mm Durchmesser am dünnen, 30 mm am dicken Ende hat, in rotwarmem Zustande gelocht werden. Das 20 mm weite Loch soll dann auf 30 mm erweitert werden, ohne dass hierbei ein Einriss in dem Probestreifen entstehen darf.

2. Niet- und Schraubenmaterial.

a) Biegeproben.

Rundeisenstäbe sind hellrotwarm zu machen, im Wasser von etwa 28° C. abzuschrecken und dann so zusammenzubiegen, dass sie eine Schleife bilden, deren Durchmesser an der Biegestelle gleich der halben Dicke des Versuchsstücks ist. Hierbei dürfen keine Risse entstehen.

b) Stauchproben.

Ein Stück Schrauben- und Nieteisen, dessen Länge gleich dem doppelten Durchmesser ist, soll sich in warmem, der Verwendung entsprechenden Zustande bis auf ein Drittel seiner Länge zusammenstauchen lassen, ohne Risse zu zeigen.

γ) Eigenschaften des Flussstahls.

Die aus Flussstahl herzustellenden gegossenen oder geschmiedeten Teile (Auflagerteile oder dergl.) sollen eine Festigkeit von 45 bis 60 kg/qmm und eine Dehnung von mindestens 10 Prozent aufweisen.

δ) Eigenschaften des Gusseisens.

Die aus Gusseisen bestehenden Teile müssen, wenn nicht Hartguss oder andere Gusseisensorten ausdrücklich vorgeschrieben sind, aus grauem, weichem Eisen sauber und fehlerfrei hergestellt sein.

Die Zugfestigkeit soll bei Gusseisen mindestens 12 kg/qmm betragen.

Es muss möglich sein, mittels eines gegen eine rechtwinkelige Kante des Gussstückes mit dem Hammer geführten Schlages einen Eindruck zu erzielen, ohne dass die Kante abspringt.

Ein unbearbeiteter quadratischer Stab von 30 mm Seite, auf zwei 1 m voneinander entfernten Stützen liegend, muss eine allmählich bis zu 450 kg zunehmende Belastung in der Mitte aufnehmen können, bevor er bricht.

Der Unterschied der Wanddicken eines Querschnittes, der überall mindestens den vorgeschriebenen Flächeninhalt haben muss, darf bei Säulen bis zu 400 mm mittlerem Durchmesser und 4 m Länge die Grösse von 5 mm nicht überschreiten. Bei Säulen von grösserem Durchmesser und grösserer Länge wird der zulässige Unterschied für je 100 mm Mehrdurchmesser und für je 1 m Mehrlänge um je $^1/_2$ mm erhöht.

Die Wanddicke soll jedoch in keinem Falle weniger als 10 mm betragen.

Die Säulen müssen aufrecht gegossen werden.

c. Vorschriften über die Herstellung der Eisenkonstruktionen.

α) Zeichnungen.

Der Unternehmer ist verpflichtet, die dem Vertrage zu Grunde liegenden Zeichnungen und Gewichtsberechnungen zu prüfen, gefundene Fehler anzuzeigen und etwa vorhandene Unklarheiten nach Verständigung mit dem Auftraggeber zu beseitigen. Später in der Ausführung sich vorfindende Mängel können durch Unklarkeit oder Unvollkommenheit der Zeichnungen oder Fehler in den Gewichtsberechnungen nicht entschuldigt werden.

Abänderungen der Konstruktion, sowie Abweichungen von der Zeichnung, welche der Unternehmer für wünschenswert hält, hat derselbe rechtzeitig schriftlich zu beantragen.

Aenderungen der Konstruktion, welche der Auftraggeber nach Abschluss des Vertrages anordnen sollte, hat der Unternehmer auszuführen. Ueber die ihm dafür etwa zu bewilligende Fristverlängerung wird vorher eine Vereinbarung getroffen.

Den Gewichtsberechnungen sind die nachstehenden Einheitsgewichte zu Grunde zu legen:

für Gusseisen	1 cbm	7250 kg,
für Schweisseisen	1 cbm	7800 kg,
für Flusseisen und Flussstahl	1 cbm	7850 kg,
für Blei	1 cbm	11400 kg.

β) Bearbeitung.

Sowohl sämtliche Formeisen, wie auch Platten und Flacheisenstücke müssen genau die durch Zeichnungen und Gewichtsberechnungen festgesetzten Querschnitte erhalten und scharfkantig ausgewalzt sein; insbesondere dürfen die Formeisen in keinem Punkte von den auf den Zeichnungen angegebenen Querschnitten abweichen.

Die angelieferten Eisen müssen ausserdem eine so gleichmässige Stärke besitzen, dass genaue Messungen derselben an den entsprechenden Stellen höchstens 2 Prozent Differenz ergeben.

Die sämtlichen Konstruktionsteile müssen genau den Zeichnungen entsprechen und folgende Bedingungen erfüllen:

1. Die durch Nietung oder Verschraubung zu vereinigenden Eisenteile sind genau auszurichten, so dass die Fugen dicht schliessen.

Das Verstemmen der Fugen vor Prüfung und Abnahme ist nicht gestattet.

2. Sämtliche Eisenteile müssen, entsprechend den in den Zeichnungen angegebenen Abmessungen, aus dem Ganzen gewalzt bezw. geschmiedet oder gegossen sein und dürfen nicht durch Zusammenschweissen einzelner Teile gebildet werden.

3. Jede Bearbeitung des Materials, insbesondere des Flusseisens und Flussstahls, hat entweder in kaltem oder mindestens in rotwarmem Zustande zu erfolgen. Jede Bearbeitung oder Materialbeanspruchung in einem zwischenliegenden Wärmezustande (sogen. Blauwärme) ist tunlichst zu vermeiden. Hat trotzdem eine solche stattgefunden, so ist das fertige Gebrauchsstück in geeigneter Weise auszuglühen.

4. Wird Flusseisen mit der Schere geschnitten, so ist das neben dem Schnitt befindliche Material in mindestens 2 mm Breite durch Hobeln oder Fräsen zu beseitigen; ausgenommen sind unwesentliche Teile, Futterstücke usw.

5. Alle Schrauben- und Nietlöcher, mit Ausnahme derjenigen in Futterplatten, welche gelocht werden dürfen, sind zu bohren. Der an den Löchern

entstandene Grat muss vor dem Zusammenlegen und Nieten der Stücke sorgfältig entfernt werden.

6. Die Nietlöcher müssen den vorgeschriebenen Durchmesser und die in der Zeichnung vorgeschriebene Stellung und Versenkung erhalten.

7. Die zusammengehörigen Nietlöcher müssen gut aufeinander passen. Verschiebungen sind bis höchstens 5 Prozent des Lochdurchmessers zulässig; sie müssen jedoch durch Aufreiben mit der Reibahle ausgeglichen werden. In derartig aufgeriebene Löcher sind entsprechend stärkere Nietbolzen einzuziehen.

8. Die Niete sind in hellrotwarmem Zustande, nach Befreiung von dem etwa anhaftenden Glühspan, in die gehörig gereinigten Nietlöcher unter gutem Vorhalten (wo tunlich mit Nietwinden) einzuschlagen. Sie müssen die Löcher nach der Stauchung vollständig ausfüllen.

Setz- und Schliesskopf müssen zentrale Lage haben, gut und vollanliegend ausgeschlagen sein, und es darf dabei keine Vertiefung entstehen. Der etwa entstandene Bart ist sorgfältig zu entfernen. Die Nietköpfe dürfen keinerlei Risse zeigen.

Die Niete zu verstemmen ist nicht gestattet.

Nach dem Vernieten ist zu untersuchen, ob die Niete vollkommen festsitzen und nicht prellen. Alle nicht fest eingezogenen oder den sonstigen obengenannten Bedingungen nicht entsprechenden Niete sind wieder herauszuschlagen und durch vorschriftsmäfsige zu ersetzen. In keinem Falle ist es gestattet, die Niete in kaltem Zustande nachzutreiben.

Stellt sich bei der Untersuchung der Nietverbindungen heraus, dass mehr als 5 Prozent der Niete schlecht geschlagen oder die Nietlöcher schlecht ausgeführt sind, so müssen in diesen Verbandsteilen sämtliche Niete entfernt und durch neu zu schlagende in vorschriftsmäfsiger Weise ersetzt werden.

Die Köpfe und Versenkungen der Niete sind nach Mafsgabe der Fig. 28, 29 und 30 herzustellen und danach sämtliche Versenker und Schellhämmer einzurichten, die so bestimmten Nietformen sind für die Ausführung allein mafsgebend und darf davon nicht abgewichen werden.

Die Mittelpunkte der Löcher sollen von den Köpfen der Stäbe und von den Kanten der Bleche und Platten mindestens entfernt sein:

bei	16 mm	Lochweite	30 mm	
„	20 „	„	40 „	
„	23 „	„	45 „	
„	26 „	„	50 „	

9. Die vorkommenden Schraubengewinde müssen nach der Whitworthschen Skala (bezw. nach dem metrischen System) rein ausgeschnitten sein. Die Muttern dürfen weder schlottern, noch zu festen Gang haben. Die Köpfe und Muttern müssen mit der ganzen zur Anlage bestimmten Fläche aufliegen.

Bei schiefen Anlageflächen sind die Köpfe, soweit sie nicht genau angepasst werden, ebenso wie die Muttern, mit entsprechend schiefen Unterlagsplatten zu versehen.

Sind nach Angabe der Zeichnungen oder der Bedingungen gedrehte Schraubenbolzen zu verwenden, so müssen diese in die für sie bestimmten Bohrlöcher genau passen.

10. Ueberall, wo Kanten von Blechen gegeneinander oder gegen Kanten von Formeisen stossen, sind dieselben so eben zu bearbeiten, dass der Stoss vollkommen dicht wird.

11. Bei Gleitlagern sind die Gleitflächen zu hobeln und zu schlichten.

12. Sämtliche Verbandsstücke müssen auf einer Zulage zusammengepasst und durch Dorne und Schrauben miteinander verbunden werden. Keines der Stücke darf dabei in eine einseitige Spannung gezwängt werden. Es müssen die einzelnen Verbindungen gelöst werden können, ohne dass die Stücke federn oder sich verschieben. Die Zulagen sind so einzurichten, dass die richtige Form der Bauteile vollkommen gesichert ist und mit Leichtigkeit untersucht werden kann.

Reinigung und Anstrich. Bevor die einzelnen Konstruktionsteile zusammengesetzt werden, müssen dieselben auf das Sorgfältigste von allem daran befindlichen Glühspan, Rost, Schmutz, Feil- und Bohrspänen usw. gereinigt werden.

Die Reinigung erfolgt durch Scheuern und Bürsten sowie durch Beizen mit stark verdünnter Salzsäure; die gebeizten Eisenteile müssen sogleich nach dem Beizen in verdünnte Kalkmilch gebracht werden, damit jede Spur von Säure wieder entfernt wird. Demnächst sind sämtliche Teile sorgfältig in kaltem Wasser und darauf nochmals in 60 bis 70° heissem Wasser abzuspülen. Sogleich nach dem Trocknen der Eisenteile müssen dieselben in heissem Zustande mit einem satten Anstrich von heissem Leinölfirnis versehen werden.

Der Firnis muss dünnflüssig, schnelltrocknend, säure- und wasserfrei sein. Bis der Leinölfirnis genügend ausgetrocknet ist, sind die gestrichenen Eisenteile in geeigneter Weise unter Schutz zu halten.

Bevor ein deckender Anstrich aufgebracht wird, ist dem Auftraggeber entsprechende Mitteilung zu machen, damit derselbe die Eisenteile vorher prüfen kann. Erst nach Erledigung der bei dieser vorläufigen Abnahme für erforderlich erachteten Nacharbeiten und nach Erneuerung des etwa beschädigten Leinölfirnis-Anstriches darf die Grundierung der Teile mit einem Oelfarbenanstrich aus Eisenminium erfolgen. Diejenigen Flächen, welche durch andere verdeckt werden, sind vor der Zusammensetzung zu streichen.

In allen zwischen den Konstruktionsteilen bleibenden freien Räumen, in denen sich Wasser ansammeln kann, muss für besonders sorgfältigen Anstrich sowie für den Abfluss des Wassers durch entsprechend gebohrte Löcher Sorge getragen werden. Ist letzteres nicht angängig, so ist der Raum, soweit tunlich, mit Asphaltkitt oder einem anderen geeigneten Materiale auszufüllen.

Falls durch den Versand oder das Lagern auf der Baustelle Beschädigungen des Anstrichs entstanden sein sollten, ist letzterer vor dem Zusammenlegen der Teile wieder in tadellosen Zustand zu bringen. Zu diesem Behufe ist die Oberfläche sämtlicher Eisenteile einer gründlichen Reinigung von Rost und anderen Unreinigkeiten durch Waschen, Kratzen und Bürsten zu unterziehen. Sodann sind alle Stellen, an welchen der frühere Anstrich beschädigt ist, sowie die etwa noch nicht gestrichenen Flächen, namentlich die Schraubenköpfe und Muttern, desgleichen die Nietköpfe mit Leinölfirnis und nach erfolgtem Trocknen mit Oelfarbe von Eisenminium zu streichen und damit der erste Anstrich zu vervollständigen.

Der zweite Oelfarbenanstrich, ebenfalls aus Eisenminium, wird erst nach vollständiger Fertigstellung des Eisenverbandes und nach Ausführung der Verkittung aufgebracht.

Die Verzinkung muss, wo eine solche vorgeschrieben ist, einen vollkommen gleichmäſsig über die Eisenflächen verteilten Ueberzug bilden. Bei gebohrten, gelochten oder sonst bearbeiteten Stücken darf die Verzinkung erst nach der Bearbeitung erfolgen. Die verzinkten Teile müssen bis zum Bruche hin- und hergebogen werden können, ohne dass die Verzinkung sich ablöst. Der Zinküberzug muss auf jeder Seite mindestens 0,5 kg für das Quadratmeter schwer sein und wird mit diesem Gewichte in die Gewichtsberechnungen eingestellt.

Zum Verzinken darf nur bestes Rohzink ohne Beimischung anderer Materialien verwendet werden.

d) Abnahme.

Prüfung nach Vollendung. Nach vollendeter Aufstellung der Eisenkonstruktion erfolgt von seiten des Auftraggebers eine sich auf alle Teile erstreckende Untersuchung, um festzustellen, ob die Eisenkonstruktion vertragsmäſsig ausgeführt ist oder welche Stellen etwa noch Mängel zeigen. Nachdem alle bei dieser Untersuchung vorgefundenen Mängel vom Unternehmer innerhalb einer ihm gestellten Frist beseitigt sind, gilt die Gesamtkonstruktion als endgültig abgenommen.

e) Abrechnung.

Gewichtsermittelung. Der Unternehmer hat die Werkstattabnahme und die Verwiegung der Eisenteile rechtzeitig zu beantragen. Der von dem Auftraggeber betraute Beamte hat die in der Werkstatt fertiggestellten Konstruktionsteile auf ihre bedingungsgemäſse Herstellung zu prüfen und die auf diese Weise vorläufig abgenommenen Teile vor ihrer Versendung nach der Baustelle zu verwiegen. Es bleibt dem Auftraggeber indes überlassen, bei gleichartigen Konstruktionsteilen nur eine bestimmte, von dem Unternehmer als genügend anerkannte Anzahl derselben Gattung zu verwiegen und das Ergebnis für die Feststellung des Gesamtgewichtes zugrunde zu legen.

Der Unternehmer ist verpflichtet, dem Abnahmebeamten die Ermittelung der Gewichte durch Hergabe der nötigen Arbeitskräfte und Gestellung passender Wiegevorrichtungen, deren Genauigkeit und Zuverlässigkeit keinem Zweifel unterliegt, möglich zu machen und zu erleichtern.

Das auf diese Weise ermittelte Gewicht soll der Abrechnug zugrunde gelegt werden.

Hierbei wird jedoch nur ein Mehrgewicht bis 3 Prozent bei Schweisseisen und Flusseisen, bezw. bis 5 Prozent bei Gusseisen und Flussstahl gegenüber dem berechneten Gesamtgewicht bezahlt. Mindergewicht wird in Abzug gebracht.

Konstruktionsteile mit einem Mehrgewicht über 5 Prozent bei Schweisseisen und Flusseisen, bezw. 10 Prozent bei Gusseisen und Flussstahl oder einem Mindergewicht von 2 Prozent gegen das berechnete Gewicht, werden unter allen Umständen von der Abnahme ausgeschlossen.

Schlussbestimmung. Sollte der Unternehmer gegen eine der vorstehenden Bedingungen Einwendungen erheben wollen, so hat er diese schon bei Abgabe seines Angebotes dem Auftraggeber mitzuteilen.

f) Gewichtsberechnung.

Nach Anfertigung des Projektes liegt dem Verfasser desselben ob, eine genaue Gewichtsberechnung der Eisenkonstruktion anzufertigen. Aus derselben müssen die Abmessungen der einzelnen Konstruktionsteile klar zu ersehen sein. Man fertigt dieselbe am besten so an, dass man das ganze Projekt in einzelne Gruppen zerlegt und für jede Gruppe das Gewicht besonders feststellt. Ist zum Beispiel für ein eisernes Dach die Gewichtsberechnung aufzustellen, so wird man zweckmäfsig die Gewichte bestimmen

1. für einen Binder,
2. für die Pfetten,
3. für die Sparren,
4. für die Latten,
5. für ein festes und
6. für ein bewegliches Lager.

Das Gesamtgewicht ergibt sich sodann aus der Zusammenstellung, in welcher die Gewichte der einzelnen Gruppen mit der Zahl der anzufertigenden Teile multipliziert werden.

Stabeisen wird mit seiner Länge in die Gewichtsberechnung eingeführt, Bleche und Platten mit ihrem Flächeninhalt. Das Gewicht der Nietköpfe wird ermittelt aus der Zahl derselben. Es wiegen 100 Nietköpfe von

10	mm	Durchmesser	rd	0,63	kg
12	„	„	„	1,07	„
14	„	„	„	1,70	„
16	„	„	„	2,53	„
20	„	„	„	4,92	„
23	„	„	„	7,45	„
26	„	„	„	10,80	„

Das Gewicht der Schrauben wird dadurch ermittelt, dass man für Kopf und Mutter zur freien Länge 5 bis 7 Durchmesser addiert und die erhaltene Länge mit dem Einheitsgewichte für Rundeisen (siehe Tabelle im Anhang) multipliziert.

Für verzinktes Eisen ist für die Verzinkung ein Zuschlag zu machen, in der Weise, dass für jedes Quadratmeter verzinkter Fläche 0,5 kg zu dem Gewichte des verzinkten Eisens geschlagen werden.

Die Gewichte für Flacheisen und Bleche sind aus den im Anhang befindlichen Tabellen zu entnehmen.

An der Hand der vorstehenden Bemerkungen wird man die Gewichtsberechnung einer Eisenkonstruktion leicht herstellen können, wenn man sich bei der Aufstellung eines Formulars bedient, wie dies in dem nachstehendem Beispiele benutzt wurde. Es möge hier das Gewicht des auf Tafel 9 dargestellten Binders ermittelt werden.

Gewichtsberechnung des eisernen Dachbinders auf Tafel 9.

Laufende Nr.	Stückzahl	Bezeichnung der Konstruktionsteile	Maſse in Millimeter: einzeln lang	breit	hoch resp. stark	Zusammen: Stückzahl	laufende Meter	Quadrat-Dezimeter	Gewicht der Einheit in Kilogramm	Gewicht im Ganzen und in Kilogrammen an Walz- und Schmiedeeisen
1	4	Winkel des Obergurtes 100/100/10	9560	100/100	10	4	38,24		14,9	570
2	4	Winkel zu Vertikalen 55/55/8	1230	55/55	8	4	4,92			
3	4	Winkel desgl.	2460	55/55	8	4	9,84			
						zus.	14,76		6,4	94
4	4	Flacheisen des Untergurtes	6040	90	11	4	24,16			
5	2	Flacheisen desgl.	2670	90	11	2	5,34			
						zus.	29,50		7,72	228
6	4	Flacheisen zu Diagonalen	2860	60	8	4	11,44			
7	4	Flacheisen desgl.	3860	60	8	4	15,44			
						zus.	26,88		3,74	101
8	2	Knotenbleche an den Fusspunkten $f = 5{,}7 \cdot 3{,}1 - \frac{1}{2}(3{,}0 \cdot 1{,}4 + 2{,}7 \cdot 0{,}8 + 3{,}1 \cdot 1{,}7) = 11{,}86$ qdcm *Fig. 828.* 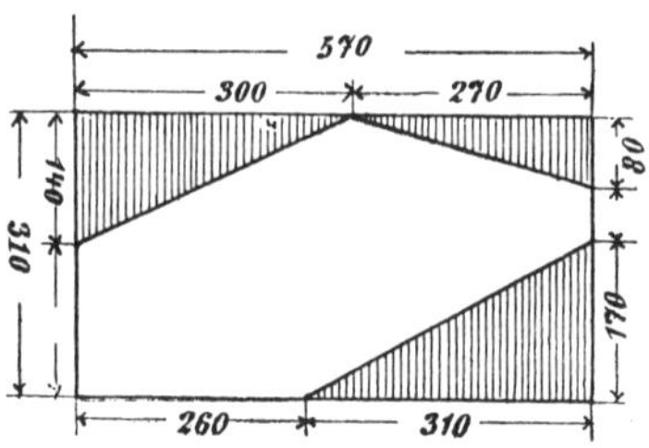			16	2		23,72		
9	2	*Fig. 829.* 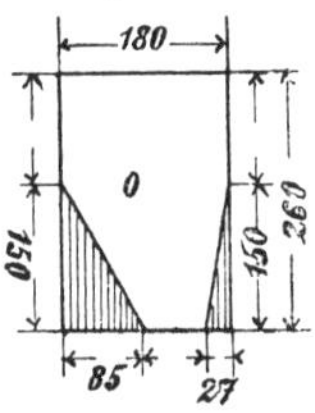 Knotenbleche des Obergurtes $f = 2{,}6 \cdot 1{,}8 - \frac{1}{2} \cdot (1{,}5 \cdot 0{,}85 + 0{,}27 \cdot 1{,}5) = 4{,}02$ qdcm			16	2		8,04		
10	2	Knotenbleche des Obergurtes *Fig. 830.* 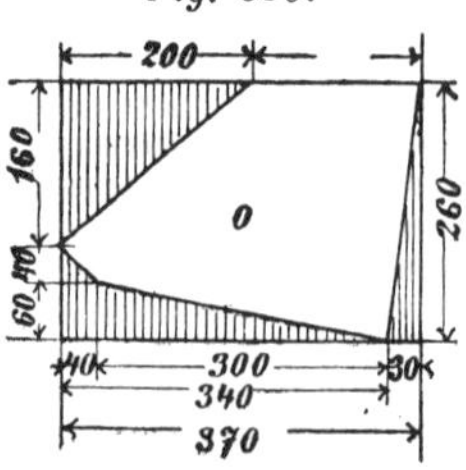 $f = 3{,}7 \cdot 2{,}6 - \frac{1}{2} \cdot (1{,}6 \cdot 2{,}0 + 0{,}4 \cdot 0{,}4 + 2 \cdot 0{,}4 \cdot 0{,}6 + 3{,}0 \cdot 0{,}6 + 2{,}6 \cdot 0{,}3) = 6{,}41$ qdcm			16	2		12,82		
		Zu übertragen						44,58		993

Laufende Nr.	Stückzahl	Bezeichnung der Konstruktionsteile	Maſse in Millimeter: einzeln lang	breit	hoch resp. stark	Zusammen: Stückzahl	laufende Meter	Quadrat-Dezimeter	Gewicht der Einheit in Kilogramm	Gewicht im Ganzen und in Kilogrammen an Walz- und Schmiedeeisen
		Uebertrag						44,58		993
11	1	Knotenblech des Obergurtes f = 5,3 · 2,9 + ½ (2 · 2,65 · 1,30 + 2 · 0,8 · 2,10) = 10,24 qdcm *Fig. 831.* 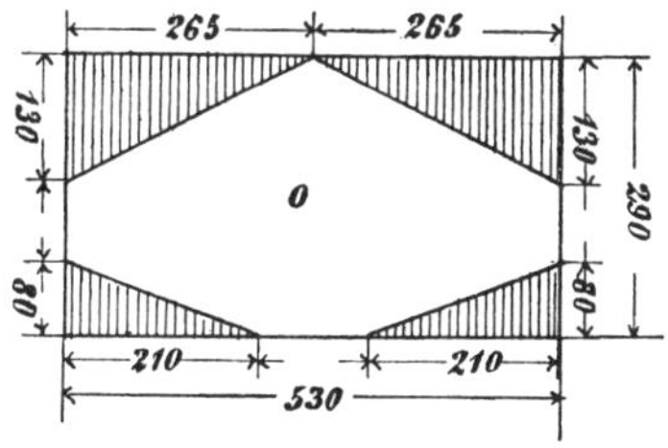 			16	1		10,24		
12	2	Knotenbleche des Untergurtes *Fig. 832.* 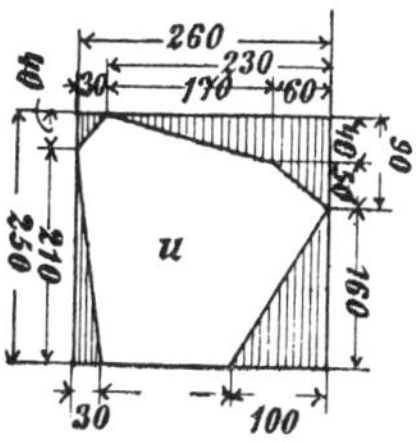 $f = 2{,}6 \cdot 2{,}5 - \frac{1}{2}(0{,}4 \cdot 0{,}3 + 1{,}7 \cdot 0{,}4 + 2 \cdot 0{,}4 \cdot 0{,}6 + 0{,}5 \cdot 0{,}6 + 1{,}0 \cdot 1{,}6 + 0{,}3 \cdot 2{,}10)$ = 5,10 qdcm			16	2		10,20		
13	2	Knotenbleche des Untergurtes *Fig. 833.* 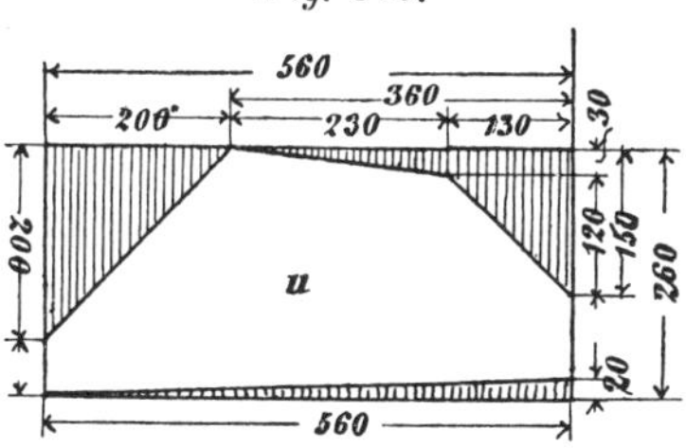 $f = 5{,}6 \cdot 2{,}6 - \frac{1}{2}(2{,}0 \cdot 2{,}0 + 2{,}3 \cdot 0{,}3 + 2 \cdot 1{,}3 \cdot 0{,}3 + 1{,}3 \cdot 1{,}2 + 5{,}6 \cdot 0{,}2)$ = 10,49 qdcm.			16	2		20,98		
							zus.	86,00	1,25	108
14	172	Nietköpfe von 20 mm starken Nieten				172			100 Stück 4,92	8
15	64	Nietköpfe von 16 mm starken Nieten				64			100 „ 2,53	2
							Gewicht eines Binders			1113

Anhang.

1. Whitworth'sche Schraubentabelle.

Bolzendurchmesser		Kerndurchmesser		Anzahl der Gewindegänge		Höhe der Mutter in mm abgerundet	Kopfhöhe in mm abgerundet	Schlüsselweite in mm abgerundet
in Zoll engl.	in mm	in Zoll engl.	in mm	auf 1 Zoll engl.	auf die Länge d			
d	d	d_1	d_1	n	n_1	h	h_1	D
$^1/_4$	6,3	0,186	4,72	20	5	6	4	13
$^5/_{16}$	7,9	0,241	6,09	18	$5^5/_8$	8	6	16
$^3/_8$	9,5	0,295	7,36	16	6	10	7	19
$^7/_{16}$	11,1	0,346	8,64	14	$6^1/_8$	11	8	21
$^1/_2$	12,7	0,393	9,91	12	6	13	9	23
$^5/_8$	15,9	0,509	12,92	11	$6^7/_8$	16	11	27
$^3/_4$	19,0	0,622	15,74	10	$7^1/_2$	19	13	33
$^7/_8$	22,2	0,733	18,54	9	$7^7/_8$	22	15	36
1	25,4	0,840	21,33	8	8	25	18	40
$1^1/_8$	28,6	0,942	23,87	7	$7^7/_8$	29	20	45
$1^1/_4$	31,7	1,067	26,92	7	$8^3/_4$	32	22	50
$1^3/_8$	34,9	1,162	29,46	6	$8^1/_4$	35	24	54
$1^1/_2$	38,1	1,287	32,68	6	9	38	27	58
$1^5/_8$	41,3	1,369	35,28	5	$8^1/_8$	41	29	63
$1^3/_4$	44,4	1,494	37,84	5	$8^3/_4$	44	32	67
$1^7/_8$	47,6	1,591	40,38	$4^1/_2$	$8^7/_{16}$	48	34	72
2	50,8	1,716	43,43	$4^1/_2$	9	51	36	76
$2^1/_4$	57,1	1,930	49,02	4	9	57	40	85
$2^1/_2$	63,5	2,180	55,37	4	10	64	45	94
$2^3/_4$	69,8	2,384	60,45	$3^1/_2$	$9^5/_8$	70	49	103
3	76,2	2,634	66,80	$3^1/_2$	$10^1/_2$	76	53	112
$3^1/_4$	82,5	2,857	72,57	$3^1/_4$	$10^9/_{16}$	83	58	121
$3^1/_2$	88,9	3,107	78,92	$3^1/_4$	$11^3/_8$	89	62	130
$3^3/_4$	95,2	3,323	84,40	3	$11^1/_4$	95	67	138
4	101,6	3,573	90,75	3	12	102	71	147
$4^1/_4$	107,9	3,805	96,65	$2^7/_8$	$12^7/_{32}$	108	76	156
$4^1/_2$	114,3	4,055	103,00	$2^7/_8$	$12^{15}/_{16}$	114	80	165
$4^3/_4$	120,6	4,285	108,84	$2^3/_4$	$13^1/_{16}$	121	85	174
5	127,0	4,535	115,19	$2^3/_4$	$13^3/_4$	127	89	183
$5^1/_4$	133,3	4,790	121,67	$2^5/_8$	$13^{25}/_{32}$	133	93	192
$5^1/_2$	139,7	5,020	127,51	$2^5/_8$	$14^7/_{16}$	140	98	201
$5^3/_4$	146,0	5,238	133,05	$2^1/_2$	$14^3/_8$	146	102	209
6	152,4	5,488	139,40	$2^1/_2$	15	152	106	218

2. Schraubentabelle

nach dem metrischen Gewindesystem.

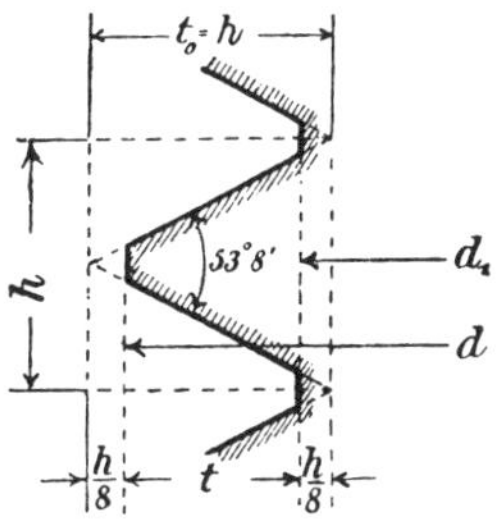

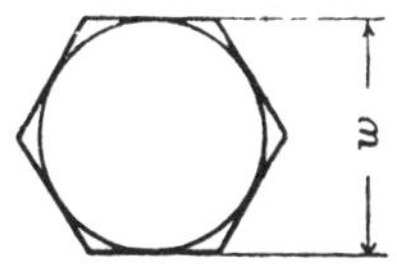

Höhe der Mutter = d.
Höhe des Kopfes = 0,7 d.
Alle Mafse sind mm.

Bolzendurchmesser d	Ganghöhe d	Gangtiefe t	Kerndurchmesser d_1	Schlüsselweite w
5	1,0	0,75	3,5	11
6	1,0	0,75	4,5	11
7	1,2	0,9	5,2	14
8	1,2	0,9	6,2	14
9	1,4	1,05	6,9	18
10	1,4	1,05	7,9	18
12	1,6	1,2	9,6	22
14	1,8	1,35	11,3	25
16	2,0	1,5	13,0	28
18	2,2	1,65	14,7	31
20	2,4	1,8	16,4	34
22	2,8	2,1	17,8	37
24	2,8	2,1	19,8	40
26	3,2	2,4	21,2	43
28	3,2	2,4	23,2	46
30	3,6	2,7	24,6	49
32	3,6	2,7	26,6	52
36	4,0	3,0	30,0	58
40	4,4	3,3	33,4	64
44	4,8	3,6	36,8	—
48	4,8	3,6	40,8	—
52	5,2	3,9	44,2	—
56	5,2	3,9	48,2	—
60	5,6	4,2	51,6	—
64	5,6	4,2	55,6	—
72	6,0	4,5	63,0	—
80	6,4	4,8	70,4	—
88	7,2	5,4	77,4	—
96	7,2	5,4	85,2	—
104	8,0	6,0	92,0	—
112	8,0	6,0	100,0	—
120	8,8	6,6	106,8	—
128	8,8	6,6	114,8	—
136	9,6	7,2	121,6	—
144	9,6	7,2	129,6	—
152	10,4	7,8	136,4	—
160	10,4	7,8	144,4	—

3. Normalprofile für I-Eisen.

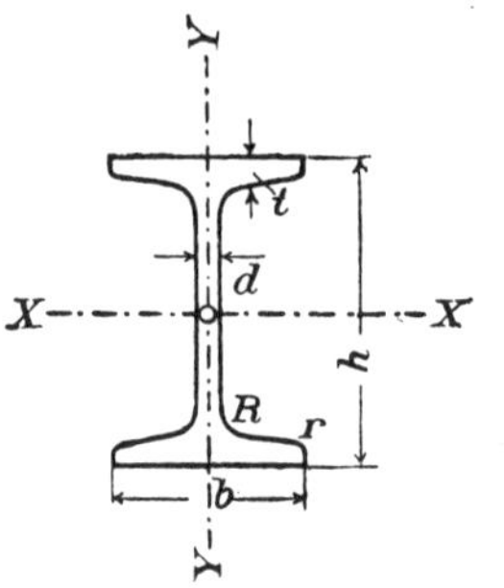

Bis h = 250 mm ist b = 0,4 · h + 10 mm;
d = 0,03 · h + 1,5 mm

Für h > 250 mm ist b = 0,3 · h + 35 mm;
d = 0,036 · h

Neigung der inneren Flanschflächen 14 %.
R = d; r = 0,6 d.

Profil Nr.	Abmessungen in mm				Querschnitt F in qcm	Gewicht für 1 m in kg	Momente in cm für die x—x Achse		Momente in cm für die y—y Achse	
	h	b	d	t			Trägheitsmoment J_x (cm⁴)	Widerstandsmoment W_x (cm³)	Trägheitsmoment J_y (cm⁴)	Widerstandsmoment W_y (cm³)
8	80	42	3,9	5,9	7,57	5,91	77,7	19,4	6,28	2,99
9	90	46	4,2	6,3	8,99	7,02	117,0	25,9	8,76	3,81
10	100	50	4,5	6,8	10,6	8,28	170,0	34,1	12,2	4,86
11	110	54	4,8	7,2	12,3	9,59	238,0	43,3	16,2	5,99
12	120	58	5,1	7,7	14,2	11,1	327,0	54,5	21,4	7,38
13	130	62	5,4	8,1	16,1	12,6	435,0	67,0	27,4	8,85
14	140	66	5,7	8,6	18,2	14,2	572,0	81,7	35,2	10,7
15	150	70	6,0	9,0	20,4	15,9	734,0	97,9	43,7	12,5
16	160	74	6,3	9,5	22,8	17,8	933,0	117,0	54,5	14,7
17	170	78	6,6	9,9	25,2	19,7	1165,0	137,0	66,5	17,1
18	180	82	6,9	10,4	27,9	21,7	1444,0	161,0	81,3	19,8
19	190	86	7,2	10,8	30,5	23,8	1759,0	185,0	97,2	22,6
20	200	90	7,5	11,3	33,4	26,1	2139,0	214,0	117,0	25,9
21	210	94	7,8	11,7	36,3	28,3	2558,0	244,0	137,0	29,3
22	220	98	8,1	12,2	39,5	30,8	3055,0	278,0	163,0	33,3
23	230	102	8,4	12,6	42,6	33,3	3605,0	314,0	188,0	36,9
24	240	106	8,7	13,1	46,1	35,9	4239,0	353,0	220,0	41,6
25	250	110	9,0	13,6	49,7	38,7	4954,0	396,0	255,0	46,4
26	260	113	9,4	14,1	53,3	41,6	5735,0	441,0	287,0	50,6
27	270	116	9,7	14,7	57,1	44,5	6623,0	491,0	325,0	56,0
28	280	119	10,1	15,2	61,0	47,6	7575,0	541,0	363,0	50,8
29	290	122	10,4	15,7	64,8	50,6	8619,0	594,0	403,0	66,1
30	300	125	10,8	16,2	69,0	53,8	9785,0	652,0	449,0	71,9
32	320	131	11,5	17,3	77,7	60,6	12493,0	781,0	554,0	84,6
34	340	137	12,2	18,3	86,7	67,6	15670,0	922,0	672,0	98,1
36	360	143	13,0	19,5	97,0	75,7	19576,0	1088,0	817,0	114,0
38	380	149	13,7	20,5	107,0	83,4	23978,0	1262,0	972,0	131,0
40	400	155	14,4	21,6	118,0	91,8	29173,0	1459,0	1160,0	150,0
42½	425	163	15,3	23,0	132,0	103,0	36956,0	1739,0	1433,0	176,0
45	450	170	16,2	24,3	147,0	115,0	45888,0	2040,0	1722,0	203,0
47½	475	178	17,1	25,6	163,0	127,0	56410,0	2375,0	2084,0	234,0
50	500	185	18,0	27,0	179,0	140,0	68736,0	2750,0	2470,0	267,0
55	550	200	19,0	30,0	212,0	166,0	99054,0	3602,0	3486,0	349,0

4. Normalprofile für ⊏-Eisen.

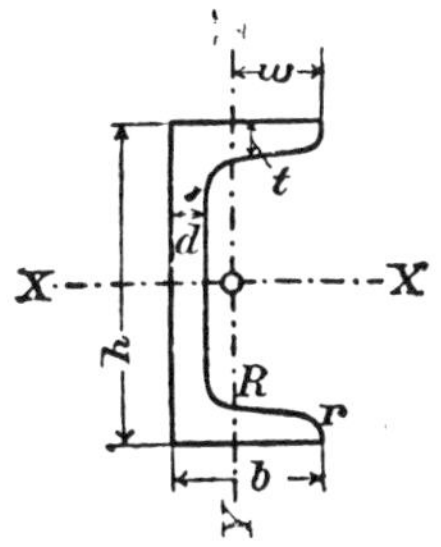

$b = 0{,}25\,h + 25$ mm

Neigung der inneren Flanschflächen 8 %.

$R = t;\; r = \frac{t}{2}$

Profil Nr.	Abmessungen in mm				Quer-schnitt F in qcm	Gewicht für 1 m in kg	Schwer-punkts-abstand w in mm	Momente in cm für die x—x Achse		Momente in cm für die Y—Y Achse		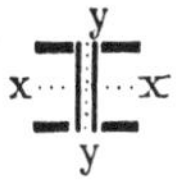 2 Eisen. Kleinste Mom. (in cm) für die Achse y—y	
	h	b	d	t				Trägheits-moment J_x (cm⁴)	Wider-stands-moment W_x (cm³)	Trägheits-moment J_y (cm⁴)	Wider-stands-moment W_y (cm³)	Trägheits-moment J_2 (cm⁴)	Wider-stands-moment W_2 (cm³)
3	30	33	5,0	7,0	5,44	4,24	19,9	6,39	4,26	5,33	2,68	29,04	8,8
4	40	35	5,0	7,0	6,21	4,85	21,7	14,1	7,1	6,68	3,08	35,34	10,1
5	50	38	5,0	7,0	7,12	5,55	24,3	26,4	10,6	9,12	3,75	45,1	11,9
6 1/2	65	42	5,5	7,5	9,03	7,05	27,8	57,5	17,7	14,1	5,06	64,6	15,4
8	80	45	6,0	8,0	11,0	8,6	30,5	106,0	26,5	19,4	6,37	86,4	19,2
10	100	50	6,0	8,5	13,5	10,5	34,5	206,0	41,1	29,3	8,5	123,0	24,7
12	120	55	7,0	9,0	17,0	13,3	39,0	364,0	60,7	43,2	11,1	175,0	31,7
14	140	60	7,0	10,0	20,4	15,9	42,5	605,0	86,4	62,7	14,8	251,0	41,8
16	160	65	7,5	10,5	24,0	18,7	46,6	925,0	116,0	85,3	18,3	333,0	51,3
18	180	70	8,0	11,0	28,0	21,8	50,8	1354,0	150,0	114,0	22,4	434,0	61,9
20	200	75	8,5	11,5	32,2	25,1	54,9	1911,0	191,0	148,0	27,0	556,0	74,2
22	220	80	9,0	12,5	37,4	29,2	58,6	2690,0	245,0	197,0	33,6	737,0	92,1
24	240	85	9,5	13,0	42,3	33,0	62,7	3598,0	300,0	248,0	39,6	917,0	108,0
26	260	90	10,0	14,0	48,3	37,7	66,4	4823,0	371,0	317,0	47,8	1172,0	130,0
28	280	95	10,0	15,0	53,3	41,6	69,7	6276,0	450,0	399,0	57,2	1481,0	156,0
30	300	100	10,0	16,0	58,8	45,8	73,0	8026,0	535,0	495,0	67,8	1847,0	185,0

5. Normalprofile für gleichschenkelige Winkeleisen.

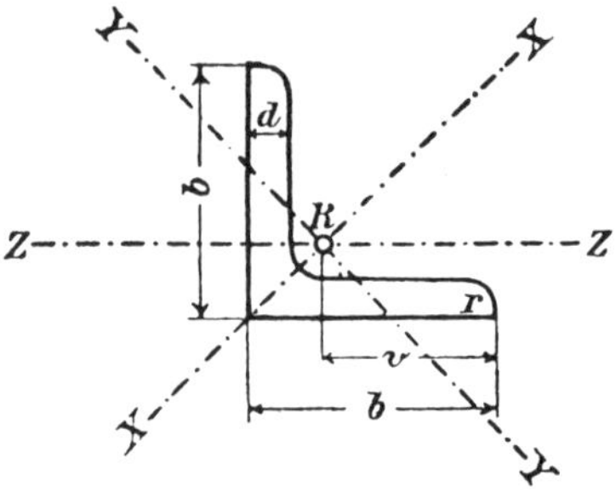

Die Hauptachsen sind: X—X und Y—Y.

$$R = \frac{d_{min} + d_{max}}{2}$$

Die Momente sind bezogen auf cm.

$$r = \frac{R}{2}$$

Profil Nr.	Abmessungen der Profile in mm		Querschnitt F in qcm	Gewicht G kg/m	Abstand des Schwerpunkts v in cm	Momente für die Achse XX		Momente für die Achse YY		Zwei zusammengesetzte Winkeleisen. Kleinste Momente für die Achse XX		Vier zusammengesetzte Winkeleisen. Kleinste Momente für die Achse XX oder YY	
	b	d				Trägh.-moment Jx (cm⁴)	Widerst.-moment Wx (cm³)	Trägh.-moment Jy (cm⁴)	Widerst.-moment Wy (cm³)	Trägh.-moment J_2 (cm⁴)	Widerst.-moment W_2 (cm³)	Trägh.-moment J_4 (cm⁴)	Widerst.-moment W_4 (cm³)
1 1/2	15	3	0,82	0,64	1,02	0,24	0,23	0,06	0,08	0,30	0,29	1,33	0,99
		4	1,05	0,82	0,99	0,29	0,28	0,08	1,10	0,37	0,37	1,84	1,23
2	20	3	1,12	0,87	1,40	0,62	0,44	0,15	0,17	0,77	0,55	3,14	1,57
		4	1,45	1,13	1,36	0,77	0,55	0,19	0,21	0,96	0,71	4,29	2,15
2 1/2	25	3	1,42	1,11	1,77	1,27	0,72	0,31	0,30	1,58	0,89	6,14	2,45
		4	1,85	1,44	1,74	1,61	0,91	0,40	0,37	2,01	1,15	8,32	3,33
3	30	4	2,27	1,77	2,11	2,85	1,35	0,76	0,61	3,61	1,71	14,2	4,74
		6	3,27	2,55	2,04	3,91	1,84	1,06	0,78	4,96	2,43	21,9	7,31
3 1/2	35	4	2,67	2,08	2,50	4,68	1,90	1,24	0,88	5,92	2,37	22,5	6,44
		6	3,87	3,02	2,42	6,50	2,63	1,77	1,15	8,26	3,41	34,6	9,88
4	40	4	3,08	2,40	2,88	7,09	2,50	1,86	1,17	8,94	3,11	33,3	8,33
		6	4,48	3,49	2,80	9,98	3,52	2,67	1,57	12,7	4,52	51,1	12,8
		8	5,80	4,52	2,72	12,4	4,38	3,38	1,81	15,8	5,80	69,5	17,4
4 1/2	45	5	4,30	3,36	3,22	12,4	3,91	3,25	1,80	15,7	4,87	59,5	13,2
		7	5,86	4,57	3,14	16,4	5,16	4,39	2,28	20,8	6,63	85,0	18,9
		9	7,34	5,73	3,06	19,8	6,24	5,40	2,65	25,2	8,25	111,2	24,7
5	50	5	4,80	3,75	3,60	17,4	4,91	4,59	2,32	22,0	6,10	81,7	16,3
		7	6,56	5,12	3,51	23,1	6,53	6,02	2,85	29,1	8,30	116	23,3
		9	8,24	6,43	3,44	28,1	7,94	7,67	3,47	35,8	10,39	152	30,4
5 1/2	55	6	6,31	4,92	3,94	27,4	7,04	7,24	3,27	34,6	8,79	131	23,8
		8	8,23	6,42	3,86	34,8	8,96	9,35	4,03	44,2	11,5	177	32,2
		10	10,07	7,85	3,78	41,4	10,64	11,27	4,64	52,7	13,9	224	40,8
6	60	6	6,91	5,39	4,31	36,1	8,51	9,43	3,95	45,5	10,6	170	28,3
		8	9,03	7,04	4,23	46,1	10,9	12,1	4,85	58,3	13,8	230	38,3
		10	11,07	8,63	4,15	55,1	13,0	14,6	5,58	69,7	16,8	291	48,4
6 1/2	65	7	8,70	6,79	4,65	53,0	11,5	13,8	5,25	66,8	14,4	252	38,4
		9	10,98	8,56	4,57	65,4	14,2	17,2	6,31	82,6	18,1	329	50,6
		11	13,17	10,30	4,50	76,8	16,7	20,7	7,30	97,5	21,7	406	62,5

Profil Nr.	Abmessungen der Profile in mm b	Abmessungen der Profile in mm d	Querschnitt F in qcm	Gewicht G kg/m	Abstand des Schwerpunkts v in cm	Momente für die Achse XX: Trägh.-moment Jx (cm⁴)	Momente für die Achse XX: Widerst.-moment Wx (cm³)	Momente für die Achse YY: Trägh.-moment Jy (cm⁴)	Momente für die Achse YY: Widerst.-moment Wy (cm³)	Zwei zusammengesetzte Winkeleisen. Kleinste Momente für die Achse XX: Trägh.-moment J_2 (cm⁴)	Zwei zusammengesetzte Winkeleisen. Kleinste Momente für die Achse XX: Widerst.-moment W_2 (cm³)	Vier zusammengesetzte Winkeleisen. Kleinste Momente für die Achse XX oder YY: Trägh.-moment J_4 (cm⁴)	Vier zusammengesetzte Winkeleisen. Kleinste Momente für die Achse XX oder YY: Widerst.-moment W_4 (cm³)
		7	9,4	7,33	5,03	67,1	13,6	17,6	6,29	84,6	16,8	315	45,0
7	70	9	11,9	9,26	4,95	83,1	16,8	22,0	7,57	105	21,2	410	58,6
		11	14,3	11,13	4,87	97,6	19,7	26,0	8,65	124	25,4	506	72,3
		8	11,5	8,94	5,37	93,3	17,6	24,4	8,11	118	21,9	444	59,2
7 1/2	75	10	14,1	11,00	5,29	113	21,3	29,8	9,54	142	26,9	561	74,8
		12	16,7	13,00	5,21	130	24,6	34,7	10,71	165	31,7	679	90,6
		8	12,3	9,57	5,74	115	20,3	29,6	9,25	144	25,1	539	67,3
8	80	10	15,1	11,78	5,66	139	24,5	35,9	10,8	175	30,9	680	85,0
		12	17,9	13,94	5,59	161	28,4	43,0	12,6	204	36,4	823	102,9
		9	15,5	12,1	6,46	184	28,9	47,8	13,3	232	35,9	863	95,9
9	90	11	18,7	14,6	6,38	218	34,3	57,1	15,4	275	43,1	1064	118
		13	21,8	17,0	6,30	250	39,3	65,9	17,3	316	50,1	1268	141
		10	19,2	14,9	7,18	280	39,7	73,3	18,4	354	49,3	1317	132
10	100	12	22,7	17,7	7,10	328	46,3	86,2	21,0	414	58,3	1593	159
		14	26,2	20,4	7,02	372	52,6	98,3	23,4	470	67,0	1871	187
		10	21,2	16,5	7,93	379	48,7	98,6	22,7	478	60,2	1753	159
11	110	12	25,1	19,6	7,85	444	57,1	116	26,1	560	71,4	2118	193
		14	29,0	22,6	7,79	505	64,8	133	29,2	638	81,9	2486	226
		11	25,4	19,8	8,64	541	63,8	140	29,4	680	78,8	2505	209
12	120	13	29,7	23,2	8,56	625	73,7	162	33,4	787	92,1	2979	248
		15	33,9	26,5	8,49	705	83,2	186	37,5	891	105	3456	288
		12	30,0	23,4	9,36	750	81,6	194	37,8	944	101	3476	267
13	130	14	34,7	27,0	9,28	857	93,3	223	42,4	1080	116	4079	314
		16	39,3	30,6	9,20	959	104	251	46,7	1209	131	4685	360
		13	35,0	27,3	10,08	1014	102	262	47,3	1276	127	4702	336
14	140	15	40,0	31,2	10,00	1148	116	298	52,6	1446	145	5454	390
		17	45,0	35,1	9,92	1276	129	334	58,0	1610	162	6215	444
		14	40,3	31,4	10,8	1343	127	347	58,3	1690	157	6235	416
15	150	16	45,7	35,7	10,7	1507	142	391	64,4	1898	177	7160	477
		18	51,0	39,9	10,6	1665	157	438	71,1	2103	198	8091	539
		15	46,1	35,9	11,5	1745	154	453	71,3	2198	191	8110	507
16	160	17	51,8	40,4	11,4	1945	172	506	78,4	2451	214	9232	577
		19	57,5	44,9	11,4	2137	189	558	84,8	2695	237	10362	648

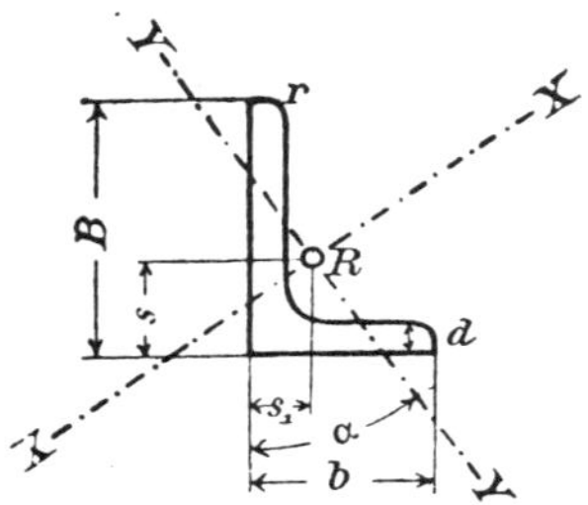

6. Normalprofile für ungleichschenkelige Winkeleisen.

Verhältnis der Schenkellängen $\frac{B}{b} = 1^1/_2$

$d_{min} = \frac{b + B}{20}$; jedoch mit geringfügigen Abweichungen; $R = \frac{d_{min} + d_{max}}{2}$; $r = \frac{R}{2}$

Profil Nr.	Abmessungen der Profile in mm			Querschnitt F in qcm	Gewicht G $\frac{kg}{m}$	Abstand des Schwerpunkts in cm		Lage der Hauptachse Y—Y tg α	Momente für die Achse XX		Momente für die Achse YY		Zwei zusammengesetzte ⊥-Eisen. Kleinste Momente für die Achse YY	
	b	B	d			s	s_1		Trägheitsmoment Jx (cm⁴)	Widerstandsmoment Wx (cm³)	Trägheitsmoment Jy (cm⁴)	Widerstandsmoment Wy (cm³)	Trägheitsmoment J_2 (cm⁴)	Widerstandsmoment W_2 (cm³)
2/3	20	30	3	1,42	1,11	0,99	0,49	0,422	1,42	0,70	0,28	0,26	1,58	0,79
			4	1,85	1,44	1,03	0,54	0,421	1,82	0,90	0,33	0,32	2,19	1,09
3/4½	30	45	4	2,87	2,24	1,48	0,74	0,433	6,63	2,17	1,19	0,75	7,25	2,42
			5	3,53	2,75	1,52	0,78	0,429	8,01	2,63	1,44	0,91	9,21	3,07
4/6	40	60	5	4,79	3,74	1,95	0,97	0,432	19,8	4,82	3,66	1,73	21,4	5,28
			7	6,55	5,11	2,04	1,05	0,428	26,3	6,47	4,63	2,20	30,6	7,64
5/7½	50	75	7	8,33	6,50	2,47	1,24	0,430	53,1	10,4	9,58	3,66	58,4	11,7
			9	10,5	8,20	2,56	1,32	0,427	65,4	12,9	11,9	4,56	76,8	15,4
6½/10	65	100	9	14,2	11,0	3,31	1,59	0,410	160	23,6	26,8	7,73	165	25,4
			11	17,1	13,3	3,40	1,67	0,407	189	28,1	32,9	9,54	206	31,6
8/12	80	120	10	19,1	14,9	3,92	1,95	0,435	317	38,7	56,8	13,4	341	42,7
			12	22,7	17,7	4,00	2,02	0,430	370	45,4	67,5	16,0	415	51,9
10/15	100	150	12	28,7	22,4	4,89	2,42	0,436	747	73,0	134	25,4	800	80,0
			14	33,2	25,9	4,97	2.50	0,434	854	83,8	153	29,0	942	94,2

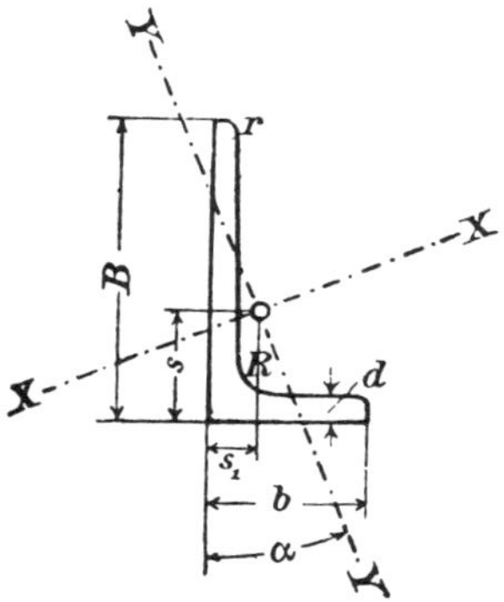

7. Normalprofile für ungleichschenkelige Winkeleisen.

Verhältnis der Schenkellängen $\frac{B}{b} = 2$

$d_{min} = \frac{b + B}{20}$; jedoch mit geringfügigen Abweichungen; $R = \frac{d_{min} + d_{max}}{2}$; $r = \frac{R}{2}$

Profil Nr.	Abmessungen der Profile in mm			Querschnitt F in qcm	Gewicht G kg/m	Abstand des Schwerpunkts in cm		Lage der Hauptachse y—y tg α	Momente für die Achse XX		Momente für die Achse YY		Zwei zusammengesetzte ⊥-Eisen. Kleinste Momente für die Achse YY	
	b	B	d			s	s_1		Trägheitsmoment Jx (cm⁴)	Widerstandsmoment Wx (cm³)	Trägheitsmoment Jy (cm⁴)	Widerstandsmoment Wy (cm³)	Trägheitsmoment J_2 (cm⁴)	Widerstandsmoment W_2 (cm³)
2/4	20	40	3	1,72	1,34	1,43	0,44	0,258	2,96	1,14	0,31	0,26	1,61	0,80
			4	2,25	1,76	1,47	0,48	0,253	3,78	1,47	0,40	0,34	2,23	1,12
3/6	30	60	5	4,29	3,35	2,15	0,68	0,254	16,5	4,22	1,71	0,96	9,18	3,06
			7	5,85	4,56	2,24	0,76	0,278	21,8	5,69	2,28	1,31	13,6	4,52
4/8	40	80	6	6,89	5,37	2,85	0,88	0,257	47,6	9,14	4,99	2,10	26,0	6,49
			8	9,01	7,03	2,94	0,96	0,252	60,8	11,8	6,41	2,73	36,0	8,99
5/10	50	100	8	11,5	8,93	3,59	1,12	0,257	123	18,9	12,8	4,31	68,0	13,6
			10	14,1	11,0	3,67	1,20	0,266	150	23,3	14,6	4,93	87,7	17,5
6½/13	65	130	10	18,6	14,5	4,65	1,45	0,257	339	40,2	35,4	9,16	187	28,7
			12	22,1	17,2	4,75	1,53	0,255	395	47,2	41,3	10,8	229	35,2
8/16	80	160	12	27,5	21,5	5,72	1,77	0,259	762	73,4	79,4	16,7	417	52,1
			14	31,8	24,8	5,81	1,85	0,268	875	84,8	86,0	18,5	495	62,4
10/20	100	200	14	40,3	31,4	7,12	2,18	0,261	1754	135	182	30,6	947	94,7
			16	45,7	35,6	7,20	2,26	0,259	1973	152	205	34,5	1097	110

8. Normalprofile für Z-Eisen.

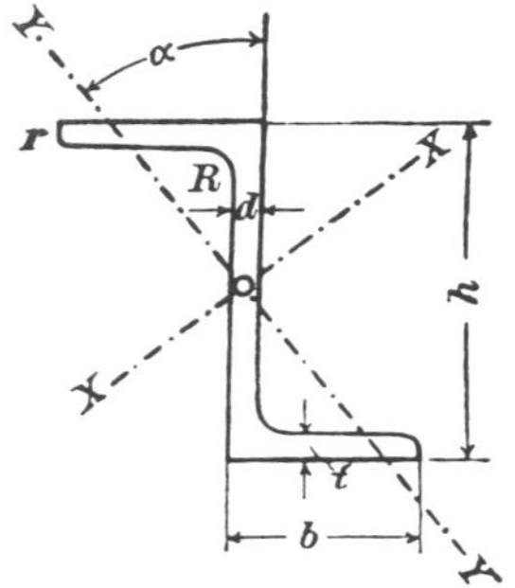

$b = 0{,}25 \cdot h + 30$ mm

$d = 0{,}035 \cdot h + 3$ mm; jedoch auf halbe Millim. abgerundet.

$t = 0{,}05 \cdot h + 3$ mm

$R = t, \; r = \frac{t}{2}$

Profil Nr.	Abmessungen der Profile in mm				Querschnitt F in qcm	Gewicht G $\frac{kg}{m}$	Lage der Hauptachse Y—Y tg α	Momente für die Achse XX		Momente für die Achse YY	
	h	b	d	t				Trägheits-moment Jx (cm^4)	Widerstands-moment $W_x = \frac{T_x}{w}$ (cm^3)	Trägheits-moment Jy (cm^4)	Widerstands-moment Wy (cm^3)
3	30	38	4	4,5	4,32	3,37	1,655	18,1	4,69	1,54	1,11
4	40	40	4,5	5	5,43	4,23	1,181	28,0	6,72	3,05	1,83
5	50	43	5	5,5	6,77	5,28	0,939	44,9	9,76	5,23	2,76
6	60	45	5	6	7,91	6,17	0,779	67,2	13,5	7,60	3,73
8	80	50	6	7	11,1	8,67	0,588	142	24,4	14,7	6,44
10	100	55	6,5	8	14,5	11,3	0,492	270	39,8	24,6	9,26
12	120	60	7	9	18,2	14,2	0,433	470	60,6	37,7	12,5
14	140	65	8	10	22,9	17,9	0,385	768	88,0	56,4	16,6
16	160	70	8,5	11	27,5	21,5	0,367	1184	121	79,5	21,4
18	180	75	9,5	12	33,3	26,0	0,329	1759	164	110	27,0
20	200	80	10	13	38,7	30,2	0,313	2509	213	147	33,4

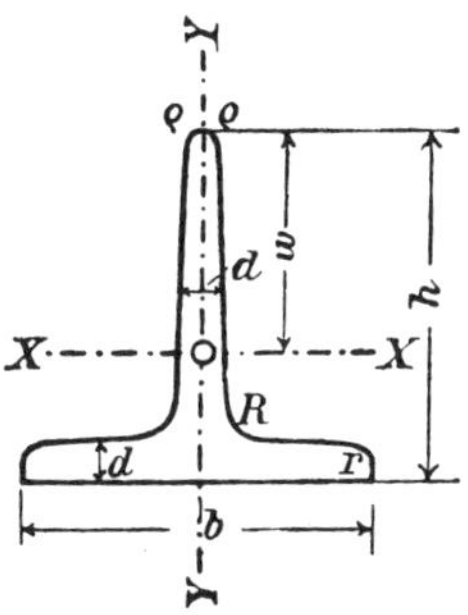

9. Normalprofile für hochstegige T-Eisen.

$$h = b;\ d = 0{,}1\,h + 1\ \text{mm};\ R = d;$$

$$r = \frac{R}{2};\ \varrho = \frac{R}{4}\ \text{(auf halbe Millim. abgerundet).}$$

Neigung im Fuss 2%, auf jeder Seite des Steges 2%.

Profil Nr.	Abmessungen der Profile in mm			Querschnitt F in qcm	Gewicht G kg/m	Schwerpunktsabstand w in cm	Momente für die Achse XX		Momente für die Achse YY		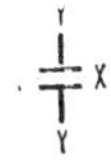 Zwei zusammengesetzte T-Eisen. Kleinste Momente für die Achse YY	
	b	h	d				Trägheitsmoment Jx (cm⁴)	Widerst.-moment $W_x = \frac{T_x}{w}$ (cm³)	Trägheitsmoment Jy (cm⁴)	Widerst.-moment $W_y = \frac{T_y}{b/2}$ (cm³)	Trägheitsmoment J_2 (cm⁴)	Widerst.-moment W_2 (cm³)
2/2	20	20	3	1,12	0,87	1,42	0,38	0,27	0,20	0,20	0,39	0,39
2½/2½	25	25	3,5	1,64	1,28	1,77	0,87	0,49	0,43	0,34	0,85	0,68
3/3	30	30	4	2,26	1,76	2,15	1,72	0,80	0,87	0,58	1,73	1,16
3½/3½	35	35	4,5	2,97	2,32	2,51	3,10	1,23	1,57	0,90	3,14	1,80
4/4	40	40	5	3,77	2,94	2,88	5,28	1,84	2,58	1,29	5,16	2,58
4½/4½	45	45	5,5	4,67	3,64	3,24	8,13	2,51	4,01	1,78	8,03	3,57
5/5	50	50	6	5,66	4,42	3,61	12,1	3,36	6,06	2,42	12,1	4,85
6/6	60	60	7	7,94	6,19	4,34	23,8	5,48	12,2	4,05	24,3	8,11
7/7	70	70	8	10,6	8,27	5,06	44,5	8,79	22,1	6,32	44,3	12,6
8/8	80	80	9	13,6	10,6	5,78	73,7	12,8	37,0	9,25	74,0	18,5
9/9	90	90	10	17,1	13,3	6,52	119	18,2	58,5	13,0	117	26,0
10/10	100	100	11	20,9	16,3	7,26	179	24,6	88,3	17,7	177	35,3
12/12	120	120	13	29,6	23,1	8,72	366	42,0	178	29,7	356	59,4
14/14	140	140	15	39,9	31,1	10,2	660	64,7	330	47,2	660	94,3

10. Normalprofile für breitfüssige ⊤-Eisen.

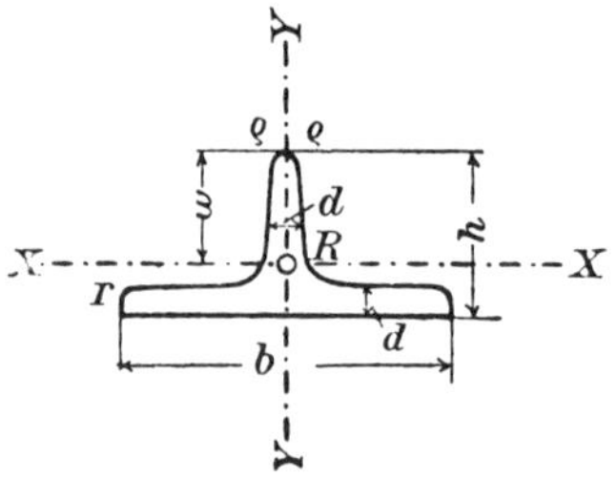

$$h = \frac{b}{2};\; d = 0{,}15\,h + 1\text{ mm};\; R = d;\; r = \frac{r}{2};\; \varrho = \frac{r}{4}$$

(auf halbe Millim. abgerundet).

Neigung im Fuss 2%, an jeder Seite des Steges 4%.

Profil Nr.	Abmessungen der Profile in mm			Querschnitt F in qcm	Gewicht G in $\frac{kg}{m}$	Schwerpunktsabstand w in cm	Momente für die Achse XX		Momente für die Achse YY		Zwei zusammengesetzte ⊤-Eisen. Kleinste Momente für die Achse XX	
	b	h	d				Trägheitsmoment Jx (cm⁴)	Widerst.-moment $W_x = \frac{T_x}{w}$ (cm³)	Trägheitsmoment Jy (cm⁴)	Widerst.-moment Wy (cm³)	Trägheitsmoment J_2 (cm⁴)	Widerst.-moment W_2 (cm³)
6/3	60	30	5,5	4,64	3,62	2,33	2,58	1,11	8,62	2,87	9,39	3,13
7/3½	70	35	6	5,94	4,63	2,73	4,49	1,65	15,1	4,32	16,0	4,57
8/4	80	40	7	7,91	6,17	3,12	7,81	2,50	28,5	7,13	27,9	6,99
9/4½	90	45	8	10,2	7,93	3,50	12,7	3,64	46,1	10,2	45,9	10,2
10/5	100	50	8,5	12,0	9,38	3,91	18,7	4,78	67,7	13,5	66,1	13,2
12/6	120	60	10	17,0	13,2	4,70	38,0	8,09	137	22,8	133	22,2
14/7	140	70	11,5	22,8	17,8	5,49	68,9	12,6	258	36,9	242	34,6
16/8	160	80	13	29,5	23,0	6,28	117	18,6	422	52,8	408	51,0
18/9	180	90	14,5	37,0	28,8	7,07	185	26,1	670	74,4	646	71,8
20/10	200	100	16	45,4	35,4	7,86	277	35,3	1000	100	972	97,2

11. Normalprofile für Quadrant-Eisen.

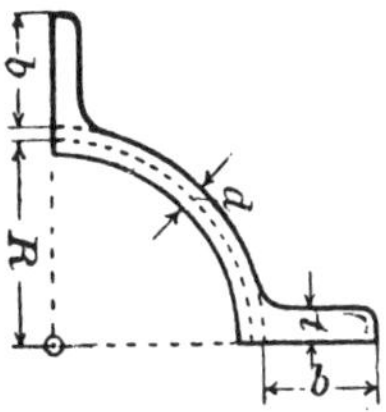

$b = 0{,}2\,R + 25$ mm

$r = 0{,}12\,R$; $\varrho = 0{,}06\,R$;

S_0 der Schwerpunkt der vollen Röhre.

Profil Nr.	Abmessungen der Profile in mm				Querschnitt F der vollen Röhre in qcm	Gewicht G der vollen Röhre kg/m	Volle Röhre. Trägheitsmoment für jede Achse J (cm⁴)	Grösstes Widerstandsmoment für die ZZ-Achse: Widerstandsmoment Wz (cm³)	Kleinstes Widerstandsmoment für die XX- oder YY-Achse: Widerstandsmoment Wx = Wy (cm³)
	R	b	d	t					
5	50	35	4	6	29,8	23,3	576	89,3	66,2
5	50	35	8	8	48,0	37,4	906	135	102
$7^1/_2$	75	40	6	8	54,9	42,8	2068	237	175
$7^1/_2$	75	40	10	10	80,2	62,5	2982	331	248
10	100	45	8	10	88,1	68,7	5511	501	370
10	100	45	12	12	120	94,0	7478	663	495
$12^1/_2$	125	50	10	12	129	101	12161	917	676
$12^1/_2$	125	50	14	14	169	132	15788	1165	867
15	150	55	12	14	179	140	23637	1515	1120
15	150	55	18	17	249	194	32738	2051	1530

12. Wellblech- und Trägerwellblech-Profile.

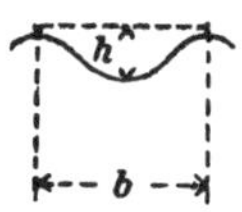

Trägheitsmomente J für die wagerechte Schwerachse für 1 m Breite.

Flaches Wellblech: $J = (0{,}105 + 0{,}180\,n)\,h^2\,\delta$.

Trägerwellblech: $J = 0{,}100 + 0{,}193\,n)\,h^2\,\delta$.

Die Dicke δ ist in Millim. zu nehmen.

Breite der Welle: b.

Höhe der Welle: h.

Gattung	1/n = b/h	b	h	W/δ	Widerstandsmoment W für 1 m Breite und für δ = 1	1,5	2	2,5	3	4	5	6	7
Flaches Wellblech	2,5	50	20	6,6	6,6	9,9	13,2	—	—	—	—	—	—
		100	40	13,8	13,8	21,7	27,6	34,5	41,4	—	—	—	—
		150	60	20,6	—	30,9	41,2	51,5	61,8	82,4	—	—	—
		200	80	27,5	—	—	55,0	68,7	82,5	110,0	138,5	—	—
		250	100	34,4	—	—	—	86,0	103,2	137,6	172,0	206,4	—
		300	120	46,3	—	—	—	—	123,9	165,2	206,5	247,8	289,1
	2,0	80	40	15,3	15,3	22,9	30,6	38,3	—	—	—	—	—
		120	60	22,9	22,9	34,3	45,8	57,3	68,7	—	—	—	—
		160	80	30,5	—	45,7	61,0	76,3	94,5	122,0	—	—	—
		200	100	38,2	—	—	76,4	95,5	114,6	152,8	191,0	—	—
		0	120	45,8	—	—	—	114,5	137,9	183,2	229,0	274,8	—

Gattung	1/n = b/h	b	h	W/δ	Widerstandsmoment W für 1 m Breite und für δ = 1	1,5	2	2,5	3	4	5	6	7
Trägerwellblech	1,5	60	40	17,8	17,8	26,7	35,6	—	—	—	—	—	—
		90	60	26,6	26,6	39,9	53,2	65,5	—	—	—	—	—
		120	80	35,5	35,5	53,2	71,0	88,8	106,5	—	—	—	—
		150	100	44,4	—	66,6	88,8	111,0	133,2	177,6	—	—	—
		180	120	53,3	—	—	106,6	133,2	159,9	213,2	266,5	—	—
	1,0	60	60	34,1	34,1	51,1	68,2	—	—	—	—	—	—
		80	80	45,4	45,4	68,1	90,8	113,5	—	—	—	—	—
		100	100	56,9	56,9	85,3	113,8	142,3	170,7	—	—	—	—
		120	120	68,3	—	102,4	136,8	170,8	204,9	273,2	—	—	—
	0,80	100	120	77,5	77,5	116,5	155,0	193,8	232,5	310,0	—	—	—
		Millim.		cm	Zentimeter								

Gewichte: $g = (55 + 134\,n)\,\delta$ f. 1 qm flaches } Wellblech.
$g_1 = (44 + 150\,n)\,\delta$ f. 1 qm Träger- }
δ in cm genommen.

13. Hohle runde Säulen.

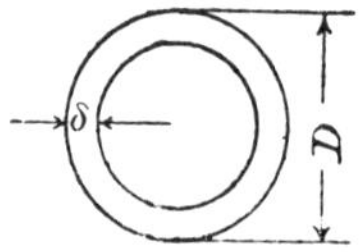

F = Flächeninhalt.

J = Trägheitsmoment.

Dimensionen in Zentimetern.

D	δ	F	J	D	δ	F	J
10	1,2	33	327	16	1,8	80	2056
10	1,5	40	373	15	2,8	107	2102
10	1,8	46	408	16	2	88	2199
10	2	50	427	17	1,5	73	2214
11	1,2	37	450	16	2,2	95	2328
11	1,5	45	518	16	2,5	106	2498
11	1,8	52	571	17	1,8	86	2517
11	2	57	601	16	2,8	116	2643
12	1,2	41	601	18	1,5	78	2668
12	1,5	49	696	17	2	94	2698
12	1,8	58	774	16	3	123	2726
13	1,2	44	782	17	2,2	102	2863
12	2	63	817	18	1,8	92	3042
13	1,5	54	911	17	2,5	114	3082
14	1,2	48	997	19	1,5	82	3180
13	1,8	63	1019	18	2	101	3267
13	2	69	1080	17	2,8	125	3271
13	2,2	75	1134	17	3	132	3381
14	1,5	59	1167	18	2,2	109	3474
13	2,5	82	1201	19	1,8	97	3636
14	1,8	69	1311	18	2,5	122	3751
14	2	75	1395	20	1,5	87	3754
15	1,5	64	1467	19	2	107	3912
14	2,5	90	1564	18	2,8	134	3992
14	2,8	99	1641	18	3	141	4135

D	δ	F	J	D	δ	F	J
15	1,8	75	1656	19	2,2	116	4168
15	2	82	1766	20	1,8	103	4303
16	1,5	68	1815	18	3,5	159	4434
15	2,2	88	1866	19	2,5	130	4511
15	2,5	98	1994	20	2	113	4637
19	2,8	143	4814	27,5	2,5	196	15493
20	2,2	123	4948	27,5	2,8	217	16782
19	3	151	4995	27,5	3	231	17585
20	2,5	137	5369	27,5	3,5	264	19405
19	3,5	170	5379	30	2,8	239	22362
20	2,8	151	5743	30	3	254	23475
20	3	160	5968	30	3,5	291	26024
20	3,5	181	6452	32,5	2,8	261	28464
22,5	2	129	6831	32,5	3	278	30557
22,5	2,2	140	7311	32,5	3,5	319	34010
22,5	2,5	157	7977	35	2,8	283	36988
22,5	2,8	173	8576	35	3	302	38943
22,5	3	184	8942	35	3,5	346	43490
22,5	3,5	209	9747	37,5	2,8	305	46240
25	2,2	158	10334	37,5	3	325	48742
25	2,5	177	11321	37,5	3,5	374	54593
25	2,8	195	12222	40	2,8	327	56925
25	3	207	12778	40	3	349	60066
27,5	2,2	175	14098	40	3,5	401	67450
25	3,5	236	14022				

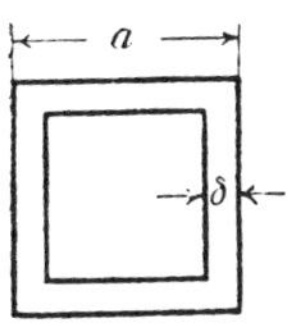

14. Hohle quadratische Säulen.

F = Flächeninhalt.
J = Trägheitsmoment.
Dimensionen in Zentimetern.

a	δ	F	J	a	δ	F	J
10	1,2	42	555	11	1,5	57	879
10	1,5	51	633	11	1,8	66	970
10	1,8	59	694	11	2	72	1020
10	2	64	725	12	1,2	52	1020
11	1,2	47	774	11	2,5	85	1112
12	1,8	73	1313	16	3	156	4628
13	1,2	57	1328	17	2,5	145	5232
12	2	80	1387	18	2	128	5547
12	2,5	95	1528	17	3	168	5740
13	1,5	69	1547	18	2,5	155	6368
12	3	108	1620	19	2	136	6641
14	1,2	61	1692	18	3	180	7020
13	1,8	81	1730	19	2,5	165	7659
13	2	88	1833	20	2	144	7872
13	2,2	95	1924	19	3	192	8480

a	δ	F	J	a	δ	F	J
14	1,5	75	1981	20	2,5	175	9115
13	2,5	105	2040	21	2	152	9247
13	3	120	2180	20	3	204	10132
14	1,8	88	2226	21	2,5	185	10745
14	2	96	2368	22	2	160	10773
15	1,5	81	2491	21	3	216	11988
14	2,5	115	2655	23	2	168	12460
15	1,8	95	2811	22	2,5	195	12561
14	3	132	2860	22	3	228	14060
15	2	104	2999	24	2	176	14315
16	1,5	87	3081	23	2,5	205	14572
15	2,2	113	3167	25	2	184	16345
15	2,5	125	3385	23	3	240	16360
16	1,8	102	3491	24	2,5	215	16788
15	2,8	137	3568	24	3	252	18900
16	2	112	3733	25	2,5	225	19219
16	2,2	121	3952	25	3	264	21692
16	2,5	135	4241	26	3	276	24748
16	2,8	148	4486	30	2,5	275	34948
17	2	120	4580	30	3	324	39852

15. Gewichte für Rundeisen.

d Durchmesser in Millim., G Gewicht des Rundeisens für 1 m in Kilogramm.

d	G	d	G	d	G	d	G	d	G
5	0,15	14	1,20	23	3,24	38	8,85	56	19,21
6	0,22	15	1,38	24	3,53	40	9,80	58	20,61
7	0,30	16	1,57	25	3,83	42	10,81	60	22,05
8	0,39	17	1,77	26	4,14	44	11,86	62	23,55
9	0,50	18	1,99	28	4,80	46	12,96	65	25,88
10	0,61	19	2,21	30	5,51	48	14,12	70	30,02
11	0,74	20	2,45	32	6,27	50	15,32	80	39,21
12	0,88	21	2,70	34	7,08	52	16,57	90	49,62
13	1,04	22	2,97	36	7,94	54	17,80	100	61,26

16. Band- und Stangeneisen.

d Stärke, b Breite in Millim.

b	Gewicht in Kilogramm für 1 m												
	d = 4	5	6	7	8	9	10	11	12	14	16	18	20
55	1,72	2,15	2,57	3,00	3,43	3,86	4,29	4,72	5,15	6,01	6,86	7,72	8,58
60	1,87	2,34	2,81	3,28	3,74	4,21	4,68	5,15	5,62	6,55	7,49	8,42	9,36
65	2,03	2,54	3,04	3,55	4,06	4,56	5,07	5,58	6,08	7,10	8,11	9,13	10,14
70	2,18	2,73	3,28	3,82	4,37	4,91	5,46	6,01	6,55	7,64	8,74	9,83	10,92
75	2,34	2,93	3,51	4,10	4,68	5,27	5,85	6,44	7,02	8,19	9,36	10,53	11,70
80	2,50	3,12	3,74	4,37	4,99	5,62	6,24	6,86	7,49	8,74	9,98	11,23	12,48
85	2,65	3,32	3,98	4,64	5,30	5,97	6,63	7,29	7,96	9,28	10,61	11,93	13,26
90	2,81	3,51	4,21	4,99	5,62	6,32	7,02	7,72	8,42	9,83	11,23	12,64	14,04
95	2,96	3,71	4,45	5,11	5,93	6,67	7,41	8,15	8,89	10,37	11,86	13,64	14,82
100	3,12	3,90	4,68	5,46	6,24	7,02	7,80	8,58	9,36	10,92	12,42	14,44	15,60

17. Wellblech-Profil-Tabelle der Aktiengesellschaft für Verzinkerei und Eisenkonstruktionen vormals Jakob Hilgers, Rheinbrohl.

a) Flache Wellbleche.

Wellenbreite b mm	Wellenhöhe h mm	Stärke der Bleche mm	Gewicht pro qm in kg	Widerst.-moment für 1 m Breite cm³	Grösste Baubreite mm
60	20	1	10,9	6,0	720
		1,5	16,3	9,1	
76	20	1	9,8	5,8	760
		1,5	14,7	11,6	
76	25	1	10,9	7,8	760
		1,5	16,3	11,7	
100	25	1	10,8	7,1	800
		1,5	16,2	10,7	
100	30	1	11,3	9,1	700
		1,5	16,9	13,6	
100	35	1	12,1	11,2	700
		1,5	18,0	16,8	
100	40	1	12,7	13,5	600
		1,5	19	20,3	
100	45	1	13,4	16,0	600
		1,5	20,0	24	
120	25	1	10,0	6,7	840
		1,5	15,0	10,1	
135	30	1	9,76	8,2	810
		1,5	14,64	12,4	
130	35	1	10,0	10,1	675
		1,5	15,12	15,1	
150	40	1	10,25	11,6	750
		1,5	15,36	17,4	
150	45	1	10,55	13,6	750
		1,5	15,85	20,4	
150	50	1	11,7	15,7	600
		1,5	17,5	23,6	

b) Träger-Wellbleche.

Wellenbreite b mm	Wellenhöhe h mm	Stärke der Bleche mm	Gewicht pro qm in kg	Widerst.-moment für 1 m Breite mm	Grösste Baubreite mm
35	19	1	14,0	7,4	600
		1,5	21,0	11,1	
40	20	1	13,5	7,5	600
		1,5	20,3	11,2	
60	30	1	13,1	11,2	600
		1,5	19,7	16,8	
80	40	1	14,1	14,9	560
		1,5	21,0	22,4	
90	45	1	13,20	16,8	540
		1,5	19,8	25,2	
90	50	1	14,24	19,6	540
		1,5	21,36	29,4	
90	55	1	15,0	22,7	450
		1,5	22,5	34,0	
90	60	1	16,0	25,9	450
		1,5	24,0	38,9	
90	65	1	16,8	29,4	450
		1,5	25,5	44,0	
90	70	1	17,7	33,0	360
		1,5	26,55	49,5	
90	75	1	18,64	36,8	360
		1,5	27,96	55,3	
90	80	1	19,60	40,9	360
		1,5	29,40	61,3	
90	85	1	20,40	45,1	360
		1,5	30,60	67,6	
90	90	1	21,2	49,5	360
		1,5	31,8	74,3	
100	50	1	14,0	18,7	600
		1,5	21,0	28,0	
100	55	1	14,8	21,5	500
		1,5	22,3	32,2	
100	60	1	15,7	24,5	500
		1,5	23,8	36,8	
100	65	1	16,5	27,7	400
		1,5	24,7	41,5	
100	70	1	17,3	31,1	400
		1,5	25,9	46,6	
100	75	1	17,7	34,6	400
		1,5	27,2	51,9	
100	80	1	19,0	38,3	400
		1,5	28,4	57,5	
100	85	1	19,8	42,2	400
		1,5	29,7	63,4	
100	90	1	20,7	46,3	300
		1,5	30,9	69,5	
100	95	1	21,5	50,6	300
		1,5	32,0	75,9	
100	100	1	22,4	55,0	300
		1,5	33,4	82,5	

18. Wellblech-Profil-Tabelle

der Firma Wilh. Tillmanns in Remscheid.

a) Flaches Wellblech.

Wellen-breite b mm	Wellen-höhe h mm	Stärke des Bleches mm	Gewicht pro qm in kg	Widerst.-moment für eine Welle cm³	Grösste Baubreite mm
60	20	1,0	9,88	0,392	780
75	25	"	9,88	0,616	750
85	25	"	9,52	0,667	680
100	25	"	9,13	0,750	800
100	30	"	9,55	0,955	800
100	35	"	10,14	1,162	700
100	40	"	11,00	1,392	700
122	29	"	8,95	1,047	874
130	25	"	8,46	0,915	910
135	35	"	9,19	1,431	810
150	35	"	8,87	1,547	750
150	40	"	9,20	1,832	750
150	45	"	9,56	2,133	750
150	50	"	9,93	2,400	750
150	60	"	10,91	3,132	600
230	75	"	9,83	5,596	690
250	60	"	8,95	3,452	750

b) Trägerwellblech.

Wellen-breite b mm	Wellen-höhe h mm	Stärke des Bleches mm	Gewicht pro qm in kg	Widerst.-moment für eine Welle cm³	Grösste Baubreite mm
20	10	1,0	12,24	0,078	
30	15	"	12,24	0,175	
40	20	"	12,24	0,312	600
66	34	"	12,29	0,888	660
90	45	"	12,24	1,579	630
90	50	"	13,08	1,850	540
90	55	"	13,95	2,139	540
90	60	"	14,80	2,448	540
90	65	"	15,86	2,775	450
90	70	"	16,55	3,122	450
90	75	"	17,42	3,487	450
100	50	"	12,24	1,970	612
100	60	"	13,80	2,568	500
100	65	"	14,58	2,905	500
100	70	"	15,37	3,262	500
100	75	"	16,15	3,638	500
100	80	"	16,93	4,032	400
100	85	"	17,70	4,445	400
100	90	"	18,49	4,878	400
100	95	"	19,27	5,329	400
100	100	"	20,05	5,800	400
120	80	"	14,82	4,352	480
120	90	"	16,12	5,238	480
120	100	"	17,42	6,200	480
120	110	"	18,70	7,238	480
160	80	"	12,24	4,992	640
160	100	"	14,19	7,000	640
160	150	"	19,57	13,350	640

Bemerkung. Die Widerstandsmomente für 1 m Breite ergeben sich durch Multiplikation der betreffenden Werte mit $\frac{1000}{b}$.

Für andere Blechstärken erhält man die Gewichte und Widerstandsmomente durch Multiplikation der betreffenden Werte mit der in Millimeter ausgedrückten Blechstärke.

Für Ueberdeckung der Querstösse sind 8 %. der Längsstösse 7 % des Gewichtes in Ansatz zu bringen.

Taf. 1.

Fig. 353.

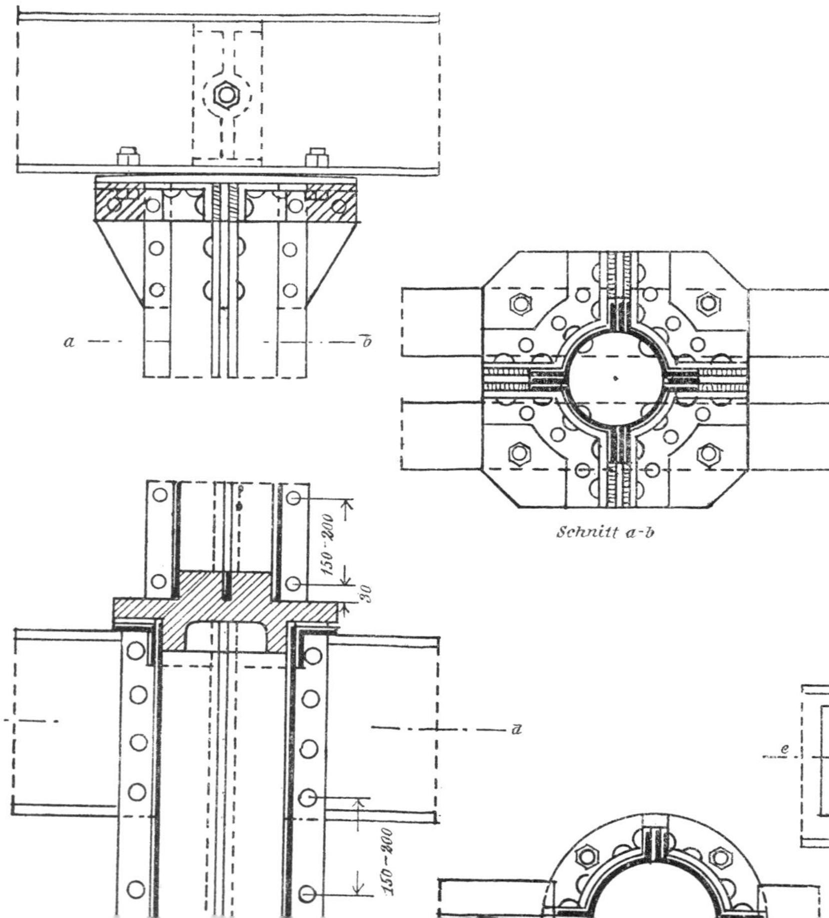

Fig. 352.

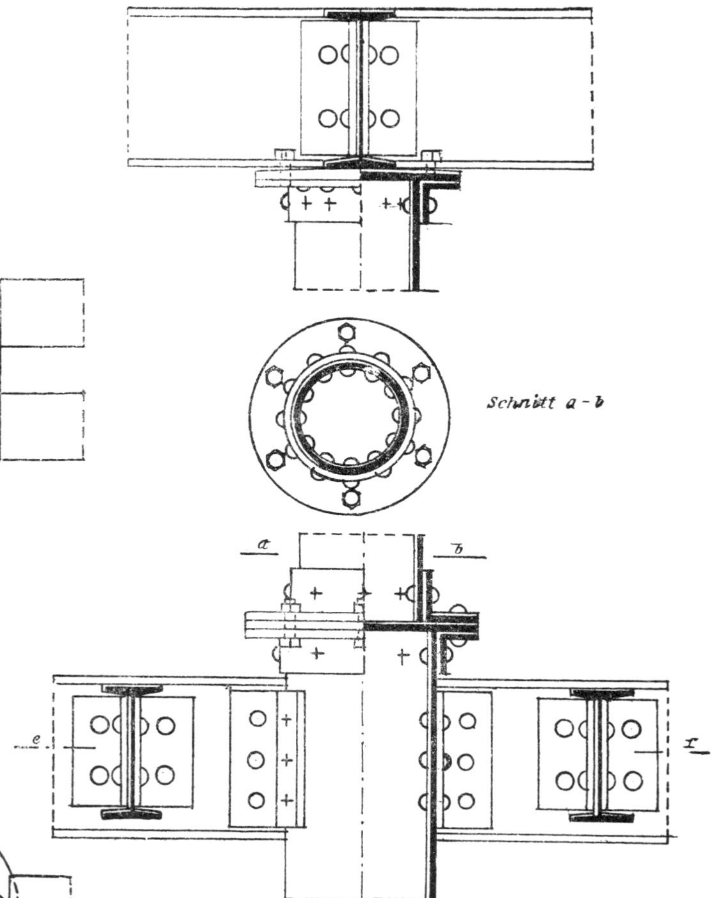

Schnitt c - d

Schnitt e—f

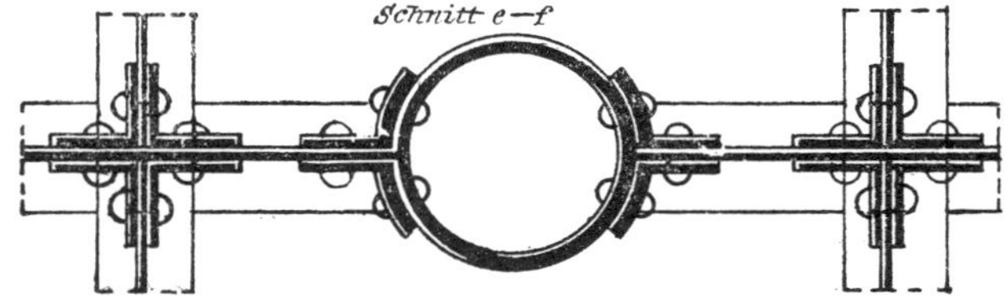

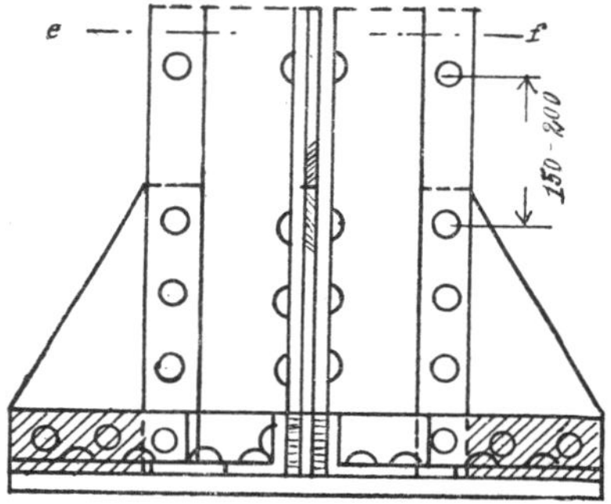

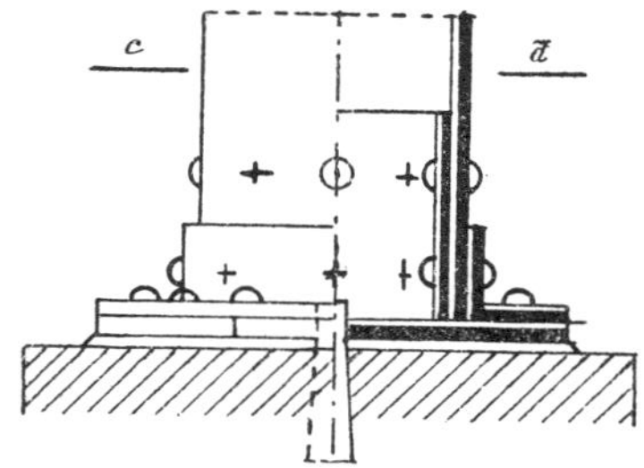

Schnitt e - f

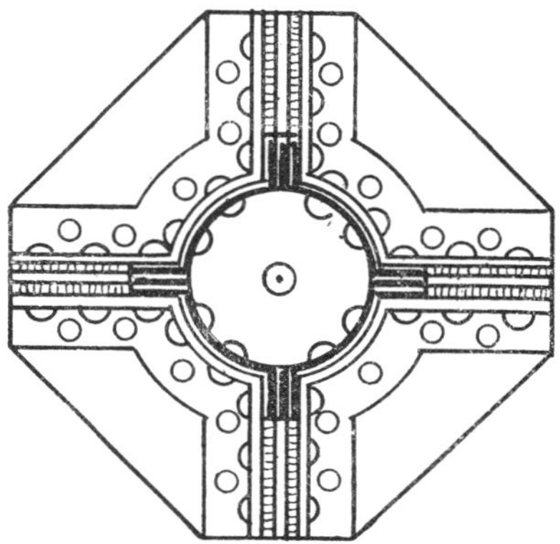

Schnitt c - d

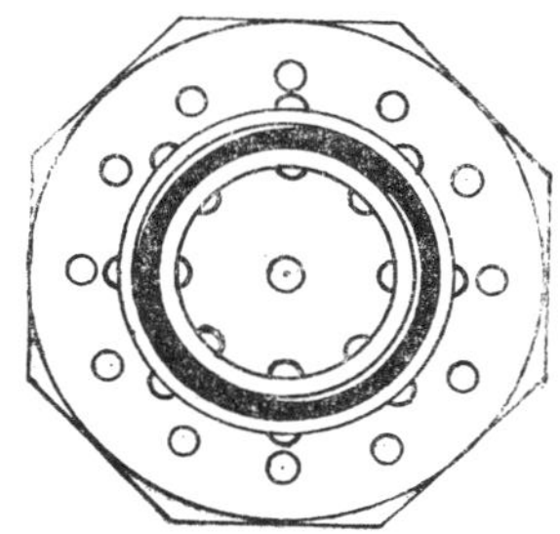

Taf. 2.

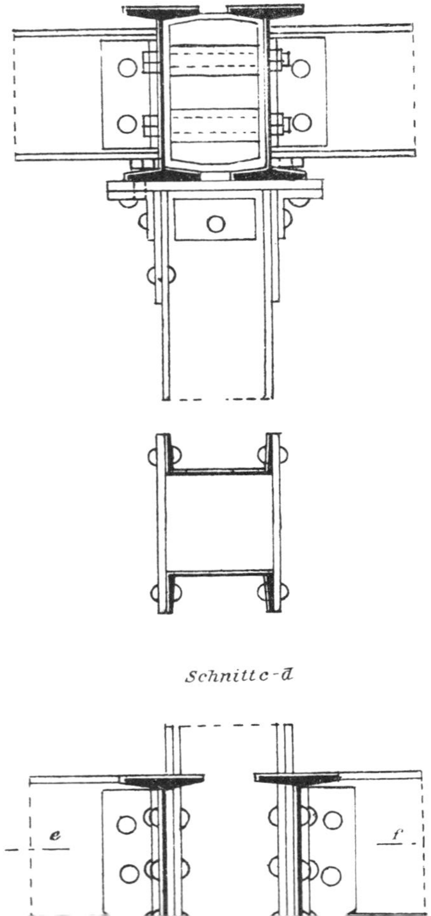

Fig. 354.

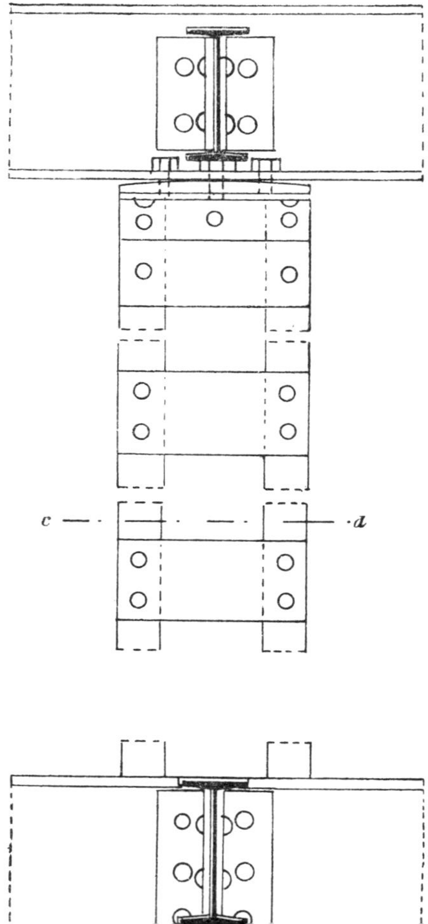

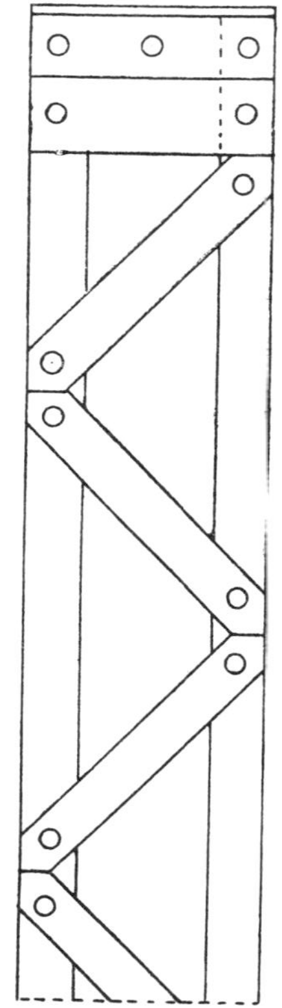

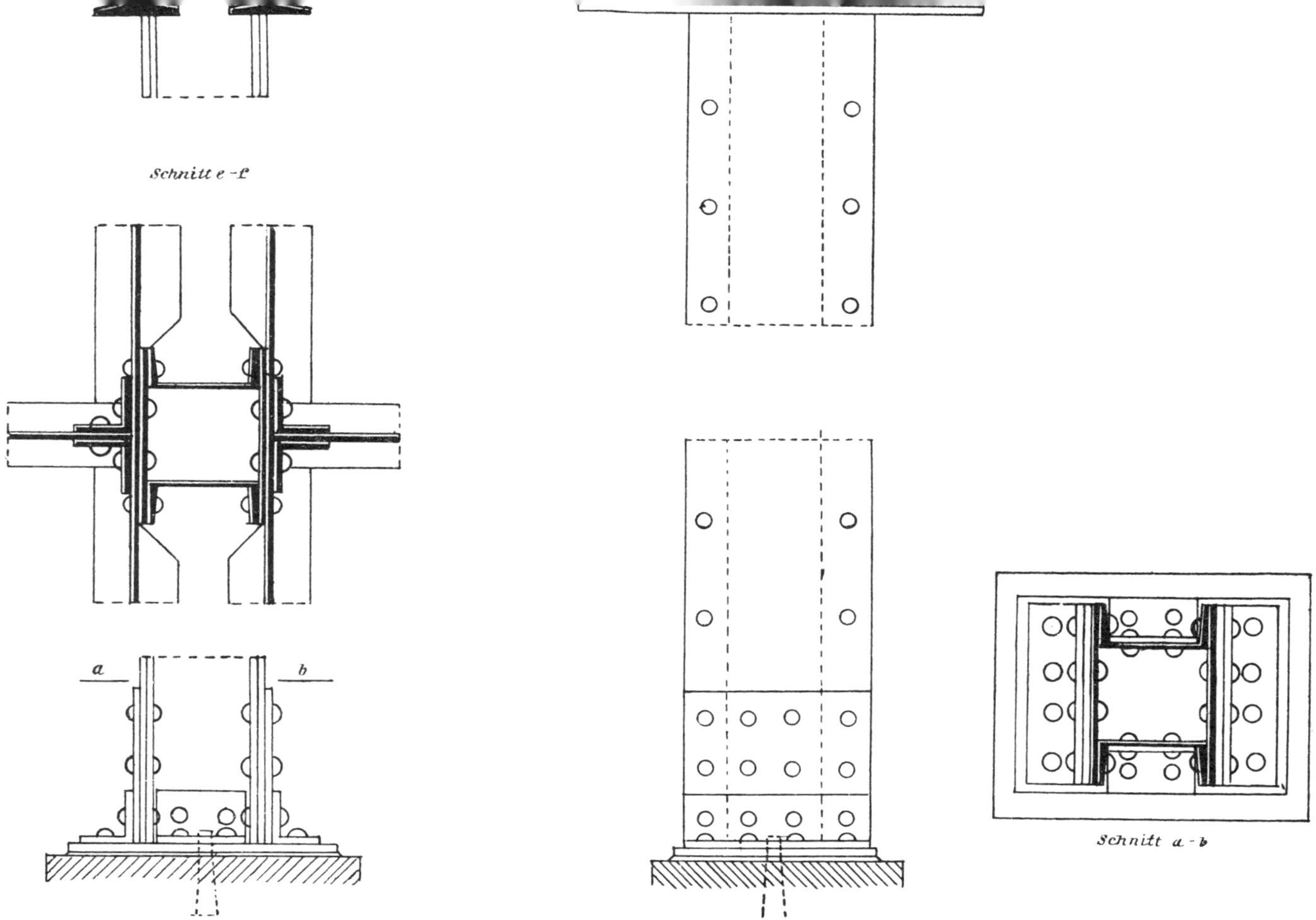

Schöler, Die Eisenkonstruktionen.

Konstruktion des Binders in **Fig.** 687 auf Tafel 7.

Die Niete sitzen überall 2 Durchmesser vom Rande der Bleche. Der Durchmesser der Niete in den Gurtstäben beträgt 20 mm, in den Wandgliedern 16 mm. Die Knotenbleche sind 16 mm stark.

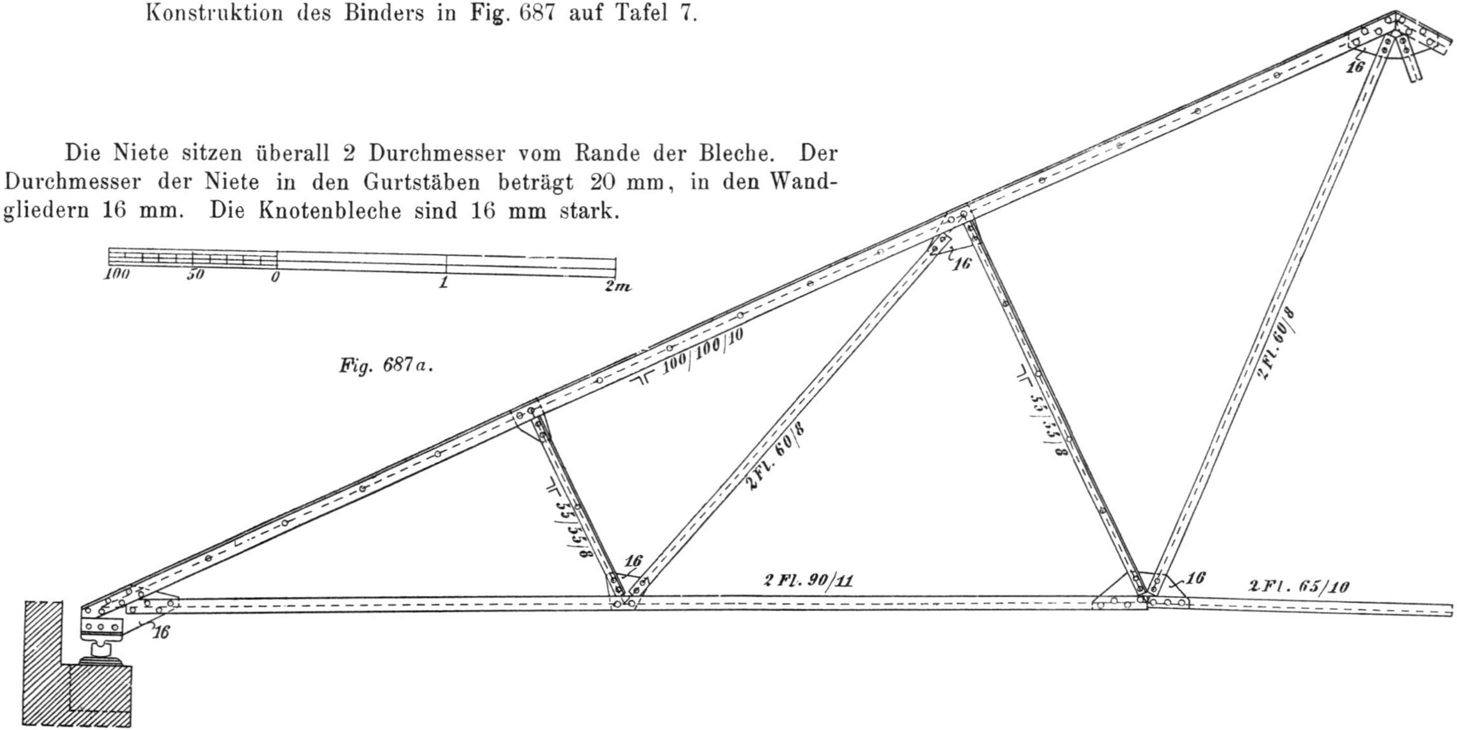

Fig. 687a.

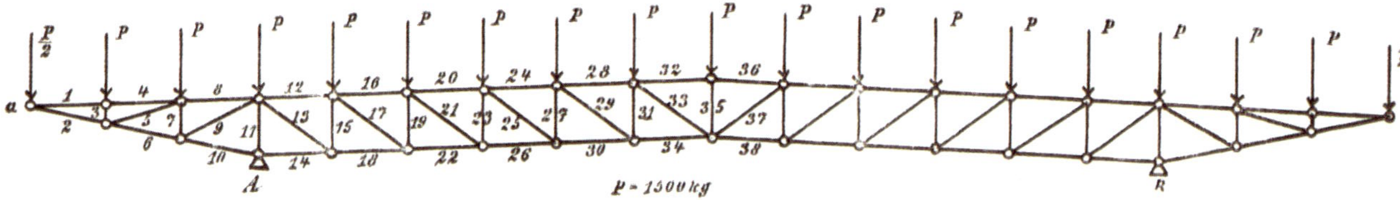

Binder über einem Güterschuppen.
Träger mit überhängenden Enden.
Längenmafsstab 1 : 100.
Mafsstab der Kräfte 1500 kg = 8 mm.

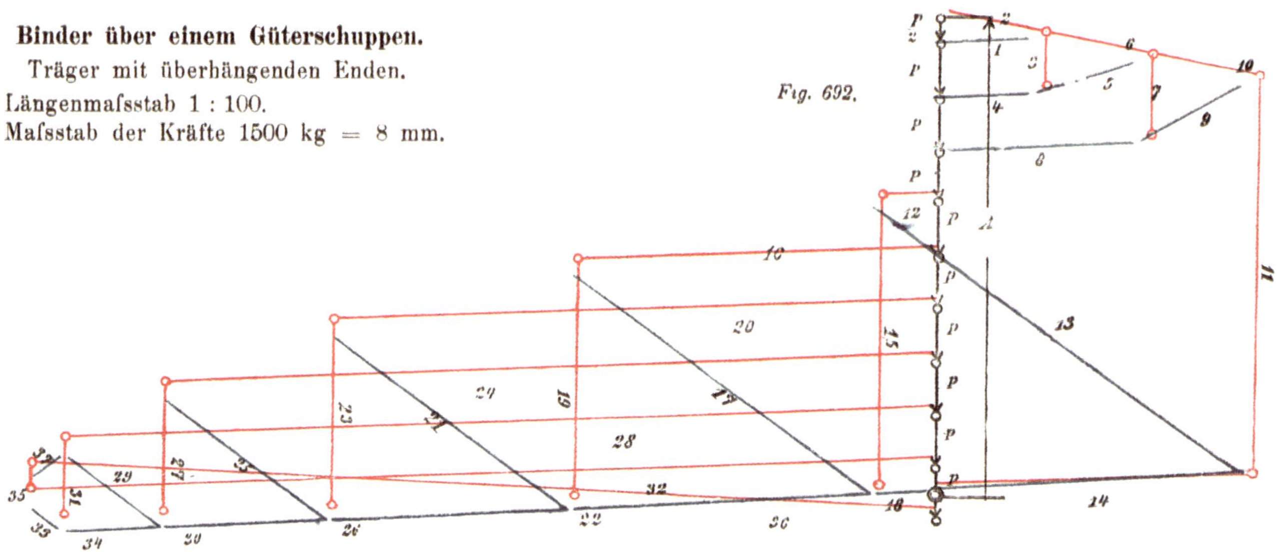

Fig. 692.

Taf. 8.

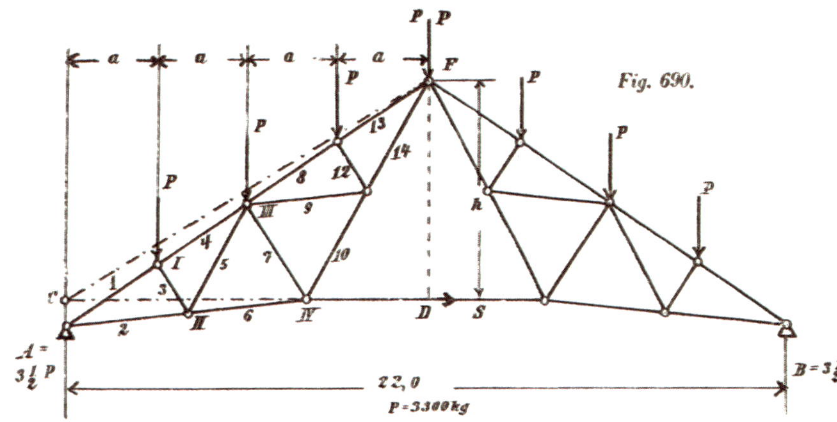

Moment für den Firstpunkt F.

$$3\tfrac{1}{2} P \cdot 4a - Pa(3 + 2 + 1) - S \cdot h = 0$$

oder:

$$8Pa = S \cdot h$$

oder:

$$2P \cdot 4a = S \cdot h$$

oder:

$$\frac{2P}{S} = \frac{h}{4a}.$$

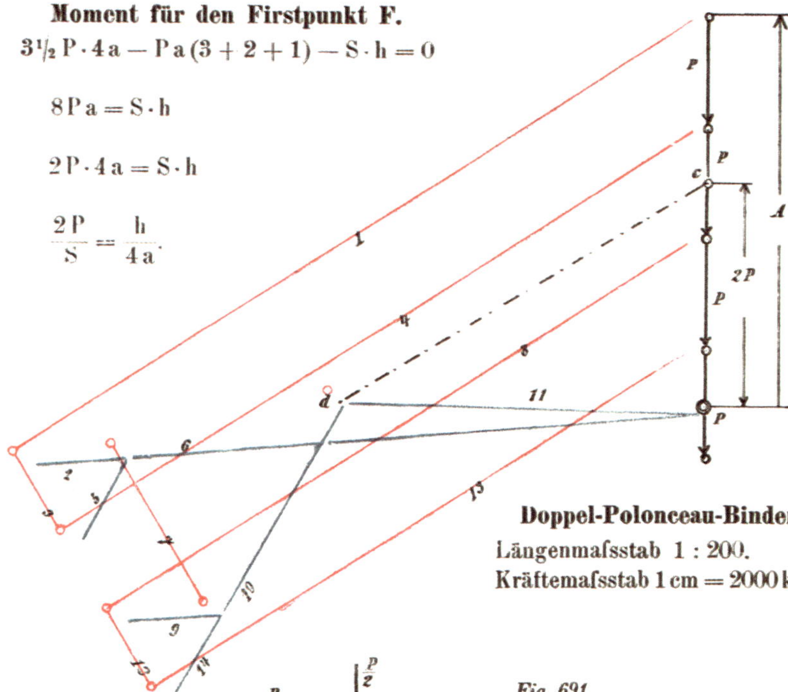

Doppel-Polonceau-Binder.
Längenmafsstab 1 : 200.
Kräftemafsstab 1 cm = 2000 k

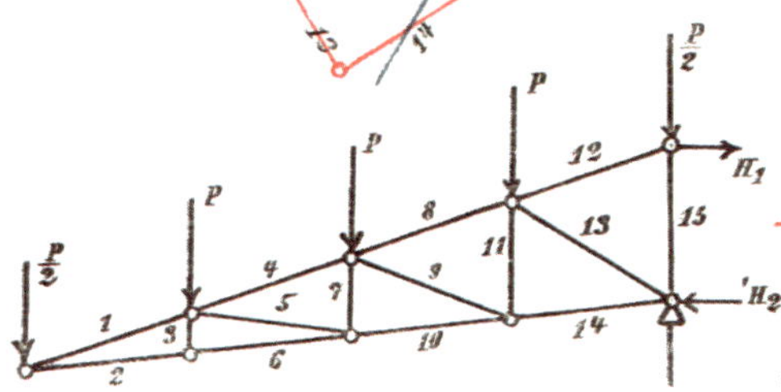

Fig. 691.

P = 500 kg

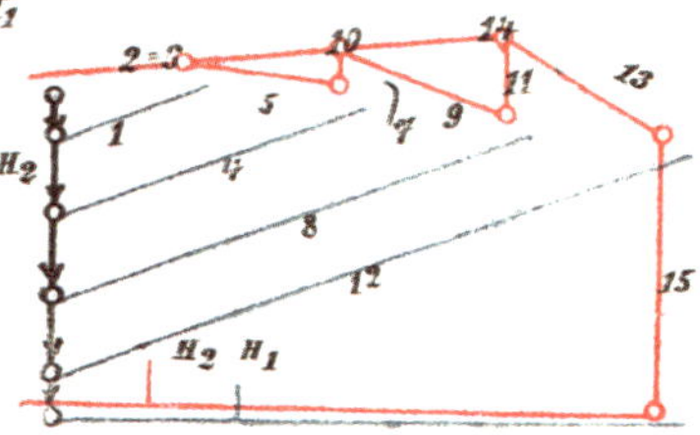

Vorhallendach. Längenmafsstab 1 : 50.
Kräftemafsstab 1000 kg = 12 mm.

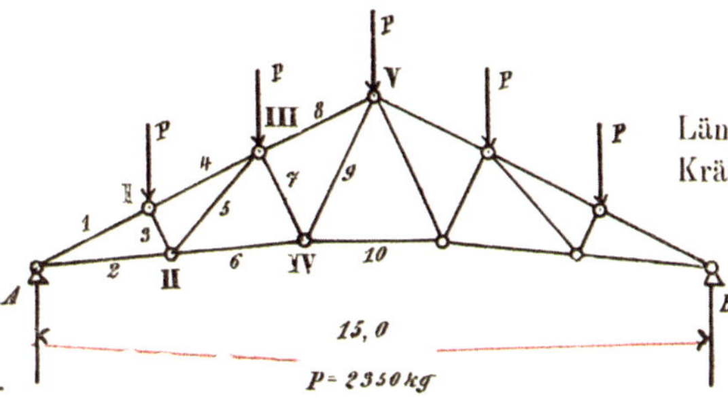

Längenmafsstab 1 : 200.
Kräftemafsstab 1000 kg = 6 mm.

Belgischer Dachstuhl.

Fig. 687.

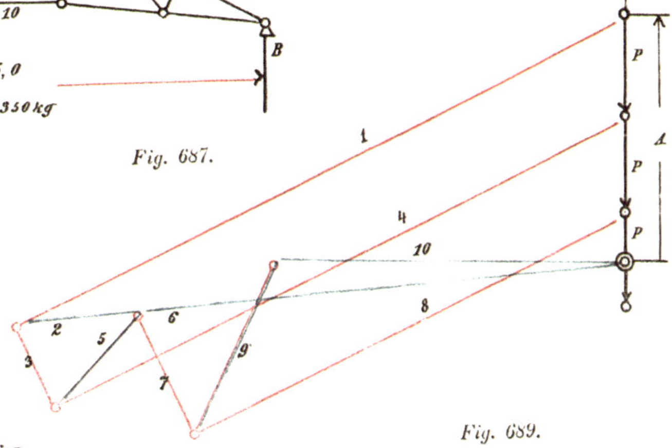

Fig. 689.

Englischer Dachstuhl.

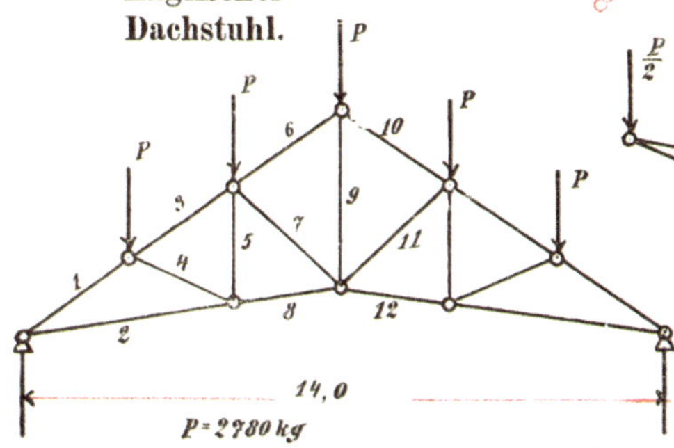

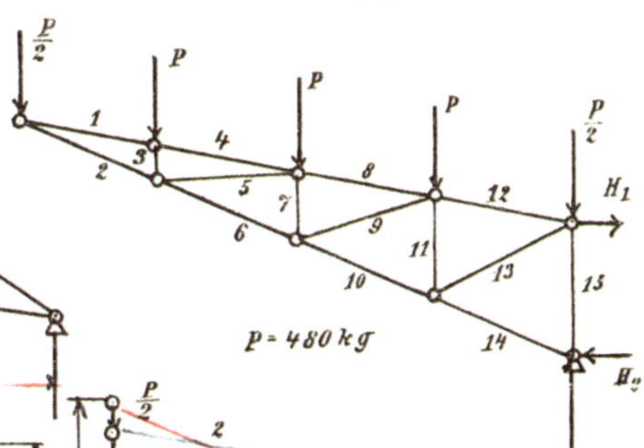

Längenmafsstab 1 : 200.
Kräftemafsstab 1000 kg
= 5 mm.

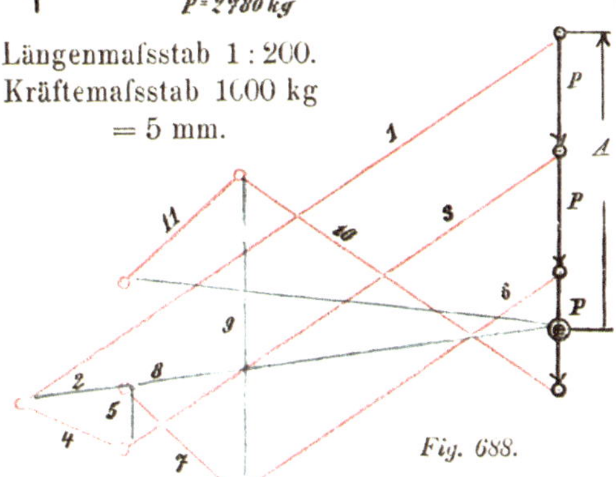

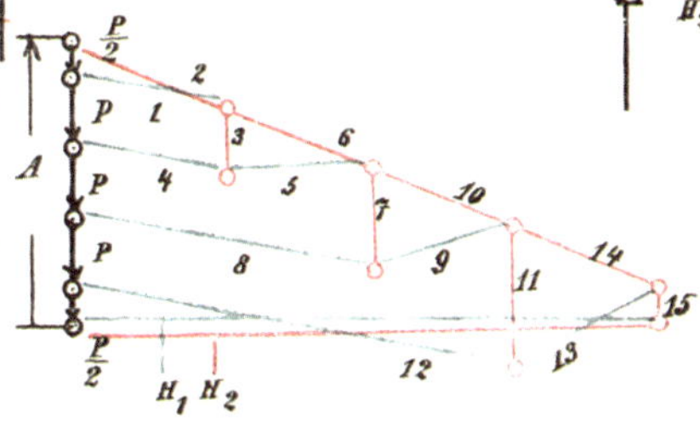

Fig. 688.

Pultdach-Binder.
Längenmafsstab 1 : 50.
Kräftemafsstab 1 mm = 80 kg.

Treppenwange.
Längenmaſsstab 1 : 30.
Kräftemaſsstab 1 cm = 500 kg.

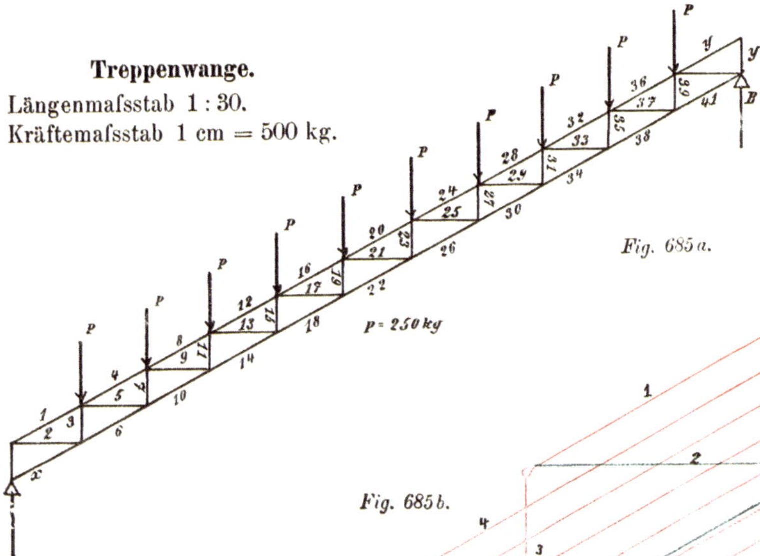

Fig. 685 a.

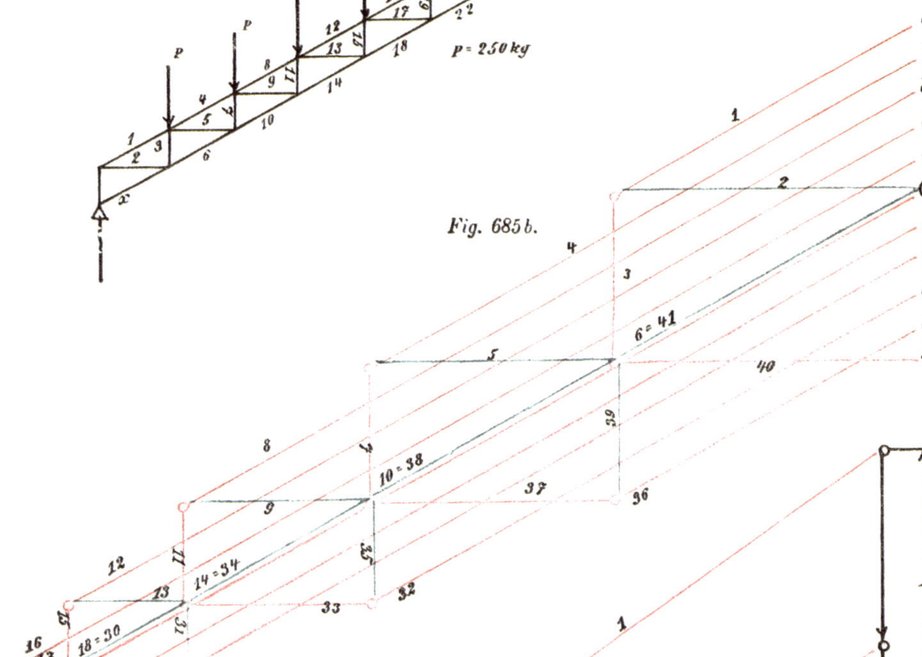

Fig. 685 b.

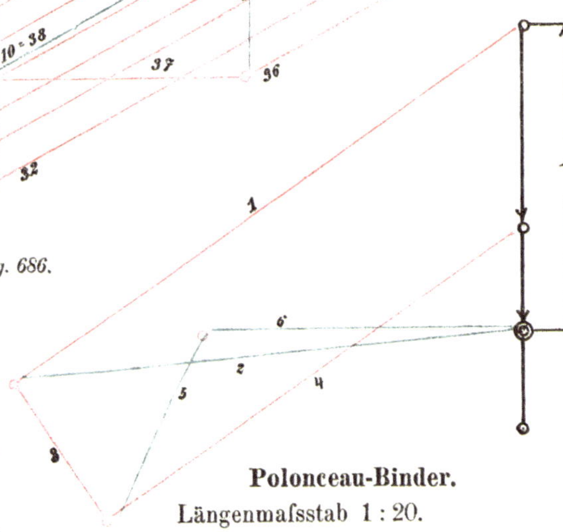

Fig. 686.

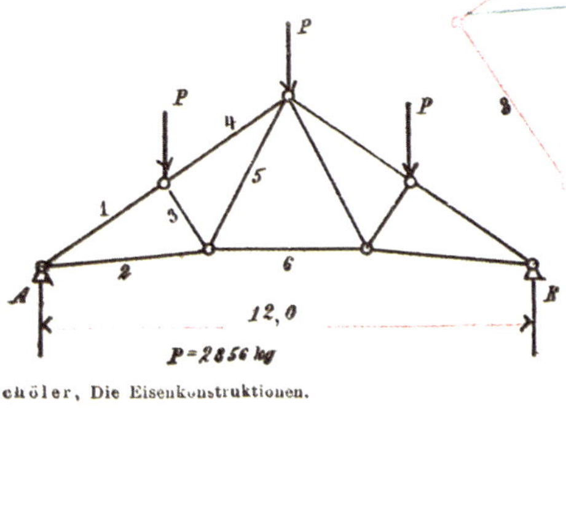

Polonceau-Binder.
Längenmaſsstab 1 : 20.
Kräftemaſsstab 1000 kg = 1 cm.

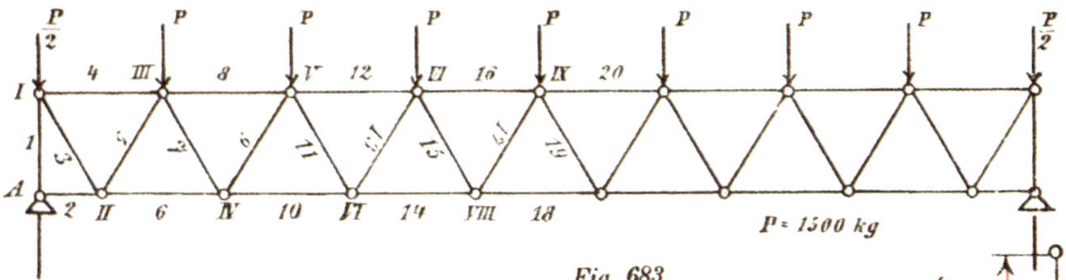

Fig. 683.

Paralleltträger.

Längenmafsstab 1 : 100.
Kräftemafsstab 1000 kg = 8 mm.

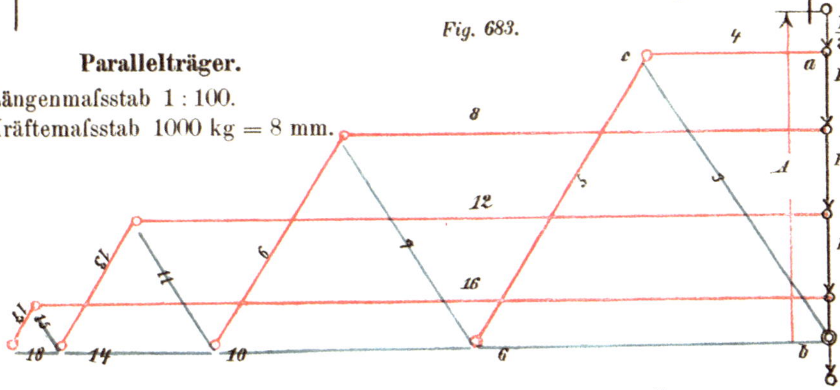

Fig. 684 a

Vorderansicht

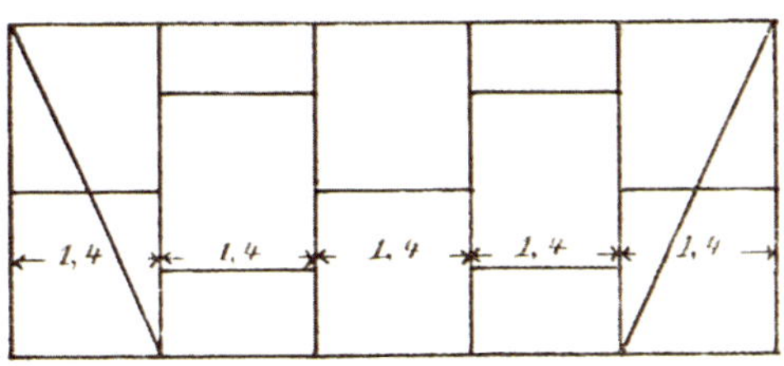

Fig. 684 b.

Seitenansicht

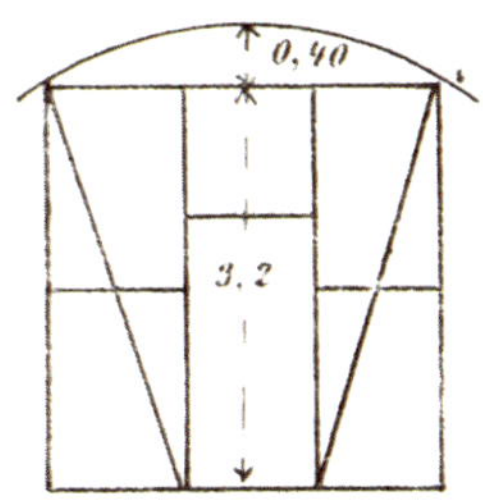

Fig. 684 c.

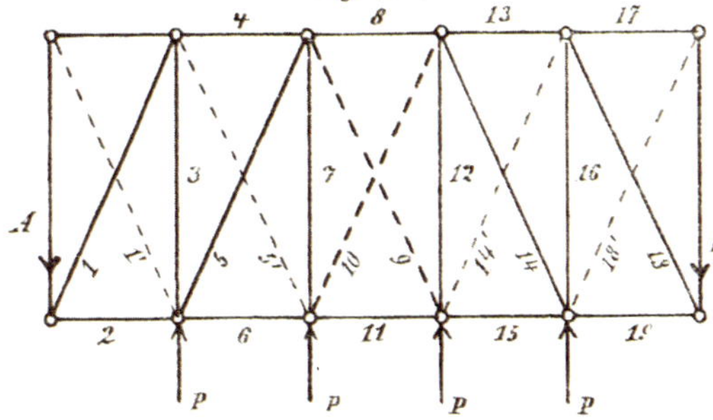

Fig. 684 d.

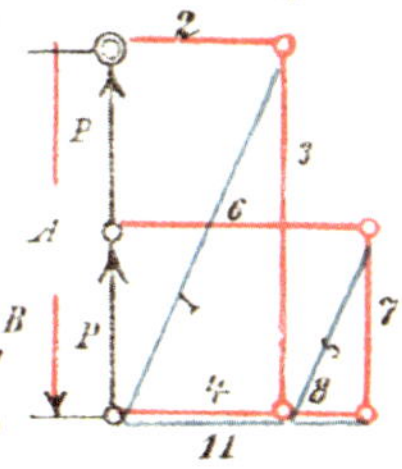

Windverband eines Eisenfachwerkgebäudes.

Längenmafsstab 1 : 100.
Kräftemafsstab 1000 kg = 4 cm.

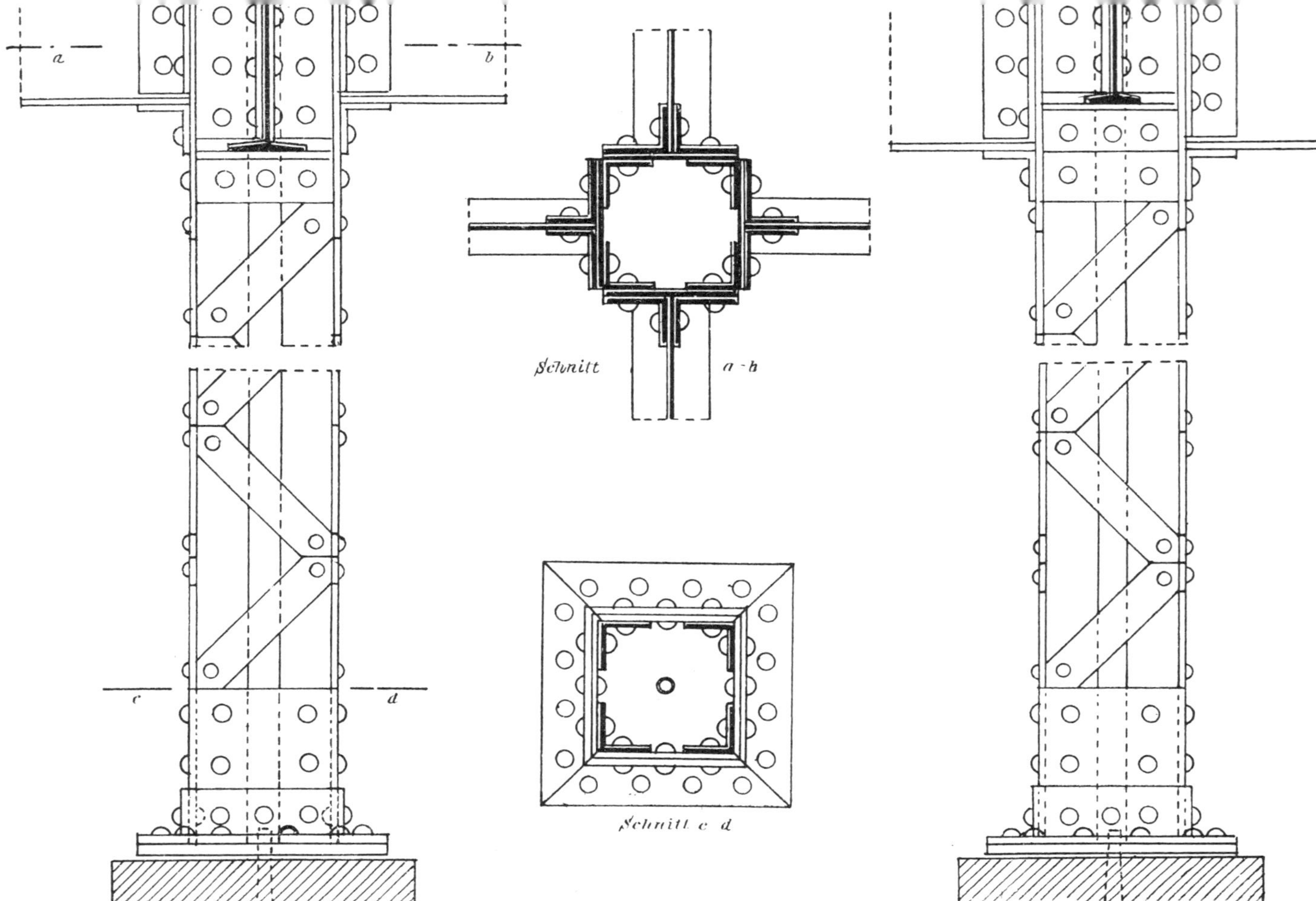
a
b
Schnitt a - b
c
d
Schnitt c d

Taf. 5.

Fig. 357.

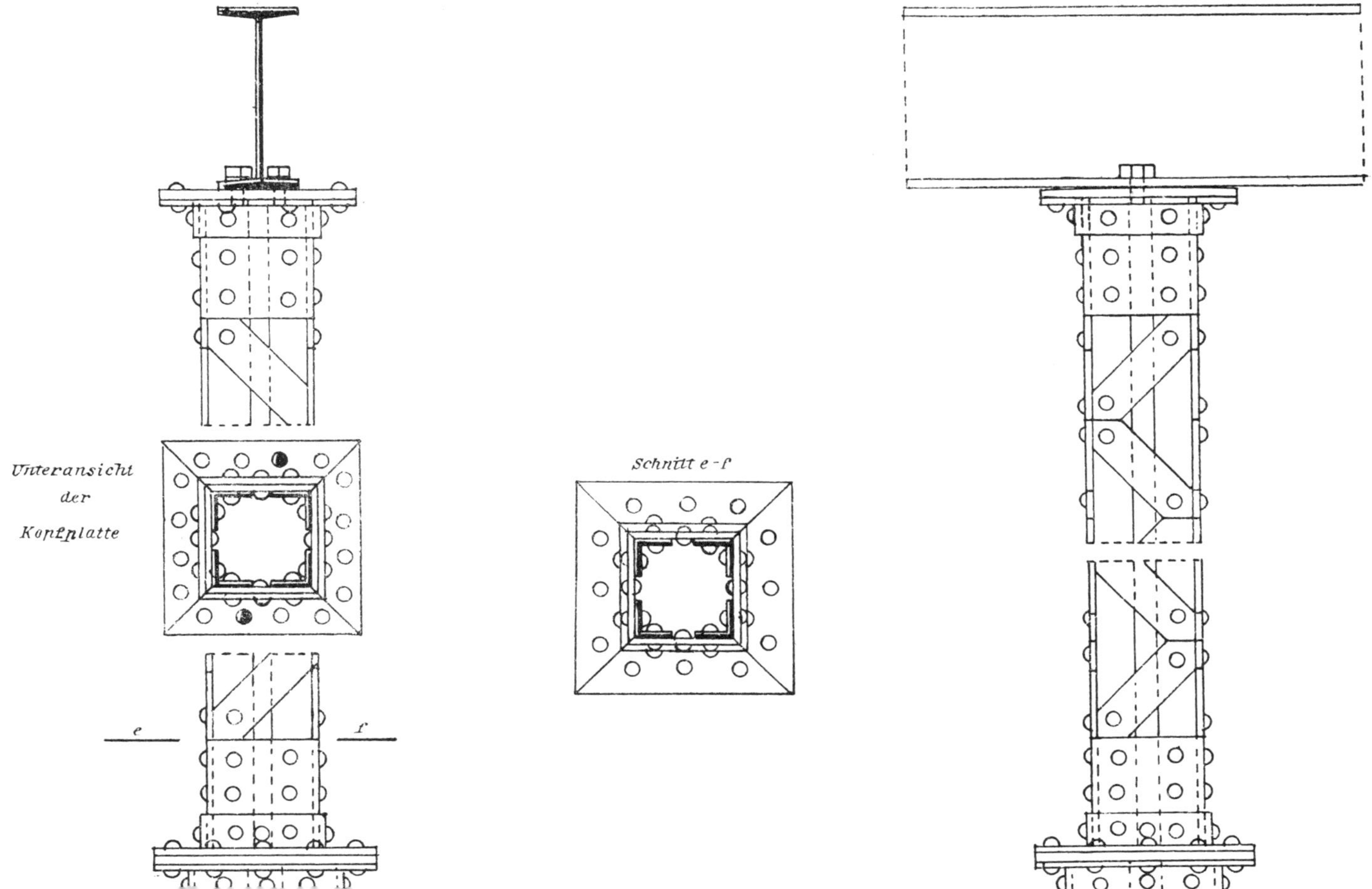

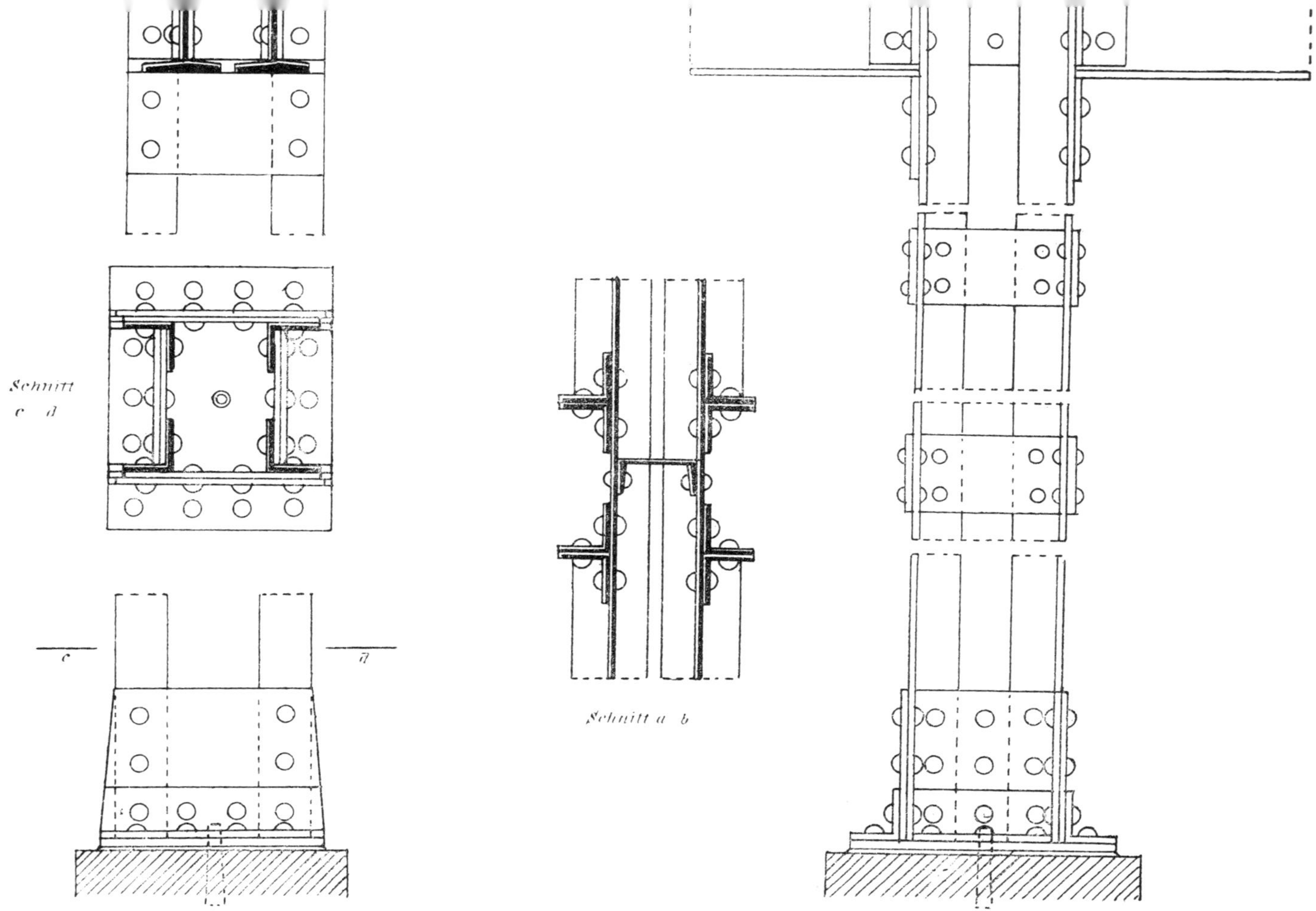

Schöler, Die Eisenkonstruktionen.

Taf. 4.

Fig. 356.

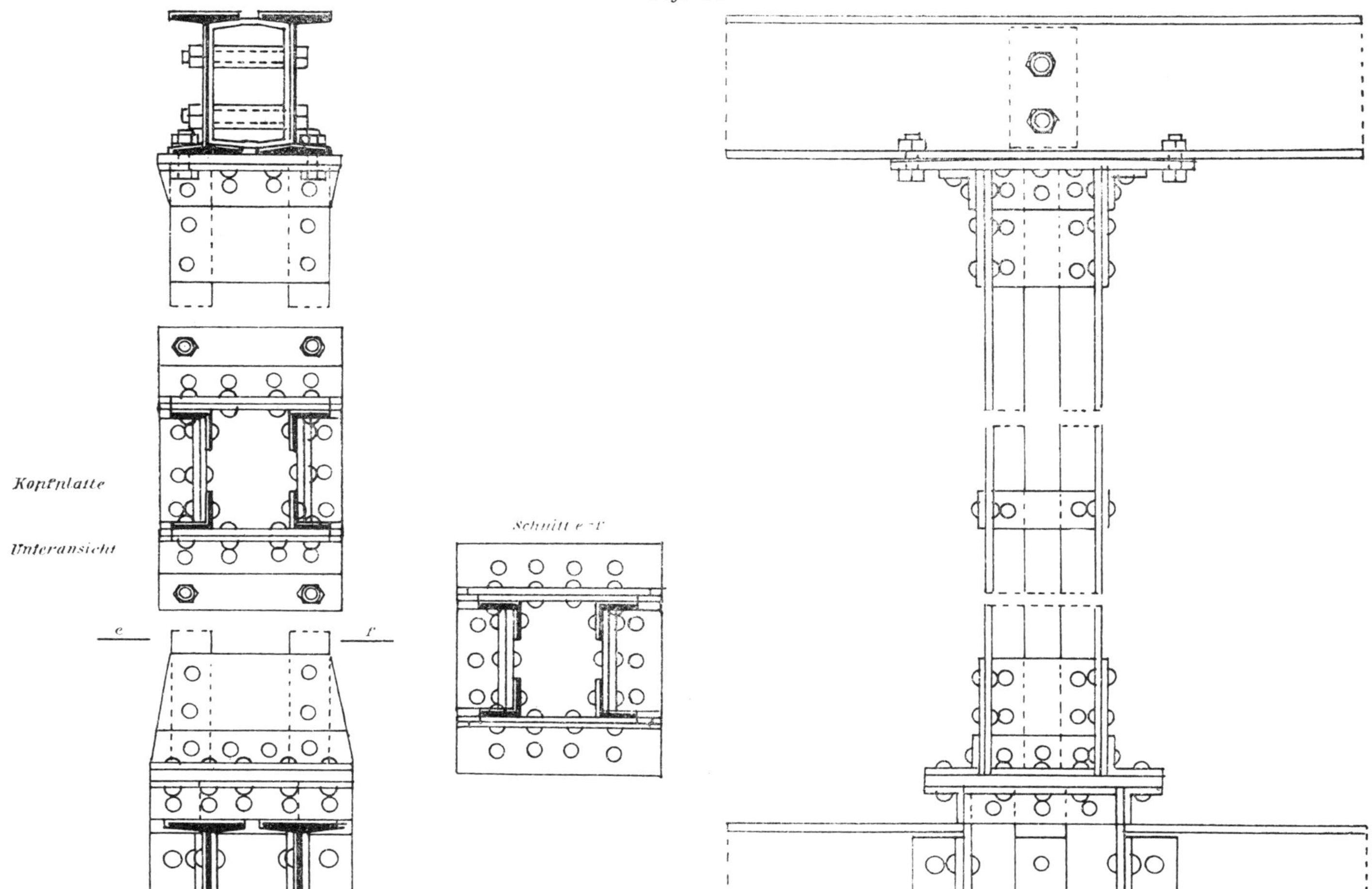

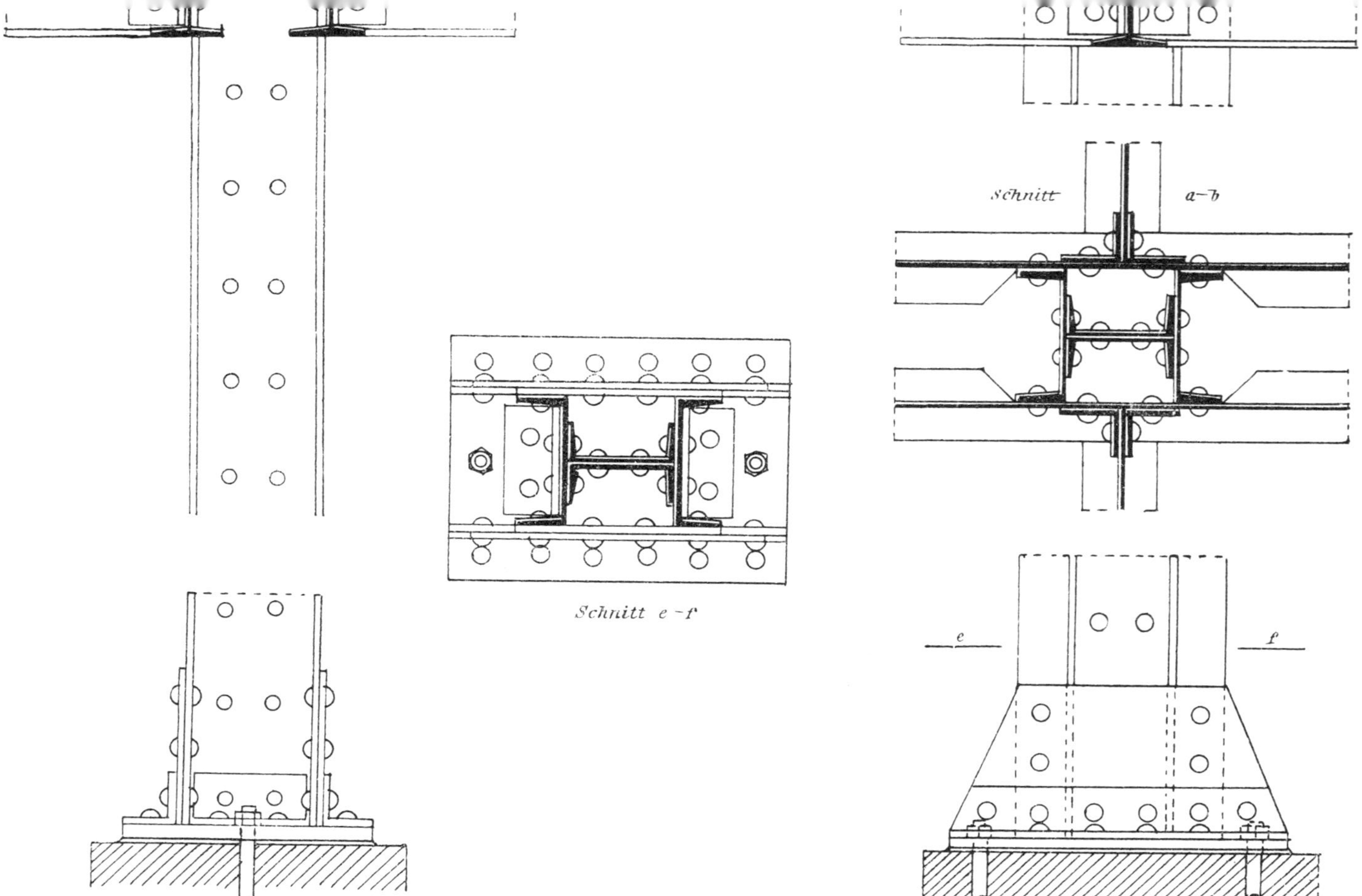

Schöler, Die Eisenkonstruktionen.

Taf. 3.

Fig. 355.

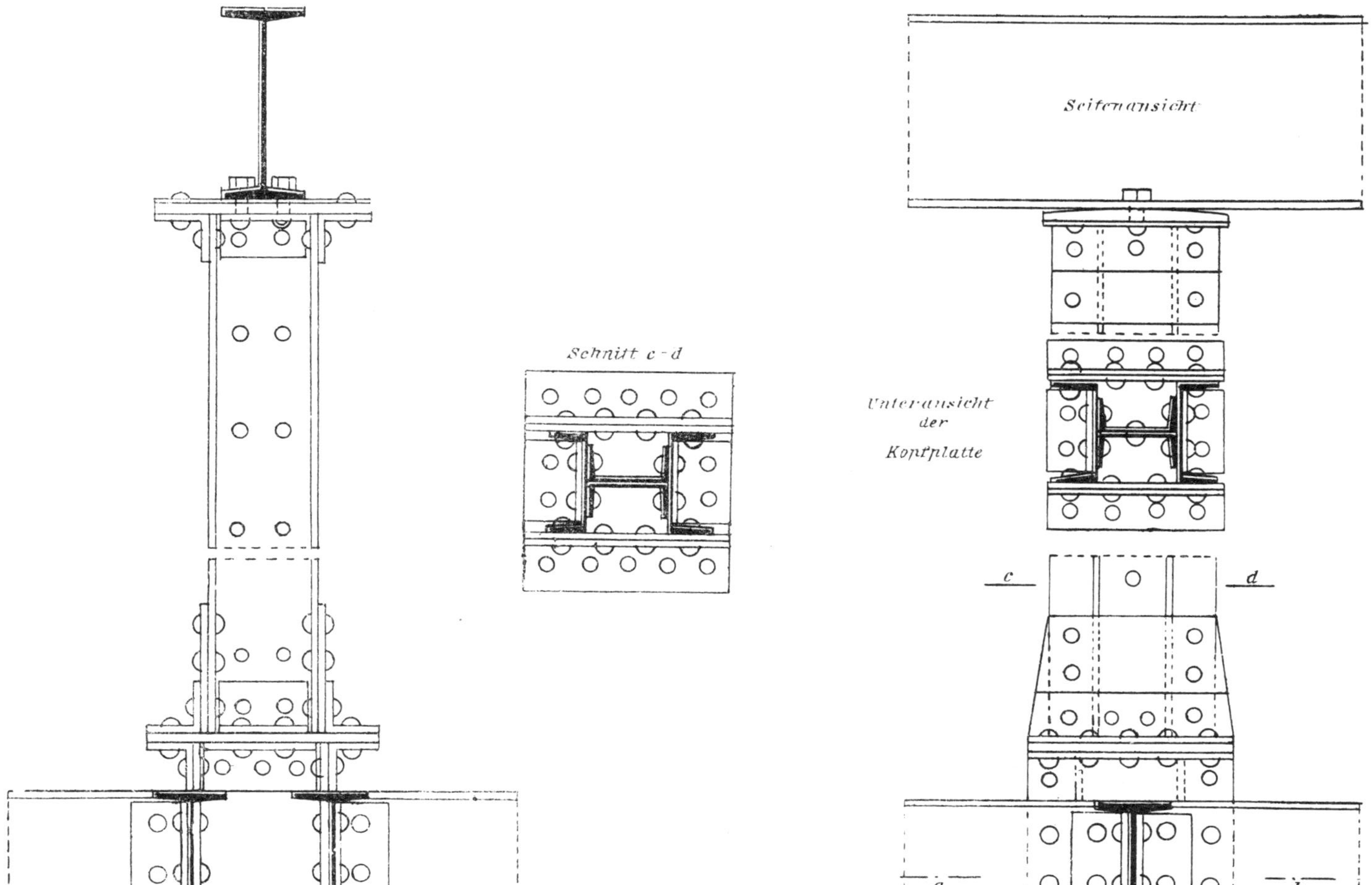

Seitenansicht
Schnitt c-d
Unteransicht der Kopfplatte
c
d
a
b